Georg Schwach: Schnellzüge überwinden Gebirge

Georg Schwach

Schnellzüge überwinden Gebirge

Bespannung über Alpen, Jura, Frankenwald und Schwarzwald unter besonderer Berücksichtigung des elektrischen Zugbetriebs mit Einphasenwechselstrom

Verlag Josef Otto Slezak
Wien 1981

Titelbild:

DB 139 166-3 mit Zug E2061 (Paris–)Straßburg–Konstanz/Lindau(–Innsbruck) verläßt den Hippensbach-Tunnel (Niederwasser, 7. 6. 1976). *Foto Schwach*

ISBN 3-900134-69-3

Dieses Buch enthält 179 Foto sowie 154 Zeichnungen und Pläne.

Druck: Neuhauser Ges. m. b. H., Heinestrasse 25, A-1020 Wien

Inhalt

Seite

Abkürzungen

ABES	Arbeitsgemeinschaft AEG-Union, BBC, ELIN und ÖSSW
AEG	Allgemeine Elektricitäts-Gesellschaft, Berlin
ASEA	Allmänna Svenska Elektriska AB, Västerås
BBC	Brown, Boveri & Cie, Baden/Mannheim/Wien
BBÖ	Österreichische Bundesbahnen (bis 1938)
BD	Bundesbahndirektion
BKW	Bernische Kraftwerke AG
BLS	Berner Alpenbahn-Gesellschaft Bern – Lötschberg – Simplon
BN	Bern – Neuenburg-Bahn
BT	Bodensee – Toggenburg-Bahn
DB	Deutsche Bundesbahn (ab 1951)
DR	Deutsche Reichsbahn (ab 1937)
DRB	Deutsche Reichsbahn-Gesellschaft (1924 – 1937)
ELIN	Aktiengesellschaft für elektrische Industrie, Wien
ETH	Eidgenössische Technische Hochschule
EXPO	Schweizerische Landesausstellung
FS	Ferrovie dello Stato (Italienische Staatsbahnen)
HVB	Hauptverwaltung der Deutschen Bundesbahn
JŽ	Jugoslovenske železnice (Jugoslawische Eisenbahnen)
kkStB	Kaiserlich-königliche österreichische Staatsbahnen (bis 1918)
MFO	Maschinenfabrik Oerlikon, Zürich-Oerlikon
ÖBB	Österreichische Bundesbahnen (seit 1947)
ORE	Office de recherches et d'essais (Forschungs- und Versuchsamt der Union Internationale des Chemins de Fer (Internationaler Eisenbahnverband)
ÖSSW	Österreichische Siemens-Schuckertwerke, Wien
ÖStB	Österreichische Staatsbahnen (1919 – 1921)
PLM	Compagnie des chemins de fer de Paris à Lyon et à la Mediterranée (Paris – Lyon – Mittelmeer-Bahn)
PTT	Post-, Telegraphen- und Telephonverwaltung, Bern
RBD	Reichsbahndirektion
RVT	Chemin de fer Régional du Val-de-Travers
SAAS	Société Anonyme des Ateliers de Sécheron, Genève
SBB	Schweizerische Bundesbahnen
SGP	Simmering-Graz-Pauker, Wien/Graz
SIG	Schweizerische Industriegesellschaft, Neuhausen
SJ	Statens Järnvägar (Schwedische Staatsbahnen)
SLM	Schweizerische Lokomotiv- und Maschinenfabrik, Winterthur
SNCB	Société Nationale des Chemins de fer Belges (Belgische Staatsbahn)
SNCF	Société Nationale des Chemins de fer Français (Französische Staatsbahn)
SOB	Schweizerische Südostbahn
SSW	Siemens-Schuckertwerke, Berlin/Erlangen
StEG	Österreichisch-Ungarische Staatseisenbahngesellschaft
UIC	Union Internationale des Chemins de Fer (Internationaler Eisenbahnverband)
WLF	Wiener Lokomotivfabrik-AG, Wien

Abkürzungen der Randvermerke

B	Bild
D	Zugkraft/Geschwindigkeits-Diagramm
P	Längsprofil
TS	Typenskizze
U	Triebfahrzeug-Umlauf

Umrechnung der SI-Einheiten in früher gebräuchliche:

1 N = 0,102 kp
1 kW = 1,36 PS
1 bar = 1,02 at

Vorwort

Das Titelbild zeigt einen Eilzug auf der Schwarzwaldbahn, der mit einer Lokomotive der Baureihe 139 bespannt ist – eigentlich einer Güterzuglokomotive – und dies nicht nur ausnahmsweise, sondern planmäßig. Schon während der Elektrifizierungsarbeiten dieser Strecke wurde im Sommer 1974 bekannt, daß auch nach Aufnahme des elektrischen Zugbetriebs im Herbst 1975 alle durchgehenden Reisezüge in Offenburg weiterhin umspannen müßten; die Schnellzuglokomotiven der Reihe 110 dürften nicht auf der Schwarzwaldbahn verkehren.

Ein ausgedehnter Briefwechsel des Verfassers mit Dienststellen der Deutschen Bundesbahn, der Österreichischen Bundesbahnen, später auch mit den Schweizerischen Bundesbahnen und Firmen, ließ immer deutlicher erkennen, daß die Auslegung elektrischer Lokomotiven oder Triebwagen für den Schnellzugdienst auf Steilrampenstrecken mit anschließenden Flachlandabschnitten ein äußerst komplexes Gebiet ist. Zudem zeigte sich eine Abhängigkeit des Einsatzes leistungsfähiger elektrischer Triebfahrzeuge von der zweckmäßigen Bemessung und Ausgestaltung der ortsfesten Anlagen der elektrischen Zugförderung. Dem Verfasser erschien es deshalb reizvoll, sowohl die Elektrifizierung und deren Vorgeschichte als auch den Betriebsmaschinendienst unter besonderer Berücksichtigung der Schnellzugtraktion bei den mit 15 kV 16²/₃ Hz elektrifizierten Gebirgsbahnen Mitteleuropas systematisch zu untersuchen und gegebenenfalls allgemeingültige Schlüsse zu ziehen.

Schwierigkeiten gab es mehr als genug zu bewältigen, insbesondere etwa Herausfinden der betrieblichen und organisatorischen Besonderheiten bei den einzelnen Bahnverwaltungen, Ermittlung von Daten der in Italien, Jugoslawien oder Mitteldeutschland gelegenen Streckenabschnitte, zeitliche Festlegung des Einsatzes älterer Triebfahrzeuggattungen im Schnellzugdienst auf bestimmten Strecken oder Auffinden der Primärliteratur.

Die vielen Fragen, die bei jeder Strecke und jedem Triebfahrzeugtyp abzuklären waren, konnten von der jeweiligen Eisenbahnverwaltung auch bei bestem Willen kaum bewältigt werden. Dankenswerterweise haben sich in Deutschland, Österreich und der Schweiz kompetente Eisenbahner bereiterklärt, dem Verfasser neben ihrem Dienst mit Rat und Tat zur Seite zu stehen. In Deutschland waren es der auf dem Feldberg durch einen Blitzschlag tragisch ums Leben gekommene Artur Meyer, Karlsruhe, der dem Verfasser aus dem Archiv des Dezernats 25 der Bundesbahndirektion Karlsruhe wertvolle Unterlagen zur Einsicht zur Verfügung stellte, sowie Dipl.-Ing. Wolfgang Schmidt, Karlsruhe und Villingen, der aus seiner reichen Erfahrungen bei den Elektrifizierungen in Baden berichten konnte. In der Schweiz ging Otto Metzger, Zollikofen, zahlreichen Detailfragen kritisch und ungemein sorgfältig nach. In Österreich klärte Dipl.-Ing. Ernst Kapfer, Wien, sowohl grundsätzliche Probleme der Zugförderung als auch spezielle Fragen des derzeitigen Betriebsmaschinendienstes der ÖBB. Dank Dipl.-Ing. Otto Janusz, Innsbruck, war es möglich, die Bespannung der Schnellzüge auf den österreichischen Gebirgsbahnen vor, während und nach dem Zweiten Weltkrieg darzustellen. Weiter sei Ingenieuren, Technikern, Lokomotivführern und Fahrdienstleitern in Deutschland, Österreich und der Schweiz gedankt, die den Verfasser in jeder Weise bei seinen Nachforschungen unterstützt haben. Vom Bundestagsabgeordneten Dr. Hansjörg Häfele, Bad Dürrheim und Bonn, erhielt der Verfasser entgegenkommenderweise den Text seiner Schriftlichen Anfragen an die Bundesregierung über die Bespannung der Schnellzüge auf der Schwarzwaldbahn mit den Antworten der zuständigen Stellen.

Die beteiligten Eisenbahnverwaltungen haben dem Verfasser umfassendes Material über den Betriebsmaschinendienst zur Verfügung gestellt und mit teilweise erheblichem Zeitaufwand in ihren Archiven Anfragen zu klären versucht. Insbesondere sei gedankt:

- von der Deutschen Bundesbahn dem Bundesbahn-Zentralamt München, der Zentralen Transportleitung in Mainz sowie den Bundesbahndirektionen Karlsruhe, München und

Nürnberg mit deren Pressestellen,
- bei den Österreichischen Bundesbahnen der Generaldirektion in Wien, den Bundesbahndirektionen Linz, Villach und Wien sowie der Elektro-Streckenleitung Villach,
- in der Schweiz jeweils in Bern der Generaldirektion der Schweizerischen Bundesbahnen, dort den Abteilungen Information und Public Relations, dem Zugförderungs- und Werkstättedienst und dem Fotodienst; weiter der Berner Alpenbahn-Gesellschaft Bern – Lötschberg – Simplon, dort besonders Obermaschineningenieur Kurt Müri sowie dessen Vorgänger Walter Grossmann.

Die Literatur konnte der Verfasser dankenswerterweise in den Bibliotheken der Bundesbahndirektion Karlsruhe und der Generaldirektion der ÖBB in Wien sowie im Verkehrshaus der Schweiz in Luzern einsehen und durcharbeiten.

Folgenden Firmen ist der Verfasser für Hilfe zu Dank verpflichtet:
Allgemeine Elektricitäts-Gesellschaft (AEG), Berlin
Allmänna Svenska Elektriska AB (ASEA), Västerås
Brown, Boveri & Cie (BBC), Baden/Mannheim/Wien
Aktiengesellschaft für elektrische Industrie (ELIN), Wien
Krauss-Maffei, München
Maschinenfabrik Oerlikon (MFO), Zürich-Oerlikon
Société Anonyme des Ateliers de Sécheron (SAAS), Genève
Simmering-Graz-Pauker (SGP), Wien/Graz
Schweizerische Industrie-Gesellschaft (SIG), Neuhausen
Schweizerische Lokomotiv- und Maschinenfabrik (SLM), Winterthur
Siemens-Schuckertwerke (SSW), Erlangen.

Dankenswerterweise erklärten sich die Herren Kapfer, Metzger, Müri und Schmidt zum Korrekturlesen des Manuskriptes bereit. Schließlich sei Herrn Josef Otto Slezak, Wien, als Verleger dafür gedankt, daß er dem Verfasser bei der Konzeption der vorliegenden Arbeit einen großen Freiheitsspielraum gewährt hat, nicht zuletzt auch für die gediegene Ausstattung des vorliegenden Bandes.

Georg Schwach

Mönchweiler, im Herbst 1977

1. Einleitung

1.1. Thematik und Ziel der Arbeit

Die im allgemeinen hohe Streckenbelastung der Gebirgsbahnen Mitteleuropas, wo jede Art der Ausweitung der Streckenkapazität aus topographischen Gründen stets mit hohen finanziellen Aufwendungen verbunden ist, hat ihr jetziges Maß vor allem durch die elektrische Zugförderung mit Einphasenwechselstrom 15 kV 16²/₃ Hz erreicht. An sämtliche Übertragungs- und Umsetzungselemente der elektrischen Energie von den Kraftwerken über die Hochspannungsleitungen, Unterwerke und Fahrleitungsanlagen bis zu den Triebfahrzeugen werden deshalb besonders hohe Anforderungen gestellt, weshalb von der Auslegung und zweckmäßigen Gestaltung der genannten Komponenten Entscheidendes abhängt.

Eine Schlüsselrolle kommt dabei den Triebfahrzeugen zu. Zu allen Zeiten hatten die Triebfahrzeuge im Schnellzugdienst auf Gebirgsbahnen die schwierigsten, weil divergierenden Anforderungen zu erfüllen. Einerseits sollten sie auf den Steilrampen hohe Zugkräfte bei verhältnismäßig niedrigen Geschwindigkeiten ausüben, andererseits aber auf günstig trassierten Strecken mit hohen Geschwindigkeiten verkehren. Es wird zu zeigen sein, daß die Konstruktion derartiger Triebfahrzeuge nicht nur immer wieder neue Maßstäbe setzt, sondern die ganze Entwicklung des Triebfahrzeugbaus entscheidend beeinflußt.

Die besonderen betrieblichen Verhältnisse und zugförderungstechnischen Schwierigkeiten der Gebirgsbahnen haben seit Jahrzehnten eine Fülle von Aufsätzen angeregt, die sich insbesondere mit neu entwickelten Triebfahrzeugen befassen. Zusammenfassende Darstellungen sind selten: Zu nennen wäre hier das bekannte Buch von Ascanio Schneider[1] und ein Aufsatz von Josef Eisenmann[2]. Theodor Vogel ist recht ausführlich auf die Bedeutung der zentraleuropäischen Bahnelektrisierung mit Einphasenwechselstrom 15 kV 16²/₃ Hz eingegangen.[3]

Hier sei der Versuch gewagt, eine zusammenfassende Darstellung der Bespannung der Schnellzüge auf den heute elektrifizierten Gebirgsbahnen Mitteleuropas (ohne ČSSR) zu geben, wobei anhand der Originalliteratur Konstruktion, Verwendung und Weiterentwicklung der im Schnellzugdienst eingesetzten Triebfahrzeuge dargestellt und auch die Hintergründe sowie die Durchführung der Elektrifizierung jeder Strecke erörtert werden sollen. Dabei wurden nur jene Strecken berücksichtigt, die sowohl längere Steilrampen als auch schnellfahrende Reisezüge mit großen Laufwegen aufweisen. Zum näheren Verständnis der zugförderungstechnischen und betrieblichen Besonderheiten bei den einzelnen Bahnverwaltungen sind jeweils entsprechende Abschnitte den Hauptkapiteln vorangestellt.

Da das Internationale Einheitensystem allgemein bereits eingeführt ist, werden sämtliche Einheiten und physikalischen Größen dementsprechend angegeben. Für die spezifisch eisenbahntechnischen Begriffe und Größen werden dagegen die seit Jahren in der Fachliteratur üblichen Bezeichnungen verwendet, um der für die kommenden Jahre zu erwartenden neuen Begriffsbildung entsprechend dem Internationalen Einheitensystem nicht vorzugreifen.

Es würde den Rahmen dieser Arbeit sprengen, eine elementare Zugförderungsmechanik voranzustellen, doch sei zunächst ein kurzer Überblick über das Zugkraftverhalten eines Triebfahrzeugs mit Dampf-, Diesel- oder Elektroantrieb gegeben, damit der Leser die grundsätzlichen Probleme verstehen und die im Anhang beigefügten Diagramme richtig deuten lernt.

---

1 Alle Anmerkungen sind auf den Seiten 289 bis 306 zusammengefaßt.

1.2. Energie, Leistung und Zugkraft bei Triebfahrzeugen

Vielleicht etwas ungewohnt sei ein Triebfahrzeug hier als Energieumwandler gesehen, wobei dieser Vorgang jeweils bei zwei speziellen Betriebszuständen betrachtet sei, nämlich beim Fahren und beim Bremsen. Beim Fahren muß eine beliebige Energieform in mechanische Energie umgewandelt werden, beim Bremsen dagegen die mechanische Energie in eine andere. Die damit zusammenhängende Problematik sei im folgenden näher beleuchtet.

Die Leistung eines Triebfahrzeugs ist bei jeder Art von Energieumwandlung nicht konstant, sondern von der Geschwindigkeit abhängig. Insbesondere gilt, daß die Leistung für die Geschwindigkeit v = 0 verschwinden muß, wie sich elementar zeigen läßt:

$$P = \frac{W}{t}$$

$$P = \frac{F \cdot s}{t}$$

$$P = F \cdot v$$

		Einheit
Kraft	F	= 1 N (Newton)
Weg	s	= 1 m (Meter)
Zeit	t	= 1 s (Sekunde)
Geschwindigkeit	v	= 1 m/s (Meter pro Sekunde)
Leistung	P	= 1 W (Watt)
Arbeit	W	= 1 Nm = 1 Ws

Gleichzeitig folgt aus dieser Beziehung, daß sich aus der in Abhängigkeit von der Geschwindigkeit gegebenen Leistung eines Triebfahrzeugs (P/v-Diagramm) die Zugkraft in Abhängigkeit von der Geschwindigkeit (F/v-Diagramm) ermitteln läßt. Jede Darstellungsweise ist für sich sinnvoll und hat ihre Berechtigung, für die Belange der Zugförderung ist jedoch das F/v-Diagramm ergiebiger, welches rasch die Anhängelast berechnen läßt, die eine Triebfahrzeuggattung über eine bestimmte Strecke bei vorgegebener Geschwindigkeit zu ziehen vermag (bei der Anfahrgrenzlast wird es komplizierter).

1.2.1. Dampflokomotive

Die auf dem Triebfahrzeug mitgeführte fossile Energie (Kohle, Heizöl) wird in der Feuerbüchse durch Verbrennen in Wärmeenergie umgewandelt. Diese wird dem gleichfalls mitgeführten Wasser zugeführt, das als Übertragungsmittel und Energiespeicher fungiert. In den Dampfzylindern wird die Wärmeenergie des Wasserdampfs in mechanische Energie umgewandelt. Die Regulierung des Energieflusses ist durch die Brennstoffzufuhr, die Dampfzufuhr und die Füllung der Dampfzylinder möglich. Der erhitzte Wasserdampf als Zwischenträger macht die Dampflokomotive überlastungsfähig.[4]

Der beschriebene Energiefluß ist nicht umkehrbar, d. h. aus mechanischer Energie läßt sich niemals fossile Energie erzeugen. Damit verbleibt für das Bremsen einer Dampflokomotive lediglich die Möglichkeit der Umwandlung der mechanischen Energie in Wärmeenergie, die an die umgebende Luft abgeführt wird. Bei der Klotzbremse geschieht dies durch die Reibung zwischen einem festen (Klotz) und rotierenden Teil (Rad), bei der Riggenbachschen Gegendruckbremse durch das Komprimieren von Luft in den Dampfzylindern.

Falls die beschriebenen Formen fossiler Energie nicht in genügendem Maß zur Verfügung stehen, kann zur Not auf Holz als Energieträger oder in Ausnahmefällen auf elektrische Energie zurückgegriffen werden.

Mit Hilfe eines Indikators läßt sich in jedem Zylinder ein Dampfdruckschaubild aufnehmen. Die daraus indizierte Leistung P_i stellt sich in Abhängigkeit von der Ge- D 1
schwindigkeit wie folgt dar: Von der Geschwindigkeit $v = 0$ aus steigt sie zunächst bis zur Reibungsgeschwindigkeit v_r mit zunehmendem Dampfverbrauch linear. Von dort an steigt die indizierte Leistung flacher, damit der von den Zylindern benötigte Dampf die Dampferzeugung des Kessels nicht übersteigt. Von einer maximalen indizierten Leistung an sinkt diese mit zunehmender Geschwindigkeit wieder ab, sofern nicht schon die zulässige Höchstgeschwindigkeit des Triebfahrzeugs erreicht ist. Die am Zughaken gemessene Leistung, die effektive Leistung P_e, ist durch die Reibungsverluste im Triebwerk und den mit zunehmender Geschwindigkeit zunehmenden Fahrwiderstand der Lokomotive niedriger. Aus den Leistungen P_i und P_e ergeben sich entsprechend die Zugkräfte F_i und F_e.[5]

1.2.2. Diesellokomotive mit hydraulischer Kraftübertragung

In diesem Zusammenhang sei nur auf diese Bauart eingegangen, da nur dieselhydraulische Lokomotiven längere Zeit den Schnellzugdienst auf einer heute mit 15 kV $16^2/_3$ Hz elektrifizierten Gebirgsbahn versahen.

Die auf dem Triebfahrzeug mitgeführte fossile Energie (Dieselöl) wird durch explosionsartiges Verbrennen in Zylindern in Wärmeenergie und über Kolben weiter in mechanische Energie umgewandelt. Im Gegensatz zur Dampfmaschine benötigt der Dieselmotor jedoch eine besondere Kraftübertragungsanlage. Das vom Dieselmotor abgegebene Drehmoment ist innerhalb eines beschränkten Drehzahlbereichs nahezu D 2
konstant. Die obere Grenze ist durch die mechanische Festigkeit der bewegten Teile des Motors bestimmt, die untere durch die Tatsache, daß jeder Verbrennungsmotor unterhalb einer bestimmten Drehzahl, der Leerlaufdrehzahl, stehenbleibt und damit auch nicht unter Last anlaufen kann. Bis der stillstehende Treibradsatz die Leerlaufdrehzahl des Motors erreicht hat, muß eine Kupplung die nicht benötigte mechanische Energie in Wärme umwandeln. Weiter muß die Kraftübertragungsanlage das vom Dieselmotor abgegebene konstante Drehmoment entsprechend der mit zunehmender Fahrgeschwindigkeit sich ändernden Zugkraft in ein wechselndes Drehmoment umwandeln. Schließlich muß diese Anlage auch die Fahrtrichtungsänderung übernehmen, da der bei Schienenfahrzeugen verwendete Dieselmotor nur in einer Drehrichtung arbeiten kann. Dies geschieht hier über hydraulische Getriebe unter Ausnützung der Strömungsenergie bewegter Flüssigkeiten bei veränderlichem Füllungsgrad.

Damit ist die Diesellokomotive nicht überlastungsfähig. Die Regulierung erfolgt durch Änderung der Brennstoffzufuhr und durch eine geschwindigkeits- und leistungsabhängige Gangschaltung mit Wandlern und Kupplungen.

Wie bei der Dampflokomotive ist der beschriebene Energiefluß nicht umkehrbar, mechanische Energie kann nur in Wärmeenergie umgewandelt werden, und zwar in der Klotzbremse und in der an das hydraulische Getriebe angebauten Strömungsbremse mit Wärmeaustauscher.

Falls Dieselöl als Energiequelle beispielsweise in Krisenzeiten nicht zur Verfügung stehen sollte, kann praktisch nicht auf eine andere Primärenergie zurückgegriffen werden, weil der Holzvergaser für Diesellokomotiven nicht in Betracht kommen dürfte.

Die an der Kupplung abgegebene Leistung des Dieselmotors ist direkt vom Luftdruck und damit umgekehrt von der Meereshöhe sowie auch von der Außentemperatur abhängig. Reibungsverluste im Motor, Strömungs- und damit Wärmeverluste im hydraulischen Getriebe und der Laufwiderstand der Lokomotive verringern die Leistung. Aus der auf den Zughaken bezogenen Leistung ergibt sich das F/v-Diagramm mit hohen Anfahrzugkräften, die mit zunehmender Geschwindigkeit steil abfallen. Zudem können diese hohen Anfahrzugkräfte wegen des beschränkten thermischen Aufnahmevermögens der hydraulischen Kraftübertragungsanlage mit zugehörigem Kühler nur zeitlich begrenzt ausgeübt werden.[6]

1.2.3. Einphasenwechselstrom-Elektrotriebfahrzeug

Im Gegensatz zu den genannten Triebfahrzeugarten wird hier die Ausgangsenergie nicht auf dem Triebfahrzeug mitgeführt, sondern muß ununterbrochen und in ausreichendem Maße von außen zugeführt werden. Die Fahrmotoren der Elektrolokomotive wandeln beim Fahren elektrische Energie in mechanische Energie um, und umgekehrt kann beim Bremsen jederzeit mechanische Energie in elektrische übergeführt werden. Entweder kann diese elektrische Energie bei der Nutzbremse (Rekuperationsbremse) unmittelbar ins Netz zurückgegeben oder bei der Widerstandsbremse in Wärmeenergie umgewandelt werden.

Der Einphasenwechselstrom wird den Fahrmotoren entweder direkt oder umgeformt bzw. umgerichtet zugeführt. Die Regelung des Elektrotriebfahrzeugs erfolgt durch Veränderung der Spannung entweder konventionell stufenweise als Amplitudensteuerung oder kontinuierlich über Thyristoren als Anschnittsteuerung.

Zwar muß dem Elektrotriebfahrzeug die elektrische Energie über ein eigenes Energieversorgungsnetz zugeführt werden, doch ist es für die vom Triebfahrzeug zu erbringende Zugförderungsarbeit unerheblich, aus welcher Primärenergie sie herrührt. Bei Mangel oder Ausfall einer Primärenergie kann jederzeit auf eine andere ausgewichen werden.

Das Betriebsverhalten eines elektrischen Triebfahrzeugs wird weitgehend von den Eigenschaften seiner Fahrmotoren bestimmt. Da die weitaus meisten Elektrotriebfahrzeuge auf den mitteleuropäischen Gebirgsbahnen derzeit Reihenschlußmotoren haben, sei deren Verhalten besonders berücksichtigt.

Nach den Regeln des Internationalen Elektrotechnischen Komitees (IEC) ist bei der Leistung eines elektrischen Triebfahrzeugs von der Leistung an den Fahrmotorwellen auszugehen. Die Leistung der Fahrmotoren ist durch deren Volumen und die für die Isolierstoffe zulässige Erwärmung begrenzt, wobei es im Laufe der Entwicklung gelungen ist, durch bessere Materialausnutzung, ausgefeiltere Konstruktionen und Übergang auf andere Isolationsklassen die Fahrmotorleistung bei gleichem Volumen immer weiter hinaufzutreiben. Man unterscheidet:

1. Die *Dauerleistung*. Sie muß beliebig abgegeben werden können, ohne daß die zulässigen Grenz-Übertemperaturen überschritten werden.
2. Die *Stundenleistung*. Sie muß – vom kalten Zustand beginnend – unter der gleichen Bedingung eine Stunde lang abgegeben werden können.

3. Die *Anfahrleistung*. Sie kann fünf Minuten lang abgegeben werden.
4. Die *Nennleistung*. Als solche bezeichnet man je nach Definition entweder die Dauerleistung oder die Stundenleistung bei einer bestimmten Geschwindigkeit oder Spannung.[7]

Im Leistungsdiagramm eines neueren elektrischen Triebfahrzeugs nimmt jede der D 3
genannten Leistungen von 0 ausgehend bis zur maximal zulässigen Fahrmotorspannung linear zu, von dort fällt sie bis zur Höchstgeschwindigkeit bei konstanter Klemmenspannung ab; es ist deshalb notwendig, bei jeder Leistungsangabe auch die zugehörige Geschwindigkeit mitzuteilen.

Die Eingrenzung des Arbeitsbereichs eines elektrischen Triebfahrzeugs und damit dessen kritische Phasen sind deutlicher am F/v-Diagramm abzulesen und sind grundsätzlich durch folgende Größen begrenzt:
a) die *Höchstdrehzahl,* bestimmt durch die Fliehkräfte und die höchste Umfangsgeschwindigkeit am Kommutator,
b) die *höchste Betriebsspannung,* bestimmt durch die Rundfeuersicherheit,
c) die *Übertemperatur* von Wicklungen und Kommutator, bestimmt durch Belastungsgröße und -dauer,
d) die *Kommutatorbeanspruchung,* bestimmt durch Belastungsgröße und -dauer.[8]

Die Grenzen a und b sollen auch kurzzeitig nicht überschritten werden; die thermische Leistungsfähigkeit des Motors richtet sich nach der Übertemperatur des heißesten Teils und läßt sich nicht unmittelbar von der Stunden- und Dauerleistung ableiten, sondern setzt die Kenntnis genauer, im Prüffeld gemessener Erwärmungs- und Abkühlungsschaulinien voraus.

Die Kommutatorbeanspruchung ist zweifellos der kritischste Punkt des Einphasen-Reihenschlußmotors, weshalb auf sie näher eingegangen werden soll. Zunächst ist zu unterscheiden, ob der Kommutator stillsteht oder sich dreht. Im ersteren Fall verträgt er überhaupt keine dauernde Belastung, auch nicht im Betrieb mit Gleichstrom. Dreht sich der Läufer, so wird ein Teil der Kurzschlußspannung durch das Wendefeld aufgehoben, der verbleibende Rest – die Transformationsspannung – kann nur für eine zugehörige Drehzahl ausgeglichen werden. Im Normalfall wird eine gute Kompensierung der transformatorisch bedingten Lamellenspannung unter der Bürste für jene mittlere Geschwindigkeit angestrebt, bei welcher jeweils der größte Teil des Betriebseinsatzes abgewickelt wird und bei etwa 70% der Höchstgeschwindigkeit festgelegt.[9]

Ebenso läßt sich in das F/v-Diagramm eines Elektrotriebfahrzeugs mit Einphasen-Reihenschlußmotoren entsprechend den im Prüffeld gemachten Beobachtungen eine
Grenzlinie der Kommutatorbeanspruchung einzeichnen. Wird man sich also außerhalb D 4
dieser Kurve bewegen, ist die Kommutierung um ein wesentliches schlechter und kann zu einem übergroßen Kommutatorverschleiß oder gar zu Unregelmäßigkeiten im Betrieb führen. Die Maschine wird damit nur dann optimal betrieben, wenn die mittlere Geschwindigkeit, bei der der Strom über den Kommutator fließt, gerade bei 70% der maximalen Geschwindigkeit liegt. Weiter zeigt der Betrieb, daß sich ein längerer Fahrbetrieb unterhalb bzw. oberhalb des Kompensationsmaximums ausgleichen muß, im anderen Fall führt er doch zu wesentlich geringeren Standzeiten des Kommutators. Bei Wechselstromlokomotiven ist das elektrische Bremsen mit der gleichstromerregten Widerstandsbremse ein „Balsam“, da dort eine gewisse Regeneration des Kommutators stattfindet. Schließlich ist für den Kommutatorverschleiß die Wahl einer geeigneten Kohlesorte von ganz besonderer Bedeutung.[10]

Zweifach geschlossene Schleifenwicklung und Zwillingsbürsten können die Transformationsspannung vermindern. Damit lassen sich auch im schweren Bergdienst ausreichend lange Kommutatorstandzeiten erzielen.[11]

In besonderen Fällen wurden Umschalteinrichtungen zur Anpassung dieser Kompensierung an die entsprechenden Fahrgeschwindigkeiten eingebaut. Solche Einrichtungen bezwecken meistens eine optimale Einstellung der Kommutation einerseits für niedrige Geschwindigkeiten auf langen Bergstrecken und andererseits für die Fahrt mit hohen

Geschwindigkeiten auf Flachlandstrecken. Eine mehr als zweistufige Wendepol-Shunteinrichtung wurde für 16²/₃ Hz-Motoren nicht angewendet, dagegen im 50 Hz-Betrieb.

Die geschwindigkeitsabhängige Shuntung des Wendefelds ist eine Frage des Aufwands und damit der Wirtschaftlichkeit. Die erforderlichen zusätzlichen Schaltgeräte machen die Triebfahrzeuge eher etwas unsicherer als betriebssicherer. Beispielsweise war anfangs der Kommutatorverschleiß der hier nicht besprochenen Baureihe 103 der DB für eine Höchstgeschwindigkeit von 200 km/h und ein Kompensationsoptimum bei 140 km/h überproportional groß und die Einführung einer zweistufigen Shuntung der Wendefeldwicklung wurde ernsthaft geprüft. Eine spezielle Kohle, die sich in der Schweiz bewährt hatte, brachte auch hier befriedigende Ergebnisse bei dem heute vorherrschenden Betrieb, wodurch der geplante Umbau unterblieb.

Es sei angemerkt, daß die genannte Grenzlinie der Kommutatorbeanspruchung im Regelfall weder in der Literatur noch in offiziellen F/v-Diagrammen der Eisenbahnverwaltungen eingezeichnet ist (Ausnahme: DB-Reihen 110/111, 151). Bei Diodenlokomotiven mit Mischstrommotoren entfällt diese Einschränkung, lediglich im Stillstand des Triebfahrzeugs können nur zeitlich begrenzt Zugkräfte ausgeübt werden. Die geplante Lokomotive mit kommutatorlosen Drehstrom-Asynchronmotoren kann auch im Stillstand praktisch sehr lange die maximale Zugkraft ausüben.

Die höchstzulässigen Anhängelasten auf den hier besprochenen Gebirgsbahnen werden meist entsprechend der Stundenzugkraft der Triebfahrzeuge festgelegt. Auf eine Diskussion des im Gebirgsdienst ausnutzbaren Reibungskoeffizienten zwischen Stahlrad und Schiene sei hier verzichtet; ausgedehnte Versuche bei allen Bahnverwaltungen haben gezeigt, daß der Reibwert durchaus keine konstante Größe ist, die durch eine einfache Formel für sämtliche Triebfahrzeuggattungen von vornherein angegeben werden kann, sondern außerordentlich von der Ausgestaltung des mechanischen und des elektrischen Teils abhängt. Auch sei hier nicht auf den Einfluß des Kennlinienverlaufs auf das Schleuderverhalten eines Triebfahrzeugs eingegangen.

Als Grundlage für die fahrdynamischen Berechnungen diente insbesondere das Standardwerk von Karl Sachs, *Elektrische Triebfahrzeuge*, daneben auch das *Henschel-Lokomotiv-Taschenbuch.* Für die Ermittlung der freien Seitenbeschleunigung bei Kurvenfahrt wurde folgende von Prof. Dr. Karl Pflanz in dessen Vorlesung angegebene Formel verwendet:

$$a_s = \frac{v^2}{13 \cdot R} - \frac{ü}{153}$$

		Einheit
freie Seitenbeschleunigung	a_s =	1 m/s²
Geschwindigkeit	v =	1 km/h
Kurvenradius	R =	1 m
Kurvenüberhöhung	ü =	1 mm

2. Schweiz

2.1. Vorbemerkungen zur Zugförderung in der Schweiz

2.1.1. Eisenbahnverwaltungen und deren geschichtliche Entwicklung

Nachdem die Stimmbürger das Bundesgesetz über den Rückkauf der schweizerischen Hauptbahnen im Volksentscheid vom 20. Februar 1898 gutgeheißen hatten, konnte dieses ein Jahr zuvor vom Nationalrat und Ständerat verabschiedete Gesetz in Kraft treten. Der Verwaltungsrat der *Schweizerischen Bundesbahnen* (SBB) begann am 1. Oktober 1900 seine Arbeit und übernahm den Betrieb der 1901 bis 1909 zurückgekauften großen schweizerischen Privatbahnen.

Die *Berner Alpenbahn-Gesellschaft Bern-Lötschberg-Simplon* (BLS) wurde am 27. 7. 1906 als Aktiengesellschaft konstituiert und ist wie fast alle nichtbundeseigenen Eisenbahnen der Schweiz zufolge der Aktienverteilung eher als Kantonalbahn denn als Privatbahn anzusprechen. Die BLS bildet zusammen mit der *Bern-Neuenburg-Bahn* (BN), der *Simmentalbahn* (SEZ) und der *Gürbetal-Bern-Schwarzenburg-Bahn* (GBS) eine Betriebsgemeinschaft, wobei die vorhandenen Kräfte und das Rollmaterial so eingesetzt werden, wie wenn alle Linien im Besitz einer einzigen Verwaltung stehen würden.

Sowohl für die SBB als auch für die BLS und die anderen konzessionierten Verkehrsunternehmungen der Schweiz gilt, daß sie nicht nur dem Bund und den Kantonen verantwortlich sind, sondern zufolge der direkten Demokratie auf Gemeindeebene, kantonaler Ebene und auf Bundesebene auch dem Stimmbürger direkt Rechnung tragen müssen. So kommt der Öffentlichkeitsarbeit der Schweizer Bahnen eine unmittelbar politische Bedeutung zu.

2.1.2. Organisationsstruktur und Zuständigkeiten

Entsprechend dem traditionellen Gleichgewichtszustand zwischen Bundesstaat und Kantonen besteht auch in der Bundesbahnorganisation ein starker Drang zur Dezentralisation. In der *Generaldirektion* (GD) in Bern ist nach der organisatorischen Neugliederung das bisherige Bau- und Betriebsdepartement zum *3. Departement Technik* mit den Dienstabteilungen *Bau, Zugförderung und Werkstätten* (ZfW), *Kraftwerke* (KW) und *Materialverwaltung* (Sitz in Basel) umgestaltet worden, während die *Betriebsabteilung* (BA) ausgegliedert wurde und jetzt dem *2. Departement Verkehr* zugeordnet ist.

Das Bundesbahnnetz ist in die drei *Kreise* I (Lausanne), II (Luzern) und III (Zürich) eingeteilt, die jeweils vier Abteilungen haben: *Verwaltungsabteilung, Bauabteilung* (Bau), *Betriebsabteilung* (BA) und Abteilung *Zugförderung* (Zf).

Das Schwergewicht der Entscheidung liegt deutlich bei der Generaldirektion, was am Beispiel der grundsätzlichen Aufgaben der Abteilung ZfW dargelegt werden soll:
- Der Fahrzeugneubau ist bei der Abteilung ZfW zentralisiert.
- Beim Fahrzeugunterhalt erfolgt der Großunterhalt in den *Hauptwerkstätten* (HW) unter der direkten Leitung des Chefs des Werkstättedienstes bei der Abt. ZfW, der Kleinunterhalt in den Lokdepots und Wagenreparaturanlagen unter der direkten Leitung der Abteilungen Zf der Kreise.
- Die Grundsätze der Betriebstechnik werden von der Abt. ZfW festgelegt, die Durchführung erfolgt durch die Zf.

Die Energieversorgungseinrichtungen vom Kraftwerk bis zur Fahrleitung sind sowohl der Abteilung KW als auch der Abteilung Bau zugeordnet: Die Abteilung KW betreibt, unterhält und erneuert Kraft- und Umformerwerke, die Sektion für Fahrleitungsanlagen der Bauabteilung der GD ist für die Gestaltung der Übertragungsleitungen, Unterwerke und Fahrleitungsanlagen zuständig. Untersteht der Betrieb und Unterhalt der zuletzt genannten Anlagen den Bauabteilungen der Kreise, ist für den Aufbau und die Überwachung der elektrischen Schutzeinrichtungen aller Energieübertragungseinrichtungen einschließlich der Fahrleitung die Abteilung KW verantwortlich. Eine elektrotechnische Versuchsanstalt im eigentlichen Sinn gibt es bei den SBB nicht.

2.1.3. Vorschriften und Dienstfahrpläne

Für den Zugförderungsdienst sind besonders folgende Reglemente (R) von Bedeutung:
R 310.1 *Reglement über den Fahrdienst* (FDR)
R 311.1 *Reglement über den Rangierdienst* (RDR)
R 312.1 *Reglement über die Signale* (RS)

Finden sich in den genannten Reglementen die für alle schweizerischen Eisenbahnen gültigen Vorschriften, so sind die Ausführungsbestimmungen für das Netz der SBB in einem eigenen Reglement, dem R 310.3 *Anhang zum Fahrdienstreglement,* zusammengestellt (früher Anhang zum Dienstfahrplan). Dieser Anhang enthält praktisch alle für die Zugförderung wesentlichen Angaben: Höchstgeschwindigkeiten, Normallasten der Triebfahrzeuge, Bremsordnung, Beschränkungen im Verkehren von Triebfahrzeugen, Bereitstellen der Züge, Fahrdienstvorschriften und anderes.

Im Laufe der Jahre hat der Aufbau des *Dienstfahrplanes* (Df) eine derartige Entwicklung durchgemacht, daß dieser zu einer äußerst vielseitigen Informationsquelle für den Lokomotivführer geworden ist, was wiederum zu einer höchst komplexen Symbolik geführt hat. Im Kopf der Fahrordnung finden sich unter der Zugnummer die Zug- und Lastreihe sowie das Bremsverhältnis, in der Spalte der Stationsnamen Zeichen für die signalmäßige Ausrüstung der Strecke, das Regelgleis, die Höchstgeschwindigkeiten für Ein- und Ausfahrt und Geschwindigkeitsbeschränkungen in Kurven. In der Spalte der Verkehrszeiten sind Hinweise für Kreuzungen und Überholungen, in der Geschwindigkeitsspalte rechts neben den Verkehrszeiten sind die zulässigen Streckengeschwindigkeiten und planmäßige Änderungen in der Gleisbenützung dargestellt.

Zum Fahrplanwechsel 1973 erfolgte eine Neugestaltung des Df in Ringbuchform: Die Spalte der Stationsnamen mit den Geschwindigkeitsbeschränkungen der Reihen R bzw. A, M ist als „Schieber" von den eigentlichen Fahrordnungen getrennt und kann bei Änderungen während der Fahrplanperiode rasch angepaßt oder ausgewechselt werden, womit sich der Korrekturaufwand drastisch verringert, zumal in der Schweiz seit 1965 der Zweijahresfahrplan eingeführt ist.

Nur ein Teil der Geschwindigkeitsänderungen wird auf der Strecke signalisiert: Die Geschwindigkeitseinschränkungen werden durch Geschwindigkeitssignale, bestehend aus Vor-, Haupt- und Endsignal, angegeben. Bis 1967 gab beim Vorsignal die obere Zahl die nach Reihe B zulässige Geschwindigkeit in km/h an, die untere jene nach Reihe R. Die Geschwindigkeitseinschränkung nach Reihe A war dem Df zu entnehmen und lag im Regelfall in der Mitte. Seither gibt die obere Zahl die Geschwindigkeit der Reihe A an, die untere jene der Reihe R, wobei die Fünferstufung beibehalten wurde. Bei Stationsdurchfahrten liegt die Schwelle zwischen Ein- und Ausfahrgeschwindigkeit beim Aufnahmegebäude, ebenso die Geschwindigkeitsschwelle der Streckengeschwindigkeit. Nur ausnahmsweise wird ein Wechsel der Streckengeschwindigkeit durch Angabe des Streckenkilometers festgelegt. Damit ist die jeweils zulässige Streckengeschwindigkeit ausschließlich dem Df oder sonstigen Unterlagen zu entnehmen, während die örtlichen Geschwindigkeitsbeschränkungen teilweise an der Strecke signalisiert sind.

Bei Leuchtziffern an Signalen handelt es sich um Gleisnummernsignale. Die seit 1961 anstelle der früheren Wegsignalisierung eingeführte Geschwindigkeitssignalisierung erfolgt durch bestimmte Signalbilder an Lichtsignalen (die Formsignale sind fast verschwunden), wobei die zugehörigen Geschwindigkeiten entweder als Normgeschwindigkeiten festgelegt sind oder dem Df entnommen werden können.

2.1.4. Entwicklung der Strecken- und Kurvengeschwindigkeiten

Bis 1920 verkehrten die Schnellzüge der SBB in der Regel auch auf günstig trassierten Strecken mit höchstens 75 km/h, auf der Gotthardbahn und zwischen Genf und Lausanne wurde mit besonderer Bewilligung der Aufsichtsbehörde mit 90 km/h gefahren. Die Elektrifizierung der Hauptlinien der SBB brachte im Jahre 1929 die Anhebung auf 100 km/h. Mit den 1935 eingeführten Leichttriebwagen und den ein Jahr später in Betrieb genommenen Leichtschnellzügen wurden die höchstzulässigen Geschwindigkeiten völlig neu festgesetzt. Um dies erklären zu können, ist es nötig, nochmals auf die Angaben im Kopf der Fahrordnung des Df einzugehen:

Beispielsweise findet man in einem Df unter der Zugnummer die Angabe „R II 125%". Aus Zugreihe (R) und Bremsreihe (125%) ergeben sich die Höchstgeschwindigkeiten. Diese waren den Zuggattungen bis Fahrplanwechsel 1967 wie folgt zugeordnet:

R 140%: TEE „Cisalpin", geführt durch TEE II mit einer Höchstgeschwindigkeit von 140 km/h und 10 km/h höherer Kurvengeschwindigkeit seit dessen Einführung im Jahre 1961.

R 125–105%: TEE-Züge, Leichtschnellzüge, Pendelzüge bespannt mit Triebfahrzeugen der Reihe R (ohne TEE I), Triebwagen BDe 4/4 sowie BLS-Leichttriebwagen mit einer Höchstgeschwindigkeit von 125–120 km/h und 10 km/h höherer Kurvengeschwindigkeit.

A 95–88%: Reisezüge, bespannt mit Ae 4/6, Ae 6/6, Ae 3/6 I-110, BLS Ae 4/4, Ae 8/8, Be 4/4 mit einer Höchstgeschwindigkeit von 110 km/h und 5 km/h höherer Kurvengeschwindigkeit.

B 80–74%: Reise- und Güterzüge, bespannt mit sonstigen Triebfahrzeugen mit einer Höchstgeschwindigkeit von 100 km/h und für „gewöhnliche Züge" zugelassener Kurvengeschwindigkeit.

Die freie Seitenbeschleunigung ist innerhalb jeder Reihe verschieden und erreicht bei Fahrt im 280 m-Bogen mit 150 mm Überhöhung ihr Maximum: R (80 km/h) 0,76 m/s², A (75 km/h) 0,55 m/s² und B (70 km/h) 0,35 m/s², bei der jeweiligen Höchstgeschwindigkeit fällt sie auf Werte von 0,45 bis 0,33 m/s². Durch diese differenzierte Festlegung der Höchstgeschwindigkeiten nach den Reihen R, A und B war es bei gleicher Oberbaubeanspruchung möglich, bei dem kurvenreichen Netz der SBB außerordentliche Fahrzeitverkürzungen zu erzielen.

Ab Fahrplanwechsel 1967 wurden die Kurvengeschwindigkeiten der Reihe A allgemein eingeführt (Höchstgeschwindigkeit jetzt 120 km/h) und der TEE „Cisalpin" nach Reihe RS 140% mit einer Höchstgeschwindigkeit von 140 km/h geführt. Zwei Jahre später konnten auch mit Re 4/4II bespannte Züge nach Reihe RS 125% mit dieser Höchstgeschwindigkeit auf der Simplonstrecke verkehren, nachdem der Vorsignalabstand von normal 870 m auf 1150 m verlängert worden war. Zum Fahrplanwechsel 1975 wurde die Sonderreihe RS aufgegeben und auf geeigneten Strecken nach Reihe R 125% allgemein 140 km/h zugelassen.

In den Fahrordnungen des Df ist für jeden Zug eine bestimmte Zugreihe und Bremsreihe festgelegt, die der Regelbespannung und der im Zugbildungsplan festgelegten Komposition entspricht. Bei Abweichungen schreibt der Zugführer (bei unbegleiteten Zügen der Vorstand) eine andere Zug- oder Bremsreihe vor. In den Heften „RAM" (früher „RAB") findet der Lokführer hierzu sämtliche Angaben. Da auch höhere Geschwindigkeiten gefahren werden können als es der ursprünglich vorgesehenen Zug- und Bremsreihe entspricht, sind im Verspätungsfall außerordentliche Fahrzeitverkürzungen möglich.

Schließlich noch ein Wort zu den in Beziehung zu den Zuggattungen stehenden Lastreihen. Als Behelf für den Betrieb wurden 1933 neue Normallasttabellen eingeführt, welche die Lastreihen I bis VII und seit 1936 (Einführung der Leichtzüge) auch noch die Lastreihe 0 aufweisen. Sie sind heute noch in Kraft, genügen aber den Anforderungen nicht mehr ganz und sollen deshalb in den nächsten Jahren ersetzt werden, wobei eine

Verminderung der Zahl der Lastreihen auf drei Laststufen geplant ist – dies gilt jetzt schon für die BLS. Den Lastreihen sind entsprechende Fahrzeiten zugeordnet, die als Grundlage für die Aufstellung der Fahrpläne dienen. Die für die Gattung des Zuges vorgesehene Lastreihe wird im Kopf seiner Fahrordnung angegeben. Ist die tatsächliche Anhängelast größer, müssen unter Umständen Mehrfahrzeiten in Kauf genommen werden. Bei Reisezügen darf die Normallast bis zur Lastreihe V und, sofern Signalhalte auf der maßgebenden Steigung vermieden werden können, bis zur Lastreihe VII (Triebwagen nur bis Lastreihe V) überschritten werden, wenn kein Vorspanntriebfahrzeug beigestellt werden kann oder die Zeit für das Bei- oder Wegstellen eines solchen größer wäre als die Mehrfahrzeit bei einspänniger Fahrt. Den weitaus meisten Reisezügen sind heute die Lastreihen 0 und I zugeordnet, wobei die Lastreihe 0 für alle Strecken und Lok sowie Triebwagen RBe 4/4 eine einheitliche Normallast von 200 t vorsieht, auf Strecken mit Steigungen von 25 Promille und mehr für Re 4/4I, RBe 4/4, Ae 3/6 und Ae 3/5 eine solche von 150 t. Auf Strecken mit größeren Steigungen können Schnellzügen die Lastreihe II und Personenzügen (seit Fahrplanwechsel vom 22. 5. 1977 heißen diese Regionalzüge) die Lastreihe III zugeordnet sein.

Mit der Inbetriebnahme der Leichttriebwagen ab 1935 hatte auch die BLS die Geschwindigkeiten der Reihe R eingeführt. Nachdem es in den Nachkriegsjahren zu einigen Achsbrüchen bei Leichttriebwagen gekommen war, was auf den damals kriegsbedingt schlechten Zustand des Oberbaus zurückzuführen war, wurde die Reihe R vorerst aufgehoben und lediglich nach Reihe A gefahren. Ab 1971 wurde mit der Zulassung der Diodenlokomotiven für die Reihe R auch auf dem BLS-Stammnetz wieder mit den höheren Kurvengeschwindigkeiten dieser Reihe gefahren.

2.1.5. Besonderheiten im Zugförderungswesen

Auf den doppelspurigen Strecken der SBB und BLS wird – abgesehen von der Strecke Muttenz–Basel Bad. Bf. – grundsätzlich links gefahren. Sämtliche Vor- und Hauptsignale, jedoch nicht die ständigen Geschwindigkeitsbeschränkungen sind mit der automatischen Zugsicherung System Signum ausgerüstet. Der Zugbahnfunk wird bis jetzt lediglich auf der Gotthardstrecke (Basel–Chiasso) verwendet, wobei in den Tunnels keine Verständigung möglich ist.

Lange Jahre waren die Schnellzüge auf den Gebirgsbahnen der Schweiz mit der Doppelbremse ausgerüstet. Bei der automatischen Westinghousebremse bemängelte man die Erschöpfbarkeit und die schlechte Regulierfähigkeit beim Befahren langer und starker Gefälle. Deshalb verband man diese mit der direkt wirkenden Regulierbremse zur Doppelbremse, die nach Probefahrten auf der Gotthardbahn im Jahre 1883 eingeführt wurde. Mit der Entwicklung neuerer Bremsbauarten wurde die in den fünfziger Jahren immer seltener verwendete Regulierbremse im Jahre 1962 abgeschafft.

Charakteristisch für das schweizerische Eisenbahnnetz ist der Durchlauf von SBB-Triebfahrzeugen auf nichtbundeseigenen Eisenbahnstrecken und umgekehrt, um zu einer bestmöglichen Ausnutzung der Lokomotiven und Triebwagen bei den vergleichsweise kurzen Bespannungsabschnitten zu gelangen. Grundsätzlich werden die Triebfahrzeuge von entsprechend instruiertem Personal jener Verwaltung geführt, der das Triebfahrzeug gehört. Das Spitzensignal ist auch tagsüber grundsätzlich beleuchtet, bei der BLS seit dem 29. 9. 1974, bei den SBB ab Fahrplanwechsel 1975.

Im Gegensatz zu anderen Eisenbahnverwaltungen setzen SBB und BLS wenn irgend möglich die Kurvenüberhöhung von 150 mm und die zugehörigen höchstzulässigen Kurvengeschwindigkeiten nach den Reihen R und A fest. Da die Schweiz schon lange großen Wert auf möglichst geringe Querkräfte der Triebfahrzeuge bei Kurvenfahrt legt, ergibt sich weder ein übermäßiger Schienen- und Spurkranzverschleiß noch eine Verschlechterung der Gleislage. Auch ist bis jetzt kein Zug zufolge der Überhöhung von 150 mm entgleist. Damit werden bei den auf Gebirgsbahnen am häufigsten vorkommenden Kurvenradien von 280 bis 300 m in der Schweiz nach Reihe R die höchsten Kurvengeschwindigkeiten der hier betrachteten Strecken gefahren.

Im Zuge des Großunterhalts wurden und werden verschiedene Triebfahrzeuggattungen systematisch modernisiert und gegebenenfalls umgebaut, bei den Fahrleitungsanlagen dagegen wird der Neubau größeren Umbaumaßnahmen vorgezogen. Der Einbügelbetrieb wurde schon in den dreißiger Jahren eingeführt, wobei lediglich die Wippe umgebaut wurde. Die Umstellung von Aluminium- auf Kohleschleifstück erfolgte bei den SBB erst Ende 1965.

Schließlich sei noch darauf hingewiesen, daß der Stromabnehmer der schweizerischen Normalspurbahnen lediglich 1320 mm breit ist, entsprechend wird ein Zickzack von ± 20 cm eingebaut. Dieses Maß wird in Einzelfällen bis auf ± 16 cm reduziert.

2.2. Lötschbergbahn

2.2.1. Geographische Lage und Trassierung

Unter Lötschbergbahn versteht man die in nord-südlicher Richtung verlaufende Strecke Spiez–Brig der BLS, wo sie von der vormals der Thunerseebahn und heute auch zur BLS gehörenden Strecke Thun (Scherzligen)–Interlaken Ost abzweigt. Im internationalen Schnellzugverkehr befahren die Züge der Relationen Amsterdam–Basel–Ventimiglia, Biel–Venedig, Oberhausen/Frankfurt (M)–Rom–Reggio–Catania/Palermo und Hamburg–Brig diese Strecke, im innerschweizerischen Verkehr kommen Schnellzüge Delle/Basel/St. Gallen–Bern–Brig hinzu.

Die Lötschbergbahn verläßt nach Spiez den Thunersee und erreicht nach dem Durchfahren des Hondrichtunnels das Kandertal, dessen Talboden sie bis Frutigen folgt. Nach dem Überqueren des Tales auf dem Kanderviadukt verläuft sie im Westhang des Kandertales bis zum Blausee, wo sie vermittels einer Doppelschleife die etwa 220 m hohe Talstufe bis Kandersteg überwindet. Im anschließenden Lötschbergtunnel wird etwa unterhalb des Lötschenpasses die Wasserscheide zwischen Rhein und Rhône unterfahren. Von Goppenstein bis Hohtenn liegt die Bahnlinie meist im Westhang der Lonzaschlucht, wo sie 450 m über der Talsohle das Rhônetal erreicht, dessen Südhang sie bis Brig folgt.

Die Lötschbergbahn ist 73,8 km lang und zerfällt in die Talstrecke Spiez–Frutigen P 1
(13,5 km) und in die Bergstrecke Frutigen–Brig (60,3 km). Die Abschnitte Hondrich–Frutigen (10,9 km) und Kandersteg–Goppenstein (16,9 km) sind bis jetzt auf Doppelspur ausgebaut, jedoch findet man an sämtlichen Stationen längere Kreuzungsgleise, die als Doppelspurinseln angesehen werden können, um nicht nur gleichzeitige Einfahrten, sondern fliegende Kreuzungen zu ermöglichen. Besonders genannt seien die Anlagen von Ausserberg und Blausee, wobei letztere bald bis Kandergrund verlängert werden soll.

Dem Ausbau der Sicherungsanlagen hat die BLS besondere Aufmerksamkeit gewidmet. Auf den zweigleisigen Abschnitten besteht der signalmäßige Einspurbetrieb, die kleineren Zwischenstationen sind für den automatischen Durchgangsbetrieb eingerichtet; weiter sind automatische Blockstellen und Spurwechselstellen eingebaut. Um den Verkehr auf den eingleisigen Steilrampen flüssiger zu gestalten, sind sämtliche Zwischenstationen als automatische Kreuzungsstationen eingerichtet, wobei auf der Nordrampe Kandersteg und auf der Südrampe Goppenstein die Überwachung und Fernbedienung übernehmen.

Die Lötschbergbahn wurde zwischen Spiez und Frutigen mit einer größten Steigung von 15,5 Promille trassiert, auf den Steilrampenabschnitten Frutigen–Kandersteg und Goppenstein–Brig mit 27 Promille bzw. 27 bis 22 Promille. Ursprünglich betrug der kleinste Krümmungsradius durchgehend 300 m, wobei etwa ein Drittel der Strecke zwischen Frutigen und Brig mit diesem Radius angelegt ist.[1] Im Zuge des Doppelspurausbaues zwischen Hondrich und Frutigen wurden verschiedene Kurven gestreckt, womit dieses Teilstück jetzt einen Minimalradius von 360 m aufweist.[2]

2.2.2. Dampfbetrieb

Im Anschluß an die 1893 eröffnete Thunerseebahn wurde 1901 die Spiez-Frutigen-Bahn eröffnet, die von Anfang an als Teilstück der Lötschbergbahn betrachtet wurde.[3] Der bescheidene Lokalverkehr wurde mit Tenderlokomotiven verschiedener Baureihen abgewickelt. Abgesehen von verschiedenen Überstellungsfahrten von SBB-Dampflokomotiven befuhr nur die Lokomotive Ec 4/6 62 der früheren Thunerseebahn gelegentlich die Lötschbergbahn, vor allem mit der Dampfschneeschleuder BLS X rot d 9501, bis sie mit dieser zusammen 1966 ausgemustert wurde.[4, 5] Einen Dampfbetrieb im eigentlichen Sinn hat die Lötschbergbahn nie gekannt.

2.2.3. Elektrifizierung

2.2.3.1. Vorgeschichte

Am 27. 6. 1906 beschloß der Große Rat des Kantons Bern ausdrücklich den Bau einer elektrischen Lötschbergbahn.[6] Diesem in der damaligen Zeit ungewöhnlich mutigen Beschluß war seit der Jahrhundertwende eine außerordentliche Aktivität schweizerischer Politiker, Ingenieure und Firmen vorausgegangen.

Nachdem Prof. Dr. Wyßling im offiziellen Bericht der schweizerischen Mitglieder der Jury der Pariser Weltausstellung 1900 an das eidgenössische Handelsdepartement angeregt hatte, daß in der Schweiz über die elektrische Traktion *Versuche im großen Maßstab angesichts der kläglichen Abhängigkeit von durchwegs ausländischen Kohlenminen* vorgenommen werden sollten, beschloß der Vorstand des Schweizerischen Elektrotechnischen Vereins (SEV) anläßlich der Generalversammlung in Montreux 1901, eine Versammlung der interessierten Kreise einzuberufen. Zwei Jahre später konstituierte sich die *Schweizerische Studienkommission für elektrischen Bahnbetrieb,* der Vertreter der Bundesbehörden, der Bundes- und Privatbahnen sowie der Konstruktionsfirmen angehörten.[7]

1902 stellte die Maschinenfabrik Oerlikon (MFO) auf Initiative ihres Direktors Emil Huber-Stockar den Antrag, die wenig frequentierte Bahnlinie Seebach–Wettingen (19,5 km) auf eigene Kosten und auf eigene Gefahr zu elektrifizieren, da nach dessen Meinung eine leistungsfähige Vollbahntraktion auf Steigungsstrecken nur durch die Verwendung von hochgespanntem Einphasenwechselstrom durchgeführt werden könne. Diese Versuchsstrecke sollte sowohl der System- als auch der Komponentenerprobung dienen.[8, 9]

Während noch die Versuchslokomotive Nr. 1 im Bau war, die als B'B'-Umformerlokomotive für 15 kV 50 Hz Fahrdrahtspannung ausgebildet war und mit der 1904 die Probefahrten begannen, gelang Hans Behn-Eschenburg, Oberingenieur der MFO, die Lösung des Kommutierungsproblems bei Wechselstrommotoren, indem er den Einphasen-Reihenschlußmotor mit phasenverschobenem Hilfsfeld entwickelte. Sofort wurde eine weitere Lokomotive (Nr. 2) mit derartigen Motoren und Stufentransformator gebaut und nach der Umstellung der Versuchsstrecke auf 15 Hz im Jahre 1905 in Betrieb genommen; die Lokomotive Nr. 1 wurde in gleicher Weise umgebaut.[10] Zwei Jahre später wurde der Fahrzeugbestand um eine dritte Versuchslokomotive von Siemens & Halske erweitert.[11]

Die Fahrleitungsanlage wurde zunächst als seitlich verlegte Rutenfahrleitung[12] errichtet, später wurde auf einem Teilstück die Siemens-Fahrleitung, bestehend aus Tragseil, Hilfstragseil und nachgespanntem Fahrdraht, eingebaut.[13]

Ab 1906 erschienen die offiziellen *Mitteilungen* der Studienkommission, die in der Feststellung gipfelten, daß das Einphasensystem von 15 kV Fahrdrahtspannung und ungefähr 15 Hz für die Verhältnisse der SBB, insbesondere der Gotthardbahn, am geeignetsten sei.[14]

Obwohl sowohl die Betriebserfahrungen mit den Einphasen-Reihenschlußmotoren[15] als auch die technischen und wirtschaftlichen Ergebnisse des Versuchsbetriebs[16] durchaus positiv waren, faßten die SBB wider Erwarten jedoch keine Beschlüsse für die rasche Elektrifizierung ihres Netzes. Im Gegenteil lehnten sie es ab, die Anlagen der Elektrifizierung „Seebach–Wettingen" für 366000 Franken von der MFO zu kaufen, die hierfür 1,3 Millionen Franken aufgewandt hatte, weil rein rechnungsmäßig der elektrische Betrieb dieser schwach befahrenen Nebenstrecke um 70000 Franken teurer schien als der Dampfbetrieb. Anfang Juli 1909 wurde der elektrische Betrieb eingestellt, der elektrische Lokomotivpark zurückgezogen und die Fahrleitungsanlage abgebrochen.[17]

2.2.3.2. Versuchsbetrieb Spiez–Frutigen

Zufolge der Versuchsergebnisse von Seebach–Wettingen beschloß der Verwaltungsrat der BLS am 20. 6. 1907, die Linie Spiez–Frutigen sofort auf elektrischen Zugbetrieb mit 15 kV 15 Hz umzustellen, um weitere Erfahrungen für den Elektrobetrieb der im Bau befindlichen Lötschbergbahn zu sammeln. Entsprechend sollten sowohl die ortsfesten Anlagen des elektrischen Zugbetriebs als auch die Triebfahrzeuge für den zu erwartenden Verkehr der internationalen Transitlinie ausgelegt sein.[18]

Für die Energieversorgung wurde mit den Bernischen Kraftwerken (BKW) ein Lieferungsvertrag abgeschlossen, weil diese Werke schon die Energie für die Bauarbeiten der Lötschbergbahn lieferten. Für die Erzeugung des erforderlichen Einphasenstroms haben die BKW im bestehenden Kraftwerk Spiez entsprechende Generatoren installiert.[19] Die Fahrleitungsanlage wurde nach der Bauart Siemens mit einfacher Isolation ausgebildet.

Ende 1908 gab die BLS drei Motorwagen und zwei Lokomotiven für 15 kV 15 Hz in Auftrag. Waren erstere vorzugsweise für den Lokalverkehr Spiez–Frutigen, später bis Kandersteg, gedacht, so sollten die Lokomotiven zunächst den Güterverkehr Spiez–Frutigen übernehmen. In der Auslegung waren sie aber für den eigentlichen Lötschbergbetrieb bis Brig bestimmt und demgemäß als schwere Gebirgslokomotiven ausgebildet.

Mit den von Siemens gelieferten Triebwagen Ce 2/4 781 bis 783 wurde nach der Kollaudation der Strecke der fahrplanmäßige elektrische Personenverkehr zwischen Spiez und Frutigen am 1. 11. 1910 aufgenommen.[20]

Die Ce 6/6 121 (C'C') der MFO kam im Oktober 1910 zur Erprobung. Dieses Fahrzeug hatte eine Stundenleistung von 1470 kW bei 42 km/h und zunächst eine Höchstgeschwindigkeit von 70 km/h. Zwei Monate später folgte die Be 4/6 101 (1'B+B1') der AEG mit einer Stundenleistung von 1176 kW bei 40 km/h und einer Höchstgeschwindigkeit von 75 km/h.[21]

Die Ce 6/6 121 war dafür angelegt, 310 t auf 27 Promille und 500 t auf 15,5 Promille mit jeweils 42 km/h zu befördern. Sowohl im elektrischen als auch im mechanischen Teil hat sich dieses Fahrzeug bestens bewährt. Da bei Geschwindigkeiten oberhalb 60 km/h die Laufruhe zu wünschen ließ, wurde die Höchstgeschwindigkeit auf den genannten Wert herabgesetzt.

Bei der Be 4/6 101 war wohl der Kurvenlauf vorzüglich, doch bereiteten die Lager der Motoren und der Blindwelle Schwierigkeiten. Zudem war die Gewichtsverteilung unglücklich und dieses Fahrzeug der MFO-Maschine leistungsmäßig deutlich unterlegen.[22]

Wurden die Triebwagen und die Ce 6/6 121 von der BLS übernommen – letztere leistete von 1928 bis zu deren Ausmusterung im Jahre 1967 bei der BN Güterzugsdienst –, so war dies bei der AEG-Lokomotive nicht der Fall; sie kam schließlich als EG 509/510 zur Preußischen Staatsbahn.[23]

Anfangs fanden die Probefahrten der elektrischen Treibwagen gleichzeitig mit dem Dampfbetrieb statt. Dadurch kam es im Hondrichtunnel zur Lichtbogenbildung zwischen Fahrdraht und Gewölbe, die an berußten Isolatoren eingeleitet wurde und die Gewölbesteine allmählich zu verbrennen drohte. Solange Dampfzüge verkehrten, mußten die Isolatoren in regelmäßigen Zwischenräumen von Ruß gereinigt werden. Nach der Einstellung des Dampfbetriebs traten dort keinerlei Schwierigkeiten mehr auf. Die Wirkung der Gewichtsnachspannung des Fahrdrahts infolge von Reibung betrug kaum die Hälfte.[24]

2.2.3.3. Elektrifizierung der Bergstrecke

Zufolge der Erfahrungen im Versuchsbetrieb konnten die Elektrifizierungsarbeiten der Bergstrecke Frutigen–Brig im Februar 1912 beginnen.[25]

Die hochspannungsseitige Versorgung übernahm das von den BKW neu errichtete Kraftwerk Kandergrund, von wo aus die elektrische Energie einerseits direkt in die Fahrleitungsanlage des gleichnamigen Bahnhofs eingespeist wurde, andererseits über zwei Speiseleitungen von je 50 mm² zum Bahnhof Kandersteg. Längs der eingleisigen Streckenabschnitte wurde durchgehend eine Speiseleitung von 50 mm² verlegt.[26]

Die Fahrleitungsanlage mit Profilauslegern an Peinerträgern auf freier Strecke und Jochen in den Stationen wurde im Prinzip beibehalten, durch das Weglassen des Zwischentragseiles jedoch vereinfacht. Alle Stützpunkte sind doppelt isoliert. Das Teilstück Spiez–Frutigen wurde im Zuge des Unterhalts in gleicher Weise umgebaut. Vom ursprünglich senkrecht angeordneten Fahrleitungskettenwerk hatte vor allem der Cu-Fahrdraht von 100 mm² Querschnitt die Energieübertragung zu übernehmen.[27]

Die ortsfesten Anlagen der elektrischen Zugförderung der BLS bewährten sich im Prinzip durchaus, wenn auch folgende Änderungen und Ergänzungen durchgeführt werden mußten.

Ursprünglich betrug die Fahrdrahthöhe des im Zickzack von ± 20 cm verlegten Fahrdrahts bis zu 6,5 m, die Bügelbreite lediglich 1200 mm. Da es damals noch nicht möglich war, frisch geschüttete Dämme hinreichend so zu verdichten, daß keine Setzungen mehr zu erwarten sind, gab es anfangs sowohl Lageveränderungen beim Gleis als auch bei den Fahrleitungsmasten, weshalb in den ersten Betriebsmonaten Stromabnehmerentgleisungen und damit Fahrleitungsschäden häufig waren.[28]

Ferner führte die anfangs ungenügende Isolation in den Tunnels zu Glimmentladungen, häufigen Überschlägen, Isolatordurchschlägen und Fahrleitungskurzschlüssen, was erhebliche Wicklungsschäden bei den Transformatoren zur Folge hatte. Auswechslung der Isolatoren in den Tunnels und weitere Verstärkung der Isolation an den Lokomotivtransformatoren besserten die Verhältnisse ab Frühjahr 1914 sehr schnell.[29]

Wegen dieser erwarteten Schwierigkeiten schlug ein 1906 an die Regierung des Kantons Bern erstattetes Gutachten für den elektrischen Betrieb der Lötschbergbahn eine Spannung von nur 12 kV vor.[30]

Die Umstellung der Simplonstrecke der SBB auf 15 kV 16²/₃ Hz ermöglichte auch eine Einspeisung vom Kraftwerk Massaboden bei Brig. Ständig erfolgt Blindleistungsbezug zur Spannungshaltung, Wirkleistung nur in Sonderfällen.

Seit Anfang der sechziger Jahre wurden die Energieversorgungseinrichtungen der BLS systematisch ausgebaut. Bei der Betriebseröffnung standen 10 MW hydraulisch-elektrischer Leistung aus dem Wasser der Kander und der Simme zur Verfügung, nach Aufstellung eines 8 MW- und 26 MW-Umformers in Wimmis sind es heute 44 MW. Zur besseren Leistungsverteilung und Spannungshaltung auf der Strecke Frutigen–Brig wurde in Kandersteg für die Haupteinspeisung der Nord- und Südrampe ein Transformator von 33 MVA aufgestellt, der über eine einschleifige 66 kV-Leitung mit dem Umformerwerk Wimmis verbunden ist. Weiter wurden die Schaltstationen Spiez und Kandersteg durch den Einbau hochleistungsfähiger Schalter den gestiegenen Kurzschlußstromstärken angepaßt und die Leitungsquerschnitte im gesamten Bahnnetz verstärkt.[31]

2.2.4. Bespannung der Schnellzüge

2.2.4.1. BLS-Lokomotiven

Be 5/7 151–163

Die Versuchslokomotive Ce 6/6 121 entsprach wohl vorzüglich im elektrischen Teil, nicht dagegen in den Laufeigenschaften. Deshalb entwickelte die SLM die C'C'-Lokomotive zu einer solchen der Achsfolge 1'E1' fort, wobei zur Verbesserung der Laufruhe TS 1 beidseits ein Krauss-Helmholtz-Drehgestell eingebaut wurde. Die elektrische Traktionsausrüstung vom Stromabnehmer über den Stufentransformator zum Triebmotor war sicherheitshalber doppelt vorhanden. Von dieser Bauart bestellte die BLS bei SLM/MFO 1912 insgesamt 13 Lokomotiven, die bei einer auf 1838 kW bei 50 km/h gesteigerten D 5 Stundenleistung mit zwei Fahrmotoren auf 27 Promille Steigung 300 t mit 50 km/h befördern können sollten (talwärts waren 65 km/h zugelassen). Die Höchstgeschwindigkeit war auf 75 km/h festgelegt.[32] Diese damals stärksten elektrischen Lokomotiven der B 2 Welt erregten erhebliches Aufsehen, als am 27./28. 6. 1913 die großen Eröffnungsfeierlichkeiten der Lötschbergbahn stattfanden. Doch schon bei der Kollaudation der ersten Lokomotive (Nr. 151) am 10. 4. 1913 zeigte sich ein erster Zwischenfall, als mit einer maximalen Anhängelast von 500 t in einer S-Kurve oberhalb Reichenbach mit 15,5 Promille Steigung Anfahrversuche vorgenommen wurden. Die Anfahrt gelang infolge Schleuderns der Triebräder erst nach verschiedenen Ansätzen; die Nachkontrolle des Getriebes an Ort und Stelle ergab aber auch, daß die Streben der allzu zierlich gebauten Dreieck-Schlitzkuppelrahmen verbogen waren. Man verstärkte zunächst die Dreieck-Kuppelrahmen durch zwei zusätzliche Streben.[33]

Bei der Inbetriebnahme der vierten Lokomotive (Nr. 154) traten im Geschwindigkeitsbereich zwischen 38 und 42 km/h Schüttelschwingungen mit einem Maximum bei 40 km/h auf. Unterhalb und oberhalb dieses Bereichs lief die Maschine vollkommen ruhig. Die bei den Schwingungen auftretenden enormen Kräfte führten zu Verbiegungen der Kuppelstangen und zu Brüchen von Trieb- und Kuppelzapfen und von Kuppelrahmen. Als Ursache dieser Erscheinung, die auch bei bereits gelieferten Lokomotiven dieser Baureihe auftrat, wurden aufgrund scharfsinniger analytischer Untersuchungen unter Beteiligung der ETH Zürich Resonanzschwingungen der großen Antriebsmassen erkannt. In der Tat bildeten die rotierenden Massen der Motoranker, Getriebe und Kurbelwellen mit den Trieb- und Kuppelstangen ein ideales schwingungsfähiges System. Die Antriebsmassen waren zufolge des Lagerspiels bei jeder Umdrehung zweimal zu beschleunigen und zu verzögern.[34] Abgesehen von einer Verstärkung des Triebwerkes (Ersatz des fachwerkartig unterteilten Kuppelrahmens durch einen massiv geschmiedeten), wurde man der Schwierigkeiten schließlich dadurch Herr, daß man eine richtig bemessene Tangentialfederung einbaute. Dadurch wurde die Resonanz gedämpft und außerhalb der meist vorkommenden Fahrgeschwindigkeiten verlegt.[35] Die anfänglichen Stromabnehmerschäden und Durchschläge in den Transformatoren hatten in den genannten Fahrleitungsdefekten ihre Ursache.

Schließlich fehlte bei der Be 5/7 eine elektrische Bremse, was ein Unfall im Jahre 1919 beweist: Eine nur aus einer Lokomotive und einem Wagen bestehende Garnitur fuhr bei Talfahrt auf der Lötschbergsüdrampe in einen Steinschlag. Dadurch wurde das Bremsgestänge der Lokomotive so stark beschädigt, daß die bremsenlos gewordene Garnitur mit wachsender Geschwindigkeit talwärts fuhr und schließlich in Brig mit 118 km/h entgleiste. Darauf erhielt die Be 5/7 154 im Zusammenhang mit Versuchen, die Wirtschaftlichkeit und Betriebstüchtigkeit der Be 5/7-Lokomotiven zu heben, versuchsweise eine elektrische Rekuperationsbremse eingebaut, die sich aber nicht bewährte und wieder entfernt wurde.[35a]

Bis zum Erscheinen von noch leistungsfähigeren Triebfahrzeugen im Jahre 1926 bewältigten die Be 5/7 praktisch den gesamten Verkehr von Thun bis Brig. Lediglich B 3 leichtere Güterzüge wurden gelegentlich von den vor allem für die Bernischen Dekretsbahnen gebauten Ce 4/6-Lokomotiven geführt. Die Unterhaltungskosten pro gefahrenem Lokomotivkilometer waren im Jahre 1923 bei den Be 5/7-Lokomotiven dreimal so hoch wie bei den genannten Ce 4/6-Lokomotiven, was einerseits auf den schweren Gebirgsdienst, andererseits auf Abnützungs- und Alterungserscheinungen an den Motoren und den luftgekühlten Transformatoren zurückzuführen ist.[36]

Mit der am 15. 5. 1939 aufgenommenen Durchfahrt der BLS-Lokomotiven bis und ab Bern sollten die zwischen Bern und Thun möglichen höheren Geschwindigkeiten auch mit BLS-Triebfahrzeugen gefahren werden. So baute in diesem Jahr die SLM die Lokomotiven 155, 157, 159 und 163 um, indem der mechanische Teil geändert und verstärkt wurde. Lokomotive 151 erhielt nebst diesen Maßnahmen zusätzlich ein Zwischengetriebe, vier neue, rasch laufende Triebmotoren und eine mechanisch-pneumatisch betätigte Hüpfersteuerung nebst Rekuperationsbremse.[37]

Die vier erstgenannten Maschinen mit einer Höchstgeschwindigkeit von 80 km/h wurden in der neuen Nummerngruppe 161 bis 164 vereinigt, wogegen die 151/171 für 90 km/h zugelassen und damit als Ae 5/7 bezeichnet wurde. Die restlichen, nicht verbesserten Einheiten sind unter teilweiser Umbenennung in der Gruppe 151 bis 157 zusammengefaßt worden. Lokomotive 171 stand nach dem Umbau ab 1941 mehrere Jahre im durchgehenden Schnellzugdienst Bern–Brig. Da die Beanspruchung der Antriebe und der Schmiermittel-Verbrauch zu sehr wuchs, wurde sie mit der Anlieferung modernerer Einheiten für den Regeldienst entbehrlich.

Die Ausmusterung dieser Baureihe begann mit den nicht umgebauten Fahrzeugen im Jahre 1943 und war 1964 beendet, wobei eine Lokomotive nach Wiederherstellung des ursprünglichen Aussehens nicht betriebsfähig im Verkehrshaus der Schweiz erhalten geblieben ist.[38]

Ae 6/8 201–208

Die heute einheitlich erscheinenden Lokomotiven dieser Serie haben in ihrer über vierzigjährigen Entwicklungsgeschichte mehrere Umbauten erfahren.

Die Verkehrszunahme in der Konjunkturperiode der zwanziger Jahre führte dazu, daß zu viele Lokomotiven der Reihe Be 5/7 durch die Führung der schweren Güterzüge in Doppeltraktion gleichzeitig gebunden waren. Ende 1924 trat damit ein Bedürfnis für neue Lokomotiven ein, die nach den Erfahrungen mit den 1'E1'-Maschinen keinen Stangenantrieb erhalten sollten. Die Ausschreibung forderte die Führung von 560 t auf 27 Promille mit 50 km/h, wobei die Höchstgeschwindigkeit mit Rücksicht auf die vorgesehene Verwendung im Schnellzugdienst 75 km/h betragen sollte.

Die Firma Sécheron wurde daraufhin als Generalunternehmerin mit der Lieferung von
TS 2 zwei (1'Co)(Co1')-Lokomotiven beauftragt, wobei Breda, Mailand, den mechanischen Teil
herstellen sollte. Der Entwurf zeichnet sich durch äußerste Einfachheit im mechanischen
und elektrischen Teil aus, worin sicher ein wesentlicher Grund für die spätere vorzügliche
D 6 Bewährung dieser Maschinen liegt. Es gelang, eine Stundenleistung von 3309 kW bei 50 km/h einzubauen, womit sich eine Stundenzugkraft von 243 kN ergibt. Bei der elektrischen Ausrüstung sind eine mechanisch-pneumatische Schützensteuerung, die Verwendung von Doppelmotoren und der Sécheron-Antrieb charakteristisch. Eine wechselstromerregte Widerstandsbremse konnte in 27 Promille die Lokomotivmasse abbremsen.[39]

Nach der Ablieferung der Be 6/8 201 als erster Lokomotive am 17. 6. 1926 beförderte diese einen Güterzug von 800 t von Thun bis Frutigen, von dort mit 510 t bis Kandersteg. Am 21. 6. erfolgte die Kollaudation. Erwärmungsversuche eine Woche später fielen sehr günstig aus. Deshalb wurde am 13. 10. ein Güterzug von 600 t von Spiez nach Kandersteg mit einer Anfahrt in 27 Promille bei Blausee geführt. Schließlich folgte am 18. 11. desselben Jahres der offizielle Versuch mit einer Schnellzugskomposition von 15 Wagen zu 600 t, die mehrfach mit 65 km/h über die Steilrampe geführt wurde, wobei die maximale Zugkraft 335 kN betrug. Die zulässige Temperaturgrenze wurde dabei nicht erreicht.

Damit konnten die Be 6/8-Lokomotiven auf 27 Promille für eine Anhängelast von 600 t (ab 1928 610 t) zugelassen werden. Diese Fahrzeuge haben sich bestens bewährt. Die ursprünglich befürchtete Schleuderneigung des Einzelachsantriebs ist nicht eingetreten.[40] Daher wurden zwei weitere Einheiten dieser Bauart unverändert nachgebaut und 1931 in Dienst genommen. Diese vier Lokomotiven versahen von Anfang an sowohl Schnellzug- B 4
als auch Güterzugdienst.

Da die Transportaufgaben in den darauffolgenden Jahren weiter stiegen und die Be 5/7-Lokomotiven den gestellten Anforderungen nur unter Aufwendung großer Unterhaltskosten gewachsen waren, mußte die BLS 1939 erneut leistungsfähige Lokomotiven beschaffen. Die Grundkonzeption der Be 6/8 sollte beibehalten werden, doch sollten die neuen Lokomotiven mit erhöhter maximaler Geschwindigkeit unter Beibehaltung der ursprünglichen Zugkräfte geplant werden, da, wie erwähnt, ab 1939 bis Bern durchgefahren werden konnte. Dank verbesserten Kollektoren und Wicklungen sowie günstigeren Kühlluftführungen in den Triebmotoren konnte Sécheron die geforderten Werte garantieren. Weiter wurde die Stirnwand mit Rücksicht auf den Luftwiderstand völlig neu gestaltet und der Führerstand erstmals für sitzende Bedienung eingerichtet. Verbesserte Stromabnehmer sollten die Stromabnahme in den Tunnels störungsfrei gewährleisten. 1939/43 wurden von SLM/SAAS die Ae 6/8 205 bis 208 geliefert, die bei einer Stundenleistung von 4412 kW bei 56,5 km/h eine Stundenzugkraft von 285 kN hatten und damit auf der Steilrampe 600 t mit 55 km/h befördern konnten.[41]

Gleichzeitig mit der Ablieferung der neuen Maschinen wurden die vorhandenen Be 6/8 201 bis 204 durch den Einbau neuer Getriebe und die Erhöhung des Fahrmotorstroms der thermisch reichlich ausgelegten elektrischen Ausrüstung zu Ae 6/8-Lokomotiven mit einer Stundenleistung von 3882 kW bei 54 km/h und einer Stundenzugkraft von 250 kN umgebaut, wobei die höchstzulässige Anhängelast auf der Steilrampe weiterhin 600 t betrug.

1954/56 erfuhren alle acht Maschinen einen umfassenden Umbau. Die elektrische Widerstandsbremse wurde auf Gleichstromerregung umgestellt, die Bremswiderstände wurden unter Wegfall des zweiten Stromabnehmers auf das Dach verlegt und verstärkt. Die etwas langsam arbeitende und einigen Kraftaufwand verlangende mechanisch-pneumatische Schützensteuerung wandelte man in eine elektropneumatische um. Schließlich wurden bei den Nr. 201 bis 204 neue runde Führerstände für sitzende Bedienung B 5
eingebaut.

In einer letzten Erneuerungs- und Verbesserungsetappe stellte man 1960/64 die Trieb- TS 3
achsfederung und die Kastenabstützung zur Verbesserung der Laufeigenschaften auf Gummielemente um. Einbau von Rollenlagern in die neu bewickelten Triebmotoren ermöglichte eine Höchstgeschwindigkeit von 100 km/h. Gleichzeitig wurden neue Transformatoren mit Hochspannungssteuerung in 32 Stufen eingebaut, wodurch die Stunden- D 7
leistung aller Ae 6/8-Lokomotiven nunmehr 4412 kW bei 70 km/h beträgt. Die Bremswiderstände wurden erneut verstärkt, wodurch die Ae 6/8-Lokomotiven außer der Eigenmasse von 140 t weitere 150 bis 200 t auf 27 Promille Gefälle elektrisch abbremsen können. Die höchstzulässige Anhängelast auf 27 Promille beträgt im Schnellzugdienst 610 t.[42]

Die acht Maschinen der Reihe Ae 6/8 liefen von Anfang an im Schnell- und Güterzugdienst am Lötschberg, ab 1939 auch auf der angrenzenden SBB-Strecke nach Bern und später auch durch den Simplontunnel bis Domodossola. Im Frühjahr 1940 beförderten diese Maschinen einzelne Transitgüterzüge über den ganzen Durchlauf von Basel bis Brig und zurück. Ende der vierziger Jahre führten Ae 6/8-Lokomotiven das Nachtschnellzugpaar Paris–Interlaken Ost ab Delle einige Jahre lang, wobei die zur BLS gehörende Moutier-Lengnau-Bahn zum bislang einzigen Mal planmäßig mit BLS-Triebfahrzeugen befahren wurde. Als im Jahre 1958 die Südrampe der Simplonstrecke wegen eines Bergsturzes für einige Wochen unterbrochen war, halfen verschiedene Einheiten auf der Gotthardstrecke aus. Während der EXPO 1964 führten Ae 6/8-Lokomotiven regelmäßige Extrazüge ab Basel.

U 2 Noch in der Fahrplanperiode 1964/65 wurde über die Hälfte der Schnellzugleistungen durch den Lötschberg von diesen Maschinen gefahren. Bis zur Inbetriebnahme der Verbindungslinie Wankdorf–Löchligut im Jahre 1967 zur Vermeidung des Kopfmachens in Bern bzw. Wilerfeld wurden insbesondere periodische Reisetouristik- oder Autoreisezüge planmäßig mit Ae 6/8-Lokomotiven von Wilerfeld bis Domodossola bespannt. Der planmäßige Einsatz der ersten Ae 4/4 II-Lokomotiven verringerte die täglichen Schnellzugleistungen der Ae 6/8 in der Fahrplanperiode 1965/67 auf fünf Zugpaare, in der darauffolgenden auf zwei Schnellzüge Bern–Brig, 1969/71 schließlich auf nur noch einen (Zug 368), wobei einige Re 4/4-Dienste auch Ae 6/8-Lokomotiven fahren konnten. Insbesondere wurden Vorzüge zu Schnellzügen während der Hauptreisezeiten weiterhin mit diesen Maschinen geführt.

Die weitere Anlieferung der Re 4/4-Lokomotiven drängte die Ae 6/8-Maschinen schließlich gänzlich aus dem Schnellzugverkehr, zumal die Fahrzeiten der Schnellzüge zwischen Bern und Thun entsprechend einer Höchstgeschwindigkeit der Züge von 125 km/h gekürzt wurden; auch auf der Bergstrecke fahren die Schnellzüge jetzt allgemein nach den erhöhten Kurvengeschwindigkeiten der Reihe R. Trotz allen Modernisierungen und Umbauten können die Ae 6/8-Lokomotiven mit 100 km/h Höchstgeschwindigkeit nicht mehr mithalten.

In der Fahrplanperiode 1975/77 war nur eine Ae 6/8-Lokomotive planmäßig im Zwischendienst in schweren Güterzügen Frutigen–Kandersteg eingeteilt. Eine Ae 6/8 steht normalerweise in Brig als Reserve und Vorspann, eine weitere in Spiez am Hilfswagen; die übrigen Maschinen stellen eine willkommene Reserve für Fakultativ- oder Extrazüge dar.

Ae 4/4 251–258

Anfang der vierziger Jahre stellte sich für den Zugförderungs- und Werkstättedienst der BLS die Situation wie folgt dar. Für die Bewältigung des schweren Transitgüterzugverkehrs und der verhältnismäßig kleinen Zahl sehr schwerer Schnellzüge standen die Ae 6/8-Lokomotiven zur Verfügung. Die leichten Schnell- und Güterzüge über den Lötschberg hätten mit den vorhandenen Be 5/7-Maschinen geführt werden können, wenn deren Höchstgeschwindigkeit mindestens 90 statt nur 75 km/h betragen hätte. Der Umbau einer dieser Lokomotiven auf größere Leistung und 90 km/h Höchstgeschwindigkeit 1939/40 war wohl technisch gelungen, befriedigte jedoch wirtschaftlich nicht. Damit stand die BLS vor dem Problem des Ersatzes wenigstens eines Teils der Be 5/7-Lokomotiven.

Für den neuen Triebfahrzeugtyp wurden folgende Leistungsdaten verlangt: 400 t Anhängelast auf 27 Promille mit 75 km/h, 650 t auf 15 Promille mit 75 km/h, 650 t auf 10 Promille mit 90 km/h. Die maximale Geschwindigkeit sollte, wenn möglich, 125 km/h betragen. Erwünscht war eine Bauart mit zwei zweiachsigen Drehgestellen ohne Laufachsen. Das Adhäsionsgewicht mußte 80 t betragen, die notwendige Stundenleistung bei 75 km/h berechnete sich zu 2940 kW.[43]

Mangels eigener Kraftwerke und aus anderen Gründen ist die BLS an einer Reduzierung des nicht an der Übertragung der Zugkraft auf die Schienen beteiligten Lokomotivgewichts besonders interessiert. Zudem hatte sich herausgestellt, daß das tote Gewicht eines über den Lötschberg geführten internationalen Schnellzugs 95% des gesamten Zuggewichts ausmacht. Ferner hatten damals etwa 90% der Schnellzüge auf der Steilrampe der Lötschberglinie höchstens 360 t Wagengewicht aufzuweisen. Die Absicht war, dieses Gewicht als Höchstlast im praktischen Betrieb vorzuschreiben, um für erschwerte Traktionsbedingungen wie bei Schneefällen genügend Spielraum zu haben.[44]

Etwa gleichzeitig arbeitete die Firma BBC daran, das tote Gewicht von Einphasen-Wechselstromlokomotiven herabzudrücken. Trotz den sehr bedeutenden Gewichtseinsparungen bei den Triebmotoren und Antrieben wurde das gesteckte Ziel zunächst nicht erreicht, denn sie konnten den Gesamtaufbau der Lokomotive nicht beeinflussen. Erst die Anwendung des eben neu entwickelten Transformators mit radialer Blechung statt der allgemein üblichen Parallelblechung brachte eine entscheidende Wendung. Gegenüber Lokomotivtransformatoren ungefähr gleicher Leistung wird der neue Transformator ungefähr um 40% leichter.[45]

Während bislang laufachslose Einphasen-Wechselstromlokomotiven nur für eine Höchstgeschwindigkeit von 90 km/h gebaut worden waren (E 44 und E 94 der DR), sollte hier als erstmaliges Wagnis bei einer ausgesprochenen Schnellzuglokomotive auf Laufachsen verzichtet werden.

BBC konzipierte einen Erstentwurf und errechnete eine Gewichtseinsparung von über 10 t im elektrischen Teil. In enger Zusammenarbeit mit der SLM entstand schließlich das reife Projekt einer Ae 4/4-Lokomotive mit den von der Bahn gewünschten Daten. Diese TS 4
gab Anfang 1943 zunächst eine und kurz darauf eine zweite Lokomotive bei den genannten Firmen in Auftrag, wobei vertragliche Spezialgarantien verlangt wurden, die sich auf die Lokomotive als Ganzes und im besonderen auf den guten Lauf beziehen. Außer den genannten Anhängelasten soll ein und dieselbe Lokomotive Züge maximaler Anhängelast dreimal innerhalb von 24 Stunden über die Strecke Bern–Spiez–Brig und zurück befördern. Folgende Anfahrzeiten wurden auf 27 Promille Steigung mit 400 t Anhängelast gefordert: 2,5 min zur Beschleunigung des Zuges von 0 auf 40 km/h und 5 min zur Beschleunigung des Zuges von 0 auf 75 km/h.[46] Das Leistungsprogramm sollte bei minimalen Wartungs- und Unterhaltskosten erbracht werden.

Trotz den nötigen umfangreichen Studien und Vorarbeiten, der großen Zahl von Berechnungen und der gewaltigen Konstruktionsarbeit, die sich auf die Neukonstruktion aller Teile von den Stromabnehmern bis zu den Radsätzen erstreckte, konnten die beiden Maschinen im November 1944 bzw. im März 1945 als Ae 4/4 251 und 252 in Betrieb genommen werden.[47] Diese Ae 4/4-Lokomotiven leiteten eine neue Ära im elektrischen Lokomotivbau ein. Sämtliche neueren elektrischen Schnellzuglokomotiven für Einphasenwechselstrom, hinsichtlich des mechanischen Teils auch für Gleichstrom, leiten sich unmittelbar von diesen Maschinen ab; deshalb soll hier ausführlicher auf die konstruktive Ausbildung eingegangen werden.

Im mechanischen Teil bewirkte im besonderen die fast ausschließliche Verwendung der elektrischen Schweißung eine wesentliche Gewichtseinsparung, ohne daß die Festigkeit vermindert worden wäre. Der Kasten ist grundsätzlich ähnlich gebaut wie der eines SBB-Leichtstahlwagens und bildet ein selbsttragendes, verwindungssteifes Rohr. Der Lokomotivkasten übernimmt damit nicht nur die Biegungsbeanspruchungen zufolge der eingebauten elektrischen Ausrüstung, sondern auch die Zug- und Stoßkräfte.[48] Für mechanisch wenig beanspruchte Teile wurde Leichtmetall benützt; Rollenlager wurden weitgehend eingebaut. Infolge Unterbringung der Triebmotoren samt Antrieben in den Drehgestellen entfallen die zur Aufnahme der Motoren nötigen Abstützungen und Lagerungen im Lokomotivkasten. Gute Laufeigenschaften sicherte der Einbau praktisch spielfreier Pendelrollenlager als Achslager in Verbindung mit dämpfenden Silentblocs. Auch wurden die Triebmotoren nicht direkt auf die Triebachse abgestützt (Tatzlagerantrieb), sondern auf dem gefederten Drehgestellrahmen mit Übertragung des Drehmoments auf die Triebachsen über den Scheibenantrieb.

Die von der SLM neu entwickelten quergekuppelten Drehgestelle mit der Anordnung des Wiegebalkens unter dem Drehgestellrahmen und tiefer Vierpunktabstützung des Lokomotivkastens haben zusammen mit einer weichen Federung den Vorteil, daß die störenden Bewegungen des Drehgestells weitgehend vom Lokomotivkasten ferngehalten werden. Zudem ist eine einfache Schlingerbremse eingebaut. Die als R-Bremse ausgeführte mechanische Bremse wurde durch eine Schleuderbremse ergänzt.[49]

Im elektrischen Teil fällt außer dem radialgeblechten Transformator von 2700 kVA mit D 8
Aluminiumwicklungen die angebaute Nachlaufsteuerung mit 28 Stufen auf, die sich bei der Verlegung der Steuerung auf die Hochspannungsseite ohne zusätzliche Apparaturen ausbilden ließen. Diese große Stufenzahl verkleinert die Zugkraftsprünge beim Aufschalten und erhöht damit die mittlere für die Adhäsion nutzbare Zugkraft. Mit nur 18 Fahr-

stufen hätte man bei sonst gleicher Ausbildung der Lokomotive nur 300 bis 310 t über den Lötschberg führen können.[50]

Die gleichfalls völlig neu entwickelten Fahrmotoren sind als fremdbelüftete 14polige Einphasenwechselstrom-Motoren für 735 kW Stundenleistung ausgelegt. Die gleichstromerregte Widerstandsbremse von 440 kW Leistung mit Dachwiderständen dient vor allem zur Bremsung der Lokomotive auf den langen Steilrampen, um deren Verschmutzung durch Bremsstaub zu vermeiden; eine Ausbildung der elektrischen Bremse als Rekuperationsbremse kam aus Gewichtsgründen nicht in Betracht. Schließlich sei noch auf den erstmals angewendeten, hier noch im Maschinenraum eingebauten, Druckluftschnellschalter von 100 MVA Abschaltleistung und den Leichtbaustromabnehmer Typ 350/1 hingewiesen.[51]

Schon bei der Überführung der zuerst abgelieferten Nr. 251 von der Montagehalle in Münchenstein nach Brig und zurück nach Spiez zeigte sich der auffallend ruhige Lauf der Maschine, wobei zwischen Bern und Thun 125 km/h, kurzzeitig 135 km/h, gefahren wurden. Anschließende umfangreiche Meßfahrten zeigten, daß die Adhäsionsverhältnisse der Ae 4/4 vorzüglich waren und selbst bei der Führung eines Zuges von 435 t auf 27 Promille ausreichten. Die berechneten Kenndaten waren mit den gemessenen fast identisch.[52]

Nach 485 000 km mußten an der ersten Lokomotive erstmals die Spurkränze abgedreht werden, wobei diese ursprünglich nur während der kalten Jahreszeit geschmiert wurden. Dank der guten Laufeigenschaften konnten die Ae 4/4-Lokomotiven für die Reihe A mit 75 km/h Kurvengeschwindigkeit im 300 m-Radius und einer maximalen Streckengeschwindigkeit von 110 km/h (jetzt 120 km/h) zugelassen werden.[53]

Nachdem 1948 zwei weitere gleiche Lokomotiven in Dienst gekommen waren, besorgten diese vier Lokomotiven fast den gesamten Schnellzugdienst zwischen Spiez und Brig. Es war daher möglich, den Einfluß der Bo'Bo'-Lokomotiven auf den Gleiszustand festzustellen. Es zeigte sich, daß sowohl die Schienenabnützung an den Fahrkanten des äußeren Strangs der Kurve, wie auch die allgemeine Zustandsänderung des Oberbaus infolge der Verkehrslasten geringer waren als vor dem Einsatz der Bo'Bo'-Lokomotiven, und zwar trotz der gesteigerten Zahl der Schnellzüge, der kürzeren Fahrzeiten und der erhöhten Kurvengeschwindigkeiten.[54]

Auch die geforderten Anfahrzeiten in 27 Promille Steigung mit 400 t Anhängelast wurden unterboten. Ein am 28. 5. 1948 durchgeführter Beschleunigungsversuch mit 396 t Anhängelast, wobei die angehängten Wagen in 27 Promille in einer S-Kurve standen, zeigte, daß nach 3 min 73 km/h erreicht werden konnten. Auch der Schmiermittelverbrauch mit 1,3 g/km gegenüber 13,8 g/km bei der Ae 6/8 und 27,5 g/km bei den Be 5/7-Maschinen war erheblich geringer. Der spezifische Fahrwiderstand der Ae 4/4 beträgt 50 N/t gegenüber 90 N/t bei den Ae 6/8.[55]

Bei einer derartigen Neuentwicklung waren verschiedene Anfangsmängel nicht auszuschließen. Anfänglich traten Alterungserscheinungen an den Pendelrollenlagern der Triebradsätze auf, verursacht durch Stromübergang und, kriegsbedingt, durch schlechtes Fett und ungeeignetes Material der Rollenkäfige. Isolierte Leitung des Stroms vom Transformator zu Erdungsbürsten aus Bronzekohle und Werkstoffe in einwandfreier Nachkriegsqualität behoben diesen Fehler. Ähnliche Erscheinungen bei den Pendelrollenlagern des Motorritzels verursachte der Abrieb der ungehärteten großen Getriebezahnräder. Bei Nachlieferungen bzw. Revisionen wurden oberflächengehärtete Zahnräder eingebaut. Weiter hat sich die aus Aluminiumblech hergestellte genietete Dachhaut nicht bewährt. Nietverbindungen wurden zum Teil undicht, anschlagende Eiszapfen verursachten Schäden und durch Kurzschlüsse entstanden Löcher. Die nachgebauten Lokomotiven erhielten daher stabilere Stahldächer in Schweißkonstruktion, wobei sich das Gewicht kaum änderte.[56]

Auch beim elektrischen Teil zeigten sich verschiedene Mängel. Anfänglich waren die Druckluft-Hauptschalter den verschiedenen Betriebsbedingungen (Staub, Feuchtigkeit, rascher Temperaturwechsel, Erschütterungen) nicht gewachsen, wobei sich erneut bestätigte, daß im ortsfesten Betrieb bewährte Apparate nicht ohne weiteres im Triebfahrzeugbau verwendet werden können. Nach entsprechenden Verbesserungen der Schalter traten keine Störungen mehr auf. Während sich der Transformator und der Stufenschalter gut bewährten, erwies sich der Ölkühler zum Transformator als etwas zu knapp und mußte durch einen Zusatzkühler ergänzt werden. Die nachgebauten Lokomotiven erhielten einen größeren Kühler, der an eine Jalousie der Seitenwand angebaut wurde, während die Kühlluft bei den ersten beiden Lokomotiven dem Maschinenraum entnommen wurde. Durch die forcierte Kühlung war der Kühlluftbedarf in diesem Raum um 40% größer, entsprechend auch der Unterdruck und der Staubgehalt, indem durch alle Öffnungen, insbesondere im Boden des Lokomotivkastens, staubige Luft in den Maschinenraum angesaugt wurde. Dadurch verstaubten die elektrischen Apparate, weshalb sie allmonatlich gereinigt werden mußten. Alle anderen Apparate, insbesondere die Fahrmotoren, bewährten sich bei minimalen Unterhaltskosten ausgezeichnet. Einschließlich der Hauptrevisionen betragen diese nach der Erprobungsphase für die Ae 4/4-Lokomotiven 10 bis 15 Rp/km, für die Ae 6/8 37 Rp/km und für die Be 5/7 137 Rp/km. Man sieht aus diesen Zahlen die enorme wirtschaftliche Bedeutung der Senkung der Unterhaltskosten. Sind diese beispielsweise um 30 Rp/km kleiner als für eine ältere Lokomotive und beträgt der jährliche Parcours 150 000 km, so ergibt sich zu 3% kapitalisiert ein Betrag, der ungefähr den Gestehungskosten einer Ae 4/4-Lokomotive entspricht.[57] Vor diesem Hintergrund muß man den Ersatz ganzer Triebfahrzeugreihen älterer Bauperioden durch neue Maschinen sehen.

Nachdem 1952 weitere zwei Maschinen unveränderter Bauart abgeliefert worden B 6
waren, wiesen die 1954 bestellten und 1955 abgelieferten Ae 4/4 257 und 258 verschiedene Änderungen auf, ohne an der Grundkonzeption etwas zu ändern. Da sich für die Verhältnisse der BLS der zweite Stromabnehmer als entbehrlich erwiesen hatte, konnten die Dachwiderstände für die doppelte Leistung ausgelegt werden, wodurch die Bremskraft der elektrischen Bremse etwa 60% der normalen Zugkräfte beträgt. Zusätzlich zur Lokomotive können damit 200 bis 220 t Anhängelast auf 27 Promille Gefälle in der Beharrung bei 75 km/h elektrisch gebremst werden. Weiter wurde der bisherige Druckluft-Hauptschalter durch einen solchen mit verdoppelter Abschaltleistung von 200 MVA für Dachmontage ersetzt. Schließlich wurde zur Erleichterung des Abkuppelns der Lokomotive in engen Kreisbögen eine pneumatische Zugvorrichtung eingebaut, wodurch die Zughaken elektropneumatisch um etwa 90 mm nach außen gestoßen werden können.[58]

Anläßlich von Hauptrevisionen wurden die anderen Maschinen 1957/58 in gleicher Weise umgebaut. 1959 wurden die Blattfedern der Kastenabstützung durch Gummifedern, ab 1963 die Jalousien in den Seitenwänden durch Düsenlüftungsgitter ersetzt. 1967/68 wurde der ursprüngliche Stufenschalter zur Vereinheitlichung gegen einen solchen mit 32 Stufen ausgetauscht, auch wurde die Vielfachsteuerung eingebaut.[59]

Wurden im Sommerfahrplan 1962 werktags noch zwölf Schnellzüge über den Lötschberg mit Ae 4/4-Lokomotiven bespannt und sieben durch Ae 6/8-Maschinen, waren es im Sommerfahrplan 1964 werktags bei unveränderten Schnellzugleistungen der Ae 4/4 über den Lötschberg siebzehn mit Ae 6/8 bespannte Schnellzüge, davon zwei umlaufbedingt mit Vorspann, womit der relative Anteil der Ae 4/4 am Schnellzugdienst zurückgegangen war. Im Lauf der Jahre waren die Schnellzüge am Lötschberg zusehends schwerer geworden und überstiegen häufiger die für die Ae 4/4-Lokomotiven zugelassene Grenzlast von 400 t (unter bestimmten Bedingungen 430 t) auf 27 Promille Steigung. Aus wirtschaftlichen Gründen versucht die BLS seit jeher, den Vorspanndienst möglichst zu vermeiden, und setzte daher vermehrt Ae 6/8-Maschinen im Schnellzugdienst ein, die aber für die Bespannung der Güterzüge fehlten. Deshalb beschloß die BLS Mitte der sechziger Jahre, die Ae 4/4 253/254 und 255/256 zu Doppellok Ae 8/8 274 bzw. 275 vorzugsweise für Güterzugdienst umzubauen.

Da den schweren Schnellzugdienst ab 1967 überwiegend die Re 4/4-Lokomotiven übernommen hatten – letztmals waren sowohl die Ae 6/8 als auch die Ae 4/4 in der Fahrplanperiode 1969/71 bei regelmäßig verkehrenden Schnellzügen eingeteilt –, wurden die vier verbleibenden Einheiten 251, 252, 257 und 258 einer anderen Verwendung
B 7 zugeführt. Mit der Ablieferung der vierachsigen Autotransport-Kompositionen laufen diese vier Maschinen nunmehr fast ausschließlich im Pendelzugdienst mit Steuerwagen Bti zwischen Kandersteg und Goppenstein bzw. Brig, wo sie in der Fahrplanperiode 1975/77 bis zu 676 km pro Tag leisteten. Der Ausbau der Autoverladestationen Kandersteg und Goppenstein ermöglicht nun Autotransportzüge mit bis zu 15 Wagen. Deshalb setzt die BLS dort verstärkt Re 4/4-Lokomotiven ein, während die Ae 4/4 unter anderem vor Schnellzügen im Simmental laufen.

Ae 8/8 271–275

Als im Jahre 1956 die höchstzulässige Zughakenlast für 27 Promille auf 900 t erhöht wurde, mußte auf der BLS-Bergstrecke im Tagesdurchschnitt bei jedem vierten Güterzug vorgespannt werden, weil die Anhängelast zwischen 600 und 900 t betrug. Die Rückleitung der Vorspannlokomotiven war wegen der starken Streckenbelegung oft erst nach Stunden möglich. Weiter war es betrieblich erwünscht, zur rascheren Freigabe der Strecke auch die Güterzüge mit 75 km/h zu führen und die Anzahl derselben durch volle Auslastung auf 900 t, soweit verkehrlich möglich, herabzusetzen. Deshalb wurde beschlossen, Ae 8/8-Lokomotiven zu beschaffen, die grundsätzlich aus zwei gekuppelten Ae 4/4-Maschinen bestehen. Diese wurden sowohl für Güterzug- als auch für schweren Schnellzugverkehr ausgelegt. Gegenüber der Erwägung, in Ae 4/4-Lokomotiven die Vielfachsteuerung einzubauen, erschienen der BLS-Leitung damals solche Doppellokomotiven sinnvoller, da diese ausschließlich über die Bergstrecke fahren sollten und zwei Führerstände wegfallen.[60] Deshalb wurde entschieden, die 1956 bestellten Ae 4/4 259 und 260 als Doppellok Ae 8/8 abzuliefern.[61]

TS 5 Der mechanische Teil und die Antriebe gleichen grundsätzlich den Ae 4/4-Lokomotiven, zumal Drehgestelle und der Kasten selbst bei der im Januar 1958 zufolge Steinschlags auf der BLS-Südrampe etwa 50 m tief abgestürzten Ae 4/4-Lokomotive Nr. 253 dieser außerordentlichen Belastung standgehalten hatten. Lediglich für die Abstützung des Lokomotivkastens auf den Drehgestellen wurden Gummifedern statt Blattfedern angewendet; weiter wurde eine pneumatische Achsdruckausgleichsvorrichtung mittels Seilzugs eingebaut, die sich so bewährte, daß sie später auch die Ae 4/4- und Re 4/4-Maschinen erhielten.[62]

D 9 Im elektrischen Teil mußte die Stundenleistung des Transformators, der jetzt mit Kupferwicklungen versehen ist, auf 3080 kVA erhöht werden, entsprechend wurde die Stundenleistung der Fahrmotoren, die gleichfalls in ihrem Grundaufbau beibehalten werden konnten, um 10% erhöht. Die zwei Stufenschalterantriebe sind durch mechanische Kupplungsgestänge verbunden, was den präzisen Gleichlauf beider Stufenschalter gewährleistet. Schließlich können mit der elektrischen Widerstandsbremse außer dem Lokomotivgewicht 500 t Anhängelast in Gefällen von 24 bis 27 Promille ohne Benützung der Druckluftbremse in der Beharrung gefahren werden.[63]

Die Ae 8/8 271 wurde 1959 in Betrieb genommen, 1962 folgte die Nr. 272. Diese beiden Lokomotiven bewältigten werktags einen Großteil des Transitgüterverkehrs zwischen Thun und Brig, sonntags dagegen liefen sie überwiegend im Schnellzugverkehr. Im Sommerfahrplan 1962 wurde z. B. eine Ae 8/8-Lokomotive im Dienst 31 sonntags ausschließlich vor Schnellzügen zwischen Bern, Brig und auch durch den Simplontunnel nach Domodossola eingesetzt, womit sie insgesamt 819 km zurücklegte.

Nachdem 1963 die Ae 8/8 273 von SLM/BBC geliefert worden war, entstanden die
B 8 Nummern 274 und 275 1965/66 aus den genannten Gründen durch Zusammenbau der Ae 4/4 253 bis 256 in der Werkstätte Spiez. In der Folge wurden die Ae 8/8 in gleicher Weise umgebaut wie die Ae 4/4-Lokomotiven.

Diese Maschinen führen werktags fast ausschließlich Transitgüterzüge Thun–Brig(–Domodossola), in verschiedenen Fahrplanperioden über das Wochenende vereinzelt reguläre Schnellzüge und Entlastungsschnellzüge an Sonntagen. Infolge des massiven Einsatzes der Re 4/4-Lokomotiven zusammen mit dem konjunkturbedingt geringeren Transitgüterverkehr fand man die Ae 8/8 in der Fahrplanperiode 1975/77 kaum im Schnellzugverkehr. U 2

Wegen der erneuten Anhebung der größten Zughakenlast auf 1100 t bei 27 Promille Steigung im Interesse möglichster Ausnützung der Streckenkapazität muß allerdings doch mit Vorspann gefahren werden, wenn die Anhängelast über 880 t bis höchstens 1100 t beträgt, bzw. mit Zwischenlokomotiven, wenn die Anhängelast zwischen 1100 und 1450 t beträgt. An die Stelle einer Ae 8/8-Lokomotive dürfen auch zwei in Vielfachsteuerung laufende Ae 4/4-Lokomotiven mit den gleichen maximalen Anhängelasten treten.

SNCF BB-20104

Es mag erstaunen, daß in diesem Zusammenhang auf eine SNCF-Lokomotive eingegangen wird, doch hat diese für die weitere Entwicklung der BLS-Triebfahrzeuge eine Schlüsselrolle inne.

Um eine Umfahrung der Schweiz zu verhindern, gewährte die Schweizerische Eidgenossenschaft verschiedenen Ländern Kredite zwecks Elektrifizierung und damit Verbesserung der Zufahrtslinien zur Schweiz, so auch der SNCF für die Elektrifizierung der Strecke Basel–Réding. Ein Teil der Gelder floß für die Beschaffung von Elektrolokomotiven wieder in die Schweiz zurück; so wurden unter anderem 1955 vier Zweifrequenz-Lokomotiven für 25 kV 50 Hz und 15 kV 16²/₃ Hz bei SLM/MFO bzw. SLM/BBC für den grenzüberschreitenden Verkehr von Frankreich in die Schweiz bestellt, die 1958/59 als BB-30001 bis 30004 geliefert wurden. Die Maschinen lehnten sich im mechanischen Teil eng an die BB-9200 und BB-16000 der SNCF an und hatten ein Dienstgewicht von 84 t.[64] Später als BB-20101 bis 20104 bezeichnet, waren die von MFO gelieferten BB-20101 und 20102 Bo'Bo'-Maschinen mit vier Einphasenwechselstrom-Kommutatormotoren und einer Höchstgeschwindigkeit von 160 km/h, während die BB-20103 von BBC mit der Achsfolge B'B' bei gleicher Höchstgeschwindigkeit zwei Wellenstrommotoren hatte, die zunächst durch Excitron-, später durch Silizium-Gleichrichter gespeist wurden.[65]

Die hier interessierende BB-20104 von BBC unterscheidet sich von der BB-20103 lediglich durch eine andere Übersetzung für 105 km/h. Bei einer Nennleistung von 3864 kW bei 62,5 km/h unter 50 Hz und von 3060 kW bei 49 km/h unter 16²/₃ Hz betragen die Stundenzugkräfte bei den entsprechenden Geschwindigkeiten jeweils etwa 200 kN.[66] TS 8 B 9

Schon während der bekannten „Journées d'information de Lille" vom 11. bis 14. Mai 1955 waren die gegenüber den damaligen Einphasenwechselstrom-Kommutatormotoren wesentlich höheren Anfahrzugkräfte der 50 Hz-Gleichrichter-Lokomotiven mit Wellenstrommotoren demonstriert worden. So konnte die BB-12006 der Achsfolge Bo'Bo' in der Nacht vom 5. auf 6. Mai 1955 in einer 10 Promille-Steigung einen 1710 t-Zug anfahren, wobei 15 s lang eine Zugkraft von 346 kN ausgeübt wurde.[67] Am 10. Mai 1957 fuhr die gleiche Maschine in 10 Promille Steigung 2424 t an.[68] Weitere Versuche der SNCF hatten gezeigt, daß sich bei gekuppelten Achsen innerhalb eines Drehgestells die Zuglast bei sonst gleichen Bedingungen um mindestens 7% erhöhen läßt.[69] Solche Anfahrversuche fanden dann mit der BB-20104 statt.

Im Mai 1960 führte diese Maschine regelmäßig Güterzüge von 1850 t auf der Strecke Thionville–Hargarten mit einer Höchststeigung von 10 Promille und einem minimalen Radius von 500 m und konnte damit das Leistungsprogramm der sechsachsigen Umformer-Lokomotive Typ Co'Co' der Reihe CC-14100 mit einem Gewicht von 120 t erfüllen.[70] Am 10. 3. 1961 übte sie vor einem Güterzug von 71 Wagen bei einer Anhängelast von 2733 t in einer Steigung von 10 Promille zwischen Baroncourt und Bouligny bei einem Anfahrversuch über einen längeren Zeitraum eine Zugkraft von 350 kN und kurzzeitig darüber aus. Nach etwa 5 Minuten war eine Geschwindigkeit von 10 km/h erreicht.[71]

Diese sehr bemerkenswerten Ergebnisse ließen aufhorchen. Am Ende seines Aufsatzes über die 50 Hz-Traktion weist E. Kocher in den *Brown Boveri Mitteilungen* die einzuschlagende Richtung: *In Anbetracht der mit der 50-Hz-Traktion erzielten Erfolge, die zum Beispiel durch die Leistungsfähigkeit der ... Lokomotive Nr. BB-20104 der SNCF auf das beste illustriert werden, ist zu prüfen, ob die gewonnenen Erkenntnisse nicht noch mehr als bisher auf das klassische 16²/₃-Hz-System angewendet werden könnten.*[72]

Dieser Initiative folgend, wurden bereits am 8. und 9. November 1960 unter genau gleichen Bedingungen Fahrversuche mit der BB-20104 der SNCF und der Ae 4/4 258 der BLS durchgeführt. Mit insgesamt sieben Versuchszügen wurde in der Steigung von 27 Promille bei km 15,2 angefahren, wobei der Zug in einer S-Kurve mit 300 m-Radien stand. Bei den Anfahrten der Züge 5 und 6 (551 bzw. 653 t Anhängelast) mit der SNCF-Lokomotive wurden hohe mittlere Reibwerte von ca. 0,35 erzielt, wobei teilweise Schleudern auftrat. Im unteren Geschwindigkeitsbereich bis ca. 30 km/h war die Beschleunigung erheblich, im oberen Geschwindigkeitsbereich entsprechend der Triebmotorkurven kleiner als bei den mit der BLS-Lokomotive geführten Zügen. Bei der Anfahrt mit Zug 7 (501 t Anhängelast) der BLS-Lokomotive wurden mittlere Reibwerte von 0,30 erreicht, dank eingebauter Achsdruckkorrekturvorrichtung trat kein Schleudern auf. Die Beschleunigung war bis 70 km/h praktisch konstant und mit 0,1 m/s^2 hoch. Während das von früheren Fahrten bekannte gute Adhäsionsverhalten der SNCF-Lokomotive erneut bestätigt wurde, ergab sich, daß für die BLS-Lokomotive dank der Achsdruckkorrekturvorrichtung die Belastungen mit Rücksicht auf die Adhäsion erhöht werden könnten.[73]

Diese Versuchsfahrten auf der Lötschberg-Nordrampe ließen es möglich erscheinen, durch den Einbau von gleichrichtergespeisten Wellenstrommotoren, tief angelenkten Zugstangen für die Zugkraftübertragung vom Drehgestell zum Kasten und einer Achsdruckkorrekturvorrichtung in eine vierachsige Lokomotive von 80 t das Traktionsprogramm der Ae 6/8-Lokomotiven mit 120 t Reibungsgewicht zu erfüllen.

Re 4/4 161–189

Anfang der sechziger Jahre wurden, entgegen früheren Annahmen, die Reisezüge durch den Lötschberg, vor allem im grenzüberschreitenden Verkehr, schwerer und länger und erreichten normalerweise 600 t. Wegen des Zusammenbaus vorhandener Ae 4/4-Lokomotiven zu solchen der Reihe Ae 8/8 für den Transitgüterverkehr mußten als Ersatz für die Ae 4/4-Maschinen mit 3000 kW Leistung neue Ae 4/4 oder Ae 6/6 mit mindestens 4000 kW Leistung in Aussicht genommen werden, um als Universallokomotiven Reise- und Güterzüge von 600 t mit 75 bis 80 km/h in den Steigungen von 24 bis 27 Promille fahren zu können.[74]

Nach den Versuchsfahrten mit der BB-20104 stellte die BLS der Firma BBC im Jahre 1961 die Frage, ob es möglich sei, dieses Programm mit einer vierachsigen Lokomotive von 80 t zu erfüllen. Dabei waren zwei Hauptprobleme zu lösen. Erstens mußte es gelingen, die verlangte Stundenleistung bzw. Stundenzugkraft in der Gesamtmasse von 80 t unterzubringen, was nur durch äußerst rationelle und gewichtssparende Konstruktionen im elektrischen und mechanischen Teil denkbar war. Zweitens war dafür Sorge zu tragen, daß die zur Erfüllung des Traktionsprogramms notwendigen Zugkräfte mit der im Bahnbetrieb üblichen Sicherheit auf die Schienen übertragen werden konnten, ansonsten die eingebaute elektrische Leistung gar nicht nutzbar wäre. Folgende Varianten wurden untersucht:

- Elektrische Ausrüstung mit Einphasenwechselstrom-Fahrmotoren,
- elektrische Ausrüstung mit Wellenstrom-Fahrmotoren, gespeist durch Halbleiter-Gleichrichter,
- Ein Fahrmotor pro Drehgestell und gekuppelten Achsen.[75]

Vergleichende Berechnungen ergaben, daß eine Lösung mit Halbleiter-Gleichrichtern und Wellenstrom-Fahrmotoren am günstigsten war. *Dies nicht so sehr mit Rücksicht auf bessere Adhäsionsverhältnisse, sondern hauptsächlich im Hinblick auf das vom Motor aufzubringende sehr hohe Drehmoment bzw. die Zugkraft bei nur 60% der projektierten Höchstgeschwindigkeit.*[76] Auf einmotorige Drehgestelle wurde aus Gründen des einfacheren mechanischen Teils verzichtet.

Diese Argumentation ist im Hinblick auf die noch zu besprechenden Re 4/4 II- und Re 4/4 III-Lokomotiven der SBB wichtig. Ausdrücklich sei hier festgestellt, daß die Re 4/4-Lokomotiven der BLS nicht einfach eine Variante der Zweifrequenzlokomotive BB-20104 für 15 kV 16²/3 Hz darstellen. Es wäre für die BLS völlig undiskutabel gewesen, sich mit einer vierachsigen Lokomotive zu begnügen, die 600 t mit etwa 50 km/h über die Bergstrecke schleppen kann – das konnten die Be 6/8-Lokomotiven von 1926 auch. Die Schwierigkeit bei der Konstruktion lag gerade darin, daß ein und dasselbe Triebfahrzeug eine Höchstgeschwindigkeit von mindestens 125 km/h und eine Stundenzugkraft von etwa 220 kN haben sollte. Beispielsweise hat die Baureihe 110 der DB wohl eine Höchstgeschwindigkeit von 150 km/h, jedoch eine Stundenzugkraft von nur 110 kN.

Der mechanische Teil der neuen Hochleistungslokomotiven entspricht grundsätzlich TS 6
jenem der bisherigen bewährten Ae 4/4- und Ae 8/8-Lokomotiven mit Abstützung des Kastens auf den Drehgestellen über Gummi-Elemente, jedoch erfolgt die Zugkraftübertragung von den Drehgestellen auf den Lokomotivkasten nicht mehr über Drehzapfen, sondern über die entsprechenden Zugstangen der sogenannten Drehgestell-Tiefanlenkung. Die Drehmomentübertragung von den Fahrmotoren auf die Triebachsen besorgen BBC-Federantriebe.[77] Die Dachbleche des Kastens aus rostfreiem Stahl erübrigten einen Anstrich, das immer wieder vorkommende Abblättern der Farbe war damit vermieden.[78]

Im elektrischen Teil mußte vor allem beim schwersten Ausrüstungsteil, dem Transformator, Gewicht gespart werden, was kornorientierte Bleche ermöglichten. Der Transformator von 4400 kVA Dauerleistung wurde wieder in radialgeblechter Bauart mit Hochspannungs-Steuerung ausgeführt, wobei der 32stufige Stufenschalter mit kreisförmigem Wähler und Luftmotorantrieb sowohl leichter ist als die bisherige gestreckte Bauart, als auch konstruktiv einfacher. Die Steuerung des Stufenschalters besorgen elektronische Bauelemente.[79]

Die Speisung der thermisch reichlich dimensionierten achtpoligen Wellenstrom-Fahrmotoren erfolgt durch eine Silizium-Gleichrichteranlage von 384 Dioden, die in einem Gleichrichterblock montiert sind. Die Mischstrom-Fahrmotoren können wahlweise geshuntet werden.[80]

Während bislang die Ae 4/4- und Ae 8/8-Lokomotiven mit einer Reibwertausnützung von 17% gefahren waren, sollten die neuen Lokomotiven ganz allgemein mit einer solchen von 30% fahren. Hierzu dienen folgende Maßnahmen:

1. Mischstromfahrmotoren mit sehr flacher Geschwindigkeits-/Zugkraftcharakteristik im Bereich hoher Zugkräfte.
2. Optimaler mechanischer Achslastausgleich durch Tiefzugstangen und Drahtseilzüge sowie elektrische Beeinflussung der Fahrmotor-Drehmomente durch Rotor- und Feldshuntung der Fahrmotoren.
3. Guter und stabiler Fahrzeuglauf.
4. Luftdüsen zum Wegblasen von Laub und Neuschnee.[81]

Die erste Lokomotive wurde als Ae 4/4 II 261 geliefert und am 16. 12. 1964 von der BLS übernommen. Am nächsten Tag wurde ein fahrplanmäßiger Güterzug von 660 t von Spiez nach Kandersteg gefahren. Auf dem Kanderviadukt oberhalb Frutigen konnte in 27 Promille Steigung mühelos aus dem Stillstand angefahren werden. Ähnliche Fahrten mit erhöhter Normallast (bis zu 700 t) bewiesen hunderte Male bei allen Witterungsverhältnissen eindeutig die Betriebstüchtigkeit dieser neuen Fahrzeugtype. Bereits im Januar 1965 konnte die Erprobung abgeschlossen werden, und im Mai desselben Jahres kam die zweite Lokomotive zur Ablieferung.

Beide Maschinen wurden gleich im Schnellzugdienst eingeteilt, wo sie in den Diensten 68 und 69 zwischen Bern, Brig und Domodossola werktags 527 und 758 km, sonntags jeweils 590 km zurücklegten. Hier konnte man frühzeitig Schwierigkeiten erkennen und für Abhilfe sorgen.

Beim mechanischen Teil traten an den Drehgestellen und am Lokomotivkasten gefürchtete Rüttelschwingungen auf, wenn die Zugkraft knapp oberhalb der Adhäsionsgrenze durch weiteres Aufschalten erhöht wurde. Der Einbau von Reibungsdämpfern parallel zu den Tiefzugstangen-Vorspannfedern konnte diese vermeiden. Normalerweise waren die Laufeigenschaften der Lokomotive unmittelbar nach ihrer Ablieferung über den ganzen Geschwindigkeitsbereich recht gut. Nach Zurücklegung eines Fahrweges von rund 100 000 km machte sich im Bereich höherer Geschwindigkeiten eine Verschlechterung bemerkbar. Man vermutet, daß diese Längsschwingungen ihre wesentliche Ursache in Schwingungen der Tiefzugstangen selbst haben.[82]

Ab 1968 wurden wie bei den Re 4/4 II-Lokomotiven der SBB an allen Maschinen die Gummifedern der Kastenabstützung durch Schraubenfedern mit hydraulischen Schwingungsdämpfern ersetzt und die Triebachsen ± 6 mm seitenverschieblich ausgeführt. Da sich dadurch nicht nur eine Verbesserung der Laufeigenschaften, sondern auch eine Verminderung der Gleisbeanspruchung beim Befahren von Kurven ergab, konnten die Lokomotiven für die Kurven- und Streckengeschwindigkeiten der Reihe R zugelassen werden. Im Mai 1969 wurde die ganze Serie in Re 4/4 161 und folgende umgezeichnet.

Befürchtungen, daß der Verschleiß der Radreifen oder Schienen unvertretbar stark zunimmt, wenn betriebsmäßig mit einem Reibwert von 30% im Beharrungszustand gefahren wird, haben sich nach zehnjähriger Betriebserfahrung als unbegründet erwiesen. Zwar sind die früher üblichen Laufleistungen von etwa 500 000 km zwischen zwei Radreifenbehandlungen zurückgegangen, doch gilt dies für alle schnellfahrenden Triebfahrzeuge der BLS mit Achslasten von 200 kN.[83]Weiter zeigte sich, daß auf den Einbau von Sandstreuern verzichtet werden kann, womit die BLS eine Sonderstellung einnimmt. Zum Fahrplanwechsel 1973 wurde die bislang höchstzulässige Anhängelast von 610 t auf 630 t erhöht.[84]

Auch der elektrische Teil erfuhr verschiedene Änderungen: Die Transformatoren der beiden Prototypen konnten bei einer Traktionsdauerleistung von 4400 kVA und einer maximalen Sekundärspannung von 2 × 1270 V die Spannungsverluste in der Gleichrichteranlage nur ungenügend abdecken, sodaß die oberen Stufenspannungen für die Fahrmotoren zu niedrig ausfielen. Die weiteren Lokomotiven erhielten Transformatoren mit
D 10 einer Leistung von 4872 kVA und einer größten Sekundärspannung von 2 × 1400 V, wobei gleichzeitig die Dauerleistung für die Zugheizung um 20% erhöht werden konnte. Dadurch sind auch lange Reisezüge mit mehr als 15 Wagen anstandslos zu heizen.[85]

Bei der ursprünglichen Ausführung der Stufenschaltersteuerung mit Transistor-Schaltelementen gab es öfter Schwierigkeiten. Sie mußten daher durch Elemente ersetzt werden, die nach dem Digitalprinzip arbeiten. Obwohl sich die luftgekühlten Dioden-Gleichrichter gut bewährten, kamen bei einer späteren Nachbestellung ölgekühlte Gleichrichter mit 128 Dioden zum Einbau, da die Verstaubung des Gleichrichters vermieden wird, die separate Motorlüftergruppe entfällt und der ölgekühlte Gleichrichter ein viel kleineres Volumen aufweist.Auch lassen sich bei dieser Anordnung Überschläge an den Dioden durch angesaugtes Regenwasser vermeiden.[86] Die Fahrmotoren weisen eine gänzlich funkenfreie Kommutation auf, die Kommutierungserwärmung beträgt kaum 50° C.

Dennoch bereiten diese einige Schwierigkeiten. Bei großen Spannungen und hoher Fahrgeschwindigkeit traten Fahrmotorschäden auf: einserseits Überschläge, andererseits bei einer Teillieferung der Fahrmotoren Brüche an den Rotoren. Zunächst wurden die obersten Fahrstufen gesperrt, wodurch oberhalb ca. 70 km/h die Stundenzugkraft reduziert wurde; weiter wurde die Geschwindigkeit aller Lokomotiven im Sommer 1976 vorübergehend auf 110 km/h reduziert, da es mit Rücksicht auf das ständige Tauschen der Drehgestelle im Zuge der Unterhaltung nicht zweckdienlich erschien, die Höchstgeschwindigkeit der Maschinen selektiv aufzuteilen. Ein Teil der Fahrmotoren hatte zu wenig starke Rotorbandagen erhalten, wodurch zufolge der Fliehkraftbeanspruchung bei hohen Geschwindigkeiten die Kollektorfahnen zu stark beansprucht wurden. Die Sanierungsmaßnahmen sind zusammen mit BBC im vollen Gange.

Durch laufende Nachbestellungen ist die Stückzahl der Re 4/4-Lokomotiven auf 29 B 10
angewachsen, die etwa 60 bis 70% der gesamten Verkehrsarbeit aller Streckentriebfahrzeuge leisten.[87]

Führten diese Lokomotiven in der Fahrplanperiode 1965/67 acht Schnellzüge über den Lötschberg, so waren es in den Perioden 1967/69 und 1969/71 sechzehn bzw. siebzehn und 1971/73 insgesamt 22, womit diese Maschinen fast alle Schnellzugleistungen zwischen Spiez und Brig übernommen hatten. Im Jahresfahrplan 1975/77 waren von den 29 Maschinen 13 fest eingeteilt und leisteten in den Diensten 11 bis 23 werktags durchschnittlich 464 km auf fast allen Strecken der BLS-Betriebsgemeinschaft, maximal 654 km pro Tag. Weitere Dienste konnten sowohl mit Re 4/4 als auch mit Ae 4/4 oder Ae 6/8 geleistet werden. Dabei ist zu berücksichtigen, daß die Distanz Bern–Brig lediglich 115 km ausmacht, wobei auf der Nordseite ein Höhenunterschied von 680 m, auf der Südseite ein solcher von 560 m überwunden werden muß. Mit periodischen Reisetouristikzügen, meist in Vielfachsteuerung, kommen diese Triebfahrzeuge auch bis Domodossola. Mit dem für das Frühjahr 1978 geplanten Abschluß der Triebmotorfahnen-Ersatzaktion werden diese Maschinen auf günstig trassierten Streckenabschnitten wieder mit einer Höchstgeschwindigkeit von 125 km/h fahren können.

Re 4/4 161 mit Thyristorsteuerung

Die Leistungselektronik hatte inzwischen den gesteuerten Siliziumgleichrichter (Thyristorgleichrichter) in dem für Traktionszwecke erforderlichen Leistungsgebiet zur Serienreife gebracht. Gelegentlich der ersten Zwischenrevision der Ae 4/4 II 261 im Jahre 1968 TS 7
nach einer Laufleistung von etwa 600 000 km wurde diese Lokomotive unter Ersatz des Transformators, des Stufenschalters und der Siliziumdioden durch einen Transformator mit fester Wicklungsübersetzung und zwei Thyristorblöcken in der Werkstätte Spiez auf stufenlose Thyristorsteuerung umgebaut. Dabei war es möglich, unter Ausnutzung der Leistungsreserve der Fahrmotoren, die Stundenleistung auf 4980 kW zu erhöhen, wobei D 11
auch hier BBC den Transformator und die Leistungselektronik lieferte.[88]

Im November 1968 wurde die umgebaute Lokomotive wieder in Betrieb genommen, B 11
wobei sich die erwarteten Vorteile, wie stufenlose und kontaktfreie Steuerung, noch flachere Geschwindigkeits-/Zugkraftcharakteristik und besonders die ideale Anpaßbarkeit der Fahrmotorspannungen und -drehmomente an die unterschiedlichen Achslasten im jeweils vor- und nachlaufenden Drehgestell, bestätigten.[89]

Die durch optimale Ausnützung des Haftwerts zwischen Rad und Schiene möglich gewordenen hohen Zugkräfte traten im Sommer 1969 besonders bei einer dreimonatigen anstrengenden Erprobung der Lokomotive auf der Semmeringstrecke der ÖBB zutage.[90]

Dennoch war an einen sofortigen Einsatz der Re 4/4 161 im Regeldienst der BLS nicht zu denken. Die durch die Anschnittsteuerung erzeugten Stromoberschwingungen waren stärker als erwartet und beeinflußten die Sicherungsanlagen und die älteren Bleimantelkabel unzulässig stark. Nach Ersatz des aus der Bauzeit der Bahn stammenden Fernmeldekabels und nach Einbau von Filtern, konnte die Lokomotive seit April 1971 wenigstens auf dem Netz der BLS laufen.[91]

In Zusammenarbeit mit SBB, PTT und BBC wurde die Anschnittsteuerung im Winter 1971/72 von der zweistufigen auf eine achtstufige Steuerung umgebaut. Obwohl diese Schaltung einen größeren Aufwand von Halbleiterelementen bedingt, ermöglichte die technische Weiterentwicklung die Unterbringung dieser Elemente im vorhandenen Volumen und praktisch ohne Gewichtsvermehrung.[92] Seither konnte die Lokomotive auch auf den anschließenden SBB-Strecken und zusammen mit den anderen Re 4/4-Lokomotiven verkehren, wobei allerdings Fahrt in Vielfachsteuerung mit diesen nicht möglich war.

Ende Juli 1975 schlug während eines heftigen Gewitters in Interlaken Ost ein Blitz in diese Thyristorlokomotive und beschädigte damals sichtbar vor allem die Stromrichteranlagen. In Spiez wieder instandgesetzt und von neuem im Dienst, blieb die Lokomotive wenige Tage später mit einem Trafoschaden vor einem Schnellzug im Lötschbergtunnel stehen. Die Untersuchung ergab, daß dies eine Folge des Blitzschlags in Interlaken Ost war. Die Thyristorlokomotive der BLS hatte zwar bei Erprobungen wertvolle Erkenntnisse geliefert, entsprach jedoch als Erstling nicht mehr einer modernen Ausführung. Daher wurde dieser Einzelgänger in eine normale Diodenlokomotive in der Art der letzten Lieferung der Re 4/4-Maschinen umgebaut. Mit Revisionsdatum vom 8. 9. 1976 ging die Re 4/4 161 wieder in Dienst.

2.2.4.2. Triebwagen der BLS-Betriebsgemeinschaft

CFe 4/5 786

Im Hinblick auf die 1927 beschlossene Elektrifizierung der Strecke Bümplitz-Nord–
TS 9 Neuenburg der BN gab die BLS im Februar 1928 sechs Bo' (A1A)-Triebwagen der Serie
B 14 CFe 4/5 bei SLM/SIG/SAAS/MFO in Auftrag, von denen fünf für die BN, der sechste für die BLS bestimmt waren. Mit einer Höchstgeschwindigkeit von 90 km/h und einer Stundenleistung von 1060 kW bei 50 km/h und einem Dienstgewicht von 74 t waren diese Fahrzeuge insbesondere für den Schnellzugdienst gedacht.[93]

B 13 Der Triebwagen Nr. 786, dessen Triebmotoranker mit denjenigen der Be 6/8 201 bis 204 übereinstimmten, war auf der Lötschbergstrecke auch im leichten Schnellzugdienst tätig und beförderte außerdem zwischen Thun und Interlaken gewöhnliche Schnellzüge. Besonders seitdem BLS-Triebfahrzeuge die Lötschberg-Schnellzüge ab Bern führten, wurde der CFe 4/5 786 dank seiner Höchstgeschwindigkeit von 90 km/h in diesen Diensten verwendet.

Am 23. 9. 1941 wurde dieser Triebwagen bei Kiesen bei einem Frontalzusammenstoß weitgehend zerstört, wobei die Schäden vor allem den hölzernen Wagenkasten betrafen.
B 15 Aus den noch brauchbaren und reparierten Teilen entstand mit einem nunmehr in Stahlkonstruktion durch die SIG ausgeführten Kasten 1942/43 praktisch ein neues Fahrzeug als Gepäcktriebwagen Fe 4/5 786. Dabei wurde die Schützensteuerung auf höhere Stufenzahl umgebaut und für den Steilrampenbetrieb eine Widerstandsbremse mit luftgekühlten Bremswiderständen auf dem Dach eingebaut.[94]

Mit einer Stundenleistung von nunmehr 1176 kW bei 50 km/h versah das Fahrzeug seit dessen Inbetriebnahme im Jahre 1943 wieder leichten Schnellzugdienst über den Lötschberg, wobei es auf 27 Promille 180 t mit 50 km/h befördern konnte. Die anderen Triebwagen wurden 1941/44 gleichfalls in reine Gepäcktriebwagen umgebaut, erhielten jedoch keine Widerstandsbremse.

U 1 Nach dem Einsatz der Ae 4/4-Lokomotiven ab 1945 wurde der Schwertriebwagen aus dem Schnellzugdienst zurückgezogen; 1946 in Nr. 796 umnumeriert, ist er heute als De 4/5 796 vor leichten Stückgüterzügen zu beobachten. Während die anderen De 4/5-Triebwagen zusammen mit Steuerwagen Bti Autozüge Kandersteg–Goppenstein zogen, ist für den De 4/5 796 wegen der abweichenden elektrischen Ausrüstung der Einbau der Vielfach- und Fernsteuerung nicht vorgesehen.[95]

ABDe 4/8 741–743 und 746–750

B 12 Es handelt sich um die dritte Generation der Leichttriebwagen der BLS-Gruppe, die sämtlich blau/weiß gestrichen sind.

Die erste Generation bilden die 1935/39 gelieferten Ce 2/4-Triebwagen, die während der Wirtschaftskrise zur Steigerung des Personenverkehrs gegenüber der Konkurrenz des Straßenverkehrs beschafft wurden. Kennzeichnendes Merkmal ist die weitgehende Unterbringung der elektrischen Ausrüstung auf dem Dach über dem Triebdrehgestell.[96]

Als Weiterentwicklung dieser Bauart wurden 1938 als zweite Generation drei BCFZe 4/6-Triebzüge der Achsfolge Bo'2'Bo' geliefert, die neben Fahrgasträumen auch einen Gepäckraum und einen Postraum aufweisen. Der elektrische Teil ergibt sich aus einer Verdopplung der Ce 2/4-Triebwagen.[97]

Da sich die Zweiwageneinheiten bewährten, stellte die BLS 1945/46 drei Doppeltriebwagen vom Typ BCFe 4/8 der Serie 741 (heute ABDe 4/8) in Dienst. Diese Triebzüge TS 10 sind eine Weiterentwicklung der genannten Doppeltriebwagen. Beibehalten wurden die bewährten, im Dach eingebauten Transformatoren, die elektropneumatische Hüpfersteuerung, die Wechselstrom-Widerstandsbremse und der offene, auch den Reisenden zugängliche Führerstand. An die Stelle des mittleren, kombinierten Laufdrehgestells, das lauftechnisch nicht ganz befriedigte, traten zwei Triebdrehgestelle, die End-Drehgestelle sind reine Laufgestelle. Diese Bauart mit Konzentration des schweren Teils der elektrischen Ausrüstung in der Mitte des Triebzugs brachte den Vorteil guter Laufeigenschaften, minimaler Kabellängen für die Hauptstromkreise und leichter Zugänglichkeit.[98]

Diese Fahrzeuge mit einer Stundenleistung von 706 kW bei 78 km/h und einer Höchstgeschwindigkeit von 110 km/h haben sich sehr bewährt. Wie bei den Ae 4/4-Lokomotiven wurde 1955 bei diesen Doppeltriebwagen der zweite Stromabnehmer abgenommen, die Sitzanordnung aus Komfortgründen von 2 + 3 auf 2 + 2 geändert.

1954/55 folgte die Inbetriebnahme der Leichttriebwagen ABDe 4/8 746 bis 748, die B 17 gegenüber ihren Vorgängern eine höhere installierte Leistung mit nur einem einzigen Transformator mit Schützensteuerung haben, auch wurde nur ein Stromabnehmer aufgebaut. Da das Lichtraumprofil der FS zugrundeliegt, sind Gesellschaftsfahrten nach Stresa möglich. SIG lieferte den wagenbaulichen Teil, BBC die Triebmotoren und andere Teile der elektrischen Ausrüstung, während die Transformatoren und elektropneumatischen Schützensteuerungen aus den 1954 ausgemusterten Ce 4/4-Triebwagen Nr. 781 bis 783 stammten, deren elektrische Ausrüstung 1935 erneuert worden war. Den Einbau der elektrischen Ausrüstung besorgte die Werkstätte Spiez.[99]

Wegen dieser verwendeten Altteile und der nur durch schwache Zusatzfremdlüftung unterstützten Eigenlüftung der Fahrmotoren blieb die Stundenleistung der Fahrzeuge auf 882 kW bei 80 km/h beschränkt. Neue Transformatoren und verstärkte Fahrmotorlüftung brachten 1965 die Stundenleistung auf 1176 kW bei 75 km/h. Die Höchstgeschwindigkeit von 110 km/h blieb damals unverändert (heute 125 km/h).

1957 nahmen die Nummern 749 und 750 bei der BLS den Betrieb auf, die von vornherein eine Stundenleistung von 1176 kW hatten und durch die eingebaute zweistufige R-Bremse jetzt für 125 km/h zugelassen sind.

Schließlich wurden 1964 die Leichttriebwagen Nr. 751 bis 755 beschafft, die bei gleicher B 18 Leistung zur Bildung größerer Einheiten senkrechte Stirnseiten mit in der Stirnwand versenkbarem Faltenbalg haben. Zwecks besserer Dämpfung der durch die Fahrmotor-Drehmomentpulsationen angeregten Kastenvibrationen sind nachträglich Siliziumgleichrichter und Glättungsdrosseln eingebaut worden. Seither werden die Wechselstrommotoren als Wellenstrommotoren betrieben.[100]

Da diese Doppeltriebwagen zufolge der Verkehrszunahme nur mehr selten ohne Anhängewagen verkehren konnten, wurde bei den Nr. 746 bis 750 in den Jahren 1968/72 der Führerstand II abgeschnitten und durch eine Einheitswagenplattform mit Gummiwulstübergang ersetzt, da es sich als unmöglich erwiesen hatte, die Stirnwandpartie für einen versenkbaren Faltenbalg umzubauen.[101]

Während die Nr. 741 bis 743 und 746 bis 750 auf 27 Promille zusätzlich 60 t schleppen konnten, waren für die Nr. 751 bis 755 ursprünglich 90 t zugelassen. Jetzt beträgt für die ABDe 4/8 746 bis 755 die maximale Anhängelast am Lötschberg 70 t.

Die als „Blaue Pfeile" sehr beliebten Fahrzeuge liefen außer im Personenzugverkehr auch im Schnellzugverkehr der BLS-Betriebsgemeinschaft, so zwischen Bern und Neuenburg und zwischen Interlaken Ost und Zweisimmen. 1962 führten sie ein Schnellzugpaar Bern–Interlaken Ost, 1964/69 einen Schnellzug der Gegenrichtung, wobei die Höchstgeschwindigkeit 100 km/h betrug, wenn BLS-Leichtstahlwagen mit offenen Plattformen mitgeführt wurden. Durch den Lötschberg wurde neben einigen Personenzügen 1963/69 der Schnellzug 375 Brig–Spiez mit diesen Triebzügen gefahren, ab 1965 mit 1 AB und Steuerwagen Bt. Seither werden auf der BLS-Stammstrecke – von Ausnahmen abgesehen – sämtliche Regelschnellzüge als Wagengarnitur mit Triebfahrzeug Re 4/4 geführt. Selbst im Personenzugverkehr kommen die ABDe 4/8-Triebwagen derzeit nicht nach Brig.

Lediglich für die während der Sommersaison stattfindenden Ausflugsfahrten Interlaken Ost–Stresa wird ein Leichttriebwagenzug eingesetzt; 1965 war dies auch für die Wallisrundfahrt Interlaken Ost–Bern–Lausanne–Brig–Interlaken Ost der Fall.

Be 4/4 761–763

TS 11 1953 und 1956 stellte die BLS für die BN und die GBS insgesamt drei Schwertriebwagen in Dienst, die insbesondere die De 4/5-Triebwagen ablösen sollten und in der Fachwelt erhebliches Aufsehen erregten. Bei einer Dienstmasse von 68 t war eine Stun-
D 12 denleistung von 1470 kW bei 70 km/h installiert worden, womit dieser „Hochleistungstriebwagen" in die Leistungsklasse leichterer Lokomotiven rückte, zumal die Höchstgeschwindigkeit 110 km/h betrug.

Der Wagenkasten von SIG ist in selbsttragender, verwindungssteifer Schalenbauart gebaut. Bei der elektrischen Ausrüstung von SAAS mußte der Transformator wegen der größeren Leistung wieder unter dem Wagenboden in Wagenmitte angeordnet, und darüber mußten in einer besonderen Kabine zwischen den beiden Fahrgastabteilen die elektropneumatischen Hüpfer montiert werden. Weiter wurde eine gleichstromerregte Widerstandsbremse mit Dachwiderständen eingebaut. Die Fahrzeuge sind zwar nicht für Vielfachsteuerung eingerichtet, doch können sie von einem Steuerwagen aus ferngesteuert werden.[102]

B 19 Nach der Ablieferung der ersten beiden Triebwagen im Sommer 1953 stellte sich im Betrieb bald heraus, daß die Luftverteilung für die beiden Triebmotoren jedes Drehgestells nicht gleichmäßig war, wodurch diese ungleich gekühlt wurden. Beim Bau des dritten Triebwagens wurde 1954 beschlossen, die Ventilationsanlage günstiger zu dimensionieren, wodurch diese Schwierigkeiten verschwanden. Die beiden zuerst gebauten Triebwagen wurden entsprechend umgebaut.[103]

Noch mit der ursprünglichen Ventilationsanordnung führten die ersten beiden Triebwagen Anfahrversuche und Belastungsfahrten durch: auf 27 Promille konnte ohne Schleudern eine Anhängelast von 200 t angefahren werden, wobei die Anfahrzugkraft 140 kN erreichte.Der Be 4/4 763 beförderte einen aus sieben Leichtstahlwagen (210 t) bestehenden Zug auf der Lötschbergnordrampe mit 70 km/h.[104]

Am Lötschberg wurden die gleichen Anhängelasten wie für die De 4/5-Triebwagen im Schnellzugdienst zugelassen, nämlich 180 t auf der Nord- und 200 t auf der Südrampe.

Die Be 4/4-Triebwagen verkehrten bis 1975 vor allem zwischen Bern und Neuenburg, vor einzelnen Zügen bis Le Locle. 1962 fuhren sie auch mit Personenzügen durch den Lötschberg, wobei umlaufbedingt der Ae 4/4-Lokomotive des Schnellzugs 137 von Brig bis Kandersteg ein Be 4/4-Triebwagen vorgespannt wurde. 1963/69 wurden die Autozüge Kandersteg–Brig mit solchen Triebwagen geführt. Doch auch im Schnellzugdienst durch den Lötschberg waren sie eingeteilt. Von 1965 bis 1971 wurde der Schnellzug 386 Bern–Brig planmäßig mit einem Be 4/4 bespannt. Die Anhängelast bestand allerdings nur aus einem Gepäckwagen und einem Leichtstahlwagen 1. und 2. Klasse. Wenn gerade kein Be 4/4-Triebwagen verfügbar war, wurde der De 4/5 796 eingeteilt, der damit nochmals zu Schnellzug-Ehren kam.

Seit dem Abzug der drei Be 4/4-Triebwagen von der BN im Jahre 1975 läuft ein Triebwagen auf den Berner Dekretsbahnen. Die beiden anderen führen zwischen Interlaken Ost und Zweisimmen auch Schnellzüge. Seit August 1975 sind diese Triebwagen für Reihe R mit einer Höchstgeschwindigkeit von 120 km/h zugelassen. Ab Fahrplanwechsel 1977 ist erneut ein Be 4/4-Pendelzug auf der BN eingeteilt.

2.2.4.3. SBB-Lokomotiven am Lötschberg

Abgesehen von Probefahrten fuhren bis 15. 5. 1939 SBB-Lokomotiven alle Züge nur von Bern bis Thun, wo umgespannt wurde. Seither wird die Bespannung der Schnellzüge Bern–Interlaken Ost gemeinsam von SBB und BLS nach dem Prinzip des Naturalausgleichs geregelt, worin auch die Strecke Bern–Neuenburg und Brig–Domodossola einbezogen sind. Lediglich die Bergstrecke Spiez–Brig befuhren ausschließlich BLS-Triebfahrzeuge, abgesehen von Umleitungszügen oder Sonderfahrten.

Zur Entlastung der Gotthardlinie wurde zum Fahrplanwechsel 1964 der „Riviera-Expreß" Amsterdam–Ventimiglia (Züge 652/651) über die BLS-Route gelegt, wobei auf dem Teilstück Domodossola–Wilerfeld (Dienststation nördlich Bern HB) eine Ae 6/8-Lokomotive der BLS den Zug führte, da dort Kopf gemacht werden mußte.

Nachdem die Verbindungskurve Zollikofen–Ostermundigen unter Umgehung von Wilerfeld und Bern zum Fahrplanwechsel 1967 fertiggestellt war, wurde dieses Zugpaar von Domodossola bis Basel Bad. Bf. durchgehend von einer Ae 6/6-Lokomotive der SBB geführt, wobei als höchste Anhängelast 610 t zugelassen waren. Bei Überlast stellten die SBB auch die Vorspannlokomotive.

Seit Fahrplanwechsel 1976 wird der „Riviera-Expreß" planmäßig von einer Re 6/6 der SBB geführt, die auf den 27 Promille-Rampen der BLS maximal 750 t Anhängelast schleppen kann, womit auch die neueste Triebfahrzeuggattung der SBB hier vertreten ist.

Gelegentlich kam es in den vergangenen Jahren während der Hauptreisezeit vor, daß die Anhängelast eines internationalen Schnellzugs Mailand–Bern selbst die für die Re 4/4-Lokomotiven der BLS höchstzulässige Masse von 630 t überstieg und in Brig gerade keine BLS-Lokomotive für den Vorspanndienst Brig–Goppenstein zur Verfügung stand. In solchen Fällen konnte man Re 4/4 II-Lokomotiven der SBB im Vorspanndienst auf der BLS-Südrampe beobachten, die dort maximal 445 t ziehen.

An Hauptverkehrstagen verkehren zusätzlich zu den Schnellzügen des ohnehin dichten Fahrplans der BLS-Stammstrecke zahlreiche Entlastungsschnellzüge über die Lötschbergbahn, die meist durchgehend mit SBB-Lokomotiven bespannt werden. Hierfür setzen die SBB meist die Gattungen Ae 6/6, Re 4/4 II und Re 4/4 III ein, gelegentlich auch die Re 6/6.

2.3. Gotthardbahn

2.3.1. Geographische Lage und Trassierung

Die Stammlinie der Gotthardbahn ist die 225,1 km lange Strecke Luzern–Immensee–Arth-Goldau–Bellinzona–Chiasso mit den direkten Zufahrtslinien Zug–Arth-Goldau (15,8 km), Giubiasco–Cadenazzo–Luino (36,7 km) und Cadenazzo–Locarno (12,4 km). Der internationale Schnellzugverkehr besteht aus zwei sich in Arth-Goldau vereinigenden Verkehrsströmen: einerseits Calais/Brüssel/Amsterdam/Stockholm/Hamburg/Bremen–Basel–Luzern–Arth-Goldau, andererseits Stuttgart/Nürnberg/München–Zürich–Arth-Goldau, die sich in Mailand zum Teil in die Richtungen Genua–Ventimiglia, Rom–Neapel und Ancona–Lecce verteilen. Dazu kommen im innerschweizerischen Verkehr die Verbindungen Genf/Basel/Schaffhausen–Locarno/Chiasso.

Während die Tagesschnellzüge Basel–Chiasso die Strecke über Olten–Luzern befahren, verkehren die Nachtschnellzüge sowie Güterzüge dieser Relation über die Aargauische Südbahn Basel–Verbindungslinie Olten–Rupperswil–Wohlen–Rotkreuz–Immensee–Arth-Goldau, da Luzern Kopfbahnhof ist. Zur Umfahrung des durch den Ost-West-Verkehr extrem stark belasteten Teilstücks Olten–Rupperswil befahren die meisten Güterzüge die Route Basel–Stein–Verbindungslinie Brugg–Hendschiken, wo sie auf die Aargauische Südbahn stoßen.

Von Luzern bis Flüelen folgt die Gotthardbahn dem Vierwaldstättersee, zwischen Küssnacht und Brunnen die Rigi nördlich umfahrend. Von Flüelen bis Göschenen verläuft sie bis Erstfeld im breiten Reusstal, von dort bis hinter Amsteg ist sie im westlichen Talhang trassiert, bis Göschenen im östlichen, wobei mittels des Spiraltunnels beim Pfaffensprung und der Doppelschleife bei Wassen auf 3 km Luftlinie ein Höhenunterschied von 255 m bewältigt wird. Im anschließenden Gotthardtunnel wird unterhalb des Gloggentürmli die Wasserscheide zwischen den Flußgebieten des Rheins und des Po unterfahren. Von Airolo bis Giubiasco folgt die Strecke dem Ticino, wobei im Dazio Grande und in der Biaschina zwei Linienentwicklungen Höhenstufen von 139 m und 117 m jeweils in sehr kurzer Luftlinie von 1 bis 1,5 km überwinden. Ab Giubiasco steigt die Gotthardbahn am Nordhang des Monte Ceneri empor, nach dem Durchfahren des Scheiteltunnels durchquert sie das Sotto-Ceneri und folgt von Lugano bis Capolago dem bei Melide auf einem Damm zu überquerenden Luganer See. Nach Überwindung einer weiteren Wasserscheide bei Mendrisio erreicht sie schließlich Chiasso an der italienischen Grenze.

P 2 Die Strecke Luzern–Chiasso zerfällt in die flacher geneigten Abschnitte Luzern–Erstfeld (60,5 km), Biasca–Giubiasco (22,2 km), Taverne-Torricella–Chiasso (32,2 km) und in die Bergstrecken Erstfeld–Biasca (90,2 km) durch den Gotthard und Giubiasco–Taverne-T. (20,0 km) durch den Monte Ceneri. Der Abschnitt Luzern–Immensee (19,2 km) ist bis auf das 2,2 km lange Teilstück Luzern–Gütsch eingleisig, die übrige Gotthardstrecke bis Chiasso sowie die Aargauische Südbahn sind seit 1966 bzw. 1972 durchgehend doppelspurig. Zur Leistungssteigerung der Gotthardbahn werden vor allem die Bergstrecken systematisch auf automatischen Block (Selbstblock) und Gleiswechselbetrieb mit ferngesteuerten Spurwechselstellen auch zwischen den Stationen umgestellt.[105]

Die Gotthardbahn ist so trassiert, daß auf den schwächer geneigten Abschnitten und auf den Zulauflinien maximale Steigungen von 10 Promille vorkommen (über Brugg 12 Promille), lediglich auf dem Teilstück Taverne-T.–Chiasso ist eine Steigung von 17 Promille maßgeblich. Die Steilrampenabschnitte am Gotthard und auf der Nordseite des Monte Ceneri von Giubiasco bis Rivera-B. haben eine größte betriebliche Steigung von 26 Promille, in den längeren Tunnels der Rampen wurde die Neigung auf 23 Promille ermäßigt. Auf der Südseite des Monte Ceneri ist die Strecke mit 21 Promille trassiert.[106]

Sowohl auf den Steilrampenabschnitten als auch auf den Talbahnen kommen zahlreiche Krümmungen von 300 m Radius vor, vereinzelt solche von 280 m. Anläßlich des Ausbaus auf Doppelspur, so zwischen Brunnen und Flüelen oder bei Stationsumbauten, war es möglich, abschnittsweise diesen Minimalradius zu vergrößern und die Streckengeschwindigkeit entsprechend zu heben.

2.3.2. Dampfbetrieb

Mit der Eröffnung des durchgehenden Verkehrs auf der Gotthardbahn im Jahre 1882 wurden die Schnellzüge von Erstfeld über die Bergstrecke bis Chiasso von D 3/3-Maschinen geführt, die bei einer Höchstgeschwindigkeit von 55 km/h eine Anhängelast von 90 t mit 33 km/h auf 26 Promille befördern konnten, sodaß ständig mit Vorspann gefahren werden mußte.[107] Vor Schnell- und Personenzügen auf den nördlichen Zufahrtslinien zum Gotthard liefen vor allem Tenderlokomotiven der Reihe Eb 2/4, die bei einer Höchstgeschwindigkeit von 75 km/h in der Ebene 280 t führen konnten.[108]

Um den Betrieb besser zu gestalten, legte die Gotthardbahn verschiedenen Lokomotivfabriken folgendes Neubauprogramm vor: Beförderung eines Schnellzugs ohne Lokomotivwechsel und ohne Vorspann von Luzern bis Chiasso, und zwar von Luzern bis Erstfeld 250 t mit 90 km/h Höchstgeschwindigkeit und von Erstfeld bis Chiasso 140 t bei 40 km/h in Dauerleistung. 1894 lieferte SLM zwei Probelokomotiven Nr. 201 und 202 der Achsfolge 2'C, die eine als n3v, die andere als n4v, wobei die erstere auf Talstrecken mit

Verbund-, am Berg mit Drillingswirkung arbeiten sollte.[109] Diese von der Fachwelt bewunderten Lokomotiven leisteten indiziert ungefähr 880 kW. Mit ihnen konnte die Fahrzeit Luzern–Chiasso von $6^{3}/_{4}$ auf $4^{3}/_{4}$ Stunden gekürzt werden. Nur die damals geltenden Vorschriften über die Geschwindigkeitsermäßigung beim Durchfahren von Stationen verunmöglichten eine noch weitere Kürzung. Spätere Nachlieferungen (Nr. 203 bis 230) bis zur Gesamtzahl von 30 Stück wurden 4zylindrig ausgeführt, bei einer Achslast von 147 kN und einem von 14,7 auf 15,7 bar erhöhten Kesseldruck.[110] B 21

Mit Rücksicht auf die zulässige Zughakenbelastung durfte auf den Steigungen der Zufahrtsrampen zum Gotthardtunnel eine Zuglast von 320 t ohne Schiebedienst befördert werden. Da die Züge mit den neu eingeführten Vierachsern immer schwerer wurden und die Norm für zwei Schnellzuglokomotiven der Serie A 3/5 aber nur 280 t betrug, mußte bei ihrer Überschreitung eine dritte Lokomotive nachschieben. Speziell für den Schnellzugdienst sollte eine Vorspannlokomotive großer Zugkraft beschafft werden, die bei einer Höchstgeschwindigkeit von 65 km/h eine Anhängelast von 180 t mit 40 km/h auf 26 Promille befördern konnte, wobei die Achslast 153 kN nicht überschreiten durfte. Maffei lieferte 1906 acht C 4/5-Lokomotiven (Nr. 2801 bis 2808) der Bauart 1'D n4v, die mit einer Leistung von 1100 kW die SBB-Type um etwa 15% übertrafen.

Im Jahre 1908, noch kurz vor der Verstaatlichung, beschaffte die Gotthardbahn zur Ergänzung und Modernisierung ihres Schnellzuglokomotivbestands nochmals acht A 3/5-Lokomotiven (Nr. 931 bis 938). Das Leistungsprogramm der Ursprungsbauart wurde beibehalten, doch sollte es mit größerem Kessel und stärkerer Maschine weniger angestrengt eingehalten und Verspätungen sollten besser eingeholt werden können, wobei eine Achslast von 162 kN zugestanden wurde. Die der C 4/5 ähnliche neue A 3/5-Lokomotive wurde gleichfalls von Maffei durchkonstruiert, doch wegen der kurzen Lieferfrist zu je vier Stück an Maffei und SLM vergeben. Tatsächlich konnten diese Maschinen mit einer Leistung von 1220 kW bei gegenüber ihren Vorgängerinnen geringfügig höheren Belastungsnormen von 150 t auf 26 Promille ohne Kesselüberanstrengung und ohne Kohleverschleuderung in Verspätungsfällen am Berg Zeit aufholen.[111]

Die neueren A 3/5- und die C 4/5-Maschinen erhielten 1913/17 noch den Schmidt-Überhitzer. Wegen der bald darauf erfolgten Elektrifizierung der Gotthardbahn und auch wegen der außerordentlichen Beanspruchung dieser Maschinen im Bergdienst wurden diese Lokomotiven 1923/27 ausgemustert.

2.3.3. Elektrifizierung

2.3.3.1. Vorgeschichte

Schon 1881 führte der Oberingenieur der Gotthardbahn, Bridel, mit der Firma Siemens & Halske einen ausgedehnten Briefwechsel über eine Elektrifizierung des Gotthardtunnels, welches Vorprojekt allerdings nicht weiterverfolgt wurde.[112] Immerhin schloß noch kurz vor ihrer Verstaatlichung am 1. 5. 1909 die Gotthardbahn mit den Kantonen Uri und Tessin Konzessionsverträge über die Ausnützung bestimmter Wasserkräfte.[113] Obwohl zu jenem Zeitpunkt die ersten Ergebnisse des Versuchsbetriebes Seebach–Wettingen bereits vorlagen, war die Zeit für die Elektrifizierung der Gotthardbahn noch nicht gekommen. Noch im Jahre 1908, als im Simplontunnel bereits elektrische Drehstromlokomotiven fuhren, wurde die Elektrifizierung der Gotthardbahn als großes Risiko hingestellt. So schlug Ingenieur Liechty vor, die Laufräder der Dampflokomotiven sowie die Räder der Tender mit Elektromotorantrieb auszurüsten. Dieser Hilfsbetrieb sollte jedoch nur bei Bergfahrt und auch nur bei guter Witterung ausgenützt werden. Liechty empfahl, die *Elektrisierungspläne gewisser Leute mit Vorsicht aufzunehmen.*[114]

Inzwischen hatte der elektrische Zugbetrieb mit hochgespanntem Einphasenwechselstrom zwischen Spiez und Frutigen seine Betriebstauglichkeit bewiesen. 1912 traten dann die SBB dem Gedanken der elektrischen Zugförderung näher. Der Verkehr auf der Gotthardstrecke hatte in einer Weise zugenommen, daß entweder die Beschaffung noch stärkerer Dampflokomotiven, die ohnehin eine Verstärkung des Oberbaus und der Brücken notwendig gemacht hätten, oder aber die Elektrifizierung ins Auge gefaßt werden mußte. Nachdem die Studienkommission im Mai einen ausführlichen zusammenfassenden Bericht vorgelegt hatte, wurde am 1. 10. 1912 eine *Kommission für die Einführung der elektrischen Zugförderung* bei der Generaldirektion der SBB gebildet, wobei es gelang, Emil Huber-Stockar als deren Leiter zu gewinnen.[115]

Am 25. 11. 1913 bewilligte der Verwaltungsrat der SBB für die Elektrifizierung der Strecke Erstfeld–Bellinzona einen ersten Kredit von 38,5 Millionen Franken. Als alle vorbereitenden Arbeiten unter der zielbewußten Leitung von Huber-Stockar soweit fortgeschritten waren, daß die Ausschreibungen für die ortsfesten Anlagen und für die ersten Probelokomotiven an die Industrie vorgenommen werden konnten, unterbrach 1914 der Erste Weltkrieg zunächst alle Arbeiten.[116]

Sobald jedoch mit einer längeren Kriegsdauer zu rechnen war, schien es angezeigt, entgegen den ursprünglichen Absichten die Elektrifizierungsarbeiten am Gotthard fortzuführen. Dagegen rollte im Herbst 1915 die Tagespresse nochmals die „Systemfrage“ auf. W. Boveri forderte in einer Diskussionsversammlung des SEV am 14. 12. 1915 in Bern die *„Einfügung der Bundesbahnelektrifikation in die allgemeine Energieversorgung ... bei Verwendung von Gleichstrom“*. Dennoch entschied der Verwaltungsrat der SBB in seiner Sitzung vom 18. 12. 1916 im Sinne der Empfehlungen der Studienkommission, daß die Strecke Erstfeld–Bellinzona mit Einphasenwechselstrom 15 kV 16²/₃ Hz zu elektrifizieren sei, und zwar unter Ausbau der Kraftwerke Ritom und Amsteg für die unmittelbare Erzeugung von Bahnstrom.[117]

2.3.3.2. Versuchsbetrieb Bern–Thun

Am 31. 7. 1917 bestellten die SBB vier Probelokomotiven für die Gotthardbahn, und zwar für den Reisezugdienst drei der Achsfolge 1'C1' bzw. (1'B) (B1'), für den Güterzugdienst eine der Achsfolge C'C', die später als (1'C) (C1') realisiert wurde.

Im Herbst desselben Jahres beschloß der Verwaltungsrat der SBB, die Strecke Bern–Thun (genauer Scherzligen) im Anschluß an die seit schon seit 1. 5. 1915 elektrisch betriebene Strecke Spiez–Thun (bzw. Scherzligen) der BLS zu elektrifizieren, einerseits als Notmaßnahme, um Kohlen zu sparen, andererseits, um dort die 1918 abzuliefernden Prototypen ausprobieren zu können. Die Verhältnisse des Jahres 1918 zwangen dazu, soweit möglich anstelle eiserner Masten Holzmasten zu verwenden und die Fahrleitungsbauart der Lötschbergbahn zu übernehmen, wobei wie bei der BLS das Kraftwerk Spiez der BKW (Bernische Kraftwerke) die Energie zu liefern hatte.[118]

Für die Probelokomotiven sahen die SBB folgendes Leistungsprogramm vor: Auf der Steigung von 26 Promille mußten die beiden (1'B) (B1')-Maschinen eine Anhängelast von 300 t mit 50 km/h, die (1'C) (C1')-Maschine 430 t mit 35 km/h befördern können. Als weitere Bedingung mußten diese Anhängelasten auf 26 Promille sicher angezogen und in höchstens 4 Minuten auf die erwähnte Geschwindigkeit gebracht werden. Ferner sollten die Lokomotiven während 15 Minuten eine um 25% höhere Leistung als die aus den eben erwähnten Betriebsdaten resultierende abgeben können.[119]

Die vier Probelokomotiven lehnten sich im Gesamtaufbau und Antrieb noch stark an die BLS-Lokomotiven der Vorkriegszeit an, zumal die Höchstgeschwindigkeit nur 75 bzw. 65 km/h betrug. Sie hatten aber doch bemerkenswerte Neuerungen aufzuweisen, die für die Weiterentwicklung richtungweisend geworden sind. Insbesondere ist zu bemerken, daß diese Lokomotiventwürfe mit ihrer bis zu jenem Zeitpunkt nicht gekannten Gewichtsökonomie nur durch die Erhöhung der Triebachslast auf 200 kN möglich geworden sind.[120]

Die erste der vier Probelokomotiven, die Be 3/5 11201, entspricht, von der Achsfolge 1'C1' abgesehen, hinsichtlich Antrieb, elektrischer Ausrüstung und deren Anordnung völlig der 1'E1'-Lokomotive Reihe 151 (Be 5/7) der Lötschbergbahn. Die zweite, gleichfalls von MFO gelieferte Lokomotive Be 4/6 11301 hat erstmals bei der MFO einen einzigen für die gesamte Lokomotivleistung bemessenen Öltransformator, und zwar mit Wellblechkessel ohne sonstige Kühlung des Öls.[121] Dieses Fahrzeug hatte anfangs eine Rekuperationsbremse eingebaut, mit der richtungsweisende Versuche durchgeführt wurden.[122]

Die dritte Probelokomotive, die Be 4/6 11302, hat ebenfalls die Achsfolge (1'B) (B1'), wurde jedoch von BBC geliefert. Die vier Reihenschlußmotoren sind erstmals in der Schweiz mit Widerstandsverbindern ausgerüstet. Der Transformator mit glattem Kasten hat eine sehr wirkungsvolle künstliche Kühlung des Öls in Schlangenrohren von 70 m² Fläche, die an den Lokomotivseitenwänden dem bei der Fahrt entstehenden Luftzug ausgesetzt sind.[123]

Die vierte Probelokomotive (Ce 6/8 I 14201) von BBC schließlich übernimmt den Antrieb von der Ce 6/6-Lokomotive der BLS, nur liegen ihre schweren Fahrmotoren zur Verbesserung des Laufs mehr gegen die Lokomotivmitte und die Schrägstangen greifen je an den äußeren Triebachsen an. Die elektrische Ausrüstung stimmt, abgesehen von den Fahrmotoren, mit der Be 4/6-Lokomotive von BBC überein. Zusätzlich erhielt auch die Ce 6/8 I eine Rekuperationsbremse.[124]

Wegen des dringenden Bedarfs an elektrischen Lokomotiven für die Strecke Bern–Thun übernahmen die SBB neben anderen Gelegenheitskäufen die beiden Versuchslokomotiven Nr. 1 und 2 der MFO als Ce 4/4 I 13501 und 13502 doch noch. Nachdem diese zuletzt bei Privatbahnen gedient hatten, sind heute beide Maschinen im Verkehrshaus der Schweiz in Luzern ausgestellt.

Da die erwähnten vier Probelokomotiven der SBB wegen der kriegsbedingten Schwierigkeiten in der Materialbeschaffung statt Ende März 1918 erst im Lauf des Jahres 1919 abgeliefert werden konnten, der Bau der Kraftwerke und die Elektrifizierungsarbeiten jedoch fast programmgemäß ausgeführt worden waren und andererseits Kohlennot und Kohlenpreise in dieser Zeit ihren Höhepunkt erreichten, mußte man auf eine ausgiebige Erprobung verzichten.

Am 30. 8. 1918 hatte der Verwaltungsrat der SBB beschlossen, die Elektrifizierung auf alle lebenswichtigen Strecken des Gesamtnetzes auszudehnen, was die sofortige Bestellung eines größeren Parks an elektrischen Lokomotiven notwendig machte. Speziell für die Gotthardstrecke entschloß man sich, eine Schnellzugtype und eine Güterzugtype bauen zu lassen.[125]

2.3.3.3. Elektrifizierungsarbeiten

Wie schon erwähnt, wurden für die Energieversorgung der Gotthardbahn das Speicherkraftwerk Ritom (9 MW) und die Flußkraftwerke Amsteg (10 MW) und Göschenen (Nebenkraftwerk, 1650 kW) errichtet. Die einander ergänzenden Kraftwerke waren durch eine zweischleifige 60 kV-Leitung verbunden, die auch die Unterwerke speiste, wobei diese Übertragungsleitung von Amsteg über Göschenen und Ritom nach Giornico als Hochspannungskabel, der übrige Teil als Freileitung ausgebildet wurde. Die elektrische Energie wurde entweder direkt von den Kraftwerken in die Fahrleitung eingespeist oder den Unterwerken Göschenen, Giornico, später auch Giubiasco, Melide und Steinen zugeführt, die als Gebäudeunterwerke jeweils zwei Transformatoren mit insgesamt 10 MVA erhielten. Nur Sihlbrugg in Freiluftbauweise hatte vier Transformatoren mit insgesamt 12 MVA.[126]

Ursprünglich bestand auf der Strecke eine Kettenfahrleitung mit festem Stahltragseil (88 mm²), daran aufgehängtem Stahlzwischenseil (93 mm²) und Kupferdraht (107 mm²) B 22 ohne separate Nachspannung, wobei durch regelmäßige Lageänderung von Fahrdraht und Zwischenseil (alle 240 m) ein gleichmäßiger Zug in beiden erreicht werden konnte. In den Tunnels wurde ein zweiter Fahrdraht eingebaut.[127]

Neben der Verstärkung des Unter- und Oberbaus mußten in fast allen Tunnels die Gleise bis zu 40 cm abgesenkt werden. Weiter waren zur Vermeidung von Schwachstromstörungen die Bahnfernsprech- und Blockleitungen zu verkabeln.

Entsprechend dem steigenden Leistungsbedarf mußten die Energieversorgungsanlagen ausgebaut werden. Man errichtete daher das Gemeinschaftskraftwerk Göschenen mit zwei Einphasengeneratoren von je 50 MW in der oberen und einem weitern von 40 MW in der unteren Staustufe, einen Frequenzumformer von 25 MW in Giubiasco zur Verbesserung der Spannungsverhältnisse auf den Strecken des südlichen Tessin und eine 132 kV-Hochspannungsleitung vom Kraftwerk Göschenen über Amsteg–Rotkreuz zum Knotenpunkt Rupperswil.[128]

Da die ursprüngliche Gotthardfahrleitung in Erstellung und Unterhalt zu aufwendig war, wurde das Zwischenseil im Lauf der Jahre beseitigt und der Fahrdraht, mit Ausnahme längerer Tunnelstrecken, durch Gewichte nachgespannt. Anfänglich für etwa 90 km/h geeignet, konnte die Fahrleitung so auch den höheren Fahrgeschwindigkeiten angepaßt werden.[129] Gleichzeitig wurde der zweite Fahrdraht in den Tunnels frei, was für die Weiterführung des Elektrifizierungsprogramms im Zweiten Weltkrieg äußerst willkommen war. So konnte man beispielsweise die Strecke Herzogenbuchsee–Solothurn mit Material aus dem Gotthardtunnel ausrüsten.[130]

Schließlich wurden in den letzten Jahren auf der freien Strecke die charakteristischen Joche über beide Betriebsgleise, soweit möglich, durch Einzelausleger für jedes Gleis ersetzt, die Streckenschaltung verfeinert und das Fahrleitungskettenwerk ersetzt: Stahl-Kupfer-Tragseil (92 mm²) und Kupferfahrdraht (150 mm²).[131]

2.3.4. Bespannung der Schnellzüge bei elektrischem Betrieb

2.3.4.1. Lokomotiven

Be 4/6 12303–12342

Für den Schnell- und Personenzugdienst bildete die Probelokomotive Nr. 11302 den
TS 15 Ausgangspunkt einer 40 Maschinen umfassenden Reihe, die in vier Baulosen 1919/22 in Betrieb genommen wurde. Zusätzlich zum angegebenen Leistungsprogramm wurden drei Hin- und Herfahrten Luzern–Chiasso innerhalb 24 Stunden mit einer Anhängelast von 300 t verlangt.[132]

Die Maschinen sind als Drehgestell-Lokomotiven mit führender Bisselachse gebaut. Im mechanischen Teil fällt der äußerst einfache Antriebsmechanismus auf, indem das von zwei tiefliegenden Motoren angetriebene große Zahnrad praktisch auf Achshöhe der Triebachsen gelagert werden konnte. Sein Kurbelzapfen ließ sich deshalb ohne Kulisse in das je zwei Triebräder verbindende Kuppelgestänge einführen.[133] Während die 10 Maschinen des ersten Bauloses eine Stundenleistung von 1295 kW bei 52 km/h hatten,
D 22 wurde diese bei den anderen Baulosen auf 1500 kW bei gleicher Geschwindigkeit erhöht. Die Höchstgeschwindigkeit betrug 75 km/h.

Als Besonderheit ist der umschaltbare Transformator der ersten Lieferung zu nennen. Fuhr der erste Zug in der Nacht vom 30. 6. auf den 1. 7. 1920 noch mit 7500 V Fahrdrahtspannung durch den Tunnel, um Isolatorüberschläge auf den verrußten Isolatoren zu vermeiden, so konnte erst nach Einstellung des Dampfbetriebs und gründlicher Reinigung der Isolatoren am 29. 5. 1921 die Spannung auf 15 kV erhöht werden. Weiter hatten diese Lokomotiven im Gegensatz zu Nr. 12313 bis 12342 keine elektrische Widerstandsbremse, weshalb die Maschinen des ersten Bauloses bereits 1924 als Mehrzwecklokomotiven ins Flachland abgezogen wurden.

Bei den Lokomotiven der vierten Bauserie, Nr. 12329 bis 12342, waren die Stromabnehmer auf dem Dach vor den Bremswiderständen montiert. Diese Anordnung führte zu häufigen Stromabnehmerentgleisungen und mußte bald zugunsten der ursprünglichen Disposition korrigiert werden.[134]

Als 1919 die ersten Maschinen in rotbraunem Anstrich die Fabrik verließen, war die Elektrifizierung am Gotthard noch nicht beendet. Sie kamen daher zum Depot Bern und befuhren von dort aus mit SBB-Personal die Lötschbergstrecke nach Brig. 1920 übernahm dann die ganze Serie am Gotthard die Führung der Reisezüge. Nach Fertigstellung der B 22 Elektrifizierungsarbeiten auf der Gotthardstrecke im Jahre 1922 führten sie auch die Schnellzüge durchgehend von Luzern bis Chiasso, wodurch sich die Fahrzeit der Schnellzüge trotz geringerer Höchstgeschwindigkeit auf den Talstrecken gegenüber dem Dampfbetrieb von 6 Stunden, 16 Minuten im Jahre 1920 zwei Jahre später auf 5 Stunden, 22 Minuten verkürzte. Die steigenden Anhängelasten und die Forderung nach höheren U 3 Geschwindigkeiten – namentlich auf den flacheren Zufahrtstrecken – führten mit dem Erscheinen der Ae 4/7 und später der Ae 4/6 zum weiteren Abzug der Be 4/6-Maschinen vom Gotthard.[135] Im Jahre 1942 wurde, abgesehen vom Vorspanndienst, als einzige Schnellzugleistung der Zug 60 von Luzern bis Erstfeld mit einer Be 4/6 geführt, wo ihn eine Ae 8/14 übernahm.

Die Hauptbeschäftigung der 1957 in Bellinzona verbliebenen 12 Maschinen waren Personenzüge Bellinzona–Chiasso, Vorspann- und Zwischendienst bei Güterzügen auf der Gotthard-Südrampe und Bellinzona–Rivera-B. und fast täglich Vorspann an Schnellzügen Bellinzona (oder Biasca)–Airolo. Aber auch die fünf Luzerner Be 4/6 mußten während der Hauptreisezeit in den Personenzügen Luzern–Bellinzona die eingeteilten Ae 4/7 ersetzen, da diese für die schweren Agenturzüge verwendet wurden. Mit dem massiven Gotthard-Einsatz der Ae 6/6 wurden 1962 die letzten Be 4/6 ins Flachland versetzt. Bis auf die fahrbereite Museumslok Nr. 12320 sind inzwischen sämtliche Lokomotiven dieser Baureihe ausgemustert worden. Trotz ihrer Zuverlässigkeit, Einfachheit und Handlichkeit waren die Be 4/6-Lokomotiven wegen ihrer nicht besonders guten Laufeigenschaften wenig beliebt.[136]

Die gleichzeitig von MFO gelieferten (1'C) (C1')-Lokomotiven Ce 6/8 II 14251 bis 14283 mit einer Höchstgeschwindigkeit von 65 km/h besorgten am Gotthard planmäßig nahezu ausschließlich den Güterzugdienst, wobei sie auf 26 Promille 360 t mit 45 km/h oder 450 t mit 35 km/h befördern konnten. Abgesehen von Vorspannleistungen auf den Steilrampen, liefen sie lediglich außerplanmäßig auch vor Schnellzügen. Hieran änderte sich auch nichts, nachdem in den vierziger Jahren ein Teil der Maschinen zu wesentlich leistungsstärkeren Be 6/8 II-Lokomotiven mit 75 km/h Höchstgeschwindigkeit umgebaut worden war.[137]

Be 4/7 12501–12506

Da nach dem erwähnten Beschluß des Verwaltungsrats vom 30. 8. 1918 rasch viele Elektrolokomotiven benötigt wurden, bestellten die SBB auch bei SAAS sechs Lokomotiven mit dem vorher namentlich in Amerika vielverwendeten und bekannten „quill-drive“-Antrieb, auch Westinghouse-Federantrieb genannt. Die Maschinen hatten das gleiche Programm wie die Be 4/6 zu erfüllen, d. h. die Beförderung von 300 t mit 50 km/h auf 26 Promille Steigung.[138]

SAAS baute in Zusammenarbeit mit SLM diese Fahrzeuge als (1'Bo1')(Bo1')-Lokomo- TS 16 tiven mit einer Stundenleistung von 1765 kW bei 56 km/h, woraus sich eine Stundenzugkraft von 114 kN ergab. Die Höchstgeschwindigkeit betrug 80 km/h. Charakteristisch für diese Fahrzeuge war die Verwendung von Zwillingsmotoren mit einseitig angeordneter Übersetzung, die Steuerung mittels elektropneumatischer Schützen in 28 Stufen und die originelle Art der Wärmeabfuhr aus dem Transformatorenöl durch ein in den Transformatorkasten einhängendes, von Kühlluft durchströmtes Röhrenbündel. Neben der Druckluftbremse war eine fahrdrahtabhängige wechselstromerregte Widerstandsbremse eingebaut.[139]

Die erste Lokomotive wurde am 20. 10. 1921 in Bern angeliefert. Zwei Monate später fanden am Gotthard Versuchsfahrten statt. Auf 26 Promille konnten 411 t angefahren und in 150 bis 160 s auf 50 km/h beschleunigt werden. Ursprünglich waren dafür 240 s vorgesehen.[140]

B 23 Entsprechend bewährten sich diese Fahrzeuge leistungsmäßig außerordentlich im Schnellzugdienst am Gotthard, wenn sie auch lauftechnisch nicht ganz befriedigten. Im Jahre 1927 hatten beispielsweise die Be 4/7 die größte jährliche Laufleistung aller SBB-Triebfahrzeuge.[141]

Nach dem Einsatz der Ae 4/7-Lokomotiven am Gotthard wurden die Be 4/7 in den Jahren 1931 und 1932 in das Flachland abgezogen, wo sie vom Depot Bern aus Personen- und Güterzugdienst leisteten. Als Splittergattung sind seit 1966 alle Lokomotiven bis auf eine Museumsmaschine ausgemustert worden. Obwohl sie keine große Stückzahl erreichten und auf der Gotthardstrecke kaum zehn Jahre liefen, spielen sie in der Entwicklungsgeschichte des schweizerischen Lokomotivbaus eine bedeutende Rolle, weil sich bei den Be 4/7-Maschinen die Bewährung des Einzelachsantriebs im schweren Gebirgsdienst zeigte. Sie wurden zum Ausgangspunkt nicht nur der sehr bewährten Be 6/8 Reihe 201 der BLS, sondern auch der Ae 3/5 Reihe 10201 der SBB.

Auch BBC hatte die praktische Verwirklichung des Einzelachsantriebs studiert und hierzu die 1922 von den SBB übernommene Versuchslokomotive Ae 4/8 11000 mit zwei verschiedenen Antrieben ausgerüstet, mit dem Tschanz- und mit dem Buchli-Einzelachsantrieb, wobei letzterer sich besser bewährte.[142]

Ae 4/7 10973–11002

Diese Lokomotiven stellen eine Variante der Reihe Ae 4/7 10901 bis 11027 für Gebirgsstrecken dar. Mit der Ae 4/7 sollte den SBB eine Reihe zur Verfügung stehen, die über 30 Jahre auf den Transitlinien der Schweiz schweren Schnellzugdienst versah. Die Vorgeschichte der Entwicklung elektrischer Schnellzuglokomotiven ist im folgenden nach *Thormann* wiedergegeben.[143]

Infolge der überstürzend hastigen Elektrifizierung Anfang der zwanziger Jahre, die nicht gestattete, erst die Ergebnisse der zunächst gebauten, einzelnen Probelokomotiven abzuwarten, hatten die SBB drei Ausführungen für den Schnellzugdienst im Mittelland bestellt, nämlich

1. die Type 1'Co1' (Ae 3/5), ausgeführt von den SAAS, die leichteste und billigste. Die Doppelmotoren haben Einzelachsantrieb mit Hohlachsen, sind aber insbesondere für Kollektorbehandlung schlecht zugänglich (notwendiger Ausbau der Motoren). Ungünstig wirkt auch die tiefe Schwerpunktlage. Selbst eine etwas längere Ausführung dieser Lokomotive als Ae 3/6 III vermochte die Laufeigenschaften nicht wesentlich zu verbessern.

2. Die Type 2'Co1' (Ae 3/6 I) mit Einzelachsantrieb nach Ausführung BBC ist rund 10 t schwerer und entsprechend teurer. Die Motoren sind verwickelt mit Widerstandsverbindungen. Die Maschine läuft sehr gut, auch in Kurven.

3. Die Type 2'C1' (Ae 3/6 II) mit Zahnradübersetzung und Stangenantrieb der MFO ist noch schwerer, doch im Preis günstiger als die vorerwähnte infolge der einfacheren Bauart mit nur zwei Motoren, die außerdem für die Kollektorbehandlung gut zugänglich sind.

TS 17 Die zweitgenannte Lokomotivgattung, ursprünglich als Ae 3/6 I Reihe 10301, später Reihe 10601, bezeichnet, mit einseitigem Gelenkhebel-Antrieb nach Buchli und Lagerung des Transformators hinter dem Führerstand über dem führenden Drehgestell, wurde dank vorzüglicher Bewährung – im März 1922 war die Nr. 10304 versuchsweise im Schnellzugdienst auf der Gotthardstrecke eingeteilt – zur Einheitslokomotive erklärt und in den Jahren 1921 bis 1929 zunächst nur von SLM und BBC, später auch unter Beteiligung von MFO und SAAS, mit insgesamt 114 Stück gebaut.[144]

Nach kleinen Änderungen am Laufwerk war es 1936 möglich, die Höchstgeschwindigkeit der Nr. 10637 bis 10714 von 100 auf 110 km/h zur Führung der damals eingeführten Städteschnellzüge nach Reihe A zu erhöhen.[145]

Die rasche Ausdehnung des elektrischen Betriebs auf die Hauptstrecken des Bundesbahnnetzes im Rahmen des ersten, beschleunigten Elektrifikationsprogramms und die starke Verkehrszunahme während der Hochkonjunktur in der zweiten Hälfte der zwanziger Jahre zwangen zur Beschaffung weiterer, leistungsfähigerer Lokomotiven. Sie sollten in erster Linie dem schweren Schnellzugverkehr im Flachland dienen. Es lag nahe, diese Lokomotivtype aus der bestbewährten Ae 3/6 I so zu entwickeln, daß eine weitere (vierte) Triebachse eingefügt wurde. Gleichzeitig wurde die Leistung der Motoren so erhöht, daß folgendes Leistungsprogramm erfüllt werden konnte: 600 t Anhängelast auf 2 Promille mit 90 km/h und auf 12 Promille mit 65 km/h. Auf Bergstrecken mit 26 Promille Steigung sollte die Anhängelast bei 65 km/h noch 360 t betragen.[146]

Auf diese Weise entstand die bekannte Ae 4/7-Lokomotive Serie 10901. Zwei der TS 18
Laufachsen bilden wieder ein zweiachsiges Laufdrehgestell, während die Laufachse am
anderen Ende bei einem Teil der Lokomotiven als Bisselachse ausgebildet (Achsfolge
2'Do1'), bei den übrigen mit der benachbarten Triebachse zu einem Drehgestell, dem
„Java-Drehgestell", vereinigt wurde [Achsfolge 2'Co (A1)].[147]

Die Lokomotiven der ersten Lieferung haben eine Stundenleistung von 2060 kW, ab D 16
Nr. 10917 2295 kW bei 65 km/h. Die Höchstgeschwindigkeit beträgt 100 km/h. Bei den
von BBC ausgerüsteten Lokomotiven konnten aus Platzgründen nur sieben Anzapfungen
aus dem Transformator herausgeführt werden. Mittels eines Zusatztransformators war es
dennoch möglich, 21 Fahrstufen zu entwickeln. Bei den von MFO und SAAS ausgerüsteten Lokomotiven mit elektropneumatischen Hüpfern ist dieses Problem wesentlich
einfacher gelöst.[148]

Die erste Lokomotive, zunächst mit zwei Schleppbügeln ausgerüstet, wurde Mitte März 1927 dem Betrieb übergeben. Weitere acht folgten bis Ende des Jahres. Die Ae 4/7 versah von Anfang an schweren und schwersten Betrieb.[149]

Für den Schnellzugverkehr auf der Gotthard- und der Jura-Simplon-Strecke wurden B 24
die Nr. 10973 bis 11002 mit elektrischer Nutzbremse und einem andern Hilfstrafo mit vier
Spannungsteilungen für insgesamt 26 Fahrstufen ausgerüstet. Da bei diesen Lokomotiven
mit einer Masse von 123 t das Meter-Gewicht unzulässig hoch geworden wäre, wurden
diese durch den Einbau zweier Holzbalken zwischen Stoßbalken und Puffer um 340 mm
künstlich verlängert. Dieses Sonderbaulos wurde 1931/34 von SLM und MFO abgeliefert.

Es zeigte sich, daß die 14 der Gotthardstrecke zugeteilten Ae 4/7 wie die Ae 4/7 der
Normalbauart auf 26 Promille Steigung eine Anhängelast von 265 t mit 65 km/h oder
285 t mit 60 km/h befördern konnten, womit bei schwereren Schnellzügen am Gotthard
oder am Monte Ceneri im Regelfall Vorspann zu stellen war. Beispielsweise sahen im
Jahre 1936 die fünf Ae 4/7-Lokdienste des Depots Bellinzona Schnellzugleistungen U 3
Luzern/Zürich–Chiasso, Vorspannleistungen vor Schnellzügen sowie einzelne lokale
Personen- und Güterzüge zwischen Luzern und Chiasso vor. Bei einer durchschnittlichen
täglichen Laufleistung von 626 km wurden maximal 760 km erreicht. Ein entsprechender
Lokomotivumlauf des gleichen Depots vom Jahre 1943 sah für vier Maschinen durchschnittliche tägliche Laufleistungen von 710 km bei maximal 799 km vor. Nachdem
diesen Maschinen nach der Ablieferung der Ae 4/6-Lokomotiven ein Teil der Schnellzugleistungen am Gotthard weggenommen worden war, führten sie z. B. neben einigen
Schnellzügen am Gotthard insbesondere Güterzüge Erstfeld–Basel und Personenzüge
zwischen Luzern und Chiasso. Weiter besorgten sie Zwischen- oder Vorspanndienst auf U 4
den Steilrampen. Mit dem Aufkommen der vollausgelasteten Reisetouristikzüge Deutschland–Italien waren sie im Sommer im Regelfall vor diesen zwischen Basel Bad. Bf. und
Chiasso, mit Vorspann durch Be 4/6 oder Be 6/8 II auf den Steilrampen, zu finden. Der
massive Einsatz der Ae 6/6-Lokomotiven am Gotthard führte zum Abzug der Ae 4/7 ins
Mittelland.

Da diese Triebfahrzeuge weiterhin wertvolle Dienste, vor allem vor Güterzügen, zu leisten vermochten, wurden sie ab 1964 systematisch modernisiert. Die Javagestelle wurden durch Bisselgestelle von Abbruchlok ersetzt, die Ritzelfederung wurde umgebaut, und sowohl bei den großen Zahnrädern als auch bei den Trieb- und Laufachslagern ersetzen Rollenlager die Gleitlager; zudem wurden die beiden äußeren Triebachsen querelastisch gelagert. Im elektrischen Teil wurden die Kabel neu verlegt, die Schalttafeln erneuert und die Fahrmotorshunts auf das Dach versetzt. Weiter wurde eine zweistufige Fahrmotorventilation eingebaut. Schließlich ersetzte man bei einem Teil der Maschinen die Stromabnehmer durch neuere des Typs 350/1 von den Ae 6/6- und Re 4/4 I-Maschinen. Bei den von SAAS ausgerüsteten Lokomotiven der Normalbauart mit SAAS-Hüpfersteuerung wurde die Vielfachsteuerung für Doppeltraktion eingebaut, womit diese paarweise gekuppelten Fahrzeuge praktisch als Ae 8/14-Lokomotiven schwersten Güterzugsdienst versehen können.[150]

Ae 8/14 11801, 11851, 11852

In der zweiten Hälfte der zwanziger Jahre war eine große Menge sogenannter Reparationskohle aus Deutschland über die Gotthardstrecke nach Italien zu befördern. Die Deutsche Reichsbahn-Gesellschaft brachte die Kohlenzüge mit einer Bruttolast von 1200 t nach Basel. Um einen möglichst raschen Wagenumlauf zu erreichen, waren diese Züge weitgehend unverändert und beschleunigt an die Südgrenze zu bringen. Die ungeteilte Förderung dieser Züge auf der Steilstrecke Erstfeld–Göschenen war auch wünschenswert, weil dort zu gewissen Zeiten eine wesentliche Vermehrung der Zugzahl nicht mehr möglich war. Es erschien daher zweckmäßig, eine Lokomotivtype zu schaffen, die eine Anhängelast von 750 t auf 26 Promille befördern konnte und damit 8 Triebachsen mit 200 kN Nutzlast aufweisen mußte. Man beabsichtigte, die 1200 t-Züge von Erstfeld bis Göschenen mit einer Zwischenlokomotive von 750 t Anhängelast zu führen, während das Triebfahrzeug an der Spitze 450 t zu übernehmen hatte.[151]

Aus rund 20 Projekten ließen die SBB vorerst zwei, grundsätzlich aus zwei Ae 4/7-
TS 19 Lokomotiven bestehende Doppellokomotiven Typ Ae 8/14 bauen. Der Transformator ist
jeweils in der Mitte jeder der zwei kurzgekuppelten, praktisch gleichen Halblokomotiven eingebaut. Deswegen war es nötig, dort eine dritte (mittlere) Laufachse anzuordnen, die zwecks Adhäsionsvermehrung leicht angehoben werden konnte. Die Lokomotiven sind jeweils mit Java-Drehgestellen ausgerüstet, wodurch sich die Achsfolge (1A)'A1A(A1)' +(1A)'A1A(A1)' ergibt. Die Transformatoren erhielten eine Hochspannungssteuerung. Auf Steilrampen steht eine Rekuperationsbremse zur Verfügung. Schließlich erhielten die Lokomotiven jeweils vier Stromabnehmer, von denen während der Fahrt drei angelegt waren.[152]

Wesentlich unterscheiden sich die beiden Lokomotiven lediglich in der Ausführung der
B 25 Motoren und des Einzelachsantriebs. Während in die Nr. 11801 der BBC-Antrieb mit
Einzelmotoren eingebaut wurde, erhielt die Nr. 11851 den von SLM entwickelten „Universalantrieb“ mit zwei jeweils achsial gegenüberliegenden Motoren. Somit unterscheiden sich die beiden Fahrzeuge auch etwas in der installierten Leistung: die erstere hat eine Stundenleistung von 4588 kW bei 65 km/h, die andere eine solche von 6066 kW bei 62 km/h.[153]

TS 20 Die dritte Lokomotive, die Nr. 11852, welche vor allem als Ausstellungsobjekt für die
B 26 Landesausstellung im Jahre 1939 beschafft wurde, ist grundsätzlich wie die Nr. 11851
gebaut. Es besteht lediglich ein Unterschied im äußeren Aussehen, das windschnittiger
und gefälliger gestaltet wurde. Dank Verwendung von Doppelwippen waren nur mehr
zwei Stromabnehmer erforderlich. Weiter konnte bei einer von 100 auf 110 km/h erhöh-
D 21 ten Maximalgeschwindigkeit eine Stundenleistung von 8162 kW bei 75 km/h installiert
werden.[154]

Es hat sich bald gezeigt, daß derartige Großlokomotiven nur dann wirtschaftlich sind, wenn die großen Leistungen regelmäßig ausgenützt werden können. An dieser Regelmäßigkeit hat es aber erst recht gefehlt, als noch vor der Inbetriebnahme der ersten beiden Lokomotiven in den Jahren 1931 und 1932 die Reparationslieferungen ein Ende gefunden hatten. So sind diese in jeder Beziehung „unhandlichen“ Lokomotiven in der Folge nur selten wirklich ausgenützt worden.[155]

Als kurz vor dem Zweiten Weltkrieg der Verkehr wieder zunahm und sich ein Mangel an Lokomotiven bemerkbar machte, lagen andere Verhältnisse vor als Ende der zwanziger Jahre. Das Bedürfnis nach neuen Triebfahrzeugen stellte sich vor allem bei der Führung der Schnellzüge, wofür sich die Ae 8/14-Lokomotiven nicht in allen Beziehungen gut eigneten. Nachteilig war vor allem die große Länge von 34 m, welche zu einer Reduktion der Wagenzahl im Hinblick auf die Aufnahmegleise der Kopfbahnhöfe Zürich und Luzern führte, sowie die Notwendigkeit, während eines verhältnismäßig langen Laufs auf den Flachlandlinien ein großes Lokomotivgewicht für die Arbeit auf den Steilrampen mitführen zu müssen. Dazu kamen noch technische Nachteile, die vor allem darin lagen, daß bereits kleine Störungen im Grunde genommen zwei Lokomotiven stillegten.[156] Dies hatte insbesondere Auswirkungen auf die Einsatzbereitschaft: 1939 und 1940 waren die Ae 4/7 im Durchschnitt 89,1% aller Lokomotivtage in Dienst und Reserve, die Ae 8/14 dagegen nur 76,7%.[157]

Seit ihrer Ablieferung liefen diese Maschinen im Schnellzugdienst Luzern – oder auch U 4
Erstfeld–Chiasso, im Güterzugdienst Erstfeld–Chiasso oder im Vorspann- bzw. Zwischendienst Erstfeld–Göschenen, Bellinzona–Airolo und Bellinzona–Rivera-B. Selbst 1960 wurden noch regelmäßig die Schnellzüge 54 und 71 von Ae 8/14-Lokomotiven bei einer maximalen Anhängelast von 760 t bei 60 km/h geführt, da deren Anhängelast die für die Ae 6/6 damals zulässige Norm von 630 t oft überschritt.[158] Mit dem verstärkten Einsatz von Ae 6/6-Lokomotiven wurden die Ae 8/14-Maschinen völlig aus dem Schnellzugdienst verdrängt; so waren z. B. schon 1965 keine Schnellzugleistungen der Ae 8/14 mehr ausgewiesen, sondern fast ausschließlich die Bespannung von Güterzügen zwischen Erstfeld und Bellinzona bzw. Chiasso.

Während man die Ae 8/14 11851 im Jahre 1961 noch umfassend modernisierte (Ersatz der Führerstände durch solche der Ae 6/6-Ausführung und der Stufenschaltersteuerung durch eine Nachlaufsteuerung wie bei der Ae 4/6, wobei auch der Adhäsionsvermehrer entfernt wurde), erfuhr die Nr. 11801 einen wesentlich bescheideneren Umbau. Schon 1938 waren zwei der vier Stromabnehmer entfernt worden. Nachdem bei der Nr. 11852 zum Fahrplanwechsel 1971 die Höchstgeschwindigkeit auf 100 km/h herabgesetzt worden war, wurde sie schon ein Jahr später nach einem Brand ausgemustert.[159] Die Ae 8/14 11801 und 11851 sind seit dem 5. 12. 1976 in Erstfeld abgestellt.

Ae 4/6 10801–10812

Ende März 1939 gaben die SBB bei SLM und BBC/MFO/SAAS vier Lokomotiven der TS 21
Reihe Ae 4/6 in Auftrag, der im April 1941 auf sechs erhöht wurde.

Für die Führung der Schnellzüge und Güterzüge am Gotthard sollte eine normalerweise in Doppeltraktion verkehrende ebenso leistungsfähige Lokomotive wie die Ae 8/14 unter Vermeidung der der Doppellokomotive anhaftenden Nachteile gebaut werden. Weitgehende Anwendung der elektrischen Schweißung und Verwendung besonders hochwertiger und leichter Baustoffe verminderten das Gewicht der Lokomotive so stark, daß die mittlere Tragachse wegfallen konnte, wobei die Kraftreserve, welche die zuletzt D 15
gebaute Lokomotive 11852 auszeichnet, erhalten blieb.[160]

Als erste Lokomotivgattung der SBB wurde die Ae 4/6 für eine Höchstgeschwindigkeit von 125 km/h gebaut und deshalb mit der Rapid-Bremse ausgerüstet. Der elektrische Teil der Ae 4/6 unterscheidet sich von der Lokomotive 11852 durch die erstmalige Verwendung eines Druckluftschnellschalters. Bei der Nutzbremse ist die Schaltung der Fahrmotoren in der Weise geändert, daß einer der Fahrmotoren der Gruppe I die Erregung der übrigen Fahrmotorgruppen übernimmt, die dem Transformator und der Fahrleitung die rückgewonnene Energie über die Bremsdrosselspule zuführen (Erregermotorschaltung).[161]

Nachdem die Lokomotive 10801 am 16. 4. 1941 die BBC-Werkstätte verlassen hatte, führte sie am 30. 4. 1941 eine Vorversuchsfahrt am Gotthard durch. Dabei konnte sie 300 t auf 26 Promille Steigung mit 66 bis 68 km/h befördern, was den gerechneten Werten entspricht.[162]

Dem ersten Baulos folgte eine Bestellung über weitere sechs Lokomotiven, so daß 1945 insgesamt zwölf Ae 4/6-Lokomotiven zur Verfügung standen, die von Anfang an nach Reihe A mit einer zulässigen Höchstgeschwindigkeit von 110 km/h zugelassen waren. Wie bei den Ae 4/4-Lokomotiven der BLS konnten die dadurch möglichen höheren Kurvengeschwindigkeiten zunächst nicht ausgenutzt werden, weil das Wagenmaterial der Gotthardschnellzüge damals im Regelfall keine R-Bremse hatte. Die höchstzulässige Anhängelast im Schnellzugdienst am Gotthard wurde auf 365 t (bei entsprechender Mehrfahrzeit 385 t) festgesetzt.

B 27 Nach der Inbetriebnahme wurden die Ae 4/6 vor allem im Schnellzugdienst Luzern/
Zürich–Chiasso eingeteilt, wobei teilweise planmäßig in Vielfachsteuerung gefahren
B 28 wurde, unter anderem anstelle der Ae 8/14. Anfang der fünfziger Jahre weitete sich ihr
Bereich vor Schnell- und Güterzügen bis Basel aus, wobei sie auf hohe Laufleistungen
U 4 kamen. Im Winterfahrplan 1952/53 leisteten die vier von Erstfeld aus eingesetzten Ae 4/6-Lokomotiven pro Tag durchschnittlich 812 km bei einem Maximum von 1019 km. Unter anderem wurden die Städtezüge 152/173 Zürich–Mailand seit ihrer Einführung Anfang der fünfziger Jahre mit Ae 4/6 bespannt. Zum Fahrplanwechsel 1955 wurden für dieses Zugpaar die Strecken- und Kurvengeschwindigkeiten der Reihe A zugelassen, wodurch sich für das Teilstück Zürich–Chiasso eine Durchschnittsgeschwindigkeit von 71 km/h anstelle von 65 km/h ergab. 1957 führten sie auch schwere Reisetouristikzüge Chiasso–Basel Bad. Bf. über die Aargauische Südbahn. Mit dem massiven Einsatz der Ae 6/6-Lokomotiven am Gotthard wurden die Ae 4/6 aus dem Schnellzugdienst zurückgezogen und überwiegend vor Güterzügen, aber auch vor Personenzügen und im Vorspanndienst verwendet. Entsprechend waren die durchschnittlichen täglichen Laufleistungen der acht eingeteilten Maschinen im Winterfahrplan 1965/66 auf 433 km zurückgegangen.

Wohl war die Ae 4/6 bei ihrer Inbetriebnahme die spezifisch leichteste Elektrolokomotive der Erde, doch zeigten sich bald einige grundsätzliche Mängel: die Triebachsen neigten zum Heißlaufen, die hohe installierte Leistung konnte wegen Schleuderneigung nicht voll genutzt werden, die Laufeigenschaften waren bei höheren Geschwindigkeiten ungünstig und die kriegsbedingt eingebauten Aluminiumwicklungen und -kabel waren nur schlecht zu reparieren.

Nachdem Anfang der fünfziger Jahre anstelle des Aluminiums wieder Kupfer als Leitermaterial getreten war, begann 1961 ein umfangreicher und kostspieliger Umbau der Ae 4/6 10807 bis 10812, um die leistungsfähigen Lokomotiven entsprechend und zweckdienlich einsetzen zu können.[163] Die Kreuzgelenkkupplung der Universalantriebe wurde durch einen im großen Zahnrad eingebauten Federantrieb ersetzt; anstelle der alten Gleitlager erhielten die Fahrmotoren und die Übersetzungsgetriebe Rollenlager und die Triebachsgleitlager eine Schleuderschmierung. Der Führerstand wurde für sitzende Bedienung eingerichtet, Stromabnehmer und Druckluftschnellschalter durch neue Ausführungen ersetzt. Eine beabsichtigte noch umfangreichere Erneuerung der Lokomotiven 10801 bis 10806 unterblieb, da das Heißlaufen der Triebachsen durch den Umbau nicht hätte beseitigt werden können.[164] Wie bei der Ae 8/14 11852 wurde zum Fahrplanwechsel 1971 die Höchstgeschwindigkeit auf 100 km/h herabgesetzt, womit deren Einsatz im Schnellzugdienst unmöglich wurde. Somit können die Ae 4/6-Lokomotiven schon nach vergleichsweise kurzer Zeit ihren ursprünglichen Aufgabenbereich nicht mehr wahrnehmen; inzwischen sind die ersten Maschinen dieser Reihe ausgemustert worden.

Nach dem Zweiten Weltkrieg normalisierte sich der Zugverkehr am Gotthard zusehends. Im Jahre 1948 sahen sich die SBB veranlaßt, an die Erweiterung des Lokomotivparks heranzutreten. Der Bau der laufachslosen Ae 4/4-Lokomotive der BLS hatte neue Maßstäbe gesetzt, weshalb ein Weiterbau der Ae 4/6 nicht in Betracht kam. Zudem mußten die mit Ae 4/6 bzw. Ae 4/7 geführten Schnellzüge auf den Steilrampen des Gotthards und des Monte Ceneri immer häufiger Vorspann erhalten; im Jahresdurchschnitt 1947 hatten 39%, im Juli 1949 schon 70% der Schnellzüge eine größere Anhängelast als die für die Ae 4/6 im Schnellzugdienst zugelassenen 365 t. Andererseits hatten im Jahre 1949 nur 3,6% dieser Züge mehr als 600 t. Die Frage, ob hierfür Triebfahrzeuge mit vier, sechs oder acht Triebachsen angeschafft werden sollten, war Gegenstand eingehender Studien. Es galt, das am häufigsten vorkommende Zugsgewicht, den zweckmäßigen Einsatz von Personal und Lokomotiven, die flüssige Abwicklung wie auch die Wirtschaftlichkeit des Verkehrs möglichst genau abzuklären.[165]

Die Erfahrung mit den Ae 4/6-Lokomotiven hatte gezeigt, daß am Gotthard die Zugförderung mit acht Triebachsen oder mit zwei vielfachgesteuerten Lokomotiven zu je vier Triebachsen nicht die wirtschaftlichste Lösung darstellt, da auf den Streckenabschnitten mit geringen Steigungen ein unnötig großes Lokomotivgewicht mitgeschleppt werden muß. Andererseits haben sich Lokomotiven mit nur vier Triebachsen und 80 t Reibungsmasse für den Schnellzug- und durchgehenden Güterzugdienst auf der Gotthardstrecke als ungenügend erwiesen. Eine laufachslose sechsachsige Lokomotive von 120 t müßte die kostspieligen und betrieblich sehr unpraktischen Fahrten mit Vorspann, die wegen der Vorspanntriebfahrzeugtype oft nur mit reduzierter Geschwindigkeit durchgeführt werden konnten, auf ein Minimum reduzieren.[166]

Ae 6/6 11401–11520

Im Jahre 1948 stellte der Zugförderungs- und Werkstättedienst der SBB ein Pflichtenheft für eine solche Lokomotive zusammen:

1. Die Lokomotive soll sechs in zwei dreiachsigen oder drei zweiachsigen Drehgestellen eingebaute Triebachsen besitzen.
2. Die Achslast soll 196 kN und die Lokomotivmasse somit 120 t betragen, wobei eine Toleranz von ±2% zugestanden wird.
3. Die Lokomotive soll imstande sein, 600 t schwere Züge auf den Steilrampen der Gotthardstrecke zu befördern und damit auf 27 Promille anzufahren. Auf Steigungen bis zu 21 Promille beträgt die Anhängelast 750 t.
4. Auf 26 Promille Steigung soll mit einem Zug mit 600 t Anhängelast eine Geschwindigkeit von 75 km/h erreicht und eingehalten werden können. Bei Güterzügen muß die Geschwindigkeit jedoch unter den gleichen Verhältnissen auch 40 bis 60 km/h betragen können.
5. Die Höchstgeschwindigkeit soll 125 km/h betragen, wobei bei dieser Geschwindigkeit noch eine Zugkraft von mindestens 80 kN verfügbar sein soll.
6. Die Lokomotive soll mit elektrischer Rekuperationsbremse versehen sein. Diese ist so zu bemessen, daß auf 27 Promille Gefälle die Lokomotivmasse bei jeder zwischen 35 und 75 km/h liegenden Geschwindigkeit abgebremst werden kann. Kurzzeitig muß die Bremskraft auf das Doppelte gesteigert werden können.
7. Es ist anzustreben, daß in den Kurven mit den Geschwindigkeiten der Reihe R gefahren werden kann, ohne daß schädliche Einwirkungen auf Gleis oder Lokomotive entstehen.
8. Die Lokomotive ist mit einer geschwindigkeitsabhängigen und sowohl beim Bremsen wie beim Lösen abstufbaren Hochleistungsbremse auszurüsten.[167]

Auf Grund dieses Pflichtenhefts reichten bei den SBB im Frühjahr 1949 SLM, BBC, MFO und SAAS brauchbare Projekte ein. Im November 1949 wurde alsdann der Bau von vorläufig zwei solchen Lokomotiven vergeben, und zwar der mechanische Teil an die SLM, der größte Teil der elektrischen Ausrüstung an BBC, die elektrische Bremsausrüstung an die MFO und die elektropneumatischen Motortrennschütze an die SAAS.[168]

TS 22 Im mechanischen Teil fallen zunächst die zwei dreiachsigen Drehgestelle auf. Über die Frage, ob zwei dreiachsige oder drei zweiachsige Drehgestelle verwendet werden sollten, hatte die SLM eingehende theoretische Untersuchungen und Berechnungen angestellt. Auf Grund derselben wählten die SBB den Co'Co'-Maschinentyp. Die Konstruktionsprinzipien der Drehgestelle entsprechen jenen der Ae 4/4-Lokomotiven der BLS, jedoch mit ideellem Drehpunkt, da der Raum über der mittleren Triebachse durch den Fahrmotor voll beansprucht wird. Die beiden Drehgestelle sind durch eine kombinierte Quer- und Vertikalkupplung verbunden; als Antrieb wurde der BBC-Federantrieb gewählt. Der durchwegs geschweißte Lokomotivkasten ist als selbsttragende und verwindungssteife Konstruktion ausgebildet. Die neu gestaltete Stirnpartie mit zwei breiten Frontfenstern, zwei kleineren Eckfenstern und dem tief herabgezogenen Bahnräumer wurde zum Vorbild aller neueren SBB-Lokomotiven. Abweichend von den Ae 4/4-Lokomotiven wird die Kühlluft direkt von außen durch die Ventilatorgruppen angesaugt, um eine Verschmutzung des Maschinenraumes zu vermeiden. Als Bremsausrüstung kam erstmals die Bauart Oerlikon mit neuentwickelten Führerbrems- und Lokomotivsteuerventilen zum Einbau, die sowohl beim Bremsen als auch beim Lösen abstufbar ist.[169]

D 19 Bei der elektrischen Ausrüstung konnte insbesondere auf den sehr bewährten 14poligen Einphasen-Fahrmotor der Ae 4/4 zurückgegriffen werden, der als Typ ELM 982 St zunächst nach Klasse B isoliert wurde. Entsprechend der auf den Steilrampen der Gotthardstrecke durchschnittlichen Fahrgeschwindigkeit von rund 75 km/h wurde die Stundenleistung des Triebfahrzeugs auf 4412 kW bei 74 km/h festgelegt. Der Lokomotivtransformator mit 4500 kVA Dauerleistung wurde radialgeblecht ausgeführt, eine Hochspannungssteuerung von 27 Stufen reguliert wieder die Spannung. Wie bei den Ae 4/6-Lokomotiven wurde die Rekuperationsbremse nach der Erregermotorschaltung der MFO, jedoch in zwei Schaltgruppierungen eingebaut. Als Stromabnehmer diente der schon bei der Ae 4/4 aufgebaute Typ 350/1 mit Doppelwippe, als Hauptschalter ein verbesserter Druckluftschnellschalter mit 150 MVA Abschaltleistung.[170]

B 31 Die erste Lokomotive wurde als Ae 6/6 11401 am 26. 9. 1952 abgeliefert, anschließend fanden Probefahrten am Gotthard statt; die zweite Maschine war im Januar 1953 betriebsbereit. Die Probefahrten zeigten, daß die Ae 6/6 das geforderte Betriebsprogramm ohne Schwierigkeiten erfüllen konnten. Gleichzeitig stellte sich aber heraus, daß trotz eingebauter Spurkranzschmierung der Schienen- und Spurkranzverschleiß enorm war.

Systematische Untersuchungen mit einer Meßschiene bei Giornico zeigten, daß die maximal auftretenden Seitenkräfte im 300 m-Bogen bei schlechtem Gleis und 70 km/h (Reihe B) bei der Ae 6/6 130 kN betrugen, bei der Ae 4/4 unter gleichen Bedingungen dagegen 80 kN; bei 80 km/h (Reihe R) betrugen die Meßwerte 160 und 105 kN.[171]

Selbst bei Fahrt im 300 m-Bogen bei gutem Gleis waren die Seitenkräfte der Ae 6/6 etwa in der Größenordnung jener der Ae 4/7. Damit konnte eine Zulassung der beiden Prototypen für die Kurven- und Streckengeschwindigkeiten der Reihe R nicht in Betracht kommen. Zugelassen wurde die Reihe B.

Diese hohen Querkräfte der beiden Ae 6/6-Lokomotiven bei Kurvenfahrt führten in Fachkreisen erneut zu einer lebhaften Diskussion über die zweckmäßige Ausbildung des Laufwerks elektrischer Schnellzuglokomotiven. Die 1954 in Auftrag gegebenen zwölf weiteren Lokomotiven, von denen die erste im Herbst 1955 in Betrieb ging, erhielten deshalb querelastische Radsätze mit einem Seitenspiel von ± 10 mm.

B 32 Im mechanischen Teil unterscheiden sich die Ae 6/6 11403 bis 11414 vor allem durch die genannten querelastischen Radsätze von den Prototypen: Unter den gleichen Bedingungen wie oben beschrieben betragen die maximalen Querkräfte jetzt 90 bzw. 120 kN, weshalb für diese Maschinen die Kurven- und Streckengeschwindigkeiten der Reihe A zugelassen werden konnten. Wegen der starken Schienenkräfte bei Fahrt über Weichen (in gerader Stellung) wurde für diesen Fall eine Geschwindigkeitsbeschränkung auf 100 km/h angeordnet (diese galt auch für die Ae 4/6). Die Abfederung der mittleren Achse der beiden Drehgestelle wurde dreimal elastischer als diejenigen der Prototypen ausgebildet. Die Betriebserfahrungen mit der kombinierten Quer- und Vertikalkupplung zeigten, daß die Vertikalkupplung wohl eine gute Wirkung beim Anfahren, nicht aber bei höheren Geschwindigkeiten ausübt. Für die Serienlokomotiven wurde deshalb nur die bekannte einfache Querkupplung vorgesehen. Der Führerstand wurde nach eingehendem Studium neu gestaltet, wobei alle während der Fahrt zu überwachenden Anzeigegeräte, namentlich der Geschwindigkeitsmesser und auch der Fahrplanhalter, so im Sichtfeld des Lokomotivführers liegen, daß dieser kaum den Blick aus der Fahrtrichtung zu wenden braucht. Zur bestmöglichen Wärmeisolierung des Führerstandes wurde die Einsteigtür zur Führerkabine nur noch auf der entgegengesetzten Seite des Führersitzes vorgesehen. Im elektrischen Teil war es möglich, die Leistung der Rekuperationsbremse so zu verstärken, daß neben der Lokomotivmasse noch 300 t auf 26 Promille in der Beharrung elektrisch gebremst werden können.[172]

Diese Bauart wurde 1956/63 nachbestellt, bis total 120 Maschinen zur Verfügung standen. Die dabei vorgenommenen Verbesserungen erfaßten auch die früher gelieferten Ae 6/6-Lokomotiven. Nach dem Vorbild der Ae 8/8-Lokomotiven der BLS erhielten die Ae 6/6-Serienmaschinen eine Achsdruckausgleichsvorrichtung mittels Seilzugs. Auf Anregung der MFO wurde die Ae 6/6 11412 mit Äquipotentialverbindungen zwischen den Hauptfeldwicklungen der sechs Fahrmotoren ausgerüstet (die Ae 6/6 11412 bis 11414 hatten 1954 den zehnpoligen Fahrmotor 10 WB 900 der MFO erhalten). Bei beginnendem Schleudern einer Achse bleibt das Hauptfeld des betreffenden Motors unverändert, während das Drehmoment rasch sinkt, wodurch sich die Achse nach kurzer Zeit wieder fängt. Die Schaltung dieser Äquipotentialverbindungen erfolgt, da sie in Bremsschaltung wieder aufgelöst werden muß, mit Hilfe elektropneumatischer Schütze.[173]

Versuchsfahrten mit dieser Lokomotive zeigten, daß die Anfahrt eines 795 t-Zuges auf 26 Promille ohne jegliches Schleudern einwandfrei möglich war. Bei ausgeschalteten Verbindern trat schon bei einer Anhängelast von 650 t Schleudern ein; schwerere Züge konnten bei den damaligen Adhäsionsverhältnissen nicht mehr angefahren werden. Vom 23. Juli bis 3. August 1962 führte diese Lokomotive täglich drei Züge mit 700 bis 750 t Anhängelast von Erstfeld bis Göschenen. Auf Grund der guten Erfahrungen begann man im November desselben Jahres, alle Ae 6/6-Lokomotiven in dieser Weise abzuändern.[174]

Nachdem dieser Umbau bis Ende 1963 abgeschlossen war, konnte die maximale Anhängelast der Ae 6/6 am Gotthard zum Fahrplanwechsel 1964 allgemein auf 650 t erhöht werden. (Ab 1959 waren für Schnellzüge versuchsweise 630 t zulässig, sofern Signalhalte in der Steigung vermieden wurden.)

Der Übergang auf die Isolationsklasse F für die Wicklungen der Fahrmotoren ab 1962 ließ einen günstigen Einfluß auf die Lebensdauer der Motorisolation erwarten. Schließlich dient bei den Ae 6/6 11501 bis 11520 zusätzlich zur Heizspannung von 1000 V eine Steckdose für 3000 V Heizspannung zum Heizen von aus FS-Wagen bestehenden Extrazügen.

Nach Abschluß der Versuchsfahrten führten die beiden Prototypen zum Winterfahrplan 1952/53 in zweitägigem Umlauf mit 960 km und 634 km überwiegend Schnellzüge Luzern–Chiasso, vereinzelt auch Zürich–Chiasso. Im Jubiläumsjahr 1957 (75 Jahre Gotthardbahn) konnten die zwölf eingeteilten Ae 6/6 des Depots Erstfeld 57% der Gotthardschnellzüge über die Bergstrecke schleppen, wobei sie auf eine durchschnittliche tägliche Laufleistung von 848 km bei einem Maximum von 945 km kamen. Vor allem führten die Ae 6/6 damals Schnellzüge Luzern/Zürich–Chiasso, aber auch ein Schnellzugpaar Luzern–Basel und den „Riviera-Expreß“ (Züge RE/ER) von Basel über die
Aargauische Südbahn nach Chiasso. Der Sommerfahrplan 1959 brachte den massiven B 33
Einsatz der Ae 6/6 am Gotthard mit der Bespannung der meisten Schnell- und Güter- U 5
züge, was zu einer wesentlich besseren Parallelität der Fahrplanstruktur (gleiche Fahrge-

schwindigkeit für alle Züge) und damit zu einer um rund 10% erhöhten Streckenleistungsfähigkeit führte.

Da Anfang der sechziger Jahre bei den SBB kein leistungsfähiges, für Reihe A zugelassenes Triebfahrzeug zur Bespannung der schweren internationalen Schnellzüge im Mittelland vorhanden war, wurden die Ae 6/6 auch auf anderen Strecken zu diesen Diensten herangezogen. Zwischen Basel und Luzern konnten damit ab Sommerfahrplan 1963 fast alle Gotthardschnellzüge nach Reihe A verkehren. Aus dem gleichen Grund führten die Ae 6/6 auf dem Abschnitt Basel–Sargans planmäßig das Zugpaar 159/192 „Arlberg-Expreß".

Die zum Fahrplanwechsel 1971 auf die Gotthardstrecke kommenden Re 4/4 II/III verminderten die Schnellzugleistungen der Ae 6/6 beträchtlich. Diesen verblieben meist nur noch Entlastungsschnellzüge. Die Ablieferung der Re 6/6-Serienlokomotiven brachte den Rückzug der Ae 6/6 aus dem Regelschnellzugdienst am Gotthard.

Die Ae 6/6-Lokomotiven der Serienausführung bewährten sich technisch und betrieblich außerordentlich gut. Im Jahre 1964 standen im Durchschnitt nur 5,1% dieser Maschinen außer Dienst: 1,9% wegen technischer Schäden, 1,7% wegen planmäßiger Außerbetriebsetzungen und 1,5% wegen betrieblicher Schäden. Infolge der guten Laufstabilität und der für eine Co'Co'-Lokomotive verhältnismäßig geringen Beanspruchung des Gleises sowie der wirkungsvollen Spurkranzschmierung Typ Lausanne nützen sich die Radreifen der Ae 6/6-Lokomotiven nur wenig ab. Im Durchschnitt müssen sie erst nach 400 000 km überdreht werden. Auf Grund der Erfahrungen mit den Prototypen legte man den Revisionsparcours für die Fahrmotoren zunächst auf 1,2 Mio. km fest. Vorsichtshalber waren die Ae 6/6 11401 und 11402 unmittelbar vor der Ablieferung mit einer zweistufigen Wendepol-Shunteinrichtung ausgerüstet worden, die bei den Serienmaschinen entfiel. Mit der Einführung von Spaltbürsten und dem Bürstenhalter von Giambonini konnte die Laufleistung zwischen zwei Fahrmotorrevisionen auf 2,4 Mio. km festgesetzt werden; für im harten Gebirgsdienst stehende Triebfahrzeuge ist dies ein ungewöhnlich hoher Wert. Im Jahre 1965 waren die Zugförderungskosten der Ae 6/6 mit 2 Franken pro 1000 Bruttotonnenkilometer gerade halb so hoch wie bei der Ae 4/7.[175] Dank dieser günstigen Werte werden die Ae 6/6-Lokomotiven zusammen mit den Re 6/6 noch lange das Rückgrat des schweren Verkehrs der SBB bilden. Wegen ihrer geglückten Konstruktion wurden die Ae 6/6 zum Vorbild von Co'Co'-Maschinen der Norwegischen und der Belgischen Staatsbahnen. Zur Entwicklung des mechanischen Teils der belgischen Schnellzuglokomotive wurde die Ae 6/6 11414 im Jahre 1969 für 200 km/h umgebaut und in Deutschland Versuchsfahrten unterzogen.

Da die Gleisbeanspruchung der Ae 6/6 in den engen Radien der Gotthardstrecke im Vergleich zu anderen Triebfahrzeuggattungen zu groß erscheint, ist vorgesehen, sie vom Gotthard abzuziehen und mit der Zeit ausschließlich für Güterzugdienst im Mittelland zu verwenden.

Re 4/4 I 10001–10026

Um es gleich vorwegzunehmen, diese Maschinen liefen nicht im Schnellzugverkehr über die Gotthardroute. Da sie jedoch fast zehn Jahre im Personenzugdienst mit höheren Kurven- und Streckengeschwindigkeiten als sämtliche Schnellzüge (von den TEE II-Zügen abgesehen) am Gotthard gefahren sind, sei hier dennoch auf sie eingegangen.

B 30 Mit dem massiven Einsatz der Ae 6/6-Lokomotiven hatten wohl die Schnell- und Güterzüge auf den Steilrampen etwa gleiche Fahrgeschwindigkeiten und damit parallele Fahrplantrassen erhalten können, nicht dagegen die Personenzüge mit Halt auf allen Stationen. Exemplarisch seien die betrieblichen Verhältnisse am Beispiel Bellinzona–Airolo (65 km) im Jahre 1957 dargestellt, wobei jeweils die für dieses Teilstück benötigte Fahrzeit und in Klammer die zugehörige Reisegeschwindigkeit angegeben ist:

Schnellzug (Ae 4/6, Ae 6/6) 54 ... 60 min (72 ... 65 km/h)
Güterschnellzug (Ae 6/6) 61 ... 66 min (64 ... 59 km/h)

Ferngüterzug (Ae 6/6, Ae 8/14) 69 . . . 76 min (57 . . . 51 km/h)
Personenzug (Ae 4/6, Ae 4/7) 72 . . . 103 min (54 . . . 38 km/h)

Durchschnittlich benötigten die nach Reihe B geführten elf Personenzüge Bellinzona–Airolo im Jahre 1957 eine Zeit von 85 Minuten (46 km/h) und fielen damit gegenüber sämtlichen anderen Zuggattungen deutlich ab. Um eine möglichst große Durchlaßfähigkeit der Gotthardstrecke zu erhalten, mußten die Fahrplantrassen aller Züge annähernd parallel sein. Da eine Mehrfachzeit wegen der elf Zwischenhalte nicht zu vermeiden war, waren möglichst kurze Einheiten mit verhältnismäßig leistungsfähigen Triebfahrzeugen bei möglichst hohen Kurven- und Streckengeschwindigkeiten zu führen.

Aus den 1946/48 in Betrieb gesetzten Re 4/4 I-Lokomotiven mit Rekuperationsbremse **TS 23** und Vielfachsteuerung, den 1959 gelieferten Steuerwagen ABt und vorhandenen Einheitswagen Typ I wurden Pendelzüge mit automatischer Türschließung gebildet, die ab 1960 **B 29** in der Formation ABt, 2 B, 1 D, Re 4/4 I vor allem zwischen Airolo und Chiasso, ab 1965 auch nördlich des Gotthards verkehrten. Zwischen Bellinzona und Airolo konnten von den elf Personenzügen neun mit diesen Pendel-Kompositionen nach Reihe R geführt werden, für die sich etwa 1963 eine Reisezeit von 68 bis 77 Minuten (57 bis 51 km/h) ergab. Die durchschnittliche Reisezeit betrug jetzt also 72 Minuten (54 km/h). Damit war es möglich, einen Personenzug fahrplanmäßig 16 Minuten vor einem Schnellzug in Bellinzona abfahren und 6 Minuten vor diesem in Airolo ankommen zu lassen (Züge 1957 und 10461 im Jahre 1963). Mit den Re 4/4 I-Maschinen wurde erstmals am Gotthard mit Regelzügen fahrplanmäßig nach Reihe R gefahren. Daß die Schnellzüge dort lediglich nach den Kurven- und Streckengeschwindigkeiten der Reihe A verkehrten, konnte kein Dauerzustand sein.

Re 4/4 II 11101–11304

Ende 1968 strebten die SBB zwecks besserer Erfüllung des internationalen Fahrplans danach, die Schnellzüge am Gotthard mittels Re-Lokomotiven möglichst bald zu beschleunigen.[176] Berechnungen hatten ergeben, daß mit einer nach Reihe R zulässigen Lokomotive, z. B. zwischen Luzern oder Zürich und Chiasso, d. h. auf einer Distanz von 225 bzw. 242 km, rund 12 Minuten Fahrzeit einzusparen wären. Zudem erforderten die in den sechziger Jahren eingeführten „Programmierten Güterzüge" zur planmäßigen Beförderung von ausgesprochenen Massengütern in gut ausgelasteten Blockzügen (heute: Ganzzüge) auch im schweizerischen Mittelland immer stärkere Lokomotiven. Die Ae 6/6 eignen sich vorzüglich für diese Aufgaben, konnten jedoch nicht ohne Ersatz vom Gotthard und Simplon abgezogen werden.[177]

Trotz ihrer guten Bewährung kam eine Weiterbeschaffung der Ae 6/6-Lokomotiven nicht mehr in Betracht, weil sie technisch überholt waren. Da die Entwicklung einer neuen universellen Berglokomotive längere Zeit benötigte, geriet man in eine Zwangslage. Als kurzfristig realisierbare Überbrückungsmaßnahme sollte deshalb auch am Gotthard von **TS 25** den guten Erfahrungen mit den Re 4/4 II-Lokomotiven (s. S. **81**) Gebrauch gemacht **TS 26** werden. Mit einer über die Gotthardstrecke im Schnellzugdienst zulässigen Anhängelast von 420 t (460 t, wenn Signalhalte vermieden werden können), konnten diese Maschinen leichtere Schnellzüge in Einzeltraktion und sämtliche schwereren in Doppeltraktion und in Vielfachsteuerung befördern.[178]

Zum Fahrplanwechsel 1969 wurden den Re 4/4 II-Lokomotiven die Städtezüge Zürich–Mailand und der neu eingeführte TEE 75/74 „Roland" zugeteilt. Für die Bespannung des letzteren auf dem Netz der SBB erhielt das Depot Basel die in den TEE-Farben gespritzten Re 4/4 II 11158 bis 11161, die sich technisch in keiner Weise von den Serien- **B 35** maschinen unterscheiden. Zwei Jahre später wurden die leichteren Regelschnellzüge am **B 20** Gotthard von Re 4/4 II in Einzeltraktion und ein Teil der schweren von in Vielfachsteue- **B 34** rung gekuppelten Maschinen dieser Reihe geführt. Die teure Doppeltraktion war von **U 6** vornherein nur bis zur Lieferung der damals in Entwicklung befindlichen Re 6/6 gedacht.

Re 4/4 III 11351–11370

Aus wirtschaftlichen Gründen sollten die Schnellzüge am Gotthard wann immer möglich in Einzeltraktion gefahren werden. Den Re 4/4 II wäre dies auf dieser Strecke nur bei verhältnismäßig wenigen Zügen möglich gewesen. Es galt, mit dem geringstmöglichen Entwicklungsaufwand für die genannte Übergangsphase ein solches Fahrzeug für den Schnellzugdienst am Gotthard zu beschaffen.

Im Jahre 1964 hatte sich bei der Schweizerischen Süd-Ost-Bahn (SOB) mit längeren 50-Promille-Rampen das Bedürfnis ergeben, für die schweren Reisesonderzüge nach Einsiedeln ein neues Triebfahrzeug mit möglichst hoher Zugkraft zu beschaffen. Da eine Einzelkonstruktion aus Preisgründen nicht in Betracht kam, trat die Direktion der SOB mit den SBB in Verbindung. Auf Grund der Versuchsfahrten der Re 4/4 II 11106 schien es möglich, die SBB-Re 4/4 II durch Vergrößerung der Übersetzung an die Verhältnisse der SOB anzupassen. Nach der Bestellung einer solchen Lokomotive im Jahre 1965 konnte diese schon 1967 in Betrieb genommen werden, da die SBB entgegenkommenderweise von den in der Serienfertigung befindlichen Maschinen Re 4/4 II 11107 bis 11155 eine der SOB überlassen hatten. Die konstruktive Verwirklichung der geänderten Übersetzung geschah durch Verminderung der Zähnezahl des Ritzels und dadurch bedingtes leichtes Verschieben der Fahrmotoren gegen die Radsätze. Außer den Fahrmotor-Statoren, den Ritzeln und den Hohlwellenstummeln zum BBC-Federantrieb mußten somit keine Bauteile geändert werden, sodaß die Einheitlichkeit mit den Re 4/4 II-Lokomotiven der SBB weitgehend erhalten blieb.[179]

TS 25 Dieses Fahrzeug kam als Re 4/4 III 41 der SOB in Betrieb und hat eine Stundenzug-
D 18 kraft von 197 kN bei 85 km/h sowie eine Höchstgeschwindigkeit von 120 km/h. Damit ist
es imstande, Züge bis etwa 320 t auf 50 Promille Steigung zu befördern. Als die SBB 1968
vor der Frage der Beschaffung von Triebfahrzeugen für den Schnellzugdienst am Gotthard standen, schien es angezeigt, auch für die SBB solche Maschinen mit geänderter
Übersetzung zu beschaffen, da dort eine Höchstgeschwindigkeit von 125 km/h genügt.[180]

Um die mit Rücksicht auf die Adhäsionsverhältnisse zulässige Anhängelast am Gotthard noch genauer bestimmen zu können, legte die SOB-Lokomotive probeweise während
B 36 des Februars 1969 täglich zweimal die Strecke Luzern–Chiasso–Luzern zurück; ein
Zugspaar wurde dabei regelmäßig auf 580 t ausgelastet. Dieser Versuchsbetrieb hat
insbesondere bei Parallelfahrten mit Re 4/4 II und der SOB-Lokomotive gezeigt, daß bei
gleichem Schienenzustand und auf derselben Strecke bei beiden Lokomotiven die
Adhäsionsgrenze bei fast denselben Fahrmotorströmen erreicht wird. Da die Zugkräfte
entsprechend der ungleichen Übersetzung verschieden sind, wurde erneut der bekannte
Zusammenhang zwischen der Flachheit der Fahrzeugcharakteristik und dem Adhäsionsverhalten bestätigt. Die SOB-Lokomotive ist in der Lage, im Durchschnitt etwa 15%
größere Zugkräfte auszuüben als die Re 4/4 II. Am Gotthard kann sie bei praktisch jedem
Schienenzustand 580 t mit 80 km/h befördern.[181]

Als Ergebnis dieser Versuche beschlossen daher die SBB die Anschaffung zwanzig
TS 26 solcher Triebfahrzeuge, die aus der laufenden Fertigung der Re 4/4 II 11156 und folgende, jedoch mit geänderter Übersetzung ausgerüstet, 1971 abgeliefert wurden. Da eine
leichte Überdrehzahl zugelassen wurde, beträgt die Höchstgeschwindigkeit bei gleicher
D 18 Übersetzung wie bei der SOB-Lokomotive hier 125 km/h, die höchstzulässige Anhängelast im Schnellzugdienst am Gotthard wurde auf 530 t (580 t, wenn Signalhalte vermieden
werden können) festgelegt. Wie die Ae 6/6 sind auch die Re 4/4 III mit Zugfunk ausgerüstet.

B 37 Mit den zehn zum Fahrplanwechsel 1971 abgelieferten Re 4/4 III-Lokomotiven sowie
B 38 mit den dort laufenden Re 4/4 II-Maschinen wurden von diesem Zeitpunkt an praktisch
alle täglich verkehrenden Gotthardschnellzüge nach Reihe R geführt.[182] Da der mögliche
Fahrzeitgewinn zum Teil als Reserve in die Fahrzeiten eingebaut wurde, konnte dank
dem Einsatz von Re 4/4 II/III zwischen Basel bzw. Zürich und Chiasso ab Mai 1971 rund
ein Drittel der Zugsverspätungen bis zum Zielbahnhof aufgeholt werden.[183]

Diese Maschinen erwiesen sich im Schnellzugdienst am Gotthard als Übergangslösung als umso günstiger, als insbesondere die Führungskräfte und damit die Gleisabnutzung in den zahlreichen engen Kurven der Gotthardlinie gegenüber der Ae 6/6 in den gleichen Diensten wesentlich geringer sind. Unter den gleichen Bedingungen betragen die quasistatischen Führungskräfte der Re 4/4 II/III im 300-m-Radius 55% der Werte der Ae 6/6.[184] Wenn die Re 6/6-Lokomotiven den Schnellzugsdienst am Gotthard übernommen haben werden, sind die Re 4/4 III insbesondere für die Bespannung der Fernschnellgutzüge der SBB vorgesehen. Lediglich der TEE 75/74 „Roland“, der von den Re 4/4 II in Einzeltraktion über die Gotthardstrecke geführt werden kann, wird weiterhin mit diesen Maschinen bespannt werden.

Re 6/6 11601–11689

Eine neue Universallokomotive für die Traktion am Gotthard sollte die dort zulässige Anhängelast der Ae 6/6 übertreffen, da die Güterzüge immer und die Schnellzüge manchmal den für die Ae 6/6 höchstzulässigen Wert von 650 t überschreiten, und das bei höheren Kurvengeschwindigkeiten bei geringerer Gleisbeanspruchung. Wohl wäre es möglich, die Leistungsfähigkeit der Re 4/4 III durch Anwendung der Halbleitertechnik noch etwas zu erhöhen, doch hätte sich das geforderte Traktionsprogramm so nicht erfüllen lassen.[185]

Die neue sechsachsige Lokomotivtype von 120 t sollte den schweren Schnellzug- und Güterzugbetrieb auf der Gotthard- und Simplonstrecke übernehmen und einerseits auf Steigungen von 26 bis 27 Promille eine Anhängelast von 800 t mit 80 km/h im 300 m-Bogen, andererseits die gleiche Last in einem künftigen Gotthard-Basistunnel auf 6 Promille und bei sehr hohem Luftwiderstand mit 140 km/h befördern können. Für den Steilrampenbetrieb ist eine Stundenzugkraft von 267 kN bis gegen 100 km/h und für den Betrieb in langen Basistunneln eine Zugkraft von mindestens 180 kN bei 140 km/h erforderlich.[186]

1969 bestellten die SBB bei SLM/BBC vier Prototypfahrzeuge der Typenbezeichnung Re 6/6. Da die Bauart Co'Co' zu große Führungskräfte gezeigt hatte, standen entweder dreiachsige Drehgestelle mit einmotorigem Antrieb, Typ Monomoteur, oder zweiachsige Drehgestelle mit Einzelachsantrieb zur Diskussion. Die SBB wählten die letztere Variante, da damit die weitaus kleinsten Führungskräfte zwischen Rad und Schiene zu erzielen waren.[187]

Für eine gute Adhäsionsausnutzung wurden alle von der Re 4/4 II her bekannten Maßnahmen auch hier ergriffen: Tiefzugvorrichtung für alle drei Drehgestelle, Parallelschaltung der Fahrmotorfelder, BBC-Federantrieb sowie ein neu entwickelter Schleuderschutz, welcher den tatsächlichen Schlupfverhältnissen Rechnung trägt.[188]

Da die Abstützung des Lokomotivkastens auf drei zweiachsigen Drehgestellen ein statisch unbestimmtes Problem bedeutet, wurden drei Möglichkeiten näher untersucht, um diesem zu begegnen:

1. Unterteilung des Lokomotivkastens in zwei Hälften,
2. Einteiliger Kasten mit möglichst weicher Federung des mittleren Drehgestells,
3. Einteiliger Kasten mit einem Luftfederungssystem am mittleren und dem einen äußeren Drehgestell und pneumatischem Ausgleich.[189]

Wohl waren schon 1955 mit einer Bo'Bo'Bo'-Lokomotive der FS bei Giornico Vergleichsfahrten durchgeführt worden, doch waren deren Querkräfte trotz kleinerer Achslast praktisch gleich wie bei der Ae 6/6 mit querelastischen Radsätzen, was auf das Fehlen einer Querkupplung zurückgeführt wurde.[190]

Bei den 1958 abgelieferten Ge 6/6 701 und 702 der Rhätischen Bahn hatte die SLM erstmals Bo'Bo'Bo'-Lokomotiven mit geteiltem Kasten konstruiert, wobei die Gelenke in der Mitte nur Drehbewegungen in senkrechter Richtung erlauben, um das Befahren von Gleisunebenheiten und Neigungswechseln zwanglos zu ermöglichen.[191] Die ersten Studien für die Re 6/6 sahen einen in gleicher Weise unterteilten Lokomotivkasten vor; in

Kombination mit den mit der Tiefzugvorrichtung ausgerüsteten Drehgestellen war von dieser Lösung ein sehr gutes Verhalten der Lokomotive bezüglich der statischen Achsentlastungen und -belastungen zu erwarten.

Da eine Zweiteilung des Kastens jedoch auch mit verschiedenen Nachteilen behaftet ist – die Lokomotive wird im Aufbau des mechanischen und in der Gestaltung des elektrischen Teils komplizierter, im Unterhalt und bei Entgleisungen ist der zweiteilige Kasten eher schwierig zu handhaben –, untersuchte die SLM von Anbeginn Möglichkeiten, die Lokomotive mit ungeteiltem Kasten bei gleichzeitiger optimaler Achslastverteilung in Abhängigkeit der Zugkräfte zu bauen.[192]

Schließlich wurden in bezug auf die Abstützung bei den vier Prototyplokomotiven folgende Varianten verwirklicht:

TS 27 Re 6/6 11601 und 11602: Zweiteiliger Kasten mit statisch bestimmter Abstützung über
B 39 einen zweiteiligen Träger mit Gelenk über dem mittleren Drehgestell.

Re 6/6 11603: Einteiliger Kasten mit statisch unbestimmter Abstützung mit sehr weicher Federung unter der mittleren Kastenabstützung.

B 40 Re 6/6 11604: Einteiliger Kasten mit statisch bestimmter Abstützung über „pneumatischen Balancier" zwischen dem vorlaufenden ersten und mittleren Drehgestell.[193]

Die Drehgestelle konnten unmittelbar von den Re 4/4 II-Serienlokomotiven abgeleitet werden und haben wieder querelastische Radsätze, wobei die Querkupplung hier über eine torsionselastische Querkupplungswelle ausgebildet ist.[194]

Der Lokomotivkasten in geteilter und ungeteilter Ausführung ist auch hier als selbsttragende und verwindungssteife Schalenkonstruktion ausgebildet. Große Luken in den Dachpartien erlauben den Aus- und Einbau von Maschinen und Apparaten.[195]

Bei der elektrischen Ausrüstung war zunächst zu entscheiden, ob die Re 6/6 konventionell mit amplitudengesteuerten Einphasen-Reihenschlußmotoren oder mit thyristorgesteuerten Wellenstrommotoren gebaut werden sollte. Trotz Optimierung der Triebfahrzeuge mit Thyristorsteuerung treten durch Oberwelligkeit und Phasenverschiebung zwischen Strom und Spannung Beeinflussungen der Gleisstromkreise und Fernmeldeanlagen sowie ein erhöhter Blindleistungsbedarf in den Unterwerken und Kraftwerken auf, die bei den ortsfesten Anlagen Änderungen und Anpassungen hervorrufen, welche auch kostenmäßig unter Umständen stark ins Gewicht fallen dürften. Da hierüber eine umfassende Wirtschaftlichkeitsberechnung noch nicht vorliegt, wurden die Re 6/6-Lokomotiven in klassischer Bauart konzipiert.[196]

D 20 Neben den geforderten Daten, wie eine Stundenleistung von 7794 kW bei 105,6 km/h, wurde auch die Forderung nach einer möglichst identischen elektrischen Ausrüstung für alle Prototyplokomotiven aufgestellt. Da die im Pflichtenheft geforderten Werte in mehreren Punkten den eineinhalbfachen Wert maßgeblicher Teile der Re 4/4 II-Lokomotiven übersteigen, mußten diese neu entwickelt werden.[197] Zunächst war die Unterbringung des Transformators zufolge der sehr knappen Platzverhältnisse Gegenstand umfangreicher Studien. Schließlich wurden zwei Transformatoren eingebaut: ein Regulierungstransformator für 6600 kVA und ein Leistungstransformator von 7200 kVA. Um unzulässig hohe Ströme des genormten Stufenschalters NO 32 zu vermeiden, wurde der Regulierungstransformator als Autotransformator mit Einspeisung bei 15 kV und Regelbereich 0 bis 25 kV ausgebildet.[198]

Zur Steigerung der Zugkraft bei Höchstgeschwindigkeit wurde erstmals bei Einphasenwechselstrom-Fahrmotoren die Feldschwächung in zwei Stufen realisiert. Den Motorfeldern werden Induktivitäten parallelgeschaltet, die als Bremsdrosselspulen ohnehin vorhanden sind. Auch die Wendepolshunts sind umschaltbar, um über den gesamten Geschwindigkeitsbereich eine bessere Kommutierung zu ermöglichen.[199]

Anstelle der bei früheren Fahrzeugserien der SBB verwendeten Erregermotorschaltung wurde hier erstmals die Resonanzschaltung verwendet, womit sämtliche Motoren zur Rekuperation zur Verfügung stehen. Diese Schaltung wurde gewählt, damit die Stabilität der elektrischen Bremse in allen Betriebsbereichen bis zum Stillstand, auch bei Stromabnehmersprüngen, gewährleistet ist. Die Re 6/6 ist in der Lage, außer der Lokomotivmasse von 120 t eine Anhängelast von 400 t bei Talfahrt auf 26 Promille bei 80 km/h in der Beharrung zu bremsen, was einer Bremskraft am Radumfang von 110 kN entspricht. Es wäre durchaus möglich, höhere Bremskräfte zu erzielen, doch sind bei den SBB auf Strecken mit kleinen Kurvenradien Pufferkräfte größer als 140 kN aus Gründen der Sicherheit nicht zugelassen.[200]

Der zwölfpolige Fahrmotor, eine Neuentwicklung, übertrifft leistungsmäßig sogar den hochgezüchteten der Reihe 103 der DB. Die geforderte Leistung von 1275 kW bei Höchstdrehzahl ist um etwa 40% größer als der entsprechende Wert der Re 4/4 II. Sowohl die Stator- als auch die Rotorisolation ist nach Klasse H ausgeführt.[201]

Die Steuer- und Schutzelektronik wurde unter Verwendung von Bauelementen mit integrierten Schaltkreisen, Verstärkern und Digitalbausteinen in steckbaren Einzelgeräten in einem Schrank untergebracht. Der derart ausgebildete Schleuderschutz erfaßt auch das Allradschleudern durch Messung der Beschleunigung der Radsätze.[202] Als Weg- und Geschwindigkeitsmeßanlage wurde eine von der Hasler AG neuentwickelte Apparatur eingebaut, deren Zentralgerät noch weitergehende Funktionen hat, wie Umschaltung der R-Bremse, Ventilation, Wendepolshunts.[203]

Die Re 6/6 11602 wurde am 19. 9. 1972 offiziell von den SBB übernommen und dem U 6
Betrieb auf der Gotthardlinie Zürich– und Basel–Chiasso vor Schnell- und Güterzügen übergeben. Nr. 11601 versah den gleichen Dienst seit Ende Oktober, Nr. 11603 wurde seit August und Nr. 11604 seit 10. Oktober 1972 verschiedenen Probe- und Meßfahrten unterzogen.[204]

Die Messung der in Kurven unterschiedlicher Radien zwischen Rad und Schiene bei verschiedenen Geschwindigkeiten auftretenden Seitenkräfte zeigte, daß diese mit den Werten der Re 4/4 II annähernd identisch sind. Damit konnten diese Maschinen für die Kurven- und Streckengeschwindigkeiten der Reihe R zugelassen werden. Die Adhäsionsversuche mit großen Anhängelasten führten bei allen geprüften Varianten zu guten Ergebnissen. Insbesondere konnte der Nachweis erbracht werden, daß sich die Lokomotive mit einteiligem Kasten in allen Varianten ihrer Sekundärabfederung bezüglich der Adhäsionseigenschaften eher besser verhielt als die Fahrzeuge mit zweiteiligem Kasten; ebenso war es bei den Laufeigenschaften, insbesondere bei hohen Geschwindigkeiten.[205]

Für die Re 6/6-Serienlokomotiven wurde deshalb der einteilige Kasten gewählt. Da die TS 28
Re 6/6 für die Möglichkeit der automatischen Kastenneigung in den Kurven mit höheren Kurvengeschwindigkeiten als nach Reihe R nicht vorgesehen sind, wurde als endgültige Lösung für die Kastenneigung der Serienlokomotiven die integrale Schraubenfederung bestimmt, da diese praktisch dasselbe Adhäsionsverhalten wie bei der Luftfederung des mittleren Drehgestells ergab, jedoch konstruktiv wesentlich einfacher ist.[206]

Auch im elektrischen Teil wurden verschiedene Änderungen vorgenommen. Da die Belastung des Regulier- und des Leistungstransformators stark von der Betriebsart der Lokomotive abhängt, ist auch die Erwärmung unterschiedlich und tritt nicht gleichzeitig auf. Durch eine Reihenschaltung der Kühlkreisläufe beider Transformatoren konnte daher eine im Mittel niedrigere Temperatur erreicht werden. Auch beim Fahrmotor sind gewisse Konstruktionsveränderungen vorgenommen worden, welche allerdings auf seine technischen Daten keine Auswirkungen haben. Schließlich wurden die beiden Einholmstromabnehmer weiter nach außen gerückt und genau über Drehgestellmitte montiert.[207]

Von den Ende Februar 1973 bestellten 45 Re 6/6-Serienlokomotiven wurden die Re 6/6 11605, 11606 und 11635 im August 1975 als erste in Betrieb genommen; mit etwa zwei abgelieferten Maschinen je Monat werden 1977 alle Lokomotiven der ersten Serie abgeliefert sein. Seit Sommerfahrplan 1977 können praktisch alle schweren Schnellzüge am Gotthard von diesen Maschinen geführt werden, wobei im Schnellzugsdienst auf den Steilrampen 740 t (800 t, wenn Signalhalte vermieden werden können), und vor Güterzügen 800 t zugelassen sind. Messungen an Radreifen und Schienenköpfen bestätigten die gute Kurvenläufigkeit der Re 6/6. Demnach ist die Abnützung der Schienen auf der

Gotthardstrecke durch die Re 6/6 halb so groß wie bei der Ae 6/6 mit dreiachsigen Drehgestellen.[208] Inzwischen wurden 40 weitere Re 6/6-Lokomotiven bestellt, die mit den Nummern 11650 bis 11689 von November 1977 bis Ende 1979 abgeliefert werden sollen.

Als anläßlich der Pressefahrt vom 26. 2. 1976 Bundesrat Willy Ritschard den Beschluß über den Ausbau der BLS auf Doppelspur bekanntgab, bedeutete dies gleichzeitig den Verzicht auf den baldigen Bau eines Gotthard-Basistunnels. Damit werden die Re 6/6-Lokomotiven noch etliche Jahre bei jeder Witterung die Steilrampen der Gotthardstrecke befahren und dort das Rückgrat der Zugförderung bilden.

2.3.4.2. Triebzüge

TEE II RAe 1051–1055

Nach der Einführung der ursprünglich mit Dieseltriebwagen geführten TEE-Züge im Jahre 1957 fehlten zwei wichtige Verbindungen in dem TEE-Netz, und zwar jene zwischen Zürich und Mailand über die Gotthard- und zwischen Paris und Mailand über die Simplonstrecke. Auf diesen beiden durch die Alpen führenden Linien ist die elektrische Zugförderung in Anbetracht der langen steilen Rampen und der langen Tunnels, die den Gebirgsabschnitt dieser Linien kennzeichnen, wesentlich vorteilhafter als die Dieseltraktion. Die elektrische Traktion ermöglicht es, die steilen Rampen mit der für die Strecke zugelassenen Höchstgeschwindigkeit zu befahren und vermeidet in den langen Tunnels die Verunreinigung der Luft – im Gegensatz zu den Auspuffgasen der Dieselmotoren.[209]

Um diese Lücke im TEE-Netz zu schließen, unternahmen es die SBB schon 1957, einen elektrischen Triebwagenzug für alle europäischen Netze mit insgesamt vier verschiedenen Stromsystemen (1,5 kV =, 3 kV =, 15 kV 16⅔ Hz, 25 kV 50 Hz) zu entwickeln und zu konstruieren. Das Drehstromsystem im oberitalienischen Raum war schon damals zur Umstellung auf 3000 V Gleichstrom vorgesehen. Im Unterschied zu den meisten anderen Strecken des TEE-Netzes waren diese beiden Verbindungen durch die Alpen und den Jura seit 1939 und 1958 durchgehend elektrifiziert.

Nachdem 1958 ein Vorprojekt erstellt worden war, wurde schließlich folgendes Leistungsprogramm festgelegt: Bei einer Höchstgeschwindigkeit von 160 km/h in der Ebene sollte auf 20 Promille mit 120 km/h, auf 26 Promille mit 85 km/h und auch der Arlberg mit 31 Promille befahren werden können; bei Talfahrt ist das gesamte Zuggewicht bei allen genannten Neigungsverhältnissen mittels elektrischer Widerstandbremse abzubremsen. Auch bei Einschaltung eines weiteren Zwischenwagens ist das genannte Leistungsprogramm einzuhalten.[210]

Da gemäß internationaler Vereinbarung TEE-Züge von Lokomotivführern derjenigen Bahnverwaltung geführt werden, auf deren Netz sie verkehren, und bei bestimmten Verbindungen derselbe Führer den Triebzug unter verschiedenen Stromsystemen zu bedienen hat, wurden für die Konzeption der Steuerung folgende Grundsätze formuliert:

1. Die Bedienung der Apparate in den Führerständen muß für alle Stromsysteme gleich sein.
2. Irgendwelche außergewöhnlichen Bestimmungen, wie z. B. zeitliche Beschränkung für die Benützung gewisser Fahrstufen, waren nicht zugelassen.
3. Beim Systemwechsel dürfen allfällige Fehlmanipulationen des Bedienungspersonals zu keinen schwerwiegenden Schäden führen.[211]

Zu Beginn des Jahres 1959 bestellten die SBB vier derartige Triebzüge bei SIG (wagenbaulicher Teil), MFO (elektrische Ausrüstung) und BBC (Klimaanlagen). Bei der Gestaltung des wagenbaulichen Teils waren die Erfahrungen mit den dieselelektrischen TEE I-Zügen RAm 501, 502 wertvoll. Beispielsweise zeigte sich, daß die Großzahl der Reisenden den Mittelgangwagen dem Abteilwagen vorzieht.

TS 32 Der fünfteilige Triebzug setzt sich wie folgt zusammen: je 1 Steuerwagen mit Sitzabteil an den Zugenden, 1 Zwischenwagen mit Sitzabteil, 1 Speisewagen, 1 Maschinenwagen.

Der Zug ist 125 m lang und hat eine Masse von 259 t. Zu den 126 Sitzen in der Anordnung 2 + 1 kommen 54 Sitzplätze in Speiseraum und Bar. Die Wagen sind durch geschlossene Übergänge verbunden und nach innen vollständig abgedichtet, wodurch Übergangstüren entfallen.[212]

Der mit erheblichem Aufwand und größter Sorgfalt thermisch isolierte Wagenkasten der Personenwagen wurde als selbsttragende Röhrenkonstruktion ausgebildet, in gleicher Weise auch der Maschinenwagen. Die aus zwei Drehflügeln bestehenden Wagentüren können gegen das Eindringen von Regen und Schnee mittels eines Gummischlauchs abgedichtet werden, der über den ganzen Umfang des Türlichts verlegt ist. Überschreitet der Zug die Geschwindigkeit von 15 km/h, so füllt sich dieser Schlauch selbsttätig mit Druckluft, die ihn gegen Türrahmen und Türflügel preßt und sowohl hermetisch abdichtet als auch ein irrtümliches Öffnen der Tür während der Fahrt verunmöglicht.[213]

Die Wagen sind untereinander mit einer Kurzkupplung verbunden. An beiden Enden des Zuges sind automatische Scharfenberg-Kupplungen vorhanden, die auch die pneumatischen und elektrischen Leitungen verbinden, wobei die Vielfachsteuerung zweier Züge möglich ist. Das Führerpult im Steuerwagen ist von den RBe 4/4-Triebwagen abgeleitet; dank eines großen Fensters in der Rückwand des Führerraumes können die Reisenden vom Einstieg-Vorraum aus die Bahnstrecke überblicken und den Führer bei seiner Tätigkeit beobachten.

Die äußere Form der Wagen ist mittels Modellen untersucht worden, um dem Zug eine gediegene, einfache und auch aerodynamisch günstige Form zu geben, wobei auch Versuche im Windkanal des Flugzeugwerks Emmen durchgeführt wurden, bei denen unter anderem auch die geeignetste Anordnung der Scheibenwischer bei allen Geschwindigkeiten bis zu 160 km/h gefunden wurde.[214]

Die in Leichtbauweise erstellten Laufdrehgestelle haben eine Torsionsstabfederung für die Kastenfederung und Schraubenfedern für die primäre Federung. In sämtliche Laufdrehgestelle ist sowohl die Klotzbremse als auch eine Magnetschienenbremse eingebaut.[215]

Der Maschinenwagen enthält die Anrichte und die Küche für den Speisewagen, die elektrische Ausrüstung für die Zugförderung, einige Diensträume, und wegen seiner Einordnung in den Triebzug einen Seitengang für den ungehinderten Durchgang der Reisenden. Damit ergaben sich von der Gewichtsverteilung her erhebliche Schwierigkeiten, die nur dank guter Zusammenarbeit aller Beteiligten gelöst werden konnten. Der Wagenkasten des Maschinenwagens ruht auf zwei dreiachsigen Drehgestellen in Leichtbauweise, wobei die beiden äußeren Achsen von einem Fahrmotor über den BBC-Federantrieb angetrieben werden. Zur Herabsetzung der Führungskräfte bei einer Achslast der Triebachsen von 170 kN sind diese querelastisch gelagert.[216] Die Bremsausrüstung des Zuges umfaßt neben der zweistufigen automatischen Druckluftbremse eine Magnetschienenbremse, eine Widerstandsbremse und eine Handbremse für jeden Führerstand.

Bei der elektrischen Ausrüstung war das schwierige Problem zu lösen, eine zweckentsprechende Apparatur für vier verschiedene Stromsysteme mit voneinander abweichenden Fahrdrahtspannungen und Stromabnehmerdaten zu schaffen. Um von der äußerst komplexen elektrischen Ausrüstung des Triebzugs einen Eindruck zu erhalten, sei diese näher dargestellt.

Das grundsätzliche Problem war schon früher studiert worden. 1957 hatte die AEG einen ausrangierten Triebwagen der ehemaligen Müllheim-Badenweiler-Eisenbahn AG (Baujahr 1912) zu einem Allstrom-Versuchstriebwagen mit Germanium-Dioden (später solchen aus Silizium) umgebaut, der auf dem früher meterspurigen Netz der Albtalbahn mit 8,8 kV 25 Hz oder 10 kV 50 Hz und auf der anschließenden Strecke der Pforzheimer Kleinbahn mit 1200 V Gleichstrom verkehrte, wobei ein einziger Stromabnehmer genügte.[217]

Bei den TEE II-Zügen mußten dagegen vier Stromabnehmer mit unterschiedlichen Wippen auf dem Dach des Maschinenwagens angeordnet werden, die paarweise ineinander verschachtelt oberhalb der Drehgestelle montiert sind. Hierfür entwickelte BBC einen neuen Scherenstromabnehmer für hohe Fahrgeschwindigkeiten, der wahlweise mit Wippen verschiedener Breiten und Schleifstückbestückung ausgerüstet werden kann.[218]

Entsprechend den Grundsätzen für die Konzeption der Steuerung ist die Systemwahl über ein automatisches Fühlsystem und ein elektropneumatisches Schaltwerk automatisiert. Beim Systemwechsel wählt der Triebfahrzeugführer auf einer Tastatur lediglich den richtigen Stromabnehmer, wobei gleichzeitig die Sicherheitseinrichtungen der betreffenden Bahnverwaltung eingeschaltet werden.[219]

Bei Gleichstrombetrieb wird der Strom unmittelbar über einen Schnellschalter dem Schaltwerk für Systemwahl zugeführt und über die Anfahrwiderstände zu den Fahrmotoren weitergeleitet. Diese arbeiten in zwei Gruppen, innerhalb derer sie Gruppier-Schütze während der Anfahrt in Reihe und anschließend parallel schalten. Bei einer Fahrdrahtspannung von 1500 V sind die beiden Fahrmotorgruppen dauernd parallel geschaltet, bei 3000 V in Reihe. Jeder Fahrmotor hat seinen eigenen Anfahrwiderstand, der fremdbelüftet dauernd die in Betracht zu ziehenden Ströme führen kann. Bei Gleichstrombetrieb sind zur Erhöhung der wirtschaftlichen Fahrstufen außerdem noch je vier Shuntstufen vorhanden, womit sich insgesamt 34 Stufen, wovon 10 wirtschaftliche, ergeben.

D 23 Bei Wechselstrombetrieb sind die Fahrmotoren jeder Gruppe dauernd parallel geschaltet und an je einen Silizium-Gleichrichter angeschlossen, die auf der Wechselstromseite an der Sekundärwicklung des Transformators mit einem Stufenschaltwerk liegen, was 12 Widerstandsstufen und 15 Transformatorstufen ergibt.

Die fremdbelüfteten Fahrmotoren werden also mit Gleichstrom oder mit gleichgerichtetem Einphasen-Wechselstrom gespeist, der nicht geglättet ist. Dies war möglich, weil die MFO eigens für diese Züge einen vierpoligen Wellenspannungs-Fahrmotor entwickelt hat.

Die Silizium-Gleichrichter wurden von Siemens geliefert. Da Silizium-Dioden sehr empfindlich gegen Überspannungen und Überströme sind, mußte die Nennleistung der Gleichrichter der Spitzenleistung des Fahrzeuges entsprechen. Trotzdem war noch eine elektronische Überwachungseinrichtung notwendig, die mittels eines Kurzschließers die Sekundärseite des Transformators kurzschließt, womit der Hauptschalter ausgelöst wird.

Beim Transformator liegt die Primärwicklung ständig ganz an der Fahrdrahtspannung von 15 bzw. 25 kV, sodaß beim Übergang von 15 kV auf 25 kV die Spannungen der Sekundärwicklungen sich im selben Verhältnis ändern. Dementsprechend wird bei 25 kV ein Teil der Hilfsbetriebe-, Stufen- und Heizwicklung abgeschaltet.

Bei elektrischer Bremsung arbeiten die Fahrmotoren als selbsterregte Gleichstrom-Generatoren, deren Feldwicklungen zusätzlich durch eine Erreger-Maschine fremderregt werden. Die in Reihe geschalteten Läufer arbeiten auf die veränderlichen Anfahrwiderstände.[220]

Für die Hilfs- und Nebenmaschinen wurde ein Drehstrom-Bordnetz von 380 V 50 Hz vorgesehen, um handelsübliche Maschinen verwenden zu können. Es wird aus einer Umformergruppe mit 200 kVA Dauerleistung mit Doppelkommutator-Antriebsmotor und 1500 V bzw. 3000 V Eingangsspannung gespeist, wobei Spannung und Frequenz des Bordnetzes auch bei der zulässigen Schwankung der Fahrdrahtspannung von +20 bis −30% bei Gleichstrombetrieb annähernd konstant bleiben müssen. Die Lüftermotoren und die Kühler der Klimaanlage sind gleichfalls an dieses Bordnetz angeschlossen, während die für den Lufterhitzer notwendige Energie über eine einpolige Heizleitung mit 1500 V oder 3000 V versorgt wird.[221]

Um die Steuerung des Fahrmotorstromes bei allen Stromsystemen möglichst zu vereinfachen, wurde die bekannte Befehlsgebersteuerung eingebaut, wobei die Befehle über einen Fahrschalter einem Servokontroller zugeführt werden, der sowohl die Einhaltung bestimmter Grenzwerte als auch Hilfsschaltfunktionen übernimmt. An Sicherheitseinrichtungen sind eingebaut: Oerlikon-Sicherheitssteuerung, automatische Zugsicherung SBB, Signalrückmeldeeinrichtung SNCF und SNCB, automatische Auslösung des Hauptschalters bei Systemwechsel, vollautomatischer Schleuderschutz.

Nach dreijähriger Entwurfs-, Konstruktions- und Bauzeit wurde der Triebzug RAe 1051 B 41
am 1. 4. 1961 im Lieferwerk abgenommen. Ausgedehnte Versuchsfahrten dienten neben der Erprobung der elektrischen Einrichtung mit den verschiedenen Stromsystemen auch der Messung der Laufeigenschaften, der Bestimmung bei Anwendung der Luft- und der elektrischen Magnetschienenbremse sowie der Einstellung und Untersuchung der Klimaanlage. Dabei fanden die Versuchsfahrten unter 1500 V Gleichstrom auf der SBB-Strecke Genf–La Plaine statt. Zur Zulassung der Züge auf dem Netz der SNCF wurde am 28. 4. 1961 eine Versuchsfahrt Lausanne–Paris und zurück durchgeführt. Es zeigte sich, daß die Züge auch bei 160 km/h keine unzulässige Beanspruchung am Gleis verursachen und daß die Stromkreise der Sicherungsanlagen durch die Magnete der Schienenbremse nicht beeinflußt werden.

Auch weitere Versuchsfahrten ergaben sehr zufriedenstellende Resultate. Der Bremsweg bei einer Schnellbremsung mit Luft- und Magnetschienenbremse in der Ebene aus 160 km/h beträgt 780 m. Der Lauf der Personenwagen ist vorzüglich. Nicht ganz so gut wie die übrigen Wagen läuft der Maschinenwagen, welcher mit Rücksicht auf seine große Masse und das beschränkte Vertikalspiel des Federantriebs wesentlich härter gefedert werden mußte als die Personenwagen.

Beim mechanischen Teil zeigte sich, daß die in extremer Leichtbauweise ausgeführten dreiachsigen Triebgestelle hohen dynamischen Beanspruchungen ausgesetzt sind. Weiter ereignete sich ein Triebachsbruch, für den eine unglückliche Häufung von an sich geringfügigen Faktoren maßgebend war, wie z. B. ungünstiger Querschnittsübergang sowie kleine Oberflächenschäden in der kritischen Zone. Obschon die Achswellen der übrigen Triebachsen sofort durch Kaltverfestigung und günstigere Formgebung des gefährlichen Querschnittübergangs verbessert wurden, ersetzte man sämtliche Triebachsen durch neue, verstärkte Wellen aus hochwertigem Material.

Während der Probefahrten traten bei vier Fahrmotoren Windungsschlüsse im Anker auf, welche zu Rundfeuer am Kommutator führten. Zufolge eingehender Untersuchungen handelte es sich um kleine Wicklungsschäden metallurgischen Ursprungs, die in keinem Zusammenhang mit der Auslegung als Wellenspannungsmotor standen und sich nur während der ersten Betriebsstunden auswirken konnten.

Viel Zeit erforderte die Einstellung der Gleichrichter-Überwachungsapparatur. Hier traten insofern Schwierigkeiten auf, als im 50 Hz-Betrieb der Hauptschalter meistens nach dem Einschalten sofort wieder ausschaltete. Nach Korrektur der Zeitglieder der elektronischen Überwachungsapparatur funktionierte diese einwandfrei.[222]

Ganz allgemein sind anläßlich der Probefahrten und während der ersten Betriebszeit weniger Störungen aufgetreten als angesichts der komplizierten und umfangreichen elektrischen Apparatur der vielen Neuerungen hätte erwartet werden können.

Zusammen mit den inzwischen abgelieferten drei anderen Zügen konnten die Trieb- B 42
züge am 1. 7. 1961 den fahrplanmäßigen Betrieb aufnehmen. Von den vier Zügen verkehrten drei als TEE „Ticino“ und „Gottardo“ Zürich–Mailand sowie als TEE „Cisalpin“ B 59
Paris–Mailand, was einer mittleren Tagesleistung von 939 km entspricht. Um kleinere Schäden an der komplizierten elektrischen Ausrüstung rasch zu beheben, fährt mit den Zügen ein Bordmechaniker der SBB mit. Wegen ihrer hohen Reisegeschwindigkeit und des in jeder Hinsicht guten Reisekomforts ergab sich schon bald eine über Erwarten gute Besetzung. Auf der Strecke Zürich–Mailand wurden die Plätze im Mittel zu 69% und auf dem Teilstück Paris–Lausanne sogar zu 102% benutzt.[223]

Ein Unfall in Frankreich bewies das gute dynamische Festigkeitsverhalten dieser in Leichtbauweise konstruierten Wagen. Am 5. 10. 1962 stieß der RAe 1053 als TEE „Cisalpin“ bei Montbard mit 140 km/h auf entgleiste Wagen eines Gegenzugs, wobei der vorauslaufende Steuerwagen 1 abgelenkt wurde und in ein als massiver Steinbau erstelltes

Wärterhäuschen hineinfuhr, welches zerstört wurde. Der Steuerwagen wurde vorn auf 1/3 der Länge eingedrückt und mußte ersetzt werden. Die übrigen Wagen konnten in kurzer Zeit instandgesetzt und wieder in Betrieb genommen werden. Ohne Reservegarnitur konnten die SBB in den dazwischenliegenden sechs Monaten den TEE-Dienst ohne Zwischenfall meistern.[224]

Wegen des chronischen Platzmangels bestellten die SBB im Jahre 1965 für jede Garnitur einen Verstärkungswagen. Zum Winterfahrplan 1966 konnten alle vier Garnituren sechsteilig geführt werden, womit sich bei einer Dienstmasse von 296 t eine Länge von 149,8 m und 168 Sitzplätze ergaben. Dennoch war es während der Verkehrsspitzen häufig nötig, den TEE „Cisalpin" zwischen Paris und Lausanne doppelt zu führen, auf dem SBB-Netz in Vielfachsteuerung. (Die SNCF gestattete die Führung der RAe in Vielfachsteuerung erst im Frühjahr 1968.) So wurde im November 1967 eine weitere Garnitur als RAe 1055 abgeliefert. Da diese Lösung langfristig wirtschaftlich nicht befriedigen konnte, prüften die SBB schon ab 1972 die Frage des Ersatzes der TEE II-Züge im Dienst des TEE „Cisalpin".

Der Fahrplanwechsel 1974 brachte eine völlige Änderung: Der TEE „Gottardo" wurde bis Genova Brignole verlängert und anstelle der TEE „Ticino" und „Cisalpin" liefen die Züge TEE „Edelweiss" und „Iris" Zürich–Brüssel mit den TEE II-Zügen. Bei Ausfall von TEE I-Dieseltriebzügen wurde der TEE „Edelweiss" schon früher mit RAe-Einheiten gefahren.[225]

Bei den hohen Laufleistungen der TEE II-Züge – sie hielten im Jahre 1967 den Rekord aller SBB-Fahrzeuge mit einem Mittel von 275 000 km – kommt dem Unterhalt besondere Bedeutung zu. In den Jahren 1958 und 1964 wurde deshalb in Zürich ein eigenes Zentrum für den Unterhalt von Triebzügen geschaffen, dem auch die Vorortstriebzüge RABDe 12/12 zugeteilt sind.[226]

Zusammen mit dem lokbespannten TEE „Roland" sind die TEE II-Triebzüge als TEE „Gottardo" die höchstqualifizierten Reisezüge auf der Gotthardstrecke. Es wird zu zeigen sein, daß bei den Triebzügen der Reihe 4010 der ÖBB wesentliche Konstruktionsgedanken der RAe 1051 bis 1055 eingeflossen sind.

2.4. Jura–Simplon-Strecke

2.4.1. Geographische Lage und Trassierung

Unter Jura–Simplon-Strecke sei hier die 232,6 km lange Strecke Vallorbe–Lausanne–Brig–Domodossola mit der zur schweizerischen Ost-West-Transversalen gehörenden Anschlußstrecke Lausanne–Genf verstanden. In Brig schließt sie an die bereits besprochene Bern–Lötschberg–Simplon-Bahn an. Der internationale Schnellzugverkehr durch die Schweiz folgt einerseits der Route Calais–Paris–Mailand–Istanbul/Athen bzw. Pescara, andererseits Genf–Mailand–Ventimiglia/Rom/Ancona/Venedig. Hinzu kommt noch ein Zugpaar Paris–Genf und der bei der BLS genannte Transitverkehr. Diesem internationalen Verkehr überlagern sich innerschweizerische Schnellzüge Genf–Brig und Basel/Zürich–Biel–Lausanne–Brig/Genf.

Von Vallorbe am Fuß des Mont d'Or aus führt die Strecke über den Viadukt von Le Day immer höher über der Orbe-Schlucht bis Bretonnières und erreicht dann in weiten Schleifen in den sanft abfallenden Hängen des Juras den Endpunkt der Rampe bei La Sarraz. Ab der Dienststation Daillens verläuft die Strecke gemeinsam mit der Jurafußlinie in kupiertem Gelände bis Renens, wo sie in die Strecke von Genf einmündet, und von dort dreigleisig bis Lausanne. Nach Lausanne beginnt bei Lutry die Fahrt entlang den Hängen am Genfer See bis Villeneuve (Côte Lavaux), von dort im fruchtbaren Rhonetal mit den vergletscherten Walliser Bergen im Hintergrund talaufwärts bis Brig. Im anschließenden Simplontunnel wird nahe des Wasenhorns die Staatsgrenze Schweiz–Italien und die Wasserscheide zwischen den Flußgebieten der Rhone – des Rotten, wie man im Oberwallis sagt – und des Po unterfahren. Von Iselle bis Domodossola verläuft die Simplonstrecke überwiegend im Hang des Diveria-Tals mit Tunneln, darunter einem Spiraltunnel, und Steinschlaggalerien.

Der zwischen der Schweiz und Italien abgeschlossene Staatsvertrag vom 25. 11. 1895 sowie weitere Vereinbarungen regeln Betrieb und Unterhalt auf der Simplonstrecke so, daß die SBB von Vallorbe bis Domodossola durchgehend den Zugförderungs- und Zugbegleitdienst übernehmen. Entsprechend gilt hier das schweizerische Fahrdienst- und Signalreglement. Die FS besorgen von Domodossola bis Iselle den Stationsdienst und den Unterhalt aller ortsfesten Anlagen mit Ausnahme der Fahrleitungen für 15 kV $16^2/_3$ Hz außerhalb des Bahnhofs Domodossola und der zugehörigen Energieversorgungsanlagen, die wieder den SBB überantwortet sind. Im Simplontunnel sind auch auf italienischem Staatsgebiet die SBB für den Unterhalt sämtlicher ortsfesten Anlagen zuständig.

Die Gesamtstrecke Vallorbe–Domodossola zerfällt in die Bergstrecken Vallorbe– P 3
Daillens (27,0 km) und Iselle–Domodossola (18,8 km) und in das günstig trassierte Zwischenstück von 186,8 km Länge. Bis auf das Teilstück Salgesch–Visp (24,3 km) ist die Simplonstrecke durchgehend doppelspurig, der Abschnitt Leuk–Visp (19,1 km) wird derzeit zügig auf Doppelspur ausgebaut, womit ein im Jubiläumsjahr 1956 einsetzendes Programm zum Ausbau der Simplonstrecke weitergeführt wird.[227]

Wie andere Hauptverkehrsstrecken der SBB wird auch diese Verbindung systematisch auf automatischen Block mit Gleiswechsel- oder signalisiertem Einspurbetrieb mit Bedienung von Fernsteuerzentren aus umgestellt. Bei unbesetzten Stationen arbeiten die Ein- und Ausfahrsignale als automatische Blocksignale. In dieser Weise sind die Sicherungsanlagen von Vallorbe bis Vernayaz, von Ardon bis Salgesch und von Visp bis Iselle (ausschließlich) mit den Fernsteuerzentren Vallorbe, Lausanne, Vevey, St.-Maurice, Sion (Sitten) und Brig erneuert worden.[228] Die FS haben von Iselle bis Domodossola Gleisbildstellwerke und den automatischen Block ihrer Bauart eingerichtet. Im Unterschied zu den Anlagen der SBB müssen die Stationen der FS durchgehend besetzt sein.[229]

Wie keine andere der hier besprochenen internationalen Transitlinien weist die Jura–Simplon-Strecke ein ausgesprochen asymmetrisches Profil auf. In der Fahrtrichtung Vallorbe–Domodossola ist die 12 Promille-Steigung zwischen Siders und Salgesch maßgeblich, in der Gegenrichtung jedoch beträgt die maßgebliche Steigung von Domodossola bis Iselle 25 Promille, von dort bis Lausanne 10 Promille und bis Vallorbe 20 Promille. Zufolge der günstigen Trassierung der Steilrampen sind die nach Zugreihe R zugelassenen Streckengeschwindigkeiten mit 90 bis 95 km/h relativ hoch. Es gibt keine andere Strecke in der Schweiz, auf der über eine derart große Entfernung mit 140 km/h gefahren werden kann: Villeneuve–Bex, Vernayaz–Martigny, Ardon–Siders und Visp–Iselle, wobei örtliche Geschwindigkeitsbeschränkungen nicht berücksichtigt sind. Es ist vorgesehen, weitere Abschnitte der Simplonstrecke für 140 km/h (später allenfalls 160 km/h) herzurichten.[230]

Liegen die Anforderungen an die Triebfahrzeuge auf den Steilrampen der Jura–Simplon-Strecke im üblichen Rahmen vergleichbarer Gebirgsstrecken, so stellte die Zugförderung im Simplontunnel von Anfang an besonders harte Anforderungen an die Triebfahrzeuge. Die beiden einspurigen Tunnelröhren von 19 803 bzw. 19 823 m Länge liegen Seite Brig in einer Steigung von 2 Promille, Seite Iselle in einer solchen von 7 Promille; bei hoher Luftfeuchtigkeit beträgt die Dauertemperatur 30 bis 32 °C. Infolge des knappen einspurigen Tunnelprofils (vom Fahrdraht bis zum Scheitel des Gewölbes sind es etwa 50 cm) ist der Luftwiderstand sehr hoch. Messungen zur Zeit des Drehstrombetriebs hatten schon gezeigt, daß auch bei Fahrt in 7 Promille Gefälle Zugkraft ausgeübt werden mußte, um die Geschwindigkeit von 70 km/h einhalten zu können. Man berechnete eine Mehrleistung von 515 kW bei Tunnelfahrt gegenüber der Fahrt auf offener Strecke.[231]

Neuere Messungen zur Ermittlung des Fahrwiderstands im Simplontunnel bei hoher Geschwindigkeit zeigten dies noch deutlicher: Eine Komposition von 601 t, bestehend aus Lokomotive, Meßwagen und 15 Reisezugwagen ergab nach Angaben der SBB bei 125 km/h einen Fahrwiderstand (ohne Steigungswiderstand) von 62,8 kN, bei 140 km/h einen solchen von 77,0 kN.

So wie schweizerische Eisenbahnverwaltungen (SBB und BLS) auch heute noch am Südende der Simplonstrecke den Zugförderungsdienst wahrnehmen, indem sie etwa 30 km in italienisches Staatsgebiet hineinfahren, war es ursprünglich auch am nördlichen Endpunkt der Fall.

Im Anschluß an die 1855/56 eröffnete Strecke Lausanne–Yverdon nahm die Gesellschaft „Jougne–Eclépens" 1870 den Eisenbahnverkehr von Daillens nach Vallorbe auf. Fünf Jahre später wurde die Verbindung von Vallorbe über Jougne nach Pontarlier (25 km) in Betrieb genommen, womit eine direkte Verbindung von Paris nach Lausanne verwirklicht war. Die heute fast vergessene Strecke Vallorbe–Pontarlier über Jougne war eine eingleisige Gebirgsbahn mit einer Maximalsteigung von 25 Promille und einem kleinsten Radius von 300 m. Der 1650 m lange und in der Maximalsteigung liegende Jougne-Tunnel führte zum Kulminationspunkt von 1012 m. Ein rauhes Klima, viel Schnee und glitschiges Laub boten der Zugförderung besondere Erschwernisse. Obwohl nur 3 km dieser Strecke auf schweizerischem Hoheitsgebiet lagen – das in Frankreich liegende Teilstück war der PLM konzessioniert worden –, besorgte die schweizerische Eisenbahngesellschaft Traktion, Zugbegleitung und Bedienung aller Zwischenstationen.[232]

Da der Verkehr auf der einspurigen Jougne-Linie zusehends wuchs und die Eröffnung des Simplontunnels eine weitere bedeutende Verkehrszunahme erwarten ließ, mußte man entweder die vorhandene Strecke auf Doppelspur ausbauen oder eine neue Strecke anlegen. Schließlich wurde eine wesentlich günstiger trassierte direkte Linie Frasne–Vallorbe mit dem Mont d'Or-Tunnel gebaut, die gleichzeitig die lästige Spitzkehre in Vallorbe vermied. Bei einer Scheitelhöhe von 856 m beträgt die Maximalsteigung 15 Promille, der minimale Radius 700 m. Zudem kürzt diese direkte Linie die alte über Pontarlier um rund 17 km ab.[233]

Die von der PLM betriebene doppelspurige Strecke wurde 1915 in Betrieb genommen, die Jougne-Linie von da an gleichfalls durch die PLM lokalbahnmäßig betrieben und 1939 durch Autobusbetrieb ersetzt. Nach der Sprengung des Jougne-Tunnels im Jahre 1940 wurden in der Folge zwischen Vallorbe und dem Tunnel die Gleise entfernt, das Reststück Jougne–Pontarlier bis 1969 für den Güterverkehr beibehalten.[234]

2.4.2. Dampfbetrieb

Für die Bespannung aller Züge beschaffte die „Jougne–Eclépens" 1869 drei Gemischtzuglokomotiven der Type „Bourbonnais à grandes roues", die gegenüber gleichartigen Lokomotiven der PLM verschiedene Verbesserungen aufwiesen. Diese C n2-Maschinen bewährten sich derart gut, daß Anfang der siebziger Jahre für alle Linien der „Suisse Occidentale", in der die „Jougne–Eclépens" 1877 aufging, weitere dieser Lokomotiven als Serie 401 beschafft wurden.[235]

Die starke Verkehrszunahme der neunziger Jahre nötigte die Bahnen zur Führung schwerer Züge. Von 1896 an stellte die Jura-Simplonbahn, in der 1890 fast alle Eisenbahngesellschaften der Westschweiz aufgegangen waren, starke Lokomotiven für den Personen- und Güterzugdienst auf den Bergstrecken bereit, die auf 20 Promille Steigung 200 t mit 30 km/h befördern sollten. Die B 3/4 Serie 301 der JS (1'C n3v) bewährte sich dann in der Leistung und namentlich auch in der Wirtschaftlichkeit so gut, daß bis 1907 insgesamt 147 Stück beschafft wurden, die größte Zahl aller Dampflokomotiv-Serien der SBB.[236] Die B 3/4-Lokomotiven mit einer Höchstgeschwindigkeit von 75 km/h wurden bis zur Beschaffung der A 3/5-Maschinen auch im Schnellzugdienst verwendet. Als Glanzleistung dieser Maschinen sei die durchgehende Führung des Luxuszugs 493 von Lausanne bis Domodossola ab der Eröffnung des Simplontunnels im Jahre 1906 genannt.[237]

Von diesem Zeitpunkt an liefen vor den meisten Schnellzügen auf dem Bespannungsabschnitt Lausanne–Brig sowie vor einigen Zügen Lausanne–Vallorbe die A 3/5 Serie 701 (2'C n4v), die 1902/09 mit insgesamt 109 Exemplaren beschafft und 1913/23 größtenteils mit Überhitzer ausgerüstet worden waren.[238] Weiter beförderten zwischen Lausanne und Vallorbe die A 3/5 Serie 603 (2'C h4v) Schnellzüge von 220 t erforderlichenfalls mit 40 km/h.[239] Von Lausanne nach Brig waren 420 t zugelassen, die auf 12 Promille gleichfalls mit 40 km/h geschleppt werden konnten. Die Anhängelasten der A 3/5 701 bis 809 betrugen 90% derjenigen der A 3/5 603 bis 649.

Die C 4/5 Serie 2701 (1'D n4v) bespannten alle Zugarten auf der Simplonsüdrampe B 44
von Domodossola nach Iselle. In den Jahren 1904/05 beschafft und 1912/23 mit dem Schmidtschen Überhitzer ausgerüstet, konnten sie auf 25 Promille eine Masse von 210 t mit 30 km/h befördern.[240]

2.4.3. Dieselbetrieb

Ab 5. 10. 1952 verkehrten die Züge 293/298 Lausanne–Dijon, die 1954 bis 1957 ab B 60
Genf geführt wurden, mit einteiligen SNCF-Dieseltriebwagen der Reihe XD 2511 bis 2515, die bei einer Nennleistung von 235 kW für eine Höchstgeschwindigkeit von 130 km/h zugelassen waren. Vom 1. 7. 1954 bis zur Umstellung dieses Zuges auf eine B 61
lokbespannte Garnitur wurde ein Doppeltriebwagen der SNCF-Reihe X 2701 bis 2720 der Type RGP eingesetzt, die bei einer Nennleistung von 441 kW eine Höchstgeschwindigkeit von 140 km/h entwickelten. Auf dem Netz der SBB waren diese Triebwagen für Reihe R 125 % zugelassen. Gleichfalls mit diesen Triebzügen wurde 1967 bis 1969 das Zugpaar 37/38 „Le Genevois“ Genève – Lausanne – Paris geführt.

Mit der Einführung des TEE MG/GM „Lemano“ im Jahre 1957 wurden die zweiteili- B 62
gen Dieseltriebzüge der FS-Reihe ALn 442/448 am Simplon eingesetzt und gleichfalls für Reihe R 125 % zugelassen. Entsprechend einer Nennleistung von 2 × 360 kW bei einer zulässigen Höchstgeschwindigkeit von 140 km/h waren sie auf der 25-Promille-Steilrampe eher langsam und fuhren mit etwa 65 km/h den Berg hinauf. Am 8. 11. 1969 fing das hintere Fahrzeug eines solchen Dieseltriebzugs im Simplontunnel Feuer. Dem mutigen Personal gelang es, alle Reisenden heil in Sicherheit zu bringen.[241]

Der Sommerfahrplan 1972 ersetzte den Dieseltriebzug durch eine lokomotivbespannte Garnitur mit klimatisierten Wagen. „Le camion“, wie er von den Eisenbahnern der welschen Schweiz boshaft genannt wurde, brummte fortan nicht mehr durchs Rhonetal.[242]

2.4.4. Drehstrombetrieb Iselle–Brig (–Sitten)

2.4.4.1. Vorgeschichte

Noch während des Baus schrieb Robert Gerwig als erster Oberingenieur der Gotthardbahn im Jahre 1875, daß *selbst dann, wenn man dazu käme, anstatt der Dampflokomotive solche ohne Raucherzeugung zu verwenden, die Vorsicht gebieten würde, einen so langen Tunnel nicht ohne künstliche Ventilation zu belassen.* Nach Eröffnung des Tunnels meldete der Maschinenmeister der Gotthardbahn 1883 voll Überzeugung: *„Es braucht keine künstliche Ventilation.“* Als 14 Jahre später anstelle von rund 30 Zügen deren 61 durch den Tunnel fuhren, mehrten sich die Klagen des Bahnpersonals über Gefährdung durch gesundheitsschädliche Gase zusehends. Das Lokomotivpersonal wurde angewiesen, das Feuer so zu unterhalten, daß möglichst wenig Rauch entstehe. Der Verkehr mußte zeitweise nachts eingestellt werden, um die notwendigsten Gleisarbeiten vornehmen zu können. Eingehende Untersuchungen kamen 1898 zu dem Schluß, daß die Bewegung der Züge mit Preßluft oder elektrischem Strom eine ungelöste Aufgabe geblieben und eine Lösung in nächster Zeit sehr fraglich sei.[243]

Zwar wurde das Problem am Gotthard 1899 durch den Bau einer Ventilationsanlage am Tunneleingang in Göschenen gelöst, doch stellte sich noch während des Baus des Simplontunnels die Frage, ob es wirklich möglich sei, die 20 km lange einspurige Tunnelröhre mit Dampflokomotiven zu befahren. Beim vorgesehenen Fahrplan hätte der Dampfbetrieb täglich mindestens 20 t Kohle im Tunnel feuern müssen, wobei trotz künstlicher Ventilation eine starke Vergasung unvermeidbar gewesen wäre. Wie am Gotthard blieb es auch am Simplon vorderhand bei der Feststellung, daß der elektrische Betrieb der Vollbahnen noch nicht genügend praktisch erprobt sei, um auf einer internationalen Linie eingeführt zu werden.[244]

Am 21. 7. 1899 hatte die Burgdorf–Thun-Bahn als erste Vollbahn Europas mit sechs Triebwagen von 176 kW bei 36 km/h und überdies mit zwei Lokomotiven von 110 kW und 18/36 km/h den elektrischen Zugbetrieb mit Drehstrom 750 V 40 Hz aufgenommen. Eine höhere Spannung ließ damals das Eisenbahndepartement nicht zu. Die elektrische Energie für die 40 km lange Strecke kam vom Kraftwerk Spiez über eine 15 kV-Leitung und vier Unterwerke.[245] Auf der schwierig trassierten Strecke – 21% der Streckenlänge liegen in Steigungen von 20 bis 25 Promille, 29% in Kurvenradien von 250 bis 500 m – bewährte sich der elektrische Betrieb vorzüglich.[246] Die vorsorglich zur Betriebseröffnung beschaffte Dampflokomotive Ed 4/5 Nr. 6 konnte schon 1907 der Emmental-Bahn abgetreten werden. Dafür wurden 1910 und 1918 zwei weitere leistungsfähigere Drehstromlokomotiven beschafft.[247]

Im Jahre 1904 erhielten die Firmen SLM und BBC von der „Società Italiana delle Strade Ferrate Meridionali", die ein Jahr später verstaatlicht wurde, den Auftrag zum Bau von zwei Drehstromlokomotiven der Valtellina-Bahn. Die Strecke Lecco–Colico–Chiavenna hatte im Rahmen eines Versuchsprogramms der italienischen Regierung am 1. 9. 1902 den elektrischen Zugbetrieb mit Drehstrom 3000 V 15,8 Hz aufgenommen. Bereits am 11. 10. 1901 war auf der Strecke Mailand–Varese elektrischer Betrieb mit 650 V Gleichstrom und Stromzuführung mittels dritter Schiene eingeführt worden.[248]

Vom 16. bis 19. Oktober 1905 fuhr eine schweizerische Delegation nach Oberitalien, um die genannten Versuchsstrecken zu studieren. Im Verlauf dieser Reise boten Vertreter der BBC erstmals an, auf eigene Kosten die Anlagen für den elektrischen Betrieb im Simplontunnel zu erstellen und die Zugförderung zu betreiben. Dieser Vorschlag war durchführbar, weil sich die FS in entgegenkommender Weise bereit erklärten, auf die beiden Valtellina-Lokomotiven zugunsten des Simplons zu verzichten; darüber hinaus waren sie auch geneigt, drei weitere in Betrieb befindliche Valtellina-Lokomotiven für längstens ein Jahr leihweise zur Verfügung zu stellen.[249]

Am 19. 12. 1905, knapp ein halbes Jahr vor der Eröffnung des Simplontunnels, kam es zum Abschluß eines Vertrags zwischen den SBB und der Firma, wonach die BBC gegen eine Entschädigung von 0,60 Fr pro gefahrenen Lokomotivkilometer die Elektrifizierung des Tunnels und die Stellung der Lokomotiven übernahm. Nach frühestens einem und spätestens zwei Jahren hatten die SBB die immobilen und mobilen Anlagen zu übernehmen oder auf die Weiterführung des elektrischen Betriebs zu verzichten.[250]

2.4.4.2. Elektrifizierung

Zum Bau des Simplontunnels waren 1898/99 in Brig und Iselle Wasserkraftanlagen erstellt worden, welche die SBB nach Vollendung des Tunnels I als willkommene Energieerzeuger für den elektrischen Betrieb der Strecke Brig–Iselle mit zunächst 3000 V 15 Hz, später 3300 V 16²/₃ Hz übernahmen. Im Kraftwerk Mörel-Brig befand sich ein Drehstromgenerator von 880 kW, den zwei Peltonturbinen über eine Riementransmission antrieben. In Iselle wurde in der ehemaligen Pumpstation ein Generator von 1100 kW aufgestellt, an dessen beidseitig verlängerter Welle die Turbinenräder befestigt waren. Wie primitiv die Anlagen waren, mag die Tatsache beleuchten, daß in der Zentrale Brig anstelle eines Turbinenregulators ein Wasserwiderstand eingebaut war, in welchem zur Konstanthaltung der Drehzahl bis 70% der elektrischen Energie in Wärme umgesetzt wurden.[251]

Die Fahrleitungsanlage mit Querdrähten und Doppelisolation lehnte sich eng an jene der Valtellina-Bahn an. In Iselle wurden typische Straßenbahn-Fahrleitungsmaste verwendet, in Brig zusammengesetzte Rohrmaste. Zur Feinregulierung mußte eine von einer Dampflokomotive geschleppte Drehstromlokomotive benutzt werden.

2.4.4.3. Drehstromlokomotiven

Im April 1906 begannen mit den geliehenen FS-Lokomotiven Nr. 361 bis 363 und den B 45
eben von BBC gelieferten Nr. 364 und 365 die Probefahrten. Die FS-Maschinen der Achsfolge 1'C1' waren 1904 von Ganz, Budapest, geliefert worden und hatten bei Kaskadenschaltung der beiden Fahrmotoren von je 450 kW zwei wirtschaftliche Geschwindigkeiten von 32 und 64 km/h. Von den beiden Stromabnehmern mit galvanisierten Stahlwalzen wurde jeweils der hintere angelegt. Bezüglich der zahlreichen technischen Neuerungen dieser Maschinen sei auf die Literatur verwiesen.[252]

Die als Fb 3/5 Nr. 364 und 365 bezeichneten Lokomotiven mit gleicher Achsfolge TS 12
hatten ein Krauss-Helmholtz-Drehgestell. Die beiden Motoren trieben über einen Kuppelrahmen mit Kulisse direkt die Triebachsen an. Durch Polumschaltung hatten diese zwei wirtschaftliche Geschwindigkeiten von 35 und 70 km/h mit den Leistungen 588 und 809 kW. Anstelle der Kando-Stromabnehmer der Valtellina-Lokomotiven hatten die BBC-Maschinen erstmals den später bei den FS normalisierten zweipoligen Bügel. Da beide Stromabnehmer gleichzeitig an der Fahrleitung anliegen konnten, wurde das Befahren von Weichen mit den isolierten Zwischenstücken wesentlich verbessert.[253]

Zwar konnten die Fb 3/5-Lokomotiven die von den SBB festgesetzten Anhängelasten im Simplontunnel (400 t mit 35 km/h und 300 t mit 70 km/h) wesentlich überschreiten, doch ergaben sich zufolge der hohen Luftfeuchtigkeit im Innern des Tunnels Motorüberschläge.[254] Nachdem der Eröffnungstag vom 1. Mai auf den 1. Juni 1906 verschoben worden war, konnte zwischen Brig und Iselle ein beschränkter elektrischer Betrieb Güterzüge und täglich einen Personenzug befördern.[255]

Vorsorglich war für den provisorischen Dampfbetrieb in Brig eine Lüftungsanlage installiert worden, zumal die zwischen Domodossola und Iselle eingesetzten C 4/5-Lokomotiven regelmäßig ihrem Heimatdepot Brig zugeführt werden mußten. Die Ventilationseinrichtung verbesserte zwar die Luftverhältnisse im Tunnel, doch trat im Winter vom Nordportal bis km 2 eine starke Eisbildung auf.[256]

Schließlich wurde man der Motorüberschläge dadurch Herr, daß man diese Maschinen während der Betriebspausen in Brig bzw. Iselle in geheizten Schuppen abstellte.[257] Nachdem die Anfangsschwierigkeiten überwunden waren, konnten ab 14. Juli fünf weitere Personenzüge elektrisch geführt werden und am 1. August 1906 trat der volle Vertrag in Kraft.[258]

1907/08 lieferte BBC zur Ablösung der Valtellina-Lokomotiven die Fb 4/4 Nr. 366 und TS 13
367 ab, die einige bemerkenswerte Neuerungen aufwiesen. Unter Verzicht auf Laufachsen B 46
entstand eine Lokomotive mit Allachsantrieb, wobei sich die erste und vierte Triebachse nach Klien und Lindner seitlich verschiebbar radial einstellen konnten. Die beiden Motoren sind mit Kurzschlußläufern ausgebildet, wobei die beiden Statorwicklungen je Motor wegen der Bildung von Kondensationswasser im Simplontunnel während der kühlen Jahreszeit nach außen vollständig abgedichtet wurden. Die beiden Statorwicklungen ermöglichten durch Polumschaltung vier wirtschaftliche Geschwindigkeiten 26/35/53/70 km/h mit den Leistungen 809/956/1103/1250 kW. Zum Anfahren dienten Anlaßtransformatoren.[259]

Mit Rücksicht auf die beschränkte Leistung der Kraftwerke wurden in der Fahrtrichtung Brig–Iselle folgende Belastungen zugelassen: Schnellzüge 350 t, Güterzüge 660 t; in der Gegenrichtung betrugen die entsprechenden Werte 330 t und 450 t.

Zufolge der guten Bewährung des elektrischen Zugbetriebs durch den Simplontunnel übernahmen die SBB am 1. 6. 1908 die elektrischen Anlagen und Lokomotiven von BBC für 1,24 Millionen Franken.[260]

Um den in den Jahren vor dem Ersten Weltkrieg ständig steigenden Verkehr zu
TS 14 bewältigen, ließen die SBB eine weitere Drehstromlokomotive Fb 4/6 Nr. 371 bauen, die
B 47 mit den gleichen wirtschaftlichen Fahrstufen wie bei den Fb 4/4 eine Leistung von 2060 kW bei 70 km/h haben sollte, um später auch die Steilstrecke Domodossola–Iselle befahren zu können. Wegen der hohen Leistung mußte man die Achsfolge 1'D 1' verwenden, wobei der Zweistangenantrieb von den Ge 4/6 Nr. 301 und 302 der Rhätischen Bahn übernommen wurde. Die beiden Fahrmotoren haben sowohl Polumschaltung als auch Kaskadenschaltung. Zum Anfahren dient ein metallener Anlaßwiderstand. Wegen der Rotorwicklung haben die Motoren wieder Schleifringe.[261]

Leider entsprachen die Laufeigenschaften dieser 1914 gelieferten Lokomotive nicht den Erwartungen, weshalb die oberste Geschwindigkeitsstufe nicht benutzt werden durfte. Deshalb lief diese Maschine nur im Güterzugdienst.

Der Einsatz dieses leistungsfähigen Triebfahrzeugs sowie gewisse Mängel in den Kraftwerksanlagen führten dazu, die erste aus der Bauzeit des Simplontunnels I stammende Installation in Brig durch eine neue Zentrale am Zusammenfluß der Rhone und der Massa zu ersetzen. Der erste Umbau mit der Verlegung der gesamten Anlagen an den heutigen Standort schuf 1914/16 drei Gruppen, von denen zwei den erforderlichen Drehstrom von 3,3 kV 16²/₃ Hz lieferten. Insgesamt belief sich die installierte Leistung der beiden neuen Generatoren für den Bahnbetrieb auf 5000 kW, denen betrieblich ein maximaler Höchstbedarf der Triebfahrzeuge von rund 4000 kW gegenüberstand.[262]

Bereits anläßlich der Übernahme der elektrischen Einrichtungen im Jahre 1908 hatten die SBB die Firma BBC zum Studium der Verlängerung des Drehstrombetriebs bis Domodossola ermächtigt, wozu es jedoch nicht kam. Dagegen wurde als Folge des gegen Ende des Ersten Weltkriegs auftretenden Kohlenmangels beschlossen, als Provisorium die Strecke von Brig nach Sitten (53,1 km) zu elektrifizieren. Hierzu wurden zwei weitere Lokomotiven der bewährten Reihe Fb 4/4 bestellt.[263]

Zur Energieversorgung dieser Strecke wurde eine Drehstrom-Übertragungsleitung von 25 kV gebaut, die in den Stationen Leuk und Siders über je einen Transformator von 2000 kVA in die Fahrleitung einspeiste. Als Fahrleitungsmasten wurden soweit möglich Holzmasten verwendet. Wegen der Materialknappheit an Kupfer und anderen Metallen konnte der elektrische Zugbetrieb von Brig nach Sitten erst am 31. 7. 1919 aufgenommen werden, die beiden Drehstromlokomotiven Nr. 368 und 369 wurden sogar erst 1920 abgeliefert.[264]

Im Jahre 1921 wurde die Bezeichnung der Fb 3/5 auf Ae 3/5 und jene der Fb 4/4 in Ae 4/4 geändert, wobei die damals noch zur Typenbezeichnung A gehörende Höchstgeschwindigkeit von 80 km/h nur im Gefälle erreicht wurde. Entsprechend wurde die Fc 4/6 in Ce 4/6 mit einer Höchstgeschwindigkeit von 60 km/h umgezeichnet.[265]

Nachdem am 7. 1. 1922 mit der Fertigstellung des Simplontunnels II dort der elektrische Zugbetrieb aufgenommen worden war, zeichnete sich mit der Umstellung der Simplonstrecke auf Einphasenwechselstrom 15 kV 16²/₃ Hz das Ende des Drehstrombetriebs ab. 1926 wurde der Drehstrombetrieb zwischen Brig und Sitten eingestellt, vier Jahre später auch durch den Simplontunnel. Die Drehstromlokomotiven wurden 1931 bis auf die Nr. 365 abgebrochen, welche die BBC für Versuche als Gleichrichterlokomotive verwenden wollte. Da diese Versuche nicht stattfanden, wurde auch diese Maschine 1941 abgebrochen.[266]

Heute erinnern nur noch ein Drehstrommotor der Fb 3/5 Nr. 365 im Verkehrshaus der Schweiz in Luzern und die Befestigungshaken für die Fahrdrahtaufhängung in den

Tunnels zwischen Salgesch und Leuk an den früheren Drehstrombetrieb der SBB, doch sollte man nicht vergessen, daß hier erstmals gezeigt wurde, daß die elektrische Zugförderung auch auf einer internationalen Transitstrecke imstande war, alle Zugförderungsaufgaben zuverlässig zu bewältigen. Die Beschlüsse der Verwaltungsräte der BLS sowie der SBB, die Lötschbergbahn bzw. die Gotthardbahn zu elektrifizieren, gründen sich auf den Erfolg des elektrischen Zugbetriebs durch den Simplontunnel.

2.4.5. Elektrifizierung mit Einphasenwechselstrom

Wie erwähnt, mußten die SBB während des Ersten Weltkriegs zufolge des Kohlenmangels den Eisenbahnverkehr immer stärker einschränken. Auf Initiative von Emil Huber-Stockar faßte der Verwaltungsrat der SBB am 30. 8. 1918 den Beschluß, in drei zehnjährigen Bauperioden alle wichtigen Strecken des Gesamtnetzes zu elektrifizieren. Dieses Programm wurde auf Grund des Postulats von Dr.O. Wettstein im Ständerat vom Dezember 1918 gemäß Verwaltungsratsbeschluß vom 5. 5. 1923 durch das sogenannte beschleunigte Elektrifikationsprogramm ersetzt. Nach diesem sollten bis Ende 1928 nicht nur die Strecken der ersten Bauperiode, sondern von der zweiten Bauperiode auch noch jene Strecken elektrifiziert werden, die gemäß Programm von 1918 erst bis 1933 dafür vorgesehen waren.[267] Unter dem Eindruck wieder normal werdender Kohlenzufuhr und sinkender Kohlenpreise richteten sich politische Gegenströmungen auf Beschränkung der Elektrifizierung auf die Gotthardstrecke und Bevorzugung der Schiffbarmachung des Rheins von Basel bis zum Bodensee. Dank des massiven Eintretens von Politikern und Verantwortlichen der SBB für das beschleunigte Elektrifikationsprogramm konnte dieses fristgemäß durchgeführt werden.[268]

In erster Dringlichkeit des Programms stand die Elektrifizierung der Jura-Simplon-Strecke. Hatte der Drehstrombetrieb zwischen Sitten und Brig von vornherein provisorischen Charakter, war dies für jenen durch den Simplontunnel nicht der Fall. Um dem unrationellen Dampfbetrieb auf der Simplonsüdrampe ein Ende zu setzen, boten die SBB am 15. 8. 1927 den FS an, entweder den Drehstrombetrieb bis Domodossola auszudehnen oder aber die Strecke Iselle–Domodossola mit Einphasenwechselstrom 15 kV 16²/₃ Hz zu elektrifizieren und gleichzeitig die Tunnelstrecke Brig–Iselle auf Betrieb mit Einphasenwechselstrom umzustellen. Die FS gaben dem zweiten Vorschlag den Vorzug, der zudem nach Berechnungen der SBB eine um 50% größere Ersparnis an Zugförderungskosten erwarten ließ. Damit stand einer durchgehenden Elektrifizierung der Jura-Simplon-Strecke von Vallorbe bis Domodossola mit Einphasenwechselstrom nichts mehr im Wege.[269]

Zur Energieversorgung der Simplonlinie und der übrigen SBB-Strecken der Westschweiz wurden die Wasserkraftwerke Barberine, Trient und Vernayaz errichtet.[270] Die beiden Drehstromgeneratoren des Kraftwerks Massaboden wurden durch Einphasengeneratoren ersetzt. Das südlich des Simplon gelegene kleine Drehstromkraftwerk Cairasca wurde verkauft, dafür liefert die staatliche italienische Elektrizitätsgesellschaft ENEL seit 1930 mittels eines kleinen Einphasengenerators des Kraftwerks Varzo den SBB elektrische Energie. Ursprünglich war dieser Generator von 3150 kW Dauerleistung so geschaltet, daß er Wirkleistung abgab, sobald die Fahrdrahtspannung den Wert von 14,8 kV unterschritt.[271]

Den Fahrleitungsanlagen der Simplonstrecke wird die elektrische Energie von den Kraftwerken entweder direkt oder über 66 bzw. 132 kV-Hochspannungsleitungen und die Unterwerke Bussigny, Puidoux und Granges zugeführt, die in Freiluftbauweise ausgeführt sind; auch der Generator in Varzo speist über einen Transformator direkt ein.[272] Um die Kosten der Fahrleitung gegenüber der bei der Gotthardbahn gewählten Ausführung möglichst herabzusetzen, wurde im Kreis I in Anlehnung an eine in Schlesien ausgeführte Bauart ein Einfachkettenwerk mit festem Stahltragseil und nachgespanntem Kupferfahrdraht bei 100 m Spannweite verwendet. Diese große Spannweite bedingte wegen des Windabtriebs in der Geraden und bei Kurven von 1000 m Radius und darüber einen Zwischenmast, bei kleineren Kurvenradien deren zwei. Weiter wurde einfache Isolation verwendet.[273]

Von Sitten nach Brig wurde unter Benutzung der vom Drehstrombetrieb her vorhandenen Holzmasten die gleiche Bauart ausgeführt und im Simplontunnel wurden die Fahrdrähte der beiden Phasen der früheren Drehstrom-Fahrleitung als Tragorgan des einen Fahrdrahts gemeinsam benützt. Südlich des Simplontunnels bis Domodossola fand die Fahrleitungsbauart des Kreises I Verwendung.

Waren die Übergangsbahnhöfe Domodossola und Vallorbe ursprünglich ausschließlich mit einer 15 kV 16²/₃ Hz führenden Fahrleitung überspannt, so änderte sich dies mit der Elektrifizierung der Anschlußstrecken in Italien bzw. Frankreich. Die Fahrleitung im Bahnhof Domodossola ist seit der Aufnahme des elektrischen Zugbetriebs mit 3000 V Gleichstrom nach Mailand im Jahre 1947 in Bahnsteigmitte längsgeteilt. Die elektrisch geführten Züge fahren mit Schwung ein und verlassen mit eigener Kraft den Bahnhof; lediglich das Gleis 1 wurde im Sommer 1972 umschaltbar eingerichtet. Mit der Elektrifizierung Mailand–Domodossola wurde im Bahnhof Domodossola die SBB-Fahrleitung durch die Regelbauart der FS ersetzt, wobei im nördlichen Teil verstärkte Isolatoren eingebaut wurden.

Im Zusammenhang mit der Elektrifizierung der Strecke Dôle–Vallorbe mit 25 kV 50 Hz im Jahre 1958 wurden die Fahrleitungsanlagen des Westkopfs des Bahnhofs Vallorbe umschaltbar eingerichtet. Damit können die Triebfahrzeuge der SBB weiterhin freizügig im gesamten Bahnhofsbereich verkehren, während die SNCF-Lokomotiven mit Schwung einfahren und mit eigener Kraft ausfahren können.

Seit der Inbetriebnahme des elektrischen Zugbetriebs mit 15 kV 16²/₃ Hz von Vallorbe bis Domodossola in den Jahren 1923 bis 1930 haben die ortsfesten Anlagen der elektrischen Zugförderung der Simplonstrecke teilweise erhebliche Änderungen erfahren.

Neben der Erweiterung der vorhandenen Kraftwerke im Gebiet Barberine/Emosson[274] wurde in den sechziger Jahren das thermische Gemeinschaftskraftwerk Chavalon errichtet.[275] Mit der Inbetriebnahme eines Frequenzumformers von 30 MW im Oktober 1968 im Kraftwerk Massaboden konnte die Energieversorgung der Simplonlinie wesentlich verbessert werden.[276] Ein fahrbares Unterwerk von 18 MVA in Varzo und eine 132 kV-Bahnstromleitung durch den Simplontunnel bis dorthin ermöglichten, den zufolge des Einbaus des automatischen Blocks auf der Simplonsüdrampe gestiegenen Energiebedarf zu decken.[277] Seit Anfang der siebziger Jahre werden die teilweise einschleifigen 66 kV-Bahnstromleitungen durch zweischleifige 132 kV-Leitungen ersetzt und die Unterwerke erneuert, weil die ursprünglichen Anlagen den infolge hoher Primärstromentnahme erheblich gestiegenen Energiebedarf der SBB nicht mehr befriedigen können. Da die für diese Strecke in den zwanziger Jahren gewählte Fahrleitungsbauart zu außergewöhnlichen Schwierigkeiten bei der Stromabnahme geführt hat, sei hier näher darauf eingegangen.

Bei den zunächst gefahrenen Geschwindigkeiten von 90 bis 100 km/h genügte diese Bauart mit großer Längsspannweite durchaus; lediglich die Einfachisolation mußte der Vögel wegen auf Doppelisolation umgestellt werden. Mit der Zulassung von Schnellzügen für die Zugreihen A und R zeigte es sich, daß diese Fahrleitungsbauart für höhere Geschwindigkeiten von 110 bis 125 km/h und mehr ungeeignet war.[278] Diese gravierende Verschlechterung der Stromabnahme oberhalb ca. 100 km/h hat im wesentlichen folgende Ursachen:

1. Bei 100 m Spannweite beträgt die Höhenänderung im Temperaturbereich von –20 bis +40°C in der Mitte 36 cm; die Fahrleitung ist so reguliert, daß sie bei +5°C genau parallel zum Gleis liegt.
2. Zufolge der langen Seitenhalter aus Stahlrohr am Fahrdraht bei allen Stützpunkten und am Tragseil bei den Zwischenstützpunkten in der Geraden oder in großen Krümmungsradien ergibt sich an diesen Stellen eine außerordentliche Masseanhäufung.

3. Durch die gewählten Daten dieser Bauart wie Spannweite, Fahrdraht- und Tragseilzug neigt die Fahrleitung des Kreises I zu Schwingungen.

Zunächst wurde versucht, durch den Einbau eines etwa 25 m langen Y-Beiseils an den Hauptstützpunkten zwischen Châteauneuf und Sitten die Stromabnahme zu verbessern. Dieser Versuch brachte jedoch nicht das gewünschte Ergebnis.

Es sei ausdrücklich darauf hingewiesen, daß die schlechte Stromabnahme bei dieser Fahrleitungsbauart nicht allein in der Spannweite von 100 m ihren Ursprung hat, sondern sich aus dem Zusammenspiel der genannten Komponenten ergibt. Auf der Strecke München–Landshut wurde mit gutem Erfolg eine ähnliche Bauart ohne Zwischenstützpunkte zur windfesten vollelastischen Fahrleitung umgebaut.[279] Diese Lösung konnte in der Schweiz zufolge des wesentlich schmaleren Stromabnehmers nicht in Betracht kommen.

Schließlich wurde beschlossen, auf sämtlichen rasch befahrenen Strecken des Kreises I sukzessive die Fahrleitungsanlage zu ersetzen. Als dieses Problem Anfang der sechziger Jahre akut wurde, war die vorzügliche Eignung der Fahrleitungsanlagen in Österreich, Deutschland und Frankreich mit nachgespanntem Fahrdraht und Tragseil, Y-Beiseil und angelenkten Seitenhaltern für Geschwindigkeiten bis zu 160 km/h bekannt. Dennoch beschränkte man sich darauf, die in den Kreisen II und III verwendete Fahrleitung der Normalbauart mit 60 m Spannweite mit kleineren Verbesserungen wie verringertem Abstand der Hänger und angelenkten Seitenhaltern einzubauen. Leider wurde auf der freien Strecke die mechanische Unabhängigkeit der Stützpunkte der beiden Gleise nicht durchgeführt, sondern Joche über beide Gleise eingebaut. Diese Bauart befriedigt in Einzeltraktion bis 140 km/h, nicht dagegen bei Doppeltraktion mit hoher Fahrgeschwindigkeit.

Die Entwicklung einer Fahrleitungsbauart für hohe Fahrgeschwindigkeiten mit nachgespanntem Tragseil benötigte einen längeren Zeitraum, da man insbesondere bei der Gestaltung der Stationsfahrleitung nicht ohne weiteres auf Vorbilder aus dem Ausland zurückgreifen konnte. Nachdem zwischen Mels und Flums auf der freien Strecke verschiedene Bauarten geprüft worden waren, entstand schließlich die Schnellfahrleitung Typ R, die sich eng an die Regelfahrleitung der DB für 200 km/h anlehnt. Lediglich in den Stationen mit Jochen werden die Rohrschwenkausleger an Hängestützen unter den Querträgern befestigt. Die R-Fahrleitung, erstmals anläßlich des Doppelspurausbaus der Strecke Landquart–Chur eingebaut, zeigt auch bei Doppeltraktion mit 160 km/h eine gute Stromabnahme. Diese Bauart soll auf dem gesamten geplanten Schnellfahrnetz der SBB, darunter auch auf der Simplonlinie von Daillens bis Iselle, ausgeführt werden.[280]

Damit ist der Ersatz der Fahrleitungsanlage im Simplontunnel angeschnitten. Ab 1960 stieg die Geschwindigkeit der den Simplontunnel durchfahrenden Reisezüge ständig und die Fahrleitung zeigte zunehmend Ermüdungserscheinungen. Nachdem 1967 dort in wenigen Monaten der Fahrdraht zehnmal gerissen war, wurde deshalb als Übergangsmaßnahme eine Geschwindigkeitsbeschränkung auf 80 km/h durch den Tunnel verfügt und eine Meßreihe durchgeführt, die folgende Ergebnisse brachte:

1. Zufolge Resonanzerscheinungen zeigte die Fahrleitung bei 127,5 und 160 km/h Schwingungen mit maximalen Amplituden von 7 cm und darüber, bei 145 km/h dagegen nur solche von 3 cm. Da die meisten Schnellzüge der Nord-Süd-Richtung mit 125 km/h durch den Tunnel fuhren, mußte dies zwangsläufig zu Ermüdungserscheinungen des Fahrleitungskettenwerks führen.

2. Während im Tunnelinnern die Temperatur annähernd konstant ist, macht sich an den Tunnelenden der Einfluß des Klimas in Brig bzw. Iselle auf das fest abgespannte Kettenwerk bemerkbar.

3. Infolge steigender Last der Züge bei gleichzeitiger Geschwindigkeitserhöhung reichte der vorhandene Fahrleitungsquerschnitt von rund 200 mm^2 je Gleis nicht aus. Er sollte etwa verdoppelt werden.

4. Die außerordentliche Verschmutzung aller ortsfesten Anlagen im Simplontunnel durch hohe Luftfeuchtigkeit bei hoher Temperatur und Bremsstaub stellt besondere

Anforderungen an diese. Während sich der letzte Punkt nicht ändern läßt, sollte eine Neukonstruktion die anderen sanieren. Die außerordentlich knappen Raumverhältnisse im Simplontunnel erschwerten die konstruktive Lösung sehr. Unter geschicktester Ausnutzung der räumlichen Gegebenheiten wurde eine Fahrleitung mit zwei parallel verlaufenden Kettenwerken eingebaut. Jeweils bis zu einer Entfernung von 4 km vom Tunnelportal werden sowohl Fahrdraht als auch Tragseil von insgesamt 390 mm^2 Querschnitt beweglich nachgespannt, im Tunnelinnern nur die beiden Fahrdrähte mit wechselnden Stützpunkten für die fest abgespannten Tragseile mit insgesamt 500 mm^2 Querschnitt. Zur Nachspannung dient ein hydraulisches System, wie es schon früher im Gotthardtunnel eingebaut wurde. Bis 1979 soll dieser Umbau völlig abgeschlossen sein. Anschließend soll auch die Fahrleitungsanlage bis Domodossola erneuert werden.[281]

2.4.6. Bespannung der Schnellzüge bei elektrischem Betrieb mit Einphasenwechselstrom

Als 1923/25 die Simplonstrecke westlich Sitten auf elektrischen Betrieb umgestellt
TS 17 wurde, verkehrten zunächst die Ae 3/5 und Ae 3/6 als Universalmaschinen. Diese
B 48 verhältnismäßig leichten Lokomotiven konnten auf Talstrecken Schnellzüge von 480 t, von Lausanne nach Vallorbe solche von 270 t (315 t) befördern. (Da sich die in den sechziger Jahren gültigen Anhängelasten von den 1939 zulässigen oft unterscheiden, sind letztere in Klammer gesetzt.) Für die Traktion schwerer internationaler Schnellzüge auf Steilrampen konnten diese Lokomotiven mit drei Triebachsen nur eine Übergangsmaßnahme sein. Immerhin wurde noch 1959/64 das leichte Schnellzugpaar 293/298 von Lausanne bis Vallorbe einteilungsgemäß mit einer Ae 3/6 I geführt.

Mit der Aufnahme der elektrischen Zugförderung bis Domodossola (kurz Domo) standen bereits genügend Ae 4/7-Maschinen für schwere Schnellzüge auf der Simplonstrecke zur Verfügung, womit gegenüber der Zeit vor 1925 der dreimalige Lokomotivwechsel auf dem Bespannungsabschnitt der SBB wegfiel. Nachdem 1931/34 die Ae 4/7
TS 18 10973 bis 11002 mit Rekuperationsbremse abgeliefert worden waren, liefen auf den
B 49 Steilrampen fast ausschließlich die Ae 4/7 mit elektrischer Bremse. Nur gelegentlich konnte man am Simplon auch eine Ae 4/7 der Normalausführung beobachten, wenn eine solche mit elektrischer Bremse ausfiel. Im Schnellzugdienst waren für die Ae 4/7 von Vallorbe bis Domo 630 t (600 t) zugelassen, in der Gegenrichtung von Domo bis Iselle 300 t (320 t), von dort bis Lausanne 680 t (600 t) und bis Vallorbe 385 t (420 t).

Die Ae 4/7 konnte sich am Simplon wesentlich länger im Schnellzugdienst behaupten als am Gotthard: Noch 1964/65 wurden täglich drei Schnellzüge Domo–Brig und sieben Brig–Lausanne mit diesen Maschinen geführt. Der Einsatz der RBe 4/4-Triebwagen im Jahre 1965 führte zur Reduktion und die Ablieferung der Re 4/4 II schließlich zum Ausscheiden der Ae 4/7 aus dem Schnellzugdienst. Letztmals zog eine Ae 4/7 in der Fahrplanperiode 1967/69 planmäßig den Zug 287 von Domo bis Brig.

Re 4/4 401–450/Re 4/4 I 10001–10050

Zum näheren Verständnis für die Entwicklung dieser Reihe, die fast 20 Jahre lang im Schnellzugdienst die Simplonstrecke befuhr, sei kurz auf die Entwicklung der *Leichtschnellzüge* eingegangen. Während der Konjunkturperiode gegen Ende der zwanziger Jahre verstärkte sich die Automobilkonkurrenz für die Bahnen in besorgniserregendem Ausmaß.

Diese suchten ihr durch Steigerung der Geschwindigkeit und Vermehrung des Komforts zu begegnen. Speziell auf der Strecke Zürich–Bern–Genf sollten leichte „Städteschnellzüge" die Reisezeit erheblich kürzen.[282]

Diese zum Sommerfahrplan 1936 eingeführten Leichtschnellzüge zog eine Ae 3/6 I zunächst mit konventionellem Wagenmaterial nach Zugreihe A, wobei die Lastreihe 0 mit einer einheitlichen Belastungsnorm von 150 t vorgeschrieben war. Ein Jahr später kamen die ersten eigentlichen Leichtschnellzugwagen in Betrieb, die gegenüber den Ganzstahlwagen schwerer Bauart von 40 bis 45 t lediglich 26 bis 29 t hatten.[283]

Zur Führung dieser Züge beschafften die SBB drei Gepäcktriebwagen RFe 4/4 601 bis 603, die mit einer Achslast von rund 120 kN nach Reihe R, damit gegenüber „normalen Zügen" mit 10 km/h höherer Kurvengeschwindigkeit und einer Höchstgeschwindigkeit von 125 km/h verkehren durften. Um eine höchstzulässige Dienstmasse von 47 t einzuhalten, mußte die Stundenleistung der Fahrmotoren auf 985 kW bei 91 km/h beschränkt bleiben.[284] Kaum waren diese Triebwagen 1940 in Betrieb gekommen, nahm nach Kriegsausbruch die Frequenz der Städteschnellzüge wegen der Verringerung des Automobilverkehrs derart zu, daß die RFe 4/4-Triebwagen stets zu zweit oder zu dritt in Vielfachsteuerung verkehren mußten. Deshalb wurden wieder Ae 3/6 I-Lokomotiven vor Leichtschnellzüge gespannt und die drei Triebwagen 1944 an die BT und an die SOB verkauft, wo sie mit einer geänderten Übersetzung für 90 km/h Höchstgeschwindigkeit noch heute dienen.[285]

Für die immer länger werdenden Leichtschnellzüge sollte ein neuer Triebfahrzeugtyp folgende Bedingungen erfüllen:

1. hohe Maximal- und Durchschnittsgeschwindigkeit,
2. einwandfreien Lauf bei hohen Geschwindigkeiten,
3. höhere Geschwindigkeiten in den Kurven ohne erhöhte Beanspruchung des Gleises und
4. großes Beschleunigungsvermögen bis zu hohen Geschwindigkeiten bei der Anfahrt und nach Langsamfahrstellen.

Die Festlegung der höchstzulässigen Achslast auf rund 140 kN bedingte eine Dienstmasse von 56 t; es ging nun darum, in dieser Fahrzeug die größtmögliche Leistung einzubauen.[286]

Auf diese Weise entstand in Weiterentwicklung der RFe 4/4-Triebwagen und unter Anwendung von erstmals bei den Ae 4/4-Lokomotiven der BLS verwendeten Bauelementen die SBB-Lokomotive der Serie Re 4/4 401 mit 1824 kW Stundenleistung bei 83 km/h TS 23
und einer Höchstgeschwindigkeit von 125 km/h, weshalb im folgenden lediglich die D 13
gegenüber der Ae 4/4 abweichenden Konstruktionsmerkmale aufgeführt sind.

Die Stirnwände dieser Lokomotiven sind mit Türen, Übergangsbrücken und Faltenbälgen und ihre Maschinenräume mit einem getrennten Seitengang versehen, damit sie in Pendelzügen verwendet werden können, obwohl zunächst nur die Lokomotiven 401 bis 406 mit Vielfachsteuerkupplungen ausgerüstet wurden. Weiter ist der BBC-Federantrieb eingebaut.[287]

Auch im elektrischen Teil unterscheiden sich die Re 4/4-Lokomotiven in einigen Punkten von den Ae 4/4-Maschinen. In Anbetracht der kleineren Fahrmotorströme sowie wegen der zu erwartenden außerordentlichen Schalthäufigkeit wurde eine 24stufige Niederspannungssteuerung mit elektropneumatischen Hüpfern gewählt. Sowohl die Wicklungen des radialgeblechten Trafos als auch die Leitungen sind aus Aluminium gefertigt. Der achtpolige Fahrmotor wurde besonders leicht ausgeführt. Die elektrische Bremse wurde als Rekuperationsbremse nach der eigens für die Re 4/4 entwickelten Serien-Erregerschaltung der MFO ausgebildet.[288]

Als erste der 16 bestellten Maschinen wurde die Re 4/4 401 am 21. 1. 1946 abgeliefert. Der Lauf und die Spurkranzabnützung erwiesen sich auch bei hoher Kurven- und Streckengeschwindigkeiten als gut. Energieverbrauch und Unterhalt lagen deutlich unter den Werten älterer Lokomotiven, insbesondere bewährte sich der Federantrieb vorzüglich. Gab es bei dem in äußerster Leichtkonstruktion erstellten mechanischen Teil kaum Anstände, so war bei der elektrischen Ausrüstung einiges zu beheben. Zunächst machten die Fahrmotoren Schwierigkeiten. Die Erfahrung, daß sich die sechs- und achtpoligen Einphasen-Bahnmotoren bezüglich Kommutation und Kollektorzustands weniger gut verhalten als die älteren Konstruktionen mit größerer Polzahl, bestätigte sich auch hier. Die Verwendung von Schichtbürsten konnte diese Mängel im Lauf der Zeit etwas verbessern und die Laufleistungen zwischen zwei Kollektorbehandlungen verdoppeln. Mit 100 000 bis 200 000 km betrugen sie aber erst die Hälfte derjenigen der besten Motoren älterer Bauart.[289]

Die Wicklungen aus Aluminium wurden baldmöglichst verlassen. Beim zweiten Baulos der Maschinen Nr. 417 bis 426 wurden nur noch die Unterspannungwicklungen aus Aluminium hergestellt. Auch der von BBC hergestellte und erstmals in größerer Stückzahl eingebaute Druckluftschnellschalter bedurfte einiger Verbesserungen.

Eine ganze Reihe von Unzukömmlichkeiten brachte die bei höheren Geschwindigkeiten zu beobachtende Verschlechterung der Stromabnahme oberhalb ca. 110 km/h. Die kurzzeitigen Stromunterbrüche bewirken ein Abschalten und kurz darauf folgendes Wiedereinschalten der Maschinen und Apparate, wobei hohe Selbstinduktionsspannungen entstehen können. Dabei können die Spitzenwerte des Primärstroms im Transformator so groß werden, daß das durch sie erzeugte Streufeld in den Magneten der automatischen Zugsicherung eine genügende Spannung induziert, um diese Einrichtung zum Ansprechen zu bringen. Weiter erzeugten diese momentanen Stromunterbrüche besonders bei den oberen Fahrstufen Überspannungen an den Fahrmotoren, die zu Überschlägen führten. Kleine konstruktive Änderungen und Begrenzungen der Fahrmotorspannung konnten diesem Übelstand größtenteils abhelfen.[290]

Die weitestgehenden Folgen hatten diese Unterbrüche jedoch bei Fahrt mit Rekuperation, indem die dadurch hervorgerufenen Stromstöße und Überspannungen nicht nur Hauptschalterauslösungen, sondern auch Motor- und Hauptschalterüberschläge verursachten, sodaß bei hohen Geschwindigkeiten an einen störungsfreien Rekuperationsbetrieb gar nicht zu denken war. Hier half nur ein radikaler Umbau auf die Erregermotorschaltung, welche diese Schwierigkeiten überwand.[291]

Als gegen Ende 1947 weitere 24 Re 4/4-Lokomotiven in Auftrag gegeben werden sollten, lagen die erwähnten Betriebserfahrungen größtenteils vor und konnten daher berücksichtigt werden. Da die vorhandenen 26 Lokomotiven für den Dienst auf Strecken mit großen Gefällen vorläufig genügten und diese Maschinen für die Verwendung in Doppeltraktion und in Pendelzügen mehr als ausreichend erschienen, konnte man bei den
TS 24 Lokomotiven 427 bis 450 sowohl auf die Rekuperationsbremse als auch auf die Vielfachsteuerung verzichten.

Diese Änderungen ergaben sowohl Vereinfachungen im elektrischen als auch im mechanischen Teil, weshalb der Lokomotivkasten ansprechender gestaltet werden konnte. Im elektrischen Teil kamen ausschließlich Kupferwicklungen und vor allem ein wesentlich reichlicher dimensionierter zehnpoliger Fahrmotor zum Einbau. Die sich aus den genannten Änderungen ergebende Zunahme der Masse von 2400 kg konnte größtenteils durch Vereinfachung des mechanischen Teils und Wegfall der Rekuperationsbremse ausgeglichen werden. Bei einer Dienstmasse von 57 t haben diese 1950/51 abgelieferten Lokomotiven eine geringfügig höhere Stundenleistung von 1853 kW bei 83 km/h.[292]

Da der gleiche Stromabnehmer des Typs 350/1 mit Pendelwippe aufgebaut wurde, änderte sich die schlechte Stromabnahme nicht. Im November 1950 untersuchten die SBB in Zusammenarbeit mit BBC auf Versuchsfahrten mit einer Re 4/4 zwischen Uttigen und Wichtrach mit 135 km/h neben dem Normalstromabnehmer auch Varianten einer Versuchsbauart. Bereits dort zeigte sich der günstige Einfluß einer vertikalen Wippenfederung auf die Stromabnahme. – In einem von der ORE im Jahre 1957 veröffentlichten Versuchsbericht über Wechselstromabnehmer wurde als Hauptübel des Stromabnehmers Typ 350 die starke Empfindlichkeit gegenüber dem Fahrtwind festgestellt. Bei einer statischen Anpreßkraft von 65 N im Stillstand beträgt diese bei 100 km/h noch 55 N, bei 120 km/h nur noch 40 N und bei 160 km/h schließlich 15 N.

Nachdem für die TEE II-Triebzüge ein Scherenstromabnehmer für hohe Geschwindigkeiten entwickelt worden war, der über Gummielemente eine sowohl längs- als auch vertikalbewegliche Wippenaufhängung hat, erhielten sämtliche Re 4/4-Lokomotiven Anfang der sechziger Jahre Normalstromabnehmer mit derartigen Wippen als Typ 350/2, womit die Schwierigkeiten mit der Stromabnahme bei den Re 4/4-Lokomotiven zumindest unter der Normalfahrleitung der SBB mit 60 m Spannweite verschwunden sind.[293]

B 50 Schon zum Sommerfahrplan 1946 wurden mit den eben abgelieferten Maschinen unter anderem auch vereinzelte Schnellzüge von Lausanne nach Brig geführt, 1950 solche im

Durchlauf von Genf bis Brig. Zwei Jahre später kamen erstmals Re 4/4 mit elektrischer Bremse mit einem Personenzugpaar nach Vallorbe.

Die Re 4/4-Lokomotiven beider Varianten wurden, von einer Ausnahme abgesehen (Lausanne–Palézieux), für die gleichen Anhängelasten wie bei der Ae 3/5 und Ae 3/6 zugelassen, da die Stunden- und Dauerzugkräfte etwa übereinstimmen. Übrigens stimmt zwischen 80 und 100 km/h die Anfahrzugkraft der Re 4/4 mit jener der Ae 4/7 überein. Im Schnellzugdienst sind für die Re 4/4-Lokomotiven nach Lastreihe II folgende maximalen Anhängelasten festgelegt: Vallorbe/Genf–Domodossola 445 t, Domodossola–Iselle 210 t, Iselle–Genf 480 t und Lausanne–Vallorbe 270 t. Um eine thermische Überlastung der Fahrmotoren der Re 4/4 zu vermeiden, dürfen die mit Lastreihe II geführten Schnellzüge eine durchschnittliche Haltedistanz von mehr als 15 km nur in begründeten Ausnahmefällen bis auf 12 km unterschreiten. Aus den genannten Anhängelasten ergibt sich, daß die Re 4/4 mittelschwere Schnellzüge ohne Vorspann nur talwärts oder in der Ebene ziehen konnte.

Erstmals verkehrten diese leichten Maschinen 1956 im internationalen Schnellzugdienst, und zwar von Vallorbe nach Domodossola vor dem stark beschleunigten Zugpaar PM/MP nach Reihe R II 105 %, wobei dem Gegenzug von Domo nach Brig eine Ae 4/7 vorgespannt wurde und ab Lausanne eine solche diesen Zug übernahm. 1957 liefen die Re 4/4 erstmals von Domo nach Genf durch.

Mit dem Einsatz der Ae 6/6 auf der Simplonstrecke im Sommer 1958 ergab sich die Bespannungsregelung, daß die Re 4/4 von Vallorbe – ab 1963 auch von Genf – nach Domo durchliefen, während sie in der Gegenrichtung im Regelfall mit Personen- oder Güterzügen nach Brig kamen, um dort die Schnellzüge nach Genf und vereinzelt nach Vallorbe (bis Lausanne) zu übernehmen.

Ab 1959 waren auf der Simplonlinie meist die Re 4/4 ohne elektrische Bremse im B 51
Schnellzugdienst eingeteilt, da nach dem Versuch mit einem 1948 abgelieferten Steuerwa- U 7
gen und der Ablieferung weiterer in den Jahren 1955 und 1959 immer mehr Re 4/4-Lokomotiven mit elektrischer Bremse und Vielfachsteuerung (1965 waren es 19) Pendelzüge beförderten. Dieser Dienst erforderte bei den inzwischen auf Re 4/4 I 10001 bis 10026 umnumerierten Maschinen eine bauliche Änderung. Im Pendelzugdienst fuhren die am Zugschluß laufenden Lokomotiven oft in einer Schneewolke und saugten außerordentliche Schneemengen in den Maschinenraum, wo der Schnee schmolz und das Schmelzwasser zu Überschlägen, insbesondere bei den Fahrmotoren, führte. Die DB hatte nach ähnlichen Schwierigkeiten mit am Zugschluß laufenden und im Wendeverkehr eingesetzten E 41 Versuche mit Lüftungsgittern durchgeführt. Mehrfachdüsen-Lüftungsgitter erzielten dabei die besten Ergebnisse. Regen, Schnee und grobkörniger Staub wurden abgeschieden.[294] Nachdem sich bei den SBB der Einbau derartiger Lüftungsgitter in die Re 4/4 I 10006 bewährt hatte, erhielten von 1963 an alle für Vielfachsteuerung eingerichteten Re 4/4 I-Lokomotiven Mehrfachdüsen-Lüftungsgitter in der Maschinenraum-Seitenwand, wodurch das Eindringen von Flugschnee verhindert und eine Reinigung der Außenluft erzielt werden konnte.[295]

Führten die Re 4/4 I-Lokomotiven in der Fahrplanperiode 1964/65 noch die meisten Schnellzüge zwischen Lausanne und Brig bzw. Domodossola – im Winterfahrplan 1964/65 auch das Schnellzugpaar 443/448 zwischen Lausanne und Vallorbe –, so verblieben ihnen mit dem massiven Einsatz der RBe 4/4-Triebwagen im Jahre 1965 nur mehr wenige Schnellzugleistungen auf der Simplonstrecke. Nachdem die Re 4/4 I in der Fahrplanperiode 1969/71 noch den Zug 775 von Brig nach Lausanne geführt hat, kann man sie
derzeit zwischen Lausanne und Brig nur noch vor Personenzügen (heute Regionalzügen) B 52
und gelegentlich vor Entlastungsschnellzügen beobachten.

Damit sind die Re 4/4 I-Maschinen auf einer ihrer Stammlinien aus dem großen Schnellzugsgeschäft verschwunden. Mit diesen heute leistungsmäßig bescheiden anmutenden Lokomotiven begann der Schnellzugsdienst der SBB mit hohen Reisegeschwindigkeiten – in der Nachkriegszeit waren es die höchsten Europas –, die auf der Simplonstrecke selbst heute nur wenig höher liegen. Dabei ist allerdings zu berücksichtigen, daß vor 20 bis 30 Jahren sowohl die Anhängelasten der mit Re 4/4 I geführten Schnellzüge niedriger als auch die Fahrzeiten knapper waren. Dank ihrer der Ae 6/6 vergleichbaren geringen Störungsanfälligkeit und der niedrigen Unterhaltskosten werden sie in leichteren Diensten noch bis Ende dieses Jahrtausends zum Fahrzeugbestand der SBB gehören.

Ae 6/6 11401–11520

TS 22 Wie bereits erwähnt, wurden diese Maschinen zum Fahrplanwechsel 1958 zwischen
B 53 Vallorbe und Domodossola eingesetzt, wo sie im Schnellzugsdienst auf den Steilrampen im Regelfall keinen Vorspann benötigten. Am Simplon sind für die Ae 6/6 im Schnellzugdienst (Lastreihe II) bergwärts 630 t zulässig, von Lausanne nach Vallorbe 750 t (bei Lastreihe VII sind diese Werte etwa 50 t höher). Einerseits übernahmen sie die schweren internationalen Schnellzüge im Durchlauf von Vallorbe nach Domo und umgekehrt, andererseits die meisten Schnellzüge von Domo nach Brig. Nachdem 1963 und 1965 dem Kreis I weitere Ae 6/6-Lokomotiven zugeteilt worden waren, konnten auf den genannten Steilrampenstrecken die verbleibenden Schnellzugleistungen der Ae 4/7 durch die Bespannung mit Ae 6/6 nach Reihe A geführt werden, ab 1971 mit bis zu 120 km/h Höchstgeschwindigkeit; gleichzeitig fiel die Geschwindigkeitsbeschränkung von 100 km/h beim Befahren von Weichen weg. Vor allem der Einsatz der Re 6/6-Serienlokomotiven am Simplon zum Sommerfahrplan 1976 hieß die Zahl der mit Ae 6/6 geführten Schnellzüge deutlich zurückgehen. Wie am Gotthard haben zum Fahrplanwechsel 1977 die Ae 6/6-Maschinen ihre Rolle als Schnellzuglokomotive auch am Simplon ausgespielt.

RBe 4/4 1401–1482

Das Rollmaterial-Beschaffungsprogramm der SBB von 1956 sah unter anderem den
TS 30 Bau einer größeren Anzahl leistungsfähiger Triebwagen der Serie RBe 4/4 für den
D 24 Pendelzugdienst vor, die mit einer Stundenleistung von 1838 kW und einer Höchstgeschwindigkeit von 125 km/h nicht nur die Leistungsfähigkeit der Re 4/4 I-Lokomotiven aufweisen, sondern auch die bisher den aus den Jahren nach 1920 stammenden 150 elektrischen Lokomotiven mit drei Triebachsen zugeordneten Traktionsaufgaben auf eine bessere und vor allem auch wirtschaftlichere Art übernehmen sollten. Eingehende technische und betriebliche Überlegungen hatten den Personentriebwagen als die geeignetste Lösung erwiesen. Sein Sitzplatzangebot ermöglicht das Einsparen eines Reisezugwagens, wodurch die Zugkompositionen entsprechend leichter und kürzer werden.[296]

1957 bestellten die SBB bei den Firmen SIG, BBC und MFO sechs derartige Triebwagen mit 64 Sitzplätzen zweiter Klasse, die bei einer Dienstmasse von 64 t eine Stundenleistung von 2060 kW bei 80,4 km/h haben sollten. Insbesondere im wagenbaulichen Teil stellen diese Fahrzeuge eine technische Weiterentwicklung der im Jahre 1953 bei der BN eingeführten Be 4/4-Personentriebwagen hoher Leistung dar, wobei auch hier die elektrische Ausrüstung möglichst unter bzw. über dem Wagenkasten eingebaut ist. Dank der konsequenten Anwendung der Prinzipien des Leichtbaues für den mechanischen wie elektrischen Teil konnte die vorgeschriebene Dienstmasse eingehalten werden. Da die sowohl zweckmäßig als auch äußerlich ansprechende Form des BN-Triebwagens sowohl im Inland als auch im Ausland große Anerkennung gefunden hatte, galt es, diese Form so auszubilden, daß ein Faltenbalg der Normalausführung der RIC-Wagen untergebracht werden konnte, ohne die Form zu verunstalten. Bei der von der SIG entwickelten Konstruktion ist um die Stirnwandtür herum eine Nische zur Aufnahme des Balgs eingeschweißt, die mitsamt der Übergangstür durch Klappen vollständig abgedeckt ist. Die Fronttüren weisen eine elektropneumatische Dichtung in Form eines im Türlicht eingesetzten Gummischlauchs auf, der sich mit Druckluft gefüllt gegen den Türrahmen preßt. Bei den mit der SIG-Torsionsstabfederung ausgerüsteten Triebdrehgestellen kann über eine Stellschraube die Höhenlage des Wagenkastens in wenigen Minuten einreguliert werden.[297]

Im Elektroteil konnte der bewährte zehnpolige Fahrmotor der Re 4/4 I 10027 bis 10050 übernommen werden. Die elektrische Energie wird dem unter dem Wagenboden aufgehängten Stufentransformator in radialgeblechter Bauart für 1750 kVA Traktionsleistung und dem sehr kompakten Niederspannungsstufenschalter für 28 Fahrstufen über einen einzigen Stromabnehmer Typ 350/1 und den normalisierten Druckluftschnellschalter zugeführt. Bei der Rekuperationsbremse wurde erstmals bei einem SBB-Triebfahrzeug die Forderung gestellt, daß die gesamte am Gotthard bergwärts geförderte Last bei Talfahrt rein elektrisch gebremst werden soll.

Die elektrische Ausrüstung ist erstmals konsequent in der sogenannten Blockbauweise erstellt. Die Zusammenfassung in funktioneller Beziehung stehender elektrischer Maschinen oder Apparate zu räumlich möglichst gedrängten Baugruppen ermöglicht bei Reparatur oder Revision, schadhafte oder zu revidierende Teile in kürzester Zeit auszuwechseln und damit die Zeit der Außerbetriebsetzung des Fahrzeugs auf ein Minimum zu beschränken. Weiter wurde bei den RBe 4/4-Triebwagen und bei den zugehörigen Steuerwagen die Befehlsgebersteuerung eingeführt, wobei sich das Schaltmanöver selbsttätig vollzieht, indem eine auf den Stufenschalter wirkende motorstromabhängige Relaiskombination die Stärke des Zuschaltstroms automatisch begrenzt.[298]

Sofort nach der Ablieferung gingen die Prototyptriebwagen ab Fahrplanwechsel 1959 U 7
in den schweren Städte-Pendelzugdienst, um eventuelle Schwächen bald entdecken zu können. Bei diesem extrem harten Einsatz mit täglichen Laufleistungen von 1234 und 1522 km kamen die RBe 4/4-Triebwagen unter anderem auch nach Brig. Zufolge Ablieferungsverspätungen mußten die ersten RBe 4/4-Triebwagen unverzüglich eingesetzt werden, wodurch vermehrte Umtriebe entstanden; namentlich mußten die Triebwagen häufiger ausgewechselt werden als üblich, oft bei Anzeichen nur vermeintlicher Störungen. Dazu kam noch, daß die Fahrzeiten außerordentlich knapp kalkuliert waren, weshalb Verspätungen der Pendelzüge oft in unsachlichen Zusammenhang mit den neuen Fahrzeugen gebracht wurden.

Bei den RBe 4/4-Triebwagen war vor allem ein Punkt zu sanieren: Die halbautomatische Befehlsgebersteuerung befriedigte wohl in bezug auf die Konzeption, bereitete jedoch Schwierigkeiten, weil die mechanischen Steuer- und Strombegrenzungsrelais der großen Schalthäufigkeit nicht gewachsen waren. Weiter erwiesen sich die unmittelbar über den Führerständen angeordneten Ventilatorgruppen für die Fahrmotorkühlung als zu laut.

Unter anderem in Hinblick auf die Schweizerische Landesausstellung 1964 (EXPO 1964) bestellten die SBB 1961 eine erste Serie von 36 Triebwagen, wobei auch SWS mit der Lieferung betraut wurde, da für den erwarteten EXPO-Verkehr 20 bis 35 zusätzliche Triebfahrzeuge notwendig waren.[299] Diese 1963/64 abgelieferten Triebwagen haben bei TS 31
etwas höherer installierter Leistung eine Dienstmasse von 68 t, weshalb der Einbau querelastischer Radsätze notwendig wurde, um mit diesen Fahrzeugen nach Zugreihe R verkehren zu können. Der RBe 4/4 1403 hatte 1962 versuchsweise eine Befehlsgebersteuerung mit elektronischen Schaltelementen erhalten, was sich als voller Erfolg herausstellte. Die Serientriebwagen erhielten deshalb auch eine derartige Stufenschaltersteuerung. Schließlich wurden die Ventilatorgruppen über der Kastenmitte untergebracht und der Stromabnehmer 350/2 mit gummigefederter Wippe aufgebaut.

Zu Beginn der EXPO am 30. 4. 1964 standen neben den sechs im Städtezugdienst eingeteilten Prototypen 21 RBe 4/4-Triebwagen im Einsatz, Ende September waren alle 36 abgeliefert. Die nächsten 20 RBe 4/4-Triebwagen folgten dieser ersten Großserie auf dem Fuß und weitere 20 wurden unmittelbar anschließend bestellt. Anfang 1966 standen alle 82 Hochleistungstriebwagen zur Verfügung.[300] Nach Ende der EXPO im Oktober B 54
1964 wurden von den neuen 36 RBe 4/4-Triebwagen, die für den Sonderverkehr reser- B 55
viert waren, deren 29 fest eingeteilt. Auf der Jura-Simplon-Strecke ersetzten sie die meisten Re 4/4 I und Ae 4/7 im Schnellzugdienst. Nach Lastreihe II wurden für die RBe 4/4 folgende Anhängelasten zugelassen: Vallorbe–Domo 480 t, Domo–Iselle 240 t,

Iselle–Lausanne 560 t und Lausanne–Vallorbe 300 t. Mit der gleichen Bespannungsregelung wie bei der Re 4/4 I liefen die RBe 4/4-Triebwagen im schweren Schnellzugdienst. In der Fahrplanperiode 1965/67 führten sie abgesehen von den schweren Transitschnellzügen Vallorbe–Domo zwischen Lausanne und Brig fast alle Schnellzüge, 1967/69 infolge der inzwischen dort eingesetzten Re 4/4 II-Lokomotiven etwa die Hälfte aller Schnellzüge.

Der strenge Winter 1967/68 erwies sich insbesondere für die RBe 4/4-Triebwagen als äußerst verhängnisvoll. Obwohl die Ansaugöffnungen für die Kühlluft hoch angeordnet sind, kann kalter Staubschnee angesaugt werden, der alle Hohlräume ausfüllt und bei abgestellten Fahrzeugen nach und nach auftaut; bei der Wiederinbetriebnahme ergeben sich dann Überschläge. Wie zu Zeiten des Drehstrombetriebs erwies sich der Simplontunnel als härteste Prüfung für die Fahrmotoren, wo innerhalb weniger Sekunden ein Übergang von bitterer Kälte in ein tropisch feuchtes Klima von 30°C stattfindet. Unter solchen Verhältnissen bildete sich in derartigem Maße Kondenswasser, daß „die elektrische Ausrüstung wie aus dem Wasser gezogen zu sein scheint". Dazu kam, daß die nach Klasse B isolierten Fahrmotoren des RBe 4/4 vor allem während der EXPO-Zeit überlastet worden waren. Diesen Umständen war ein verhältnismäßig hoher Ausfall an Fahrzeugen während der Kälteperioden zuzuschreiben. In allen Werkstätten der SBB herrschte Hochbetrieb. Man arbeitete selbst an Samstagen und leistete während der Woche Überstunden und Schichtarbeit, um Winterschäden zu beheben.[301] Weiter wurde verfügt, daß bei Temperaturen unter –5°C in Brig keine Triebfahrzeuge in den Tunnel einfahren dürfen, die längere Zeit im Freien gestanden sind. Der Triebfahrzeugumlauf muß dieser Besonderheit Rechnung tragen.

Schon 1964 hatte die Störungsstatistik und die Zusammenstellung der Unterhaltskosten für die RBe 4/4-Triebwagen im Vergleich zu den Re 4/4 I-Lokomotiven ungünstigere Werte ergeben:

	Triebwagen	**Lokomotiven**	
Zahl der Störungen pro 100 000 km	13,6	9,6	
Aufwand in Fr/km	0,37	0,294	(302

Wie bei anderen Eisenbahnverwaltungen hatte auch hier der Betrieb seine eigenen Vorstellungen von Triebfahrzeugen: *Der Bau dieser überaus leistungsstarken Personentriebwagen war eine bemerkenswerte Leistung der modernen Technik, wenn es auch nicht gelingen konnte, ihnen die Laufruhe und den Fahrkomfort eines neuzeitlichen Reisezugwagens zu verleihen. Betrieblich verleitet diese hohe Leistung allerdings dazu, diese Triebwagen als Lokomotiven einzusetzen, und ihre Beförderungskapazität brachliegen zu lassen.*[303] Die RBe 4/4 waren deshalb im Regelfall geschlossen und wurden nur bei starkem Andrang von Reisenden oder für die Beförderung von Gesellschaften oder Schulklassen geöffnet.

Die Ablieferung der Re 4/4 II-Serienlokomotiven verdrängte die RBe 4/4-Triebwagen
B 43 zusehends aus dem Schnellzugdienst der Simplonstrecke. Im Sommerfahrplan 1976 liefen nur mehr ganz wenige Schnellzüge zwischen Lausanne und Domodossola mit RBe 4/4-Triebwagen, wobei auf Überlast geachtet werden mußte. Ab Fahrplanwechsel 1975 wurden die Anhängelasten der RBe 4/4-Triebwagen zur Schonung der Fahrmotoren teilweise reduziert und entsprechen etwa jenen der Re 4/4 I-Lokomotiven.

Zusätzlich zu den 1959 abgelieferten sechs Steuerwagen DZt wurden für die RBe 4/4 1966/71 weitere 40 ähnlicher Bauart abgeliefert, womit der Anteil der mit Pendelkompositionen geführten Personenzüge der SBB auf 66% erhöht werden konnte.[304] Mit der Bestellung weiterer 30 Steuerwagen BDt zu diesen Triebwagen, die 1976/77 abgeliefert wurden, werden ab Fahrplanwechsel 1977 etwa 75% aller Personenzüge (neu: Regionalzüge) des SBB-Netzes als Pendelzüge verkehren, womit die RBe 4/4-Triebwagen ausschließlich in diesen Diensten eingesetzt sein werden.[305] Um einen rationelleren Einsatz und Unterhalt zu ermöglichen, waren schon Ende der sechziger Jahre die Prototypen der Triebwagen und Steuerwagen entsprechend der Serienausführung normalisiert worden.

Damit teilen die RBe 4/4-Triebwagen das Schicksal der Re 4/4 I-Lokomotiven, indem sie überwiegend Regionalzüge bedienen; lediglich auf den Strecken Neuenburg–Le Locle, Bern–Biel–Le Locle und Bern–Luzern–Zürich führen sie weiterhin Schnellzüge, zwischen Basel und Winterthur sowie Romanshorn und Arth-Goldau (über BT und SOB) auch Eilzüge.

Re 4/4 II 11101–11304

Abgesehen von ganz wenigen Ausnahmen, wie der Simplonstrecke, sind in der Schweiz als kleinteiligem und topographisch stark bewegtem Land die Bahnen von Anfang an mit vielen und zum Teil sehr engen Kurvenradien gebaut worden. Die Bevölkerungsdichte wird voraussichtlich noch lange nicht jenen Grad erreichen, welcher den Bau vollständig neuer Linien mit vielen teueren Tunnels und Viadukten rechtfertigt. Die 1975 eröffnete Heitersberglinie und die im Bau befindliche Abkürzungsstrecke bei Olten sind als Ausnahme zu betrachten.

Um das technisch Mögliche und wirtschaftlich Vertretbare aus dem vorhandenen Netz herauszuholen, stellten sich im wesentlichen folgende Aufgaben:

1. Mit Rücksicht auf dieses Netz einen optimalen Geschwindigkeitsplafond festzulegen, wobei auch bestimmte Trasseverbesserungen zu berücksichtigen sind.
2. Triebfahrzeuge zu bauen, die auch schwere Züge nach Geschwindigkeitsreduktionen rasch auf diese neue Höchstgeschwindigkeit beschleunigen können und möglichst hohe Kurvengeschwindigkeiten erlauben.
3. Personenwagen zu bauen, welche die neue Höchstgeschwindigkeit und die höheren Kurvengeschwindigkeiten ohne Komfortverminderung zulassen.[306]

In den vierziger Jahren durchgeführte Studien ergaben unter Berücksichtigung der damaligen technischen und wirtschaftlichen Bedingungen eine Höchstgeschwindigkeit von 125 km/h, die aber besonders leicht gebauten Triebfahrzeugen und Wagen vorbehalten war. Viel wichtiger als dieser Schritt war aber, daß diese R-Fahrzeuge eine um 5 km/h (früher 10 km/h) höhere Kurvengeschwindigkeit zulassen. Damit konnte aus den Strekken der SBB, von denen 39% in Kurven liegen, viel mehr herausgeholt werden.[307]

Im Jahre 1954 gingen die SBB an die Entwicklung einer neuen Lokomotive für den schweren Schnellzug- und leichteren Güterzugdienst im Flachland auf der Grundlage der Ae 4/4 der BLS. Diese neue Maschine sollte bei einer höchstzulässigen Dienstmasse von 80 t die größtmögliche Leistung aufweisen und die gesamte am Gotthard bergwärts geförderte Last bei Talfahrt rein elektrisch bremsen. Das Projekt 1959 sah eine Lokomotive Ae 4/4 mit einer Stundenleistung von 3530 kW bei 88 km/h und 125 km/h Höchstgeschwindigkeit vor.[308] Inzwischen war die Frage der Höchstgeschwindigkeit neu überprüft und ein Wert von 140 km/h als noch vertretbar befunden worden. Ausgehend von dem Projekt 1959 erteilten die SBB ein Jahr später den Auftrag zum Studium einer vierachsigen Hochleistungs-Lokomotive mit möglichst großer Stundenleistung und -geschwindigkeit sowie 140 km/h Maximalgeschwindigkeit, unter Beibehaltung der Dienstmasse von 80 t und der gleichen Forderung an die Rekuperationsbremse.

Der inzwischen gewagte Schritt zur Verwendung von Anker- und Statorisolationen in Klasse F statt in Klasse B erlaubte einen wesentlichen Leistungssprung der Fahrmotoren. Dank verfeinerter Erregerschaltung der Rekuperationsbremse konnte auch die Erhöhung der Bremsleistung bei gleichbleibender Masse der Bremsausrüstung ins Auge gefaßt werden. So entstand das neue Projekt 1960 der Lokomotive Re 4/4 II mit einer Stundenleistung von 4118 kW bei 100 km/h und 140 km/h Höchstgeschwindigkeit.[309]

Sechs Lokomotiven wurden gemäß diesem Projekt im Dezember 1960 von den SBB bei den Firmen SLM, BBC und MFO als Prototypen bestellt. Da der Erfolg der vorgesehenen Maßnahmen zur Tiefhaltung der Seitenkräfte zwischen Rad und Schiene trotz einer Achslast von ca. 200 kN noch ungewiß schien, erhielten die bestellten Lokomotiven Nr. 11201 bis 11206 die provisorische, geschwindigkeitsneutrale Bezeichnung Bo'Bo'.

Im mechanischen Teil fällt zunächst auf, daß sowohl der vollständig geschweißte Lokomotivkasten als auch der Achsstand der Drehgestelle relativ kurz ist. Dank einer ausgeklügelten Gewichtsökonomie und der Bedingung, eine möglichst geringe Beanspruchung des Gleises durch minimale Massen und ein kleines Trägheitsmoment in bezug auf die Drehachsen zu erzielen, wurde eine Länge über Puffer von 14,8 m und ein Radstand der Radsätze von 2,8 m erreicht. Anstelle des klassischen Drehzapfens ist erstmals bei einem SBB-Triebfahrzeug eine Tiefzugvorrichtung über Zugstangen eingebaut. Der Drehgestellrahmen stützt sich über je zwei Schraubenfedern auf die vier Achslagergehäuse ab, wobei Reibungsdämpfer parallel geschaltet sind; für die Kastenabstützung wurden dagegen Gummifedern gewählt. Sämtliche Radsätze sind mit einem elastischen Seitenspiel von ± 10 mm in axialer Richtung gefedert. Zur Verkleinerung der statischen Kräfte in den Kurven ist die Lokomotive mit einer Querkupplung zwischen den Drehgestellen versehen.[310]

Im elektrischen Teil ließen Gewichtsgründe nur einen einzigen Scherenstromabnehmer des Typs 350/2 zu, der die elektrische Energie über einen normalisierten Druckluftschnellschalter dem radialgeblechten Transformator von 4000 kVA Dauerleistung mit dem angebauten 32stufigen Hochspannungsstufenschalter zuführt. Der zehnpolige Fahrmotor der Re 4/4 II stellt eine Weiterentwicklung des bei den Ac 6/6 11412–11414 eingebauten Typs dar. Bei gleichbleibendem Ankerdurchmesser, gleichem Drehmoment und nur leicht erhöhtem Strom konnte die 40%ige Leistungserhöhung durch eine entsprechende Erhöhung der Nenndrehzahl und Anwendung der Isolationsklasse F erreicht werden. Wie bei der Ae 6/6 sind die Fahrmotorfelder parallel geschaltet.[311]

Für die Rekuperationsbremse wurde ebenfalls zur Massenersparnis eine verbesserte Variante der Ae 6/6-Erregermotorschaltung entwickelt, die Regel-Erreger-Schaltung, die bei einer 40-Minuten-Bremsleistung von 2300 kW und einer Masse von 2,5 t ein Leistungsgewicht von nur 1,1 kg/kW aufweist.[312]

Der Ventilation der hochausgenutzten elektrischen Ausrüstung wurde besondere Aufmerksamkeit gewidmet. In der Dachrundung liegende Düsenlüftungsgitter leiten die Kühlluft unmittelbar den elektrischen Apparaten zu, wobei der Maschinenraum unter einem geringen Überdruck steht, um ein Eindringen von Staub zu verhindern.[313]

Wie bei den RBe 4/4-Serientriebwagen ermöglicht die Stufenschaltersteuerung als Befehlsgebersteuerung mit elektronischen Schaltelementen, in beliebiger Mischung maximal drei Triebfahrzeuge unterschiedlicher Charakteristik (RBe 4/4, Re 4/4 II/III, Re 6/6) in Vielfachsteuerung zu führen.[314] Die Schleuderschutzeinrichtung beruht auf dem Vergleich der Fahrmotorströme.

Mit der Bo'Bo' 11201 fand am 27. 9. 1963 die erste Versuchsfahrt statt. Während einer ersten Phase von Untersuchungen, die der Laufstabilität und Führungsgüte galten, nahm diese Maschine anläßlich eines Unglücks in Oberwinterthur ziemlich Schaden. Für die zweite Versuchsgruppe, die hauptsächlich der Messung der Kräfte zwischen Rad und Schiene galt, konnte die zweite Lokomotive verwendet werden.[315]

Für den Einsatz der bis zum Frühjahr 1964 abgelieferten Prototyplokomotiven lagen derart viele Begehren vor, daß nur wenige Wünsche erfüllt werden konnten. So blieb denn nichts anderes übrig, als drei dieser Lokomotiven für die Leichtschnellzüge zwischen Zürich und Genf heranzuziehen, wo betrieblich besonders prekäre Verhältnisse bestanden. Eine vierte Lokomotive war für einen Dienst zwischen Zürich und Chur vorgesehen, konnte aber beim Ausfall einer Maschine nötigenfalls gegen eine Ae 4/7 getauscht werden.[316]

Nachdem die Messungen über die Kräfte zwischen Rad und Schiene abgeschlossen waren, wurden die Bo'Bo'-Lokomotiven im Sommer 1964 für die Zugreihe R zugelassen und erhielten dementsprechend die Serienbezeichnung Re 4/4 II. Die Re 4/4 II 11206 war für umfassende Untersuchungen über das Adhäsionsverhalten elektrischer Lokomotiven reserviert. Messungen in Frankreich und anderen Ländern hatten gezeigt, daß der Grenzreibungskoeffizient zwischen Rad und Schiene durch konstruktive Maßnahmen am mechanischen und elektrischen Teil beeinflußt werden kann, wobei insbesondere die F/v-Kennlinie des Triebfahrzeugs maßgeblich ist. Während im 50 Hz-Betrieb das bessere Adhäsionsverhalten von Gleichrichterlokomotiven gegenüber solchen mit Wechselstrommotoren leicht zu erklären ist, war bei 16⅔ Hz-Lokomotiven ein solcher Unterschied aus theoretischen Überlegungen heraus nicht ohne weiteres erkenntlich. Zur eindeutigen Klärung des Sachverhalts entschlossen sich die SBB, an der Re 4/4 II 11206 vergleichende systematische Adhäsionsmessungen mit Wechselstrom und Mischstrom durchzuführen, weshalb die Versuchslokomotive, behelfsmäßig mit abschaltbaren Silizium-Traktionsgleichrichtern versehen, eine geänderte Übersetzung 1 : 3,8 für eine Höchstgeschwindigkeit von 100 km/h erhielt, um möglichst hohe Zugkräfte am Rad ausüben zu können.[317]

Diese Versuche wurden von Herbst 1964 bis Frühjahr 1965 zwischen Croy-Romainmôtier und Le Day auf der Linie Lausanne–Vallorbe durchgeführt, wobei bei guten und schlechten Adhäsionsverhältnissen der Einfluß der Parameter Wechselstrombetrieb, Mischstrombetrieb, Parallelschaltschütz und Seilzug sowie deren Kombinationen ausgemessen wurde. Überraschend zeigte sich, daß praktisch kein Unterschied zwischen Gleichrichter- und Direktmotorbetrieb festzustellen ist. Dagegen hat sich ergeben, daß die Übertragung der Zugkraft mittels tiefangelenkter Stangen sowie die Äquipotentialverbinder der Motorfelder eine eindeutige und wesentliche Verbesserung der Adhäsion zwischen Rad und Schiene gegenüber Lokomotiven der bisherigen Bauart bringen.

Sowohl bei Wechselstrom- wie bei Gleichrichterbetrieb wurden bei gutem Schienenzustand so hohe Adhäsionswerte erreicht und gefahren, daß das Schienenmaterial bei Adhäsionskoeffizienten über 0,35 schon nach wenigen Versuchsfahrten Überbeanspruchungserscheinungen in Längsrichtung aufwies. Ebenso wurde dies bei den Radreifen der Lokomotive beobachtet. Nach Abschluß der Versuche mußten die Schienen der Versuchsstrecke Croy–Le Day ausgewechselt werden.[318]

Um die durch die Messungen erworbenen Erkenntnisse auch bei betriebsmäßigen Anfahrten zu überprüfen, führte diese Versuchslokomotive zahlreiche Versuchsfahrten am Gotthard auf 26 Promille Steigung und auf der SOB mit 50 Promille Steigung durch, was schließlich zur Entwicklung der Re 4/4 III führte.

Entsprechend den Erkenntnissen der Messungen wurden verschiedene Teile, wie der elektronisch gesteuerte Stufenschalterantrieb oder die Tiefanlenkung, neu eingestellt bzw. verbessert. Der ursprüngliche Schleuderschutz wurde durch eine wesentlich wirksamere Einrichtung ersetzt, die auch das Allradschleudern erfaßt.[319]

Nach Abschluß der Versuche wurde die Re 4/4 II 11206 im Jahre 1965 normalisiert und apparatemäßig im Hinblick auf die Ende 1964 bestellten 50 Lokomotiven dieser Reihe ausgerüstet.

Die 1967/68 abgelieferten Re 4/4 II 11107 bis 11155 – die Serie war inzwischen um- **TS 25**
numeriert worden – weisen im elektrischen Teil verschiedene Verbesserungen auf. Im **D 17**
Stoßbalken wurden besondere Zerstörungselemente eingebaut, um im Falle eines heftigen Zusammenpralls den Kasten wirksam zu schützen; dadurch wurde die Maschine um 10 cm länger. Die ab 1967 gelieferten Maschinen haben verstärkte Puffer, weil die vorher eingebauten infolge der beim Rekuperieren auftretenden hohen Bremskräfte (bis 140 kN) einem relativ hohen Verschleiß unterworfen waren.[320]

Da die Laufeigenschaften der mit Gummifederung ausgerüsteten Re 4/4 II-Lokomotiven bei hohen Geschwindigkeiten auch nach mehrmaligen Änderungen nicht befriedigten, erhielt die Re 4/4 II 11119 Anfang 1968 versuchsweise Schraubenfedern anstelle der Gummi-Kastenfedern; die Mitte Juli 1968 abgelieferten Lokomotiven 11132 und 11154 wurden ab Herstellwerk mit Schraubenfedern für die Kastenfederung ausgerüstet. Vergleichsversuche der Re 4/4 II 11132 gegenüber einer Lokomotive mit normaler Gummifederung am 31. 7. zwischen Winterthur und Weinfelden bewiesen die Vorzüge der Schraubenfederung auch bei 140 km/h. In der Folge wurden sämtliche Re 4/4 II-Lokomotiven mit Schraubenfedern für die Kastenfederung und parallelgeschalteten Dämpfern geliefert und die anderen umgerüstet.[321]

Dank des Übergangs auf die Isolationsklasse H für den Rotor bei unveränderter Statorisolation nach Klasse F erhöhte sich die Stundenleistung der Re 4/4 II-Serienlokomotiven von 4118 auf 4647 kW bei 100 km/h. Dieser Übergang auf Isolationsklasse H schuf Probleme, weil noch kein lösungsmittelfreier Lack für Vakuumimprägnierung zur Verfügung stand. Nachdem sich im Betrieb Schwierigkeiten ergeben hatten, indem der Blechkörper unerwartet hohe Mengen an Feuchtigkeit aufnahm, erhielten in der Folge alle Blechkörper eine Harzversiegelung. Die Zweckmäßigkeit dieser Maßnahme wurde durch besondere „Wassertests" nachgewiesen, die härtesten Betriebsbedingungen (Simplontunnel) entsprachen.[322]

In der Fahrplanperiode 1967/69 konnten die Re 4/4 II etwa 40% aller Schnellzüge der Jura-Simplon-Strecke führen, wodurch sich Fahrzeitverkürzungen ergaben. Die höchstzulässigen Anhängelasten der Re 4/4 II betragen dort im Schnellzugdienst: Vallorbe–Domo 850 t, Domo–Iselle 440 t, Iselle–Lausanne 1000 t und Lausanne–Vallorbe 550 t. Da die Anhängelast des „Simplon-Express" zeitweise über 800 t betrug, wurde dieser in der gleichen Fahrplanperiode in der Süd-Nord-Richtung planmäßig mit zwei Re 4/4 II in Vielfachsteuerung nach Reihe R 125% geführt, in der Gegenrichtung genügte eine Re 4/4 II in Einzeltraktion.[323]

Nach dem traktionstechnischen Konzept der SBB sollten die Re 4/4 II-Lokomotiven die Lücke zwischen den Ae 6/6-Lokomotiven und den RBe 4/4-Triebwagen schließen. Man glaubte, mit ungefähr 50 Stück auskommen zu können, die vor allem zur Führung der immer schwerer werdenden Städteschnellzüge bestimmt waren. Dank der guten Charakteristik der Fahrmotoren erwiesen sich die Re 4/4 II jedoch als derart universelle Triebfahrzeuge, daß es sinnvoll erschien, sie in größerer Stückzahl in Serie zu beschaffen; entsprechend wurde der Entwurf nochmals eingehend überarbeitet.[324]

TS 26 Die 1969/75 gelieferten Re 4/4 II 11156 bis 11304 sind für die automatische Kupplung vorbereitet, womit sich die Länge des Fahrzeugs auf 15410 mm erhöhte und der Führerstand geräumiger gestaltet werden konnte. Eine stärker geneigte Stirnfront (9° statt 6°) gibt den Serienlokomotiven ein gefälligeres Aussehen. Die hier erzielte Disposition der elektrischen Ausrüstung stellt den Endpunkt einer mehrstufigen Optimierungsarbeit dar.

Bei den Serienlokomotiven fällt insbesondere der Ersatz des einen Scherenstromabneh-
B 56 mers durch zwei Einholmstromabnehmer auf, wofür letztlich der Dienst der Re 4/4 II auf der Simplonstrecke den Anlaß gab. Re 4/4 II hatten in Vielfachsteuerung im Schnellzugdienst speziell auf den Strecken des Kreises I mit der Fahrleitung von 100 m Spannweite gezeigt, daß die Stromabnahme umso schlechter wird, je weniger die Stromabnehmer der beiden Triebfahrzeuge voneinander entfernt sind. Auf diesen Strecken dürfen bei Mehrfachtraktion die Stromabnehmer über den benachbarten Führerständen nicht gleichzeitig verwendet werden. Triebfahrzeuge mit nur einem Stromabnehmer sind allenfalls gegeneinander auszutauschen. Da sowohl Platz- als auch Gewichtsgründe den Aufbau von zwei Scherenstromabnehmern nicht zuließen, entschied man sich für zwei Einholmstromabnehmer eines von BBC neu entwickelten Typs.[325]

Mit der Anfang 1969 begonnenen Lieferung der Serienlokomotiven konnten in den Fahrplanperioden 1969/71 und 1971/73 fast alle Schnellzugleistungen Vallorbe/Genf–Domodossola und Brig–Lausanne bzw. Genf mit Re 4/4 II bewältigt werden. Zum Fahrplanwechsel 1969 wurde für mit Re 4/4 II geführte Schnellzüge die Reihe RS 125 % mit einer Höchstgeschwindigkeit von 140 km/h auf der Simplonstrecke zugelassen. Neben den fahrplanmäßig für diese Reihe vorgesehenen Zügen können auch die übrigen Schnellzüge nach der Reihe RS 125 % (heute R 125 %) verkehren, sofern die entsprechenden Bedingungen erfüllt sind. In Verbindung mit dem außerordentlichen Beschleunigungsvermögen der Re 4/4 II bis in den oberen Geschwindigkeitsbereich sind dadurch bemerkenswerte Fahrzeitgewinne möglich, wofür zwei Beispiele angeführt seien.

Am 30. 8. 1972 wurde der verspätete Zug 285 (300 t Anhängelast) von Domo nach Brig anstelle der eingeteilten Ae 6/6 ausnahmsweise mit einer Re 4/4 II geführt und die Reihe RS 125 % vorgeschrieben. Trotz einer Geschwindigkeitsreduktion im Simplontunnel konnte die Verspätung von 7 Minuten nicht nur eingeholt werden, sondern der Zug kam eine halbe Minute zu früh in Brig an, womit die Fahrplanzeit des TEE „Cisalpin" (28 min) noch um 2,5 Minuten unterboten wurde.

Zwei Tage später verkehrte der gleichfalls verspätete Zug 271 (490 t Anhängelast) ab Brig statt nach Reihe R 114 % nach Reihe RS 125 %. Zwischen Siders und Aigle mit Zwischenhalten in Sitten, Martigny, St.-Maurice und Bex konnten ohne Berücksichtigung der Stationsaufenthalte 10,5 Minuten Verspätung aufgeholt werden, wobei 3,5 Minuten allein auf das kurze Teilstück Siders–Sitten (15,7 km) entfielen.

Die Re 4/4 II-Serienlokomotiven bestreiten heute einen Großteil der Zugförderungsarbeit der Simplonstrecke, nachdem Anfang der siebziger Jahre Neuanlieferungen die dem Depot Lausanne zugeteilten Re 4/4 II mit nur einem Stromabnehmer allmählich ersetzt haben. Seit dem Ersatz der TEE-Triebzüge in den Diensten der TEE „Ligure" und B 57
„Cisalpin" durch lokomotivbespannte Garnituren in den Jahren 1972 und 1974 verkehren U 8
planmäßig die in den TEE-Farben gespritzten Re 4/4 II 11249 bis 11253 auf dieser Strecke, die mit den übrigen Serienlokomotiven konstruktiv völlig übereinstimmen.

Bei sparsamem Unterhalt und geringer Schienenbeanspruchung haben sich die Re 4/4 II-Lokomotiven vorzüglich bewährt. Lediglich die Doppeltraktion dieser Maschinen über weite Strecken erweist sich als unrationell, weshalb sie gerade dort durch Re 6/6 ersetzt werden.

Re 6/6 11601–11689

Ab 3. 6. 1973 lief die Re 6/6 11603 für einige Monate auf der Jura-Simplon-Strecke, um über einen längeren Zeitraum das Verhalten der Re 6/6 im schweren Schnellzugdienst bei hohen Geschwindigkeiten zu beobachten. Neben einigen Güterzügen führte sie deshalb auch die Schnellzüge 220 „Simplon-Express" und 225 „Direct-Orient" im Durchlauf von Domo nach Vallorbe und umgekehrt, wobei sie planmäßig 140 km/h fuhr.

Mit der Ablieferung der Serienlokomotiven dieser Reihe übernahmen die Re 6/6- TS 28
Maschinen zum Fahrplanwechsel 1976 verschiedene schwere Schnellzüge. Da für die B 58
Re 6/6 im Schnellzugdienst zwischen Domo und Iselle 770 t und von Lausanne nach U 8
Vallorbe 920 t zugelassen sind, ist es erstmals in der Traktionsgeschichte der Jura-Simplon-Strecke möglich geworden, auch bei nach Reihe R in Einzeltraktion geführten schweren Schnellzügen in der Fahrtrichtung Domo–Vallorbe den obligaten Lokomotivwechsel in Brig und Lausanne einzusparen, wofür als Beispiel der Tagesschnellzug Mailand–Paris (Zug 226) genannt sei. Weiter lösten die Re 6/6 die Ae 6/6 in verschiedenen Schnellzugdiensten ab, insbesondere beim Zugpaar 205/204 „Riviera-Express" im Durchlauf von Basel Bad. Bf. nach Domodossola über die BLS. Mit fortschreitender Auslieferung werden die Re 6/6-Lokomotiven weitere Schnellzüge auf der Jura-Simplon-Strecke übernehmen.

2.5. Franco-Suisse-Linie

2.5.1. Geographische Lage und Trassierung

Leiten die übrigen hier besprochenen Eisenbahnstrecken ihre Bezeichnung von geographischen Namen ab, so gab eine gemischte französisch-schweizerische Eisenbahngesellschaft, die „Compagnie Franco-Suisse", der von ihr erbauten reizvollen Linie von Neuenburg nach Pontarlier bis heute ihren Namen. Von der insgesamt 52,3 km langen Strecke liegen 11,3 km auf französischem Territorium. Die zur BLS-Betriebsgemeinschaft gehörende BN, die 1902 eröffnet wurde, ermöglicht eine unmittelbare Verbindung Bern–Neuenburg (42,9 km).

Der internationale Schnellzugverkehr ist mit zwei Zugpaaren Paris–Bern und einem weiteren Paris–Interlaken recht bescheiden. Kundert erwartete zwar, daß *in absehbarer Zeit dieser Fernverkehr via Neuchâtel–Pontarlier–Paris von selbst hinfällig wird*[326], doch zeigt dieser in den vergangenen Jahren sogar steigende Tendenz.

P 4 Von Neuenburg bis Auvernier folgt man zunächst zwischen Weinbergen oberhalb des Neuenburgersees der Jurafußlinie, wo die Franco-Suisse-Linie abzweigt und oberhalb Bôle den Eingang der romantischen Areuse-Schlucht erreicht, in deren nördlichem Steilhang sie bis zum Erreichen der Talsohle des Val de Travers bei Noiraigue verläuft. Von dort bis kurz vor Travers, wo die „Régional du Val de Travers" (RVT) nach Buttes und St-Sulpice abzweigt, folgt die Strecke unmittelbar der Talsohle und erreicht in zunehmender Höhe im Südhang des Tales bei Les Bayards die Paßhöhe. In einem relativ weiten Juratal fällt die Linie über Les Verrières (Grenze) bis zum Fort de Joux, dann in einem engen Tal entlang dem Doubs bis Pontarlier.

Wie bei der Simplonlinie übernehmen die SBB den Zugförderungsdienst sowie den Zugbegleitdienst durchgehend von Neuenburg bis Pontarlier, auch liefern sie die elektrische Energie von 15 kV $16^2/_3$ Hz. Da zwischen Les Verrières und Pontarlier keine Zwischenstationen mehr bestehen, sind die Betriebsverhältnisse einfach; sämtliche Signale im Bahnhof Pontarlier sind von SNCF-Bauart. Die SNCF unterhält auf dem in Frankreich gelegenen Teilstück sämtliche ortsfesten Anlagen einschließlich der Fahrleitung.

Lediglich die Teilstücke Neuenburg–Auvernier (5,0 km) und Les Bayards–Pontarlier (16,4 km) sind günstig trassiert; die, abgesehen von einem kurzen ebenen Zwischenstück, steile Rampe von Auvernier zur Paßhöhe ist 30,9 km lang. Bis auf die mit der Jurafußlinie gemeinsam benutzte Teilstrecke ist die Linie durchgehend eingleisig. Derzeit ist auf dem Teilstück Neuenburg–Auvernier noch der Wechselstromblock, von dort bis Les Verrières der Gleichstromblock eingebaut, der bis Anfang 1978 auch auf der Reststrecke bis Pontarlier eingerichtet wird. Im Zusammenhang mit der Einrichtung des geplanten Fernsteuerzentrums Neuenburg werden alle Bahnhöfe von dort bis einschließlich Noiraigue ferngesteuert werden.

Die maßgebliche Steigung in der Fahrtrichtung Neuenburg–Pontarlier beträgt 21 Promille, in der Gegenrichtung 12 Promille; auf der BN beträgt die maximale Steigung in beiden Richtungen 18 Promille. Die auf der Steilrampe nach Zugreihe R zugelassenen Streckengeschwindigkeiten von 85 bis 95 km/h sind relativ hoch.

2.5.2. Dampfbetrieb

Bei der Betriebseröffnung der Strecke im Jahre 1860 besaß die Franco-Suisse-Gesellschaft kein eigenes Rollmaterial, sondern verwendete Lokomotiven Type „Bourbonnais" und Wagen der französischen PLM. Mit dem 1865 vollzogenen Zusammenschluß der „Franco-Suisse" und anderer Gesellschaften der Westschweiz zur „Suisse-Occidentale" nahm dort die französische Traktion ein Ende.[327]

Für die Franco-Suisse-Linie stellte die „Ouest-Suisse" sechs „Bourbonnais"-Lokomotiven der PLM-Bauart zur Verfügung, wovon drei von der PLM gekauft wurden. Wie auf der Jura-Simplon-Strecke wurden diese etwa 1890 durch B $^3/_4$-Maschinen ersetzt. Die B $^3/_4$ Serie 301 der JS konnten auf 20 Promille 200 t mit 30 km/h befördern.[328]

B 64 Bis zur Elektrifizierung dienten schließlich die B $^3/_4$ Serie 1301 (1'C h2) der SBB, die 1905 bis 1916 in 69 Stück von der SLM gebaut wurden. Diese Maschinen konnten 205 t mit 30 km/h auf dieser Strecke bergwärts schleppen und stellten nach Moser den Mustertyp einer Gemischtzuglokomotive für alle Verhältnisse dar.[329] Nach der Elektrifizierung der schweizerischen Hauptstrecken standen in den dreißiger Jahren leistungsfähige Dampfschnellzuglokomotiven für nicht mit Fahrdraht überspannte Eisenbahnlinien zur Verfügung. So kamen auch die A 3/5 Serie 603 auf die Strecke nach Pontarlier, wo sie 200 t mit 40 km/h oder 235 t mit 30 km/h befördern konnten.

Vor dem Zweiten Weltkrieg verkehrten gelegentlich lange, schwere Pilgerzüge über Neuenburg–Pontarlier nach Lourdes mit zwei Lokomotiven an der Spitze und einer als Schiebelokomotive. Der Winterbetrieb war zur Dampfzeit recht schwierig. In manchen Tunnels bedeckte das vom herabtropfenden Wasser sich bildende Eis nach einer längeren Zugspause sogar die Schienen. Wenn die Lokomotive dann mangels Sand in einem Tunnel stecken blieb, mußte erst Sand herbeigeschleppt und in den Sanddom gefüllt werden, damit die Fahrt weitergehen konnte.[330]

Die Franco-Suisse-Linie war ab etwa 1935 die einzige Strecke der SBB, auf der Schnellzüge mit Dampf befördert wurden. Nachdem der Eisenbahnbetrieb über die Grenze 1940 eingestellt worden war, fuhren keine Dampfschnellzüge mehr über die Steilrampen der Areuse-Schlucht und des Val de Travers.

2.5.3. Elektrifizierung

Die Elektrifizierung der Strecke wurde zunächst für 1934 vorgesehen, jedoch wegen der Wirtschaftskrise aufgeschoben. Die BN war bereits 1928 auf elektrischen Betrieb umgestellt worden. Im Zweiten Weltkrieg gingen die Kohlenzufuhren bei steigenden Preisen so weit zurück, daß der Betrieb der mit Dampflokomotiven betriebenen Strecken der SBB sowie der Privatbahnen beträchtlich eingeschränkt werden mußte, wodurch die betroffenen Landesteile wirtschaftlich benachteiligt waren und in provinzielle Rückständigkeit zu geraten drohten.[331]

Ende 1940 stellte die Generaldirektion der SBB ein viertes Elektrifikationsprogramm auf, nach dem während einer Bauzeit von vier bis fünf Jahren Strecken elektrifiziert werden sollten, die entweder als ausgesprochene Bergstrecken eine große Einsparung an ausländischem Brennstoff ermöglichten oder deren Elektrifikation infolge besserer Ausnützungsmöglichkeiten von Triebfahrzeugen und Personal wirtschaftliche Vorteile versprach. Die erste Gruppe umfaßte neben der Brünigbahn die Strecke Auvernier–Les Verrières, die zweite verschiedene Strecken im Kreis III. Trotz großer Schwierigkeiten in der Materialbeschaffung und auf dem Arbeitsmarkt konnte diese vom Verwaltungsrat in seiner Sitzung vom 20. 2. 1941 beschlossene Ausbaumaßnahme kurzfristig, d. h. noch vor Ende 1943, abgeschlossen werden.[332]

Für die Elektrifizierungsarbeiten erwies es sich als äußerst günstig, daß zwischen Auvernier und Pontarlier die Strecke großzügig doppelspurig trassiert worden war, wenn auch das zweite Gleis nie verlegt wurde. Durch die Verlegung des einen Betriebsgleises in die Tunnelachse entfielen die sonst notwendigen Gleisabsenkungsarbeiten für das elektrische Lichtraumprofil.[333]

Als ausgesprochene Kriegselektrifizierung wurden auf der freien Strecke Holzmasten auf Betonsockeln und in den Stationen Betonmasten verwendet. In Stationsanlagen mit mehr als zwei Gleisen wurden anstelle der Joche aus Stahlprofilen Seiljoche und statt des Kupferfahrdrahts Bimetalldraht aus Kupfer und Stahl eingebaut. Die windschiefe Fahrleitung in den Kurven war schon 1931 bei den SBB eingeführt worden. Die Speisung erfolgt über eine eigene Speiseleitung vom Unterwerk Neuenburg aus. Ab 1959 wurden die Holzmasten durch verzinkte Stahlmasten und der Bimetalldraht durch Kupferfahrdraht ersetzt.[334]

Nachdem am 22. 11. 1942 der elektrische Betrieb bis Les Verrières aufgenommen worden war, mußte mit zunehmender Kohlenknappheit auch die RVT ihr Streckennetz elektrifizieren. Sie begann im Mai 1944 den elektrischen Zugbetrieb mit Einphasenwechselstrom und Energieeinspeisung von den SBB.

Nach der Wiederaufnahme des Betriebs auf der Strecke Les Verrières–Pontarlier übernahm die SNCF die Zugförderung auf diesem Teilstück mit Dampflokomotiven und Dieseltriebwagen. Am 11. 5. 1954 wurde zwischen der Schweiz und Frankreich ein Abkommen über die Elektrifikation der Eisenbahnstrecken Dijon–Vallorbe, Frasne–

Les Verrières und Straßburg–Basel abgeschlossen. Damit verpflichtete sich Frankreich, diese Strecken gleichzeitig innerhalb von vier bis sechs Jahren zu elektrifizieren. Die Schweiz finanzierte diese Elektrifikation durch ein Darlehen der SBB von 200 Millionen und von 50 Millionen Franken eines Konsortiums schweizerischer Banken.[335]

Vom 3. 6. 1954 an kamen wieder SBB-Triebfahrzeuge nach Pontarlier, wie schon vor 1940, dieses Mal aber elektrische.[336] Als die SNCF im April 1958 den elektrischen Zugbetrieb mit 25 kV 50 Hz von Dôle nach Pontarlier und Vallorbe aufnahm, wurde der Bahnhof Pontarlier Systemwechselbahnhof. Wegen der geringen Zugzahl sind die Anlagen sehr einfach gestaltet, indem die Fahrleitungsanlage in Bahnhofsmitte durch Streckentrenner elektrisch getrennt ist.

2.5.4. Bespannung der Schnellzüge bei elektrischem Betrieb

B 65 Zunächst dienten hierfür die Lokomotivreihen Ae 3/6 I und Ae 4/7, die auf 21 Promille nach Lastreihe II maximal 255 t bzw. 365 t befördern dürfen. Entsprechend führte die Ae 4/7 vor allem das schwerere Nachtschnellzugpaar 942/957 im Lokomotivdurchlauf Pontarlier–Interlaken Ost, abgesehen von den Jahren 1962 bis 1965. Dieser Durchlauf über die BN endete 1975, nachdem bereits ab 1969 der Zug 942 nur noch bis Bern mit Ae 4/7 geführt wurde. Nach Ersatz durch neuere Triebfahrzeuge kamen die Ae 4/7-Lokomotiven mit Rekuperationsbremse von der Simplonstrecke auch ins Val de Travers. Gleichfalls 1969 zogen Ae 3/6 I letztmalig leichte Schnellzüge nach Pontarlier. Neben Lokomotiven besorgen seit Ende der fünfziger Jahre auch elektrische Triebwagen den Schnellzugdienst dieser Strecke.

CFe 4/4 841–871/BDe 4/4 1621–1651

Ende der vierziger Jahre benötigten die SBB für Nebenlinien und für andere Aufgaben moderne, leistungsfähige Triebwagen, wie sie zuvor schweizerische Privatbahnen beschafft hatten. Ende 1949 bestellten die SBB daher eine erste Serie von 13 Triebwagen CFe 4/4, welche gemäß Pflichtenheft für die Beförderung einer Anhängelast von 250 t mit 75 km/h auf 12 Promille und für folgende Betriebsarten geeignet sein sollten:

1. Führung von Zügen aller Art auf Nebenlinien als Alleinfahrer oder mit angehängten Personen- und Güterwagen aller vorhandenen Bauarten.
2. Führung von häufig haltenden Personenzügen auf Hauptstrecken und im Vorortverkehr.
3. Bildung von Pendelkompositionen aus Triebwagen, Steuerwagen und bis zu fünf Zwischenwagen.
4. Bildung von Pendelkompositionen für Vorortverkehr, bestehend aus Triebwagen, Zwischenwagen, Steuerwagen und Zusammenkupplung in Vielfachsteuerung bis zu vier solcher Einheiten.[337]

Die Einhaltung des gewünschten Eigengewichts von 54 t verlangte von den Lieferfir-
TS 29 men besondere Anstrengungen, um alle Einzelgewichte zu vermindern. Die Hauptabmessungen des vollständig elektrisch geschweißten Wagenkastens wurden bewußt denjenigen der SBB-Leichtstahlwagen angepaßt, um aus solchen Fahrzeugen zusammengestellten Kompositionen ein einheitliches Aussehen zu geben. Im Inneren des Wagenkastens wurde im Hinblick auf die Verwendung auf Nebenlinien neben den beiden Personenabteilen mit 16 bzw. 24 Sitzplätzen ein Gepäckabteil von 19 m² Grundfläche vorgesehen. Die Stirnfront und die Drehgestelle sind von den Re 4/4 401 bis 426 abgeleitet.[338] Die Wagen haben teils BBC-Scheibenantrieb, teils Sécheron-Lamellenantrieb. Die schrägverzahnten Zahnräder besaßen ursprünglich keine Federung.

D 25 Das verlangte Leistungsprogramm führte zu einer Stundenleistung des Triebwagens von 1175 kW bei 70 km/h und einer Höchstgeschwindigkeit von 100 km/h. Bei der elektrischen Ausrüstung wurde danach getrachtet, möglichst wenig Nutzraum durch

Apparate zu belegen, jedoch die Zugänglichkeit im Hinblick auf den Unterhalt günstig zu gestalten. Die elektrische Energie fließt über den einen Dachstromabnehmer Typ 350/1 – Platz für einen zweiten war ursprünglich über dem anderen Drehgestell freigehalten – und den Druckluftschnellschalter dem unter dem Wagenboden untergebrachten radialgeblechten Transformator mit angebauter 18stufiger elektropneumatischer Hüpfersteuerung zu.[339]

Entsprechend der universellen Verwendbarkeit des Triebwagens entwickelte MFO einen stark überlastbaren, achtpoligen Einphasen-Serienmotor, wobei man aber jede Überzüchtung und forcierte Kühlung vermied. Die Kommutierung ist auch bei 100prozentiger Überlast noch funkenfrei.

Das breite Anwendungsgebiet des neuen Triebwagens verlangte eine besonders leistungsfähige elektrische Bremse, die MFO als gleichstromerregte Widerstandsbremse mit acht Stufen ausbildete. Eine neue Schaltung erhält die Bremskraft auf jeder Stufe etwa von 100 bis 40 km/h annähernd konstant. Der durch den Fahrtwind belüftete Dachwiderstand ist für einen Dauerstrom von 520 A bemessen und erlaubt eine Dauerbremskraft von ca. 20 kN zwischen 100 und 28 km/h. Während 2 Minuten darf die Bremskraft bis 34 km/h doppelt so hoch sein.[340]

Obwohl für den ersten Triebwagen nur eine stark verkürzte Montagezeit zur Verfügung stand, erschien der CFe 4/4 841 nach wenigen Probe- und Instruktionsfahrten bereits zum Fahrplanwechsel 1952 zusammen mit einem Steuerwagen BCt und drei bis vier Zwischenwagen als Pendelkomposition auf der Strecke Bellinzona–Locarno. Nachdem schon Anfang 1952 eine Nachbestellung von weiteren 18 Triebwagen erfolgt war, standen 1955 schließlich alle 31 Fahrzeuge im Einsatz.[341]

Diese Triebwagen wurden nach Reihe R zugelassen, da sie die gleiche statische Achslast von ca. 140 kN haben wie die Re 4/4 I-Lokomotiven. Spätere Untersuchungen zeigten allerdings, daß zufolge des viel größeren Drehzapfenabstands des Triebwagens und der fehlenden Querkupplung die Querkräfte bei 80 km/h im 300 m-Bogen und schlechten Gleis mit ca. 90 kN um 50% höher liegen als jene der Re 4/4 I-Lokomotiven.[342]

Im Lauf der folgenden Jahre waren verschiedene Mängel zu sanieren. Besonders beim Anfahren entstanden infolge des pulsierenden Drehmoments starke Erschütterungen und beträchtlicher Lärm. Der Einbau von gefederten Zahnrädern 1956/60 verminderte diese Vibrationen. Da verschiedentlich die Bremswiderstände durchbrannten, ordnete man sie 1963/70 anders an und verstärkte sie, verbesserte ferner die Vielfachsteuerung durch B 69
Einbezug der Türschließung und der Beleuchtungssteuerung und baute neue Bahnräumer am Wagenkasten statt an den Drehgestellen an. Schließlich erhielten sämtliche Fahrzeuge den Stromabnehmer 350/2 und statt der BBC-Scheibenantriebe durchwegs SAAS-Lamellenantriebe.[343]

Die 1959/61 in BDe 4/4 1621 bis 1651 umnumerierten Triebwagen wurden zum Fahrplanwechsel 1969 ohne bauliche Änderungen für eine Höchstgeschwindigkeit von 110 km/h zugelassen. Fast alle dieser Fahrzeuge dienen mit zugehörigem Steuerwagen ABt (seit Fahrplanwechsel vom 22. 5. 1977 zum Teil Bt) im Pendelzugdienst auf Nebenlinien, zwischen Schaffhausen und St. Gallen auch als Schnellzüge.

Zu den wenigen Triebwagen, die bis zum Fahrplanwechsel vom 22. 5. 1977 planmäßig B 68
als Einzelfahrzeuge eingeteilt waren, gehörte ein seit 1959 zwischen Bern und Pontarlier laufender BDe 4/4. Mit der Einführung einer Tagesverbindung Bern–Paris (Züge 331/350)[344] kam erstmals ein BDe 4/4-Triebwagen im gemischten Schnellzug- und Personenzugdienst ins Val de Travers, wobei er täglich immerhin 510 km leistete. Mangels Frequenz verschwand diese Tagesverbindung bald wieder und als einzige Schnellzugleistung verblieb dem eingeteilten BDe 4/4-Triebwagen bis zum 22. 5. 1977 der Zug 951 von Bern bis Pontarlier, der mit maximal 150 t Anhängelast nach Zugreihe R geführt wurde. Seit 1967 sind auch durchgehende Zugleistungen Neuenburg–Buttes auf dem Netz der RVT in den Triebfahrzeugumlauf einbezogen, und zwar als Pendelzugkompositionen im Personenzugdienst.

BLS Ae 4/4 251–258

Die SBB und die BLS rechnen die Triebfahrzeugleistungen im Naturalausgleich ab. Ab
B 63 Fahrplanwechsel 1962 wurde das Nachtschnellzugpaar 942/957 von Pontarlier bis
U 1 Interlaken Ost planmäßig mit einer Ae 4/4 der BLS und entsprechend instruiertem BLS-Personal geführt. Nach Lastreihe II durfte die Ae 4/4 340 t von Neuenburg nach Pontarlier führen und konnte auf diesem Teilstück nach Reihe A verkehren. Da damals die Strecke zwischen Bern und Neuenburg noch nicht entsprechend hergerichtet war und insbesondere die Stationsdurchfahrten zu wünschen ließen, war auf der BN damals für die Ae 4/4 nur die Reihe B zulässig. Da die BLS zum Fahrplanwechsel 1965 weitere Triebfahrzeugleistungen von Brig nach Domodossola hinzubekam, wurde dieser bemerkenswerte Durchlauf der BLS-Maschine aufgehoben und wie zuvor eine Ae 4/7 der SBB herangezogen.

B 66 Die Re 4/4 I 10027 bis 10050 führen seit der Wiedereinführung der Tagesverbindung Bern–Paris (Züge 943/958) zum Fahrplanwechsel 1969 dieses Zugpaar sowie einen weiteren Schnellzug und einzelne Personenzüge auf dieser Strecke, nachdem bereits 1951 samstags eine solche Maschine mit Personenzügen von Neuenburg nach Les Verrières gekommen war, die auch durch eine Ae 3/6 I getauscht werden konnte. Die Anhängelasten der Re 4/4 I entsprechen jenen der Ae 3/6. Bis jetzt war sonntags anstelle der Re 4/4 I ein RBe 4/4-Triebwagen im Val de Travers eingeteilt.

Seit Fahrplanwechsel 1975 wird das Nachtschnellzugpaar 942/957 statt der Ae 4/7 mit
B 67 einer Re 4/4 II geführt, die nach Lastreihe II 525 t nach Pontarlier ziehen darf. Damit werden alle Schnellzüge der Franco-Suisse-Linie jetzt mit neuzeitlichen Triebfahrzeugen nach Reihe R geführt, die seit 1971 auch auf der BN zulässig ist, womit dort auf zwei längeren Abschnitten 125 km/h gefahren werden können. Es ist zu hoffen, daß die Frequenz der Schnellzüge auf dieser Strecke weiterhin ansteigt. Die dort eingesetzten Lokomotiven könnten noch einige Wagen mehr von Bern nach Pontarlier befördern, ohne daß gleich Vorspann gestellt werden muß.

3. Österreich

3.1.1. Eisenbahnverwaltungen und deren geschichtliche Entwicklung

3.1. Vorbemerkungen zur Zugförderung in Österreich

Von 1884 bis zum Ende des Ersten Weltkriegs besorgten die *kaiserlich-königlichen österreichischen Staatsbahnen* (kkStB) den Betrieb auf den meisten Strecken der österreichischen Reichshälfte. Als bedeutende Privatbahn betrieb die k. k. priv. *Südbahn-Gesellschaft* insbesondere die Strecken Wien–Graz–Laibach–Triest und Kufstein–Bozen–Ala.

Ende 1918 traten zunächst die *Deutschösterreichischen Staatsbahnen* (DÖStB) an die Stelle der kkStB, ein Jahr später folgten die *Österreichischen Staatsbahnen* (ÖStB). Schließlich wurden 1921 die *Österreichischen Bundesbahnen* (BBÖ) zur Verwaltung der ehemaligen kkStB-Linien auf dem Territorium der Ersten Republik errichtet und zwei Jahre später in einen selbständigen Wirtschaftskörper, frei von politischer Einflußnahme, umgewandelt. Nach dem Vertrag von Rom des gleichen Jahres übernahm die Republik Österreich 1924 den Betrieb der auf ihrem Gebiet gelegenen Linien der vormaligen Südbahn-Gesellschaft.

Mit der Eingliederung Österreichs in das Deutsche Reich im Jahre 1938 verloren die BBÖ ihre Selbständigkeit und gingen in der *Deutschen Reichsbahn* auf. Anstelle der straffen zentralen Verwaltung der BBÖ trat die dezentrale Organisation der DRB, wobei viele Kompetenzen auf die Direktionen übergingen und die Ämterebene neu geschaffen wurde.

1945 bildete die Zweite Republik zunächst die *Österreichischen Staatseisenbahnen* (ÖStB), zwei Jahre später die *Österreichischen Bundesbahnen* (ÖBB).

3.1.2. Organisationsstruktur und Zuständigkeiten

Heute hat die Betriebsorganisation der ÖBB wieder die Form eines dreistufigen unmittelbar staatlichen Verwaltungsapparats, wobei verschiedene Bereiche wieder voll zentralisiert sind. Bei der *Generaldirektion* der ÖBB in Wien ist die *Maschinendirektion* (V) für Fahrzeugneubau, -unterhalt und -einsatz zuständig, die *Elektrotechnische Direktion* (VIII) für Energieversorgung vom Kraftwerk bis zur Fahrleitung sowie für Sicherungs- und Fernmeldeanlagen.

Bei den *Bundesbahndirektionen* Wien, Linz, Innsbruck und Villach unterstehen der Abteilung III, der *Zugförderungs- und Werkstättenabteilung,* die *Zugförderungsleitungen* mit ihren Zugförderungsstellen für den Einsatz der Triebfahrzeuge im Direktionsbereich. Die *Hauptwerkstätten* sind unmittelbar der Direktion V unterstellt. Auf Direktionsebene finden sich keine Dienststellen des Elektrotechnischen Dienstes. In diesem zentralisierten Dienstzweig unterstehen alle ausführenden Dienststellen direkt der Direktion VIII. Als solche sind zu nennen:

- die *Kraftwerk-Zentralstelle* mit der *Kraftwerksleitung,*
- *die Elektro-Streckenleitungen* in Wien, Linz, Innsbruck und Villach für den Unterhalt der Übertragungsleitungen, für Unterwerke und Fahrleitung sowie für die Elektroinstallation in baulichen Anlagen der ÖBB,
- die *Elektrobauleitungen* Wien und Uttendorf für Großbauvorhaben wie Streckenelektrifizierungen oder Modernisierung von Kraftwerken; im Unterschied zu den Neubauämtern der DB sind die Elektrobauleitungen fest eingerichtet, flexibel sind ihre Los-Baudurchführungen;
- die *Elektroversuchsanstalt* Zirl, die ausschließlich der Direktion VIII untersteht.

3.1.3. Vorschriften und Buchfahrpläne

Für den Zugförderungsdienst sind besonders folgende Dienstvorschriften (DV) von Bedeutung:
DV M 22 *Dienstvorschrift für die Triebfahrzeugmannschaften*
DV M 26 *Bremsvorschrift*
DV V 2 *Signalvorschrift*
DV V 3 *Verkehrsvorschrift.*
Bei letzterer handelt es sich um die Fahrdienstvorschriften der ÖBB. Die zugehörigen Ausführungsbestimmungen sind in einem allgemeinen und in einem besonderen Anhang sowie in den *Zusatzbestimmungen zur Signal- und zur Verkehrsvorschrift* (ZSV) zu finden:
Allgemeiner Anhang zur Signal- und zur Verkehrsvorschrift gilt für das Gesamtnetz der ÖBB und enthält neben betriebsdienstlichen Regelungen das Streckenverzeichnis mit Angabe der auf den einzelnen Strecken zugelassenen Triebfahrzeuge sowie bis 1974 die Leistungstafeln der Triebfahrzeugreihen.
Besondere Anhänge der vier Bundesbahndirektionen werden für jede Direktion getrennt herausgegeben und enthalten vor allem eine Tafel mit genauer Lage der Verkehrsstellen und mit den zulässigen Streckenhöchstgeschwindigkeiten sowie z. B. eine weitere mit den maßgebenden Gefällen und erforderlichen Mindestbremshundertsteln. Die ZSV enthalten Verfügungen, welche die V 2 und V 3 ergänzen, z. B. Angaben über die Zugnummerierung, Sicherung von Eisenbahnkreuzungen (Bahnübergängen), oder Lautsprecheransagen.

Bei den heutigen Buchfahrplänen der ÖBB fällt zunächst auf, daß auf jeder Seite nur der Fahrplan eines Zuges dargestellt ist. Für jeden Streckenabschnitt sind die jeweils erforderlichen Bremshundertstel angegeben, auch sind die planmäßigen und kürzesten Fahrzeiten detailliert notiert, von den Höchstgeschwindigkeiten sind dagegen in Kleindruck vor allem die Streckenhöchstgeschwindigkeiten vermerkt, die örtlichen Geschwindigkeitsbeschränkungen nur zum Teil.

Die Angaben im Buchfahrplan, die Besonderen Anhänge und die Geschwindigkeitstafeln ergänzen einander. Geschwindigkeitswechsel werden dem Triebfahrzeugführer durch Geschwindigkeitstafeln, in bestimmten Fällen zusätzlich durch auf Bremsweglänge stehende Langsamfahrtafeln angezeigt.

Bei durchlaufenden Schnellzügen oder Schnelltriebwagen müßte der Triebfahrzeugführer, von Ausnahmen abgesehen, häufig den Buchfahrplan wechseln. Auf verschiedenen Strecken sind deshalb die Pläne solcher Züge als *Beilage zu den Buchfahrplänen* der betreffenden Strecke zusammengefaßt. Da die Buchfahrpläne zentral von der Generaldirektion zusammengestellt und beschafft werden, enden diese Hefte nicht an der Direktionsgrenze, sondern umfassen teilweise den gesamten Laufweg eines Zuges auf dem ÖBB-Netz, wie z. B. von Wien nach Tarvis oder von Salzburg nach Aßling/Jesenice.

3.1.4. Entwicklung der Strecken- und Kurvengeschwindigkeiten

Vor 1914 betrug die Höchstgeschwindigkeit in Österreich 90 km/h, bis 1945 auch auf elektrifizierten Strecken maximal 100 km/h. 1952 wurde für die mit Dieseltriebwagen der Reihe 5045 geführten Schnelltriebwagen Wien–Graz nach Sondertafel 110 km/h zugelassen. Mit Inbetriebnahme leistungsfähiger Elektrolokomotiven Mitte der fünfziger Jahre schien es möglich, diese Geschwindigkeit allgemein einzuführen. Nach dem Vorbild der SBB wurden die in Reisezüge einzureihenden Fahrzeuge wegen ihrer verschiedenen Laufeigenschaften in Gleisbögen in zwei Klassen eingeteilt:
Züge A mußten mit Drehgestellokomotiven geführt werden (auch 1018 und 1670, jedoch nicht 1020) und aus vierachsigen Reisezugwagen oder Güterwagen mit dem Zeichen S oder SS bestehen. Die Kurvengeschwindigkeiten lagen um 5 bis 10 km/h über jenen der

Züge B, die freie Seitenbeschleunigung betrug 0,65 bis 0,70 m/s². Auch verschiedene Dampflokomotivreihen durften mit diesen Kurvengeschwindigkeiten verkehren.
Züge B, mit den übrigen Triebfahrzeugen und dem sonstigen Wagenmaterial gefahren, hatten bei einer Höchstgeschwindigkeit von 100 km/h eine sehr niedrige freie Seitenbeschleunigung von 0,45 bis 0,60 m/s².

Mit der Einführung des Triebwagenschnellzugs „Transalpin" im Jahre 1958 wurde in Österreich erstmals planmäßig mit 120 km/h gefahren, ein Jahr später konnten *Züge A* allgemein mit 120 km/h verkehren. Im Sommer 1969 wurde auf der Strecke Wien West–Salzburg die *Sondertafel B1* eingeführt, die sehr hohe Kurvengeschwindigkeiten mit einer freien Seitenbeschleunigung von 0,85 m/s² und einer Höchstgeschwindigkeit von 140 km/h vorsah. Zunächst fuhren die mit Reihe 4010 geführten Triebwagenschnellzüge und der mit DB-Reihe 110 (!) bespannte Zug „Mozart" nach dieser Sondertafel, die auf der Strecke als dritte Geschwindigkeitstafel mit roten Zahlen die zulässige Höchstgeschwindigkeit in km/h angab. Ein Jahr später wurde die *Sondertafel B 1* auch zwischen Kufstein und Innsbruck für weitere Züge mit 140 km/h eingeführt.

Wie bei der DB protestierte auch hier der Baudienst energisch gegen diese hohen Kurvengeschwindigkeiten, weil die Lokomotiven die Bögen ruinierten. Er setzte sich durch, und zum Winterfahrplan 1974/75 traten auf den Strecken Wien–Salzburg und Kufstein–Brenner neu durchgerechnete Geschwindigkeiten einheitlich für alle Züge mit zugehörigen Geschwindigkeitstafeln mit roten Zahlen in Kraft. Dabei waren folgende Gesichtspunkte maßgeblich:

1. Die Kurvengeschwindigkeiten werden entsprechend einer freien Seitenbeschleunigung von 0,7 m/s² festgesetzt.
2. Ein bestimmte Geschwindigkeit soll über einen möglichst langen Abschnitt gefahren werden können.
3. Bei Zwischengeschwindigkeiten erfolgt eine Abrundung auf den nächsten Zehner, wenn nicht Punkt 2 eine Bogenüberarbeitung zweckmäßig erscheinen läßt.
4. Die Höchstgeschwindigkeit beträgt 140 km/h, weshalb auf diesen Strecken die induktive Zugsicherung (Indusi) erforderlich ist.

Da zum gleichen Zeitpunkt die Unterteilung in Züge A und B abgeschafft wurde, entfernte man auf den übrigen Strecken die niedrigere der beiden Geschwindigkeitstafeln, wobei Zwischengeschwindigkeiten übergangsweise noch möglich sind.

Es folgte im Jahre 1975 neu durchgerechnet die Südbahn von Wien nach Graz, wobei auf verschiedenen Teilabschnitten 140 km/h zugelassen wurde, sowie Wels–Passau. Weitere Strecken sind in Arbeit.

Bei Geschwindigkeitsabsenkungen von mindestens 20% ist vor der Geschwindigkeitstafel im Bremswegabstand von 700 bzw. 1000 m eine stets durch Indusi gesicherte Langsamfahrtafel aufgestellt; beide Tafeln sind mit rückstrahlendem Material beschichtet.

3.1.5. Besonderheiten im Zugförderungswesen

Aus historischen Gründen wird auf den doppelspurigen Strecken der ÖBB teilweise rechts bzw. links gefahren, wobei auch die Signale entsprechend angeordnet sind. Linksverkehr herrscht insbesondere auf folgenden Strecken: Wien Süd–St. Michael–Graz, Wien West–Amstetten und Wörgl–Innsbruck–Brenner.

In Österreich wurde die Verwendung der selbsttätigen Vakuumbremse (Vakuumschnellbremse von Hardy-Clayton) mit einem Erlaß aus dem Jahre 1902 vorgeschrieben. Im Zusammenhang mit der Einführung von durchgehenden Bremsen bei den europäischen Eisenbahnverwaltungen gingen auch die BBÖ zur Druckluftbremse über.

Verschiedene der auf den Steilrampenstrecken der ÖBB verkehrenden Lokomotiven haben keine elektrische Bremse. Um ein Losewerden der Lokomotiv-Radreifen bei langen Gefällefahrten zu vermeiden, ist seit den zwanziger Jahren das „Nachbremsventil" eingebaut, das ein Ansprechen der selbsttätigen Lokomotivbremse erst bei einem Druck von weniger als 3,5 bar in der durchgehenden Bremsleitung gestattet. Dadurch bleibt bei den üblichen Betriebsbremsungen, bei denen der Leitungsdruck von 3,5 bar nicht unterschritten wird, die Lokomotivbremse unwirksam; es arbeiten nur die Bremsen des Wagenzuges. Dieser Lösung haften Nachteile an. Bei den Wagen steigt der Bremsklotz- und Radreifenverschleiß und bei sehr kurzen Zügen kommt es bei höheren Geschwindigkeiten und bei Fahrten im Gefälle auf Steilstrecken infolge des geringen Bremsgewichts der Wagen zu sehr langen Bremswegen, die oft Schnellbremsungen notwendig machen. Bei den meisten Lokomotiven kann das Nachbremsventil unwirksam geschaltet werden.

Sowohl für das Netz der BBÖ als auch jenes der DRB galt die Wagenbegrenzungslinie des Vereins Deutscher Eisenbahnverwaltungen; auch die Umgrenzung des lichten Raums stimmte auf nicht elektrifizierten Strecken überein. Die Maße der Wippe des Stromabnehmers waren dagegen verschieden. Die BBÖ verwendeten im Hinblick auf die zahlreichen Tunnels einen Stromabnehmer von 1746 mm Breite für einen Fahrdrahtzickzack von ±400 mm, die DRB dagegen einen solchen von 2100 mm Breite für einen Zickzack von ±500 mm.

Um nach der „Verreichlichung" des österreichischen Eisenbahnnetzes einen Lokomotivdurchlauf von den Strecken des „Altreichs" auf jene der „Ostmark" und umgekehrt zu ermöglichen, wurde nach eingehenden Studien eine neue Schleifstückwippe mit einer Breite von 1950 mm für einen Fahrdrahtzickzack von ±400 mm eingeführt – die „Reichswippe". Auf dem österreichischen Netz mußte darauf in verschiedenen Tunnels mühsam das Profil erweitert werden; auf den elektrifizierten Strecken in Süddeutschland, Mitteldeutschland und Schlesien wurde die Fahrleitung neu reguliert.

Damit ermöglicht bei ÖBB und DB heute die gleiche Stromabnehmerwippe im Prinzip einen uneingeschränkten Triebfahrzeugdurchlauf zwischen den beiden Bahnverwaltungen, zumal die ÖBB die induktive Zugbeeinflussung (Indusi) von der DB übernahmen. Auf den Strecken Salzburg–Aßling/Jesenice und Kufstein–Brenner wird der Zugbahnfunk der DB-Bauart eingerichtet. Aus praktischen Gründen beschränkt man sich beim Triebfahrzeugdurchlauf auf möglichst wenige Baureihen von Lokomotiven und Triebwagen.

Für ÖBB-Triebfahrzeuge sind die großen Stirnscheinwerfer (bis 350 mm Durchmesser) mit verspiegelten Reflektoren und 24 V / 100 W Glühlampen charakteristisch. Das dritte Zugspitzensignal wurde 1962 vorgeschrieben; spätestens seit 1964 wird das Zugspitzensignal auf den mit mehr als 60 km/h befahrenen Strecken auch tagsüber beleuchtet.

Nachdem schon Anfang der vierziger Jahre die Aluminiumschleifstücke im Zusammenhang mit der Einführung der „Reichswippe" durch solche aus Kohle ersetzt worden waren, erhielten alle nach dem Zweiten Weltkrieg abgelieferten Elektrotriebfahrzeuge der ÖBB Stromabnehmer mit Doppelwippe für Einbügelbetrieb. Anfang der sechziger Jahre wurden auf den vorhandenen Untergestellen der älteren Stromabnehmer neue Scheren mit zwei Schleifleisten aufgebaut, womit sämtliche elektrischen Triebfahrzeuge der ÖBB nur mehr mit *einem* angehobenen Stromabnehmer verkehren.

Die ÖBB modernisieren ältere Elektrolokomotiven in noch größerem Ausmaß als die SBB. Auch die Fahrleitungsanlagen werden speziell auf den hoch belasteten oder mit hohen Geschwindigkeiten befahrenen Strecken systematisch erneuert. Es ist zu hoffen, daß die ÖBB das derzeit laufende Ausbauprogramm zielstrebig weiterführen können.

3.2. Arlbergbahn

3.2.1. Geographische Lage und Trassierung

Unter Arlbergbahn im engeren Sinn versteht man die in west-östlicher Richtung verlaufende Strecke Innsbruck–Bludenz. Im weiteren Sinn gehören auch die ursprünglich zur Vorarlberger Bahn gehörenden Strecken Bludenz–Feldkirch–Buchs/Bregenz (–Lindau) dazu. Die internationalen Schnellzüge der Relation (Paris–)Basel–Zürich–Buchs–Innsbruck–Wien(–Budapest), vereinzelt auch Basel–Villach–Belgrad, St. Gallen–Wien und Straßburg–Lindau–Innsbruck befahren diese Gebirgsbahn. Dazu kommen regionale Schnell- und Eilzüge Bregenz–Innsbruck(–Wien).

Die Arlbergbahn verläuft von Innsbruck bis Landeck im Inntal und steigt von dort im Nordhang des Stanzertals bis St. Anton. Im anschließenden Arlbergtunnel wird unterhalb des Arlbergsattels die Wasserscheide zwischen den Flußgebieten des Rheins und der Donau unterfahren. Von Langen bis Bludenz verläuft die Strecke im Südhang des Klostertals.

Die Arlbergbahn ist 136,6 km lang und zerfällt in die Talstrecke Innsbruck–Landeck P 5
(72,8 km) und in die Bergstrecke Landeck–Bludenz (63,8 km). Mit Ausnahme der Abschnitte Innsbruck Hbf–Flaurling (21,8 km) und St. Anton–Langen (11,1 km) ist diese Bahn eingleisig. Die Strecken Bludenz–Buchs / Lindau sind Talstrecken mit kurzen Doppelspurabschnitten: Feldkirch–Rankweil (5 km), Lauterach–Bregenz (5 km) und Lochau–Lindau Hbf (7 km).

Die Arlbergbahn wurde so trassiert, daß die größte Steigung zwischen Innsbruck und Landeck 8,8 Promille beträgt, auf den Steilrampenabschnitten Landeck–St. Anton 26,4 Promille, Langen–Dalaas 30,4 Promille und Dalaas–Bludenz 31,4 Promille. Damit der Streckenwiderstand möglichst konstant ist, wurden die genannten Maximalsteigungen in Kurven mit kleinen Krümmungsradien um bis zu 3 Promille reduziert. Auf dem Teilstück Schnann–St. Jakob der Ostrampe beträgt die Höchststeigung 15 Promille und auf den Strecken der früheren Vorarlberger Bahn betragen die größten Steigungen 10 bis 12 Promille.[1]

In den Richtungsverhältnissen wurde als kleinster Krümmungsradius zwischen Innsbruck und Landeck 300 m und zwischen Landeck und Bludenz 250 m eingehalten.[2] Während beim Bau der „Konzertkurve“ (benannt nach dem früheren Baudirektor der Landeshauptstadt Innsbruck) zwischen Innsbruck Hbf. und Innsbruck Westbf. der kleinste Radius auf 255 m herabgesetzt werden mußte, konnten beim weiteren Bau der Doppelspur bis Flaurling verschiedene Kurven gestreckt werden, um höhere Geschwindigkeiten fahren zu können.[3] Beim derzeit im Ausbau befindlichen Teilstück Flaurling–Telfs-Pfaffenhofen wird eine sehr umfangreiche Trassebegradigung durchgeführt. Als Fernziel ist die durchgehende Doppelspur Innsbruck–Landeck und Bludenz–Bregenz vorgesehen. Derzeit findet man zwischen Landeck und Bludenz überwiegend elektromechanische Stellwerke mit Lichtsignalen, vereinzelt auch Selbstblocksignale, allein St. Anton hat ein Spurplanstellwerk. Zufolge der mittleren Zugdichte der Arlbergbahn ist ein derart umfassender Ausbau der Zwischenstationen wie beispielsweise bei der BLS vorderhand nicht nötig.

3.2.2. Dampfbetrieb

Nachdem die Vorarlberger Talstrecken Bludenz–Buchs / Lindau schon 1872 den Eisenbahnbetrieb aufgenommen hatten, folgten die Abschnitte Innsbruck–Landeck und Landeck–Bludenz 1883 und 1884. Den Schnellzugverkehr auf der Bergstrecke besorgten zunächst Cn2-Lokomotiven (kkStB-Reihe 52), ab 1886 solche der Reihe 48. Letztere konnten auf der Westrampe 100 t mit 29 km/h befördern, auf der Ostrampe 120 t mit 31 km/h.[4] Für den sich von Jahr zu Jahr steigernden Schnellzugverkehr auf der Arlbergbahn entwickelte Gölsdorf die Verbund-Lokomotiven Reihe 170 (1'D n2v), die ab 1897 den Schnellzugverkehr am Arlberg revolutionierten, da sie 175 bzw. 135 t mit jeweils 30 km/h leisten konnten.[5] Nach der Jahrhundertwende erforderten aber die steigenden Zuggewichte der internationalen Züge immer häufiger Vorspann- und Schiebelokomotiven. Gölsdorf konstruierte die ersten 1E-Gebirgsschnellzuglokomotiven, die Reihe 280 mit Clench-Dampftrockner (1'E n4v), die, wie später alle Gebirgsschnellzuglokomotiven der kkStB, eine Blauöl-Zusatzfeuerung System Holden erhielt. Die ab 1906 gelieferten Maschinen konnten auf 26 Promille 280 t mit 33 km/h und auf 31 Promille 230 t mit 30 km/h fahren. Dank einer zulässigen Höchstgeschwindigkeit von 70 km/h liefen diese Lokomotiven im Schnellzugdienst von Innsbruck bis Feldkirch durch. 1914 wurden für die Arlbergbahn zwei von der 280 abgeleitete Lokomotiven der Reihe 380.100 mit Schmidt-Überhitzer abgeliefert, die planmäßig 235 bzw. 190 t mit 30 km/h über diese Gebirgsstrecke befördern konnten.[6]

B 71 Zu diesen Lokomotiven gesellte sich ab 1920 jene von Rihosek entwickelte Reihe 81, die an sich während des Ersten Weltkriegs den Güterverkehr vom Ostrauer Revier nach Wien beschleunigen sollte. Infolge der kriegsbedingten Änderungen kam sie auf die Steilrampenstrecken Österreichs. Am Arlberg beförderte sie 220 bzw. 175 t mit 30 km/h. Diese 1'E-Dampflokomotiven besorgten bis zur Elektrifizierung der Arlbergbahn den Schnellzugverkehr.

3.2.3. Elektrifizierung

3.2.3.1. Vorgeschichte

Österreich zählt zu den Pionieren des elektrischen Zugbetriebs. Nachdem 1883 die elektrische Lokalbahn Mödling–Hinterbrühl ihren Betrieb aufgenommen hatte, gaben die schwer lüftbaren langen Tunnel der Arlbergstrecke Veranlassung, von 1891 an grundlegende Untersuchungen über die elektrische Zugförderung durchzuführen. Die 1901 bei der Eisenbahnbaudirektion gebildete Studienabteilung dehnte ihre Arbeiten auf das gesamte Netz aus. 1902 veranlaßte der damalige Eisenbahnminister Wittek eine Ausschreibung für die Elektrifizierung von mehreren stark belegten, meist eingleisigen Steilrampenstrecken in den Alpen. Bezüglich Auswahl des Stromsystems, Bauart der Lokomotiven und Details der Streckenausrüstung waren die Offertsteller völlig ungebunden. Unter anderem handelte es sich um die Strecken Innsbruck–Landeck–Bludenz und Schwarzach-St. Veit–Villach–Rosenbach–Triest. 1903 reichten die Firmen Ganz, SSW und AEG jeweils getrennte Angebote für Gleich- bzw. Drehstrombetrieb ein.[7]

Im März 1902 nahm die erste mit Hochspannung betriebene Eisenbahn der Erde, die von Ganz mit Drehstrom 3000 V 42 Hz elektrifizierte 1,1 km lange Schleppbahn zur Munitionsfabrik Wöllersdorf, ihren Betrieb auf. Mit dem Bau der Mittenwaldbahn 1907/13, die von vornherein für elektrischen Zugbetrieb mit Einphasenwechselstrom von zunächst 10 kV 15 Hz vorgesehen war und Steigungen von 36,5 Promille bei einem kleinsten Radius von 200 m aufweist, wurde ein Markstein gesetzt.[8] Eine weitere wichtige Etappe bedeutete die Inbetriebnahme der Preßburgerbahn 1914, die auf dem Mittelstück Groß Schwechat–Köpcény mit 15 kV 16⅔ Hz betrieben wurde, während die beiden Endstücke als Lokalstrecken mit Gleichstrom gespeist wurden.[9]

Nach 1918 konnte das zusammengeschrumpfte Österreich nur noch 15% seines Kohlenbedarfs im eigenen Land decken, weil die bisherigen Kohlenlieferanten abgetrennt waren. Für einen der Hauptverbraucher, die Eisenbahn, wurde rascher Ersatz durch verstärkte Nutzung der Wasserkräfte gesucht. Am 1. 3. 1919 nahm das Elektrisierungsamt der ÖStB unter Paul Dittes seine Tätigkeit auf und arbeitete gemeinsam mit dem damaligen Staatssekretär für Verkehr, Paul, und dem Präsidenten des Elektrizitäts-Wirtschaftsamts, Ellenbogen, ein Elektrifizierungsprogramm aus, das praktisch alle heute elektrifizierten

Strecken umfaßte und in 10 bis 15 Jahren durchgeführt werden sollte. Ausgenommen waren lediglich die Strecken der damals privaten Südbahn-Gesellschaft. In Anknüpfung an die 1911/14 geleisteten umfangreichen Vorarbeiten wurde entschieden, zunächst die Strecken Innsbruck–Bludenz und Attnang-Puchheim–Stainach-Irdning zu elektrifizieren, zumal die Leistungsgrenze der Arlbergbahn im Dampfbetrieb erreicht war.[10]

3.2.3.2. Elektrifizierungsarbeiten

Über den Umfang der Elektrifizierungsarbeiten führt Dittes[11] aus: Für die Energieversorgung der Arlbergbahn wurde einerseits das seit 1912 für den Betrieb der Mittenwaldbahn bestehende Ruetzkraftwerk bei Innsbruck mit zwei Maschinensätzen zu 2940 kW um einen weiteren zu 5880 kW erweitert, andererseits wurde das Spullerseewerk bei Danöfen (heute Wald am Arlberg) auf der Westrampe der Arlbergstrecke mit zunächst drei Maschinensätzen zu 5880 kW neu gebaut.[12] Die beiden Kraftwerke wurden durch eine 123 km lange einschleifige Hochspannungsleitung von 50 bis 55 kV Spannung verbunden, die möglichst lawinensicher über den Arlberg bis auf eine Höhe von 2019 m ü. NN trassiert wurde. An diese 55 kV-Übertragungsleitung wurden die Unterwerke Zirl (36,1 km), Roppen (37,2 km) und Flirsch (29,9 km) sowie Danöfen selbst angeschlossen, woraus sich ein durchschnittlicher Unterwerksabstand von 34,4 km ergab. Die in der Steilrampe gelegenen Unterwerke erhielten zunächst je zwei Transformatoren von je 2400 kVA Dauerleistung, die Unterwerke Zirl und Roppen zunächst je zwei Transformatoren von je 1900 kVA Dauerleistung. Während das Unterwerk Danöfen baulich und betrieblich mit dem Spullerseekraftwerk eine Einheit bildete, wurden die anderen Unterwerke wie damals üblich als Gebäudeunterwerke errichtet.[13]

Auf dem Abschnitt Telfs–Landeck–Langen errichtete Siemens die Fahrleitungsanlage, bestehend aus einem Stahltragseil von 50 mm², einem Hilfstragdraht aus Stahl von 33 mm² und einem Hartkupferdraht von 100 mm² Querschnitt. In den Abschnitten Innsbruck West–Telfs und Langen–Bludenz verlegte die AEG-Union ihr Einfachkettenwerk, wobei sowohl der Fahrdraht als auch das Tragseil, über Rollen geführt, gemeinsam nachgespannt wurden. In den zahlreichen Tunnels erforderten die fast durchwegs sehr knappen Profile Sonderbauarten. Bis zur Beseitigung einiger Profileindrückungen im Arlbergtunnel mußten die Elektrolokomotiven mit Doppelbügel mit schmalem Nebenschleifstück für Tunnelfahrt ausgerüstet werden. In einzelnen Tunnels auf der Arlbergwestrampe erwies sich eine Gleisabsenkung bis zu 16 cm notwendig. Weiter wurde sowohl der Unterbau (z. B. die Trisannabrücke) als auch der Oberbau verstärkt. Zur Vermeidung von Schwachstromstörungen wurden die Bahnfernsprech- und Blockleitungen durchwegs verkabelt.[14]

Diese Anlagen haben sich bei den damaligen Anforderungen durchaus bewährt, nur die störungsempfindliche Führung des Stahltragseils über Rollen bei der Fahrleitung der AEG-Union führte zu baldigem Umbau auf die Regelbauart mit Rohrschwenkauslegern. Die Siemens-Fahrleitung mit Zwischentragseil war auf Teilstrecken noch bis etwa 1960 in Betrieb. 1930 wurde die teilweise auf Fahrleitungsmasten montierte 55 kV-Übertragungsleitung auf eigenes Gestänge verlegt und dabei der Querschnitt vergrößert.[15]

Mit den steigenden Anforderungen und der Ausdehnung des elektrifizierten Netzes wurde die einschleifige 55 kV-Übertragungsleitung durch eine zweischleifige 110 kV-Leitung ersetzt. Entsprechend wurden die Unterwerke Zirl, Landeck und Feldkirch neu gebaut, Roppen und Flirsch 1956 aufgelassen und Wald modernisiert, in Langen ein fahrbares Unterwerk eingerichtet.

Neuerdings erfordern Thyristor-Lokomotiven (Reihe 1044) am Arlberg einen weiteren Ausbau des Bahnstromversorgungsnetzes der ÖBB. Das Kraftwerk Fulpmes (20 MW) ersetzt das überalterte Kraftwerk Schönberg, in Bludenz trägt ein neues Unterwerk zur Energieversorgung der Arlbergwestrampe bei, schließlich wird die Fahrleitungsanlage in gleicher Weise wie auf der Tauernbahn erneuert: Tragseil von 70 mm^2, Fahrdraht von 100 mm^2 und Verstärkungsleitung von 150 mm^2. Die Kupfer-Cadmium-Legierung wird nur noch für das Tragseil verwendet, während sowohl für den Fahrdraht als auch für die Verstärkungsleitung eine Kupfer-Silber-Legierung benutzt wird, um thermische Überlastungen zu vermeiden und um die Stromwärmeverluste zu verringern.[15a]

3.2.4. Bespannung der Schnellzüge bei elektrischem Betrieb

3.2.4.1. Lokomotiven

Da die für die Elektrifizierung in Aussicht genommenen Strecken sowohl ausgesprochene Gebirgsbahnen mit starken Steigungen und niedrigen Höchstgeschwindigkeiten als auch Talstrecken mit hohen Höchstgeschwindigkeiten umfassen, ergab sich *unvermeidlich die Notwendigkeit, verschiedene Lokomotivbauarten zu schaffen, damit den einzelnen Anforderungen möglichst vollkommen entsprochen werden könne.*[16] Als maximale Achslast wurde lediglich 145 kN zugelassen. Entsprechend wurden für den elektrischen Zugbetrieb auf der Arlbergstrecke folgende Lokomotivtypen bestellt:

1. (1'C) (C1') Gebirgsschnellzuglokomotiven (Reihe 1100)
2. 1'C1'-Lokomotiven für die Beförderung von Personen- und Güterzügen mit geringerem Zuggewicht (Reihe 1029)
3. Güterzuglokomotiven der Achsfolge E (Reihe 1080)
4. Je eine Probelokomotive der Bauarten 1'D1' und E mit Phasenumformer (Reihe 1470 und 1180).[17]

Reihen 1100 / E89/1089 und 1100.100 / E89.1/1189

Für den Gebirgsschnellzugdienst bestellten die ÖStB 1920 in Anlehnung an die damals abgelieferten Ce 6/8 II-Lokomotiven Serie 14251 der SBB zunächst drei Gelenk-
TS 33 lokomotiven der Achsfolge (1'C) (C1') mit zwei Rahmenteilen und drei Aufbauten bei
D 38 BBC und Floridsdorf, welche 1923 als 1100.001 bis 003 geliefert wurden. Mit einer Stundenleistung von 4 × 450 kW bei 53 km/h und einer Höchstgeschwindigkeit von 65 km/h sollten diese Lokomotiven auf der Arlbergostrampe Schnellzüge von 360 t mit 50 km/h, auf der Arlbergwestrampe solche von 300 t mit 45 km/h befördern können. *Gegenüber dem derzeitigen Dampfbetrieb wird dadurch eine wesentliche Abkürzung der Fahrzeit erzielt werden, die z. B. auf der Strecke Landeck–Bludenz bei den Schnellzügen rund 30 vH beträgt, bei gleichzeitiger Erhöhung der Zugbelastung um rd. 12 vH.*[18] Vier weitere Lokomotiven wurden unverändert nachbestellt.

Ehe eine neuerliche Vergebung erfolgte, studierten die Lieferfirmen auf Wunsch der BBÖ die Ausführung einer ähnlichen Maschine mit Einzelachsantrieb. Die Entwürfe ähneln teilweise sehr jenen der gleichzeitig entwickelten Be 6/8 Serie 201 der BLS. Obwohl bei einer nur um etwa 5 t größeren Dienstmasse eine Leistungssteigerung von etwa 50% möglich gewesen wäre, entschloß man sich wegen der Typenbeschränkung und damit geringeren Ersatzteilhaltung, auch wegen der befürchteten Schleuderneigung des Einzelachsantriebs, nochmals zum Nachbau der Reihe 1100, wobei die Leistung der Fahrmotoren um 10% gesteigert und die Höchstgeschwindigkeit auf 75 km/h festgesetzt werden konnte. Diese neun Lokomotiven kamen 1926/27 als Reihe 1100.100 in Dienst. Später wurde bei der Ursprungsbauart die Höchstgeschwindigkeit auf 70 km/h erhöht.[19]

B 72 Die Reihen 1100 und 1100.100 liefen nicht nur wie vorgesehen auf dem Steilrampen-
abschnitt Landeck–Bludenz, sondern auch auf den anschließenden Talstrecken; so konnten sie zwischen Innsbruck und Landeck 360 t mit etwa 65 km/h ziehen.

Bei den Lokomotiven der Reihe 1100 war anfänglich ein häufiges Abschleifen des Kommutators notwendig, auch kam es zu Deformationen der Zahnradscheiben. Geeignetere Kohlesorten und eine Änderung der Formgebung des Vorgelegesatzes konnten diese

Mängel beheben. In jeder Hinsicht entsprechend, bewältigten die Lokomotiven dann jahrelang praktisch den gesamten Schnellzugverkehr am Arlberg.

Mit einer zulässigen Höchstgeschwindigkeit von 65 (70) bzw. 75 km/h waren sie Ende der zwanziger Jahre auf den Talstrecken doch zu langsam. Von der 1670 dort im Schnellzugdienst zusehends abgelöst, dienten sie teilweise als Vorspannlokomotiven auf den Steilrampen. Endgültig wurden diese Maschinen in der Reichsbahnzeit durch die Reihe E94 (1020) aus dem Schnellzugdienst verdrängt.[20]

Reihe 1029 / E33/1073

Gleichfalls 1920 wurden 11 Steifrahmen-Lokomotiven der Achsfolge 1'C1' mit normaler TS 34
Übersetzung 1 : 4,21 und einer Höchstgeschwindigkeit von 70 km/h bei der StEG und B 73
der AEG-Union bestellt, dazu als Talschnellzuglokomotive mit geänderter Übersetzung 1 : 3,63 eine weitere dieser Bauart mit einer Höchstgeschwindigkeit von 80 km/h. Die 1C1-Lokomotive war vorzugsweise zur Beförderung leichterer Züge auf Strecken mit mittleren Steigungen bestimmt, sollte aber auch mit einer zweiten Lokomotive in Vielfachsteuerung *auf eigentlichen Gebirgsstrecken und im schweren Güterdienste Verwendung finden, ist also tatsächlich eine Universallokomotive.*[21]

Die zunächst fertiggestellte 1029.02 führte am 22. 7. 1923 den ersten elektrisch geführten Zug Telfs–Innsbruck. Noch vor der Aufnahme des durchgehenden elektrischen Zugbetriebs über die Bergstrecke am 15. 5. 1925 war schon am 8. 11. 1924 ein elektrischer Inselbetrieb von St. Anton nach Langen aufgenommen worden, wobei zur Schonung der Fahrleitungsanlagen im Tunnel Elektrolokomotiven die Dampflokomotiven schleppten.[22]

Für den Talschnellzugdienst wurden dann zwei Lokomotiven mit den Betriebsnummern 1029.500 und 501 geliefert. Mit einer Stundenleistung von 2 × 520 kW bei 50 km/h konnten sie zwischen Innsbruck und Landeck einen 360 t-Schnellzug mit etwa 50 km/h befördern.

Der Lauf der Lokomotiven dieser Serie war sehr schlecht. Die Einfahrt in Gleisbögen erfolgte ruckartig, der Lauf war sperrig, die Leistungsreserve zum Einholen von Verspätungen zu gering, bei Spannungsabfall in der Fahrleitung versagte die elektromagnetische Schützensteuerung ihren Dienst, infolge Anordnung nur eines Führerstands aus Gewichtsgründen war die Streckensicht schlecht. Vor allem wurden die Getriebe, hauptsächlich wegen der Verwendung minderwertiger Stahlsorten, schon nach kurzer Zeit untauglich und mußten bei sämtlichen Lokomotiven durch neue mit dem Übersetzungsverhältnis 1 : 4,04 ersetzt werden, woraus sich eine Höchstgeschwindigkeit von 75 km/h ergab.[23] Diese Anstände führten dazu, daß die Lokomotiven Schnellzugdienst nur in den ersten Jahren und auch da selten versahen.[24] Nach 1953 wurden nichtsdestoweniger 10 Lokomotiven modernisiert, wobei die Motoren neu bewickelt und andere kleinere Verbesserungen vorgenommen wurden. Gleichzeitig erhöhte man die zulässige Höchstgeschwindigkeit von 75 auf 90 km/h.[25] Dennoch blieben diese Fahrzeuge sowohl im Betrieb als auch im Unterhalt unbeliebt. Nur dem ständigen Mangel an Elektrolokomotiven in Österreich war es zu verdanken, daß diese Maschinen erst so spät ausgemustert worden sind.

Reihe 1470 und 1180

Neben Lokomotivtypen mit Einphasen-Reihenschlußmotoren erteilte die Bahnverwaltung 1922 den Bauauftrag für zwei Probelokomotiven an die Firmen Floridsdorf und Ganz, bei denen die elektrische Ausrüstung nach dem System der Phasenumformung nach Koloman v. Kandó ausgebildet werden sollte. Neben einer Lokomotive der Achsfolge E für den Güterzugdienst wurde eine 1'D1'-Schnellzuglokomotive gebaut. Beide TS 36
stimmten im elektrischen Teil überein. Der Einphasenwechselstrom von 15 kV 16²/3 Hz B 75
wurde dabei ohne Zwischenschaltung eines Transformators in einem rotierenden Phasenumformer in mehrphasigen Wechselstrom niedriger Spannung derselben Frequenz umgeformt, der den Induktionsmotoren über Polschalter und Kaskadenschalter zugeführt wurde.[26] Seinerzeit wurden folgende Vorteile für dieses System genannt:

1. Wegfall jedes Kommutators (außer bei den Hilfsmaschinen)
2. Der Leistungsfaktor ist fast stets gleich 1
3. Elektrische Bremsung als Rekuperationsbremse ohne besondere Hilfsmittel selbständig bei Überschreiten der synchronen Geschwindigkeit
4. Drehmoment der Motoren unabhängig vom Spannungsabfall in der Fahrleitung
5. Abgesehen vom Synchron-Umformer entspricht die elektrische Ausrüstung den bewährten Drehstromtypen und ist verhältnismäßig einfach und billig.[27]

Entsprechend den Möglichkeiten der Polumschaltung der beiden Motoren waren bei jeder der beiden Versuchstypen insgesamt fünf synchrone Geschwindigkeiten möglich, so bei der Reihe 1470 mit einem Triebraddurchmesser von 1614 mm 25,4 / 38,0 / 50,8 / 76,0 / 101,5 km/h. Die wirklichen Fahrgeschwindigkeiten waren als Folge des Schlupfes um etwa 1,2% niedriger. Die Stundenzugkräfte derselben Type sollten bei den drei niedrigeren Geschwindigkeiten 108 kN, bei 75 km/h 72 kN und bei 100 km/h 54 kN betragen. Die Halbstundenzugkraft sollte um 15%, die Viertelstundenzugkraft um 40% höher liegen, wobei die Leistungsfähigkeit bei niedrigeren Geschwindigkeiten durch die Erwärmung der Motoren, bei den höheren durch die Erwärmung des Umformers begrenzt ist. Zum Anlassen der Motoren über einen Flüssigkeitswiderstand und zum Antrieb einer Wasserstrahlpumpe für die Vakuumbremse wurden 2,2 t Wasser mitgeführt.[28]

Im Winter 1925/26 kam die 1470.001 zum Probebetrieb, wobei es Störungen am laufenden Band gab. Viele Mängel lagen in der Eigentümlichkeit des Systems. Konnte die Lokomotive auf flachen Streckenteilen noch entsprechen, so versagte sie auf den Rampen völlig. Viele Umbauten (u. a. unter Verwendung der bereits in die 1180.001 eingebauten und etwas geänderten Motoren, wodurch diese überhaupt nie zu Probefahrten kam) brachten keine nennenswerten Verbesserungen. Im Betrieb machte sich die geringe Zahl von Dauerfahrstufen unangenehm bemerkbar, der Flüssigkeitswiderstand zum Anlassen der Motoren führte zu starker Erwärmung mit Dampfentwicklung und Feuchtigkeitsniederschlag. Vor allem wurde durch die starre Charakteristik der Induktionsmotoren nicht nur die Lokomotive stark beansprucht, sondern darüber hinaus wirkte die mit der Belastung stark wechselnde Stromaufnahme ungünstig auf Unterwerk und Kraftwerk zurück.

Schließlich ließen die BBÖ die Versuche einstellen und verweigerten die Übernahme der Lokomotiven. Beide wurden daraufhin nach Ungarn gebracht und verschrottet.[29]

Reihe 1570 / E22

Nach den schlechten betrieblichen Erfahrungen mit der Reihe 1029 sollte für die in Umstellung auf elektrischen Betrieb befindlichen Strecken Vorarlbergs eine echte Talschnellzuglokomotive zur Verfügung stehen. Gefordert wurden folgende Anhängelasten: 650 t auf 10 Promille mit 50 km/h und auf 15 Promille mit 47 km/h, 320 t in der Ebene mit 85 km/h und 500 t auf 5 Promille mit 60 km/h.[30] Als maximale Achslast wurde 160 kN zugelassen.

Während die übrigen Firmen am Stangenantrieb festhielten, hatten Siemens und Krauss-Linz einen Entwurf ausgearbeitet, dessen Zweckmäßigkeit gegenüber den anderen Offerten bestechend war. Das Laufwerk wurde mit der Achsfolge (1A)Bo(A1) ausgebildet, die vier Motoren stellte man mit lotrechter Welle im Maschinenraum auf und trieb über ein Kegelradgetriebe in Achsmitte und eine Hohlwelle die Radsätze an. Zufolge der guten Raumausnutzung dieser Anordnung konnten die Motoren größer und leistungsfähiger werden. Im elektrischen Teil wurde die elektropneumatische Schützensteuerung mit 15 Fahrstufen vorgesehen. Je zwei Motoren sind in Reihe geschaltet und laufen paarweise mit verkehrter Drehrichtung, um die Kreiselwirkung aufzuheben.

TS 37 Entsprechend diesem Vorschlag bestellten die BBÖ vier Maschinen, die 1925/26 als
B 76 1570.001 bis 004 dem Betrieb übergeben werden konnten. Sie haben eine Stundenleistung von 1600 kW bei 66 km/h und eine Höchstgeschwindigkeit von 85 km/h.[31]

Die Lokomotiven dieser Reihe überboten die geforderten Leistungen sogar. Im Schnellzugdienst am Arlberg konnten sie auf der Ostrampe 250 t mit 60 km/h und auf der Westrampe 190 t mit 55 km/h leisten, im Inntal von Innsbruck bis Landeck 280 t mit 80 km/h befördern. In den zwanziger Jahren erreichten sie Tagesleistungen von 630 km und Monatsleistungen von 13 000 km. Die Kegelräder waren nach einer Laufleistung von 400 000 bis 500 000 km entgegen den Befürchtungen fast ohne Abnützung.[32]

Die vier Maschinen dieser Reihe haben sich sehr gut bewährt. Die komplizierte Schmierung der stehenden Motoren und deren Überwachung ließ ursprünglich die Einmannbedienung nicht zu.[33] Sobald größere Reparatur- oder Instandsetzungsarbeiten anfallen, ist mit der Ausmusterung der restlichen Lokomotiven dieser Splittergattung zu rechnen.

Reihen 1670 / E22.1 und 1670.100 / E22.2

Für die Elektrifizierung der Strecke Innsbruck–Salzburg mit langen Rampen von 23 Promille sollte auf der Grundlage der Reihe 1570 eine Schnellzuglokomotive entwickelt werden, die auf den verhältnismäßig kurzen Streckenteilen die dort zulässige Geschwindigkeit von 100 km/h auch ausnützen könnte. Gefordert wurden bei 65 km/h 700 t auf 10 Promille und 340 t auf 24 Promille. Gegenüber der Reihe 1570 wurde lediglich ein Mehrgewicht von 5% zugestanden. Den Bauauftrag der 29 als Reihe 1670 bezeichneten **TS 38** Lokomotiven erhielten wiederum Siemens und Krauss, weil sie eine Leistung von 1912 kW bei einem Gesamtgewicht von 94 t garantierten.[34]

Diese Lokomotiven erhielten 4 × 2 senkrecht stehende Motoren, die auf einen zweiteiligen Kegeltriebsatz arbeiten, der seinerseits die Treibachse mit Spiel umgibt und sie mittels Gelenkkupplung antreibt. Doppelmotoren anstelle von Einzelmotoren wurden gewählt, um sie einerseits klein zu halten und andererseits die Kreiselwirkung innerhalb der einzelnen Gruppe aufheben zu können. Um eine bessere Zugänglichkeit der elektropneumatischen Schütze für 19 Fahrstufen zu erreichen, wurden diese in Kästen an der Außenseite der Lokomotive untergebracht. Die erste Lokomotive wurde im Mai 1928 geliefert, bis Ende 1929 waren alle 29 in Verwendung. Das garantierte Gewicht war um etwa zwei Tonnen überschritten worden, die ursprünglich auf 2000 kW kalkulierte Leistung stieg auf eine Stundenleistung von 2350 kW bei 69 km/h.[35] **D 37**

Diese Maschinen führten nicht nur zu schwersten betrieblichen Konsequenzen für die BBÖ, sondern wuchsen sich zu einem innenpolitischen Skandal aus. Unter dem Zwang zur Sparsamkeit wurden die Sicherheitsgrade des mechanischen Teils zu knapp bemessen, vor allem war das auf extremen Leichtbau konstruierte Laufwerk den Beanspruchungen nicht gewachsen. Im Winter 1928/29 traten in Überhöhungsrampen von Kurven insgesamt sechs Entgleisungen zufolge Frostaufbrüche auf. Ab 60 000 km Laufleistung beobachtete man Speichenbrüche der Radsterne, die auf Ermüdungserscheinungen durch Reibschwingungen zurückgeführt werden konnten. Nach eineinhalbjähriger Betriebszeit brach eine Treibachse als Folge eines Ermüdungsdauerbruchs über 2/3 des Querschnitts. Eine sofortige Untersuchung zeigte, daß sämtliche 29 Maschinen bereits Achsanbrüche hatten und sofort aus dem Betrieb genommen werden mußten. Als Folge mußte auf der neuelektrifizierten Strecke Saalfelden–Wörgl ein großer Teil der Züge vorübergehend wieder mit Dampf geführt werden.[36]

Neben der Verstärkung des Drehgestellrahmens und dem Austausch des Federungssystems wurden vor allem neue Achsen gleicher Abmessung aus Chromnickelstahl eingebaut, da die Hohlwelle keine stärkeren zuließ. Diese Umbauten erhöhten die Dienstmasse von 96 t auf 104 t, die Achslast von 162 kN auf 172 kN. Schon nach sechs Wochen ging die erste Lokomotive wieder in Dienst.

Eine Nachbestellung von fünf Lokomotiven wurde infolge Auflassung der Firma **B 78** Krauss an Floridsdorf vergeben, wobei das zugestandene Mehrgewicht ausschließlich dem mechanischen Teil zugute kommen sollte. Das Laufwerk wurde ausreichend dimensioniert, die Rahmen- und Drehgestellkonstruktion überarbeitet, zugunsten einer bequemeren Motoraufstellung wurden die Radstände vergrößert. Damit ergab sich für diese

Lokomotiven das höchste Metergewicht aller Elektrolokomotiven der BBÖ bzw. ÖBB. Die fünf Lokomotiven der Reihe 1670.100 wurden 1932 abgeliefert und hatten nicht die genannten Schwierigkeiten aufzuweisen.[37]

Die Lokomotiven der Reihen 1670 und 1670.100 dürfen auf der Arlbergostrampe 280 t und auf der Arlbergwestrampe 220 t im Schnellzugdienst befördern. Damit erforderten schwerere Schnellzüge im Regelfall Vorspann. Auch nach Lieferung der Lokomotiven Reihe E 94 (1020) kamen die 1670 mit leichteren Schnellzügen durch den Arlberg. Erst nach dem Einsatz der Reihe 1110 wurden sie aus dem Regelschnellzugdienst zurückgezo-
B 77 gen. Heute laufen sie am Arlberg vor allem vor Personenzügen sowie im Vorspanndienst[38], auch führen sie Gütereil- und Güterschnellzüge im Flachland.

Anfang der sechziger Jahre war geplant, alle Lokomotiven Reihe 1670 umzubauen, wobei die störungsanfälligen Leistungsschütze ersetzt und neue Kästen aufgebaut werden sollten. Infolge der Beschaffung der Reihe 1042 wurde dieser Plan fallengelassen.[39] Eine Verbesserung der Betriebstüchtigkeit und Behebung der vom Personal beklagten Mängel sollten kleinere Umbauten ergeben. Bei der früheren Ausführung der Antriebsschmierung der Reihe 1670 mit vier voneinander unabhängigen Ölkreisläufen je Fahrmotor[40] mußte alle 20 Minuten während der Fahrt eine Kontrolle durchgeführt werden, was nach Einführung des Einmannbetriebs und Verbesserungsmaßnahmen an der Schmierung bzw. Lagerung durch »fliegende Beimänner« besorgt wurde. Nach dem Umbau der Motorlagerungen der 1670 auf Rollenlager konnten diese Kontrollen entfallen. Weiter waren im jeweils vorderen Führerstand hohe Temperaturen zufolge Wirbelbildung im Maschinenraum sowie lautes Fahrgeräusch zu beobachten. Der Einbau von Wärme- und Schallisolierung brachte günstigere Werte. Die Ausmusterung dieser jetzt rund 50 Jahre alten Maschinen wird durch die Ablieferung der Serienlokomotiven der Reihe 1044 ermöglicht.

Reihe 1082 / E88.3

Im Jahre 1926 schlug ÖSSW, anscheinend angeregt durch die Phasenumformerlokomotive 1470, den BBÖ vor, eine Versuchsmaschine für Stromumformung mit stufenloser Spannungsregelung, elektrischer Nutzbremse und konstantem $\cos \varphi = 1{,}0$ auszurüsten. Die BBÖ stimmten dem Vorschlag zu und bestimmten die im Bau befindliche 1080.110 zur Ausrüstung mit der Umformereinrichtung, die deshalb als 1080.201 bezeichnet werden sollte. Bald stellte sich heraus, daß einerseits die umfangreiche elektrische Ausrüstung im Maschinenraum der 1080 nicht unterzubringen, andererseits aber auch mit dem vorgeschriebenen Gewicht nicht auszukommen war. Damit mußte auch der mechanische Teil völlig neu konstruiert werden.[41]

Der von Floridsdorf gelieferte mechanische Teil mußte aus Gewichtsrücksichten auf die Ausbildung eines geschlossenen Maschinenraums mit zwei Führerständen verzichten, nur an einem Ende ist ein solcher vorhanden. Der 30 t schwere Umformersatz ist mit einer runden Blechverkleidung abgedeckt, die der Maschine äußerlich eine gewisse Ähnlichkeit
TS 39 mit einer Dampflokomotive gibt. Die Achsfolge ist 1'E1' mit Krauss-Helmholtz-Drehgestellen, der Antrieb von der 1080 und 1080.100 abgeleitet.[42] Nach Vertrag sollte die elektrische Leistung der Versuchslokomotive jener der 1080.100 entsprechen. In Abwandlung der Ward-Leonard-Schaltung bildeten die ÖSSW das Energieübertragungssystem wie folgt aus. Der Einphasenwechselstrom wird in einem Phasenumformer zunächst in Mehrphasenstrom, dieser dann in einem damit gekuppelten Einankerumformer in Gleichstrom umgewandelt. Die Spannungsregulierung auf der Gleichstromseite erfolgt durch Bürstenverschiebung am Umformer. Die beiden in Reihe geschalteten Umformer speisen die in Reihe geschalteten Gleichstrommotoren.[43]

Das Fahrzeug kam als 1082.01 im Jahre 1930 in Dienst. Es konnte 1000 t auf 10 Promille mit 36 km/h befördern, weitere Zugleistungsdaten sind in der Literatur nicht auffindbar. Mit einer Höchstgeschwindigkeit von 60 km/h war die 1082.01 eine Güterzug-
B 74 lokomotive, zog aber über die Steilrampe auch Schnellzüge. Obwohl sich das gewählte elektrische System durchaus bewährte, stand diese Versuchslokomotive wegen mangeln-

der Rentabilität nur bis 1939 in Betrieb und wurde nach der Ausmusterung 1942 von Henschel in einen Klima-Schneepflug umgebaut.[44] Auch die 1954/57 abgelieferten Umformerlokomotiven CC-14001 bis 20 und CC-14101 bis 202 der SNCF für 25 kV 50 Hz sind schon zur Ausmusterung vorgesehen.

Reihe E94 / 1020

Nach der Übernahme des BBÖ-Netzes durch die DRB im Jahre 1938 wurden zur Beschleunigung des Verkehrs am Arlberg vom Bw Rosenheim aus zeitweise Co'Co'-Lokomotiven Reihe E93 eingesetzt, die aus Anlaß der Elektrifizierung der Strecke Augsburg–Stuttgart für den schweren Güterzugdienst beschafft worden waren.[45] Mit einer Stundenleistung von 2502 kW bei 57 km/h und einer Höchstgeschwindigkeit von 65/70 km/h konnten diese Lokomotiven auf 25 Promille 615 t mit 35 km/h oder 400 t mit 60 km/h befördern. Obgleich der Lauf ruhig und der Spurkranzverschleiß gering war, kamen die E93 im Schnellzugdienst auf der Arlbergbahn wegen ihrer zu geringen Geschwindigkeit vor schweren Zügen auf der Steilrampe nicht in Betracht. 1941/42 kehrten wieder alle Maschinen zu ihrer Stammstrecke zurück.[46]

Für die Beförderung schwerer Güterzüge im damals elektrifizierten deutschen Netz und schwerer Schnellzüge auf den österreichischen Steilrampenstrecken wurde aufbauend auf der Konzeption der Reihe E93 eine um 30% verstärkte Bauart bei der AEG bestellt, die Reihe E94. Gefordert wurden folgende Anhängelasten: 2000 t auf 0 Promille mit 85 km/h, TS 40
1600 t auf 10 Promille mit 40 km/h, 1000 t auf 16 Promille mit 50 km/h und 600 t auf 25 Promille mit 50 km/h.[47]

Die Lokomotive besteht aus zwei dreiachsigen Triebgestellen mit Vorbauten und der dazwischenliegenden Brücke mit dem Lokomotivkasten. Die Zug- und Stoßkräfte werden durch ein stark bemessenes Kuppeleisen von Gestell zu Gestell übertragen, außerdem ist zur Verhinderung der Achsentlastung eine Ausgleichs- und Schlingerkupplung vorgesehen. Fahrgestell und Brücke sind in reiner Schweißkonstruktion erstellt, um die höchstzulässige Dienstmasse von 120 t einhalten zu können.[48] Gegenüber der E93 wurde die E94 um 900 mm länger, um 0,9 t schwerer, der ungleiche Radstand der Drehgestelle wurde um 150 bzw. 50 mm vergrößert.[49]

Die elektrische Energie fließt über zwei Stromabnehmer SBS 39 und einen Druckgas- oder Expansionsschalter dem ölgekühlten Manteltransformator mit einer Dauerleistung von 3060 kVA zu. Ein Nockenschaltwerk mit Feinregler ermöglicht 18 Dauerstufen. Die zehnpoligen Fahrmotoren mit Tatzlagerantrieb konnten von den Bo'Bo'-Lokomotiven E44.5 aus dem Jahre 1934 übernommen werden. Damit ergibt sich für die E94 eine Stundenleistung von 3300 kW bei 68 km/h und eine Höchstgeschwindigkeit von 90 km/h. D 50
Auf ausdrücklichen Wunsch der österreichischen Dienststellen kam eine Wechselstrom-Widerstandsbremse von 675 kW zum Einbau, die zur Abbremsung der Lokomotive in der Steilrampe genügte.[50]

Im Mai 1940 wurde die E94 001 dem Bw Innsbruck zugewiesen, wo sie als 1020.18 noch
heute stationiert ist. Weitere folgten, wo sie vor allem Schnellzüge auf den Steilrampen- B 79
strecken beförderten.[51] Bei Kriegsende 1945 befanden sich 44 Maschinen der Reihe E94 in Österreich, die auf Beschluß des Alliierten Kontrollrates in Österreich verblieben und 1953 mit der neuen Reihenbezeichnung 1020 versehen wurden. Zu diesen 44 Fahrzeugen kamen 1953/54 noch die drei in Floridsdorf aus lagernden Teilen fertiggestellten und als 1020.45 bis 47 bezeichneten Maschinen.[52]

Die E94 verursachten auf dem damals noch sehr schwachen Oberbau der österreichischen Strecken erhebliche Schwierigkeiten. Erst nach umfangreichen Erneuerungsarbeiten konnten die sehr leistungsfähigen Maschinen freizügig eingesetzt werden.[53] Die 1020 kann auf der Arlbergostrampe 550 t und auf der Arlbergwestrampe 450 t (im Bedarfsfall 480 t) im Schnellzugdienst befördern, womit praktisch alle Schnellzüge durch diese Maschine ohne Vorspann am Arlberg geführt werden konnten. Die Lokomotiven liefen zunächst von Saalfelden bis Buchs vor Schnellzügen durch. Der Durchlauf Salzburg–

Buchs wurde erst am 29. 1. 1951 aufgenommen, bis dahin wurde in Saalfelden umgespannt.

Bewährte sich die elektrische Ausrüstung vorzüglich, so gab es beim mechanischen Teil verschiedene Anstände, insbesondere anfänglich beim Laufwerk. Der große starre Radstand der dreiachsigen Drehgestelle führte zu ungewöhnlich starker Radreifenabnützung; nicht selten mußten die Spurkränze nach nur 30 000 km abgedreht werden. Zudem hat die E94/1020 keine Querkupplung der Triebgestelle wie etwa die allerdings später entstandene Ae 6/6 der SBB. Der Einbau einer Spurkranzschmierung konnte die Radreifenabnützung erheblich herabsetzen. Auch die mechanische Bremse hatte ihre Mängel. Infolge verfehlter Ausbildung eines vertikalen Winkelausgleichshebels sind die Bremskräfte auf die einzelnen Achsen unterschiedlich verteilt. Die Mittelachsen werden dabei um etwa 30% stärker als die beiden äußeren abgebremst, was häufiges Feststellen bzw. bei den langen Bremswegen auf den Steilrampen starke Flachstellenbildung an den Radreifen verursacht.[54]

Die Verdrängung der Reihe 1020 aus dem Schnellzugdienst ergab sich aus folgenden Gründen. Die Lokomotiven entsprachen zwar leistungsmäßig, nicht aber geschwindigkeitsmäßig und waren nur für die niedrigeren Kurvengeschwindigkeiten nach Zug B zugelassen; zudem fehlten die im Schnellzugdienst eingesetzten Maschinen bei der Güterzugtraktion. Horn berichtet, längeres Fahren der 1020 mit der Höchstgeschwindigkeit von 90 km/h habe sich auf das Fahrzeug sehr nachteilig ausgewirkt.[55] Vom Betrieb her sind jedoch keine derartigen Schwierigkeiten bekannt, zumal die 1020 auch heute noch vor TEEM- und Schnellgüterzügen über längere Distanzen die Höchstgeschwindigkeit ausfahren muß.

Nach Lieferung der Reihe 1110 wurde die Reihe 1020 zunehmend seltener im schweren Schnellzugdienst der Arlbergstrecke eingesetzt, gelegentlich findet man sie vor Reisetouristikzügen. Ein Umbau anläßlich der Groß-Hauptausbesserung sollte diese Lokomotivbauart für den Gebirgsdienst noch betriebstüchtiger machen. Äußerlich ist der Einbau von zwei großen Stirnfenstern und Düsenlüftungsgittern auffällig, im elektrischen Teil wurde eine Neuverkabelung durchgeführt und vor allem die elektrische Bremse erheblich verstärkt.[56]

Bei diesen vorwiegend im Steilrampendienst verwendeten Lokomotiven wurde im Laufe der Zeit die Forderung nach einer Anhebung der Bremskraft der elektrischen Bremse erhoben. Man wollte die bergwärts beförderte Anhängelast talwärts ohne Zuhilfenahme der Druckluftbremse abbremsen. Im Jahre 1967 wurde die 1020.19 als Prototyp mit einer Gleichstromwiderstandsbremse ausgestattet. Dabei wurde die mechanische Schaltwerkssteuerung auch für das Bremsen beibehalten. Höher belastbare Bremswiderstände und Übergang von Wechselstrom- auf Gleichstromerregung konnten die Dauerbremsleistung von 675 kW auf 2400 kW anheben. Die Begrenzung der Bremskraft nach oben war durch die maximale Pufferkraft gegeben, um ein Aufsteigen von Puffern unterschiedlicher Höhe bei völliger Abstützung des Zuges auf der Lokomotive vermeiden zu können. Auf der Arlbergwestrampe kann die 1020 mit verstärkter Widerstandsbremse 450 t Anhängelast bei 50 km/h in der Beharrung elektrisch abbremsen. Ab 1971 wurden die übrigen Lokomotiven dieser Reihe mit dieser Bremse ausgerüstet.[56a]

Trotz dieses Umbaus ist die 1020 der ÖBB im Unterschied zur Reihe 194 der DB im Unterhalt ziemlich teuer und in Bezug auf die Störungsanfälligkeit eine der schlechtesten Lokomotivbauarten der ÖBB.

Reihe 1010

Nachdem sich der elektrische Betrieb der österreichischen Eisenbahnen selbst unter den ungünstigsten Bedingungen des Zweiten Weltkriegs bewährt hatte, nahm bereits 1945 ein umfangreiches Elektrifizierungsprogramm die Elektrifizierung von etwa 2000 km Strecke, insbesondere die Strecke Attnang–Wien, in Aussicht.[57]

Neben besonders dringend benötigten Lokomotiven für gemischten Betrieb bestand auch noch Bedarf nach einer Reihe ausgesprochener Schnellzuglokomotiven. So fanden im Jahre 1947 am Arlberg und Tauern Versuchsfahrten mit der Ae 4/4 251 der BLS TS 4 statt.[58] Dennoch konnten sich die ÖBB aus folgenden Gründen nicht zur Anschaffung von Lokomotiven dieser Reihe entschließen:

1. War das Beschleunigungsvermögen der 1018 mit einem Reisezug von 650 t auf 5 Promille Steigung bei Geschwindigkeiten von 100 km/h und darüber noch voll ausreichend, so erschien dies für eine Bo'Bo'-Lokomotive mit den Leistungsdaten und D 8 Zugkräften der Ae 4/4 zweifelhaft.[59]
2. Die höhere spezifische Belastung, also die Materialausnützung der Ae 4/4 war höher als damals in Österreich üblich.
3. Bis ins letzte geschulte Mannschaften betreuten sorgsam die wenigen Lokomotiven der Lötschbergbahn, was in Anbetracht der zu fordernden großzügigen Verwendbarkeit im ausgedehnten österreichischen Netz nicht durchführbar gewesen wäre.[60]

Da auch ein Nachbau der 1018 nicht in Betracht kam, lief Anfang der fünfziger Jahre der Entwurf einer sechsachsigen Lokomotive der Achsfolge Co'Co' mit einer Stundenleistung von etwa 4000 kW bei 90 km/h und einer Höchstgeschwindigkeit von 120 km/h ursprünglich auf eine Vervielfachung der 1041 um das eineinhalbfache hinaus. Die maximale Achslast sollte mit Rücksicht auf eine größtmögliche Schonung des Oberbaus nicht mehr als 172 kN betragen.[61]

Die Bestellung von 8 Maschinen dieser Reihe im Jahre 1952 verlangte ausgehend von der Belastungstafel der Reihe 1018 folgende Garantieleistungen: 650 t bei 0 Promille mit 120 km/h, bei 5 Promille mit 110 km/h und bei 10 Promille mit 90 km/h. Die Arlbergostrampe sollte mit 420 t bei 55 km/h, die Arlbergwestrampe mit 345 t bei 55 km/h bewältigt werden können.[62]

Der von SGP gelieferte mechanische Teil der schließlich verwirklichten Co'Co'-Lokomotive Reihe 1010 mit einer Höchstgeschwindigkeit von 130 km/h zeichnet sich TS 42 durch folgende Merkmale aus: dreiachsige Wiegentriebdrehgestelle mit möglichst kurzem Achsstand, um bei den stark wechselnden Richtungsverhältnissen einen geringen Spurkranzverschleiß zu erreichen, Ausführung der Wiegenaufhängung entweder mit festem tiefliegenden Drehzapfen oder mit ideellem Drehzapfen über Lenker, Ausbildung der Achslager als Gleitlager, BBC-Federantrieb, R-Bremse.[63] Den elektrischen Teil der 1010 D 26 lieferte ABES. Die elektrische Energie wird dem Triebfahrzeug über zwei Scherenstromabnehmer mit Doppelwippe, von denen nur jeweils der in Fahrtrichtung hintere am Fahrdraht anliegt, und den Druckluftschnellschalter zugeführt. An den radialgeblechten Transformator von 3500 kVA Dauerleistung ist eine Hochspannungssteuerung mit 28 Stufen angebaut, der zehnpolige Fahrmotor EM 665 aus dem EM 601 der 1040 und 1041 weiterentwickelt. Von dem Einbau der elektrischen Bremse wurde abgesehen, »da kein unmittelbarer Bedarf für eine solche bestand«, jedoch ist der hierfür notwendige Platz freigehalten.[64]

Die 1010.01 wurde als erste am 15. 5. 1955 übernommen, mit der 1010.04 fanden am 12. 10. 1955 zwischen Bludenz und Langen Versuchsfahrten statt. Unter anderem konnte bei km 127,5 auf 31 Promille Steigung in einem Bogen mit 250 m Radius ein aus 10 Wagen bestehender Zug von 410 t angefahren und auf 65 km/h beschleunigt werden, wobei als zusätzliche Erschwernis noch ein Fahrmotor abgeschaltet wurde. Im Einvernehmen mit den Lieferfirmen war es möglich, die garantierten Anhängelasten bis zu 10% zu erhöhen. So konnten für die Reihe 1010 auf der Arlbergostrampe 450 t und auf der Westrampe 380 t zugelassen werden.[65]

Die bis Jänner 1956 abgelieferten acht Lokomotiven dieser Reihe liefen nach kurzer Erprobungszeit im turnusmäßigen Dienst auf der Strecke Wien–Buchs. Bis 1958 wurden B 80 weitere 12 Lokomotiven der Reihe 1010 geliefert.

Bei der Drehgestellbauart mit ideellem Drehzapfen ergaben sich Schwierigkeiten infolge unangenehmer Schlingerbewegungen bei etwa 100 km/h und bei Fahrt in der

Geraden. Ihre Ursache war eine Summierung der Eigenfrequenzschwingungen bei schlechten Oberbauverhältnissen, wie sie in den ersten Betriebsjahren der Lokomotiven auf der Westbahn noch häufig anzutreffen waren. In der Winterperiode 1955/56 kam es westlich von Salzburg zu ungewöhnlich hohen Ausfällen infolge Eindringens von Treibschnee in die Fahrmotoren. Änderungen an den Ansaugevorrichtungen der Lüfter haben hier Abhilfe geschaffen.[66] Über Schwierigkeiten am Semmering wird noch zu sprechen sein.

Mit der Ablieferung der Lokomotiven der Reihe 1110 ab 1956 wurden die 1010 vorerst aus dem Steilrampendienst über den Arlberg zurückgezogen. Erst seit dem Sommerfahrplan 1971 führt eine Salzburger 1010 wieder das Zugpaar E 642/E643 von Salzburg nach Bregenz, weil sie in Salzburg wesentlich kürzere Wendezeiten ermöglicht. Nur im Hinblick auf diesen rationellen Lokomotiveinsatz löste eine 1010 bei diesem Zugpaar die Innsbrucker 1110 ab. Zum Sommerfahrplan 1977 kommt anstelle der 1010 eine 1042.500 in diesen Dienst.

Reihe 1110 und 1110.500

Bewußt wurde bei der 1010 der Treibraddurchmesser mit 1300 mm (sonst 1250 mm) festgesetzt, weil die gleiche Bauart auch mit größerem Zahnrad für eine geringere Höchstgeschwindigkeit (110 km/h) in Aussicht genommen war. Für jene Gebirgsstrecken, die ein längeres Fahren mit höheren Geschwindigkeiten nicht gestatten, sollte ein Triebfahrzeug vorhanden sein, das bei gleicher motorischer Leistung die volle Ausnützung der Reibung im üblichen Höchstmaß auf Hochgebirgsrampen von etwa 1 : 5,2 bei 60 km/h und bezogen auf das Reibungsgewicht im Dauerbetrieb zuläßt.[67]

TS 42 Die 1956/61 gelieferten 30 Lokomotiven der so entstandenen Reihe 1110 unterscheiden
D 27 sich damit ausschließlich durch andere Übersetzung (1 : 3,7 statt 1 : 3,18) von der 1010.
B 70 Die Lokomotiven sind zum größten Teil mit ideellem Drehzapfen (Übertragung der Zug-
B 81 und Bremskräfte über einen Lenkermechanismus auf den Kasten) ausgeführt. Bis auf die erwähnten zwei Eilzüge führten diese Lokomotiven bis 1977 sämtliche lokomotivbespannten schnellfahrenden Regelreisezüge durch den Arlberg, wobei zwischen Landeck und St. Anton 520 t und zwischen Bludenz und Langen 450 t zugelassen sind.

U 9 Die Lokomotiven der Reihe 1110 haben sich ganz vorzüglich im Gebirgsschnellzugdienst bewährt. Die in dem Heft von Horn aufgestellte Behauptung[68], daß man sich aus Unterhaltungsgründen wahrscheinlich dazu entschließen werde, bei Hauptausbesserungen die Übersetzung sämtlicher Lokomotiven der Reihe 1110 auf jene der 1010 zu ändern, trifft nicht zu. Wohl lief eine Zeitlang die 1110.09 versuchsweise mit einer 1010-Übersetzung, doch ist diese längst rückgebaut.

Dagegen ist ein anderer Umbau von größerer Bedeutung. Sowohl die 1010 als auch die 1110 haben keine elektrische Widerstandsbremse. Versuche mit alleinfahrenden Lokomotiven ohne elektrische Bremse hatten ergeben, daß bei Gefällen von 25 Promille und einem Höhenunterschied von 400 m mit einer durchgehenden Fahrgeschwindigkeit bis zu 50 km/h das Triebfahrzeug mit der Klotzbremse abgebremst werden konnte, ohne daß durch Erwärmung der Radreifen und Radfelgen die Radreifen lose wurden.[69] Später entschloß man sich doch noch bei einigen Lokomotiven der Reihe 1110 nachträglich zu einer elektrischen Widerstandsbremse, die zuerst für die 1010 geplant war. Entscheidend war hier nicht das Alleinfahren der Lokomotive bei Talfahrt. Vielmehr sollte ein möglichst großer Teil der Anhängelast auf den Steilrampen elektrisch gebremst werden können. Bei 60 bis 70 km/h werden nämlich die Scheibenbremsen neuerer Reisezugwagen nur unzureichend gekühlt.

Die thyristorgesteuerte Gleichstrom-Widerstandsbremse entspricht weitgehend dem
TS 43 Konzept der Lokomotiven 1042.531 ff. Jedoch belüften auf dem Dach angeordnete
B 82 Drehstrom-Asynchronmotoren, die ein eigener Umformer versorgt, die Dach-Bremswiderstände. Diese universell einsetzbare Bremse hat eine Dauerleistung von 2400 kW und eine Kurzzeitleistung von 3900 kW. Aus Platzgründen mußten die Scherenstromabnehmer Bauart V durch Einholmstromabnehmer Bauart VI ersetzt werden.

Leider kam es bei der sehr leistungsfähigen elektrischen Widerstandsbremse der 1110.500 infolge mangelhafter Punktschweißungen der Widerstandsverbinder zu einer ganzen Anzahl Ausfälle. Die Sanierung gestaltete sich zäh, da der Betrieb ansonsten taugliche Maschinen nicht längere Zeit in die Hauptwerkstätte Linz stellen konnte, wo auch stärker dimensionierte Fahr-Brems-Wender eingebaut wurden. Verschiedene Lokomotiven liefen deshalb zeitweise mit nur einem oder überhaupt ohne Bremswiderstand.

Reihe 1042.500

Ab Sommerfahrplan 1977 übernahmen Lokomotiven der Reihe 1042.500 verschiedene TS 45
Zugleistungen am Arlberg, wobei als Anfahrgrenzlasten auf der Ostrampe 430 t, auf der Westrampe 380 t zugelassen sind. Einerseits ersetzen sie die 1010 des Zugpaars E 642/ E 643, andererseits führen sie bis zur Ablieferung der Serienlokomotiven der Reihe 1044 den »Transalpin« in einem zweitägigen Umlauf: Wien (462) Buchs (417) Schwarzach-St. Veit (416) Buchs (463) Wien. Im Hinblick auf den Prestigezug »Transalpin« wurde folgende Bespannungsregelung getroffen:

Bis zu 8 Wagen:	1042 läuft Wien–Buchs retour
9 bis 11 Wagen:	1042 läuft Wien–Innsbruck retour
	1110 läuft Innsbruck–Buchs retour
12 und Mehr Wagen:	Zwei 1042 laufen Wien–Buchs retour

Obwohl zwischen Wien und Landeck zwei 1042 von den Belastungstafeln her nicht nötig sind, soll die Doppeltraktion das Einfahren von Verspätungen im Flach- bzw. Hügelland erleichtern.

3.2.4.2. Triebzüge

Reihe 4130

Mitte der fünfziger Jahre entstand bei den ÖBB folgende Typenreihe elektrischer Triebwagen:

1. Gepäcktriebwagen Reihe 4061 (jetzt 1046),
2. Nahverkehrstriebwagen Reihe 4030,
3. Fernschnelltriebwagen Reihe 4130.

Der mechanische Teil der Reihe 4130 stimmt im wesentlichen mit jenem der Rei- TS 52
he 4030 überein. Die Nahverkehrstriebwagen mit 272 Plätzen zweiter Klasse wurden als vierteilige Einheiten, bestehend aus einem Triebwagen der Achsfolge Bo'Bo', zwei Zwischenwagen und einem Steuerwagen mit Gepäckabteil und offenen Fahrgasträumen der Sitzanordnung 2+2, gebaut. Mit einer Stundenleistung von 1000 kW bei 66,5 km/h und einer Höchstgeschwindigkeit von 100 km/h mußte die Strecke Wien–St. Pölten (61 km) mit 21 Halten und längeren Steigungsabschnitten von 12 Promille mit einer Reisegeschwindigkeit von 47,25 km/h befahren werden können. Die ab 1956 gelieferten Fahrzeuge mit automatischer Auf-Ab-Steuerung bewährten sich im Kärntner Seendreieck, im Wiener Nahverkehr und im Bereich der Direktion Innsbruck recht gut.[70] Die Fernschnelltriebwagen Reihe 4130 sollten ursprünglich die langgestreckte Ost-West-Achse Österreichs Wien–Innsbruck (eventuell Bregenz) befahren. Noch während des Baus entstand der Plan zur Schaffung einer Tagesverbindung Österreich–Schweiz. Der wagenbauliche Teil unterscheidet sich vor allem bezüglich Innenausstattung vom 4030. Soweit wie möglich wurde die Sitzplatzanordnung 2 + 1 verwirklicht. Die Triebwageneinheit 4130 bestand ursprünglich aus dem Triebwagen 4130 (2. Klasse), zwei Zwischenwagen 7130 (1. Klasse) und dem Steuerwagen 6130 (2. Klasse) mit Gepäckabteil und Küche.[71]

Den elektrischen Teil konstruierte Siemens für eine Stundenleistung von 1252 kW bei 80 km/h und eine Höchstgeschwindigkeit von 130 km/h bis auf wenige Teile völlig neu. Über zwei Scherenstromabnehmer Type Va von 1950 mm bzw. 1320 mm Breite (Netz der

ÖBB bzw. SBB) wurde die elektrische Energie dem Transformator mit Hochspannungsschaltwerk und Steuerung durch Magnetverstärker und Sprunglastschalter zugeführt, von dort den ursprünglich selbstbelüfteten Einphasen-Reihenschlußmotoren. Weiter wurde eine Vielfachsteuerung eingebaut.[72]

B 84 Von den vier gelieferten Garnituren wurden zwei ab 1. 6. 1958 als TS 12/13 »Transalpin« von Wien nach Zürich (842 km) eingeteilt, wofür sie lediglich 11 h 38 min brauchten, fast zwei Stunden weniger als der bis dahin schnellste Zug, der »Arlberg-Expreß«. Diese bemerkenswerte Beschleunigung war auf folgende Faktoren zurückzuführen:

1. Erstellung eines zügigen Fahrplans, wobei in Österreich erstmalig im regulären Betrieb 120 km/h gefahren wurde, in der Schweiz nach Reihe A maximal 110 km/h.
2. Einsatz von kurzen Direktzügen ohne Kurs- und Verstärkungswagen, damit Wegfall von längeren Aufenthalten.
3. Führung als Triebwagenzug, dadurch Wegfall von Lokomotivwechselaufenthalten an Kopfstationen.
4. Einsatz der schnellösenden Triebwagenbremse, was bei den häufigen Geschwindigkeitswechseln von Bedeutung ist.
5. Führung über Salzburg-Aigen statt über Salzburg-Hbf.[73]

Der Betrieb der Reihe 4130 ergab alsbald eine Reihe von Mängeln, welche drei Hauptursachen hatten:

1. Die Heranziehung eines adaptierten Nahverkehrszuges für den Fernschnellverkehr stellt doch nur eine mehr oder minder gelungene Improvisation dar.
2. Der schwere Dienst als »Transalpin« bedeutete eine gewisse Überlastung für einen Zug, der nur als innerösterreichischer Städteschnellzug geplant war.
3. Die völlig neu entwickelte Fahrzeugausrüstung war für einen anstandslosen Dauerbetrieb noch nicht in allen Teilen voll ausgereift.[74]

So lief der Zug auch nur sieben Jahre als »Transalpin« (seit Mai 1962 bis Basel verlängert). Dennoch hat man beim 4130 viele wertvolle Erfahrungen gewinnen und diese dann für den Neubau der Triebwagen Reihe 4010 verwerten können.

Nachdem die Triebwagenzüge Reihe 4130 noch jahrelang den Zug »Erzherzog Johann« Wien–Attnang–Stainach-Irdning gefahren hatten, wanderten sie gänzlich in den Nahverkehr der Westbahn ab, wo ihre Bauart wenig entsprechen konnte. Abgesehen von dem im Vergleich zum 4030 zu geringen Sitzplatzangebot war vor allem der Ausbesserungsstand des 4130 viel zu hoch: 1966, 1967 und 1968 stand jeder Triebzug 4130 pro Jahr durchschnittlich 75,8 Tage für Bedarfsausbesserungen in der Hauptwerkstätte, jeder 4030 dagegen nur 7,4 Tage. Deshalb wurde der grundsätzliche Umbau auf 4030 beschlossen, jedoch unter Belassung der Motoren, Antriebe und Triebradsätze. Eingebaut wurde ein neuer Trafo mit Niederspannungssteuerung. Der Steuerstromkreis ist praktisch identisch jenem der 4030.100–300. Die Sitzeinteilung wurde beibehalten, jedoch die Küche entfernt.[75] Nachdem im Juni 1972 der umgebaute 4130.02 die Hauptwerkstätte Floridsdorf verlassen hatte, wurden die anderen Fahrzeuge in gleicher Weise umgebaut. Seither
B 85 verkehren sie von Villach aus im Kärntner Seendreieck. Bei nur mäßigem Aufwand ist es gelungen, aus der anfälligen Reihe 4130 ein verläßliches und brauchbares, der bewährten Reihe 4030 ebenbürtiges Fahrzeug zu schaffen.[76]

Mit ihrer TEE II-Zügen hatten die SBB im Jahre 1961 im Konkurrenzkampf Schiene-Straße und Straße-Luft neue Maßstäbe gesetzt. Für die Bedienung der Züge »Transalpin« wurde deshalb ein neuer Triebzug erster und zweiter Klasse konzipiert, der eine gewisse Ähnlichkeit mit den TEE II-Zügen nicht verleugnen kann und gegenüber dem Triebzug 4130 entscheidende Neuerungen aufweist:

1. Ausbildung des Triebfahrzeugs als Triebkopf ohne Fahrgastraum.
2. Eigener Speisewagen mit vollklimatisiertem Speiseraum.
3. Großraum und Kleinabteile für beide Wagenklassen.
4. Besondere Maßnahme zur Erzielung hohen Reisekomforts wie automatisch geregelte Warmluftheizung, Einzelfauteuils im Großraumwagen, vorgewärmtes Waschwasser, Lautsprecheranlage.

5. Sorgfältige Ausarbeitung der inneren und äußeren Gestaltung und Linienführung.[77]

Der von Anfang an sechsteilige Zug umfaßt 1 DET, 2 B, 1 BR, 1 AB, 1 ADES mit 66 TS 53 Plätzen erster Klasse, 171 Plätzen zweiter Klasse und 34 Plätzen im Speiseraum. Der Maschinenwagen der Achsfolge Bo'Bo' hat eine Stundenleistung von 2500 kW bei 105 km/h und eine Höchstgeschwindigkeit von 150 km/h. Im von SGP erstellten mechanischen Teil fiel ursprünglich insbesondere die Führerstandskanzel aus Polyester und die Gummifederung der Triebdrehgestelle auf. BBC baute in den elektrischen Teil vier D 39 Fahrmotoren EM 625 mit zweistufiger Wendepolshuntung und einen radialgeblechten Transformator mit einem durch Druckluftmotor angetriebenen Niederspannungsschaltwerk, das durch eine elektronische Befehlsgebersteuerung geregelt wird.[78] Die fahrdrahtabhängige gleichstromerregte Widerstandsbremse mit einer Dauerleistung von 1100 kW kann den vollbesetzten Zug von etwa 300 t Masse auf den Steilrampen des Arlbergs in der Beharrung abbremsen.[79] Die beiden Einholmstromabnehmer der Bauart VI tragen je eine ÖBB- bzw. SBB-Wippe. Für Strecken der ÖBB und DB wurde die Indusi eingebaut, nicht dagegen die automatische Zugsicherung der SBB, weshalb dort mit Beimann gefahren werden mußte.

Die 1962 bestellten und mit einem Eurofirma-Kredit finanzierten drei Triebzüge wurden B 83 um die Jahreswende 1964/65 ausgeliefert und fuhren zum Sommerfahrplan 1965 als B 86 »Transalpin« in Österreich zunächst mit einer Höchstgeschwindigkeit von 120 km/h. Auf dem SBB-Netz war der Einsatz nach Reihe R 125% vorgesehen, wurde jedoch kurzfristig in Reihe A 95% wie beim 4130 geändert. Zum Sommerfahrplan 1969 liefen sie über Rosenheim–Kufstein statt über die Salzachroute. Gleichzeitig wurde zwischen Wien und Salzburg über weite Abschnitte 140 km/h zugelassen, in der Schweiz die Reihe R 125%. Ab Sommerfahrplan 1970 wurde auch zwischen Innsbruck und Kufstein mit 140 km/h gefahren. Diese Höchstgeschwindigkeit ist auch auf Teilstrecken der DB zugelassen. Damit ergab sich 1969/70 zwischen Wien und Basel eine Gesamtfahrzeit von 10 h 23 min.

Im unmittelbaren Anschluß an die Transalpinzüge wurden zwölf weitere Züge dieser Reihe für den innerösterreichischen Städteschnellverkehr bestellt, die gegenüber den 4010.01 bis 03 verschiedene Änderungen aufweisen: Ausbildung der Führerstandskanzel aus Stahl, Ersatz der Übersetzfenster durch ganz herablaßbare, nicht klimatisierter Büffetwagen anstelle des Speisewagens, fünfteilige Ausführung wegen des erwarteten geringeren Verkehrs. Diesen 1966/67 ausgelieferten Zügen folgten ein Jahr später zwei weitere mit großem klimatisierten Speisewagen, die bereits sechsteilig ausgebildet waren. 1968 und 1971 wurden Zwischenwagen geliefert, um sämtliche 17 Züge sechsteilig führen zu können.

Diese Züge ermöglichten unter anderem ab Sommer 1967 die Führung eines Städteschnellzugs Wien–Bregenz, der zwei Jahre später als TS 464/465 »Bodensee« nach St. Gallen verlängert wurde. Im Sommer 1974 folgte eine weitere derartige Verbindung über den Arlberg als TS 142/143 »Montfort« von Wien nach Bregenz.[80]

Das 1975 erstellte Unternehmenskonzept der ÖBB sieht die Anschaffung weiterer 22 Triebzüge der Reihe 4010 vor, von denen zwölf bestellt sind. 4010.18 bis 20 sind noch 1976 B 87 geliefert worden.

Über Erfahrungen, Mängel und deren Behebung sowie über Änderungen und Umbauten seien dem ausführlichen Aufsatz von Rank[81] folgende Angaben entnommen: Im mechanischen Teil mußte wegen Nickbewegungen der Drehgestelle die Primärfederung von Gummielementen auf Schraubenfedern mit hydraulischen Dämpfern umgebaut werden (siehe Re 4/4 II der SBB und Re 4/4 der BLS). Weiter bedurften Bremse und Druckluftanlage verhältnismäßig vieler Sanierungsmaßnahmen. Erst der Einbau einer Magnetschienenbremse verbesserte die Bremsverhältnisse wesentlich. Wegen mangelnder Dachsteifigkeit und möglicherweise auch wegen des schlechten Laufs des Triebkopfs mit der ursprünglichen Primärfederung traten anfangs mehrfach Stromabnehmerschäden auf.

Im elektrischen Teil zeigte sich der Fahrmotor betriebstüchtig und wenig störungsanfällig, lieferte aber dennoch extreme Resultate. Der Trafokühler erwies sich als heikel und die elektrische Bremse mußte wegen des häufigen Durchbrennens der Ultrarapidsicherung im Thyristor-Stellgerät und wegen des Ausfalls von Bremswiderständen saniert werden. Selbst bei vielfach bewährten Teilen wie beim Druckluftschnellschalter, dem Luftmotor des Schaltwerks oder dem Federantrieb gab es Schwierigkeiten. Vor allem mußte eine Vielfachsteuerung eingebaut werden, um an Hauptverkehrstagen die Triebwagenschnellzüge auf der Westbahn in Doppeltraktion führen zu können.

Diese Zusammenstellung soll nicht den Eindruck erwecken, die Reihe 4010 habe sich nicht bewährt, ganz im Gegenteil, nur wird über im Betrieb aufgetretene Schwierigkeiten und Mängel eines Triebfahrzeugs in der Literatur nur selten berichtet. Ohne Übertreibung läßt sich feststellen, daß die Einführung und Bewährung der Triebzüge 4010 auf verschiedenen Hauptstrecken Österreichs den ÖBB ein außerordentliches Renommee gebracht hat.

Dennoch wird der »Transalpin« ab Sommerfahrplan 1977 lokomotivbespannt mit klimatisierten Wagen geführt. An Hauptverkehrstagen mußte dieser Zug von Wien bis Innsbruck, Feldkirch oder Zürich mit zwei Garnituren geführt werden, bis oder ab Salzburg gelegentlich noch verstärkt durch bis zu zwei Leichtstahlwagen je Garnitur. Deshalb wurde erwogen, für den »Transalpin« zehnteilige Einheiten mit zwei Maschinenwagen zu bestellen. Schließlich wurde entschieden, diesen Zug mit Reihe 1042.500 und neuem Wagenmaterial zu fahren. Nachteilig ist die Lokomotivumsetzung in Rosenheim, wo die Verbindungsschleife erst gegenwärtig gebaut wird. Auch steht die Verbindungsschleife Sargans vor der Verwirklichung. Die Züge »Bodensee« und »Montfort« fahren dagegen weiterhin als Triebwagenschnellzüge mit Reihe 4010 über den Arlberg, ersterer ab Fahrplanwechsel 1977 nur noch bis Bregenz. Damit werden diese Triebzüge vorderhand nicht mehr Strecken der SBB befahren.

3.3. Brennerbahn

3.3.1. Geographische Lage und Trassierung

Ursprünglich verband die Brennerbahn in nord-südlicher Richtung Innsbruck mit Bozen. Nach dem Ersten Weltkrieg verblieb das Teilstück Innsbruck–Brenner in Österreich. Betrieblich bildet die Brennerbahn heute mit der einst zur Nordtiroler Bahn gehörenden Teilstrecke Kufstein–Innsbruck eine Einheit.

Der internationale Schnellzugverkehr setzt sich aus Zügen der Relationen Kopenhagen / Dortmund / Brüssel–Bozen–Mailand / Rom(–Neapel) zusammen, dazu kommen einige Korridorzüge Innsbruck–Lienz.

P 6 Die Brennerbahn führt von Innsbruck durch den Bergisel-Tunnel in das Tal der Sill (Wipptal), dessen Westflanke sie bis auf das Teilstück Matrei–Steinach und die Schleife bei St. Jodok folgt. Den Paßscheitel am Brenner (Seehöhe 1370,4 m) befährt die Bahn ohne Tunnel, wobei sie etwa 500 m nördlich des Bahnhofs Brenner bei Brennersee die Staatsgrenze überquert.[82] Die 36,9 km lange Brennernordrampe ist seit der Betriebseröffnung zweigleisig. Bis auf das kurze Teilstück Matrei–Steinach (4,6 km) und den St. Jodok-Tunnel liegt die gesamte Brennernordrampe in der Maximalsteigung von 25 Promille (insgesamt 27,9 km). Der kleinste Radius von 285 m wurde auf 16,4 km (13,1 %) der Gesamtstrecke Innsbruck–Bozen trassiert. Demgegenüber erscheint die Brennersüdrampe mit Höchststeigungen von 22,5 Promille zwischen Brenner und Brixen und 15 Promille von Brixen bis Bozen günstiger. Die Zulaufstrecke Kufstein–Innsbruck weist eine größte Steigung von 4,8 Promille auf.[83] Die Bahnhöfe der Brennernordrampe sind mit elektromechanischen Stellwerken eingerichtet, das Teilstück Steinach–Gries hat Gleiswechselbetrieb.

3.3.2. Dampfbetrieb

Die Brennerbahn stand ursprünglich im Eigentum und Betrieb der österreichischen Südbahn, die ihre eigenen Triebfahrzeuge in den Heizhäusern Innsbruck und Bozen stationiert hatte. Mit Eröffnung der Brennerstrecke am 24. 8. 1867 wurden die Reisezüge von Innsbruck bis Bozen durchgehend zunächst mit Cn2-Lokomotiven der Südbahn-Reihe 29 bespannt. Diese Maschinen konnten 130 t bei 20 km/h zum Brenner befördern. Es spricht für ihre Robustheit, daß die 1924 in den Besitz der Graz–Köflacher Eisenbahn übergegangene Nr. 674 dieser Baureihe (mit 107 Dienstjahren) 1967 den Jubiläumszug der Brennerbahn befördern konnte[84] und eine Maschine dieser Type (Nr. 671) heute mit 119 Dienstjahren noch Sonderzüge schleppt.

1898 folgten die 1'Dn2v-Lokomotiven der Südbahn-Reihe 170, die sich von den gleichnamigen kkStB-Lokomotiven nur in Abweichungen bei den Armaturen unterschieden. Sie konnten etwa 175 t mit 26 bis 37 km/h in der Steilrampe schleppen und bewährten sich sehr. 1910 waren allein von dieser Type 28 Stück auf der Brennerbahn stationiert.

Wegen ähnlich gearteter Betriebsverhältnisse wie auf der Arlbergbahn und zugförderungstechnischer Schwierigkeiten beschaffte die Südbahn für die Brennerstrecke 1908 und 1911 insgesamt fünf Maschinen der Reihe 280, die hier bis 1918 zwischen Innsbruck, Bozen und Lienz liefen. 1912 kamen die 1'Eh2-Lokomotiven der Südbahn-Reihe 580 zum Brenner. Gegenüber den 280ern ersparten sie 21% Wasser und 13% Kohle. Schließlich ergänzten 1920 Lokomotiven der Reihe 81 den Bestand. Mit diesen sehr leistungsfähigen Maschinen ging der Dampfbetrieb auf der Brennerbahn zu Ende, die zu Zeiten des Dampfbetriebs eine der schwierigsten Gebirgsbahnen Österreichs war. Unausgeglichene 285 m-Bögen, Tunnels in der Höchststeigung und das rauhe Klima stellten die Zugförderungskosten auf der Brennerstrecke höher als am Semmering oder auf der Arlberg-Ostrampe.[85]

3.3.3. Dieselbetrieb

Erst lange nach der Aufnahme des elektrischen Zugbetriebs fuhren eine Zeitlang auch Dieseltriebwagen im Schnellzugdienst über den Brenner.

FS ALn 442/448

Einige Monate nach Einführung der TEE-Züge am 2. 6. 1957 stellten italienische TEE-Triebwagen ab 15. 10. 1957 die Züge TEE394/395 »Mediolanum«, welche die Reisezeit um drei Stunden verkürzten. Wie auf der Simplon-Südrampe waren die Dieseltriebwagen auf der 25 Promille-Nordrampe des Brenners gegenüber den lokomotivbespannten schweren Schnellzügen eher langsam und benötigten zwischen Innsbruck und Brenner zwei bis drei Minuten länger. Nach etwa zehn Jahren wurden diese Dieseltriebwagen als nicht mehr zeitgemäß betrachtet. Nachdem Versuche fehlgeschlagen waren, den lokomotivbespannten TEE55/56 »Blauer Enzian« Hamburg–München unter Ersatz des TEE »Mediolanum« nach Mailand zu verlängern, verweigerte die DB auf der Europäischen Fahrplankonferenz 1968 die weitere Übernahme dieser FS-Dieseltriebwagen im TEE-Dienst.[86]

B 89a

DB VT11.5 / Reihe 601

Ab 1. 6. 1969 verkehrten daher die TEE-Dieseltriebzüge der DB als TEE »Mediolanum«, die je nach Strecke und Frequenz sieben- bis zehnteilig zusammengestellt werden konnten und gegenüber den italienischen Dieseltriebwagen einen erheblich höherem Komfort aufwiesen. Siebenteilig hatten sie 122 Plätze erster Klasse und konnten die Brennernordrampe bei einer Leistung von 1620 kW mit etwa 60 km/h befahren. Die TEE-Züge der DB waren ursprünglich ausschließlich für Flachlandstrecken vorgesehen, weshalb man im Gebirge zunächst Schwierigkeiten mit der Scheibenbremse bei den langen Talfahrten befürchtete. Versuchsfahrten auf der Gotthardnordrampe zwischen Göschenen und Erstfeld im November 1957 hatten jedoch gezeigt, daß die Scheibenbremse auch für solchen Betrieb ohne Schwierigkeiten geeignet ist.[87]

Diese TEE-Triebzüge der DB verkehrten bis 20. 8. 1972 als TEE »Mediolanum«. Die DB hatte sich bei der erwähnten Europäischen Fahrplankonferenz vorbehalten, diesen Zug nur so lange zu führen, bis neue italienische Wagen beschafft seien. Kurz vor Beginn der Olympischen Spiele in München wurde der »Mediolanum« durch eine Umwandlung in einen lokomotivbespannten Zug modernisiert und seit 21. 8. 1972 durch DB-Lokomotiven der Reihen 110 und 111 oder durch solche der ÖBB-Reihe 1042.500 geführt.

FS ALn 773

Zum Sommerfahrplan 1959 entstand während der Hochsaison als weitere Triebwagenschnellverbindung über den Brenner der D72/D73 bzw. R347/R348 »Gondoliere« München–Venedig mit vierachsigen Dieseltriebwagen der genannten FS-Reihe, die mit einer Leistung von 295 kW eine Höchstgeschwindigkeit von 110 km/h entwickelten. Mit 18 Plätzen erster Klasse und 55 Plätzen zweiter Klasse fuhren sie zu zweit gekuppelt. Für die Bewältigung der Brennernordrampe benötigten sie 43 Minuten und waren damit noch langsamer als der TEE-Triebwagen. Wegen des chronischen Platzmangels und der zu geringen Höchstgeschwindigkeit ersetzte Mitte der sechziger Jahre ein lokomotivbespannter Zug diese Dieseltriebwagen.

Nur erwähnt sollen in diesem Zusammenhang die Korridorzüge Innsbruck–Lienz werden, die als Personenzüge, teilweise ohne Halt zwischen Innsbruck und Brenner, geführt werden. Bis 1971 wurden sie mit ÖBB-Dieseltriebwagen der Reihe 5045/5145 gefahren, seither bespannt mit Reihe 2043.

3.3.4. Elektrifizierung

In dem 1919 durch Dittes ausgearbeiteten Elektrifizierungsprogramm, das zum Elektrifizierungsgesetz vom 23. 7. 1920 führte, war die Strecke Kufstein–Innsbruck–Brenner vorerst ausgenommen, weil sie der privaten Südbahn-Gesellschaft gehörte. Die BBÖ führten zwar nach dem 1. 4. 1921 den Betrieb, das alleinige Verfügungsrecht stand ihnen aber erst nach dem Vertrag von Rom vom 29. 3. 1923 zu.[88]

Wegen des engen betrieblichen Zusammenhangs mit der bereits elektrifizierten Arlbergbahn wurde nach diesem Termin die Elektrifizierung der Brennernordrampe dringlich. Die das erste Elektrifizierungsgesetz ergänzende Novelle vom 16. 7. 1925 nahm daher vor allem die Strecke Kufstein–Innsbruck–Brenner in das Programm auf.[89]

Nachdem 1927 abschnittsweise die Talstrecke Innsbruck–Kufstein dem elektrischen Zugbetrieb übergeben worden war, folgte am 6. 10. 1928 die Brennernordrampe Innsbruck–Brennersee. Von Brennersee bis Brenner (1,3 km) mußten vorderhand weiterhin Dampflokomotiven Reihe 81 die Züge befördern, weil die FS etwa gleichzeitig die Brennersüdrampe Bozen–Brenner mit Drehstrom elektrifizierten und ein Zusammentreffen der beiden Stromsysteme im Bahnhof Brenner vermeiden wollten. So mußte der ungünstig in der Höchststeigung von 25 Promille gelegene Haltepunkt Brennersee als Bahnhof für den Traktionswechsel ausgebaut werden. Nach dem Lokomotivwechsel in Brennersee schoben die Elektrolokomotiven jeweils nach, soweit der Fahrdraht reichte. Erst zum Sommerfahrplan 1934 gelang es, zwischen Brennersee und Brenner den elektrischen Betrieb mit 15 kV 16²/₃ Hz aufzunehmen, indem die Fahrleitungsanlagen des Bahnhofs Brenner längsgeteilt wurden und die doppelpolige Fahrleitung für 3600 V 16²/₃ Hz Drehstrom auf der Nordseite des Bahnhofs in eine einpolige mit verstärkter Isolation umgebaut wurde. Dies hatte betrieblich zur Folge, daß seither wohl alle den Bahnhof verlassenden elektrisch geführten Züge mit eigener Kraft fahren können, die einfahrenden Züge dagegen im Schwung mit abgezogenem Stromabnehmer ihren Halteplatz erreichen müssen.[90]

Zur Energieversorgung der Brennerbahn wurden im 1927 erbauten Wasserkraftwerk Achensee der Tiroler Wasserkraftwerke AG neben den Drehstrommaschinensätzen der allgemeinen Landesversorgung auch Bahnstrommaschinen aufgestellt. Über eine bis auf den Abschnitt Ruetzwerk–Matrei einschleifige 55 kV-Übertragungsleitung besorgten die Unterwerke Wörgl, Hall und Matrei die Einspeisung der Fahrleitungsanlage.[91] Die sehr leistungsfähigen Elektrolokomotiven Reihe E94/1020 erforderten zur Spannungshaltung auf der Brennernordrampe in Gries ein fahrbares Unterwerk. Wie am Arlberg wurde die Energieversorgung auf 110 kV umgestellt und die Unterwerksanlagen neu gebaut.

Auf der freien Strecke kam die inzwischen entwickelte Einheitsfahrleitung mit Rohrschwenkauslegern und nachgespanntem Fahrdraht und Tragseil zum Einbau, die auf allen vor dem Zweiten Weltkrieg elektrifizierten Strecken des österreichischen Netzes in zunehmend verfeinerter Form verwendet und zum Ausgang sämtlicher neuerer Wechselstrom-Fahrleitungen für hohe Fahrgeschwindigkeiten in Westeuropa wurde. Die Bahnhöfe erhielten Joche und festes Tragseil. Ergänzend sei vermerkt, daß den Drehstrombetrieb auf der Brennersüdrampe zwischen Bozen und Brenner zum Sommerfahrplan 1965 die elektrische Zugförderung mit 3000 V Gleichstrom ersetzte.

3.3.5. Bespannung der Schnellzüge bei elektrischem Betrieb

Der elektrische Zugbetrieb auf der Brennernordrampe begann am 6. 10. 1928 zu einem betrieblich äußerst ungünstigen Zeitpunkt. Da die eben gelieferten Schnellzuglokomotiven der Reihe 1670 der Reihe nach ausfielen, mußten als Notmaßnahme die für den Güterverkehr auf der Arlbergbahn beschafften Lokomotiven der Reihe 1080 vor allen Zugarten von Innsbruck bis zum Brenner herhalten.[92]

Reihe 1080 / E88

1921 bestellten die BBÖ bei Krauss und ÖSSW für die Beförderung von Güterzügen auf der Arlbergbahn 20 Lokomotiven der Achsfolge E mit einem Gesamtachsstand von 7750 mm, wobei die beiden äußersten Achsen jeweils 33 mm seitenverschieblich sind. Die 5 Treibachsen sind durch Kuppelstangen verbunden, wobei die drei mittleren Achsen jeweils ein Tatzlagermotor antreibt. Die installierte Stundenleistung beträgt 1020 kW bei 38 km/h, die Höchstgeschwindigkeit 50 km/h. Jeder Motor hat einen eigenen mechanischen Stufenschalter mit acht Fahrstufen. Beim Aufschalten werden die Fahrmotoren nacheinander an die einzelnen Trafoanzapfungen gelegt. Die Unterschiede im Drehmoment müssen von den Stangen aufgenommen werden.[93] Diese Lokomotiven sollten bei 26,4 Promille Steigung 340 t bei 30 km/h und auf 31,4 Promille 290 t bei gleichfalls 30 km/h befördern können.[94]

TS 35
B 90

Die ursprünglich vorgesehene Nachbestellung weiterer 78 Stück unterblieb, da die Maschinen die in sie gesetzten Erwartungen nur zum kleinen Teil erfüllten. Zunächst lag dies schon an der Bestellung, da die geforderten Leistungen nicht den Möglichkeiten des Elektrobetriebs entsprachen, was auch ein Vergleich mit etwa gleichzeitig gebauten Elektrolokomotiven anderer Bahnverwaltungen zeigt. Die fehlende elektrische Bremse verursachte starkes Erhitzen und damit Verdrehung der Radreifen. Die Stangenlager sind starken Abnützungen unterworfen, der Krümmungswiderstand ist beachtlich. Mangels beidseitiger Abtrennung der Fahrmotoren war Selbsterregung bei Leerlauf möglich. Schließlich konnte das Fehlen einer Verriegelung im Fahrschalter bei Gegenschalten der Motoren unter Strom zu Kuppelstangenverbiegungen und Kurbelverdrehungen führen.[95]

Sobald die sanierten Lokomotiven der Reihe 1670 wieder ihren Dienst antraten, wurde die 1080 aus dem Schnellzugdienst herausgenommen. Jedoch kam es auch in späteren Jahren bei Mangellage oft vor, daß alte Güterzuglokomotiven im Reisezugdienst aushel-

fen mußten. Noch um 1960 diente eine 1080 so häufig als Schnellzugvorspann am Brenner, daß jemand scherzhalber mit Kreide die fiktive Nummer 1010.37 anschrieb.
B 92 Neben der Reihe 1670 liefen vereinzelt auch Lokomotiven der Reihe 1100 vor Schnellzügen am Brenner.

Da die höchstzulässigen Anhängelasten von Innsbruck zum Brenner mit jenen der Arlbergostrampe im Regelfall übereinstimmen, seien hier nur die Abweichungen genannt.
TS 44 Die eigentlich für die Tauernbahn bestimmten acht Lokomotiven der Reihe 1170.200 kamen nach deren Lieferung im Jahre 1934 vorwiegend zum schweren Güterzugdienst auf der Strecke Kufstein–Innsbruck–Brenner, beförderten aber auch planmäßig Personen-
B 91 züge und aushilfsweise Schnellzüge, was sie bis zu ihrer Höchstgeschwindigkeit von 80 km/h in Anspruch nahm.[96]

B 93 Wie auf der Arlbergbahn verkehrten ab 1940 die E94/1020 auf dem Brenner, ab 1956
B 97 die leistungsfähigen Maschinen der Reihe 1110, die hier 550 t als maximale Anhängelast zugelassen haben. Im Zusammenhang mit dem nachfolgend zu besprechenden Lokomotivdurchlauf von München zum Brenner befuhren von 1966 an auch die 1010 mit maximal 500 t diese Strecke. Mitte der siebziger Jahre entsprachen die 1010 zwar noch in bezug auf Zugkraft, nicht mehr dagegen in der Höchstgeschwindigkeit, da zwischen München und Innsbruck über weite Strecken 140 km/h zugelassen sind. Letztmals leisteten die 1010 im Winterfahrplan 1974/75 Schnellzugdienst zwischen München und Brenner.

B 88 Zum Sommerfahrplan 1974 fuhren die 1042.500 erstmals auf der Brennerstrecke,
B 94 nachdem die Zugförderungsleitung Salzburg derartige Maschinen erhalten hatte (als erste
B 96 die 1042.600). Ihre Zahl verstärkte sich in den darauffolgenden Fahrplanperioden, wobei
U 10 die maximale Anhängelast der 1042.500 auf der Steilrampe 460 t beträgt. Von Salzburg aus werden diese Maschinen in A-Form auf den Strecken München–Brenner, München–Jesenice / Klagenfurt und Innsbruck–Salzburg eingesetzt, woraus sich ein recht interessanter Lokomotivumlauf ergibt.

3.3.6. Grenzüberschreitender Verkehr von Triebfahrzeugen der DB und ÖBB

Zwischen der DB und den ÖBB überschreiten Triebfahrzeuge in drei Relationen die Grenze:

1. als Zugförderung auf der Außerfern-Mittenwaldbahn Kempten–Reutte–Garmisch–Innsbruck,
2. als Korridorverkehr mit ÖBB-Triebwagenschnellzügen auf der Strecke Kufstein–Rosenheim–Salzburg,
3. als Durchlauf von DB- und ÖBB-Triebfahrzeugen auf den Strecken Frankfurt–Passau–Wien, München–Salzburg–Wien, München–Salzburg–Jesenice / Klagenfurt, München–Kufstein–Brenner und München–Garmisch–Innsbruck.[97]

In diesem Zusammenhang interessiert zunächst besonders der grenzüberschreitende Einsatz von DB-Lokomotiven über Kufstein zum Brenner. Bis Mitte der sechziger Jahre wurden die Schnellzüge der Relation München–Brenner–Verona von München bis Kufstein (99,1 km) mit Elektrolokomotiven der DB und von Kufstein zum Brenner (109,5 km) mit solchen der ÖBB bespannt. Diese kurzen Distanzen sowie die durch den internationalen Fernfahrplan gegebene Zuglage führten zu unwirtschaftlichen Lokomotivumläufen und entsprechend schlechter Ausnützung der Elektrolokomotiven. Die langen Standzeiten der Triebfahrzeuge in den Grenzbahnhöfen konnten weitgehend abgebaut werden, als man sich entschloß, die Triebfahrzeuge jeweils auf das Gebiet der anderen Verwaltung durchlaufen zu lassen. Hierfür liegen zwischen der DB und den ÖBB besonders günstige technische Voraussetzungen vor, weil Stromversorgung, Wippe des Stromabnehmers, Fahrzeugumgrenzungsprofil und Sicherheitseinrichtungen (Indusi, Sifa und Zugbahnfunk) bei den Triebfahrzeugen der DB und ÖBB übereinstimmen. In den Grenzbahnhöfen wechseln nur noch die Triebfahrzeugführer. Die Triebfahrzeugumläufe sind so disponiert, daß bei der Nachbarverwaltung weder Nachschau- noch Fristarbeiten anfallen.[98]

Dem ersten Durchlauf eines Wendezugs mit Lokomotive E41 als Wintersportzug von München nach Kitzbühel im Winter 1961/62 folgte im August 1963 ein Vertrag über den einseitigen Durchlauf von Triebfahrzeugen der Reihe E10 im Sonderverkehr bis nach Innsbruck (Olympische Winterspiele 1964) und im Mai 1964 ein Vertrag über den gegenseitigen Durchlauf von DB-Reihe E16 nach Innsbruck und ÖBB-Reihe 4061 von Salzburg nach München (Mit Zug D40/D39 »Mozart«). Auf der Brennerstrecke kamen zunächst DB-Lokomotiven der Reihe E94 und ÖBB-Triebfahrzeuge der Reihen 1010, 1110 und 1020 für den grenzüberschreitenden Durchlauf vor Reise- und Güterzügen hinzu.[99]

Diese Vereinbarung ließ den Lokomotivwechsel an der Grenze für die in Innsbruck endenden Züge wegfallen, für jene nach Italien verschob sie ihn von Kufstein nach Innsbruck. Man ging nun daran, die Brauchbarkeit der E10 auf der Brennernordrampe zu erproben, um gegebenenfalls mit diesen Fahrzeugen von München bis zum Brenner durchfahren zu können. W. Kreutz und F. Fritz berichten: *Auf Grund der von der DB für 25 Promille angegebenen zulässigen Belastung wurde eine Wagen-Garnitur zusammengestellt und zum Brenner gefahren. Dort angekommen, gab es eine unangenehme Überraschung: das Transformatorenöl kochte über.*[100] W. Kreutz und F. Fritz erklären dies damit, daß der Transformator dieser langanhaltenden Belastung nicht gewachsen war. So einfach liegen die Dinge jedoch nicht. Wegen der grundsätzlichen Bedeutung der mit dem Einsatz der Reihe E10 auf dem Brenner zusammenhängenden Fragen ist es nötig, hier etwas weiter auszuholen.

In den dreißiger Jahren entwickelte die Deutsche Reichsbahn eine Typenreihe von Elektrolokomotiven, für deren Entwurf in erster Linie die 10 Promille-Steigungen des süddeutschen elektrifizierten Netzes bestimmend waren:[101]

E18 und E19 für den Schnellzugdienst,

E44 für den gemischten Personenzug- und leichten Güterzugdienst und

E94 für den schweren Güterzugdienst.[102]

Die in den fünfziger Jahren entwickelte neue Typenreihe war vor allem auf die damals zu elektrifizierenden Strecken des südwest- und norddeutschen Netzes abgestimmt, wo Steigungen von rund 5 Promille vorherrschen.[103] Nur bei der Überquerung der deutschen Mittelgebirge im Zuge der Nord-Süd- oder Ruhr-Sieg-Strecke sind längere Steigungen von 13 bzw. 14 Promille zu bewältigen. Ausgesprochene Steilrampenstrecken von 20 Promille oder mehr sind ebenso kurz wie die Fahrzeiten zur Bewältigung derselben. Entsprechend wurde eine neue Typenreihe von Einheitslokomotiven aufgestellt, bei denen sowohl im mechanischen als auch im elektrischen Teil einheitliche Ausrüstungsteile rund 35% des Gesamtaufwands ausmachen:

E10 für schwere Schnell- und Eilzüge,

E40 für gemischten Dienst und schwere Güterzüge im Flachland,

E41 für Personenzüge, leichte Schnell-, Eil- und Güterzüge auf Haupt- und Nebenbahnen sowie

E50 für schweren Güterzugdienst auf Steigungsstrecken.[104]

DB-Reihe E10/110

Die ursprünglich als E10.1 bezeichnete Schnellzuglokomotive ist die Serienausführung der Voraus-Lokomotiven E10 001 bis E10 005 und wurde in der Achsfolge Bo'Bo' konzipiert: *Der Mehraufwand für Schnellzuglokomotiven der Achsfolge Co'Co', die während der letzten zehn Jahre im Ausland größere Verbreitung gefunden haben, lohnt hier keineswegs. Hinzu kommt die erhöhte Abnützung der Spurkränze, der Gleise und der Weichen.*[105] (Die Co'Co' Voraus-Lokomotiven der Reihe E03 für 200 km/h wurden im August 1963 bestellt und Anfang 1965 geliefert.) TS 64

Beim mechanischen Teil bilden Brückenträger und Kastenkonstruktion eine zusammenhängende tragende Schweißkonstruktion, ab E10 288 mit von der Einheitsbauart abweichender Kastenform mit „Bügelfalte". Die Drehzapfen sind starr gelagert, in der Querrichtung können sich die Drehgestelle durch Rückstellfeldern jeweils um 20 mm bewegen. Die Radsätze in fettgeschmierten Pendelrollenlagern sind spielfrei gelagert. Die beiden Drehgestelle sind zur Aufnahme einer Querkupplung vorbereitet.

Obgleich in Frankreich und in der Schweiz neuzeitliche querelastische Laufwerke entwickelt worden waren, wurde hier bewußt darauf verzichtet: *Tradition, Erfahrung und Einheitlichkeitsbestrebungen veranlaßten die DB, das Laufwerk der E10.1 aus demjenigen der E10 003 bis 005 abzuleiten. Die Laufeigenschaften dieser Fahrzeuge waren in ausgiebigen Laufversuchen bis zu Geschwindigkeiten von 140 km/h klargestellt worden. Da sie voll befriedigten, wurde von der Verwendung von Aufhängependeln oder Pendelstützen nach Art der E10 002 abgesehen, obwohl hier die von der Brücke herrührenden Reaktionskräfte geringer sind.*[106]

Für den Schnellzugdienst der E10 wurde folgendes Leistungsprogramm festgelegt:[107]
500 t auf 5 Promille mit 140 km/h (Stundenleistung)
600 t auf 2 Promille mit 140 km/h (Stundenleistung)
750 t auf 5 Promille mit 120 km/h (Stundenleistung)
600 t auf 11 Promille mit 90 km/h (Stundenleistung)
600 t auf 20 Promille mit 90 km/h (kurzzeitig).

Damit ist die E10 vor allem für die Bespannung schwerer Reisezüge mit hohen Geschwindigkeiten auf Flachlandstrecken ausgelegt.

D 43 Ein Vergleich der F/v-Diagramme der Reihen E10 und E18 zeigt, daß die E10 in dem
D 45 Bereich von 0 bis 100 km/h gegenüber der E18 thermisch um rund 10% schwächer bemessen ist. Die Motoren WB 372–22 der E10 haben aber eine so weitgehende Überlastungsfähigkeit hinsichtlich ihrer Kommutierung, daß sie im genannten Bereich mit 200 bis 160% der Stundenzugkraft an der Grenze des Haftwerts hochgefahren werden können. Erst im Bereich der Beharrungsgeschwindigkeit von 120 bis 150 km/h liegen die Kennlinien der E10 unter der thermischen Dauerleistung.[108]

Die Stundenleistung der nach Klasse B isolierten Fahrmotoren bei 90% der größten Leerlaufspannung des Transformators beträgt 3700 kW bei 120 km/h. Für die Zugförderung kann der Transformator der E10 bei einer Nennspannung von 487 V entsprechend der Stellung 26 des Stufenschalters bei 15 kV Fahrdrahtspannung und bei einem Dauerstrom von 8300 A eine Typenleistung von 487 V · 8300 A = 4040 kVA abgeben. Die Stufen 27 und 28 des Hochspannungs-Schaltwerks mit Nachlaufsteuerung ermöglichen als Reserve auch bei Unterspannungen in der Fahrleitung eine Erfüllung des Leistungsprogramms.[109]

Die Kommutatorbeanspruchung des 14poligen Fahrmotors WB 372–22 wurde so gewählt, daß selbst bei längerer Belastungsdauer kein unzulässiger Kommutatorverschleiß zu befürchten ist.[110]

Bei sämtlichen Serienlokomotiven (abgesehen von den zuerst abgelieferten E50 001 bis 025) wird das Drehmoment durch den Siemens-Gummiringfederantrieb übertragen.[111] Dieser Antrieb hat sich bei ausgedehnten Versuchsfahrten mit E44 038 und E10 003 vorzüglich bewährt,[112] gestattet allerdings keine querelastischen Radsatzlager.

Schließlich wurde zur Schonung der Radreifen und zur Herabsetzung des Bremsklotz-Verschleißes neben der Druckluftbremse eine zusätzliche elektrische Bremse eingebaut, die im Regelfall an die Stelle der hohen Abbremsung der Klotzbremse tritt, aber auch unabhängig von der Druckluftbremse bedient werden kann. Sie ist als fahrleitungsabhängige Gleichstromwiderstandsbremse ausgeführt und wird aus dem Haupttransformator gespeist. Die beiden fremdbelüfteten Bremswiderstände der E10 sind für eine Dauerbremsleistung von 1200 kW bzw. für eine kurzzeitige Bremsleistung von 2500 kW ausgelegt.[113]

Von den 1955 bestellten Lokomotiven wurde die E10 101 am 11. 4. 1957 als erste dem Betrieb übergeben und nach Absolvierung von Probefahrten im Schnellzugdienst zwischen Offenburg und Basel eingesetzt. Anfängliche Schwierigkeiten mit der Nachlaufsteuerung und Wankbewegungen während der Fahrt konnten durch Verdoppelung von Kontakten und Einbau hydraulischer Dämpfer beseitigt werden. Dazu kamen zufolge der ständig steigenden Leistungsanforderungen immer wieder Schwierigkeiten mit dem Kommutierungsapparat, welche durch die Einführung von Spaltkohlebürsten, die Entwicklung geeigneter Kohlebürstenqualitäten und neue Bürstenhalter bewältigt werden konnten.[114] Heute werden mit dem Fahrmotor WB 372–22 bei der 110 Kommutatorlaufleistungen von 600 000 km erreicht, bei den Reihen 139/140 solche von 1,2 bis 1,8 Millionen km.

Von 1957 bis 1969 wurden insgesamt 410 Lokomotiven der Reihe E10 geliefert, davon TS 65
31 als E10.12/112 für eine Höchstgeschwindigkeit von 160 km/h mit neuer Kastenform. D 44
Diese hohe Stückzahl spricht für deren Bewährung, wenn man sich auch mit den unbefrie- B 150
digenden Laufeigenschaften bei hohen Geschwindigkeiten und hohen Seitenkräften bei rascher Kurvenfahrt abfinden muß. Bei einem Teil der E10.12 wurden Henschel-Drehgestelle mit Wiege eingebaut, welche die mittlere Querbeschleunigung bei 160 km/h um etwa 35% herabsetzen können.[115]

Die Lokomotiven Reihe E10/110 tragen auch heute noch die Grundlast des Schnellzugverkehrs auf den meisten Strecken der DB, nicht nur im Flachland, sondern auch im Mittelgebirge. Zwischen Stuttgart und München wurde die E18 aus ihren angestammten Diensten verdrängt, weil sie zwischen Geislingen und Amstetten auf 22,5 Promille Steigung bei einer höchstzulässigen Anhängelast von 400 t bei schweren Schnellzügen eine Schublokomotive benötigt, während die E10 mit maximal zulässigen 600 t auf der Geislinger Steige diese Züge allein führen kann.

Nun ist die Frage naheliegend: Weshalb darf die E10 über die 22,5 Promille-Rampe der Geislinger Steige 600 t schleppen, während sie bei der Fahrt über die Brennernordrampe mit 25 Promille mit der nach dem Zugkraft-Überschuß-Diagramm der Baureihe 110 zulässigen Anhängelast von ca. 400 t thermisch überlastet ist?

Für die Beförderung von 600 t auf 24 Promille ist von der E10 überschlagsmäßig eine Zugkraft von 187 kN aufzubringen, was etwa der 15-Minuten-Zugkraft entspricht. Tatsächlich sind für die Bewältigung des 5,8 km langen Abschnittes Geislingen–Amstetten 6 min vorgesehen, womit genügend thermische Reserve verbleibt.

Auf der Brennernordrampe müßte für die Traktion eines 400 t-Schnellzugs eine Zugkraft von etwa 139 kN von der E10 aufgebracht werden. Hierfür ist annähernd die 20-Minuten-Zugkraft erforderlich. Da die Schnellzüge auf der Brenner-Nordrampe bergwärts planmäßig 29 bis 37 Minuten benötigen, wäre die E10 mit 400 t auf dieser Steilrampe thermisch überfordert.

Im unteren bis mittleren Geschwindigkeitsbereich berücksichtigt das Zugkraft-Überschuß-Diagramm die hohe, aber zeitlich begrenzte Überlastbarkeit. Der Beharrungsfahrt in diesem Bereich sind daher vor allem für die Fahrmotoren zeitliche Grenzen gesetzt.

Der kritischste Punkt ist die Kommutierung. Da die Lokomotiven Reihe E10 in ihrem Umlauf nur verhältnismäßig kurz auf derartigen Steilrampenstrecken fahren, hat die dabei auftretende Kommutatorbelastung bislang keine Auswirkungen auf die Standzeit des Kommutators gebracht.

Allgemein läßt sich sagen, daß bei einer Elektrolokomotive mit Einphasen-Reihenschlußmotoren von der Auslegung her immer dann Schwierigkeiten auftreten müssen, wenn diese Fahrzeuge Dienste verrichten, für die sie nicht konstruiert worden sind. Deshalb sind die maximal zulässigen Anhängelasten der DB-Reihe E10 auf den österreichischen Gebirgsbahnen beispielsweise im Vergleich zur 1042.500 der ÖBB niedrig angesetzt worden. Somit sind die Ausführungen von W. Kreutz und F. Fritz, wonach das Ergebnis der Meßfahrt mit der E10 und 400 t Anhängelast zum Brenner eine unangenehme Überraschung bedeutete, richtigzustellen. Die Meßfahrt war durchgeführt worden, um die aus den Leistungsunterlagen sich ergebende Anhängelast durch einen praktischen Versuch zu bestätigen. Die Auswirkungen in bezug auf 400 t Anhängelast waren bereits vorher klar erkannt worden.

Zum Überkochen des Tranformatorenöls nach der Ankunft der ersten E10 auf dem Brenner sei noch etwas bemerkt: Nach den Fahrstufenkennlinien der E10 ist für die Abgabe der Zugkraft von 139 kN bei 70 km/h eine Stromstärke von etwa 2380 A je Motor bei einer Leerlaufspannung von 373,5 V, entsprechend Fahrstufe 21 bei 15 kV Fahrleitungsspannung erforderlich.[116] Diese entspricht einer dem Transformator entnommenen Leistung von 3560 kVA, damit etwa 12% unter der Typenleistung des Transformators. Dennoch wurde das Transformatorenöl zu heiß! Dies läßt sich einfach erklären. Unmittelbar nach dem Erreichen des höchsten Punkts der Steilrampenstrecke haben sowohl die Fahrmotoren als auch der Transformator mit dem Transformatorenöl die höchsten Temperaturen erreicht, und gerade zu diesem Zeitpunkt muß der Stromabnehmer bei der Einfahrt in den Bahnhof Brenner gesenkt werden. Dies bewirkt den Stillstand der Lüftermotoren, was wiederum unmittelbar einen Wärmestau zur Folge hat, der unter anderem das Transformatorenöl überkochen lassen kann. Dieses Problem hat auch schon zu Schäden bei den Fahrmotoren der ÖBB-Reihe 1020 geführt.[117] Im gesamten mitteleuropäischen Raum erweist sich kein Systemwechselbahnhof in dieser Beziehung derart ungünstig wie der Bahnhof Brenner. Nur der Umbau der Fahrleitungsanlage dieses Bahnhofs in einen Systemwechselbahnhof mit umschaltbaren Fahrleitungsabschnitten entsprechend der Fahrstraßeneinstellung würde hier eine durchgreifende Sanierung bringen.

Schließlich wurde für die DB-Reihe 110 eine höchste Anhängelast von 330 t bei
B 95 70 km/h am Brenner zugelassen, was einer Zugkraft von etwa 119 kN entspricht. Seit dem
B 96 Sommerfahrplan 1966 fahren die Lokomotiven dieser Reihe planmäßig bis zum Brenner,
wobei seither keine Schwierigkeiten aufgetreten sind.

Die Lokomotiven der Reihe 112, welche der Bundesbahndirektion München nicht zugewiesen ist, kommen nicht planmäßig zum Brenner. Lediglich anläßlich der ersten Fahrt des TEE „Mediolanum“ mit der neuen Wagengarnitur am 21. 8. 1972 wurde die 112 497–3 dort eingesetzt. Im übrigen sind für die Reihe 112 auf der Brennernordrampe die gleichen Anhängelasten zugelassen wie für die Reihe 110.

DB-Reihe 111

Die ab 1971 beschafften 146 Co'Co'-Serienlokomotiven der Reihe 103 erwiesen sich sowohl in der Beschaffung als auch im Unterhalt als vergleichsweise teuer, wenn sie auch dank ihres hohen Beschleunigungsvermögens auf den Hauptabfuhrstrecken der DB mit vielen ständigen Geschwindigkeitsbeschränkungen sowohl im TEE- und IC-Verkehr als auch im schweren D-Zug-Einsatz gegenüber den Lokomotiven 110/112 höhere Durchschnittsgeschwindigkeiten ermöglichten.[118]

Zwei Jahre nach Auslieferung der 110 510–5 als letzter Lokomotive dieser Reihe im Jahre 1969 beabsichtigte die DB eine Nachbauserie dieser Reihe zu beschaffen, vor allem als Ersatz für auszumusternde Altbaulokomotiven. Dem standen folgende Forderungen entgegen:

1. Die bei der 110 zwischen Rad und Schiene auftretenden Querkräfte waren erheblich zu reduzieren.
2. Von unterhaltstechnischer Seite wurde gefordert, den Umfang von Wartung und Unterhaltung herabzusetzen sowie die Fristabschnitte zwischen diesen Arbeiten zu verlängern.
3. Die Arbeitsbedingungen des Triebfahrzeugpersonals sollten verbessert und dem neueren ergonomischen Wissensstand angepaßt werden.[119]

Wegen der vorhandenen großen Stückzahl der Serienlokomotiven mit gleichen Konstruktionsteilen konnte eine Neuentwicklung nicht verantwortet werden. Aufbauend auf der Konstruktion der Reihen 110/112 war eine neue Baureihe so zu entwickeln, daß alle Hauptbauteile der elektrischen Ausrüstung unverändert oder nur mit geringen Bauartänderungen von der Reihe 110 übernommen werden konnten.[120]

TS 66 Neu entwickelt mußte vor allem der mechanische Teil der Lokomotive werden. Neben
dem Lokomotivkasten mit einem sorgfältig ausgearbeiteten Führerraum waren vor allem

die Drehgestelle neu zu konstruieren. Diese wurden mitsamt der Radsatzführung von jenen der Reihe 151 (und damit auch der 103) abgeleitet und zeichnen sich durch querelastische Radsätze mit Lemniskatenlenkern und einer in gleicher Weise durchgebildeten Drehzapfenanlenkung aus.[121] Weiter wurde die Kühlluft zu den Fahrmotoren, dem Trafoölkühler und dem Bremswiderstand über eigene Luftkanäle direkt geführt, um die Verschmutzung des Maschinenraums zu reduzieren, was eine geänderte Geräteanordnung zur Folge hatte.[122]

Geändert wurden an der elektrischen Ausrüstung zunächst der Fahrmotor WB 372–22, D 43
der dank Isoliermaterial der Klasse F verbessert, eine um 10% höhere Maximaldrehzahl zuläßt, wodurch für die Reihe 111 bei gleicher Übersetzung wie bei Reihe 110 eine Höchstgeschwindigkeit von 160 km/h konstruktiv möglich ist. Die netzabhgängige elektrische Widerstandsbremse wurde auf 2000 kW Dauerleistung und 3700 kW Kurzzeitleistung verstärkt, wobei jedem Fahrmotor ein eigener Bremswiderstand zugeordnet ist und die Widerstandsbremse wie ab 110 361 auch bei Not- bzw. Zwangsbremsungen anspricht. Schließlich ist die Steuerung infolge der Neugestaltung des Führerstands als Auf-Ab-Steuerung des Hochspannungsschaltwerks mit Anfahrüberwachungsgerät ausgebildet. Ein Stufenüberwachungsgerät übernimmt den Gleichlauf der Schaltwerke bei Vielfachsteuerung und erfaßt Störungen. Wie die fünfte Bauserie der 103 erhielten diese Maschinen zunächst den Einholmstromabnehmer SBS 65, lediglich die 111 041 bis 070 wurden aus vorhandenen Beständen mit dem Scherenstromabnehmer DBS 54 bestückt. Anstelle der Lokomotivpfeifen sind Makrofone eingebaut. Alle Lokomotiven haben eine Spurkranzschmierung und sind für den Einbau der automatischen Fahr- und Bremssteuerung (AFB) vorbereitet. Die 111 001 bis 005 hatten die AFB von Anfang an.[123]

Nach dreieinhalbjähriger Entwicklungsarbeit konnten Krauss-Maffei und Siemens die 111 001–4 Anfang Dezember 1974 der DB übergeben. Im Sommer 1976 waren 70 Stück in Dienst gestellt und weitere 40 bestellt, wobei auch andere Firmen beteiligt sind.[124]

Gegenüber der Serienausführung der 110 haben die Drehgestelle der 111 sowohl bei den senkrechten Radlastschwankungen als auch bei den Seitenkräften bis zu 25% geringere Werte, weshalb ihr ruhiger Lauf gerühmt wird. Gegenüber den Serienlokomotiven der Reihe 110 erwartet man beim Unterhalt Einsparungen von etwa 40%.[125]

Erste Erfahrungen zeigten, daß die Baureihe 111 leichter schleudert als die Baureihe 110. Ursache für das unerwartete Verhalten der 111 sind komplizierte Vorgänge zwischen Rad und Schiene, welche mit der Querverschieblichkeit der Radsätze und der anderen Radsatzführung zusammenhängen. Auch die Reihen 103 und 151 sind gegenüber den Serienlokomotiven 110 bzw. 150 für Schleuderneigung bekannt.[126]

Weiter hat sich gezeigt, daß dem Anfahren schwerer Züge mittels Anfahrautomatik Grenzen gesetzt sind. Da das Anfahrüberwachungsgerät ein gleichmäßiges Schleudern aller Achsen nicht erfaßt und somit nicht verhindern kann, mußten die maximalen Zugkräfte in der Zugkraftsteuerung auf 180 kN herabgesetzt werden, um Schäden am Antrieb und Oberbau beim Allachsschleudern auszuschließen. Mit dem Anfahrüberwachungsgerät beschleunigt die 111 praktisch wie eine 110 mit elektrischer Nachlaufsteuerung und nur drei Fahrmotoren. Schwere Anfahrten werden deshalb bei der Reihe 111 zweckmäßiger in der Auf-Ab-Steuerung durchgeführt. Zufolge des geringen Beschleunigungsvermögens der 111 vor schweren Schnellzügen ist das Einfahren von Verspätungen trotz gleicher installierter Leistung schwieriger als mit der 110.

Inzwischen ist die netzabhängige Widerstandsbremse durch eine Notbremsschaltung ergänzt worden, um bei Fahrdrahtspannungsausfall die elektrische Bremse sicherzustellen, womit sich die zulässige Höchstgeschwindigkeit von 150 auf 160 km/h erhöhen und das Leistungsprogramm der Reihe 112 mit der 111 abdecken ließe.[127]

Um die Unterhaltskosten der 111 minimal zu halten, werden die thermischen Reserven der nach Klasse F isolierten Fahrmotoren vorderhand nicht in Anspruch genommen. Damit sind für die Reihe 111 die gleichen maximalen Anhängelasten zulässig wie bei den Serienlokomotiven 110.

Die abgelieferten Lokomotiven der Reihe 111 wurden zunächst dem Bw München Hbf zugewiesen, das dafür Lokomotiven der Reihe 110 abgab. Nach entsprechender Schulung des Triebfahrzeugpersonals der ÖBB konnten diese Lokomotiven auch nach Österreich
B 98 laufen. Zum Sommerfahrplan 1976 übernahm die 111 sämtliche mit DB-Triebfahrzeugen bespannten Regelreisezüge München–Brenner, darunter den TEE „Mediolanum". Die übrigen ständigen Schnellzüge fahren mit 1042.500, die Saison- und Wochenendschnellzüge sowie die Reisetouristikzüge im allgemeinen mit 110. Im genannten Sommerfahrplan gab es einen interessanten Umlauf der 111: München–Kufstein–Innsbruck–Garmisch–München und zurück mit den Zügen 1315/282/283/1314.

Wie sich von ÖBB-Lokführern erfahren ließ, haben sie bei der 111 Schleuderprobleme mehr bei zügigen Anfahrten mit der Auf-Ab-Steuerung auf den Talstrecken als auf den Rampen, wo wegen der niedrigeren Transformator-Stundenleistung die zulässige Anhängelast rund 100 t niedriger liegt als bei der gleich schweren 1042.500.

Schließlich sei noch auf den Stromabnehmertausch bei den Lokomotiven der Reihe 111 hingewiesen. Da ab Sommerfahrplan 1977 die Lokomotiven der Reihe 103 im TEE/IC-Einsatz wieder mit 200 km/h fahren, wurden die Scherenstromabnehmer DBS 54 der ersten bis vierten Bauserie der 103 im Ringtausch durch Einholmstromabnehmer SBS 65 der 111 ersetzt, weil der Stromabnehmer DBS 54 lediglich für eine Höchstgeschwindigkeit von 160 km/h geeignet ist.

3.4. Tauern- und Karawankenbahn

3.4.1. Geographische Lage und Trassierung

Im eigentlichen Sinn versteht man unter Tauernbahn die Verbindungslinie Schwarzach-St. Veit–Spittal-Millstättersee, unter Karawankenbahn die Strecke Villach–Aßling/Jesenice; vom Standpunkt des Verkehrs ist die Transitlinie Salzburg–Villach–Aßling als einheitliches Ganzes aufzufassen.

Den internationalen Schnellzugverkehr dieser Linie prägen im wesentlichen zwei Verkehrsrichtungen: einerseits Oostende/Dortmund/Frankfurt–München–Aßling–Belgrad–Athen/Istanbul, auch Oostende–Stuttgart–Split/Ploce und Basel–Belgrad, andererseits Hoek van Holland/Dortmund/Hamburg/Frankfurt–Klagenfurt. Im nördlichen Teil überwindet die Tauernbahn zwei Talstufen. Ausgehend von Schwarzach-St. Veit steigt die Tauernbahn im Hang des Salzachtals empor und erreicht nach Überwindung der Klamm in zwei Tunnels mit kurzem Blick auf den Wasserfall der Gasteiner Ache bei Klammstein etwa 220 m höher den sanft geneigten Talboden. Vom Bahnhof Hofgastein aus bewältigt die Trasse bis Badgastein auf der Westseite des Tales, dann auf der Ostseite eine weitere 250 m hohe Talstufe und betritt bei Böckstein den 8551 m langen Tauerntunnel, der unter den Hohen Tauern hindurch nach Mallnitz führt. Von dort aus folgt die Tauernbahn zunächst dem Mallnitz-Bach, gelangt bei Obervellach hoch über dem Talgrund ins Mölltal und steigt in dessen gegen Südwest schauendem Hang zum Talboden der Drau bei Pusarnitz hinab, deren Nordufer sie bis Villach folgt.

Die Karawankenbahn quert südlich von Villach das Gailtal und verläuft dann in östlicher Richtung am Fuß der Karawanken bis Rosenbach. Nach einer kurzen Steilrampe im Hang westlich des Rosenbachs durchfährt sie die Karawanken und damit die Staatsgrenze zwischen Österreich und Jugoslawien im 7976 m langen Karawankentunnel südwärts und erreicht nach einer wiederum kurzen Steilrampe im Tal der Wurzener Save / Sava Dolinka den Endpunkt Aßling/Jesenice.

Die 80,9 km lange Tauernbahn war ursprünglich bis auf das Teilstück Böckstein– P 7
Mallnitz (11,8 km) eingleisig. Die größte Steigung von durchschnittlich 25,5 Promille ist auf der Nordrampe auf 20,7 km (51%), auf der Südrampe auf 24,0 km (59% der jeweiligen Länge) eingebaut. Der kleinste Radius von 250 m kam auf 12,8 km (16% der Gesamtlänge) zur Anwendung. Nur das kurze Teilstück von Unterberg bis Hofgastein (9,2 km) ist günstiger trassiert, vom Tauerntunnel selbst abgesehen.[128]

Die eingleisige Karawankenbahn ist 36,9 km lang und war ursprünglich auf dem P 8
Teilstück Rosenbach–Aßling/Jesenice (12,9 km) doppelspurig. Die größten Steigungen kommen jeweils auf den Zufahrtsstrecken zum Karawankentunnel vor. Auf der Nordseite steigt die Strecke durchschnittlich 21,1 Promille auf 1017 m, auf der Südseite 19,5 Promille auf 1730 m. Auf dem Teilstück Villach–Rosenbach weisen nur 1798 m die Maximalsteigung von 17 Promille auf. Wie bei der Tauernbahn beträgt der kleinste Radius 250 m.

Wurde nach dem Zweiten Weltkrieg das zweite Gleis zwischen Rosenbach und Aßling entfernt, so drängte die sehr starke Belastung der Tauernbahn nach einer Erweiterung der Doppelspur. 1970 konnte unter Benutzung des Gleises der Strecke nach Lienz das Teilstück Spittal-Millstättersee–Pusarnitz auf Doppelspur umgebaut werden, ein Jahr später folgte mit der notwendig gewordenen Erneuerung der Pfaffenberg-Zwenberg-Brücke jenes vom Bahnhof Penk bis zum Gratschacher Tunnel, 1974 weiter bis Oberfalkenstein, wobei die bisherige kurven- und tunnelreiche Trasse durch den Bau gewaltiger Hangbrücken abgekürzt werden konnte. Die größte Steigung auf dem Neubaustück beträgt 28,3 Promille, die Höchstgeschwindigkeit 90 km/h. Durch den wesentlich geringeren Kurvenwiderstand ändert sich der für die Festlegung der maximalen Anhängelasten maßgebliche Streckenwiderstand nicht. Im Bau bzw. in Planung ist der Doppelspurausbau folgender Abschnitte: Schwarzach-St. Veit–Untersbergtunnel (2,0 km), Klammstein Hst.–Hofgastein Hst. (13,2 km), Badgastein–Böckstein (4,1 km) und Obervellach–Oberfalkenstein (3,7 km). Auch von Rosenbach nach Aßling wird das zweite Gleis derzeit wieder eingebaut.

Seit 1954 werden auf der Tauernbahn im Zusammenhang mit dem Ausbau der Gleisanlagen elektrische Sicherungsanlagen und automatische Blockstellen eingerichtet. Auf der Südrampe der Tauernbahn erhielten alle Bahnhöfe Stellwerke in Spurplantechnik. Auf der Nordrampe haben derzeit nur die Bahnhofe Badgastein und Böckstein derartige Stellwerke, die übrigen werden im Zusammenhang mit dem Doppelspurausbau später folgen. Der Zugbahnfunk der DB-Bauart wird derzeit auf der Gesamtstrecke von Salzburg bis Aßling eingerichtet.[129]

3.4.2. Dampfbetrieb

Nachdem die Tauernbahn am 20. 9. 1905 auf der Nordrampe bis Badgastein ihren Betrieb aufgenommen hatte, konnte ab 1. 10. 1906 die Karawankenstrecke befahren werden. Schließlich folgte die Inbetriebnahme der Gesamtstrecke am 7. 7. 1909.

Von Anfang an kamen auf beiden Strecken die gleichen Maschinen zum Einsatz, von den schweren 1'E-Gebirgs-Schnellzuglokomotiven abgesehen. Da die Verhältnisse auf der Tauernbahn erheblich schwieriger sind, als auf der Karawankenstrecke, sei im folgenden ausschließlich auf den maschinentechnischen Dienst auf der Tauernbahn eingegangen.

Den Schnellzugverkehr sollten zunächst Lokomotiven der Reihe 110 (1'C1'n4v) übernehmen. Da die Anhängelast der Schnellzüge mit 250 bis 300 t jedoch häufig die für die 110 zugelassene Grenzlast von 175 t überstieg, mußte dann mit Vorspann gefahren werden. Hierzu wurden Lokomotiven gleicher Reihe, Tenderlokomotiven Reihe 30, manchmal auch 180.500 eingesetzt. Häufiges Schleudern der Vorspannlokomotive führte zur Überbeanspruchung der 110er mit Schäden in der Steuerung und schließlich zu deren Abzug.[130]

Wesentlich erfolgreicher waren die Gebirgs-Schnellzuglokomotiven Reihe 380 (1'Eh4v), deren erste bei Probefahrten auf der Tauernbahn am 18./19. 11. 1909 281 t mit 38 km/h und 300 t mit 32 km/h auf 26 Promille in der Beharrung fahren konnte, was einer indizierten Leistung von 1470 kW entspricht. Die ab 1911 in Dienst gestellten Serienlokomotiven der Reihe 380.100 konnten 280 t mit 38 km/h in der Steilrampe schleppen und liefen von Salzburg bis Villach durch. 1931/32 wurden diese Maschinen durch solche der Reihe 580 ersetzt.[131]

Nach Zuweisung der Reihe 113 (2'Dh2) im Jahre 1925 wurden von Salzburg aus die Schnellzüge nach Saalfelden und Villach mit diesen Maschinen geführt. Sie wurden jedoch schon 1928/29 mit der Aufnahme des elektrischen Zugbetriebs auf der Salzachlinie abgezogen.[132]

Als Glanzleistung des österreichischen Lokomotivbaus muß noch kurz auf den 1911
B 100 gelieferten Sechskuppler 100.01 (1'Fh4v) hingewiesen werden, der auf der Tauernstrecke 330 t mit 35 km/h bei 8% Reserve fahren konnte. Diese Maschine zeigte eine sehr mäßige Laufwerk- und Spurkranzabnützung und wurde zusammen mit den leichteren 1'E-Maschinen im Turnus eingesetzt. Im Zusammenhang mit dem Elektrifizierungsgesetz von 1920 unterblieb eine Nachbestellung. Zufolge einiger während des Betriebsverlaufs aufgetretener Zylinderbrüche wurde diese Maschine 1928 ausgemustert.[133]

3.4.3. Elektrifizierung

3.4.3.1. Vorgeschichte

Nach dem Programm von 1920 sollte auch die Strecke Schwarzach-St. Veit–Villach innerhalb von 10 bis 15 Jahren elektrifiziert werden. Die durch den Kohlenmangel ausgelöste Elektrifizierung brachte in den Jahren 1919 bis 1930 die Einführung der elektrischen Zugförderung auf der Strecke Salzburg–Innsbruck–Bregenz mit den Seitenlinien nach Kufstein, Brenner und Buchs sowie auf der Strecke Attnang-Puchheim–Stainach-Irdning mit einer Gesamtlänge von rund 621 km. *Nach ihrer Fertigstellung kam es unter dem Einfluß wirtschaftlicher Gegenkräfte zu einem Stillstand der Elektrifizierungsarbeiten, der – wie wir heute rückschauend feststellen müssen – nicht nur den Bundesbahnen, sondern auch der gesamten österreichischen Wirtschaft schwersten Schaden brachte,* stellt Koci fest.[134]

Zunächst entschloß man sich, die Ausrüstung der Tauernbahn bis auf weiteres zurückzustellen. Schwerwiegender war der Entschluß, die Elektrifizierung der Strecke Salzburg–Wien nicht zu beginnen. Die BBÖ legten im Jänner 1928 diesbezüglich ihre Ansichten und Voranschläge in einer Denkschrift nieder, verglichen sie mit den Berechnungen der Elektroindustrie und kamen zu folgendem, die Einleitung der Denkschrift bildenden Schluß: *Der Vorstand der Österreichischen Bundesbahnen steht auf dem Standpunkt, daß von der Elektrifizierung der Strecke Wien–Salzburg wegen mangelnder Rentabilität abgesehen werden müsse.*[135] Erst am 3. Mai 1934 wurde die *Österreichische Gesellschaft zur Förderung der Elektrifizierung der Bundesbahnen* unter dem Ehrenschutz des Bundesministers für Handel und Verkehr, Friedrich Stockinger, gegründet. Ihrem Präsidium gehörten namhafte Vertreter der Länderverwaltungen, der Städte, der Handelskammern, Verkehrsverbände und anderer Verbände an. Die Gesellschaft hatte sich zur Aufgabe gestellt, die Bedeutung der Elektrisierung der Österreichischen Bundesbahnen vom volkswirtschaftlichen Standpunkt aus der breiten Öffentlichkeit bekanntzugeben und die Fortführung der Arbeiten weitgehend zu fördern. Die Gesellschaft gab Druckschriften heraus, die sich mit den Gegnern der Elektrisierung und mit deren Gründen auseinandersetzten.[136]

Während dieser 1930 einsetzenden Zwangspause in der Durchführung des Elektrifizierungsprogramms konnte lediglich die elektrische Ausrüstung des Steilrampenabschnitts der Tauernbahn als Notstandsarbeit durchgeführt werden. 1933 beschloß die Generaldirektion der BBÖ die Elektrifizierung der Teilstrecke Schwarzach-St. Veit–Mallnitz, wobei die Regierung die erforderlichen Mittel in Höhe von 3,2 Millionen Schilling im Rahmen eines Arbeitsbeschaffungsprogramms zur Verfügung stellte.[137] Ein Jahr später wurde der Elektrifizierungsauftrag für das Teilstück Mallnitz–Spittal-Millstättersee erteilt, wobei die österreichische Bundesregierung wiederum als Arbeitsbeschaffungsaktion aus dem Erlös der inländischen Trefferanleihe 1933 einen Betrag von 7,5 Millionen Schilling für diesen Zweck auswarf.[138]

3.4.3.2. Elektrifizierungsarbeiten

Für die Energieversorgung des ersten Teilabschnitts bis Mallnitz konnten die bestehenden Anlagen mitbenutzt werden, wodurch die Fahrleitungsanlage der Tauernbahn vom Unterwerk Schwarzach-St. Veit aus zunächst freitragend gespeist wurde. Erst für die Aufnahme des elektrischen Zugbetriebs auf der Tauernsüdrampe wurde der Bau eines Unterwerks in Mallnitz notwendig, das von der vorhandenen 55 kV-Leitung zum Mallnitzwerk gespeist werden konnte. Infolge der damals recht beträchtlichen Energieüberschüsse waren keinerlei Erweiterungsbauten der bahneigenen Kraftwerksanlagen erforderlich.[139]

Wie bei der Elektrifizierung der Brennerbahn wurde die Fahrleitung in der damaligen Einheitsbauart der BBÖ mit nachgespanntem Tragseil und Fahrdraht montiert, hier jedoch erstmals auch bei der Überspannung der Bahnhöfe, wobei Einzelmaste zwischen je zwei Gleisen oder vereinzelt auch Joche die Querseilaufhängung ersetzten. Stellenweise wurden Maste aufgestellt, die aus je zwei Altschienen zusammengeschweißt sind. In den eingleisigen Tunnels ist das Tragseil fest. Auf den eingleisigen Streckenabschnitten wurde durchgehend eine Verstärkungsleitung verlegt, teils auf der Mastspitze, teils als Kabel.[140]

Im Zuge der Umstellung des bahneigenen Übertragungsnetzes von 55 kV auf 110 kV wurde 1947 das Unterwerk Schwarzach-St. Veit durch ein neues in St. Johann im Pongau ersetzt, 1951 das Unterwerk Mallnitz neu gebaut, wobei die Trafoleistung jeweils 13 MVA betrug. Schon 1940/41 wurde vom Kraftwerk Obervellach nach Pusarnitz eine 110 kV-Übertragungsleitung gebaut und dort zur Spannungsstützung der Südrampe ein fahrbares Unterwerk von 6,5 MVA eingerichtet.

Erst nach dem Zweiten Weltkrieg war es möglich, die Elektrifizierung bis zum Knotenpunkt Villach weiterzuführen. In Warmbad Villach wurde ein Unterwerk von 13 MVA errichtet. Zum Sommerfahrplan 1950 konnte dort der elektrische Zugbetrieb aufgenommen werden.

Als Fortsetzung der Tauernstrecke konnte man fünf Jahre später die Karawankenstrecke von Villach bis Rosenbach auf elektrischen Betrieb umstellen. Die Elektrifizierung durch den Karawankentunnel bis Aßling war technisch und betrieblich schwierig. Im Tunnel war das erste Problem die Dichtung des Gewölbes gegen die an manchen Stellen stark eindringenden Bergwässer. Weiter litten die langwierigen Tunnelsanierungsarbeiten unter den außerordentlich ungünstigen Belüftungsverhältnissen. Wenngleich die Verwendung von Diesellokomotiven an Stelle der Dampflokomotiven die Verhältnisse verbesserte, so behinderten bei ungünstigen Witterungsverhältnissen auch die unangenehmen Auspuffgase der Dieselmotoren die Arbeiten. Dank des ausreichenden Tunnelprofils konnte das verbleibende Streckengleis am alten Platz verbleiben, was einen eventuellen Wiedereinbau des zweiten Streckengleises nicht unnötig erschwert.

Sowohl die Tunnelsanierungsarbeiten als auch die Fahrleitungsmontage führten die beiden beteiligten Bahnverwaltungen in ihrem Staatsbereich selbst durch, wobei die Elektrifizierung mit 15 kV für die jugoslawischen Bahnen eine neue Arbeitsweise darstellte. Auf jugoslawischem Staatsgebiet ist die Fahrleitungsanlage wie im Bahnhof Tarvis nach der FS/JŽ-Regelfahrleitung für 3000 V Gleichstrom ausgebildet. Der Fahrleitungszickzack beträgt dort ±20 cm. Im Übergangsbahnhof Aßling/Jesenice wurden nur die unbedingt notwendigen Gleise überspannt.

Am 6. 2. 1957 durchfuhr der elektrische Eröffnungszug den Karawankentunnel. Zur Aufnahme des elektrischen Zugbetriebs mit 3000 V Gleichstrom auf dem Teilstück bis Ljubljana im Jahre 1964 wurde Jesenice zum Systemwechselbahnhof mit fester Längstrennung der beiden Systeme umgebaut.

Die ständige Verkehrszunahme auf der Tauernbahn erforderte eine Erhöhung der Umspannerleistung des Unterwerks Mallnitz auf 19,5 MVA. Die nach zweigleisigem Ausbau zu erwartenden weiteren Verkehrssteigerungen sowie der Einsatz der Thyristor-Lokomotiven werden dort zu einer Unterwerksleistung von 30 MVA führen; das fahrbare Unterwerk Pusarnitz wurde 1976 durch ein stationäres ersetzt und in Dorfgastein ein neues Unterwerk errichtet.

Gleichzeitig wird die Fahrleitungsanlage erneuert und der Querschnitt der Speiseleitung vergrößert. Bemerkenswerterweise verlassen dabei die ÖBB die billigere Überspannung der Bahnhöfe mit Einzelmasten wieder und ersetzen sie zuerst in den größeren Bahnhöfen, jetzt auch in den kleineren, durch die aufwendigeren Querfelder. Es hat sich gezeigt, daß bei Betriebsstörungen in Bahnhöfen die Fahrleitungsanlage mit Querfeldaufhängung schneller instandgesetzt werden kann als jene mit Einzelmasten zwischen den Gleisen.

Auf der Karawankenstrecke kam es infolge starker Verschmutzung durch das Eisenwerk in Aßling häufig zu Isolatorüberschlägen mit Schalterauslösung im Unterwerk Warmbad Villach. Deshalb sollen sämtliche Isolatoren der mit 15 kV gespeisten JŽ-Fahrleitung durch solche der ÖBB-Bauform ersetzt werden. Bei der Neuverlegung des zweiten Gleises im Karawankentunnel ist gegebenenfalls eine Absenkung geplant, um für Sendungen mit Lademaßüberschreitungen an lichtem Raum zu gewinnen. Für einen Bahnhofneubau Aßling ist eine Systemumschaltung im Gespräch.

3.4.4. Bespannung der Schnellzüge bei elektrischem Betrieb

3.4.4.1. Lokomotiven

Als am 16. 12. 1933 das Teilstück Schwarzach-St. Veit–Mallnitz (47 km) und am 15. 4. 1935 das Reststück bis Spittal-Millstättersee (36 km) dem elektrischen Zugbetrieb übergeben wurde, konnten die für die Elektrifizierung der Tauernbahn beschafften Lokomotiven der Reihe 1170.200 zunächst nicht auf dieser Strecke verkehren, weil sie eine Achslast von 204 kN haben, während damals höchstens 157 kN auf der Tauernstrecke zugelassen waren. So wurden zunächst ältere Lokomotiven der Arlberglinie verwendet, und zwar die
B 101 Reihe 1100.100 im Schnellzugverkehr, die 1029 vor leichten Personenzügen und die Reihen 1080 und 1280 für Güterzüge. Immerhin konnte bei den Reisezügen die Fahrzeit gegenüber dem Dampfbetrieb um 22 bis 25% gekürzt werden.[141]

Reihe 1170.200 / E45.2 / 1245

Es handelt sich um die dritte Generation von Bo'Bo'-Lokomotiven der BBÖ, die konstruktiv folgendes gemeinsam haben: genieteten Lokomotivkasten und genietete Drehgestelle, Hohlwellen-Federantrieb Bauart Sécheron, elektropneumatische Schützensteuerung, teilweise wechselstromerregte Widerstandsbremse.

Für die steigungs- und krümmungsreichen Strecken der Salzkammergutbahn und der Mittenwaldbahn mit schwachem Oberbau wurde 1927 eine ungewöhnlich kompakte Bo'Bo'-Lokomotive von 60 t Masse mit einer Stundenleistung von 1000 kW bei 35 km/h und einer Höchstgeschwindigkeit von 60 km/h in Dienst gestellt. Versuchsfahrten zeigten, daß diese Maschinen auf 10 Promille 600 t mit 40 km/h und auf 25 Promille 250 t bei gleicher Geschwindigkeit befördern konnten.[142]

Während sich der elektrische Teil der ELIN durchwegs bewährte, war der mechanische doch etwas zu schwach ausgefallen. Die Maschinenbrücken zeigten Risse, bei „höheren“

Geschwindigkeiten wurde der Lauf durch die Schneidenlagerung der Drehgestelle sehr unruhig. So entstand die Reihe 1170.100 mit einem erheblich verstärkten mechanischen Teil, während die reichlich bemessenen Fahrmotoren und eine Spannungserhöhung am Transformator eine Leistungssteigerung ermöglichten. Die Schneidenlagerung der Drehgestelle wurde durch eine Dreipunktlagerung ersetzt, zur Übertragung der Zugkraft wird die Brücke nicht mehr herangezogen, zwischen den beiden Drehgestellen ist eine Querkupplung angeordnet. Die Stundenleistung beträgt 1210 kW bei 36 km/h, die Höchstgeschwindigkeit 70 km/h.[143]

Diese ab 1929 in Dienst gestellten Maschinen liefen vor allem auf der Mittenwaldbahn und auf den übrigen von Innsbruck ausgehenden Strecken und leisteten u. a. auch auf der Arlbergstrecke Vorspanndienst vor Schnellzügen. Die ab 1931 gelieferten Be 4/4-Lokomotiven der BT, EBT und SMB weisen eine außerordentliche Ähnlichkeit mit diesen BBÖ-Maschinen auf.

Die Elektrifizierung der Tauernbahn war der Anlaß, für den Reise- und Güterzugdienst eine gegenüber der 1170.100 wesentlich verstärkte Universallokomotive zu bestellen. Bei 15 kV Fahrdrahtspannung wurden auf 10 Promille 800 t und auf 30 Promille 280 t mit jeweils 47 km/h gefordert.

Auf Wunsch der BBÖ berücksichtigte man alle vier Elektrogroßfirmen Österreichs, den mechanischen Teil lieferte die in den dreißiger Jahren einzig übriggebliebene Lokomotivfabrik Floridsdorf. Die Stundenleistung stieg auf 1600 kW bei 47 km/h, die Höchstgeschwindigkeit auf 80 km/h. Dafür durfte die Achslast jetzt 200 kN betragen. Die elektrische Ausrüstung mußte neu durchkonstruiert werden, insbesondere der zehnpolige Fahrmotor EM 401.[144]

Von den acht bestellten Lokomotiven kam die 1170.201 im Frühjahr 1935 in Dienst. Da TS 44
die Tauernstrecke noch nicht auf eine Achslast von 200 kN ausgebaut war, bewährten sich diese Maschinen vorerst westlich Saalfelden insbesondere im schweren Güterzugdienst. Die durchschnittliche monatliche Laufleistung betrug 7500 km, maximal 12 000 km, die später abgelieferten Serienlokomotiven brachten es auf 18 000 km. Die Kommutatorabnützung war für damalige Verhältnisse sehr günstig. Die mittlere Kohlenabnützung betrug 0,1 mm auf 1000 Lokomotivkilometer, die Kommutatorlaufleistung 300 000 km.[145]

Der Beschluß, die Elektrifizierung der Westbahn von Salzburg aus in Richtung Wien
voranzutreiben, führte zur Bestellung weiterer Lokomotiven dieser Bauart, die leistungs- TS 45
mäßig erneut verstärkt wurden, um im oberen Geschwindigkeitsbereich hinreichende
Beschleunigungsreserven zu haben. Die Stundenleistung beträgt 1853 kW bei 56 km/h. D 36
Dies bedingte die Fortentwicklung des Fahrmotors EM 401 zum EM 402 mit erhöhter Leerlaufklemmenspannung und die Verstärkung des Transformators von 1420 kVA auf 1900 kVA. Für Flachlandstrecken wurden die Nummern 19 bis 28 ohne Widerstandsbremse geliefert und später als Reihe 1245.600 zusammengefaßt. Da die Gestaltung der Stirnwand und der Dachpartie der 1170.201 bis 207 auf Mißfallen gestoßen war, wurde das Äußere der Serienlokomotiven wie die 1170.208 ausgeführt.[146]

Die 1938 nach Übernahme des österreichischen Netzes durch die DRB als E45.2 (ab
1951 Reihe 1245.500) gelieferten Serienlokomotiven konnten dann auf der Tauernstrecke B 102
die ihnen zugedachten Aufgaben übernehmen, weil dort mit demselben Jahr eine Achslast von 200 kN zulässig war. Nach der Belastungstabelle wurden für die 1245.500 auf 10 Promille 600 t und auf 25 Promille 250 t mit jeweils 60 km/h zugelassen. Auf der Tauernstrecke werden in beiden Richtungen 320 t mit 60 km/h angegeben.

Zusammen mit den ab 1940 eingesetzten E94/1020, die über die Tauernstrecke 540 t B 104
schleppen dürfen, bildeten diese Maschinen vor allen Zugarten in der Kriegs- und B 105
Nachkriegszeit das Rückgrat nicht nur der Zugförderung auf der Tauernbahn, sondern des elektrischen Zugbetriebs in Österreich überhaupt.[147] Da ab 1940 nur noch die zu „Kriegslokomotiven" erklärten Baureihen E44 und E94 beschafft werden durften, wurde die letzte der 41 Maschinen zählenden Serie 1940 abgeliefert.

Zeitbedingt kamen in diesen Jahren jedoch auch ausgesprochene Schnellzuglokomotiven auf die Tauernstrecke.

Reihe (1870) / E18.2 / 1018

Die bis 1935 elektrifizierten Strecken der BBÖ westlich Salzburg weisen, abgesehen von der Inntalstrecke von Kufstein bis etwa Ötztal, ungünstige Neigungs- und Richtungsverhältnisse auf. Die dort verkehrenden Triebfahrzeuge wurden daher seinerzeit nur für Höchstgeschwindigkeiten bis zu 100 km/h ausgelegt, die sie im regelmäßigen Betrieb aber nur wenig ausnützen konnten.[148] Im März 1937 legte die österreichische Bundesregierung eine Investitionsanleihe für die Elektrifizierung des Teilstücks Salzburg–Linz (125 km) der Westbahn auf.[149] Auf der überwiegend Flachlandcharakter aufweisenden Westbahn verkehrten schon die Dampfzüge mit einer planmäßigen Höchstgeschwindigkeit von 100 km/h. Der elektrische Zugbetrieb sollte die Höchstgeschwindigkeit auf 120 km/h steigern. Da schärfere Bögen oder ungünstige Bahnhofdurchfahrten immer wieder Geschwindigkeitsermäßigungen erzwingen, war es zur Erzielung einer hohen Reisegeschwindigkeit bis zu 90 km/h notwendig, auch schwere Schnellzüge nach Geschwindigkeitseinschränkungen rasch wieder zu beschleunigen.[150]

Diesem Zweck entsprach eine Lokomotive mit vier Treibachsen, einer installierten Leistung von etwa 3000 kW und einer Höchstgeschwindigkeit von 130 km/h am besten. Da eine Weiterentwicklung der bei den BBÖ in Verwendung stehenden Schnellzuglokomotiven bis zu diesen Leistungen und Geschwindigkeiten nicht zweckmäßig erschien, entschieden schließlich die BBÖ, eine Lokomotivreihe 1870 in sehr weitgehender Anleh-
TS 55 nung an die Reihe E18 der DRB zu entwickeln: *Für die endgültige Entscheidung fiel mit ins Gewicht, daß sich diese Type auch auf den Berg- und Hügellandstrecken Oberschlesiens hinsichtlich Spurkranzabnützung und Beanspruchung des Laufwerkes einwandfrei bewährt hatte.*[151]

Für die österreichischen Verhältnisse sollten vor allem Änderungen bezüglich verschiedener Einzelteile die Einheitlichkeit mit den anderen österreichischen Lokomotiven herstellen.

Nach der Übernahme der BBÖ durch die DRB im Jahre 1938 unterzog man die Zeichnungen neuerdings eingehender Durchsicht, und machte viele Änderungen wieder rückgängig. So wurde anstelle der elektropneumatischen Schützensteuerung eine verbesserte Feinreglersteuerung mit 18 Dauerfahrstufen eingebaut.[152]

Ursprünglich sollte das Teilstück Salzburg–Attnang-Puchheim zum Winterfahrplan 1938, die weitere Teilstrecke bis Linz im Oktober 1939 dem elektrischen Zugbetrieb übergeben werden. Entsprechend sollten die acht jetzt als E18.2 bezeichneten Maschinen im Sommer 1939 ausgeliefert werden, um im Herbst die Führung der Schnellzüge Linz–Salzburg zu übernehmen.[153]

Die Arbeiten wurden im April 1937 aufgenommen und waren 1938/39 im besten Lauf, als der Zweite Weltkrieg diese verheißungsvolle Entwicklung störte. Lediglich die gerade im Gang befindlichen Arbeiten konnten noch abgeschlossen werden, die Elektrifizierung der Westbahn blieb in dem betrieblich dafür wenig günstigen Bahnhof Attnang-Puchheim stecken.[154]

Die Zeichnungsänderungen der im Bau befindlichen Lokomotiven hatten deren
TS 41 Ablieferung verzögert. Die erste Lokomotive der Reihe E18.2 wurde am 8. 2. 1940
B 103 abgeliefert. Den am Bau beteiligten Firmen WLF/AEG und WLF/ÖSSW war es gelungen, mit einfachen Mitteln aus der E18 eine den österreichischen Streckenverhältnissen entsprechende Lokomotive abzuleiten. Insbesondere ist der Motor ASM 701 vorzüglich gelungen, der im Prüffeld während 10 Minuten eine Grenzleistung von 1300 kW erreichen
D 28 konnte. 1941 wurde die Stundenleistung der E18.2 mit 3590 kW bei 98 km/h gegenüber 3040 kW bei 117 km/h bei der E18 angegeben, was einer Leistungssteigerung von 18% entspricht.[155]

Nach der Inbetriebnahme des elektrischen Zugbetriebs von Salzburg nach Attnang am 10. 12. 1940 übernahmen die E18.2 auf dieser Strecke den Schnellzugdienst, nachdem schon zuvor die Dienstfernschrift der RBD Linz vom 20. 2. 1940 ihren Einsatz auf der Strecke Salzburg–Wörgl mit einer Höchstgeschwindigkeit von 80 km/h genehmigt hatte.

Mit einer Verfügung des RZA München ohne Datum sowie mit einer Verfügung des Reichsbahn-Maschinenamts Salzburg vom 17. 7. 1943 wurde der Durchlauf auf den Strecken Salzburg–Spittal und München–Attnang genehmigt. Zusammen mit den dem Bw Salzburg zugewiesenen Maschinen der Reihe E18 liefen die E18.2 damit in einem Umlauf zwischen München und Attnang sowie zwischen Salzburg und Spittal, vorwiegend im Schnellzugdienst.[156]

Nach der Belastungstabelle konnte die E18.2 am Tauern 330 t mit 60 km/h, die E18 etwa 265 t mit gleicher Geschwindigkeit ziehen. Noch zwischen 1948 und 1952 zogen die B 102
1018 Personenzüge auf der Tauernbahn. Mit der fortschreitenden Elektrifizierung der Westbahn, die mit der Aufnahme des elektrischen Zugbetriebs auf dem Abschnitt Amstetten–Wien im Dezember 1952 abgeschlossen wurde, konnten diese Maschinen ihrem ursprünglichen Verwendungszweck zugeführt werden.

Für die Tauernbahn waren die E18.2 / 1018 von der Konstruktion her nicht gedacht. Sie führten dort zu einigen Schwierigkeiten:

1. In kurvenreichen Strecken bestehen ungünstige Einwirkungen auf den Oberbau, weil die Lokomotive überhaupt keinen festen Achsstand für die feste Führung in der Seitenrichtung aufweist. Wie bei der E18 sind die Rückstellfedern der Laufachsen je nach Fahrtrichtung verschieden stark vorgespannt, was sehr zum seitlichen Verdrücken der Gleisbogen beiträgt.
2. Die Adhäsion ist sehr stark von einer genauen Einstellung der Treibachsen im Hohlwellenmittel bei gleichzeitiger richtiger Einstellung der Achslasten aller Achsen abhängig. Da die vier Treibachsen längsausgeglichen sind, ergibt sich bei einem Achsstand von 7200 mm ein vertikales Achslagerspiel von ± 35 mm.
3. Infolge der großen Spiele kommt es wegen der Rückwirkung der Antriebsfedern in der Lotrechten zu verhältnismäßig großen Achsentlastungen, sodaß oft schon bei normalen Anfahrten die Federtöpfe der vordersten Treibachse als Folge eines kurzen Rädergleitens klappern, wobei die einzelnen, jeweils in lotrechter Richtung befindlichen vorderen Federtopfpaare nacheinander zum Anschlag kommen. Bei andauerndem Betrieb mit hoher Adhäsionsausnützung im Rampenbetrieb nutzen sich die Radreifen entsprechend der Teilung der Treibradsterne nach Art eines 12eckigen Polygons bis zu 0,7 mm ab.[157]

Wie bei der E18 führten die hohen Bremsklotzdrücke bei Schnellbremsungen aus hohen Fahrgeschwindigkeiten zum Aufschweißen des Bremsklotzmaterials, damit zu Härterissen und schließlich zu Radreifenbrüchen.

Dennoch erzielten die Lokomotiven dieser Reihe in Österreich die beste Laufleistung bei geringstem Reparaturstand, weil die Betriebsbedingungen der 1018 (abgesehen vom letzten Punkt) ab 1953 durch die Bespannung der Schnellzüge Wien–Salzburg, später auch Wien–Passau, wesentlich verbessert werden konnten.[158]

Reihe E45.3 / 1170.300 / 1040

Die Lokomotiven dieser Reihe liefen zur Probe, später eher selten, auf der Tauern- B 106
strecke. Da die Reihe 1040 jedoch in der Entwicklungsgeschichte für weitere typische Schnellzuglokomotiven der Tauernbahn eine wichtige Rolle spielt, sei dennoch hier auf sie eingegangen.

Nach dem Ende des Zweiten Weltkriegs mußten die ÖBB mit einem stark dezimierten Bestand an betriebsfähigen Elektrolokomotiven den elektrischen Betrieb von Bregenz bis Attnang aufrecht erhalten. Dazu kam noch die Weiterführung der Elektrifizierung von Attnang-Puchheim nach Osten und von Spittal-Millstättersee nach Villach. Um die Bauzeit dringend benötigter neuer Elektrolokomotiven möglichst abzukürzen, wurde 1947 beschlossen, die bewährte Lokomotivreihe E45.2 ohne nennenswerte Änderungen nachzubauen. Doch zeigte es sich, daß die Zeitverluste infolge der Materialschwierigkeiten zu gewissen Weiterentwicklungen genützt werden konnten.[159]

Der Wagenkasten und die Drehgestelle wurden als Schweißkonstruktion ausgebildet, die Motoraufhängung verbessert. Im elektrischen Teil wurden erstmals Scherenstromab-

nehmer der Bauart IV mit Doppelwippe für Einbügelbetrieb sowie ein Druckgasschalter aufgebaut. Die elektropneumatische Schützensteuerung wurde von 17 auf 21 Stufen verfeinert und sorgfältig verriegelt. Die Fahrmotoren EM 601 haben bei gleichen Hauptabmessungen wie der Motor EM 402 der E45.2 durch Verringerung der Zusatzverluste
D 29 eine höhere Leistung, wodurch sich für die 1040 eine Stundenleistung von 2350 kW bei 65,8 km/h und eine Höchstgeschwindigkeit von 90 km/h ergibt.[160]

Trotz mannigfacher Schwierigkeiten der Nachkriegszeit kam die erste Lokomotive im Herbst 1950 in den Probebetrieb. Bei erhöhter Leistung und verringertem Gesamtgewicht zeigte sie verbesserte Laufeigenschaften gegenüber der Reihe E45.2, obwohl der allgemeine Aufbau des Laufwerks unverändert geblieben war. Den zehn Lokomotiven des
TS 46 ersten Auftrags folgte 1950 eine Nachbestellung über weitere sechs mit leicht veränderter äußerer Form. Diese Maschinen wurden für die gleichen Anhängelasten wie die E45.2 zugelassen und nach der Ablieferung hauptsächlich auf der Strecke Wien–Salzburg vor allen Zugarten eingesetzt, mit Aushilfsleistungen auch auf der Tauernbahn.[161]

Reihe 1041

Nach der Bestellung der ersten zehn Nachkriegslokomotiven der Reihe 1040 ergab sich etwas mehr Zeit für eine weitere Entwicklungsstufe. Der elektrische Teil dieser zusätzlichen Lokomotiven sollte genau der 1040 gleichen; für den vorgesehenen Zweck als Universallokomotive erschien Leistung wie Höchstgeschwindigkeit vollkommen ausreichend. Dagegen sollte der mechanische Teil neu ausgebildet als Vorstudie für eine neuzeitliche starke und rasche Bo'Bo'-Lokomotive in Anlehnung an Schweizer Vorbilder dienen.[162]

Da der beschrittene Weg zum Teil vom Triebwagenbau beeinflußt war, wurde erstmals
TS 47 die Waggonfabrik Graz der SGP mit Entwurf und Ausführung beauftragt. Der Kastenaufbau mit vergrößertem Drehzapfenabstand sowie die Drehgestelle wurden erstmals aus zusammengeschweißten abgekanteten Blechen in Holmenbauweise hergestellt. Der Kasten stützt sich auf einer pendelnd am Drehgestellrahmen aufgehängten Wiege ab. Wegen der um 2,4 m verlängerten Gesamtlänge der Lokomotive sind die Zug- und Stoßeinrichtungen wieder am Lokomotivkasten angebracht. Schließlich wählte man statt des Sécheron-Antriebs den Federtopfantrieb AEG-Kleinow mit fünf Elementen.[163]

Die ersten sechs von insgesamt 25 Lokomotiven wurden 1948 in Auftrag gegeben und
B 107 ab 1952 dem Betrieb übergeben, wo sie 1953 die meisten Schnellzug-Planleistungen auf der Tauernstrecke übernahmen. Die maximale Anhängelast wurde dort wie bei den 1245 und 1040 auf 320 t festgelegt. Schon Ende der fünfziger Jahre zeigte es sich, daß die 1041
D 29 sowohl in bezug auf Leistung als auch auf Höchstgeschwindigkeit (90 km/h) nicht einer universell verwendbaren Lokomotive entspricht.[164] Wie bei der 1040 traten auch bei den Fahrmotoren der 1041 Fahnenbrüche und Rundfeuer auf. Als für den Schnellzugdienst in ausreichendem Maß Lokomotiven der Reihen 1010, 1110 und 1141 vorhanden waren, wurde um 1960 die Höchstgeschwindigkeit der 1040 und 1041 auf 80 km/h herabgesetzt, was sie auf Personen-, Güterzug- und Vorspannleistungen beschränkte. Schließlich verschwanden sie gänzlich von der Tauernbahn. Um 1000 t-Güterzüge von Salzburg nach Villach fahren zu können, wurden für Vorspann am Tauern anstelle der 1041 die 1042 herangezogen (1042 : 450 t, 1043 oder 1020 : 550 t).

Reihe 1141

Entsprechend der Forderung des Betriebs nach einer schnellfahrenden Bo'Bo'-Lokomotive für die in den fünfziger Jahren für Schnellzüge vorgesehene Höchstgeschwindigkeit von 110 km/h wurde aus der 1041 die Lokomotive 1141 abgeleitet. Bei annähernd gleichen mechanischen Abmessungen sollte die um ca. 3 t gesenkte Dienstmasse wegen der Oberbaubeanspruchung keinesfalls 80 t überschreiten und die erhöhte installierte Leistung die höchstzulässigen Anhängelasten nicht zu stark von den Werten der 1041 abfallen lassen.[165]

Der mechanische Teil wurde, abgesehen von der gefälliger gestalteten Stirnfront, grundsätzlich gleich der 1041 ausgebildet, jedoch der Siemens-Gummiringfederantrieb gewählt. Wie bei der 1041 sollte eine Querkupplung zwischen den Drehgestellen den Spurkranzverschleiß verringern. Die Bremse wurde als R-Bremse wie bei der gleichzeitig entwickelten Reihe 1010 ausgebildet, jedoch mußte zwecks Gewichtsersparnis die elektrische Bremse entfallen. Allein dadurch konnte das Mindergewicht von 3 t nicht erreicht werden, und eine Neu- und Umkonstruktion fast sämtlicher Teile unter Verwendung von Leichtmetall war notwendig.[166] **TS 48**

Im elektrischen Teil wurde der Stromabnehmer V mit schmalerer Schere aufgebaut, um den gesenkten Stromabnehmer bei dem bei höheren Geschwindigkeiten herrschenden Aufwind sicher in dieser Lage zu halten. Den Druckgasschalter ersetzte ein Druckluftschnellschalter. Während die elektropneumatische Gleichstrom-Schützensteuerung mit 21 Fahrstufen und Verriegelungsschaltung beibehalten werden konnte, erhielt der Transformator bei gleichen Hauptabmessungen eine von 2140 auf 2250 kVA erhöhte Dauerleistung und eine um 800 kg verringerte Masse. Als Antriebsmotor wurde der bewährte der 1040 und 1041 prinzipiell beibehalten, jedoch seine Leistung durch Drehzahlerhöhung von 1180 auf 1230 Umdrehungen/min bei gleichem Stundenstrom um 30% erhöht, womit sich für die Reihe 1141 eine Stundenleistung von 2480 kW bei 77 km/h ergibt.[167] **D 30**

Von den 1953 bestellten Maschinen dieser Reihe wurde die erste im Dezember 1955 geliefert. Für die Probefahrten mit der 1141.03 im April 1956 hatte man vorsichtigerweise die garantierten Anhängelasten etwas geringer als bei den beiden Vorgängertypen angesetzt. Die Meßfahrten bewiesen jedoch, daß die Belastungen unverändert übernommen werden können. Beispielsweise hatte die Lieferfirma auf 25 Promille Steigung 290 t Anhängelast mit 60 km/h garantiert. Bei der Meßfahrt wurden unter gleichen Bedingungen 351 t gefahren. Unter Berücksichtigung der Stundenzugkraft wurde die maximale Anhängelast auf 25 Promille bei 60 km/h wie bei den Vorgängertypen auf 320 t festgesetzt.[168]

Die bis 1958 ausgelieferten 30 Lokomotiven der Reihe 1141 liefen 1956 zuerst im Schnellzugdienst auf der Tauernstrecke und auf der Westbahn. Nach richtiger Wahl der Kohlensorte für die Fahrmotoren und geeigneter Einstellung der Querkupplung ergab diese Reihe sehr gute betriebliche Ergebnisse. Bei einer Jahresbetriebsbereitschaft von 99,46%, einer Kommutatorlaufleistung von etwa 1 000 000 km und einem Abdrehen der Spurkränze nach 300 000 km auf krümmungsreichen Strecken und 500 000 km auf nicht zu kurvenreichen Strecken liegen vorzügliche Werte vor, obwohl diese Maschinen in den ersten Jahren intensiv im Schnellzugdienst herangezogen wurden. Der durchschnittliche Erhaltungsaufwand im Betriebswerkstättendienst je 1000 Lokkilometer betrug im Jahre 1958 20 Arbeitsstunden gegenüber 36 bei der 1020, der durchschnittliche Gesamtaufwand einschließlich Hauptwerkstätte je Lokkilometer 0,50 Schilling gegenüber 2,25 Schilling bei der 1020.[169] Bei einer durchschnittlichen Anhängelast der 1141 von 410 t mußten sie im Schnellzugdienst auf der Tauernstrecke im Regelfall Vorspann erhalten. In demselben Jahr wie die 1141 wurden die Lokomotiven der Reihe 1110 über den Tauern vor Schnellzüge gekuppelt, die auf der Steilrampe für maximal 500 t zugelassen sind. **B 108** **B 109** **B 111**

Von 1959 an traten die 1010 mit einer maximalen Anhängelast von 450 t zunächst vereinzelt am Tauern in Erscheinung, ab 1966 im Durchlauf von München bis Aßling bzw. Klagenfurt. Durch die 1042.500 am Tauern ab 1974 zurückgedrängt, leisteten die Lokomotiven der Reihe 1010 im Winterfahrplan 1975/76 letztmals Schnellzugdienst. Seither laufen sie vorwiegend vor innerösterreichischen Güterzügen, weil sie auf zahlreichen steileren Abschnitten im Gegensatz zur 1042 eine Anhängelast von 1000 t ohne Vorspann befördern können. **B 110**

Seitens der DB liefen ab 1966 Lokomotiven der Reihe 110 mit Autoreise- und Reisetouristikzügen von Norddeutschland durch den Tauern nach Villach und Klagenfurt durch, anschließend in zunehmendem Maß auch mit Regelzügen, seit 1971 selbst durch den Karawankentunnel bis Aßling. Die höchstzulässige Anhängelast der 110 am Tauern beträgt 350 t. **B 118** **B 119** **U 11**

Seit 1969 kommen vor Autoreisezügen Hamburg/Düsseldorf–Villach auch Lokomotiven der DB-Reihe 140 mit maximal 420 t auf die Tauernbahn. Wie auf der Brennerstrecke kam die Reihe 112 nur anläßlich der Eröffnungsfahrt des TEE91/90 „Blauer Enzian" dorthin. Um die Kommutatorbeanspruchung der für 160 km/h ausgelegten Maschine auf den langen Steilrampen gering zu halten, wurde die Anhängelast auf maximal 315 t festgelegt. Wohl sind die Anhängelasten der 103 der DB in den Belastungstabellen aufgeführt (Nordrampe 430 t, Südrampe 400 t), doch besteht vor allem aus Personalgründen nicht die Absicht, diese Maschinen mit dem TEE91/90 nach Klagenfurt durchlaufen
B 120 zu lassen. Wie auf der Brennerstrecke werden auch am Tauern seit dem Sommerfahrplan
B 121 1976 sämtliche mit DB-Triebfahrzeugen bespannten Regelschnellzüge mit Lokomotiven
der Reihe 111 geführt.

B 112 Die ÖBB ersetzten 1964 die leistungsschwächeren Maschinen durch die vom Semme-
B 113 ring abgezogenen Lokomotiven der Reihe 1042 der Ursprungsbauart. Wie auf der
U 10 Brennerstrecke wurden ab 1974 auch auf der Tauernbahn die 1042.500 im grenzüber-
B 114 schreitenden Lokomotivdurchlauf anstelle von Lokomotiven der Reihe 1010 eingeteilt,
zunächst mit dem TEE91/90, dann auch mit anderen Schnellzügen. Sowohl die 1042 als auch die 1042.500 haben am Tauern als maximale Anhängelast 450 t zugelassen. Da die Reihe 1042 und 1042.500 zuerst am Semmering lief, sei sie dort ausführlicher beschrieben.

Ende 1970 wurde bekannt, daß die ÖBB bei der schwedischen Firma ASEA vier Lokomotiven für Anschnittsteuerung mit Thyristoren der Reihe Rc2 der Schwedischen Staatsbahnen (SJ) bestellt haben. Diese Nachricht schlug wie eine Bombe ein. Hatten doch die ÖBB damit nicht nur den bisherigen Weg der konsequenten Weiterentwicklung von Elektrolokomotiven verlassen, sondern auch die heimische Industrie praktisch übergangen. Es läßt sich jedoch zeigen, daß die Vorgeschichte dieser Auftragserteilung letztlich von der neueren Entwicklung schwedischer Elektrolokomotiven ausgeht.

Entwicklung neuerer Elektrolokomotiven in Schweden

Bis Anfang der fünfziger Jahre beschafften die SJ 1'C1'-Lokomotiven der Reihe D, die schließlich 53% des Bestands an elektrischen Lokomotiven in Schweden ausmachten. Bei den ab 1952 gelieferten Maschinen der Reihe Da wurden die Ansaugöffnungen für die Kühlluft oberhalb des Dachansatzes verlegt, was später für alle schwedischen Lokomotiven charakteristisch werden sollte. Zufolge des dortigen hohen Lohnniveaus wurden schon 1952 mit der Bestellung zweier Probelokomotiven der späteren Reihe Ra Anstrengungen unternommen, die Wartungskosten durch verschleißfreie Konstruktionen herabzusetzen. Besonders im mechanischen Teil wurde hierauf bei der Drehgestellkonstruktion und der Ausbildung des Antriebs als Ankerhohlwellenantrieb Wert gelegt.[170] Nach der Ablieferung der beiden Maschinen im Jahre 1955 gelang es, für eine Anschlußbestellung über acht weitere Lokomotiven eine wartungsfreie Achslagerführung mit Gummielementen und Dämpfern zu finden.[171] Zur Ausbildung geeigneter Drehgestellkonstruktionen bei den schwierigen schwedischen Klimaverhältnissen führte die Firma ASEA in Zusammenarbeit mit der SJ eine umfangreiche wissenschaftliche Forschungstätigkeit durch, die sich sowohl auf theoretische als auch experimentelle Untersuchungen erstreckte: seitliche Laufstabilität[172], Seitenkräfte zwischen Rad und Schiene[173], das Haftwertproblem in statistischer Betrachtungsweise.[174]

Im elektrischen Teil versprach vor allem die Halbleitertechnik eine Verminderung der Wartungskosten. 1959 rüstete ASEA versuchsweise eine ältere Akkumulatorlokomotive der Type Öc mit einer Silizium-Gleichrichteranlage aus, die ab 1960 störungsfrei Rangier- und Streckendienst leistete.[175]

1959 bestellten die SJ bei drei verschiedenen schwedischen Herstellern drei verschiedene Lokomotiven der Type Rb (Rb 1, 2, 3) in je zwei Exemplaren, um eine neue Mehrzwecklokomotive als Ersatz für ältere erproben zu können. Von den 1962 abgelieferten

Maschinen wurden die Rb 1 Nr. 1001 und 1002 von ASEA mit Siliziumgleichrichtern und Mischstromfahrmotoren, die Rb 2 und Rb 3 dagegen mit gleicher konventioneller elektrischer Ausrüstung versehen. Da sich die schwedische Industrie Exportchancen ausrechnete, wurde anstelle des breiteren schwedischen Lichtraumprofils das schmalere zentraleuropäische zugrunde gelegt.[176] Bei den ASEA-Lokomotiven minimierten folgende Lösungen die Wartung:

1. Gummigefederte Achsengehäuse,
2. Gummigefederte Kraftübertragung mit Torsionswelle,
3. Scheibenbremsen,
4. Standard-Drehstrommotoren 380 V 50 Hz für die Hilfsbetriebe,
5. Relais und Apparate aus Standardtypen und
6. Statische Reglersysteme.[177]

Die beiden Gleichrichterlokomotiven liefen 1963 als Referenzlokomotiven in Rumänien und später auch in Bulgarien, was 1964 zu einer größeren Lokomotivbestellung bei der ASEA durch Rumänien und ein Jahr später durch Jugoslawien führte; bei letzterer wurden auch ELIN und SGP in der „50-Hz-Traktion-Union" beteiligt.[178]

Die Entwicklungsarbeit für Thyristorlokomotiven begann 1963 mit theoretischen Studien und Erprobungen im Laboratorium. Im Herbst 1964 baute die ASEA einen Triebwagen der Gattung Xoa 7 der SJ provisorisch für Thyristorbetrieb mit Rekuperationsbremse um, wobei sie die frühere Schützensteuerung im Wagen beließ. Dieser Triebwagen lief nach dem Umbau etwa ein Jahr lang, und die Betriebserfahrungen waren überwiegend gut. Nach einem schweren Zusammenstoß wurde die Thyristorsteuerung ausgebaut.[179]

Parallel zu dem beschriebenen Versuchsbetrieb auf dem Triebwagen Xoa 7 wurde die Thyristorssteuerung zusammen mit einem 900 kW-Motor der Rb 1 im Labor geprüft. Im Mai 1965 wurde die Rb 1 Nr. 1001 provisorisch auf Thyristorsteuerung umgestellt, wobei die Diodengleichrichter durch Thyristorstromrichter ersetzt wurden, und zwar mit je einem Stromrichter für jeden Motor und einem für die in Reihe geschalteten Feldwicklungen. Fremderregte Motoren haben nämlich vom Schleudergesichtspunkt aus eine ideale Charakteristik, wenn die Lastverteilung zwischen den Fahrmotoren gesichert werden kann. Der Transformator wurde unter Entfernung des Stufenschalters beibehalten. Um eine Rekuperationsbremse zu prüfen, erhielten alle vier Zweige der Brücke Thyristoren. Während der Fahrschaltung wurden zwei dieser Zweige als Dioden ausgesteuert, um den Verbrauch an Blindleistung herabzusetzen.[180]

Probefahrten mit diesem Versuchsfahrzeug führten zu einer Optimierung der Anlage und Ende 1964 zu einer Bestellung über 20 Lokomotiven der Reihe Rc 1 der SJ. Diese sollten auf 10 Promille 700 t mit 130 km/h oder 1400 t mit 70 km/h befördern können. Entsprechend beträgt die Stundenleistung 3600 kW bei 74 km/h, die Höchstgeschwindigkeit 135 km/h.

Im mechanischen Teil fällt wieder das wartungsarme ASEA-Drehgestell der Rb 1 mit gummigefederten Achslagergehäusen und Scheibenbremsen auf. Im elektrischen Teil ergibt der völlig verschweißte Transformatorkessel eine Gewichtsersparnis. Zur Verbesserung des Leistungsfaktors wurden die Thyristoren mit drei halbgesteuerten Brücken in Folgeschaltung angeordnet, von denen jeweils nur eine pro Motor kontinuierlich ausgesteuert wird. Die beiden übrigen Brücken sind entweder völlig frei oder völlig gesperrt. Die Stromrichter, mit zugehörigen Kühlkörpern und Hilfsausrüstungen auf leicht herausziehbaren Einschüben angeordnet, werden durch Luft gekühlt. Der achtpolige Fahrmotor wurde aus jenem der Rb 1 abgeleitet und hat eine außergewöhnlich gute Kommutierung. Auf den Einbau einer Rekuperationsbremse wurde für die Streckenverhältnisse der SJ verzichtet, doch die Vielfachsteuerung eingebaut. Die Instrumentierung des Führerstandes wurde radikal vereinfacht. Es ist lediglich ein Spannungsmeßgerät für die Fahrdrahtspannung eingebaut, anstelle der übrigen Instrumente eine Anzeigetafel montiert. Das traditionelle Handrad für die Fahrstufenwahl ersetzen zwei Vorrichtungen: ein kleines

Handrad zur Einstellung der gewünschten Geschwindigkeit und ein Hebel zur Einstellung der Zugkraft.[181]

Mit der ersten, 1967 gelieferten Rc 1-Lokomotive führten ASEA und SJ umfangreiche Messungen durch, um die Voraussetzungen für die Serienfertigung von Thyristorlokomotiven zu schaffen. Hierbei galt die Untersuchung insbesondere:

1. dem Schleuderverhalten,
2. dem Leistungsfaktor und dem Verbrauch an Blindleistung,
3. Störungen am Telefonnetz, Rundfunk- und Signalanlagen,
4. dem Einbau von Entstörungsfiltern und der Phasenkompensierung.[182]

Das Ergebnis dieser Studien bestand darin, daß Kondensatoren für die Verbesserung des Leistungsfaktors eingebaut wurden, die gleichzeitig als Oberwellenfilter verwendet werden. Außerdem wurde die Zahl der Stromrichterbrücken in Reihenschaltung von drei auf zwei vermindert, Ölkühlung statt Luftkühlung der Halbleiterzellen gleichzeitig eingeführt. Die grundsätzliche Ausbildung der Apparate und deren Anordnung in „Möbelstücken" blieb gegenüber den Rc 1-Lokomotiven unverändert.[183]

So wurden aus der Type Rc 1 zwei Klassen abgeleitet, die sich ausschließlich durch die Getriebeübersetzung unterscheiden: Rc 2 für eine Höchstgeschwindigkeit von 135 km/h und Rc 3 für eine solche von 160 km/h, von denen die SJ zunächst 80 bzw. 10 Stück bestellten, die ab 1969 bzw. 1970 abgeliefert wurden.[184]

Im Sommer 1970 führte die DB für die UIC mit verschiedenen Triebfahrzeugen mit Thyristorsteuerung, darunter mit der Rc 2 Nr. 1049 der SJ, auf der Frankenwaldlinie Untersuchungen durch. Im Anschluß daran wurde diese Maschine auf der Tauernbahn und der Semmeringstrecke zu Versuchsfahrten herangezogen. Am 11. 9. 1970 konnte sie 633 t von Salzburg nach Villach ziehen, wobei Verkehrsminister Erwin Frühbauer, die für den maschinentechnischen Dienst der ÖBB verantwortlichen Herren und Vertreter der ASEA anwesend waren.[185]

Zuvor war sie schon sechs Wochen über den Semmering zwischen Wien und Bruck an der Mur gelaufen, wo sie planmäßig um 25% schwerere Züge bewältigte als die ÖBB-Reihe 1042, die zudem eine um 10% größere Dienstmasse hat, sodaß die Ausnutzung der Haftreibung bei der ASEA-Lokomotive noch höher war. Die Rc 2 der SJ konnte damit etwa das Programm der sechsachsigen ÖBB-Lokomotiven bei niedrigerem Spurkranz- und Schienenverschleiß erfüllen.

Zum 24. November 1970 vermerken die Akten der ÖBB: *Um einerseits dem drückenden Mangel an Lokomotiven zu begegnen, der die betriebliche Situation der ÖBB kennzeichnet (wobei die Lieferkapazität der österreichischen Industrie bis zur Grenze ausgelastet ist), und um andererseits die in mehrfacher Hinsicht vorteilhaften Thyristorlokomotiven erproben zu können, beschließt der Vorstand den Ankauf von 4 Stück ASEA-Thyristorlokomotiven der Type Rc 2. Gleichzeitig beschließt der Vorstand, die österreichische Industrie einzuladen, unter Zugrundelegung einer Serie von 100 Stück ein Angebot auf Thyristorlokomotiven des Systems ASEA vorzulegen (gegebenenfalls unter konstruktiver Anpassung an die österreichischen Verhältnisse).* Dieser Beschluß erregte in der österreichischen Presse erhebliches Aufsehen. Als die ELIN-Union-AG in einer Pressekonferenz mit ihrem Jahresbericht an die Öffentlichkeit trat, ließ Vorstandsdirektor Dipl.-Ing. Schädl *seiner Enttäuschung über die Bestellung von vier Thyristor-Elektrolokomotiven durch die ÖBB beim schwedischen Elektrokonzern ASEA freien Lauf.* Die am Lokomotivbau beteiligte österreichische Eektroindustrie (ELIN, Siemens, BBC) hätte eine Lokomotive mit um 46% höherer Leistung zu einem nur geringfügig höheren Preis angeboten, bei den ÖBB habe man aber bisher nicht einmal die erwartete Bestellung auf zwei Prototypen realisiert.

Generaldirektor-Stellvertreter Dipl.-Ing. Dr. Dultinger nannte kurz darauf bei einer Pressekonferenz die genauen Preise: 14,673 bzw. 16,8 Millionen Schilling, wozu noch 10 Millionen Entwicklungskosten gekommen wären, betonte jedoch, daß in diesem Fall weit entscheidender als die Preissituation die Frage der Lieferzeit sei. Die Erbringung der einer Thyristorlokomotive äquivalenten Traktionsleistung durch Dampflokomotiven bereite jährliche Mehrkosten von 21 Millionen. Die von den österreichischen Firmen angebotene Mehrleistung von 46% sei für das Versuchsstadium von untergeordneter Bedeutung, nicht dagegen für die geplante Serienbestellung.

Die Frage, ob es wirtschaftlich sei, für den Flachland- wie Steilrampendienst mit ein und derselben Lokomotivtype auszukommen, beantwortete Dr. Dultinger mit einem klaren Nein. Man denke vielmehr daran, in Zukunft zwei Typen von Elektrolokomotiven zu beschaffen:

	v_{max}	Anhängelast
Type A – Tallokomotive	160 km/h	700 t auf 10 Promille
Type B – Berglokomotive	130 bis 135 km/h	650 t auf 25 Promille

Zusammengefaßt war es einerseits der katastrophale Mangel an elektrischen Triebfahrzeugen und andererseits das Bedürfnis, die mit dem massierten Einsatz von Thyristorlokomotiven zusammenhängenden Probleme rasch zu klären, die die ÖBB dazu bewogen, die vier Thyristorlokomotiven im Ausland zu bestellen.[186]

Die ÖBB erwarteten sich von den Thyristorlokomotiven folgende Vorteile:

1. Durch die stufenlose Steuerung kann der Unterschied zwischen mittlerer Zugkraft und jeweiliger Spitze nach dem Aufschalten einer Stufe auf Null reduziert werden.
2. Durch unterschiedliche Aussteuerung der Motoren im voraus- und im nachlaufenden Drehgestell ist es möglich, die durch das Zughakenmoment hervorgerufene Drehgestellentlastung auszugleichen.
3. Durch die stufenlose Steuerung wird die Anwendung von fremderregten Motoren möglich und damit eine steile F/v-Charakteristik erzielt.
4. Durch die nahezu trägheitslose Steuerung kann einem Schleudervorgang schon im Entstehen entgegengewirkt werden.
5. Durch eine weitgehende Automatisierung ist eine Entlastung des Lokomotivführers möglich.
6. Mischstrommotoren haben insbesondere bei sehr kleinen Geschwindigkeiten eine höhere Belastbarkeit als Einphasen-Reihenschlußmotoren.
7. Durch den Wegfall der bewegten Schaltorgane im Motor- und Steuerstromkreis sind Einsparungen im Unterhalt zu erwarten.[187]

Reihe 1043

Die 1043.01 wurde als erste der bei ASEA bestellten Lokomotiven am 8. 11. 1971 von TS 50
den ÖBB übernommen, zwei weitere folgten bis Jahresende. Die mit einer Widerstands- B 99
bremse ausgerüstete 1043.04 traf am 25. 2. 1972 in Salzburg ein. Die 1043.01 bis 03 stimmen bis auf wenige Teile wie Stromabnehmer, Druckluftхauptschalter oder Indusi mit der Type Rc2 der SJ überein. Zufolge der thyristorgesteuerten Gleichstrom-Widerstandsbremse von 2400 kW hat die 1043.04 eine Dienstmasse von 82,0 t gegenüber sonst 77,4 t.[188]

Nach der Ablieferung wurden diese vier Lokomotiven eingehenden Versuchen und ausgedehnten Probefahrten im Regeleinsatz unterworfen, um möglichst viele Erfahrungen zu sammeln. Beispielsweise führten zwei Maschinen der Reihe 1043 in Vielfachsteuerung am 26. 4. 1972 einen Güterzug von 1450 t über die Tauernstrecke. Die Regelbelastung am Tauern wurde auf 550 t festgesetzt.

Ursprünglich hatte man eine erhebliche Beeinflussung der Sicherungs- und Fernmeldeanlagen auf den Strecken der ÖBB befürchtet, weil die Thyristorfahrzeuge kräftige ungeradzahlige Oberschwingungen durch den Anschnitt der Grundschwingung und geradzahlige Oberschwingungen bei Auftreten einer Unsymmetrie im Zündwinkel erzeugen. Da es billiger ist, für stets einwandfreie Symmetrie des Zündwinkels auf der Lokomotive zu sorgen, als an den Sicherungsanlagen Entstörungsmaßnahmen zu treffen, hat die 1043 sowohl eine Symmetriereinrichtung als auch eine Symmetrieüberwachung erhalten, um etwaige Störungen im Überwachungssystem rechtzeitig zu erfassen.[189]

Bei der Verwendung von fremderregten Mischstrommotoren wird ein Eingriff beim Schleudern einer Achse als nicht erforderlich erachtet, dagegen ist Allachsschleudern möglich, wo sich die Reibungsverhältnisse über eine längere Strecke verändern, z. B. auf Weichen oder im Tunnel. In diesem Fall ist die Begrenzung des Lastausgleichs nicht mehr wirksam, weil die Bezugsbasis fehlt. Die Lokomotiven Reihe 1043 wurden deshalb mit einem Allachsschleuderschutz geliefert, den allerdings der nachträgliche Einbau der Preßduktoreinrichtung überflüssig machte.[190]

Im Betrieb zeigte es sich jedoch, daß der Selbstschutz der steilen Charakteristik gegen Einzelachsschleudern und der Zusatz gegen Vierachsschleudern nicht ausreicht, um jegliche Betriebsbehinderung auszuschließen. Bei großen Anhängelasten auf Steilrampen traten im instabilen Bereich des Makroschlupfes Torsionsschwingungen in der Achswelle mit den beiden Rädern auf, die sogar zu einem Achsbruch führten. Die sofort eingeleitete Untersuchung aller Wellen zeigte noch einige Anrisse, worauf ASEA sofort Achswellen aus besserem Material mit gleichen Abmessungen, aber sorgfältig bearbeiteten Rundungen lieferte. Der Einbau von jeweils einem Preßduktor in die Konsole zur Drehmomentstütze jedes Motors ermöglichte es, diese Resonanzschwingungen sofort auszuregeln.[191]

Da die Versuchsergebnisse zufriedenstellten, wurden sechs weitere Lokomotiven bei ASEA bestellt, die wie die 1043.04 eine elektrische Widerstandsbremse haben. Die
D 34 Ankerausführung in Klasse H erhöhte die Typenleistung des Motors auf 1000 kW. Alle zehn Lokomotiven werden aber mit der gleichen maximalen Anhängelast von 550 t verwendet, sodaß die stärkeren Motoren in thermischer Hinsicht mehr geschont werden.[192]

B 115 Die zehn Maschinen führen einen Großteil der schweren Transitgüterzüge auf der stark
B 116 belasteten Tauernstrecke und tragen dazu bei, daß die Schienenabnützung der kurvenrei-
B 117 chen Strecke gegenüber dem Einsatz sechsachsiger Lokomotiven verringert wird. Im Winterfahrplan 1975/76 wurde als einzige Reisezugleistung der Ex 216 von Villach bis Schwarzach-St. Veit planmäßig mit einer 1043 vorgespannt.

Die vorgesehene Weiterbeschaffung von Lokomotiven der Reihe 1043 unterblieb jedoch. Erstens konnten sie die geforderte Leistung von 650 t auf 25 Promille im planmäßigen Lauf nicht erbringen, dann wurde bei gleichzeitiger Verwendung mehrerer dieser Maschinen auf einem Streckenabschnitt der Tauernbahn die Phasenverschiebung zwischen Strom und Spannung als Folge des schlechten Leistungsfaktors und damit der Spannungsabfall in der Fahrleitung fallweise derart groß, daß das Nullspannungsrelais anderer Elektrolokomotiven ansprach,[193] und schließlich sollte die heimische Industrie gefördert werden. All dies führte zunächst zum Weiterbau der Reihe 1042.500 und gab den Anlaß zur Entwicklung und zum Bau der Reihe 1044 durch die heimische Industrie.

3.4.4.2. Triebzüge

Neben lokomotivbespannten Schnellzügen fuhren zeitweise auch elektrische Triebwagen und Triebzüge über die Tauernstrecke. Die beiden 1936 gelieferten Triebwagen der Reihe ET 11 liefen ab 1937 in sehr raschen Personenzug-Pendelkursen zwischen den Fremdenverkehrszentren Zell am See und Badgastein, teilweise auch weiter bis Mallnitz bzw. Saalfelden, hatten in Schwarzach-St. Veit nur kurze Wendezeiten mit wenigen Minuten Aufenthalt und konnten dank ihres Beschleunigungsvermögens die zulässigen Streckengeschwindigkeiten tatsächlich ausfahren. Dieser Triebwagenverkehr endete mit Kriegsausbruch.[194]

Reihen 4130 und 4030

TS 52 Von den vier Triebwagenzügen der Reihe 4130 waren zwei Einheiten für den „Transalpin“ erforderlich. Die dritte Garnitur sollte als „Meistersinger“ in der Verbindung Linz–Nürnberg fahren und die vierte als „Wörthersee“ von Klagenfurt nach München bzw. im Winter nur bis Salzburg. Der Einsatz aller vier Züge bedeutete ein Fahren ohne Reserve, wobei der „Transalpin“ die Priorität hatte. „Meistersinger“ und „Wörthersee“ konnten notfalls auch mit Reihe 4030 und 1.-Klasse-Zwischenwagen gefahren werden. In der Folge konnte die Reihe 4130 den „Wörthersee“ überhaupt nur selten fahren.[195]

In dieser Weise wurden die Triebzüge 4130 und 4030 im Sommer 1958 als Triebwagenschnellzug zwischen Klagenfurt und Salzburg eingeführt, in den beiden folgenden Wintern bis München verlängert und bis Winter 1968/69 nur bis Salzburg geführt. In der übrigen Verkehrszeit ab 1959 verkehrte der „Wörthersee“ als lokomotivbespannter Reisezug.

Ab Sommerfahrplan 1977 besorgt eine Triebwagengarnitur der Reihe 4010 eine rasche Morgenverbindung Klagenfurt–München als TS/D 314 „Paracelsus“ über die Tauernbahn, bzw. im Gegenlauf als „Bundesländer-Express“ TS 191 Linz–Salzburg–Villach–Wien Südbahnhof.

3.5. Semmeringbahn

3.5.1. Geographische Lage und Trassierung

Unter Semmeringbahn versteht man das Teilstück Gloggnitz–Mürzzuschlag der Südbahn. „Südbahn“ bedeutete ursprünglich die Strecke Wien–Graz–Laibach–Triest der k. k. priv. Südbahn-Gesellschaft.[196] Die Grenzziehung nach dem Ersten Weltkrieg trennte die Verbindung südlich Spielfeld-Straß von Österreich. Die Verkehrsströme verlagerten sich auf die Strecke Wien–Bruck an der Mur–Villach–Tarvis/Travisio als Hauptverkehrsader. Unter Südbahn im erweiterten Sinn kann man heute die Strecken Wien–Bruck–Tarvis / Spielfeld-Straß verstehen.[197] Der internationale Schnellzugverkehr der Semmeringbahn wird entsprechend durch die Hauptverkehrsrichtungen Wien–Tarvis–Rom und Wien–Spielfeld-Straß–Laibach / Belgrad geprägt. Im innerösterreichischen Verkehr fahren vor allem die Triebwagenschnellzüge Wien–Graz und Wien–Villach über den Semmering sowie D- und Eilzüge Wien–Graz und Wien–Villach (–Lienz).

Das Längsprofil der Strecke Wien–Tarvis zeigt vielfachen Wechsel der Streckencharakteristik. Mit Semmering und Neumarkter Sattel sind zwei Pässe annähernd gleicher Höhe zu überwinden, von Villach bis Tarvis ist erneut auf 731 m anzusteigen. Von Wien bis Tarvis beträgt die zu überwindende Höhe summiert fast 1400 m. Dazu kommen schwierige Richtungsverhältnisse nicht nur auf den Steilrampen, sondern auch in den zum Teil recht engen und gewundenen Talfurchen in der Steiermark und in Kärnten. Auf günstiger trassierten Abschnitten zwischen Wien und Gloggnitz, Mürzzuschlag und Knittelfeld sowie den Wörther See entlang sind Geschwindigkeiten von 120 bis 140 km/h zugelassen.[198]

Die Semmeringbahn verläuft von Gloggnitz aus an der Nordflanke des Schwarzatals bis Payerbach und zieht an der gegenüberliegenden Bergwand bis zur Station Eichberg, von dort in zunehmender Höhe bis in die Nähe der Ruine Klamm und längs des Adlitzgrabens bis zur Polleroswand. Nach Überschreiten der „Kalten Rinne“ windet sie sich an der Nordseite des Gebirges zur Einsattelung des Semmerings empor, unterfährt diese in heute zwei parallelen Tunnels und senkt sich dann an der rechten Seite des breiten Fröschnitztals nach Mürzzuschlag hinab.[199]

Die von der Betriebseröffnung an doppelspurige Semmeringbahn weist bei 41,8 km Länge ein asymmetrisches Längsprofil auf. Die 28,5 km lange Nordrampe hat eine größte P 9

Steigung von 25,2 Promille und einen kleinsten Radius von 189 m, der auf 6,7 km (24%) dieses Teilstücks zum Einbau kam, wo deshalb die Steigung auf 22,3 Promille ermäßigt wurde. Die 13,3 km lange Südrampe hat Steigungen von 23,9 Promille und Halbmesser bis zu 284 m. 50% der Semmeringstrecke liegen in Kurven.[200] Ausgenommen für die Reihe 1046 sind die maximalen Anhängelasten auf beiden Teilstrecken gleich.

Im Zusammenhang mit der Elektrifizierung wurden die Gleis- und Sicherungsanlagen der Semmeringbahn grundlegend modernisiert. Die Teilstrecke Payerbach-Reichenau–Semmering (21,4 km) ist für Gleiswechselbetrieb eingerichtet.

3.5.2. Dampfbetrieb

Da die Semmeringbahn als erste Gebirgsbahn Europas auf keinerlei Vorbilder für die Ausbildung der Lokomotiven zurückgreifen konnte, wurde 1850 der bekannte Wettbewerb ausgeschrieben und ein Jahr später durchgeführt.[201] Zwar erhielt jede der vier Lokomotiven einen Preis, doch wurde Wilhelm Engerth beauftragt, die Pläne der vier Konkurrenzlokomotiven aufeinander abzustimmen. So entstand die Gebirgslokomotive System Engerth der Bauart C2'n2, die von der Eröffnung der Semmeringbahn im Jahre 1854 an 140 t mit 11,4 km/h über den Berg ziehen konnte.[202] Diese Maschinen wurden 1861 zu solchen der Bauart Dn2 der Südbahnreihe 33 umgebaut und konnten 150 t mit 15 km/h auf 25 Promille schleppen.

1897 traten die leistungsstärkeren Lokomotiven der Reihe 170 an deren Stelle, die als 1'Dn2v schon 220 t mit 30 km/h bergwärts führen konnten. Nachdem um die Jahrhundertwende die automatische Vakuumbremse eingeführt worden war, wurde die Höchstgeschwindigkeit talwärts auf 50 km/h festgesetzt und bis zur Elektrifizierung als Streckenhöchstgeschwindigkeit beibehalten.[203]

1912 kamen auch die für den Brenner beschafften Gebirgs-Schnellzuglokomotiven Reihe 580 (1'Eh2) an den Semmering, die 310 t mit 30 km/h von Gloggnitz nach Mürzzuschlag befördern konnten. Der Lokomotivmangel nach 1918 zwang zum Einsatz der 580 auf den anschließenden Talstrecken Wien–Mürzzuschlag und Mürzzuschlag–Graz, wozu sie dank einer Höchstgeschwindigkeit von 70 km/h verwendet werden konnten.[204]

Als weitere Gebirgs-Schnellzuglokomotiven kamen solche der Reihe 280 vom Brenner zum Semmering, wo sie ab 1919 Postzüge Wien–Mürzzuschlag zogen. Da in den engen Radien der Semmeringstrecke der große steife Radstand der 1'E-Maschinen etwas störte, wurden diese bei der Aufteilung des Südbahn-Fahrparks an Italien abgegeben.[205]

Bis dahin mußten alle Schnellzüge in Gloggnitz und Mürzzuschlag umgespannt werden, was bei anderen Gebirgsbahnen längst überwunden war. Aber auch aus anderen Gründen war für die Südbahn die Beschaffung einer wirklich leistungsfähigen Schnellzuglokomotive notwendig geworden. Die österreichische Südbahn war bereits im Jahre 1914 mit ihren 2'C- und 1'C1'-Lokomotiven an der Leistungsgrenze angelangt. Die maßgebende Karststrecke von Triest bis Laibach mit 12 bis 13 Promille Steigung ergab nur eine Höchstbelastung von 320 t. Die notwendige Fahrgeschwindigkeit von 90 km/h machte die Beibehaltung der 1740 mm-Räder erforderlich und so entstand mit der Reihe 570 bei einer höchstzulässigen Achslast von 152 kN die erste wirkliche 2'D-Schnellzuglokomotive Europas mit den größten Kuppelrädern und der dadurch bedingten höchsten Kessellage von 3250 mm über Schienenoberkante.[206]

1915 wurden an die Südbahn zwei Probemaschinen der Reihe 570 (2'Dh2) geliefert und zwischen Wien und Mürzzuschlag eingesetzt. Ein Durchlauf bis Graz war nicht möglich, weil die Wasserkräne zwischen Mürzzuschlag und Graz nur 1 m³/min hergaben; erst Ende 1916 fuhren sie dann Wien–Laibach. Die vorgesehene Höchstgeschwindigkeit von 100 km/h mußte auf 85 km/h reduziert werden, da die 570 schon bei mäßiger Geschwindigkeit und Fahrt im Bogen einen höchst unruhigen Lauf hatte.[207]

Nach dem Vorbild der 570 beschafften die BBÖ 1923 bis 1928 insgesamt 40 Maschinen
B 123 der Reihe 113, die ab 1925 auf der Semmeringbahn bis zur Elektrifizierung die klassische

Schnellzugbespannung darstellten, wo sie 210 t mit 30 km/h befördern konnten. Schwerere Züge erhielten auf der Steilrampe Vorspann mit einer Tenderlokomotive Reihe 82. 1930/31 leiteten die Maschinen der Reihe 113 den Durchlauf Wien–Graz–Marburg und Knittelfeld–Tarvis ein. Der Durchlauf Wien–Tarvis (397 km) war erst nach dem Bau der Verbindungskurve bei St. Michael 1940/41 möglich.[208]

Auch Tenderlokomotiven verkehrten über den Semmering im Schnellzugdienst. Ab 1913 setzte man die Reihe 629 (2'C1 h2) wie die ein Jahr zuvor beschaffte Reihe 209 (2'C h2), die normalerweise Fernpersonenzüge führten, aushilfsweise im Schnellzugdienst ein. Die ersten Tenderlokomotiven Reihe 729 (2'C2' h2) liefen 1932/33 dank ihrer Höchstgeschwindigkeit von 95 bzw. 105 km/h vor Schnellzügen Wien–Graz (1958/65 Gloggnitz bzw. Mürzzuschlag–Graz).[209]

1950/52 führten die hochrädrigen Lokomotiven Reihe 310 (1'C2' h4v) Triebwagen-Ersatzzüge über den Semmering. Ab 1951 besorgten die drei Lokomotiven Reihe 919 (1'D1' h2), die zur Reihe Pt31 der Polnischen Staatsbahnen gehörten, Schnellzugdienst auf dieser Strecke.

Nach der Elektrifizierung der Westbahn liefen ab 1952/53 vier Maschinen der Reihe 214 (1'D2' h2) zusammen mit der Reihe 919 in einem Dienstplan zwischen Wien und Villach, wo sie sich im Gegensatz zur Westbahn nicht besonders bewährten, obwohl sie auf 25 Promille 270 t mit 30 km/h leisten konnten. Auf der Südbahn konnten sie keine höheren Geschwindigkeiten fahren, liefen in den 190 m-Bogen äußerst sperrig und hatten enormen Gleis- und Spurkranzverschleiß. Noch vor der Elektrifizierung der Semmeringbahn 1956 wurden diese Maschinen außer Dienst gestellt.[210]

Streng genommen gehören die Gepäcklokomotiven der Reihe DT1 (3071) zu den Dampftriebwagen. Zeitweise fuhren sie mit leichten Schnellzügen von ca. 80 t mit 28 km/h über den Semmering.[211]

3.5.3. Dieselbetrieb

Mit sehr leichten Schienenautobussen der Austro-Daimler-Werke begann 1932 der Verkehr von Verbrennungstriebfahrzeugen am Semmering. Die insbesondere im Ausflugsverkehr eingesetzten benzin-mechanischen Triebwagen VT61, 62 und 63 waren jedoch nur wenige Jahre in Betrieb.

Den Triebwagenschnellverkehr Wien–Graz / Villach nahmen 1935 die vierachsigen diesel-elektrischen Triebwagen Reihe VT42 mit 309 kW Leistung auf, die eine Höchstgeschwindigkeit von 110 km/h entwickeln konnten. Drei Jahre später kamen in diesen Diensten die diesel-hydraulischen Triebwagen Reihe VT44 mit 313 kW und einer um 5 km/h größeren Höchstgeschwindigkeit hinzu.[212] Die Triebwagenschnellzüge Wien–Graz / Villach wurden mit Kriegsausbruch eingestellt und erst 1949 wieder aufgenommen.

1952 wurden die Dieseltriebwagen der genannten Reihen von Triebwagen der Reihe 5045 abgelöst, die mit hydraulischem Antrieb gegenüber dem VT44 eine höhere Leistung B 124
von 368 kW haben und auf 25 Promille mit 40 km/h verkehren können; die zulässige Höchstgeschwindigkeit beträgt 115 km/h.[213] Von 1952 bis 1966 besorgten diese Triebwagen, nach einem Umbau als Reihe 5145 bezeichnet, die Führung der Triebwagenschnellzüge Wien–Graz, Wien–Villach(–Lienz) und bis 1970 im Sommerfahrplan den TS „Venezia" Wien–Tarvis–Venedig. 1962 befuhr einer dieser Doppeltriebwagen als TS „Miramare" die alte Südbahnroute über Graz–Laibach nach Triest.

1946 gaben die ÖBB bei SGP und ELIN 20 Diesellokomotiven der Reihe 2045 mit elektrischer Kraftübertragung in Auftrag, wobei zwei der bei den Dieseltriebwagen der Reihe 5045 eingebauten Maschinenanlagen von je 368 kW zum Einbau gelangten. Die Höchstgeschwindigkeit beträgt 90 km/h.[214] Die ersten der ab März 1952 gelieferten Bo'Bo'-Maschinen beförderten am Semmering Personenzüge und leichte Schnellzüge von 160 t auf 25 Promille mit 30 km/h und erwiesen sich gegenüber den Dampflokomotiven um fast 60% sparsamer.[215]

Schließlich sei erwähnt, daß auf dem Semmering verschiedentlich Versuchsfahrten von für den Export bestimmten Dieselfahrzeugen stattgefunden haben. Beispielsweise war die Krauss-Maffei-Lokomotive ML 3000C'C' vom 14. bis 23. 7. 1958 teilweise im planmäßigen Schnellzugdienst zwischen Gloggnitz und Knittelfeld eingesetzt, wo sie ohne Vorspann Schnellzüge bis 619 t in kürzeren Fahrzeiten als beim Dampfbetrieb über den Semmering schleppen konnte.[216]

3.5.4. Elektrifizierung

Im Elektrifizierungsprogramm von 1920 war von einer Elektrifizierung der damals noch privaten Südbahn nicht die Rede, lediglich das Teilstück St. Michael–Villach sollte im Zuge der Staatsbahnstrecke Amstetten–Selzthal–Villach überspannt werden. Nach der Übernahme der Südbahn durch die BBÖ im Jahre 1923 wurde die Strecke Wien–Graz in das zur Elektrifizierung vorgesehene Netz einbezogen. Luithlen führt an, daß für den elektrischen Betrieb der Südbahn die starke Steigung, der Reichtum an Tunnels, die Ersparnis an Kohle, das Vermeiden des Lokomotivrauchs und der lebhafte Nahverkehr Wien–Wiener Neustadt sprechen.[217]

Im Zuge der Weiterführung der Elektrifizierungsarbeiten der BBÖ ab 1937 sollte nach dem Abschluß der Elektrifizierung der Westbahn die Südbahn auf elektrischen Zugbetrieb umgestellt werden. Kriegsbedingt konnte keines dieser Ziele erreicht werden. Nach dem Zweiten Weltkrieg besaß die Überspannung der Westbahn absolute Priorität. Im Sommer 1952 wurde eine neue Festlegung der Elektrifizierungsarbeiten für die folgenden Jahre vorgenommen. Sowohl aus finanziellen als auch aus technischen Gründen (Studium des 50 Hz-Systems) wurde von einer Ausrüstung der Südbahnstrecke vorerst Abstand genommen und statt dessen die Strecke Wels–Passau elektrifiziert.[218] Lediglich das Teilstück Villach–Arnoldstein (17,4 km) konnte 1952 dem elektrischen Zugbetrieb übergeben werden, während die Anschlußstrecke bis Tarvis (10,5 km) wegen einer Tunnelsanierung im italienischen Streckenteil erst 1953 folgte.[219]

1954 wurde für die Elektrifizierungsarbeiten ein neues, bis zum Jahr 1963 laufendes Programm aufgestellt. Die hierfür erforderlichen Mittel wurden von der Regierung und vom Nationalrat grundsätzlich genehmigt. Dieses Programm sah vor allem die Einführung des elektrischen Zugbetriebs auf der Südbahn von Wien über Bruck an der Mur nach Villach und von Bruck über Graz nach Spielfeld-Straß vor.[220]

Zunächst erschien es naheliegend, den betrieblich und zugförderungstechnisch schwierigsten Abschnitt Gloggnitz–Mürzzuschlag zuerst umzustellen. Nach genauerer Untersuchung kam man aber von dieser Lösung wieder ab, da einerseits der elektrische Inselbetrieb eine schlechte Ausnützung der Triebfahrzeuge zur Folge gehabt hätte und es andererseits notwendig war, die über hundert Jahre alten Kunstbauten der Semmeringbahn vor Aufnahme des elektrischen Betriebs gründlich instandzusetzen.[221] Da die Südbahn in Villach an die bereits elektrifizierten Strecken der Tauernbahn und nach Tarvis anknüpfen konnte, wurde das Elektrifizierungsprogramm so erstellt, daß die Arbeiten an beiden Enden der Linie Wien–Villach gleichzeitig begannen. Dadurch wurde es möglich, während der Arbeitsdurchführung in einem Bauabschnitt am anderen Ende der Strecke Vorarbeiten in Angriff zu nehmen, ohne daß der Bahnverkehr durch allzu starke Häufung von Baustellen auf der Strecke untragbar gestört worden wäre.[222]

Demgemäß wurden die Elektrifizierungsarbeiten 1954 auf den Streckenabschnitten Wien Südbahnhof–Gloggnitz und St. Veit an der Glan–Klagenfurt / Feldkirchen–Villach aufgenommen und zum Winterfahrplan 1956 abgeschlossen. Die Semmeringstrecke sollte bis Frühjahr 1958 und die Gesamtstrecke Wien–Tarvis bis zum Winterfahrplan 1960 elektrifiziert sein. Eine 30prozentige Kürzung des Investitionsaufwands der ÖBB im Jahre 1956 brachte die Elektrifizierungsarbeiten im Raum St. Veit an der Glan zum Stillstand und verzögerte die Arbeiten über den Semmering. Auch die Bestellung an Triebfahrzeugen mußte für 1957 auf ein Minimum reduziert werden. Dies schob die Elektrifizierung der Südbahnstrecke um drei Jahre hinaus. Nach Freigabe der Mittel konnten die eigentlichen Elektrifizierungsarbeiten der Semmeringstrecke beginnen. Im voraus nahmen die ÖBB für den Berufs- und Touristenverkehr auf der kurzen Teilstrecke Gloggnitz–Payerbach zum Winterfahrplan 1957 den elektrischen Betrieb auf.

Zu den Vorarbeiten der Elektrifizierung gehörte die Sanierung der aus Ziegeln gemauerten Tunnels und Viadukte. Eine 1953 durchgeführte Untersuchung aller 14 Tunnels der Semmering-Nordrampe zeigte, daß das Ziegelmauerwerk an den Stellen, wo das Gebirge Wasser führt, sehr gelitten hatte.[223] Der in sehr schlechtem Bauzustand befindliche Semmeringtunnel mußte schon unmittelbar nach dem Zweiten Weltkrieg saniert werden. Nur 5% der Innenverkleidung waren einwandfrei, 67% dringend erneuerungsbedürftig und 28% absturzgefährdet. Da der Bau einer günstig trassierten Strecke Gloggnitz–Mürzzuschlag mit einem 10 bis 12 km langen Basistunnel aus finanziellen Gründen ausscheiden mußte, wurde parallel zum bestehenden Semmeringtunnel von 1949 bis 1951 in 97 m Abstand ein neuer eingleisiger von 1511,5 m Länge gebaut und anschließend der alte, 1430 m lange Semmeringtunnel saniert und für ein Gleis weiterverwendet.[224]

Bis Jahresende 1957 konnten die sehr umfangreichen Erneuerungs- und Abdichtungsarbeiten an den übrigen Tunnels abgeschlossen werden. Im Gegensatz zu anderen elektrifizierten Gebirgsbahnen hatten hier alle Tunnels ein derart reichliches Lichtraumprofil, daß keine Gleisabsenkungen nötig waren; lediglich das im Laufe der Jahrzehnte an manchen Stellen allzu erhöhte Schotterbett mußte wieder auf seine normale Höhe gebracht werden.[225]

Die charakteristischen Viadukte der Nordrampe wiesen im wesentlichen die gleichen Schäden auf: die Isolierung wurde undicht, an den Übergängen von den Stirnmauern zu den Gewölben traten Längsrisse auf und von den Gewölbeunter- und Pfeileraußenseiten fiel die Schalung ab. Zusammenfassende Zuganker sichern nun die Gewölbe.[226]

Der Bahnhof Mürzzuschlag wurde völlig umgebaut, der Oberbau unter Einbau verschleißarmer Schienen in den Kurven erneuert. Im Zusammenhang mit der Verlängerung der Überholungsgleise ersetzten Spurplanstellwerke die bisherigen mechanischen oder elektromechanischen Stellwerke.[227]

Die Fahrleitungsanlage wurde in der Einheitsbauart der ÖBB mit nachgespanntem Fahrdraht und Tragseil unter Verwendung von Stahlbetonmasten erstellt, auch entlang der teilweise sehr hohen Stützmauern der Nordrampe, z. B. im Bahnhof Semmering, und an den Viadukten als Anklammermasten. Nur für die Querseilmaste in großen Bahnhöfen und für Sonderausführungen wurden Eisengitterkonstruktionen verwendet.[228]

Für die Energieversorgung der Semmeringbahn wurde eine 110 kV-Bahnstromleitung vom Umformerwerk Auhof[229] in Wien über das Unterwerk Wiener Neustadt zum Unterwerk Semmering am Südausgang des Semmeringtunnels geführt, die später mit der von Villach über die Unterwerke St. Veit an der Glan und Mariahof kommenden Bahnstrom-Hochspannungsleitung über die damals geplanten Unterwerke St. Michael und Bruck an der Mur verbunden wurde, wodurch eine Ringversorgung möglich war. Im Wiener Raum übernahm das Unterwerk Meidling die Energieversorgung der Südbahn. Erhielt das Unterwerk Semmering von Anfang an drei Umspanner mit je 6,5 MVA Dauerleistung, so wurden in den übrigen Unterwerken vorerst zwei gleicher Leistung aufgestellt. In dem etwa 10 km langen Abschnitt vom Unterwerk Semmering bis nach Küb sind auf dem Gestänge der Hochspannungsleitung außerdem noch zwei 15 kV-Speiseleitungen verlegt, welche dort in die Fahrleitungen der Semmering-Nordrampe einspeisen.[230]

Nach der Aufnahme des elektrischen Betriebs am Semmering zum Sommerfahrplan 1959 folgte der Abschnitt über den Neumarkter Sattel von Knittelfeld nach St. Veit an der Glan zum Winterfahrplan 1961. Schließlich war nach der Umgestaltung des Gleisdreiecks St. Michael und dem Totalumbau des Bahnhofs Bruck an der Mur zum Sommerfahrplan 1963 die Strecke Wien–Tarvis durchgehend elektrisch befahrbar. Drei Jahre später schloß der Abschnitt von Bruck nach Graz mit umfangreichen Streckenbegradigungen die Elektrifizierung der Südbahn vorläufig ab.[231] Die unmittelbar anschließend geplante

Weiterführung bis Spielfeld-Straß wurde durch die 1965 verfügten Budgetbindungen verzögert und konnte erst 1972 abgeschlossen werden.

Die Energie für die Südbahn mit allen abzweigenden elektrifizierten Strecken mußte zunächst über größere Entfernungen das Umformerwerk Wien-Auhof oder die Kraftwerksgruppe der ÖBB in den Tauern mit entsprechenden Übertragungsverlusten liefern. Im November 1974 nahm in St. Michael ein Umformerwerk mit drei Maschinensätzen zu je 25 MW Nennleistung seinen Betrieb auf.[232]

Bei den auch in engen Kurvenradien mit entsprechend hohen Kurvenzügen verwendeten Betonmasten kann beobachtet werden, daß sich diese teilweise durchbiegen, z. B. auf dem Kalte-Rinne-Viadukt. Man hat begonnen, auf den mit hohen Geschwindigkeiten befahrenen Streckenabschnitten die zweifeldrige Nachspannung in eine dreifeldrige umzubauen, da beim mittleren Stützpunkt mit den beiden Stützstreben eine unerwünschte Masseanhäufung einer gleichmäßigen Elastizität des Kettenwerks zuwiderläuft.

3.5.5. Bespannung der Schnellzüge bei elektrischem Betrieb

3.5.5.1. Lokomotiven

Mit Aufnahme des elektrischen Zugbetriebs auf den Teilstrecken Wien–Gloggnitz und
St. Veit an der Glan–Villach zum Winterfahrplan 1956 wurden sämtliche lokomotivbe-
B 125 spannten Reisezüge mit Lokomotiven der Reihe 1141 geführt. Auch nach der Umstellung
der Semmeringstrecke auf Elektrotraktion zogen diese Maschinen Eil- und Personenzüge
von Wien bis Mürzzuschlag, wobei für die Steilrampe maximal 340 t zugelassen waren.

B 126 Für die Bespannung der Schnellzüge wurden ab Sommerfahrplan 1959 die Reihen 1010
und 1110 am Semmering eingeteilt, die als höchstzulässige Anhängelast 500 bzw. 550 t über den Berg schleppen durften. Der Einsatz dieser Co'Co'-Maschinen ohne querelastische Radsätze auf der kurvenreichen Semmeringstrecke mit ihren kleinen Krümmungsradien führte jedoch zu Schwierigkeiten: Trotz eingebauter Spurkranzschmierung war die Spurkranzabnützung hoch, die als besonders gleisschonend konzipierten Fahrzeuge konnten am Semmering dieser Erwartung nicht entsprechen. Zufolge der bei diesen Lokomotiven in den 189 m-Radien auftretenden hohen Querkräfte kam es häufig zu Radsternbrüchen.[233]

Dies gab Anlaß zur Entwicklung einer vierachsigen „Grenzleistungslokomotive", bei der man versuchte, das Maximum an Leistung bei voller Ausnutzung der zulässigen Dienstmasse von 84 t einzubauen. Nach Lieferung dieser Reihe 1042 ab 1963 wurden die Lokomotiven der Reihe 1010 allmählich von der Südbahn abgezogen, nachdem die 1110 schon nach kurzer Zeit umstationiert worden waren.

Reihe 1042

TS 49 Bei der 1042 handelt es sich um eine Universallokomotive, die den Endpunkt einer
konsequenten Entwicklung von Bo'Bo'-Lokomotiven in Österreich darstellt. Die mechani-
TS 54 sche Ausrüstung ist eine Weiterentwicklung der bewährten Gepäcktriebwagen Reihe 4061
(jetzt 1046) mit Wiege und tiefliegendem Drehzapfen. Die Achsen sind in Pendelrollenlagern spielfrei gelagert, die Lager nach Bauart SLM spielfrei geführt.[234] Um Speichenbrüche zu vermeiden, wurde das Rad als Scheibenrad ausgebildet, wobei der bei der 1141 bewährte Gummiringfederantrieb zur Vereinfachung des Antriebs innerhalb der Radscheiben liegt.[235] Nach den trüben Erfahrungen des Winters 1962/63 wird die Luft durch Doppeldüsenlüftungsgitter in den Dachraum angesaugt. Schließlich konnten die ÖBB auf den auch bei nassem Sand funktionierenden Sandstreuer im Steilrampendienst nicht verzichten.[236]

D 31 In dem von der ABES gelieferten elektrischen Teil ermöglicht die ELIN-Hochspannungssteuerung bei 17 Transformatoranzapfungen 34 Fahrstufen. Der Transformator

besteht aus einem Regeltransformator und einem darunter liegenden Zusatztransformator, wobei sich durch Gegen- bzw. Zuschalten der variablen Spannung des Regeltransformators zur konstanten des Zusatztransformators bei zweimaligem Durchlauf des Wählers eine wachsende Spannungsfolge ergibt.[237]

Der 14polige Fahrmotor EM 890 wurde 1960 von BBC, ELIN und SSW gemeinsam entwickelt und vor allem für den Steilrampendienst ausgelegt. Nach Klasse B isoliert, hat er eine Stundenleistung von 890 kW bei 70% der Höchstgeschwindigkeit von 130 km/h.[238]

Eine spezifisch österreichische Entwicklung ist auch die verwendete elektrische Bremse, die als kombinierte Widerstands- und Rekuperationsbremse bei einfachster Schaltung mit einem Minimum an Gewicht auskommt. Der zusätzliche Aufwand an Widerständen, Bremswendern und Leitermaterial macht lediglich 800 kg aus, wofür man eine Bremskraft von 80 kN bei 50 km/h erhält.[239]

Als erstes Fahrzeug wurde die 1042.01 im März 1963 ausgeliefert und im Mai umfangreichen Probefahrten unterzogen, wobei die mit der 1010.04 im Oktober 1955 gefahrenen Beharrungswerte übertroffen wurden. Auf der Arlbergwestrampe konnte bei gutem Schienenzustand eine Anhängelast von 430 t auf 30 Promille angefahren und auf 65 km/h beschleunigt, auf der Brennerstrecke 504 t auf 25 Promille angefahren und auf 69 km/h beschleunigt werden (bei der 1010.04 waren es 449 t mit 45 km/h), wobei die Anfahrversuche jeweils in einer Kurve von 250 m Radius stattfanden.[240]

Zum Sommerfahrplan 1963 begann der durchgehende elektrische Betrieb Wien–Tarvis. Für die Bespannung der Schnellzüge waren vor allem die 1042, über den Semmering für 500 t zugelassen, mit recht knappen Fahrzeiten vorgesehen. Da zunächst nur sechs bis sieben dieser Maschinen auf der Südbahn zur Verfügung standen, mußte man oft auf leistungsschwächere Maschinen für Schnellzüge zurückgreifen, was in Verbindung mit zahlreichen Langsamfahrstellen zu erheblichen Zugverspätungen führte. Wie die ÖBB mitteilten, konnten die Lokomotivbestellungen aus finanziellen Gründen mit der Elektrifizierung nicht Schritt halten.[241]

Erhebliches Aufsehen erregte es, als Ende September 1963 bei regnerischem Wetter auf dem Semmering die Räder der 1042 bei einer Belastung von 500 t schleuderten, weshalb die höchstzulässige Anhängelast auf 460 t herabgesetzt werden mußte, was häufig zum Stellen einer Vorspannlokomotive über den Semmering mit entsprechender Verspätung Anlaß gab. Man sprach von „Fehlkonstruktion" und „Umbau der Fahrmotoren".[242] Nachdem nach dem Vorbild der Ae 6/6 11412 der SBB in zwei Versuchslokomotiven Äquipotentialverbindungen zwischen den Hauptfeldwicklungen der vier Fahrmotoren eingebaut worden waren, konnte die höchstzulässige Anhängelast wieder auf den ursprünglichen Wert angehoben werden. Später wurde alles wieder ausgebaut und 500 t zugelassen, weil die Äquipotentialverbindungen den ÖBB zu wenig gebracht hatten.

Etwa im Juli 1963 traten auf rasch befahrenen Streckenabschnitten Motorüberschläge auf. Es zeigte sich, daß der Spalt zwischen den Lamellen des Kommutators zufolge Bartbildung an den Lamellenkanten immer enger wurde. Bei höheren Spannungen kam es zu Überschlägen, jedoch nie zu Betriebsstörungen. Weiter traten Schwierigkeiten mit dem Schaltwerk auf.[243] Das Zuwachsen der Kommutatorlamellen gab Anlaß für umfangreiche Untersuchungen und Versuche. Die Motorüberschläge haben ein Ende gefunden, nachdem man die Spannung auf 480 V begrenzt hat und auf andere Kohlesorten übergegangen ist.

In der beschriebenen Weise wurden die 1042.01 bis 40 mit Scherenstromabnehmern
Bauart V geliefert, ab 1042.31 mit Einholmstromabnehmern Bauart VI. Die 1966 nachge-
lieferten 1042.41 bis 47 erhielten den Fahrmotor EM 1001, der aus dem EM 890 weiter- D 32
entwickelt wurde, wodurch sich für das Fahrzeug eine Stundenleistung von 4120 kW bei
91,5 km/h ergibt. Gleichzeitig ließ sich die Dienstmasse auf 82,5 t senken.

Wegen der unbefriedigenden Kommutierung beim elektrischen Bremsen wurde bei 1042.48 bis 60 ein vom Fahrt-Brems-Wender mechanisch mitgeschalteter Wendefeldumschalter eingebaut, der diese wesentlich verbessert. Gleichzeitig brachte der Schweizer Fahrmotor EM 910 die Stundenleistung dieser Maschinen auf 3920 kW bei 89 km/h.

Reihe 1042.500

Sowohl für den Durchlauf auf Strecken der DB als auch für künftige Bedürfnisse der
ÖBB war es erwünscht, die Reihe 1042 für eine Höchstgeschwindigkeit von 150 km/h
D 33 weiterzuentwickeln. In dem nach Klasse F isolierten Fahrmotor EM 1001 stand eine
hinreichend leistungsfähige Maschine zur Verfügung, um bei geänderter Übersetzung für
den Steilrampenbetrieb eine annähernd gleich große Stundenzugkraft wie bei den mit
dem EM 890 ausgerüsteten 1042 zu entwickeln.[244]

Am 17. 2. 1966 wurde die 1042.501 als erste von 20 Lokomotiven abgeliefert, die sich, abgesehen von der geänderten Übersetzung und einer höheren Abbremsung, nicht von den Lokomotiven 1042.41 bis 47 unterscheiden; die Stundenzugkraft beträgt 136,4 kN bei 105,5 km/h gegenüber 139,8 kN bei 96,4 km/h der 1042.01 bis 40.

Allerdings war die Bremskraft der kombinierten Widerstands- und Rekuperationsbremse zufolge der geänderten Übersetzung auf etwa 65 kN bei 55 km/h gesunken und
konnte überdies bei Abbremsung aus hoher Geschwindigkeit kaum wesentlich zur
Verzögerung beitragen. Da diese elektrische Bremse trotz ihrer Vorzüge in der Praxis
wegen der unangenehmen Begleiterscheinung von Schaltwerkspendelungen regeltech-
nisch sehr schwer einzustellen ist, wurde diese Bauart verlassen. Bei den Serienlokomoti-
B 127 ven ab 1042.531 (die Nummern 521 bis 530 sind nicht besetzt) ist eine thyristorgesteuerte
Gleichstromwiderstandsbremse mit einer Dauerleistung von 2400 kW eingebaut, die von
75 bis 140 km/h eine größte Bremskraft von über 105 kN aufweist und damit sowohl für
Absenkfahrten auf Steilrampen als auch bei Betriebs- oder Schnellbremsungen aus hohen
Geschwindigkeiten vorzüglich geeignet ist. Der Einbau der Widerstandsbremse erhöhte
die Dienstmasse um 1 t auf 83,5 t.[245]

Zusammengefaßt kann man sagen, daß die 1042.500 eher für den Betrieb mit hohem Strom ausgelegt ist als für jenen mit hoher Spannung wie beispielsweise die Reihe 110 der DB.[246] Damit ist sie im Gegensatz zur 110 vorzüglich für den Steilrampenbetrieb geeignet, jedoch weniger für die Traktion schwerer Züge mit 140 km/h.

Die Lokomotiven der Reihe 1042.500 wurden für die gleichen Anhängelasten wie die
1042 zugelassen und wegen ihrer vorzüglichen Bewährung in für Österreich großen
Stückzahlen beschafft, weshalb sie auf fast allen elektrifizierten Strecken vor allen Zügen
B 128 anzutreffen sind. Am Semmering haben die 1042.500 die 1042 völlig abgelöst und
B 129 versehen auf dieser Strecke die gesamte Schnellzugtraktion und führen fast alle Personen-
und Güterzüge.

Reihe 1044

Es wurde bereits erwähnt, daß die ÖBB gleichzeitig mit der Bestellung von vier Lokomotiven der SJ-Reihe Rc2 bei ASEA Ende 1970 die heimische Industrie um ein Angebot für den Lizenzbau solcher Maschinen ersuchte, die bei einer Höchstgeschwindigkeit von 130 bis 135 km/h garantiert 650 t auf 25 Promille leisten sollten. Da die schwedischen Thyristorlokomotiven lediglich 550 t auf der Tauernstrecke befördern können, schlug die österreichische Industrie 1972 den ÖBB vor, selbst eine Lokomotive zu entwickeln, die bei einer Höchstgeschwindigkeit von 160 km/h garantiert das geforderte Leistungsprogramm erfüllen sollte.[247] Hierbei konnten sich die österreichischen Firmen auf die von SLM und BBC in der Schweiz geleistete Vorarbeit stützen.

TS 6 Die Leistungen der nach der Ablieferung zunächst als Ae 4/4 II 261 und 262 bezeichneten Diodenlokomotiven mit Stufenschaltersteuerung des BLS hatten auch in Österreich
Aufmerksamkeit gefunden. So führte die Nr. 261 am 16. und 17. 11. 1965 am Semmering
Probefahrten durch, wobei sie am ersten Tag bei schlechtestem Wetter eine aus 17
vierachsigen Wagen bestehende Garnitur von 650 t in der Steilrampe aus dem Stand
beschleunigen konnte. Lediglich ein Anfahrversuch mißlang, als auch die Lokomotive
selbst in einer stark überhöhten Kurve von 189 m Radius stand.[248]

TS 7 Nach dem Umbau auf Thyristorsteuerung kam diese Lokomotive vom 19. 6. bis 12. 9.
1969 erneut zur Probe an den Semmering. Dabei konnte sie bei allen Witterungsverhält-

nissen 650 t in der Steilrampe befördern. Versuchsweise wurden 708 t bei teilweise ungünstigen Adhäsionsverhältnissen und auf schwierigen Streckenabschnitten mühelos angefahren.[249]

Im Zeitpunkt des Angebots der österreichischen Industrie an die ÖBB waren die Ge 4/4 II-Lokomotiven für das Stammnetz der Rhätischen Bahn schon im Bau, bei denen erstmals in der Schweiz die Thyristor-Stromrichtertechnik serienmäßig zur Anwendung kam. Diese vierachsigen Lokomotiven sollten nahezu die gleichen Anhängelasten wie die früher gelieferten Ge 6/6-Maschinen befördern können.[250]

Da die beiden österreichischen Lokomotiven der Reihe 1044 unter der Federführung TS 51 von BBC entstanden sind, weisen sie naturgemäß eine gewisse Ähnlichkeit mit den genannten schweizerischen Triebfahrzeugen auf. Während der Wagenkasten mit der Kühlluftansaugung eher von den schwedischen Rc2-Maschinen abgeleitet erscheint – SGP ist mit der Fertigung derartiger Lokomotivkästen von der Lieferung des mechanischen Teils der 50 Hz-Lokomotiven der Reihe 441 der JŽ her vertraut –, ist die Bauart der Drehgestelle mit Tiefzugeinrichtung, Lokomotivkastenabstützung und querelastischen Radsätzen sowie der BBC-Federantrieb von schweizerischen Konstruktionen her bekannt. Den elektropneumatischen Achsdruckausgleich mit Seilzug kennt man von den BLS-Maschinen. Völlig anders wurden dagegen die Führerräume und der Führertisch nach ergonomischen Gesichtspunkten gestaltet. Im Unterschied zur BLS wurde die Sandstreuanlage beibehalten.[251]

Da die Reihe 1044 in größerer Stückzahl gebaut werden sollte, untersuchte die Technische Universität Graz und deren Rechenzentrum das Schwingungsverhalten des Antriebssystems.[252]

Im elektrischen Teil gelang es, eine Stundenleistung von 5400 kW bei 89,8 km/h und D 35 einer Dienstmasse von 84 t einzubauen, somit die hohe Stundenzugkraft von 212 kN trotz Fahrzeughöchstgeschwindigkeit von 160 km/h. Selbst dort beträgt die Dauerzugkraft noch 100 kN. Erhielt die 1044.01 eine achtstufige Stromrichterschaltung, so wurde der zweite Prototyp zur vergleichsweisen Erprobung mit einer vierstufigen Stromrichterschaltung ausgerüstet. Die Steuerung wurde zur Vermeidung von Betriebsunterbrechungen weitgehend zweikanalig aufgebaut. Zur Verminderung der Unterhaltskosten wurden alle Komponenten der elektrischen Ausrüstung in leicht tauschbaren Schränken untergebracht. Je Drehgestell ist ein Traktionsstromrichterschrank mit ölgekühlten Thyristoren vorhanden. Der achtpolige Fahrmotor WM 1300, der genau jenen der Re 4/4 der BLS entspricht, hat keine reine Serienerregung, sondern eine gemischte Erregung. Die thyristorgesteuerte Widerstandsbremse hat die hohe Dauerleistung von 2600 kW.[253]

Nach Verlassen des Hersteller- bzw. Montagewerks in Graz im Juli 1974 wurde die 1044.01 in die Zugförderungsleitung Graz überstellt, wo zunächst die umfangreichen Einstellungen an den Haupt-, Steuer- und Hilfsstromkreisen im Stillstand unter dem Fahrdraht vorgenommen wurden. Ende August erfolgte die Überstellung in die Zfl. Wien-Süd, von wo aus unter Mitwirkung von ÖBB-Meßwagen zahlreiche Versuchs- und Meßfahrten stattfanden. Nachdem man zunächst skeptisch war, ob diese Lokomotive tatsächlich das garantierte Leistungsprogramm erfüllen könne, zeigten Lastprobefahrten, daß die 1044.01 tatsächlich 650 t am Semmering befördern konnte. In extremen Streckenabschnitten wurde angehalten und wieder angefahren.[254]

Der erste Abschnitt der Meßfahrten war der Untersuchung der Störbeeinflussung in den Signalstromkreisen, im weiteren Sinne auch der Rückwirkung auf die Fernmeldeanlagen und Unterwerke, gewidmet. Auf einer schon 1971 für die Untersuchung der 1043 installierten Versuchsstrecke zwischen Villach und Spittal-Millstättersee konnten sämtliche Sicherungsanlagen, wie sie bei den ÖBB vorhanden sind, simuliert und als Meßgrößen aufgezeichnet werden. So wurden im Oktober 1974 auf dieser Strecke alle Varianten überprüft und ganz ausgezeichnete Ergebnisse gefunden. Die Rückführung der 1044.01 von Villach nach Wien am 18. 10. 1974 erfolgte erstmals im Schnellzugdienst, wobei ein sonst nötiger Vorspann ab Mürzzuschlag entfallen konnte.[255]

Der zweite Meßabschnitt sollte die elektrische Traktionsleistung und die thermische Beanspruchung zum Gegenstand haben. Dabei ereignete sich am ersten Meßfahrttag im Semmeringtunnel ein aufsehenerregender Radreifenbruch, der eindeutig auf einen Fehler bei der Herstellung der Radreifenrohlinge durch die Warmstempelung zurückgeführt werden konnte. Nach der Neubereifung aller acht Räder im Werk Graz traf die Lokomotive erst wieder nach dem 20. November in Wien-Süd ein und wurde sofort zur Installierung der Meßeinrichtungen zur Erfassung der Schwingungsbeanspruchungen an den Achsen als drittem wesentlichen Meßvorhaben bereitgestellt. Nach Nachjustierung der Drehgestellsteuerelektronik und Einbau von Gummipufferfedern in den BBC-Federantrieb gelang es, die Reibungsausnützung so zu optimieren, daß unter allen möglichen Traktionsbedingungen die Last von 650 t im Steilrampenabschnitt der Semmeringstrecke angefahren werden kann.[256]

Auf Grund dieser sehr befriedigenden Meßfahrtergebnisse wurde die 1044.01 am 10. 12. 1974 für den allgemeinen Verkehr freigegeben und zunächst im planmäßigen Schnell-
B 130 zugdienst zwischen Wien und Villach verwendet, wobei die Regellast über den Semmering mit 650 t festgesetzt wurde, was sich fast täglich durch eine ersparte Vorspannleistung auswirkte. Im März 1975, als die 1044.02 den planmäßigen Schnellzugeinsatz übernehmen konnte, holte die 1044.01 die noch ausstehenden Leistungsmeßfahrten nach. Bei einer Schnellzugfahrt mit dem Ex264 „Mozart" von Wien nach Salzburg mit einer Höchstgeschwindigkeit von 140 km/h konnte sie eine betrieblich bedingte Verspätung von 10 Minuten spielend einfahren, auf der Tauernstrecke unter denkbar ungünstigsten Witterungsbedingungen, bei dichtem Schneetreiben, Nebel und ca. +1°C Temperatur, vier Güterzugfahrten mit jeweils 650 t ohne Schwierigkeiten durchführen. Die thermischen Größen waren bei beiden Einsätzen unwahrscheinlich niedrig, womit sich die 1044 als würdige Nachfolgerin der Re 4/4 Serie 161 der BLS erweist, allerdings dem Vernehmen nach auch in bezug auf die Fahrmotoren.

Untersuchungen der mit der einfacheren Vierstufen-Thyristorschaltung ausgerüsteten 1044.02 auf der Meßstrecke im Drautal zeigten, daß kaum Unterschiede gegenüber der Achtstufenschaltung bestehen, weshalb die inzwischen bestellten 24 Lokomotiven in der Art der 1044.02 ausgerüstet werden.[257]

Seit Juli 1975 stehen beide Lokomotiven im planmäßigen Schnellzugverkehr auf der Westbahn, wobei sie in einem zweitägigen Umlauf zwischen Wien und Salzburg auf eine tägliche Laufleistung von 1268 km kommen. Bis jetzt zeigte es sich, daß die 1044 in zwei Punkten zu verbessern ist: Der Kommutator wird nach zu kurzen Laufstrecken unrund und der Schleuderschutz ist zu verfeinern. Entsprechende Sanierung ist in Arbeit.

Am 29. 12. 1977 lieferte SGP die 1044.03 als erste der 48 bestellten Serienlokomotive ab. Bei einer Probefahrt Wien Südbahnhof–Neunkirchen erreichte dieses Triebfahrzeug erstmals in Österreich eine Höchstgeschwindigkeit von 180 km/h. Die bestellten Serienlokomotiven werden im Laufe von zwei Jahren ausgeliefert sein und im schweren Schnellzugdienst bei den Zugförderungsleitungen Wien Süd, Wien West, Innsbruck und Salzburg eingesetzt.[258] Die 50 Lokomotiven der Reihe 1044 werden in die Leistungen der 1042.500 und 1110 einbrechen; diese Triebfahrzeuge werden auf andere Zugleistungen und auch andere Dienststellen verlagert, bis die Kettenreaktion bei der Ausmusterung älterer Elektrolokomotiven endet: vor allem die Reihen 1089 und 1189 mit Stangenantrieb, weitgehend die etwa 50 Jahre alten 1670.

3.5.5.2. Triebwagen

Reihe 4010

In unmittelbarem Anschluß an die Transalpinzüge wurden zwölf weitere Züge dieser
TS 53 Reihe für den innerösterreichischen Städteschnellverkehr bestellt. In diesen Relationen erwartete man ein geringeres Verkehrsaufkommen und deshalb enthielten diese Züge

zunächst einen Wagen weniger als der „Transalpin“, anstelle des großen Speisewagens kam hier ein Büffetwagen mit nur 17 Sitzplätzen zur Ausführung. Äußerlich unterscheiden sich diese Triebzüge durch die nicht unterteilten, damit ganz herablaßbaren Fenster.[259]

Mit der Aufnahme des elektrischen Zugbetriebs auf der Strecke Bruck an der Mur–Graz zum Sommerfahrplan 1966 waren die Voraussetzungen erfüllt, die Dieseltriebwagen im Städteschnellverkehr abzulösen. Mit dem zuerst gelieferten 4010.04 wurden ab 29. 7. 1966 zunächst die Triebwagenschnellzüge TS 189/188 Wien–Graz geführt, wodurch sich eine Fahrzeit von 2 h 40 min entsprechend einer Durchschnittsgeschwindigkeit von 80 km/h gegenüber früher 65 km/h ergab. Einen Monat später konnte auf der gleichen Strecke ein weiterer Triebzug 4010 anstelle eines Dieseltriebwagens verkehren (TS 177/176), ab 25. 9. 1966 der TS 191/190 Wien–Villach.

1967 waren alle zwölf nachbestellten Züge 4010.04 bis 15 ausgeliefert und kamen außer **B 122**
auf der West- und Südbahn auch auf die Strecken Graz–Innsbruck und Graz–Salzburg. **B 132**
Nachdem diese Triebzüge schon ab 1969 auf der Strecke Wien–Salzburg mit maximal 140 km/h fahren dürfen, ist diese Höchstgeschwindigkeit seit 1975 auch auf verschiedenen Teilstrecken der Südbahn zugelassen.

Reihe 4061 / 1046

Im Jahre 1936 hatten die BBÖ gleichzeitig mit den beiden elektrischen Personentriebwagen Reihe ET 11 (4042) auch zwei Gepäcktriebwagen Reihe ET 30 (4060) beschafft. Mit einer Stundenleistung von 800 kW bei 69 km/h und einer Höchstgeschwindigkeit von 90 km/h sollten letztere sowohl kurze Schnellzüge als auch leichte Personenzüge befördern, wobei auch an Steilrampenstrecken gedacht war. Auf 25 Promille Steigung konnten diese Gepäcktriebwagen eine Anhängelast von 100 t mit 60 km/h befördern.[260] In der Schweiz entwickelte man darauf aufbauend die Gepäcktriebwagen RFe 4/4 Serie 601 für die Bespannung der Leichtschnellzüge.

In den fünfziger Jahren wünschte auch Österreich zur Verbesserung des Reiseverkehrs zwischen den großen Städten solche Leichtschnellzüge, weil sich die ab 1952 gelieferten Dieseltriebwagen der Reihe 5045 schon wenige Jahre später eher für Nebenstrecken als
für den Städteverkehr eigneten. Hierfür wurde der Gepäcktriebwagen Reihe 4061 **TS 54**
entwickelt. Dieser sollte einerseits Städteschnellzüge auf der Westbahn von Wien bis Innsbruck und auf der damals in Umstellung auf elektrischen Betrieb befindlichen Südbahn von Wien nach Graz bzw. Villach mit einer Normallast von 175 t mit maximal 120 km/h führen, andererseits auf schwächer belasteten Hauptstrecken den Reiseverkehr übernehmen, wobei insbesondere an die Strecken Amstetten–Selzthal–Bischofshofen und Selzthal–Bruck an der Mur nach deren Umstellung auf elektrischen Betrieb gedacht war.[261]

Um eine mäßige Beanspruchung des Oberbaus sicherzustellen, wurde eine Dienstmasse von 67 t festgelegt. Ein hinreichend großer Gepäckraum von 11,6 m² Gesamtfläche sowie ein Zugführerabteil wurden vorgesehen, um bei den geplanten Städteschnellzügen den Gepäck- bzw. Dienstwagen einzusparen, jedoch auch die Mitnahme größerer Gepäckstücke, deren Vorhandensein im Personentriebwagen immer unangenehm empfunden wird, zu ermöglichen.

Die Ausbildung des mechanischen Teils durch SGP bestimmten folgende Grundforderungen:

a) unbedingte Einhaltung der oberen Gewichtsgrenze,
b) gute Laufeigenschaften,
c) entsprechende Kastenausbildung mit Gepäckraum und Apparateausteilung und
d) billige und einfache Unterhaltung.

Für die Drehgestelle und die Brücke wurde die Holmenbauweise mit weitestgehender Anwendung von Schweißverbindungen vorgeschrieben, weiter eine doppelte Kastenfederung mit Wiegenabstützung und spielfreier Achslagerführung. Um die Querkräfte der vorauslaufenden Achsen und damit die Spurkranzabnützung zu vermindern, wurde eine Querkupplung der beiden Drehgestelle eingebaut. Als Antrieb wurde der Sécheron-Lamellenantrieb vorgesehen, als Druckluftbremse die zweistufige R-Bremse.

Im elektrischen Teil von AEG, ELIN und SSW unter der Federführung der ELIN mußte die gesamte Ausrüstung in einem verhältnismäßig kleinen Raum, jedoch möglichst übersichtlich und gut zugänglich, eingebaut werden. Auf Grund der geforderten Garantie-
D 40 leistungen errechnete sich die Stundenleistung auf 1600 kW bei 87,5 km/h, die Höchstgeschwindigkeit beträgt 125 km/h. Für die Niederspannungssteuerung wurde die in Österreich häufig verwendete elektropneumatische Gleichstromschützensteuerung mit Dreidrosselschaltung vorgesehen; mit 10 Fahrstufenanzapfungen des Transformators lassen sich dadurch 19 Fahrstufen verwirklichen.

Der Fahrmotor ist ein 10poliger fremdbelüfteter Reihenschlußmotor, der infolge der kleinen Übersetzung von 1 : 2,2059 bei einem Raddurchmesser von 1040 mm mit einer verhältnismäßig geringen Drehzahl arbeitet, auch ist dieser thermisch reichlich ausgelegt.[262]

B 131 Die im Jahre 1953 bestellten 12 Gepäcktriebwagen des ersten Bauloses wurden 1956/58 als 4061.01 bis 12 ausgeliefert. Mit dem 4061.04 fanden im Herbst 1957 umfangreiche Versuchsfahrten unter schwierigsten Bedingungen statt. Allgemein bewährten sich diese Gepäcktriebwagen gut – 1958 hatte die Reihe 4061 den geringsten Reparaturstand aller ÖBB-Fahrzeuge –, jedoch wurden sie größtenteils vor Personenzügen, fallweise vor Triebwagenersatzzügen eingesetzt, da das ursprünglich geplante Konzept von innerösterreichischen Städteschnellzügen damals nicht verwirklicht wurde. Die nach der Bestellung eines zweiten Bauloses jetzt insgesamt 25 Fahrzeuge umfassende Serie kam damit nur selten vor leichte, schnelle Züge, wofür diese Triebfahrzeuge eigentlich gebaut worden waren. Da diese Gepäcktriebwagen meist als Lokomotiven laufen, erhielten sie 1976 die Reihenbezeichnung 1046.

Das nur während der Sommerfahrplanperiode verkehrende Zugpaar 195/194 „Venezia“ wurde bis 1970 mit Dieseltriebwagen der Reihe 5145 gefahren, ab 1971 als lokbespannter Zug, der auf dem Teilstück Wien–Villach mit einem Gepäcktriebwagen der Reihe 4061 bespannt wurde. Da der Zug lediglich aus vier bis fünf Vierachsern bestand und der 4061/1046 am Semmering für 200 t Anhängelast zugelassen ist, war die Bespannung des „Venezia“ für diesen Gepäcktriebwagen der ideale Dienst. Durch den Ex 511/510 (jetzt Ex 231/230) „Romulus“, der ungefähr in der gleichen Fahrplantrasse liegt, verlor der „Venezia“ schließlich seine Existenzberechtigung: 1974 verkehrte er bloß über das Wochenende und im folgenden Jahr verschwand er ganz aus dem Fahrplan.

4. Deutschland

4.1. Vorbemerkungen zur Zugförderung in Deutschland

4.1.1. Eisenbahnverwaltungen und deren geschichtliche Entwicklung

Durch Vereinigung der acht deutschen Ländereisenbahnen in der Hand des Reiches entstanden am 1. 4. 1920 auf der Grundlage eines Staatsvertrages vom Vortag die *Reichseisenbahnen.* Auch das durch Notverordnung vom 12. 2. 1924 gegründete *Unternehmen Deutsche Reichsbahn* unterstand der unmittelbaren Verwaltung durch den Reichsverkehrsminister. Dagegen war die mit Verabschiedung des Reichsbahngesetzes vom 30. 8. 1924 gegründete *Deutsche Reichsbahn-Gesellschaft* ein mittelbares Reichsunternehmen. Mit Gesetz vom 10. 2. 1937 übernahm sie der Staat als *Deutsche Reichsbahn* wieder in seine unmittelbare Verwaltung, was am 4. 7. 1939 ein neues Reichsbahngesetz bestätigte. Das Hoheitszeichen DR an den Fahrzeugen bedeutete *Deutsches Reich* und wies auf das Eigentum des Reiches an den von der Reichsbahn verwalteten Betriebsmitteln hin. Nach der Aufteilung Deutschlands in vier Zonen im Jahre 1945 wurde je ein selbständiges Zonen-Eisenbahnnetz gebildet. Das Bundesbahngesetz vom 13. 12. 1951 schuf aus den in der amerikanischen, britischen und französischen Besatzungszone gelegenen Teilunternehmen die *Deutsche Bundesbahn* (DB). Das auf dem Territorium der Deutschen Demokratischen Republik gelegene Eisenbahnnetz der sowjetischen Besatzungszone einschließlich der Strecken in West-Berlin firmiert weiter als *Deutsche Reichsbahn* (DR).

4.1.2. Organisationsstruktur und Zuständigkeiten

In der *Hauptverwaltung* (HVB) in Frankfurt (Main) als oberster fachlicher Verwaltungsbehörde ist aus der früheren Bauabteilung und Maschinentechnischen Abteilung die Abteilung II Technik mit den Fachbereichen Maschinentechnik und Bautechnik gebildet worden. Die *Zentrale Transportleitung* (ZTL) in Mainz entstand aus den früheren *Oberbetriebsleitungen* (OBL) Süd in Stuttgart und West in Essen, wobei auch die HVB Zuständigkeiten abgab. Die ZTL regelt den Betrieb und den maschinentechnischen Dienst auf dem Netz der DB, ihr ist auch die Zentrale Bahnstrom-Versorgung (ZBV) angegliedert.

Von den beiden *Bundesbahn-Zentralämtern* (BZÄ) Minden (Westf.) und München ist das BZA München in besonderer Weise für die Konstruktion und Beschaffung im Bereich der elektrischen Zugförderung zuständig, diesem untersteht auch die *Bundesbahn-Versuchsanstalt* (Vers A) München. Wichtig ist, daß in der Abteilung II Elektrotechnik folgende Dezernate unter einem Dach sind:

Dez. 21 Elektrische Lokomotiven,
Dez. 22 Elektrische Triebwagen,
Dez. 23 Elektrische Triebfahrzeuge, Grundsatzfragen,
Dez. 24 Kraft-, Umformer- und Unterwerke der Bahnstromversorgung,
Dez. 25 Fahr- und Bahnstromleitungen.

Bei der *Bundesbahndirektion* (BD) als mittlerer Ebene für die Leitung und Durchführung aller in ihrem Bezirk anfallenden Geschäfte ist in der Maschinentechnischen Abteilung die Einteilung etwa gleich, Dez.23 ist hier für Dieseltriebfahrzeuge zuständig, hinzu kommen Dez.21A für den Einsatz der Triebfahrzeuge sowie die Oberzugleitung Lokdienst. Im Rahmen der von den übergeordneten Stellen gesetzten Richtlinien haben die Dezernenten die eigentliche Entscheidungskompetenz. Der Überwachung des örtlichen Dienstes innerhalb des Direktionsbezirks dienen:

Bundesbahn-Betriebsämter (BÄ) für den Betriebs- und Baudienst,
Budesbahn-Maschinenämter (MÄ) für den Betriebsmaschinendienst,
Bundesbahn-Neubauämter (NÄ) für größere Neu- und Umbauten nach Bedarf.

Jedem MA sind maschinentechnische Dienststellen unterstellt, von denen *Bahnbetriebswerk* (Bw), *Fahrleitungsmeisterei* (Flm) und *Unterwerk* (Uw) genannt seien. Die Organisationsstruktur der DB wird sich zufolge des Gutachtens Knight-Wegenstein vor allem auf der unteren Ebene in den kommenden Jahren voraussichtlich tiefgreifend ändern.

4.1.3. Vorschriften und Buchfahrpläne

Für den Zugförderungsdienst sind besonders folgende Dienstvorschriften (DV) von Bedeutung:

DV 408 *Fahrdienstvorschriften* (FV), die u. a. die Geschwindigkeit im Bogen sowie die Bremstafeln festlegen,

DV 301 *Signalbuch* (SB) mit der Eisenbahn-Signalordnung,

DV 915 *Bremsvorschrift* (Brevo).

Für jede DB gesondert werden herausgegeben:

DV 941/I *Übersichten über die Verwendbarkeit der Triebfahrzeuge,*

DV 941/II *Übersicht über die Leistungsfähigkeit der Triebfahrzeuge, Vorbemerkungen zu den Buchfahrplänen – Streckenlisten* mit Angaben über örtliche Besonderheiten wie verkürzte Vorsignalabstände, zeitweise ausgeschaltete Betriebsstellen, Streckenabschnitte mit Gleiswechsel- bzw. signalisiertem Falschfahrbetrieb, Bremsen auf Gefällestrecken und bei Frost, Bremsweg.

Dazu kommen für besondere Betriebsverhältnisse Sondervorschriften, wie beispielsweise die DV Kar 165: *Vorschriften für den Betrieb auf der Steilstrecke Hirschsprung–Hinterzarten im Bezirk der Bundesbahndirektion Karlsruhe.*

Der Aufbau des Buchfahrplans von der Reichsbahnzeit bis heute hat einen erheblichen Wandel durchgemacht. Früher standen die Betriebsstellen mit den einzelnen Entfernungen und zugehörigen planmäßigen und kürzesten Fahrzeiten im Mittelpunkt, die zulässigen Höchstgeschwindigkeiten standen sehr summarisch im Fahrplankopf. Die örtlich zulässigen Geschwindigkeiten wurden sehr detailliert als DV 408b: *Anhang zu den Fahrdienstvorschriften und zum Signalbuch – Örtlich zulässige Geschwindigkeiten* herausgegeben.

In den Buchfahrplänen der DB der fünfziger und sechziger Jahre wurden die Geschwindigkeitswechsel entweder mit dem Hinweis „Einfahrkurve“, „Ausfahrsignal“ und ähnlichem oder unter Angabe des Streckenkilometers festgelegt. Auch wenn die Kilometersteine teilweise „in den Brennesseln“ standen, vertraute man der Streckenkenntnis der Lokführer.

Nach den Unfällen von Aitrang und Rheinweiler im Jahre 1971 werden sämtliche Geschwindigkeitsschwellen und Betriebsstellen nach der Kilometrierung der Strecke genau angegeben. Zusätzlich sind zur besseren Orientierung der Lokführer je nach der Bedeutung einer Strecke alle 200, 500 oder 1000 m neben den vorhandenen Kilometersteinen Tafeln mit der Kilometerangabe aufgestellt, die auf elektrifizierten Strecken an den Fahrleitungsmasten montiert sind. Neuerdings stehen vor ständigen Geschwindigkeitsbeschränkungen im Bremswegabstand von 700 bzw. 1000 m rückstrahlende oder beleuchtete Geschwindigkeits-Ankündesignale und an der Geschwindigkeitsschwelle selbst Geschwindigkeitssignale. Sind die höchstzulässigen Geschwindigkeiten im Buchfahrplan in 5 km/h-Stufen notiert, so werden signalisierte Geschwindigkeitsermäßigungen grundsätzlich in Zehnerstufen angegeben, z. B. 7 für 70 km/h. Die Geschwindigkeitsabsenkungen werden durch Geschwindigkeitsprüfabschnitte mit der induktiven Zugsicherung (Indusi) gesichert, sobald die Geschwindigkeitsdifferenz 20% der Ausgangsgeschwindigkeit übersteigt.

Unverändert sind, abgesehen von der Zugnummer sowie der Ankunfts-, Abfahrts- und Durchfahrzeit, folgende Angaben geblieben: Laufweg des Zuges, für die Fahrzeiten zugrunde gelegte Lokreihe, Fahrplanlast und Mindestbremshundertstel. Um bei schnellfahrenden Reisezügen einen häufigen Wechsel der Buchfahrpläne zu vermeiden, werden diese für jeden DB-Bereich in besonderen Heften zusammengefaßt.

4.1.4. Entwicklung der Strecken- und Kurvengeschwindigkeiten

Um die Jahrhundertwende wurden die Fahrpläne der bevorzugten Schnellzüge in Deutschland mit Höchstgeschwindigkeiten von 85 km/h, ab 1905 mit 100 km/h bearbeitet. In Ausnahmefällen konnte eine Höchstgeschwindigkeit von 120 km/h zugelassen werden.

Die allgemeine Erhöhung der Höchstgeschwindigkeit auf 120 km/h für FD-Züge kam 1935, für die Fernschnelltriebwagen wurden 160 km/h zugelassen. Die Ausgabe der *Eisenbahn-Bau- und Betriebsordnung* (EBO) des Jahres 1943 nennt neben der Höchstgeschwindigkeit von 160 km/h für Schnelltriebwagen für Reisezüge allgemein 135 km/h.

Nach dem Zweiten Weltkrieg wurde oberbaubedingt eine Höchstgeschwindigkeit von 120 km/h zunächst nur für Fernschnellzüge gestattet, ab 1955 auch für Schnellzüge. 1958 wurden die TEE- und F-Züge für 140 km/h zugelassen, zwei Jahre später auch die D-Züge. Eine Ausnahmegenehmigung wurde 1962 für das Zugpaar F 9/10 „Rheingold" und ein Jahr später auch für den F 21/22 „Rheinpfeil" mit der Zulassung für 160 km/h erteilt. Mit der EBO von 1967 können jetzt allgemein 160 km/h als Höchstgeschwindigkeit gefahren werden.

Anläßlich der Internationalen Verkehrsausstellung in München 1965 führte die DB erstmals einen planmäßigen Schnellverkehr mit 200 km/h nach Augsburg durch, den sie später auf einzelne TEE-Züge ausdehnte. Nach einer mehrjährigen Pause werden im Sommerfahrplan 1977 versuchsweise einige Züge auf der genannten Strecke wieder mit 200 km/h gefahren.

Bis zum Erscheinen einer neuen EBO im Jahre 1967 wurde bei maximaler Überhöhung von 150 mm eine Kurvengeschwindigkeit nach der Formel $v = 4{,}6 \cdot \sqrt{R}$ (v Geschwindigkeit in km/h, R Radius in m) zugelassen, seither nach der Beziehung $v = 4{,}87 \cdot \sqrt{R}$, wodurch die maximalen Kurvengeschwindigkeiten vor allem im oberen Geschwindigkeitsbereich noch höher lagen als jene der Reihe R der SBB. Zufolge der hohen Querkräfte der vor Schnellzügen auf elektrifizierten Strecken der DB meist eingesetzten Lokomotiven der Reihe 110 wurde der Oberbau derart beansprucht, daß diese Höchstgeschwindigkeiten mittels Anordnung von Langsamfahrstellen auf die früheren Werte oder teilweise darunter festgesetzt werden mußten.

Nach den Unfällen von Aitrang und Rheinweiler (1971) wurden die Streckengeschwindigkeiten erneut überprüft. Wegen Entgleisung eines Güterzugs in einer stark überhöhten Kurve wurde die Überhöhung in den Kurven der Hauptabfuhrstrecken der DB herabgesetzt. Alles zusammen führte dazu, daß trotz des Einbaues der Schiene UIC60 auf den Hauptabfuhrstrecken und der Schiene S54 anstelle der S49 auf den Nebenfernstrecken heute bei der DB etwa die gleichen Kurvengeschwindigkeiten gefahren werden wie Mitte der sechziger Jahre.

Als Folge der geringeren Überhöhung ist dabei die freie Seitenbeschleunigung relativ hoch. Auf der Schwarzwaldbahn beträgt die Überhöhung im 300 m-Radius 95 mm, bei einer zulässigen Streckengeschwindigkeit von 70 km/h entspricht die freie Seitenbeschleunigung von $0{,}63\ m/s^2$ praktisch jener, die sich im gleichen Bogen mit 150 mm Überhöhung bei 80 km/h ergibt.

4.1.5. Besonderheiten im Zugförderungswesen

Auf dem Streckennetz der DB wird bis auf ein kurzes Teilstück südlich Nürnberg grundsätzlich rechts gefahren. Sämtliche Vor- und Hauptsignale sowie größere Geschwindigkeitsabsenkungen auf Hauptbahnen sind durch Indusi gesichert. Auf dem nach den Vorstellungen der HVB „rentablen Schienennetz" wird mit erheblichem Kapitalaufwand der Zugbahnfunk aufgebaut, wobei die Triebfahrzeuge ununterbrochen (auch im Tunnel) erreichbar sind.

Für das Abbremsen ausschließlich druckluftgebremster Züge auf Steilrampenstrecken ist auf dem Triebfahrzeug ein Auslöseventil eingebaut, um nach einer eingeleiteten Betriebsbremsung die Bremse der Lokomotive auszulösen und den gesamten Zug nur durch die Druckluftbremse der Wagen abzubremsen. Bei den elektrischen Einheitslokomotiven mit elektrischer Bremse zieht die Betätigung der Druckluftbremse den Steller für die Widerstandsbremse mit, wodurch die Elektrolokomotive elektrisch und die angehängten Wagen mit Druckluft abgebremst werden. Durch Drücken einer Klinke im Griff des Bremsstellers kann die Kupplung mit dem Führerbremsventil gelöst und jede der Bremsarten für sich allein benutzt werden.

Mit der Ausgabe 1959 des Signalbuches wurde das früher gültige Zwei-Licht-Spitzensignal durch das Drei-Licht-Spitzensignal ersetzt.

Im Vergleich zu anderen Bahnverwaltungen werden die Triebfahrzeuge der DB bei der Unterhaltung, abgesehen von kleineren Umbauten oder Ergänzungen (Indusi, Zugbahnfunk), in ihrem Ursprungszustand belassen, dagegen werden die Fahrleitungsanlagen im Rahmen der laufenden Unterhaltung ständig modernisiert. Auf Einbügelbetrieb wurden von den Stromabnehmern älterer Lokomotiven lediglich jene mit einer Höchstgeschwindigkeit von mindestens 120 km/h sowie einzelne der Reihen 144 und 194 umgebaut.

4.2. Frankenwaldlinie

4.2.1. Geographische Lage und Trassierung

Unter Frankenwaldlinie im engeren Sinn versteht man die zwischen dem Thüringer Wald und dem Frankenwald in nord-südlicher Richtung verlaufende Strecke Probstzella–Hochstadt-Marktzeuln der DB, sie wird auch als „Strecke über den Thüringer Wald" bezeichnet. Im weiteren Sinn gehören auch die Strecken Halle / Leipzig–Weißenfels–Saalfeld–Probstzella und Hochstadt-Marktzeuln–Nürnberg dazu. Gegenüber der Zeit vor 1945 ist der durchgehende Schnellzugverkehr derzeit als bescheiden zu bezeichnen: Zu zwei D-Zugpaaren Berlin–München kommt ein weiteres Leipzig–Nürnberg sowie periodisch ein Eilzugpaar für den grenznahen Verkehr Ludwigsstadt–Saalfeld. Weiter befahren im Reisetouristik-Verkehr Züge der Relation Berlin–München–Innsbruck/Salzburg diese Strecke.

Die Frankenwaldlinie verläßt in Hochstadt-Marktzeuln das Maintal und folgt bis Kronach zunächst dem Rodachtal, bis kurz vor der Paßhöhe bei Steinbach am Wald dem ab Rothenkirchen zusehends enger werdenden Haßlachtal, wobei die Eisenbahnlinie die Talseite mehrmals wechselt. Nach dem Überqueren der Wasserscheide am Nordende des Bahnhofs Steinbach am Wald in der Senke zwischen Thüringer Wald und Frankenwald durchfährt die Bahn zunächst einen längeren Einschnitt und folgt dann bis Ludwigsstadt dem Osthang des Haßbachtals, von dort über Probstzella bis Eichicht dem von Lauenstein bis Falkenstein sehr engen Loquitztal, schließlich bis Saalfeld dem Saaletal. Als einzige der hier besprochenen Gebirgsbahnen weist diese Strecke, abgesehen von dem Burgberg-Tunnel bei Erlangen, keinen einzigen Tunnel auf.

P 10 Die Frankenwaldlinie ist 54,6 km lang mit der Talstrecke Hochstadt-Marktzeuln–Pressig-Rothenkirchen (29,2 km) und der Bergstrecke Pressig-Rothenkirchen–Probstzella (25,4 km). Ursprünglich durchgehend doppelspurig, besteht derzeit lediglich auf dem Teilstück Förtschendorf–Ludwigsstadt (12,5 km) eine Doppelspurinsel. Die größte Steigung beträgt auf der Talstrecke 7,4 Promille, auf den beiden Steilrampen jeweils 26,3 Promille. Als kleinster Kurvenradius wurde zwischen Hochstadt und Pressig 800 m, ausnahmsweise 785 und 780 m gewählt, von dort bis Förtschendorf 500 m und auf der restlichen Strecke bis Probstzella 300 m.

Waren vor einigen Jahren zwischen Probstzella und Nürnberg fast ausschließlich mechanische oder elektromechanische Stellwerkanlagen vorhanden, so wird die Frankenwaldlinie im engeren Sinn zügig auf Spurplantechnik umgestellt, um auf dieser überwiegend eingleisigen Strecke mit durchgehendem Verkehr (also ohne Nachtruhe) den Personalaufwand reduzieren zu können; lediglich in Kronach haben die Bauarbeiten noch nicht begonnen. Der Streckenblock zwischen Ludwigsstadt und Probstzella ging erst 1976 wieder in Betrieb.

4.2.2. Dampfbetrieb

Der Eisenbahnbetrieb über den Frankenwald als der kürzesten Verbindung Berlin–München wurde erst 1885 aufgenommen, nachdem 1851 die Sächsisch-bayerische Eisenbahn eine durchgehende Verbindung Leipzig–Reichenbach–Hof–Nürnberg hergestellt hatte, der 1859 eine weitere durch die Thüringischen Staaten von Eisenach nach Lichtenfels folgte. Wegen der komplizierten Entstehungsgeschichte der Relation Leipzig–Nürnberg über Saalfeld sei auf die Zusammenstellung im Anhang verwiesen.

Da sämtliche betrieblichen Unterlagen aus der Zeit vor 1945 bei einem Bombenangriff der vormaligen Reichsbahndirektion Nürnberg vernichtet wurden, seien im folgenden nur jene Angaben mitgeteilt, die als gesichert angesehen werden können.

Nach der Aufnahme des Zugbetriebs auf der Frankenwaldlinie übernahmen die Bayerischen Staatseisenbahnen südlich von Probstzella die Zugförderung. Doch schon ab etwa 1912 befuhren die Schnellzuglokomotiven der bekannten Gattung S3/6 (später B 134
Reihe 18.4–5) diese Strecke im Durchlauf Nürnberg–Halle (314 km), später auch bis Leipzig (322 km), wobei sie auf der durchschnittlichen Maximalsteigung von 25 Promille in der Geraden je nach Unterbauart eine Anhängelast von 150 bis 205 t mit 40 km/h befördern konnten. Auf den Steilrampen Probstzella bzw. Pressig–Steinbach wurden bei schwereren Zügen als Schublokomotiven Malletmaschinen der bayerischen Gattung Gt2 × 4/4 (später Reihe 96.0) angesetzt, die unter den gleichen Bedingungen 270 t befördern konnten. Ab etwa 1936 wurden die S3/6-Lokomotiven von dieser Strecke abgezogen.[1]

Bis zur Elektrifizierung liefen neben den Einheitslokomotiven der Reihen 01 und 03 auch Drillingsmaschinen der Reihe 39.0 (P 10). Nach den Leistungstafeln betrugen die Anhängelasten dieser Lokomotiven unter den genannten Bedingungen für die Reihe 01 190 t, Reihe 03 170 t und für die Reihe 39.0 210 t.

4.2.3. Dieselbetrieb

Ab 1935 schuf die Deutsche Reichsbahn zur Ergänzung des vorhandenen Schnellzugverkehrs durch Schnelltriebwagen besonders schnelle Reisezugverbindungen mit 160 km/h Höchstgeschwindigkeit, die in den Morgenstunden von den Großstädten im Reich nach Berlin und abends zurückfuhren. So wurde 1936 unter anderem auch eine B 135
Schnelltriebwagenverbindung Berlin–Nürnberg–München / Stuttgart eingeführt, wobei zweiteilige Triebwagen der Reihe SVT 137 (DB VT 04.1) „Bauart Hamburg" mit einer Motorleistung von 2 × 300 kW von Berlin bis Nürnberg in Vielfachsteuerung liefen, wo sie getrennt wurden. Gegenüber den bisher schnellsten Dampfzügen ergab sich nach dem Fahrplan 1937 auf der Strecke Berlin–München eine Fahrzeitverkürzung von 7 h 57 min auf 6 h 44 min. Diese Reduktion wurde durch die Verminderung und Verkürzung der Unterwegsaufenthalte (Halle, Nürnberg), durch das starke Beschleunigungsvermögen der Schnelltriebwagen und durch die zufolge der tiefen Schwerpunktlage gegenüber lokomotivbespannten Zügen möglichen höheren Kurvengeschwindigkeiten ermöglicht. Vollbesetzt konnten diese Triebwagen auf 25 Promille eine Geschwindigkeit von 50 km/h erreichen.[2]

Da das Fassungsvermögen der zweiteiligen Triebwagen vielfach nicht ausreichte, wurden 14 dreiteilige Schnelltriebwagen „Bauart Köln" mit einer Leistung von

2 × 400 kW bestellt, die ab 1938 die zweiteiligen Triebwagen zwischen Berlin und München bzw. Stuttgart ablösten. Die Fahrzeuge der Gattung SVT 137 (DB VT 06.1) konnten vollbesetzt auf 25 Promille mit 45 km/h fahren.[3] Im Sommerfahrplan 1939 waren für diese Fahrzeuge im Plan des FDt 551/552 von Nürnberg bis Lichtenfels 160 km/h und von Lichtenfels bis Pressig 135 km/h über weite Strecken zugelassen.

Betriebsleistungen auf dem Teilstück Lichtenfels–Probstzella am 30. 6. 1933:

2 Fernschnellzüge	(FD)	350 t	(E 04)	(2C2 h3)
14 Schnellzüge	(D)	660 t	(E 18)	(2D2 h3)
2 Eilzüge	(E)	660 t	(E 18)	(2D2 h3)
6 Personenzüge	(P)	660 t	(E 44)	(2D2 h3)
36 Güterzüge	(G)	1500 t	(E 93)	(1F h3)
8 Lokpostexpreßzüge	(LPe)	200 t	(E 44)	(1D1 h2)
4 Fernschnelltriebwagen	(FDt)	(129 t)		
15 Hauptbahntriebwagen	(T)	(188 t)		
87 Züge + Lokzüge				

4.2.4. Elektrifizierung

4.2.4.1. Bergmann-Gutachten

Mit Schreiben vom 4. 1. 1934 beauftragte die Hauptverwaltung der Deutschen Reichsbahn Reichsbahndirektionspräsident Bergmann mit der Untersuchung des elektrischen Zugbetriebs München–Berlin. Die Berechnungen sollten grundsätzlich die ganze Strecke München–Augsburg / Ingolstadt–Treuchtlingen–Nürnberg–Halle–Berlin mit den Abzweigungen Großkorbetha–Leipzig und Großheringen–Erfurt wegen des Lokomotivdiensts umfassen. Der Linie über Nürnberg–Halle wurde gegenüber jener über Regensburg–Hof–Leipzig der Vorzug gegeben, da auf ersterer mehr und wichtigere Schnellzüge verkehrten und der Teilabschnitt Regensburg–Hof einen geringeren Gesamtverkehr hatte als sämtliche Abschnitte der Linie Nürnberg–Halle–Berlin.

Am 24. 9. 1934 legte die *Arbeitsgemeinschaft zur Untersuchung der Wirtschaftlichkeit des elektrischen Zugbetriebes* mit Bergmann als Vorsitzendem ein sehr umfangreiches Gutachten unter dem Titel *Die Wirtschaftlichkeit des elektrischen Zugbetriebes auf der Strecke München–Berlin* vor. Neben der Diskussion der Stromversorgung und Stromspeicherung sind insbesondere die detaillierten Angaben über die Betriebsleistungen von Interesse, die nachstehend für den 30. 6 1933 (Ferienbeginn) wiedergegeben werden. Daneben sind in Klammern die bei elektrischem Zugbetrieb bzw. Dampfbetrieb vorgesehenen Triebfahrzeugreihen angegeben, die bei gleicher Leistungsfähigkeit etwa gleiche Fahrzeiten hätten erreichen sollen. Während bei den Elektrolokomotiven auf vorhandene oder im Bau befindliche Baureihen zurückgegriffen werden konnte, hätten die Dampflokomotiven größtenteils neu entwickelt werden müssen.

4.2.4.2. Elektrifizierungsarbeiten

Im Jahre 1935 entschloß sich die Reichsbahn zum Zwecke der Arbeitsbeschaffung im Anschluß an die eben abgeschlossene Elektrifizierung der Strecke Augsburg–Nürnberg die elektrische Zugförderung weiter auszubauen, weshalb über die umzustellenden Strecken entschieden werden mußte. Das Bestreben nach möglichst wirtschaftlicher Ausnützung der bisher örtlich getrennten Netze zwang nach den genannten eingehenden Untersuchungen von Sachverständigen den Entschluß auf, durch die Elektrifizierung der Strecke Nürnberg–Halle / Leipzig mit einer Streckenlänge von 346,1 km das süddeutsche und mitteldeutsche Netz zu einem großen elektrisch betriebenen Netz zusammenzufassen.

Anfang September 1935 wurde der von München nach Leipzig verlegten Obersten Bauleitung für Elektrisierungen der Bauauftrag erteilt.[4]

Damit wurde die Verbindungsstrecke Berlin–München über Saalfeld gegenüber der zweiten Durchgangslinie über Hof bevorzugt. Bei fast gleicher Paßhöhe war die Strecke Nürnberg für den internationalen Verkehr die wichtigere, weiter sind auf dieser die Steigungen zusammengedrängter als auf der östlichen.[5]

Schon damals wurde die Systemfrage geprüft. Die Energieversorgung mit 50 Hz kam schon wegen der Beschränkung der Freizügigkeit in der Verwendung der Triebfahrzeuge nicht in Betracht. Ferner reichten die Ergebnisse der seit Anfang 1936 versuchsweise mit 50 Hz betriebenen Höllental- und Dreiseenbahn noch nicht aus, einen solchen Beschluß zu rechtfertigen.[6]

Die große Entfernung zwischen den Wasserkraftwerken in Bayern und dem Dampfkraftwerk Muldenstein in Mitteldeutschland von rund 500 km und die besondere Bedeutung dieser Strecke machten einen Speisepunkt für Bahnstromenergie notwendig. So wurde das bestehende Dampfkraftwerk Muldenstein durch neue Maschinensätze von 33,2 MW auf 56,5 MW ausgebaut und in Nürnberg ein Umformerwerk mit drei rotierenden Umformern von insgesamt 22,5 MW Dauerleistung errichtet. Eine das süddeutsche mit dem mitteldeutschen Hochspannungsnetz verbindende zweischleifige 110 kV-Bahnstromleitung speiste die Unterwerke Zapfendorf, Steinbach am Wald, Rothenstein und Großkorbetha.[7]

Zur Verbesserung der Energieversorgung auf den Steilrampenabschnitten und den anschließenden Talstrecken vom Unterwerk Steinbach am Wald aus wurden in einem zuvor bei Elektrifizierungen mit 15 kV 16²/₃ Hz unbekannten Ausmaß Speiseleitungen verlegt, die jeweils unterhalb der Bahnhöfe Ludwigsstadt und Probstzella bzw. Förtschendorf und Pressig-Rothenkirchen in die Fahrleitung der freien Strecke des Berggleises einspeisten.

In Fortentwicklung der zwischen Augsburg und Nürnberg eingebauten Fahrleitung wurde zwischen Nürnberg und Pressig-Rothenkirchen wegen der bei elektrischem Betrieb möglichen hohen Geschwindigkeiten eine Bauart mit festem Tragseil und nachgespanntem Fahrdraht mit Y-Beiseil und angelenktem Seitenhalter angewandt, während die Steilstrecke bis Probstzella die Einheitsfahrleitung 1931 mit verbesserten Seitenhaltern erhielt. Nördlich Saalfeld wurde teilweise eine vollelastische Bauweise montiert, bei der sowohl Tragseil als auch Fahrdraht nachgespannt wurden.[8]

Zur Freilegung des lichten Raumes für die Fahrleitung mußten auf der Gesamtstrecke 90 Bauten geändert werden, insbesondere der Burgberg-Tunnel bei Erlangen. Weiter wurden 24 Bahnhöfe ganz oder teilweise umgebaut, um höhere Durchfahrgeschwindigkeiten zu ermöglichen oder bestehende betriebliche Engpässe zu beseitigen.[9]

Nach Inbetriebnahme des Teilstücks Nürnberg–Saalfeld am 15. 5. 1939 und Aufnahme des elektrischen Zugbetriebs auf weiteren Teilabschnitten (siehe Anhang) konnte Leipzig Hbf schließlich am 2. 11. 1942 elektrisch von Bayern aus erreicht werden. Zu jenem Zeitpunkt waren die Lokomotiven der Reihe E18 des Bw München Hbf für den Durchlauf nach Österreich bereits mit der „Reichswippe" von 1950 mm Breite für einen Zickzack von ±400 mm ausgerüstet. Nach einem veröffentlichten Lokomotivdurchlauf des genannten Bw vom 2. 11. 1942 fuhren diese Maschinen von München nach Leipzig durch.[10] Damit kann die Aussage Joachims, die Züge hätten auch nach Aufnahme des elektrischen Zugbetriebs in Weißenfels umspannen müssen, weil die Fahrleitungsanlage des Hauptbahnhofs Leipzig noch einen Zickzack von ±500 mm aufwies, kaum zutreffen, vielmehr muß der provisorische Umbau auf ±400 mm bereits zu jenem Zeitpunkt abgeschlossen gewesen sein.[11] Bis Mitte 1943 folgten noch einige kurze Güterzug-Verbindungsstrecken im Raum Leipzig mit insgesamt 10,5 km, für die Elektrifizierung der Strecke nach Erfurt befand sich das Unterwerk Oßmannstedt im Bau, dann setzte der Bombenkrieg jedem sinnvollen Ausbau ein Ende. Das wichtige Verbindungsstück Großkorbetha–Halle war zu 50% fertiggestellt, als 1940 die Bauarbeiten eingestellt werden mußten. Nach Genehmigung des Weiterbaus Anfang 1943 kam es jedoch infolge eines schweren Bombenangriffs auf Merseburg und die Leuna-Werke bis Kriegsende nicht mehr zur Betriebseröffnung.

Nach Beseitigung der Kriegsschäden wurde der elektrische Betrieb schrittweise, zum Teil nur eingleisig, wieder aufgenommen. Im August 1945 konnte zwischen Bamberg und München wieder elektrisch gefahren werden, im Herbst bis Probstzella. Am 9. 3. 1946 beseitigte die Wiederherstellung der Fahrleitungsanlage im Bahnhof Saalfeld den letzten Engpaß der Strecke Saalfeld–Probstzella und schloß diese wieder an das süddeutsche Netz an. Der Abschnitt Großkorbetha–Halle war im Frühjahr 1946 soweit mit Fahrleitung überspannt, daß in wenigen Wochen die Inbetriebnahme erfolgen sollte.[12] Hiezu kam es jedoch nicht mehr.

4.2.4.3. Demontage und teilweiser Wiederaufbau in Mitteldeutschland

Gemäß Befehl Nr. 95 der Sowjetischen Militär-Administration für Deutschland (SMAD) vom 29. März 1946 waren alle Anlagen der elektrischen Zugförderung in der damaligen sowjetischen Besatzungszone als Reparationsleistung an die Sowjetunion bis 15. 4. 1946, spätestens bis 20. 4. 1946 abzubauen. Die Rbd Halle mußte hierzu ein Abbauamt einrichten. Jeder Abbauabschnitt unterstand der Kontrolle und der absoluten Befehlsgewalt eines sowjetischen Offiziers. Außer Beschäftigten der DR, die man teilweise aus anderen Direktionsbezirken holen mußte, waren auch Arbeiter der ehemaligen Baufirmen AEG und SSW sowie aus den anliegenden Betrieben rekrutiert worden. Sie konnten allerdings den gestellten Termin nicht einhalten, obwohl sie den größten Teil der Masten wenige Zentimeter über dem Fundament mit dem Schneidbrenner abbrannten und anschließend einfach umwarfen. So waren die Arbeiten im Bereich des Maschinenamts Jena am 22. 8. 1946 und des Maschinenamts Weißenfels am 14. 9. 1946, bei den Direktionen Halle und Magdeburg erst Ende September 1946 abgeschlossen. Zusammen mit den Fahr- und Fernleitungsanlagen, den Ausrüstungen des Kraftwerks Muldenstein und der Unterwerke des mitteldeutschen Netzes gingen 211 Lokomotiven und 16 Elektrotriebwagen von September bis Anfang November 1946 als Reparationsleistung in die UdSSR.[13]

Der Reisezugverkehr Westdeutschlands mit der damaligen sowjetischen Besatzungszone litt in den ersten Jahren nach dem Krieg unter den politischen Spannungen. Bis zum 19. 6. 1948, dem Beginn der Blockade Berlins, verkehrte für den Zivilverkehr nur ein Zugpaar Köln–Berlin. Nach der Aufhebung der Blockade im Jahre 1949 wurden fünf neue Zugpaare von Köln, Hamburg (2), Frankfurt und München nach Berlin, in den fünfziger Jahren weitere Züge eingerichtet.[14]

Nach der Demontage der Fahrleitungsanlage auf der Frankenwaldlinie nördlich der Zonengrenze beförderten zunächst Dampflokomotiven der DR die Züge von Probstzella bis Ludwigsstadt. Diese Lösung erwies sich jedoch betrieblich als sehr hinderlich. Einmal war der Bahnhof Ludwigsstadt wegen seiner räumlichen Beengtheit als Umspannstation schlecht geeignet, zum anderen verursachten die mit Braunkohle gefeuerten Dampflokomotiven auf der Steilrampe mehrere Waldbrände. So wurde die Wiederelektrifizierung des Teilstücks Probstzella–Zonengrenze (1,7 km) vereinbart. Da dies vor allem im Interesse der DB lag, lieferte diese die Materialien, während Personal der ehemaligen Fahrleitungsmeisterei Saalfeld den Bau durchführte. Am 8. 10. 1950 wurde der elektrische Zugbetrieb über dieses Teilstück der Steilrampe wieder aufgenommen.

In einer als „großzügig“ bezeichneten Geste gab die Sowjetunion zwischen August 1952 und Januar 1953 die Kraft- und Unterwerksausrüstungen sowie den größten Teil der Triebfahrzeuge an die inzwischen entstandene DDR zurück. Am 1. 9. 1955 konnte nach mühevoller Arbeit zwischen Halle und Köthen der elektrische Betrieb wieder aufgenommen werden. 1959/67 wurden u. a. die Strecken Halle / Leipzig–Weißenfels–Camburg erneut elektrifiziert. Nach dem derzeitigen Fünfjahresplan soll bis 1980 unter anderem auch das Teilstück Camburg–Saalfeld wieder elektrifiziert sein, womit bis Probstzella lediglich 15 km fahrleitungslos bleiben würden.

Auch auf dem Streckenteil der DB gab es Abbaumaßnahmen, allerdings aus anderen Gründen. Wegen der gegenüber früher sehr niedrigen Verkehrsbelastung dieser Strecke wurde auf den Teilstücken Zonengrenze–Ludwigsstadt und Förtschendorf–Hochstadt-Marktzeuln noch vor der Währungsreform im Jahre 1948 das zweite Gleis ausgebaut, da man die Schienen dringend für die Gleiserneuerung der zufolge der Verlagerung der Verkehrsströme stark belasteten Strecke Regensburg–Würzburg benötigte. In Mitteldeutschland fiel das zweite Gleis ohnehin der Demontage anheim. Auch das zugehörige Fahrleitungskettenwerk wurde auf der freien Strecke abgebaut und südlich Förtschendorf durch eine anstelle des Tragseils verlegte Speiseleitung ersetzt.

Wie alle älteren Fahrleitungsanlagen auf schnellbefahrenen süddeutschen Strecken wurden auch jene der Frankenwaldlinie in den fünfziger Jahren höheren Fahrgeschwindigkeiten angepaßt. Für die Höchstgeschwindigkeit von 140 km/h genügte unter Beibehaltung des festen Tragseils südlich Pressig-Rothenkirchen die „Umbaufahrleitung 1950" mit anschlagsicherem Leichtmetallseitenhalter, die bei mittleren Temperaturen und Einbügelbetrieb auch bei dieser zulässigen Höchstgeschwindigkeit eine befriedigende Stromabnahme ermöglicht.[15]

Die Bahnstrom-Hochspannungsleitung Nürnberg–Steinbach am Wald führte zwischen Wörlsdorf und Welitsch über eine Entfernung von 8,2 km über das Territorium der sowjetischen Besatzungszone und wurde bei der Demontage nicht abgebrochen. Da sich wegen der Wartung dieser Leitung ständig Schwierigkeiten mit der sowjetischen Besatzungsmacht ergaben, führten Verhandlungen ab 1952 schließlich dazu, daß 1965/67 eine Umgehungsleitung ausschließlich auf bundesdeutschem Gebiet gebaut wurde. Die Fahrleitungsanlage des kurzen Teilstücks Probstzella–Direktionsgrenze bei Falkenstein wird von der Fahrleitungsmeisterei Weißenfels unterhalten.

4.2.5. Bespannung der Schnellzüge bei elektrischem Betrieb

4.2.5.1. Lokomotiven

Reihe E18/118

Von der Aufnahme des elektrischen Zugbetriebs über den Frankenwald bis 1977 gaben vor allem diese vorzüglichen Schnellzuglokomotiven der Schnellzugtraktion zwischen Nürnberg und Probstzella bzw. früher bis Saalfeld und Leipzig ihr Gepräge.

Die Lokomotiven Reihe E18 sind das Ergebnis einer längeren Entwicklung elektrischer Schnellzuglokomotiven. Ausgangspunkt waren die beiden 1927 von der AEG gelieferten Versuchslokomotiven, Bauart 2'Do1', der Reihe E21 mit Barrenrahmen, Krauss-Helmholtz-Gestell und Federtopfantrieb. Im elektrischen Teil ist der öllose Trockentransformator und die elektromagnetische Schützensteuerung charakteristisch.[16]

Auf Grund der Betriebsergebnisse mit diesen Lokomotiven hatte die Deutsche Reichsbahn 1927 den Entschluß gefaßt, eine größere Anzahl Schnellzuglokomotiven zu bestellen. Durch Gewichtsverminderungen an mechanischem Teil und elektrischer Ausrüstung konnte bei grundsätzlich gleicher Gesamtkonzeption eine Laufachse eingespart und die Lokomotive in der Bauart 1'Do1', Reihe E17, symmetrisch mit dem Transformator in der Lokomotivmitte gebaut werden, wobei das Krauss-Helmholtz-Gestell erstmals mit der charakteristischen, um die Treibachse greifenden Anlenkgabel ausgebildet wurde.[17]

Die 1932 für das mitteldeutsche elektrifizierte Netz bestellten leichten Schnellzuglokomotiven, Bauart 1'Co1', Reihe E04 weisen im elektrischen Teil folgende entscheidenden Änderungen auf. Der leicht verschmutzende Trockentransformator wurde durch einen ölgekühlten, die störungsanfällige elektromagnetische Schützensteuerung durch eine Feinreglersteuerung ersetzt.[18] Ferner trat an die Stelle der Doppelmotoren der E17 der leistungsfähige Einzelmotor EKB 860 mit einer Stundenleistung von 700 kW bei 84 km/h.[19] Vor dem Zweiten Weltkrieg kamen diese Lokomotiven im Personenzugdienst von Nürnberg aus auch bis Pressig-Rothenkirchen.

Nach der Weltwirtschaftskrise bedurfte die Deutsche Reichsbahn dringend einer leistungsfähigen Elektro-Schnellzuglokomotive, deren Zugkräfte auch für die schwersten D-Züge im Hügelland ausreichen sollten. 1933 erhielt die AEG den Auftrag zur Lieferung
TS 55 der Schnellzuglokomotive Reihe E18, deren Fahrzeugteil aus der Reihe E17 abzuleiten war, während die elektrische Ausrüstung aus der Reihe E04 weiterentwickelt werden sollte.[20]

Der Lokomotivrahmen wurde zum großen Teil geschweißt. Zur Verminderung des bei 140 km/h erheblichen Luftwiderstands erhielt die E18 eine windschnittige Form, wobei die Grundrisse der Führerstände als Halbellipsen ausgebildet wurden. Sämtliche Achsen sind seitlich verschiebbar, die Treibachsen um ± 15 mm, die mit den benachbarten Treibachsen in Krauss-Helmholtz-Gestellen gelagerten Laufachsen um ± 100 mm. Zur Verbesserung der Laufruhe wird die Rückstellkraft am Drehzapfen des jeweils hinten laufenden Lenkgestells durch einen vom Richtungswender gesteuerten Druckluftzylinder zusätzlich erhöht. Besondere Sorgfalt wurde der zweistufigen Druckluftbremse gewidmet, die bei Schnellbremsungen aus 150 km/h einen Bremsweg von 950 m ermöglicht, aus 140 km/h einen solchen von 820 m.[21]

Der für die E04 entwickelte zwölfpolige Fahrmotor EKB 860 wurde mit verbesserter
D 45 Isolation und Kühlung und einer Stundenleistung von 760 kW bei 117 km/h übernommen. Nach den schlechten Erfahrungen mit den luftgekühlten Transformatoren der E17 erhielt die Reihe E18 einen ölgekühlten mit einer Leistung von 2920 kVA, wobei das Gewicht je Leistungseinheit 2,76 kg/kVA betrug. Die Feinreglersteuerung läßt sich motorisch als Auf-Ab-Steuerung leicht bedienen. Weiter wurde anstelle des bisher verwendeten Öl-Hauptschalters außer bei den beiden zuerst abgelieferten Lokomotiven ein Druckgasschalter und ein neu entwickelter Stromabnehmer für hohe Fahrgeschwindigkeiten montiert.[22]

Die ersten beiden Lokomotiven wurden 1934 geliefert. Im Juni veranstaltete man mit der Lokomotive E18 01 eine Probefahrt von Stuttgart nach München mit zehn D-Zugwagen von 400 t. Auf dieser Strecke, in 2¼ Stunden mit einer Durchschnittsgeschwindigkeit von 107,6 km/h zurückgelegt, wurde eine Höchstgeschwindigkeit von 167 km/h erreicht, die Geislinger Steige mit 70 km/h befahren.[23] Die vergleichsweise leichten IC- und TEE-Züge bei Bespannung mit Reihe 103 und einer Höchstgeschwindigkeit von 160 km/h benötigten 1976 für diese Strecke planmäßig 2 h 12 min bis 2 h 14 min.

Nachdem im folgenden Jahr weitere Lokomotiven geliefert worden waren, unterzog
B 136 man diese Type in zwei Versuchsreihen einer systematischen Untersuchung mit dem Meßwagen. Am 17. und 18. 6. 1935 wurden auf der Strecke Stuttgart–München Schnellfahrten und Steilstreckenfahrten durchgeführt. Unter anderem konnte ein Zug von 392 t Anhängelast auf nahezu ebenem Gelände innerhalb 2,48 min (6,8 km) auf 165 km/h beschleunigt werden, die höchste Anfahrleistungsspitze betrug 4420 kW. Weiters zeigten Höchstleistungsfahrten auf den Strecken München–Stuttgart / Nürnberg vom 3. bis 6. 3. 1936, daß sowohl die Fahrmotoren als auch die Transformatoren noch thermische Reserven hatten. Beispielsweise war es möglich, die höchstzulässige Anhängelast über die Geislinger Steige (22,5 Promille) auf 420 t festzusetzen.[24] Auf 10 Promille Steigung kann die E18 eine Anhängelast von 600 t mit 100 km/h befördern.

Die Lokomotiven Reihe E18, wegen ihrer hervorragenden Ausrüstung und guten Leistung auf der Pariser Weltausstellung 1937 mit drei großen Preisen und einem Ehrendiplom bedacht, haben sich allgemein bewährt und waren beim Personal wegen der bequemen Schaltung beliebt. Der motorische Schaltwerksantrieb erfordert jedoch so viele Steuer- und Kontrollapparate bzw. Leitungen, daß er etwas störungsanfällig ist. Die Transformatoren erwiesen sich nicht immer als voll betriebstüchtig, namentlich der im Kessel dazu gebaute Primärstromwandler verursachte manchen Anstand.[25] Weiter mußte die tief reichende Stirnwandschürze unterhalb der Pufferbohle entfernt werden, da die Laufachslager unzureichend gekühlt wurden. Teilweise erhielten die Lokomotiven ab 1971 statt der Federtöpfe Gummiparabelfedern.

Als ab 1958 zunächst die F-Züge für 140 km/h zugelassen wurden, bereitete die Stromabnahme mit dem auf den meisten E18 aufgebauten Stromabnehmer SBS 39 Schwierigkeiten, obwohl die Fahrleitungsanlage den höheren Geschwindigkeiten angepaßt worden war. Wegen des Einfachschleifstücks mußte stets im Zweibügelbetrieb gefahren werden, was bis etwa 120 km/h noch befriedigte; darüber war eine mit der Fahrgeschwindigkeit zunehmende Verschlechterung der Stromabnahme zu beobachten. Zunächst konnte man feststellen, daß die Schwingungen des vorderen Stromabnehmers sich auf den hinteren übertragen. Der Übergang zum Einbügelbetrieb sollte dieses Übel vermeiden. 1958 erhielten einige Lokomotiven der Reihe E18 und anderer Serien bei gleicher Wippe anstelle des Einfachschleifstücks ein Doppelschleifstück. Dennoch blieb die Stromabnahme bei höheren Geschwindigkeiten schlecht, weil sich die in der Gestalt unveränderte Wippe nicht frei um ihre Achse drehen konnte. Ausgedehnte Versuche der SNCF hatten schon 1957 gezeigt, daß die aerodynamisch bedingte Änderung des Anpreßdrucks eines Stromabnehmers vor allem von der Gestaltung und Formgebung der Wippe abhängt.[26] B 137

Ein damals veröffentlichter Versuchsbericht des ORE dokumentiert einen sehr starken Abtrieb der Schere des SBS 39 durch den Fahrtwind: 0 km/h ... 80 N, 120 km/h ... 40 N, 160 km/h ... 0 N. Also schwebt bei 160 die Wippe am Fahrdraht. Für hohe Geschwindigkeiten ist der Stromabnehmer SBS 39 ungeeignet.

Schließlich wurde 1960 die Doppelwippe des bewährten Stromabnehmers DBS 54 der elektrischen Einheitslokomotiven der DB aufgebaut, weshalb die Oberschere des SBS 39 leicht gekröpft werden mußte. Da danach eine einwandfreie Stromabnahme bis zur zulässigen Höchstgeschwindigkeit der E18 von 140 km/h möglich war, wurden bis etwa 1965 sämtliche Stromabnehmer dieser Reihe für Einbügelbetrieb umgebaut. Den ursprünglichen Stromabnehmer SBS 39 findet man heute noch auf älteren Elektrolokomotiven mit einer Höchstgeschwindigkeit bis zu 100 km/h, wo weiterhin im Zweibügelbetrieb gefahren werden kann, so z. B. bei den Baureihen 144, 145 und teilweise 194.

In den fünfziger Jahren besorgten die Maschinen der Reihe E18 einen Großteil des Schnellzugverkehrs in Süddeutschland bei hoher Zuverlässigkeit und vergleichsweise niedrigen Unterhaltskosten. Beispielsweise legten im Jahre 1953 die bei der DB vorhandenen 36 Maschinen dieser Reihe durchschnittlich 191 000 km mit einer mittleren Anhängelast von 429 t zurück. Im Vergleich zu den als äußerst wartungsarm konzipierten Lokomotiven der Reihe 111 liegen die Unterhaltskosten der aus den dreißiger Jahren stammenden 118 natürlich höher.

Auch im Steilrampendienst über den Frankenwald haben sich die E18 bewährt, zumal die Länge der Steilrampe im Vergleich zu jener der anschließenden Talstrecken kurz ist. B 133
Bei Probefahrten im Jahre 1939 konnte eine E18 bei einer Belastung von 360 t in der B 138
Bergfahrt bei einer dauernden Steigung von 25 Promille zwischen Pressig-Rothenkirchen und Förtschendorf eine Geschwindigkeit von 95 km/h erreichen, die größte, die je ein Triebfahrzeug auf dieser Steilrampe erzielte.[27]

Die bis 1939 abgelieferten 53 Maschinen liefen auf allen wichtigen elektrifizierten Schnellzugsstrecken der Reichsbahn. Während des Zweiten Weltkriegs wurde ein Teil der bei der RBD Halle stationierten E18 sowie sämtliche der Direktionen Breslau und Erfurt nach Süddeutschland umbeheimatet, weswegen nach Kriegsende die meisten Lokomotiven dieser Reihe bei der späteren DB verblieben. 1953 kamen weitere fünf Maschinen im Austausch gegen Dampflok-Ersatzteile von der DR zur DB. Bezüglich weiterer Einzelheiten des Einsatzes und der Stationierungen vor, während und nach dem Zweiten Weltkrieg sei auf die Literatur verwiesen.

Zur Schonung der jetzt immerhin etwa 40 Jahre alten Lokomotiven wurde die zulässige Anhängelast über den Frankenwald auf 325 t herabgesetzt. Zusammen mit anderen noch zu besprechenden Triebfahrzeuggattungen leisteten diese Fahrzeuge bis zum Fahrplanwechsel 1977 die meisten Schnellzugdienste zwischen Nürnberg und Probstzella, wobei sie zwischen Lichtenfels und Erlangen bis zu 140 km/h fuhren. Seit Lieferung der Lokomotiven der Reihe 110 ab 1957 und der Nachfolgegattung 111 ab 1975 verkehren die in der neuen Farbgebung sehr attraktiv erscheinenden Maschinen der Reihe 118 immer stärker im Eilzug- und Nahverkehrsdienst, nachdem sie vor 20 Jahren das Rückgrat des elektrischen Schnellzugverkehrs in Süddeutschland gebildet haben.

Ab Sommerfahrplan 1977 kam die Reihe 118 planmäßig nur noch mit einem Nahverkehrszugpaar nach Ludwigsstadt, da sich so eine Lokleistung einsparen läßt. Zwar weist die 118 nach über 40 Dienstjahren immer noch beachtliche Laufleistungen auf und ist wegen ihrer Zuverlässigkeit geschätzt, doch wird sie ab 1979 ausgemustert, sofern der Reisezugverkehr der DB nicht bedeutend zunimmt.

Reihe E19/119

Obgleich die Schnellzuglokomotive E18 allen Anforderungen an Leistung und Geschwindigkeit reichlich entsprach und in bezug auf die Fahrgeschwindigkeit mehr leistete als die damaligen Vorschriften zuließen, bestellte die Reichsbahn 1936 bei AEG und SSW je zwei Lokomotiven, um für höhere Anforderungen der Zukunft rechtzeitig gerüstet zu sein. Die Lokomotiven dieser Reihe E19 sollten FD-Züge von 360 t Anhängelast in der Ebene mit 180 km/h befördern können, wobei die 25 Promille-Rampe des Thüringer Waldes bei 250 m Höhenunterschied ohne Anhalten und Nachschieben von der Zuglokomotive allein mit 60 km/h zu bewältigen war. Außerdem sollte die Lokomotive die normalen D-Züge wie die E18 befördern können.[28, 29]

Für den mechanischen Teil waren Anordnung, Aufbau und Abmessungen der E18 vorgeschrieben, lediglich der Durchmesser der Laufräder wurde von 1000 auf 1100 mm vergrößert, um die Drehzahlen bei hohen Geschwindigkeiten in Grenzen zu halten; auch wurden alle den Fliehkräften unterworfenen Teile verstärkt, weil die Lokomotive Geschwindigkeiten bis zu 225 km/h fahren sollte. Die wegen der größeren installierten Leistung schwereren elektrischen Ausrüstungsteile bedingten einen leichteren Fahrzeugteil. Dies wurde durch völlige Schweißung des Rahmens und des Wagenkastens sowie durch weitgehende Verwendung von Aluminium für nichttragende Teile und im elektrischen Teil erreicht. Das schwierigste Problem bei der E19 war die Ausgestaltung der Bremse. Aus 180 km/h sollte mit Sicherheit ein Bremsweg von unter 1000 m erzielt werden. Gewählt wurde eine zweistufige Druckluftbremse, wobei oberhalb 60 km/h die Triebräder mit 230%, die vordere Laufachse mit 55% und die untere mit 189% abgebremst wurden. Da nach den Erfahrungen mit der E18 die ersten Sekunden nach Vornahme einer Bremsung nur sehr mäßige Wirkung zeigen, ist die Luftdruckbremse durch eine elektrische Zusatzbremse ergänzt worden.[30]

TS 56 Die von der AEG gelieferten E19 01 und 02 ähneln auch im elektrischen Teil sehr der
D 46 Reihe E18. Infolge der erhöhten Geschwindigkeit mußte ein neuer Fahrmotor EKB 1000 entwickelt werden, der gegenüber dem Fahrmotor EKB 860 durch günstigere Bemessung und Isolation, durch wirksamere Kühlung und Einführung der Schweißkonstruktion für Gehäuse und Anker eine Leistungssteigerung von 35% bei nur 15% Mehrgewicht aufweist. Die Stundenleistung der AEG-Lokomotiven beträgt 4000 kW bei 180 km/h bzw. 3240 kW bei 100 km/h.[31]

Die elektrische Zusatzbremse wurde als fahrdrahtunabhängige Widerstandsbremse mit der Erregung der Motorfelder von der Batterie und als Verzögerungsbremse zur Abbremsung der Lokomotivmasse ausgebildet.[32]

TS 57 Die Lokomotiven E19 11 und 12, von Henschel und SSW geliefert, haben statt vier
Einzelmotoren, vier Doppelmotoren, die jeweils in Reihe geschaltet sind, wobei die
D 47 Stundenleistung insgesamt 4080 kW bei 180 km/h bzw. 2930 kW bei 100 km/h beträgt. Die Stelle der Feinreglersteuerung nimmt eine Feinstufensteuerung ein, bestehend aus einem Grobstufenschaltwerk mit 15 Dauerfahrstufen und einem Feinstufenschaltwerk

und zwei Zusatzumspannern. Die Gleichstromwiderstandsbremse ist sowohl als Senkbremse in zwei Regelstufen als auch als einstufige Schnellbremse zu benützen. Zur Abführung der Wärmeenergie aus den Widerständen wurde zusätzlich der Fahrwind herangezogen: Während der Bremsperiode wurden Luftklappen im Dachaufbau der Lokomotive durch Druckluftzylinder geöffnet; außerhalb der Bremsperioden waren die Klappen geschlossen, um ein übermäßiges Eindringen von Schnee und Regen zu verhindern.[33]

Die E19 01, am 15. 12. 1938 als 5000. Lokomotive der AEG an die Reichsbahn überge- B 141
ben, führte am 13. 5. 1939 den elektrischen Eröffnungszug Nürnberg–Saalfeld. Zusammen mit der Anfang 1939 gelieferten E19 02 wurden beide Maschinen umfangreichen B 140
Versuchsfahrten unterzogen. Zwischen München und Stuttgart beförderten sie D-Züge von 750 t Anhängelast in angespanntem Fahrplan mit 120 km/h und bewältigten die Steigung nach Jungingen von 14,3 Promille mit Anfahrt in Ulm unmittelbar in die Steigung hinein ohne Nachschub. Einen 750 t schweren D-Zug konnten sie auf 4 Promille Steigung in 270 Sekunden auf 120 km/h beschleunigen, wobei die dem Fahrdraht entnommene Leistung stufenweise auf 5820 kW gesteigert wurde.[34] Bei Schnellfahrten erreichte ferner ein D-Zug von 400 t nach 4 min 48 s eine Geschwindigkeit von 200 km/h.[35] 1943 führte die Versuchsanstalt München auf der Strecke Bamberg–Forchheim Grenzleistungsfahrten mit Kurzzeitleistungen bis 7000 kW durch, die es gestatteten, die für eine 1'Do1'-Lokomotive über Rad/Schiene maximal übertragbaren Zugkräfte am Radumfang bis 180 km/h zu ermitteln, welche in der Curtius-Kniffler-Kurve graphisch dargestellt werden.[36] Lediglich der Bremsweg von 1030 bis 1060 m bei Schnellbremsungen aus 180 km/h entsprach nicht den Berechnungen; eine Verstärkung der elektrischen Bremse sollte den Bremsweg auf 950 m verringern.

Auch die Anfang 1940 abgelieferten E19 11 und 12 führten, wenn auch kriegsbedingt in B 143
erheblich geringerem Umfang als die beiden Schwesterlokomotiven, Versuchsfahrten durch.

Nach deren Einsatz im normalen Betriebsdienst führten diese Lokomotiven insbesondere die FD- und D-Züge München–Berlin, zunächst bis Saalfeld, später bis Leipzig. Nach dem Zweiten Weltkrieg liefen sie etwa 1955 überwiegend vor D-Zügen auf den Strecken Regensburg–Würzburg, Regensburg–München und auf ihrer alten Stammstrecke München–Nürnberg–Probstzella, wobei die vier Maschinen in jenem Jahr je Triebfahrzeug 130 000 km einem durchschnittlichen Zuggewicht von 397 t zurücklegten. Dazwischen wurden vor allem die E19 01 und 02 immer wieder für Versuchsfahrten herangezogen. Da als Höchstgeschwindigkeit im Schnellzugdienst 140 km/h genügte, wurde die elektrische Bremse außer Funktion gebracht und die Bremskräfte wurden herabgesetzt. Pläne, die E19 01 und 02 durch Erneuerung der elektrischen Bremse für einen Schnellverkehr München–Frankfurt zu verwenden, wurden nicht realisiert. Abgesehen von einem Aufenthalt im Ruhrgebiet von Mai 1968 bis Ende 1970 liefen die vier Maschinen überwiegend vor Schnellzügen in Süddeutschland, in den letzten Jahren zunehmend im Eil- und Personenzugdienst.

Im Jahresfahrplan 1967/77 zogen von den drei noch vorhandenen Lokomotiven dieser B 142
Reihe zwei, im Regelfall die 119 01 und 02, die gleichen maximalen Anhängelasten wie U 12
die Reihe 118 über die Steilrampen des Frankenwaldes. Die einzigen verbleibenden Schnellzugleistungen waren vier D-Züge zwischen München und Probstzella, darunter der D 303 Berlin–München zwischen Probstzella und Nürnberg, wobei zwischen Bamberg und Erlangen planmäßig mit 140 km/h gefahren wurde. Ansonsten sah man sie vor Eil- und Nahverkehrszügen nördlich von Nürnberg. Nachdem die 119 011 bereits im Sommer 1975 aus dem Betrieb gezogen worden war, folgte die 119 012 im Herbst desselben Jahres. Die Ausmusterung der restlichen Maschinen dieser Splittergattung ist in naher Zukunft zu erwarten; im Sommerfahrplan 1977 gibt es für die 119 keinen Umlauf mehr. Damit beenden die Lokomotiven der Reihe 119 ihre Laufbahn nicht nur auf derselben Strecke, sondern teilweise auch vor gleichrangigen Zügen wie 1939 bei Dienstbeginn.

Reihe E94/194

Wie erwähnt, hatten und haben auch jetzt noch die über den Thüringer Wald verkehrenden D-Züge meist eine höhere Anhängelast als für die Reihen 118 und 119 zugelassen ist: früher 360 t, jetzt 325 t.

Dem schweren Güterzugdienst sowie dem Schubdienst auf den Steilrampenstrecken des Thüringer Waldes dienten nach Aufnahme des elektrischen Zugbetriebs die bereits
TS 59 besprochenen Co'Co'-Lokomotiven Reihe E94. Dank ihrer Leistungsfähigkeit spannte
D 50 man sie auch auf der Frankenwaldlinie vor Sonderzüge oder Reisetouristikzüge, da sie hier 820 t auf 25 Promille schleppen können. Derzeit findet man zwischen Pressig-Rothenkirchen und Probstzella wegen der von der Regelbauart abweichenden Bedienung
B 145 überwiegend die 1952/53 gelieferten 194 541 und 542 sowie die 1954/55 in Betrieb
B 146 genommenen 194 570 und 571 mit BBC- bzw. SSW-Hochspannungssteuerung mit einer Höchstgeschwindigkeit von 100 km/h und einer Stundenleistung von 4470 kW bei 63 km/h. Diese Maschinen dienten als Prototypen für die Ausbildung des Schaltwerks der Einheitslokomotiven der Reihe 150 und übertreffen diese sogar leistungsmäßig; abweichend von der Normalausführung haben diese vier Lokomotiven keine elektrische Bremse. Alle Lokomotiven der Reihe 194 sind auf der Frankenwaldlinie für die gleichen maximalen Anhängelasten zugelassen. Da die Baureihe 194 bei angemessenem Aufwand den Erfordernissen noch voll genügt, wird sie das Jahr 1990 noch erreichen, sofern die Unterhaltungskosten nicht übermäßig steigen.

Reihe E10.0/110.0

So sehr sich die Schnellzuglokomotiven E18 und E19 des Vorkriegstypenprogramms im schweren Schnellzugdienst bewährt hatten (noch 1955 wurden die E18 054 und 055 unter Benützung vorhandener Großteile gebaut und geliefert), so waren sie mit ihren Laufachsen und Lenkgestellen doch recht teure Lokomotiven. In der Weiterentwicklung elektrischer Lokomotiven beabsichtigte die DB 1948 zunächst eine Leistungserhöhung der bewährten E44, die als E46 für eine Höchstgeschwindigkeit von 110 km/h gebaut werden sollte. Während der Neuplanung ergab sich aus dem Bedürfnis der Typenbeschränkung heraus der Wunsch, das Leistungsprogramm dieser Maschine zu erweitern. Sie sollte sowohl als Schnellzuglokomotive mit einer Höchstgeschwindigkeit von 130 km/h als auch im Güterzugdienst bis zur vollen Ausnützung ihres Reibungsgewichts entsprechen. Die DB forderte daher 1950 von den Lieferfirmen die Entwicklung von vier Versuchstypen mit der Achsanordnung Bo'Bo', die folgendes Leistungsprogramm zu erfüllen hatten:[37]

Schnellzüge von	700 t auf 10 Promille mit 90 km/h
	400 t auf 25 Promille mit 70 km/h
Güterzüge von	1300 t auf 5 Promille mit 70 km/h
	900 t auf 10 Promille mit 60 km/h
	500 t auf 25 Promille mit 50 km/h.

Während der Gesamtbau und der Fahrzeugteil bei allen fünf Probelokomotiven dieser Gattung als Drehgestell-Lokomotive mit vier einzeln angetriebenen Achsen im wesentlichen gleich war, wurden für Antrieb, Transformator und Fahrstufenregelung verschiedene Ausführungen gewählt, um alle nach dem damaligen Stand erfolgversprechenden Bauarten erproben und hiernach die Feststellung auf die endgültige Ausführungsform treffen zu können.[38]

Abgesehen von der äußeren Gestaltung unterscheiden sich die einzelnen Probelokomotiven stichwortartig in folgenden Details:

TS 60 E10 001 von Krauss-Maffei und AEG mit Alsthom-Gelenkstangen-Antrieb, AEG-Spartransformator und Niederspannungssteuerung mit Wanderwalzenschaltwerk und Feinregler.[39]

E10 002 von Krupp und BBC mit BBC-Scheibenantrieb und radialgeblechtem Trans- TS 61
formator mit Hochspannungssteuerung, wobei sich eine gewisse Verwandtschaft mit den D 41
Ae 4/4-Lokomotiven der BLS nicht verleugnen läßt.[40] B 147

E10 003 von Henschel und SSW mit SSW-Gummiringfederantrieb, SSW-Spartransfor- TS 62
mator und einer Niederspannungssteuerung.[41] D 42

E10 004 und 005 von Henschel und AEG mit Sécheron-Lamellen-Antrieb und BBC- TS 63
Transformator mit Hochspannungssteuerung.[42] B 139

Nach Ablieferung 1952/53 wurden diese Lokomotiven umfangreichen Versuchsfahrten
unterzogen. Besonders die E10 003 konnte bei Versuchsfahrten auf der Arlbergbahn zur B 144
Erprobung des Gummiringfederantriebs am 26. 11. 1953 zwischen Bludenz und Langen
oberhalb Braz in 31 Promille Steigung eine Anhängelast von 383 t anfahren und auf die
zulässige Streckengeschwindigkeit von 60 km/h beschleunigen.[43]

Diese Fahrzeuge beförderten unter anderem regelmäßig Schnellzüge bis 430 t über den B 148
Thüringer Wald. Auch dies ist jetzt Geschichte: Etwa gleichzeitig wie die 119 011 wurde
die 110 001 im Frühjahr 1975 von der Ausbesserung zurückgestellt (z-gestellt), 1976
folgten die restlichen bis auf die 110 002 und 110 005. Wie für die 119 001 und 002 U 12
bestand auch für diese Maschine in der Winterfahrplanperiode noch ein Umlauf. Bei
Ausfall einer dieser Maschinen wurde meist eine 118 eingeteilt, wenn gerade keine
verfügbar war, eine 110.

In verschiedenen Fahrplanperioden kamen auch andere Triebfahrzeuggattungen im Thüringer Wald zu Schnellzugehren. Beispielsweise war im Sommer 1955 die Fahrplanlage der Züge D 1049 und D 1050 so günstig, daß die E18, von München kommend, in Ludwigsstadt den Gegenzug übernehmen konnte, während eine E44 das Reststück bis Probstzella fuhr. Im Sommerfahrplan 1961 wurden sogar sämtliche Schnellzüge in Ludwigsstadt umgespannt, um den Lokomotiven der Reihen E18 und E19 einen guten Übergang auf einen Gegenzug zu ermöglichen. Die Spitze wurde in jenem Jahr bis auf eine Ausnahme (E44) mit C'C'-Lokomotiven Reihe E91 ausgefahren.

Neben den genannten älteren Schnellzuglokomotiven findet man auch die in großen
Stückzahlen vorhandenen Einheitslokomotiven der DB im Schnellzugdienst zwischen
Nürnberg und Probstzella. Das Nachtschnellzugpaar D 301/D 300 wurde bis Fahrplanwechsel 1977 planmäßig mit einer Lokomotive der Reihe 110 bespannt, die über die B 149
Steilrampe für eine Anhängelast von 475 t zugelassen ist. Dieses Zugpaar wurde 1968
sogar von einer 112 mit den gleichen Anhängelasten wie die Reihe 110 geführt, wodurch D 44
sich ein längeres Stillager in Nürnberg vermeiden ließ. B 180

Weiter findet man im Nahverkehrsdienst und als Schublokomotive die Güterzuglokomotiven der Reihe 140, die dank einer größtmöglichen Anhängelast von 560 t auf 25 B 151
Promille und einer Höchstgeschwindigkeit von 110 km/h nicht nur aushilfsweise Schnellzüge über den Thüringer Wald führen können, sondern auch vor Sonderzügen vorzüglich geeignet sind, da fast immer die Umtriebe mit den Schublokomotiven wegfallen, womit auch die Problematik der Bespannung der Schnellzüge zwischen Nürnberg und Probstzella angesprochen ist. Die Interzonenzüge München–Probstzella (–Leipzig / Berlin) haben nämlich eine Fahrplanlast von 500 bis 600 t und erhalten bei Bespannung mit der 110, 118 oder 119 zwischen Pressig-Rothenkirchen und Ludwigsstadt bzw. Probstzella und Steinbach am Wald eine Schublokomotive beigestellt. Weiter ist die Zuglage der drei D-Zugpaare derzeit so ungünstig – die beiden Tagesschnellzugpaare begegnen einander auf der Doppelspurinsel bei Förtschendorf, bei dem Nachtschnellzugpaar ist der Übergang in Probstzella zu knapp –, daß entweder Leerfahrten der Zuglokomotive samt der Schublokomotive über große Distanzen oder lange Stillager mit gelegentlichen unproduktiven Leistungen entstehen. Zudem ist seit Jahrzehnten bei Schnellzügen der Halt in Pressig fast ausschließlich aus betrieblichen Gründen zum Ansetzen einer Schublokomotive erforderlich, auch können auf der Steilrampe wegen des Schubbetriebs die zulässigen Höchstgeschwindigkeiten nicht ausgefahren werden.

Deshalb wird ab Sommerfahrplan 1977 eine völlige Umgestaltung der Bespannung der Schnellzüge zwischen Nürnberg und Probstzella durchgeführt: Die Züge D 300 und D 303

(500 t) sind für eine Bespannung durch Co'Co'-Lokomotiven der Reihe 151 (gleiche Anfahrgrenzlasten wie bei Reihe 194) mit einer Höchstgeschwindigkeit von 120 km/h vorgesehen,[44] die übrigen D-Züge mit Reihe 140. Die neue Bespannungsregelung beendet die bis Fahrplanwechsel 1977 vorhandene Typenvielfalt mitsamt dem Schubbetrieb bei Schnellzügen auf der Strecke über den Thüringer Wald.

4.2.5.2. Triebzüge

Nach dem Zweiten Weltkrieg fuhren südlich des Thüringer Waldes zunächst nur Personenzüge. Den Verkehr zwischen Nürnberg und Ludwigsstadt verbesserten dann
B 152 Eilzüge, die teilweise mit Triebzügen der Reihe ET32 gefahren wurden.

Ausgehend von den „Einheitswechselstromtriebwagen" für 120 km/h der Reihe ET25 entwickelte die Reichsbahn vor allem für die Auflockerung der Fernschnellverbindungen durch kleinere, häufiger verkehrende Einheiten einen dreiteiligen Triebzug von 120 km/h Höchstgeschwindigkeit mit gegenüber dem ET25 bequemerer Inneneinrichtung. Die von
TS 67 den Linke-Hofmann-Werken und BBC ab 1936 gelieferten 13 Triebzüge der Reihe ET31 mit der Achsfolge Bo'2' + Bo'2' + 2'Bo' hatten eine Stundenleistung von 1650 kW bei 104 km/h, wobei jeder Wagen eine vollständige, in sich geschlossene elektrische Ausrüstung erhielt. Die Bauteile und deren Anordnung wurden vom ET25 übernommen. In der Ebene konnten diese Triebwagenzüge nach 75 Sekunden bei einem zurückgelegten Weg von 1550 m die Höchstgeschwindigkeit erreichen.[45]

Die Triebzüge bewährten sich im Eilzugdienst auf den hügeligen Strecken der Direktionen München, Nürnberg und Breslau sehr zufriedenstellend. Nach dem Krieg, den nur wenige von ihnen überstanden, ersetzte die DB wegen des akuten Mangels an elektrischen Triebwagen je einen Endwagen der vier bei ihr verbliebenen dreiteiligen Einheiten durch einen Steuerwagen und bildete mit den gewonnenen vier Endwagen zwei neue zweiteilige Einheiten. Die umgebauten sechs Einheiten erhielten die neue Gattungsbezeichnung ET32 und haben bei gleicher Höchstgeschwindigkeit jetzt eine Stundenleistung von 1100 kW bei 104 km/h.[46] Die anfangs in Nürnberg beheimateten Fahrzeuge führten bis Anfang der fünfziger Jahre u. a. die genannten Eilzüge nach Ludwigsstadt. Im Winterfahrplan 1950 liefen die Zugpaare ET 581/582 und ET 583/584 mit Triebwagen ET32 und das Eilzugpaar E 551/552 bespannt mit E18. Vor allem aus Komfortgründen (die Abteile der dritten Klasse waren Großräume der Platzordnung 4 + 0) war man froh, diese Triebzüge später abgeben zu können. In den Notzeiten nach Kriegsende war man für diese raschen Eiltriebwagen vom Zonenrandgebiet nach Bamberg und Nürnberg dankbar.

4.3. Höllentalbahn

4.3.1. Geographische Lage und Trassierung

Unter Höllentalbahn versteht man die in west-östlicher Richtung verlaufende Strecke Freiburg Hbf–Donaueschingen der DB. Seit der Zerstörung der Rheinbrücke bei Breisach gibt es hier zwar keinen internationalen Reisezugverkehr mehr, doch befahren im Sommerfahrplan der „Schwarzwald-Expreß" Kiel–Seebrugg (D 775/D 774), im überregionalen Verkehr Eilzüge der Relationen Freiburg–Rottweil–Stuttgart und Freiburg–Immendingen–Konstanz / Ulm / Aulendorf–München diese Strecke. Während des Sommerfahrplans kommen Reisetouristik-Sonderzüge Hamburg / Dortmund–Neustadt / Seebrugg hinzu.

Die Höllentalbahn verläßt in Freiburg die Rheintalstrecke und folgt nach der südlichen Umfahrung der Stadt dem breiten Dreisamtal, ab Himmelreich dem zusehends enger werdenden Höllental, dessen Klamm beim Hirschsprung durchfahren wird. Kurz nach der Überquerung der Ravenna auf dem bekannten Viadukt ist die Strecke bis zur Paßhöhe bei Hinterzarten teilweise hoch über der Sohle des Löffeltals trassiert. Ab Titisee folgt die Linie als Talbahn bis Kappel-Gutachbrücke, von dort bis Rötenbach wieder als Gebirgsbahn hoch über der Gutach- bzw. Wutachschlucht in Hanglage. Die restliche Strecke bis Donaueschingen verläuft in weiten Schleifen meist auf der Hochebene der Baar, wobei im Dögginger Tunnel die Wasserscheide zwischen Rhein und Donau unterfahren wird. Die mit der Höllentalbahn eine betriebliche Einheit bildende Dreiseenbahn folgt ab Titisee zunächst dem See und dem Seebachtal, erklimmt in Feldberg-Bärental den höchstgelegenen Bahnhof der DB und führt von dort am Windgfällweiher vorbei ab Aha bis zur Endstation Seebrugg den Schluchsee entlang.

Die Höllentalbahn ist 76,3 km lang und bis auf das Teilstück Freiburg Hbf–Freiburg- **P 11**
Wiehre (4,0 km) eingleisig. Zugförderungstechnisch zerfällt sie in zwei Abschnitte. Auf dem Teilstück Freiburg–Neustadt (36,4 km) liegen die Teile Kirchzarten–Hirschsprung (7,3 km) und Hirschsprung–Hinterzarten (7,2 km) in einer Steigung von 25 bzw. 55 Promille, auch die Dreiseenbahn Titisee–Seebrugg (19,2 km) weist bis Aha längere Abschnitte mit 20 Promille auf; das restliche Stück bis Donaueschingen (39,9 km) hat als maximale Steigung lediglich 10 Promille. Der kleinste Radius beträgt 220 m, sehr viele Kurven zwischen Himmelreich und Hinterzarten, Hölzlebruck und Neustadt sowie zwischen Reiselfingen und Bachheim mußten mit Radien von 220 bis 250 m trassiert werden, sonst findet man häufig den 300 m-Radius.

Im Gegensatz zu den anderen hier besprochenen Gebirgsbahnen wurde die Höllentalbahn von Freiburg bis Neustadt in den Jahren 1884 bis 1887 als letztes Bauwerk Robert Gerwigs aus finanziellen Gründen als lokale Touristenbahn angelegt, wobei auf dem 7,2 km langen Teilstück Hirschsprung–Hinterzarten die Zahnstange der Bauart Bissinger-Klose eingebaut wurde. Damit erklären sich nicht nur die Trassierungselemente, sondern auch die ursprünglich sehr bescheidene Ausgestaltung der Gleisanlagen in den Bahnhöfen. Erst die Verlängerung bis Donaueschingen im Jahre 1901 machte die Höllentalbahn zur Transitbahn. 1912/14 wurde der Bahnhof Titisee im Hinblick auf den Anschluß der Dreiseenbahn neu gebaut, die erst 1926 bis Seebrugg eröffnet werden konnte (die geplante Verlängerung bis St. Blasien wurde nicht realisiert). 1926/27 folgte der Neubau des Ravenna-Viadukts. Vor allem wurde 1914 und 1925/34 die Verlegung und der doppelspurige Ausbau des Anfangsstücks Freiburg Hbf–Freiburg-Wiehre verwirklicht.[47] Weitere umfangreiche Bauarbeiten erfolgten im Zusammenhang mit der Elektrifizierung.

Auf der Höllentalbahn findet man durchwegs mechanische Stellwerke. Wegen der schwachen Belegung des östlichen Teilstücks sind verschiedene Betriebsstellen zwischen Neustadt und Donaueschingen ständig ausgeschaltet und nur in Sonderfällen besetzt oder in Haltepunkte umgewandelt.

Nach den ursprünglichen Plänen der HVB vom Januar 1976 gehörte weder die Höllentalbahn noch die Dreiseenbahn zum rentablen Schienennetz der DB. Als im Mai 1977 erneut eine Liste der auf ihre Wirtschaftlichkeit zu untersuchenden Strecken vorgelegt wurde, war unter den aufgeführten Strecken die Höllentalbahn Freiburg–Donaueschingen nicht mehr zu finden. Da sich maßgebliche Politiker des Landes Baden-Württemberg für den Erhalt der für den Fremdenverkehr des Hochschwarzwaldes lebenswichtigen Dreiseenbahn ausgesprochen haben, bestehen berechtigte Hoffnungen, daß auch diese Strecke dem von der Bundesregierung erteilten „Leistungsauftrag an die DB“ nicht zum Opfer fällt.

4.3.2. Bespannung mit Dampflokomotiven

4.3.2.1. Zahnradbetrieb

Im Jahre 1887, nur ein Jahr später als bei der Harzbahn Blankenburg–Tanne, wurde der gemischte Zahnrad- und Adhäsionsbetrieb auf der Höllentalbahn mit sieben Lokomotiven der Reihe IXa der Badischen Staatseisenbahnen aufgenommen, die von der Maschinenfabrik Emil Kessler, Karlsruhe, geliefert worden waren. Die Vierzylinder-Naßdampfmaschinen der Achsfolge C mit 2 Zahnrädern fuhren auf den Adhäsionsabschnitten mit einer Höchstgeschwindigkeit von 20 km/h, in der Zahnstange mit 10 km/h, wobei die höchstzulässige Anhängelast 100 t betrug. Auf der Steilrampe mußte die Lokomotive grundsätzlich auf der Talseite sein, was bei der Bergfahrt in Hirschsprung und Hinterzarten zu umständlichen Rangiermanövern führte.[48]

Mit der Aufnahme des Durchgangsbetriebs im Jahre 1901 wurde dieses Verfahren aufgegeben. Die Züge wurden durchgehend von Freiburg bis Donaueschingen mit
B 154 Tenderlokomotiven der Reihe VIb (später 75.1) der Bauart 1'C1'n2 bespannt, deren Feuerbüchsdeckel für die Höllentalbahn eine Neigung von 1 : 18 erhielt. Mit einer indizierten Leistung von 405 kW, einer Höchstgeschwindigkeit von 80 km/h und eingebauter Gegendruckbremse war sie für diesen Zweck gut geeignet. Nachgeschoben wurde lediglich bei der Bergfahrt auf dem Zahnstangenabschnitt durch die Zahnradlokomotive IXa, die bei der Talfahrt ganz wegfielen. Die höchstzulässige Anhängelast auf der Steilstrecke konnte auf 130 t erhöht werden, die Höchstgeschwindigkeit auf den Reibungsstrecken auf 65 km/h, auf der Zahnradstrecke bei Bergfahrt 18 km/h, bei Talfahrt 25 km/h.[49, 50]

1908 wurde die Höllentalbahn zur ersten gemischten Reibungs- und Zahnradbahn der Erde, über die mit Erfolg „Schnellzüge" in Form eines Eilzugpaars Freiburg–Ulm geführt wurden. 1913 folgte ein zweites Eilzugpaar. Die mit besonders leichtem Wagenmaterial gefahrenen Züge hatten Kurswagen Freiburg–Ulm–München und Colmar bzw. Mülhausen–Ulm.[51]

1910 wurden die sieben Zahnradlokomotiven der Reihe IXa durch vier größere und stärkere Heißdampflokomotiven der Reihe IXb (später 97.2) von der Maschinenfabrik Esslingen ersetzt, denen 1921 drei weitere in Naßdampfausführung folgten. Mit der Achsfolge C1' und einem angetriebenen Zahnrad konnten zwei dieser Maschinen als Vorspann- bzw. Schublokomotive zusammen mit einer Zuglokomotive der Reihe VIb in Tripeltraktion eine Anhängelast von 190 t mit 15 km/h in 28 Minuten von Hirschsprung nach Hinterzarten schleppen.[52]

4.3.2.2. Adhäsionsbetrieb

Anfang der dreißiger Jahre drängte sich der Ersatz des aufwendigen Zahnradbetriebs durch den reinen Adhäsionsbetrieb auf, wofür es verschiedene Vorbilder gab. So hatte 1920 die Halberstadt-Blankenburger Eisenbahn die ersten beiden 1'E1'h2-Tenderlokomotiven entstehen lassen, die sogenannte „Mammutklasse", die in der Lage waren, 260 t auf 60 Promille mit 12 km/h zu befördern, eine bis dahin nicht für möglich gehaltene Leistung, was die Bahn alsbald zur Aufgabe des Zahnradbetriebs veranlaßte.[53]

Zum Ersatz des Zahnradbetriebs auf den preußischen Strecken lieferte Borsig ab 1922 die 1'E1'h2-Lokomotiven Gattung T20 (später 95.0), die mit einer indizierten Leistung von 1190 kW bei 195 kN Achsdruck und einer Höchstgeschwindigkeit von 65 km/h ein voller Erfolg war und die Aufhebung des Zahnradbetriebs auf den preußischen Strecken ermöglichte.

Zur Durchführung des reinen Adhäsionsbetriebs auf der Höllentalbahn bestellte die Reichsbahn 1932 bei Henschel zehn 1'E1'h3-Lokomotiven der Reihe 85 mit Krauss-

Gestell, 200 kN Achslast und 80 km/h Höchstgeschwindigkeit. Bei einem Adhäsionsgewicht von 1000 kN von insgesamt 1280 kN (mit 25% Vorräten) sollten diese Maschinen mit einer indizierten Leistung von 1100 kW laut Leistungsprogramm 180 t auf 55 Promille mit 23 km/h befördern können.[54]

Die zehn Lokomotiven, im Laufe des Jahres 1933 geliefert, übernahmen ab Oktober B 155
dieses Jahres vom Bw Freiburg aus den gesamten Zugdienst auf der Höllentalbahn von Freiburg bis Neustadt sowie auf der Dreiseenbahn.

Im Laufe der Jahre hatte sich gezeigt, daß bei 180 t Anhängelast und schlechtem Schienenzustand die Reibungsgrenze überschritten wird. Da überdies bei dieser Anhängelast auf der Steilstrecke die Geschwindigkeit von 23 km/h nur bei bestem Zustand der Lokomotive, hochwertigster Kohle und besonders tüchtigen Heizern gehalten werden konnte, wurde die größte Anhängelast auf 160 t herabgesetzt. Der Radreifenverschleiß auf der kurvenreichen Strecke war trotz Spurkranzschmierung erheblich. Schon nach einer Laufleistung von etwa 35 000 km mußten die Radreifen abgedreht werden.[55]

Diese Fahrzeuge ermöglichten nun auf der Höllentalbahn, im Dreisamtal die Höchstgeschwindigkeit von 80 km/h zumindest talwärts auszufahren und die 55 Promille-Steilrampe mit 160 t bei 23 km/h in 22 Minuten zu befahren. Die Maschinen verkehrten bis 1960 planmäßig zwischen Freiburg, Neustadt und Seebrugg, nach der Elektrifizierung überwiegend im Personenzugverkehr sowie im Güterzugdienst und im Reisetouristikverkehr. Bis Donaueschingen liefen diese Lokomotiven nur vor Sonderzügen mit Wasserfassen in Neustadt durch. Wegen des schlechten baulichen Zustandes des 1976 sanierten Gauchach-Viadukts bei Döggingen wurde dieser gelegentliche Einsatz bis Donaueschingen zufolge des hohen Metergewichts der Baureihe 85 dann untersagt.

Die bis 1953 zwischen Donaueschingen und Neustadt Eil- und Personenzüge führenden Lokomotiven der Reihe 93.5 wurden dann durch die Nachfolgereihe der badischen VIb, die Reihe VIc, später 75.4 abgelöst. Gelegentlich liefen vor Eilzügen auf dem genannten Teilstück auch Güterzuglokomotiven der Reihe 50. Die Zuweisung von Diesellokomotiven der Reihe V100.10 an das Bw Villingen ab 1962 brachte den Abzug der Dampflokomotiven zwischen Donaueschingen und Neustadt zunächst im Regelzugdienst, später auch im Reisetouristik- und Sonderzugverkehr.

4.3.3. Bespannung mit Diesellokomotiven

Bis vor kurzem hat lediglich das östliche, günstig trassierte Teilstück den Betrieb mit Diesellokomotiven kennengelernt, da die Züge im Regelfall in Neustadt, vereinzelte Eilzüge auch in Titisee umgespannt werden. Zwar waren farbige Ansichtskarten mit einer Diesellokomotive der Reihe V200 beim Hirschsprung im Handel, doch ist dies eine phantasievolle Retusche.

Etwa 1961 wurden erstmals Diesellokomotiven der Reihe V200 vor einzelnen Eilzügen Neustadt–Donaueschingen eingeteilt. Die eigentliche Ablösung des Dampfbetriebs brachten die Nebenbahnlokomotiven der Reihe V100.10 (jetzt Reihe 211), die auch jetzt B 162
noch die Eilzüge nach Rottweil in Neustadt übernehmen. Aushilfsweise zog man dafür auch schon Rangierlokomotiven der Reihe 290 mit einer Höchstgeschwindigkeit von 80 km/h heran.

Etwa 1970 wurden die Dampflokomotiven der Reihe 03 des Bw Ulm vor den Eilzügen Freiburg–Ulm durch Diesellokomotiven der Reihe 216 abgelöst. Diese liefen aber nicht nur von Ulm bis Donaueschingen, sondern bis Neustadt durch. Ab etwa 1972 wurden diese wiederum durch Lokomotiven der Reihe 215 ersetzt. Vor Sonderzügen konnte man B 156
bis 1975 bzw. 1977 auch die Lokomotiven der Reihen 220 bzw. 221 finden. Immer wieder fahren auch Diesellokomotiven der Reihe 218 mit hydraulischer Bremse vom Bw Haltingen mit Regel- oder Sonderzügen durch das Höllental, da diese dort als fahrdrahtunabhängige Hilfslokomotiven vorgesehen sind und die Lokomotivführer des Bw Freiburg fahrzeugkundig bleiben müssen.

4.3.4. Elektrifizierung mit 20 kV 50 Hz

Die ursprünglich geplante Umformung oder Umrichtung des aus dem Landesnetz entnommenen Drehstroms in Einphasenwechselstrom von 16⅔ Hz war nach Untersuchungen einer besonders eingesetzten Arbeitsgemeinschaft von Fachmännern wegen der hohen Anlagekosten wirtschaftlich nicht zu lösen. Außerdem hatten die damaligen Verhandlungen der Reichsbahndirektion Karlsruhe mit der Badischen Elektrizitätswirtschaft zu keinem Erfolg geführt, weil letztere eine unzulässige Verzerrung der Stromkurven durch die Umrichteranlagen und dadurch eine Beeinflussung des übrigen Netzbetriebes befürchtete.[56] Daran anschließend stellte die Reichsbahn anfangs der dreißiger Jahre Untersuchungen an, elektrische Triebfahrzeuge zu bauen, die ihre Energie ohne Umformung aus dem Drehstromnetz der allgemeinen Landesversorgung beziehen sollten. Durch die Entwicklung der gittergesteuerten Stromrichter und die Ausbildung kommutatorloser Motoren bekam die Frage der Verwendung von 50 Hz im Bahnbetrieb einen besonderen Impuls, zumal die Firmen AEG, BBC und SSW den lebhaften Wunsch äußerten, mit einem Versuchsauftrag über 50 Hz-Lokomotiven bedacht zu werden. Auf der Suche nach einer für diesen Versuchsbetrieb geeigneten Strecke fiel die Wahl der Hauptverwaltung der Reichsbahn schließlich auf die Höllentalbahn und die von ihr abzweigende Dreiseenbahn, weil beide im Sommer und Winter starken Verkehr aufweisen und im kleineren Inselbetrieb stärkste Beanspruchung der Triebfahrzeuge erwarten ließen.[57]

Angesichts der geringen Ausdehnung und des mäßigen Verkehrsumfangs genügte es, ein einziges Unterwerk in der Nähe des Belastungsschwerpunkts in Titisee zu errichten, das zur Energieversorgung über eine einschleifige 110 kV-Drehstromfernleitung in Löffingen an eine vorhandene Drehstromfernleitung der Badenwerk AG angeschlossen wurde. Um eine unsymmetrische Belastung des Drehstromnetzes durch das einphasige Fahrleitungsnetz zu vermeiden, bestand das Badenwerk ausdrücklich auf das Aufstellen eines Umspannersatzes in Skottschaltung, der zwei um 90° phasenverschobene Einphasenspannungen ergibt.[58]

Die deshalb notwendige Phasentrennstelle konnte im Hinblick auf den vorgesehenen Endausbau der Elektrifizierung bis Donaueschingen und Bonndorf günstig beim Neigungswechsel zwischen Titisee und Hinterzarten eingebaut werden, wodurch sich auch kurze Speiseleitungen vom Unterwerk ergaben. Die beiden Phasen speisten jeweils zwei Speiseleitungen: einerseits nach Freiburg-Wiehre und Hinterzarten, andererseits hinter dem Bahnhof Titisee in die Fahrleitung der Strecken nach Neustadt und Seebrugg.[59]

Die Fahrleitungsspannung mußte auf 20 kV erhöht werden, um den vergrößerten Spannungsabfällen infolge des theoretisch dreifachen Blindwiderstands bei 50 Hz gegenüber 16⅔ Hz und infolge des kleineren Leistungsfaktors der 50 Hz-Triebfahrzeuge zu begegnen. Ferner mußte die Fahrleitungsanlage für einen Zickzack von ±20 cm ausgebildet werden, da das sehr enge Profil der vorhandenen eingleisigen Tunnels bei einem Sicherheitsabstand von 400 mm bei 20 kV die Verwendung des damaligen Regelstromabnehmers von 2100 mm Breite nicht zugelassen hätte, weshalb eine Sonderbauart von 1300 mm Breite verwendet werden mußte. Daraus ergab sich nun der große Nachteil eines Mastabstands von 50 m in der Geraden gegenüber 75 m bei der Einheitsausführung. Berücksichtigt man, daß nur etwa 37% der freien Strecke in der Geraden liegen, so ist zu verstehen, daß die durchschnittliche Entfernung der Maste nur 38 bis 42 m und der kleinste Stützpunktabstand nur 25 m beträgt, wobei auch auf der freien Strecke Bogenabzüge verwendet wurden, die bei der DRB und DB sonst nur in Bahnhöfen üblich sind. Die Mehrkosten dieser Fahrleitung ausschließlich Isolatoren gegenüber einer solchen für einen Fahrdrahtzickzack von ±40 cm betragen etwa 50%.[60]

Die Fahrleitungsanlage entspricht der als „Einheitsfahrleitung 1931" erstmals anläßlich der Elektrifizierung Augsburg–Stuttgart eingebauten, lediglich die Stabisolatoren erhielten vergrößerte Endschirme. Das Fahrleitungskettenwerk mit festem Bronzetragseil (50 mm^2) und nachgespanntem Kupferfahrdraht (100 mm^2) ist auf der freien Strecke an

Einsetzflachmasten mit Profilauslegern und in den Bahnhöfen an Querfeldern mit bis zu 100,7 m Querspannweite (Titisee) aufgehängt. Lediglich in Freiburg Hbf wurde die Fahrleitung teilweise an Auslegern über mehrere Gleise montiert. Abgesehen von Anklammermasten an Brücken, Stützmauern und Felswänden erforderten vor allem die Tunnels Sonderbauarten für die Fahrleitung.[61] Da dort nur eine maximale Absenkung des Gleises von durchschnittlich 20 cm möglich war, mußten in dem Tunnelgewölbe 36 Nischen die Durchführung des Fahrdrahts ohne Tragseil ermöglichen. Weiter wurden im Zusammenhang mit der Elektrifizierung besonders auf der Steilrampe verschiedene Linienverbesserungen durchgeführt und drei Bahnhöfe umgebaut.[62]

Die ortsfesten Anlagen des Versuchsbetriebs bewährten sich gut. Insbesondere reichten die Stromversorgungseinrichtungen für die gleichzeitige Anfahrt dreier ausgelasteter elektrischer Züge in der 55 Promille-Rampe im Blockabstand aus. Schon 1937 konnte die Skott-Schaltung aufgegeben werden, da die auftretenden Bahnlasten die Symmetrie des Drehstromnetzes nicht unzulässig störten, wodurch das gesamte Fahrleitungsnetz einphasig gespeist werden konnte, und durch den Einsatz von nur einem Unterwerksumspanner statt von zweien jährlich etwa 100 000 kWh Leerlaufverluste eingespart werden konnten. 1940 wurde in das jetzt einphasig betriebene Unterwerk Titisee ein Regelumspanner von 9 MVA und ein automatisch gesteuerter Lastregelschalter eingebaut. Im Februar 1945 wurde das Unterwerk durch Bombenschäden stillgelegt, bis September desselben Jahres behelfsmäßig wieder soweit aufgebaut, daß die instandgesetzte Fahrleitung elektrischen Zugbetrieb wieder zuließ. Durch atmosphärische Einwirkungen entstanden 1940 und 1953 mehrfach Transformatorschäden.[63]

Nach eingehenden Versuchen der Versuchsanstalt München, vor allem aufgrund der umfangreichen Betriebserfahrungen in Österreich, konnte 1949 der Schutzabstand in trockenen Tunnels bis auf 200 mm verringert werden. Diese Voraussetzung lag in den Tunnels der Höllentalbahn fast überall vor. Deshalb beschloß die BD Karlsruhe, den normalen Stromabnehmer von 1950 mm Breite (früher „Reichswippe“) mit seiner der Tunnelwölbung besser angepaßten Form auf den elektrischen Triebfahrzeugen der Höllentalbahn zu verwenden. Nur an wenigen Stellen mußte der Schutzabstand durch Änderung der Fahrleitung geschaffen werden. Seither verläuft der Betrieb mit dem Regelstromabnehmer der DB störungsfrei, Überschläge sind nicht festgestellt worden. Um eine gleichmäßige Abnützung des Schleifstücks zu erzielen, wurde der 20er Zickzack im Zuge des Fahrleitungsunterhalts auf den 40er Zickzack umgebaut.[64]

Die Fahrdrahtabnützung des Steilstreckenabschnitts Hirschsprung–Hinterzarten ist gegenüber den übrigen Abschnitten erheblich größer, sodaß bereits nach etwa 820 000 Stromabnehmerdurchläufen die zulässige Abnützung auf 80% des Sollquerschnitts erreicht ist. Dies ist einerseits die Folge des hohen Stromübergangs, andererseits wegen der Bildung von Rauhreif im Winter, der nach der nächtlichen achtstündigen Betriebsruhe abgelöst werden muß.[65]

Bei dem während des 50 Hz-Versuchsbetriebs mangels elektrischer Triebfahrzeuge immer noch erforderlichen gemischten Betrieb war es zur Vermeidung von Isolatorüberschlägen infolge Verrußung nötig, die Isolatoren der Steilstrecke jährlich und jene der Tunnelstützpunkte halbjährlich zu reinigen. An den Anfahrstellen von Dampflokomotiven war die Reinigung der Isolatoren meistens schon vierteljährlich erforderlich. Trotz dieser Reinigungen mußte im Monatsdurchschnitt doch etwa mit acht bis zehn Kurzschlüssen gerechnet werden, die zu etwa 20% durch Dampf- und zu 30% durch Elektrolokomotiven verursacht wurden, während der Rest auf andere Ursachen entfiel.[66]

4.3.5. Triebfahrzeuge für den Versuchsbetrieb

Für die Versuchslokomotiven wurde folgendes Leistungsprogramm festgelegt: Beförderung von 180 t auf der 55 Promille-Steilrampe mit 60 km/h, bei Verwendung einer

Schublokomotive 320 t. Die zulässige Höchstgeschwindigkeit sollte auf Steigungen bis zu 25 Promille 85 km/h betragen, im Gefälle von 55 Promille 40 km/h. Die elektrische Ausrüstung war auf den Spannungsbereich von 16 bis 23 kV auszulegen, das Dienstgewicht durfte maximal 85 t erreichen.[67]

Da die Reichsbahn beim Versuchsbetrieb im Höllental alle technischen Möglichkeiten ihres 50 Hz-Betriebs ausschöpfen wollte, nahm sie entgegen ihrer sonstigen Gepflogenheit zunächst davon Abstand, im elektrischen Teil auf eine einheitliche Lösung zu drängen, und gestattete den Firmen, jene grundsätzlichen Konstruktionen zu wählen, die ihnen am aussichtsreichsten und technisch am günstigsten erschienen. Im mechanischen Teil wurde aus Unterhaltungsgründen versucht, eine möglichst einheitliche Bauart zu erhalten. Da nach Berechnungen eine laufachslose vierachsige Lokomotive der Achsfolge Bo'Bo' das geforderte Leistungsprogramm mit Spitzenleistungen von 3000 kW zu erfüllen versprach, wurde aufgrund der vorzüglichen Bewährung der Baureihe E44 (SSW) und E44.5 (AEG) der völlig geschweißte Wagenteil dieser Reihen mit Tatzlagermotoren vorgeschrieben.[68] Wegen der starken Neigungen der Höllentalbahn wurden sämtliche Lokomotiven mit nachstehenden Bremsen ausgerüstet:

1. Selbsttätige Bremse der Bauart Hikpt mit G-P-Wechsel,
2. Nichtselbsttätige (Henry) Bremse für die Lokomotive und den Wagenzug,
3. Zusatzbremse für die Lokomotive,
4. Elektrische Bremse, die im Gefälle von 55 Promille das Lokomotivgewicht auf 40 km/h abbremsen konnte.

Zwischen der elektrischen Bremse und der Druckluftbremse bestand eine derartige Abhängigkeit, daß immer die Druckluftbremse den Vorrang hat.[69]

E244 01 (AEG)

TS 68 Als einzige Versuchslokomotive ist hier der mechanische Teil nach der Reihe E44.5
B 159 ohne Vorbauten ausgebildet. Die E244 01 ist eine Gleichrichterlokomotive mit gleichstromseitiger stetiger Spannungsregelung. Der wassergekühlte Quecksilberdampfgleichrichter mit zwei Pumpen hat eine maximale Gleichspannung von 1600 V und einen Nennstrom von 1000 A. Um den bei nur teilausgesteuertem Gleichrichter auftretenden schlechten Leistungsfaktor im praktischen Fahrbetrieb möglichst zu vermeiden, wurden sieben Dauerfahrstufen mit vollausgesteuertem Gitter geschaffen. Beim elektrischen Bremsen arbeitet jeder der vier fremderregten Wellenstrommotoren fahrdrahtabhängig auf einen Widerstandsblock auf dem Dach, wobei sechs Bremsstufen vorgesehen sind.[70]

E244 11 (BBC)

TS 69 Die nach schweizer Vorbild mit einer Hochspannungssteuerung von 28 Stufen ausgerü-
B 158 stete Lokomotive hat gleichfalls einen Quecksilberdampfgleichrichter mit denselben Daten wie die E244 01, wobei jeweils zwei der vier Fahrmotoren ständig in Reihe geschaltet sind. Im Bremsbetrieb arbeiten die vier Fahrmotoren selbsterregt und damit fahrdrahtunabhängig auf Widerstände, die in dem einen Vorbau der Maschine untergebracht sind.[71]

E244 21 (SSW)

TS 70 Abgesehen von den Fahrmotoren entspricht der grundsätzliche Aufbau jenem der
B 157 Einheitslokomotiven der Reihe E44 mit Nockenschaltwerk und Feinreglersteuerung. Aus physikalischen Gründen mußte die installierte Leistung auf acht 14polige Motoren mit insgesamt 448 Kohlebürsten aufgeteilt werden. Die elektrische Bremse ist eine fahrdrahtunabhängige, in sechs Stufen regelbare Widerstandsbremse, wobei eine batterieerregte Fahrmotorengruppe die Felder der übrigen Fahrmotoren speist. Deren elektrische Energie wird in Dachwiderständen in Wärmeenergie umgewandelt.[72]

Die Lokomotive besitzt je Achse zwei Maschinen: als Phasenumformer einen kompensierten kommutatorlosen Einphaseninduktionsmotor mit Zwischenläufer und als Fahrmotor einen Drehstrommotor, womit es sich grundsätzlich um eine Weiterentwicklung des Kando-Umformers handelt. Die Lokomotive ging aus einer Industrielokomotive im Bergbaubetrieb hervor, bei der der Kruppsche Phasenumformer als gewöhnlicher Umformer im Maschinenraum lief und als Antriebsmotoren normale Induktionsmotoren eingebaut waren.[73] TS 72 B 160

Die von Schön und Punga entwickelte kommutatorlose Maschinengruppe sollte als Leistungsfaktor der Lokomotive den konstanten Wert 1 ermöglichen. Wie bei reinen Drehstromfahrzeugen geben die Motoren bei Überschreiten der synchronen Drehzahl ohne besondere Schaltvorgänge elektrische Energie in das Netz zurück, womit sich der gesamte Wagenzug einschließlich der Lokomotive im Gefälle von 55 Promille elektrisch abbremsen läßt. Die drei möglichen wirtschaftlichen Geschwindigkeitsstufen wurden den zulässigen Höchstgeschwindigkeiten auf der Höllentalbahn angepaßt. Dazwischen kann kurzzeitig mit einem Wasserwiderstand gefahren werden.[74]

Für die Versuchsfahrten der vier Probelokomotiven wurde ein D-Zug-Packwagen der RBD München aus dem Jahre 1931 in einen Meßwagen mit zwei Dachstromabnehmern umgebaut.[75]

Die vier Versuchslokomotiven wurden im Laufe des Jahres 1936 abgeliefert und umfangreichen Versuchsfahrten unterzogen. Dabei zeigte es sich, daß alle Maschinen das geforderte Leistungsprogramm erfüllen konnten. Die Erfahrungen haben im Laufe der Jahre immer wieder gezeigt, daß bei Anhängelasten von mehr als 160 t die Reibungsgrenze bei ungünstigem Schienenzustand überschritten wird. Deshalb wurde die höchstzulässige Anhängelast für die Steilrampe für alle elektrischen Lokomotiven einheitlich auf 160 t, bei Schubbetrieb 300 t, festgesetzt, zumal die Fahrmotoren der E244 21 bei größeren Anhängelasten einen unzulässig hohen Kommutator- und Bürstenverschleiß aufwiesen. Die Beanspruchung der vier Elektrolokomotiven im Steilrampendienst, die vor allem die Bespannung der Eilzüge und eines Teils der Personenzüge übernahmen, war außerordentlich. Bei reinen Steilrampenanfahrten mußte der Lokomotivführer bei 160 t Anhängelast immer auf den 1,6fachen Stundenstrom aufschalten, um bald die Höchstgeschwindigkeit von 60 km/h zu erreichen und dadurch die Erwärmungszeit der Fahrmotoren auf der Steilstrecke möglichst kurz zu halten.[76]

Der gemeinsame Einsatz von Dampf- und Elektrolokomotiven auf der Höllentalbahn führte zu betrieblichen Besonderheiten. Wegen des gemischten Betriebs waren die Fahrzeiten der elektrisch gefahrenen Züge zum Teil auf den langsameren Dampfbetrieb abgestellt. Um die Fahrmotoren während der Steilrampenfahrt zu schonen, wurde die bei elektrischem Betrieb vorhandene Fahrzeitreserve auf der Flachlandstrecke aufgebraucht, die nur mit 30 km/h befahren wurde, die Steilrampe dagegen in kürzester Zeit mit 60 km/h.[77] Bei langsamer Fahrt über die Steilstrecke mußte sogar die Anhängelast herabgesetzt werden: Ausnahmsweise kam es auf der Höllentalbahn vor, daß ein schwerer Reisezug von mehr als 160 t von einer elektrischen Lokomotive als Zuglokomotive und einer Dampflokomotive der Reihe 85 als Schublokomotive über die Steilrampe gefahren werden mußte. Da die Geschwindigkeit auf der 7,2 km langen Steilstrecke durch die Dampflokomotive nur rund 23 km/h betragen konnte, mußte von den Motoren der Elektrolokomotive im Anschluß an die Fahrt Freiburg–Hirschsprung statt einer 8-Minuten-Leistung eine 22-Minuten-Leistung abgegeben werden, die, wie Versuchsfahrten zeigten, besonders bei der E244 21 beträchtlich niedriger lag als jene. Statt 160 t konnte die Direktmotor-Lokomotive nur 105 t bei 23 km/h befördern, die E244 11 nur 135 t, während es für die E244 01 und E244 31 keine derartigen Einschränkungen gab.[78]

Nach fünfjährigem Versuchsbetrieb war die Zahl der Lokomotivausfälle durch die Ausmerzung ursprünglicher Mängel in der ersten Ausführung bei allen vier Lokomotivbauarten auf ein erträgliches Maß zurückgegangen. Deshalb stellte ein erster Rechenschaftsbericht von Reichsbahn-Sachverständigen im Jahre 1941 fest, daß *der Großversuch einer Elektrifizierung mit 50 Hz auf der Höllentalbahn zu einem vollen Erfolg geführt hat . . . Technische Erfahrungen und Erkenntnisse sind an den Lokomotiven, die als Pionierleistungen in der Zusammenarbeit der Elektroindustrie und der Reichsbahn gelten können, in besonderer Fülle gewonnen worden und haben wertvolle Beiträge für die Entwicklung neuer, aussichtsreicher Lokomotivbauformen geliefert.*[79] Leider verhinderte der Krieg diese Weiterentwicklung von Lokomotiven für 50 Hz. Ein Erfahrungsbericht des Jahres 1944 beklagt daher, *daß trotz aller aufgewandter Bemühungen über die Lokomotiven nach achtjährigem Probebetrieb kein befriedigendes Gesamturteil gefällt werden kann,* da der Versuchsbetrieb zum Dauerbetrieb geworden war.[80]

Bezüglich Betrieb und Unterhaltung bewährte sich die Direktmotor-Lokomotive E244 21 am besten, wobei die Kommutatorlaufleistung bis zur Einführung von Spreizkohlen unter 100 000 Tfz-km blieb. Die beiden Gleichrichter-Lokomotiven hatten wegen des Gleichrichters und der zugehörigen Hilfseinrichtungen einen entsprechend höheren Aufwand; die E244 11 war wegen der beiden jeweils in Reihe geschalteten Fahrmotoren für ihre Schleuderneigung bekannt. Die Phasenspalter-Lokomotive E244 31 mit ihren drei Geschwindigkeitsstufen war nicht nur sehr schwerfällig und bei Fahrt mit den Wasserwiderständen unwirtschaftlich, sondern durch immer wieder auftretende Wicklungsschäden in den Zwischenläufern auch am störungsanfälligsten. Als Vorteil ermöglichte der Drehstrommotor gegenüber dem Mischstrommotor der E244 01 und E244 11 unter gleichen Verhältnissen etwa 10% mehr Zugkraft. Entsprechend hatte die E244 21 in den Jahren 1952/53 eine störungsfreie Laufleistung von 50 000 km, die E244 01 und 11 7 500 bzw. 12 500 km und die E244 31 nur 5500 km.[81]

Bei Kriegsende lag der elektrische Zugbetrieb der Höllentalbahn schwer darnieder. Die Steilstrecke war durch die Sprengung des Ravennaviadukts unterbrochen, das Unterwerk Titisee durch Bombenangriff schwer beschädigt, die Fahrleitung an vielen Stellen zerstört und die Lokomotive E244 21 befand sich infolge eines Unfalls während des Krieges schwer zerstört und in Einzelteile zerlegt in München.[82]

Die französische Besatzungsmacht zeigte von Anfang an außerordentliches Interesse für den 50 Hz-Versuchsbetrieb der Höllentalbahn und legte größten Wert auf die baldige Wiederherstellung gerade dieser Direktmotor-Lokomotive und den Wiederaufbau der Ravennabrücke, was Ende 1946 bzw. 1947 verwirklicht werden konnte. Damit stand der elektrische Lokomotivpark vollständig zur Verfügung und der durchgehende Betrieb zwischen Freiburg und Neustadt war wieder möglich.

Schon 1946 hatten die das Streckennetz in der französischen Besatzungszone betreuenden Südwestdeutschen Eisenbahnen auf Drängen und im Auftrag der Besatzungsmacht zwei moderne Versuchsfahrzeuge für 50 Hz bestellt, wegen der vorzüglichen Bewährung mit der Direktmotor-Lokomotive E244 21 wurde eine Elektrolokomotive und ein Elektrotriebwagen mit Direktmotoren beschafft. Aus Ersparnisgründen wurden hierzu die kriegszerstörten bzw. ausgebrannten Fahrgestelle der Lokomotive E44 005 und des Doppeltriebwagens ET25 026 verwendet, die zeitbedingt im Bw Basel und in der Waggonfabrik Rastatt aufgebaut wurden. Die Lokomotive war für das gleiche Leistungsprogramm auszulegen wie die früher gelieferten Versuchslokomotiven, während der Triebwagen bei einer Höchstgeschwindigkeit von 90 km/h die Steilrampe bergwärts mit 60 km/h befahren können sollte.[83]

E244 22 (AEG)

TS 71 Im grundsätzlichen Aufbau entspricht diese Maschine der E244 21, jedoch wurden nur
D 3 vier Tandemmotoren mit zwei hintereinandergeschalteten Fahrmotorläufern im Fahrmotorständer eingebaut. Bei der fahrdrahtunabhängigen Widerstandsbremse erregt ein von einer Treibachse angetriebener Generator das Feld eines Fahrmotors, der seinerseits die Felder der übrigen Fahrmotoren speist.[84]

ET255.01 (SSW)

Der Doppeltriebwagen gleicht in seinem grundsätzlichen Aufbau jenem der Reihe TS 73 ET55. Die Stundenleistung der vier fremdbelüfteten Fahrmotoren von 1540 kW bei B 161 67,5 km/h konnte ohne bauliche Änderung des vorhandenen Wagenkastens untergebracht werden. Zusätzlich zur wechselstromerregten Widerstandsbremse mit 11 Bremsstufen wurde eine Magnetschienenbremse eingebaut.[85]

Beide Fahrzeuge wurden im November 1950 in Dienst gestellt und ab Januar des folgenden Jahres planmäßig eingesetzt. Abgesehen von den Einphaseninduktionsmotoren der Hilfsbetriebe des ET 255 01 bewährten sich beide Fahrzeuge vorzüglich. Eine Verbesserung der Fahrmotorenbelüftung des Triebwagens ermöglichte auf der Steilrampe von 55 Promille noch eine Anhängelast von 20 t.[86]

Die Versuchsergebnisse der Höllentalbahn waren ausschlaggebend für den Entscheid der SNCF, die Strecke Aix-Les-Bains–Annecy–La Roche sur Foron mit 20 kV 50 Hz zu elektrifizieren, um dort mit verschiedenen Versuchslokomotiven und -triebwagen eigene Erfahrungen zu sammeln. Die zuerst abgelieferte CC-6051 von SLM/MFO führte vom 22. 2. bis 24. 3. 1952 Versuchsfahrten im Höllental durch. Auch später diente die Höllentalbahn der Erprobung von Versuchslokomotiven. Die Zweifrequenzlokomotive 1050.01 der ÖBB war vom 3. 5. bis 2. 8. 1958 im Höllental.

Sowohl vor 1950 als auch später besorgten von den vorhandenen Lokomotiven drei U 13 planmäßig überwiegend den Eilzugdienst Freiburg–Neustadt, die restlichen Personenzugdienst auf derselben Strecke, während die Dreiseenbahn nur mit wenigen Zugpaaren elektrisch befahren wurde. – Von 1936 bis 1943 ergibt die *Übersicht über den Betrieb der Höllentalbahn-Ellok,* daß je Betriebsjahr im Durchschnitt an 20 Tagen alle vier, an 171 Tagen drei, an 111 Tagen zwei, an 53 Tagen eine und an 10 Tagen keine Elektrolokomotive im Verkehr waren, womit an 52% aller Tage des betrachteten Zeitraums die für elektrische Fahrzeiten berechneten Züge gemäß Lokumlauf mit E244 gefahren werden konnten.[87] Im ersten Halbjahr 1950 verbesserte sich dieser Anteil auf 83,5%. Der Triebwagen ET 255 01 lief sehr intensiv im Personenzugdienst Freiburg–Himmelreich und Freiburg–Neustadt, dazwischen auch auf der Dreiseenbahn nach Seebrugg. Beispielsweise legte dieser Triebwagen im Sommerfahrplan 1956 werktags täglich 442 km zurück, in Anbetracht der kurzen Strecken ein hoher Wert. Lange Jahre wurde die abendliche Eilzugverbindung Freiburg–Seebrugg (ET 655), ohne Halt von Freiburg-Wiehre bis Hinterzarten, mit diesem Doppeltriebwagen gefahren, der sich beim Publikum großer Beliebtheit erfreute, wenn auch gelegentlich Platzmangel herrschte.

Leider konnte die schon vor dem Zweiten Weltkrieg und auch 1950 als zweiter Elektrifizierungsabschnitt vorgesehene Überspannung der Reststrecke Neustadt–Donaueschingen (39,9 km) und der Nebenbahn Kappel-Gutachbrücke–Bonndorf (19,8 km) bislang nicht realisiert werden. Für den elektrischen Betrieb der erstgenannten Strecke hätte man lediglich eine zusätzliche elektrische Lokomotive gebraucht.

Schon 1941 schien es aus wirtschaftlichen Gründen nicht vertretbar, den elektrischen Betrieb lediglich mit den vorhandenen vier Versuchslokomotiven weiterzuführen und im übrigen den Dampflokomotivbetrieb bestehen zu lassen, zumal die ortsfesten Anlagen für den elektrischen Vollbetrieb ausgelegt waren. Nach der Betriebsstatistik ergab sich eine jährliche Ersparnis von etwa 70 000 RM für jede Dampflokomotive, die durch eine elektrische Lokomotive ersetzt wird. In fünf bis sechs Betriebsjahren wären demnach die Beschaffungskosten für jede neu zu beschaffende Elektrolokomotive getilgt gewesen. Die damals geplante Erweiterung des elektrischen 16⅔ Hz-Betriebes im Großdeutschen Reich ließ die Notwendigkeit erkennen, die Höllentalbahn früher oder später auf diese Frequenz umzustellen. Die sofortige Umstellung hätte die Beschaffung von zwei elastischen Umformern und von insgesamt 12 elektrischen Lokomotiven der Reihe E94 erfordert: *Diese Baureihe ist der Reihe E44 wegen der zuweilen ungewöhnlich hohen Überlastungen auf der Steilrampe vorzuziehen.*[88] Bei einer späteren Umstellung im Anschluß an die benachbarte Schwarzwaldbahn wären dagegen weitere neun 50 Hz-Lokomotiven erforderlich gewesen, die später ohne größere Umbauten auf 16²/₃ Hz umgestellt werden sollten. – Die Gutachter schlugen die letztere Lösung zur Verwirklichung vor, wozu es kriegsbedingt nicht mehr kam.

Im Zusammenhang mit der Elektrifizierung der Rheintalstrecke mußte der Bahnhof Freiburg Hbf 1955 in zwei Frequenzgruppen von fünf Gleisen für 16²/₃ Hz und drei Gleisen für 50 Hz aufgeteilt werden, wobei zur Sicherung der Triebfahrzeuge vor unzulässigem Befahren einer frequenzfremden Gruppe soweit möglich die Trennung der Gleise durchgeführt wurde. Diese führte zu einer erheblich schlechteren Ausnützungsmöglichkeit der bestehenden Gleisanlagen. Weiter konnten mit den vorhandenen sechs 50 Hz-Elektrotriebfahrzeugen lediglich ²/₃ der Zugleistungen der Höllental- und Dreiseenbahn elektrisch geführt werden. Schließlich war mit der Inbetriebnahme eines Unterwerks Freiburg für die Bahnstromversorgung der Rheintalstrecke im Juni 1955 die Beibehaltung eines eigens für die Versorgung der Höllental- und Dreiseenbahn bestehenden Unterwerks in Titisee aus wirtschaftlichen Gründen nicht mehr vertretbar, auch ließ sich ein wirtschaftlicher Einsatz der elektrischen Triebfahrzeuge im Raum Freiburg nicht durchführen. Dies alles führte zum Entschluß, die Höllental- und Dreiseenbahn auf das Einheitssystem der DB mit 15 kV 16²/₃ Hz umzustellen.[89]

4.3.6. Umstellung auf 15 kV 16²/₃ Hz

Schon ein Jahr vor der Umstellung erprobte die Versuchsanstalt München geeignete 16²/₃ Hz-Lokomotiven auf ihre Belastbarkeit auf der Steilstrecke Himmelreich–Hinterzarten mit einer Neubaulokomotive der Reihe E40 und einer älteren der Reihe E44. Die Versuchsfahrten fanden am 25./26. 6. 1959 mit der Lokomotive E40 119 und am 1./2. 7. 1959 mit der E44 167 jeweils in der nächtlichen Ruhepause statt, wobei die Fahrleitung der gesamten Höllentalstrecke in Freiburg behelfsmäßig auf das 16²/₃ Hz-Netz umgeschaltet war. Anfahrversuche in der 55 Promille-Rampe brachten folgende Ergebnisse: Die E40 119 konnte 214,5 t losreißen und nach zwei Minuten auf 45 km/h beschleunigen, die E44 167 erreichte dagegen mit 141,1 t nach gleicher Zeit 35 km/h, wobei in beiden Fällen die vorauslaufende Achse leicht schleuderte. Bei der Durchfahrt von Himmelreich bis Hinterzarten im Eilzugfahrplan beförderte die E40 119 eine Anhängelast von 214,5 t mit einer Durchschnittsgeschwindigkeit von 55 km/h, ohne daß unzulässige Temperaturen in den Fahrmotoren entstanden. Die E44 167 führte den Eilzug von 170,3 t ebenfalls mit durchschnittlich 55 km/h, wobei infolge der niederen Kühllufttemperatur von 14°C die Fahrmotoren thermisch nicht überlastet wurden, obwohl sechs Minuten lang mit der 1,2fachen Stundenzugkraft gefahren werden mußte. Mit Rücksicht auf die nicht sehr günstigen Kommutierungseigenschaften der E44-Fahrmotoren schlug die Versuchsanstalt für diese Baureihe eine Anfahrgrenzlast von 120 bis 130 t im Höllental vor, für die E40 dagegen etwa 190 t.

In der Nacht zum 20. Mai 1960 wurde die Höllentalbahn mit der Dreiseenbahn von 20 kV 50 Hz auf 15 kV 16²/₃ Hz umgestellt, womit das Unterwerk Freiburg die Speisung der Fahrleitungsanlagen dieser Strecke übernahm.[90] Hierzu wurde die bisherige Speiseleitung vom Unterwerk Titisee zum Bahnhof Freiburg-Wiehre bis zum Unterwerk Freiburg verlängert und in Hinterzarten ein Schaltposten eingerichtet, einerseits um eine sichere Energieversorgung der Steilrampe zu ermöglichen, andererseits um einen unzulässig großen Spannungsabfall auf der Dreiseenbahn bei der Bergfahrt schwerer Züge zwischen Hirschsprung und Hinterzarten zu vermeiden. Am gleichen Tag wurde der vollelektrische Betrieb auf den genannten Strecken aufgenommen. Die Umstellungskosten in Höhe von 13 Millionen Mark wurden vom Land Baden-Württemberg der DB als Kredit gewährt.[91]

Die Dampflokomotiven der Reihe 85 wurden bis auf wenige Ausnahmen sofort ausgemustert, desgleichen die Elektrolokomotiven E244 01 sowie E244 31, die als Museumsstück aufgehoben wurde. Die E244 11 und 22 wurden im Ausbesserungswerk München-Freimann im Jahre 1962 zu 16²/₃ Hz-Maschinen E44 188 und 189 umgebaut.

Unter Benützung des Fahrgestells der E244 21 mit einem neuen Aufbau und den Tandemmotoren der E244 22 entstand die Zweifrequenz-Lokomotive E344 01.[92] Der ET 255 01 wurde mit neuen 16 2/3-Hertz-Transformatoren und Gleichstromhilfsbetriebe-Motoren zum ET45 01 umgebaut und lief in dieser Form auch einige Zeit zwischen Titisee und Seebrugg. 1967 wurde dieses Fahrzeug als erstes $16^{2}/_{3}$ Hz-Triebfahrzeug der DB auf Thyristorsteuerung umgestellt.[93] Sowohl die E344 01 als auch der ET45 01 sind inzwischen ausgemustert, womit von allen Versuchstriebfahrzeugen lediglich die Lokomotiven 144 188–0 und 144 189–8 im Dienst stehen. Da sie keine elektrische Bremse mehr haben, können sie nicht mehr im Höllental verkehren.

4.3.7. Bespannungsregelung nach der Umstellung auf $16^{2}/_{3}$ Hz

Reihe E44^{w} / E44.11 / 145

Die meisten Züge zwischen Freiburg und Neustadt werden mit diesen Maschinen B 153
geführt, die von der Regelausführung der Reihe 144 lediglich die eingebaute Widerstands- B 163
bremse unterscheidet.

Im Jahre 1930 baute SSW für die Reichsbahn eine Probelokomotive der Achsfolge Bo'Bo', die mit einer Dauerleistung von mindestens 1400 kW und einer Höchstgeschwindigkeit von 80, später 90 km/h Personen- und Güterzugdienst besorgen sollte. Der Verzicht auf Laufachsen war nur durch erhebliche Gewichtsersparnisse sowohl am mechanischen als auch am elektrischen Teil möglich. Weitgehende Schweißung des Rahmens, der Drehgestelle, des Umspanners und der Fahrmotoren setzte die Gewichte dieser Teile auf früher nicht erreichte Werte herab. Weiter konnte durch Entwicklung eines hochausgenutzten Motors der Tatzlagerantrieb verwendet werden.[94]

Die später als E44 001 übernommene Lokomotive bewährte sich derart vorzüglich, daß schon nach verhältnismäßig kurzer Erprobungszeit für die gerade in Umstellung auf
elektrischen Betrieb befindliche Strecke Augsburg–Stuttgart 20 Maschinen dieser Bauart TS 58
in Auftrag gegeben wurden. Im Hinblick auf die vorgesehene Serienfertigung als Einheitslokomotive der Reichsbahn wurde der Entwurf sorgfältig durchgearbeitet, wodurch sich verschiedene Änderungen gegenüber dem Prototyp ergaben. An die Stelle des Trockenumspanners mit elektromagnetischer Schützensteuerung trat ein ölgekühlter Transformator von 1450 kVA Dauerleistung mit Feinreglersteuerung, die achtpoligen Fahrmotoren wurden verstärkt und eine pneumatische Achslastausgleichsvorrichtung wurde eingebaut.
Bei einer Stundenleistung von 2200 kW bei 76 km/h und einem Gesamtgewicht der D 49
Lokomotive von nur 78 t war das Gewicht je kW-Stundenleistung um etwa 50% geringer geworden als bei den damals verwendeten Lokomotiven.[95]

Die Reihe E44 wurde eine Einheitslokomotive für Eilzüge, Personenzüge und Güterzüge. Sie ist in der Lage, Güterzüge von 1200 t auf 5 Promille Steigung mit 65 km/h, 850 t auf 10 Promille mit 55 km/h und Reisezüge von 400 t auf Steigungen bis 10 Promille mit 90 km/h und auf 20 Promille mit 65 km/h zu befördern.

Bei den späteren Lieferungen ergab eine weitgehende Verwendung von „Heimstoffen" wie Aluminium verschiedene Konstruktionsänderungen. Vor allem wurde bei den ab 1943 gelieferten Maschinen mit Rücksicht auf die Steilrampen Österreichs zwecks Abbremsung der Lokomotive und 30 t Anhängelast eine wechselstromerregte Widerstandsbremse mit einer Leistung von 370 kW und ein verstärkter Transformator von 2000 kVA Nennleistung eingebaut, wodurch sich die Dienstmasse um 2 t erhöhte. Die in neun Stufen regelbare Bremsenergie wird wegen der Gewichtsersparnis in zwei durch den Umspannerkühler belüfteten Widerständen in Wärme umgesetzt und tritt durch zwei kleine Aufbauten auf dem Lokomotivdach ins Freie.[96]

Die mit elektrischer Widerstandsbremse ausgerüsteten Lokomotiven E44 152 bis 183 trugen bis 1962 hinter der Ordnungsnummer ein hochgestelltes w, dann wurde bei denjenigen Lokomotiven, bei denen die Widerstandsbremse noch funktionierte, die

Ordnungsnummer durch eine vorgesetzte 1 vierstellig, ab 1968 wurde ihnen die neue Baureihenbezeichnung 145 zugeordnet.

Zum Zeitpunkt der Umstellung der Höllental- und Dreiseenbahn auf 16²/3 Hz im Jahre 1960 wurden sämtliche vorhandenen Lokomotiven der Gattung E44ʷ mit einsatzfähiger elektrischer Bremse im Bw Freiburg zusammengezogen und vor allem auf dieser Strecke im Eil-, Personen- und Güterzugdienst verwendet. Bei Durchfahrt auf der Steilstrecke ist eine Höchstlast von 150 t zulässig, sonst 115 t. Wegen Überschreitung der zulässigen Zughakenbelastung ist im Höllental Vorspann in Bergrichtung verboten. Bei Schub kann die Summe der zulässigen Belastungen der verwendeten Triebfahrzeuge befördert werden, wobei die Schublokomotiven durchgehend von Freiburg bis Neustadt bzw. Seebrugg am Zug bleiben dürfen. Bei Schubbetrieb ist die Stromentnahme auf der Steilrampe derart hoch, daß immer nur ein Zug in der Bergfahrt auf der 55 Promille-Steigung fahren darf, da sonst der Unterwerksschalter wegen Überlast auslösen würde. Zwar erhielten die Lokomotiven der Reihe 145 noch den Zugbahnfunk eingebaut, doch ist geplant, diese Maschinen bis 1985 auszumustern, sobald größere Erneuerungsarbeiten anfallen.

Reihen E40 / 140 und E40.11 / 139

Anfang der fünfziger Jahre genügte die E44 bezüglich Zugkraft und Geschwindigkeit den betrieblichen Anforderungen nicht mehr. Für die immer schwerer werdenden Güterzüge mußte eine neue vierachsige Elektrolokomotive mit höherer Leistung und besserer Ausnutzung der Adhäsion als bei der E44 gebaut werden, wenn man hierfür nicht in größerem Umfang die teueren sechsachsigen Lokomotiven verwenden wollte.[97] Für gemischten Dienst und schwere Güterzüge im Flachland entstand die Reihe E40 mit folgendem Leistungsprogramm bei Stundenleistung:[98]

800 t auf 4 Promille mit 100 km/h (Eilgüterzug)
1600 t auf 4 Promille mit 65 km/h (Durchgangsgüterzug)
1000 t auf 9 Promille mit 65 km/h (Durchgangsgüterzug)
600 t auf 10 Promille mit 100 km/h (D-Zug)
600 t auf 18 Promille mit 75 km/h (D-Zug)

Die von der E10 abgeleitete E40 stimmt mit jener nahezu überein und ist mit den gleichen Bauteilen ausgerüstet. Für die Werkstatt sind E10 und E40 gleiche Lokomotivtypen. Sie unterscheiden sich in folgenden Punkten:

D 48 1. Für die Höchstgeschwindigkeit von 150 km/h hat die E10 eine Getriebeübersetzung von 1 : 2,111, bei 110 km/h kommt die E40 mit einer Getriebeübersetzung von 1 : 2,896 auf die gleiche Motordrehzahl. Dennoch wurde die Höchstgeschwindigkeit der E40 zunächst auf 100 km/h festgesetzt.

2. Entsprechend der niedrigeren Höchstgeschwindigkeit hat die E40 gegenüber der E10 eine schwächer dimensionierte mechanische Bremse.

3. Im elektrischen Teil erhielt die E10 eine elektrische Widerstandsbremse, die zuerst abgelieferten Lokomotiven der Reihe E40 dagegen einen elektrischen Zugkraftangleich, der jedoch bald wieder, da entbehrlich, ausgebaut wurde.[99]

Sowohl der Fahrzeugteil, insbesondere das Laufwerk[100], als auch die elektrische Ausrüstung[101] beziehen in der konstruktiven Durchbildung die Erfordernisse des Schnellzugdienstes und des Güterzugdienstes ein.

Von Anfang an bewährte sich die später mit Reihe 140 bezeichnete Type ganz ausgezeichnet, durch die Anhebung der Höchstgeschwindigkeit auf 110 km/h unter Ausnutzung einer Drehzahlreserve vergrößerte sich noch die betriebliche Verwendungsmöglichkeit dieser Reihe. Bei der DB führte die Reihe 140 nur verhältnismäßig selten planmäßig D- oder Eilzüge, desto häufiger dagegen Schnellzüge in der Schweiz Anfang der sechziger Jahre. 1961/64 hatte die DB den damals unter starkem Triebfahrzeugmangel leidenden SBB eine Anzahl Lokomotiven dieser Reihe geliehen, die in der Regel in Ae 4/7-Diensten im Mittelland liefen. Für den Schnellzugdienst auf steigungsreichen Strecken eignet sich

die Reihe 140 gut, sofern eine Höchstgeschwindigkeit von 110 km/h genügt. Nach dem F/
v-Diagramm liegt diese Lokomotivtype über den Werten der Ae 4/4 der BLS und erreicht D 8
annähernd jene der 1110 der ÖBB. D 27

Den Betriebseinsatz der Baureihe 140 beurteilt die DB wie folgt: *Als optimal bewertet werden muß im Gesamtpark die BR 140. Seit 25 Jahren arbeitet sie unverändert mit den vorgegebenen Lastwerten bei sich verringerndem Unterhaltungsaufwand. Die Anhebung der größten zulässigen Geschwindigkeit um 10 auf 110 km/h war unterhaltungstechnisch wohl spürbar, ohne jedoch negativ in Erscheinung zu treten. 2400 t schwere Erzzüge an der Ruhr, 4000 t schwere Erzzüge in Doppeltraktion zur Saar, Schnellgüterzüge mit 100 km/h im Durchlauf von Basel bis Hamburg, Wendezüge im Nahverkehr von Nürnberg und in den Schneeverwehungen auf den Höhen des Schwarzwaldes bewegt sie ebenso zuverlässig, wie sie auch mit ausländischen Personalen Züge des Turnus-, Saison- und Autoreiseverkehrs mit 110 km/h fördert.*[102]

Damit ist bereits die Baureihe E40.11 / 139 angesprochen.

Speziell für die Höllentalbahn lieferten Krauss-Maffei und SSW 1959 die Lokomotiven
E40 131 bis 137 mit elektrischer Widerstandsbremse, die deshalb 1961/62 in E40 1131 bis TS 64
1137 umgezeichnet wurden. 1960 folgten die E40 1163 bis 1166. Um den Radreifen und B 164
Bremsklotzverbrauch bei den Gefällefahrten auf der Höllental- und Dreiseenbahn zu verringern, aber auch aus Sicherheitsgründen, erhielten diese elf Lokomotiven eine fremderregte fahrdrahtabhängige Gleichstrom-Widerstandsbremse mit einer Dauerbremsleistung von 1200 kW in gleicher Schaltung wie bei der E10. Dabei speisen die generatorisch arbeitenden Fahrmotoren in fünf Stufen zwei in einem zylindrischen Schacht untergebrachte Bremswiderstände, wo die entstehende Wärme mit Hilfe eines Bremswiderstandslüfters durch zwei Austrittsöffnungen im Dach abgeführt wird. Die Dienstmasse beträgt 86 t.[103]

Bei Durchfahrt auf der 55 Promille-Steilrampe des Höllentals beträgt die Höchstlast B 165
dieser Maschinen 215 t, sonst 180 t. Lief bis 1977 planmäßig nur eine einzige Maschine zwischen Freiburg, Neustadt und Seebrugg im gemischten Eilzug- und Personenzugverkehr, eine weitere (139 131 oder 139 136) zusammen mit einem Steuerwagen als Wendezug zwischen Titisee, Seebrugg und Neustadt, so findet man diese Baureihe mit der Ausmusterung der 145 zusehends häufiger auf der Höllentalbahn.

Die Lokomotiven der Reihe 139 haben sich im Höllental sehr bewährt und lediglich ein Bauteil mußte zufolge des Einsatzes im Schwarzwald geändert werden. Ursprünglich wiesen diese Maschinen wie sämtliche elektrischen Einheitslokomotiven der DB lediglich
einfache Bahnräumer auf. Nachdem in einem schneereichen Winter zwischen Titisee und B 177
Feldberg-Bärental eine Lokomotive dieser Reihe entgleist war, weil der Schnee unter der Maschine zusammengepreßt wurde, montierte man an sämtliche 139er Schneeräumer.

Heute bedauert es die DB, anstelle der Reihe 140 nicht noch mehr als die vorhandenen 31 Lokomotiven der Reihe 139 beschafft zu haben: *Zugförderungstechnisch wäre es von Vorteil gewesen, wenn sie zumindest ab 1965 als BR 139, also mit elektrischer Bremse, geliefert worden wäre.*[104]

Reihe E10/110

Mit der Umstellung auf 16²/₃ Hz konnten die Reisetouristikzüge von Hamburg und B 167
Dortmund nach Seebrugg und Neustadt durchgehend mit den Lokomotiven der Reihe
E10 geführt werden, wobei die Höchstlast bei Durchfahrt auf der Steilrampe 195 t beträgt,
sonst 180 t. Eine thermische Überlastung der Fahrmotoren ist hier nicht zu befürchten, da D 43
die Fahrt auf der 55 Promille-Steilrampe von Hirschsprung nach Hinterzarten nur 7
Minuten dauert. Seit der Einführung des nur im Sommerfahrplan verkehrenden
„Schwarzwald-Expreß" Kiel–Seebrugg im Jahre 1968 fahren die Lokomotiven der Reihe B 166
110 von Frankfurt nach Seebrugg durch, wobei ab Freiburg eine solche der Reihe 145 bis zur Endstation Seebrugg als Schublokomotive dient.

Der Unterhaltungsaufwand der Höllental-Maschinen ist größer als bei den im Oberrheintal verkehrenden. Im Vergleich zu den Versuchslokomotiven des 50 Hz-Versuchsbetriebs ist der Aufwand jedoch geringer. Die höchstzulässige Anhängelasten können normalerweise ohne Schwierigkeiten bewältigt werden, lediglich am 25. 10. 1974 blieb ein mit einer Lokomotive der Reihe 145 geführter Eilzug Freiburg–Ulm bei Posthalde in der Steilrampe stecken, weil die Schienen mit nassem Laub bedeckt waren.

Nach Abschluß der Elektrifizierung der Schwarzwaldbahn stellt der Abschnitt Neustadt–Donaueschingen einen betrieblich unerwünschten Inselbetrieb mit Diesellokomotiven dar, zumal die Zweigstrecke Kappel-Gutachbrücke–Bonndorf am 31. 12. 1976 stillgelegt wurde. Da auch das Land Baden-Württemberg an einer Elektrifizierung dieser Strecke interessiert ist, besteht die Hoffnung, daß die Lokomotiven der Reihe 139 in einigen Jahren von Freiburg bis Villingen und Immendingen oder Tuttlingen durchgehend die Reisezüge führen werden.

4.4. Schwarzwaldbahn

4.4.1. Geographische Lage und Trassierung

Unter Schwarzwaldbahn im engeren Sinn versteht man die den Schwarzwald von Nordwesten nach Südosten durchquerende Strecke Offenburg–Singen (Hohentwiel) der DB, im weiteren Sinn gehört auch das eigentlich zur „badischen Hauptbahn" Mannheim–Heidelberg–Basel–Konstanz gehörende Teilstück bis zum genannten Endpunkt hinzu. Auf der Stammstrecke verkehren D-Züge der Relationen Dortmund / Hannover–Konstanz und Eilzüge (Paris–)Straßburg–Radolfzell–Konstanz / Lindau(–Innsbruck), Koblenz–Konstanz und regionale Eilzüge Offenburg–Konstanz im Anschluß an TEE, IC- oder D-Züge der Rheintalstrecke. Im Sommer kommt ein umfangreicher Reisetouristik- und Sonderverkehr in den Schwarzwald und an den Bodensee hinzu.

Die Schwarzwaldbahn verläßt hinter Offenburg das Rheintal und folgt bis Hausach dem breiten Kinzigtal. Von dort aus steigt sie in dem ab Hornberg zusehends enger werdenden Gutachtal an und gewinnt zwischen Niederwasser und Sommerau mittels der von Robert Gerwig erstmals angewendeten Doppelschleifen die erforderliche Höhe. Dort quert sie die Wasserscheide zwischen Rhein und Donau erstmals. Zwischen Hornberg und Sommerau überwindet sie bei 11 km Luftlinie und 26 km Streckenlänge einen Höhenunterschied von 448 m. Bis Donaueschingen fällt die Bahnlinie in dem vor Villingen recht engen Brigachtal und folgt bis Immendingen durch die Baar dem Lauf der Donau. Von dort aus überquert sie bis Engen den Jura, wobei sie im Bahnhof Hattingen ein zweites Mal die Wasserscheide kreuzt. Bis Singen folgt die Strecke im Aachtal den Bergen des Hegau mit seinen zahlreichen Burgruinen und schließlich von Radolfzell bis Konstanz dem Bodensee.

P 12 Die Schwarzwaldbahn ist von Offenburg bis Konstanz 179,4 km lang und bis auf das letzte Stück Petershausen–Konstanz (2,1 km) mit der Rheinbrücke durchgehend doppelspurig. Die Strecke wurde von Offenburg bis Hausach (33,2 km) mit einer größten Steigung von 5 Promille trassiert, auf der anschließenden Steilrampe bis Sommerau (35,5 km) bis zu 20 Promille, bis Villingen (17,2 km) fällt die Strecke mit 12 Promille. Auf der tunnelreichen Teilstrecke von der Blockstelle (Bk) Schloßberg bis Sommerau (43% der Linie liegen in insgesamt 36 Tunnels) ist diese Maximalsteigung um 1 bis 2 Promille reduziert. Sind die Abschnitte Villingen–Immendingen (33,1 km) und Welschingen-

Neuhausen–Konstanz (42,1 km) Flachlandstrecken, so finden sich bei der Überquerung des Jura auf der Nordseite zwischen Immendingen und Hattingen (4,6 km) Steigungen von 12 Promille und auf der Südseite von Welschingen-Neuhausen bis Hattingen (13,7 km) solche von 17 Promille.

Entsprechend sind die Richtungsverhältnisse gewählt. Abgesehen von der Teilstrecke Offenburg–Hausach, wo kleinste Kurvenradien von 600 m, vereinzelt 360 m vorkommen, sind die Abschnitte Sommerau–Immendingen und Engen–Konstanz mit Ausnahme der Durchfahrten in größeren Bahnhöfen fast durchgehend mit einem kleinsten Radius von 900 m angelegt. Zwischen Hausach und Hornberg beträgt der Minimalradius 450 m, von dort bis Sommerau 300 m (38,1% der Länge dieses Abschnitts) und schließlich über den Jura 360 m, ausnahmsweise 340 m.

Fast überall sind mechanische Signal- und Stellwerkanlagen eingebaut, wobei die Vorsignale im Zusammenhang mit der Verlängerung des Vorsignalabstandes von 700 auf 1000 m wegen der rauhen Witterungsverhältnisse im Schwarzwald und auf der Baar elektrischen Antrieb erhalten haben. Der Bahnhof Singen erhielt in den sechziger Jahren zwei elektromechanische Stellwerke mit Lichtsignalen, in Biberach (Baden), Hausach, Engen und Radolfzell sind Drucktastenstellwerke eingebaut. Der Abschnitt Engen–Hattingen wird nach Abschluß der Sanierungsarbeiten im Hattinger Tunnel auf Selbstblock umgestellt. Neuerdings ist in Triberg ein Spurplanstellwerk geplant, von wo aus alle Blockstellen bzw. Bahnhöfe von Hornberg bis Sommerau, jeweils ausschließlich, ferngestellt werden sollen; auch Konstanz wird ein solches erhalten.

4.4.2. Dampfbetrieb

Zur Eröffnung des durchgehenden Betriebs auf der Schwarzwaldbahn im Jahre 1873 beschaffte die Badische Staatsbahn keine eigenen Gebirgslokomotiven, sondern vorhandene Gattungen mit geringfügigen Verstärkungen unter Einbau der Riggenbachschen Gegendruckbremse. Im Reisezugdienst wurden zunächst die 2'B n2-Lokomotiven der Gattung IIIa mit Wechsel in Villingen eingesetzt, die auf 20 Promille eine Anhängelast von 65 t mit 45 km/h befördern konnten. Die 1873/74 von Maffei gebauten 1B n2-Lokomotiven der Gattung IVb mit Außenrahmen waren die ersten ausdrücklich für den Schwarzwald entworfenen Triebfahrzeuge. Wegen zu geringer Leistungsfähigkeit bzw. wegen zu schlechten Laufs wurden beide Lokomotivgattungen schon nach wenigen Jahren durch die IVc abgelöst.[105]

Die ab 1875 für die Schwarzwaldbahn gelieferte Gattung IVc der Bauart 1'B n2 konnte auf der Steilrampe 110 t mit 35 km/h ziehen und bewährte sich wesentlich besser, weshalb sie eineinhalb Jahrzehnte den Reisezugdienst über den Schwarzwald besorgte. Bei dem Versuch, Tendergewicht zu sparen und dadurch einen Wagen mehr über den Berg schleppen zu können, entstand für den Schnellzugdienst dieser Strecke 1891 die mit IVd bezeichnete 1'B 1' n2-Tenderlokomotive von Maffei, die von Anfang an mit der Westinghouse-Druckluftbremse ausgerüstet war. Bei den beschränkten Vorräten und dem gegen Ende der Fahrt mit Abnehmen der Vorräte sinkenden Reibungsgewicht konnte sie *den gehegten Erwartungen nicht entsprechen.*[106]

Da die ersten beiden Betriebsjahrzehnte der Schwarzwaldbahn keine restlose Befriedigung ihrer Bespannungsprobleme gebracht hatten, entschloß sich der neue Maschinenreferent, Esser, in Zusammenarbeit mit der Elsässischen Maschinenbau-Gesellschaft in Grafenstaden, neue Wege zu gehen. Die so entstandene 2'C n4v-Lokomotive Bauart de Glehn war die erste 2'C mit 4v-Antrieb der Welt und diente u. a. als Vorbild der A 3/5 der Gotthardbahn. Die mit IVe bezeichneten Lokomotiven zeigten sich trotz ihres kleinen Kessels erstaunlich leistungsfähig und besorgten von 1895 an über mehr als 25 Jahre den Schnell- und Eilzugdienst auf der Schwarzwaldbahn, wo sie 165 t mit 30 km/h oder 90 t mit 40 km/h befördern konnten. Die IVe war die erste der neuen Gattungen, die keine

Gegendruckbremse erhielt, sondern nur die Westinghouse-Bremse, ab 1902 die Doppelbremse.[107] Die meisten Schnellzüge wurden auf dem Abschnitt Hausach–Villingen in beiden Richtungen mit Vorspann gefahren, einzelne auch zwischen Singen und Immendingen, entweder mit einer weiteren Maschine der Gattung IVe oder einer solchen der Reihe VIb (siehe Höllentalbahn).[108]

Für die durchgehende Bespannung der Schnellzüge von Mannheim oder Heidelberg nach Basel oder Konstanz beschaffte die Badische Staatseisenbahn 1907 die erste deutsche Pazifik-Schnellzuglokomotive 2'C1'h4v der Gattung IVf, die im Flachland 300 t mit 100 km/h und auf 20 Promille 185 t mit 50 km/h befördern sollte. Zwar konnte die IVf das Leistungsprogramm weit übertreffen, doch war sie als Erstling mit zahlreichen Kinderkrankheiten behaftet, vor allem führte der hohe Triebwerksverschleiß bei rascher Fahrt in der Rheintalebene mit den 1800 mm-Triebrädern zu baldiger Ausmusterung in den dreißiger Jahren. *Man mußte bald die fatale Erkenntnis hinnehmen, daß allzuweit auseinanderliegende Forderungen nicht gut von einer Maschine erfüllt werden konnten.*[109]

B 169 Von 1922 an besorgten die 2'Ch2-Maschinen der preußischen Gattung P8 (38.10–40) den Schnellzugdienst auf der Schwarzwaldbahn, für welchen sie mit der Doppelbremse ausgerüstet worden waren. Auf 20 Promille konnten sie 210 t mit 30 km/h oder 150 t mit 40 km/h befördern und lösten die IVe und IVf bald ab. Schon 1934 traten die 1'D1'h3-Lokomotiven der preußischen Gattung P10 (39.0–2) an deren Stelle, da diese im Schnellzugdienst 380 t mit 30 km/h oder 295 t mit 40 km/h die Steilrampe von Hausach nach Sommerau hinaufschleppen konnten.[110] Beispielsweise fuhren die 12 im Jahresfahrplan 1954/55 eingesetzten Lokomotiven der Reihe 39 des Bw Villingen im Tagesdurchschnitt 435 km, wobei an einem Tag 820 km gefahren wurden, was auch den Lokomotivdurchlauf von Ludwigshafen nach Konstanz (331 km) einschloß.[111] 1957 wurden diese Lokomotiven im Schnellzugdienst auf der Schwarzwaldbahn von den Diesellokomotiven der Reihe V200 abgelöst, mußten allerdings im Jahre 1961 nochmals einspringen, als die V200 in großer Zahl wegen Getriebeschäden ausfielen.

4.4.3. Dieselbetrieb

4.4.3.1. Lokomotiven

Da die Schwarzwaldbahn unter allen hier betrachteten Gebirgsbahnen die einzige ist, die über einen längeren Zeitraum ausschließlich mit Dieseltriebfahrzeugen befahren wurde, sei hierauf näher eingegangen.

Reihe V 200.0 / 220

Im Gegensatz zu anderen Bahnverwaltungen pflegte die DB von Anfang an die Entwicklung der dieselhydraulischen Lokomotive mit schnellaufendem Dieselmotor. Als Ausgangspunkt ist die 1935 gelieferte Versuchslokomotive V16 101 (später V140 001) der Achsfolge 1'C1' anzusehen, die als erste Diesellokomotive größerer Leistung (1029 kW) mit dem von Voith vervollkommneten Strömungsgetriebe ausgerüstet wurde. Nach dem Zweiten Weltkrieg entstanden hierauf aufbauend 1952 die Diesel-Ferntriebwagen der Reihe VT08.5 für 140 km/h Höchstgeschwindigkeit und 735 kW Motorleistung, die abweichend von den meisten vor dem Krieg an die Deutsche Reichsbahn gelieferten Schnelltriebwagen mit elektrischer Kraftübertragung eine hydraulische Übertragungseinrichtung erhielten. Die gesamte Maschinenanlage, bestehend aus Antriebsmotor, Flüssigkeitsgetriebe und Achstrieben, ist im Triebdrehgestell konzentriert, wobei wahlweise drei verschiedene Dieselmotoren und zwei Strömungsgetriebe gegenseitig austauschbar eingebaut werden können.

Unter Benützung von Bauelementen der Diesel-Ferntriebwagen, wie dem 12-Zylinder-Viertakt-V-Motor und dem Strömungsgetriebe, wurden im gleichen Jahr zehn B'B'-

Mehrzwecklokomotiven der Reihe V80 mit Mittelführerstand abgeliefert. Auf dem geschweißten Hauptrahmen wurden die Aufbauten aus Vierkantprofilen und Blechen in Schalenbauweise als geschweißte selbsttragende Konstruktion aufgesetzt. Die Maschinenanlage ist hier im Rahmen gelagert, die Radsätze haben innenliegende Rollenachslager und einen lenkergeführten ideellen Drehpunkt. Das Umschalt- und Verteilergetriebe ermöglicht die Umschaltung der Höchstgeschwindigkeit von 100 km/h (Streckendienst) auf 50 km/h (Rangierdienst). Die Drehmomentübertragung erfolgt im Unterschied zu den etwa gleichzeitig entwickelten Diesellokomotiven der Reihe V65 ausschließlich über Kardanwellen.[112]

Als konstruktive Weiterentwicklung der V80 entstanden für den Fernschnellzugverkehr die Diesellokomotiven der Reihe V200 mit einer Achslast von 200 kN und einer Höchstgeschwindigkeit von 140 km/h; die kleinste Dauergeschwindigkeit in der höchsten Fahrstufe beträgt 30 km/h. Unter Verwendung der gleichen Dieselmotoren, Strömungsgetriebe und Hilfsmaschinen wie bei den VT08.5 und V80 wurden zwei Maschinenanlagen eingebaut, in der Mitte ein Heizkessel für die selbsttätige Ölfeuerung.[113]

Die 1953 von Krauss-Maffei abgelieferten fünf Vorauslokomotiven erregten auf der Verkehrsausstellung in München erhebliches Aufsehen. Obwohl für leichten Fernschnellzugdienst gedacht, konnten sie sämtliche für Dampflokomotiven der Reihe 01 vorgesehenen Züge mit Zuglasten bis zu 600 t trotz der etwas niedrigeren Maschinenleistung ohne Anstände befördern. Bei Versuchsfahrten konnten im Spessart zwischen Laufach und Heigenbrücken mit 20,5 Promille Steigungs- und Krümmungswiderstand bei sehr ungünstigen Witterungsverhältnissen 473 t angefahren werden.[114] Zum Sommerfahrplan 1954 wurde für vier der fünf Maschinen ein Umlauf erstellt, der durchschnittliche Laufleistungen von 1142 km vorsah. In diesem harten Einsatz bewährten sich diese Vorauslokomotiven über Erwarten gut.

Die Serienlokomotiven erhielten insbesondere größere Brennstoffbehälter. Die Lei- TS 74
stungsfähigkeit ihrer Kühlanlage wurde der erhöhten Motorenleistung von jeweils 809 kW D 2
und dem Wärmeanfall im Getriebe bei schweren Anfahrten angepaßt.[115]

Die 1956/58 gelieferten 81 Serienlokomotiven wurden unter anderem auch dem Bw
Villingen zugewiesen, als erste die V200 030 im Oktober 1956. Versuchsfahrten zeigten, B 170
daß die V200 auf 20 Promille mit Sicherheit 550 t, bei trockenen Schienen 600 t anfahren
kann, während die schweren 1'Eh3-Dampflokomotiven der Reihe 44 auf 20 Promille
gerade noch 500 t befördern konnten.[116]

Zum Sommerfahrplan 1957 lösten die ersten sieben V200 die Reihe 39 im Schnellzugdienst ab, im Sommer 1959 war mit 20 Lokomotiven dieser Reihe die Schwarzwaldbahn B 171
voll verdieselt, wobei diese Lokomotiven auch Schnellzüge Konstanz–Stuttgart und
Stuttgart–Würzburg führten.[117]

Die Umstellung von Dampf- auf Dieselbetrieb auf der Schwarzwaldbahn lief durchaus nicht reibungslos ab. Entsprechend dem in der Literatur gegebenen Ratschlag, auf längeren Gefällestrecken beide Motoren zur Schonung der Anlagen und zur Brennstoffersparnis abzuschalten,[118] wurden die Dieselmotoren am Ende der Steilrampe in Sommerau abgestellt, wodurch auch der Kühlkreislauf gestoppt wurde. Nach dem erneuten Anlassen der Motoren in St. Georgen strömte die inzwischen abgekühlte Kühlflüssigkeit in den heißen Motor, weshalb dort Risse auftraten. Auch traten bei den hochgezüchteten Dieselmotoren anfänglich Kolbenfresser auf. Der Einsatz der V200 auf der Schwarzwaldbahn führte zu einem bislang nicht gekannten Radreifenverschleiß: Schon nach 25 000 bis 30 000 km mußten die Radsätze überdreht werden. Diesen Übelstand beseitigte eine Spurkranzschmierung, sodaß die Laufleistung bis zur nächsten Profilberichtigung auf 400 000 km stieg.

Als größte Krise der V200 fielen im Jahre 1961 bundesweit diese Maschinen wegen Getriebeschäden aus. Schon 1959 hatten Elektrolokomotiven die V200 aus dem ihr gemäßen leichten F-Zug-Dienst immer mehr in den schweren D-Zug- und Eilzugdienst abgedrängt. Ab Mai 1960, wo nach Anheben der Höchstgeschwindigkeit auf 140 km/h häufig im Geschwindigkeitsbereich des Umschaltpunktes der älteren Getriebebauart zu arbeiten war, zeigte sich als echte Zerreißprobe der Grenzbereich für dieses Fahrzeug. *Die Dieseltechnik mußte erkennen, daß ihre Unterlegenheit gegenüber der elektrischen Betriebsweise sich nicht nur in den wenigen Sekunden Fahrzeitunterschied eines störungsfrei entwikkelten theoretischen Fahrspiels vor Schnellzügen erschöpfte. Mit höheren Lastwerten erwiesen sich ihre Leistungsziffern schnell als unzureichend; ... das Tfz wird dann dabei über Gebühr gefordert.*[119]

Dies zeigte sich auch beim Bw Villingen. Als die V200 zunächst überwiegend auf der Schwarzwaldbahn mit der langen Steilrampe liefen, betrugen die jährlichen Unterhaltungskosten 15% der Anschaffungskosten – alle sieben Jahre eine neue Diesellokomotive! Um diesen extrem hohen Wert herabzudrücken, setzte man die V200 auch auf weniger anstrengenden Strecken ein, so von Konstanz nach Basel und von Singen (Hohentwiel) über Stuttgart und Nürnberg nach Bayreuth. Gleichzeitig ließen sich so die Laufleistungen erhöhen und bessere Umläufe erzielen.

Verkehrte sie ab 1959 als Universallokomotive vor allen Zugarten auf der Schwarzwaldbahn, so verlor sie nach der Lieferung der leistungsstärkeren Baureihe V200.1 die Schnellzug- und einen Teil der Eilzugleistungen. Bei einer höchstzulässigen Anhängelast von 500 t zwischen Hausach und Sommerau konnte die V200 auf 20 Promille einen Schnellzug von 380 t mit 40 km/h befördern, wobei die Fahrgeschwindigkeit mit zunehmender Höhe und fallenden Temperaturen absank. Mit der Aufnahme des elektrischen Zugbetriebs zwischen Offenburg und Villingen im Herbst 1975 wurden sämtliche Lokomotiven dieser Reihe nach Norddeutschland abgezogen.

Reihe V200.1 / 221

Schon Ende der fünfziger Jahre befriedigte die Betriebsabwicklung der V200 vor den immer schwerer werdenden D- und Eilzügen nicht, da zum Einholen von Verspätungen keine Reserven bestanden, die Betriebszuverlässigkeit geringer wurde und die Unterhaltskosten anstiegen. 1960 erhielt das BZA München den Auftrag, mit der Firma Krauss-
TS 75 Maffei die leistungsstärkere V200.1 zu entwickeln.[120] Abmessungen und Gesamtaufbau entsprechen der V200.0, doch haben die zahlreichen Änderungen im einzelnen, insbesondere bei den Maschinenanlagen, praktisch zu einer Neukonstruktion geführt.[121] Durch die auf 2 × 993 kW gesteigerte installierte Leistung ist dieses Triebfahrzeug insbesondere für die Führung mittelschwerer und schwerer Schnellzüge auf Strecken mit ungünstigem Längsprofil geeignet.[122] Der Heizdampfkessel der V200.1 reicht auch für die Beheizung langer Züge bei tieferen Außentemperaturen aus.[123] Entsprechend übernahmen die 1962/63 abgelieferten 20 Maschinen zwischen München und Lindau und auf der zum Sommerfahrplan 1963 eröffneten „Vogelfluglinie" zwischen Hamburg und Puttgarden den schweren Schnellzugdienst.

B 168 Von der bis 1966 gelieferten Nachbestellung über weitere 30 Lokomotiven erhielt das
B 172 Bw Villingen im Dezember 1964 zunächst zwölf, welche die leistungsschwächeren V200.0 vor allem im Schnellzugdienst zwischen Offenburg und Konstanz sowie zwischen Stuttgart und Singen ersetzten. Bei gleicher maximaler Anhängelast von 500 t auf 20 Promille wie bei der Reihe V200.0 können die V200.1 einen D-Zug von 400 t mit 45 bis 50 km/h über die Steilrampe von Hausach nach Sommerau schleppen.

Diese Triebfahrzeuge bewährten sich auch auf der Schwarzwaldbahn außerordentlich gut und sind wegen ihrer hohen Leistungsfähigkeit und Zuverlässigkeit sehr geschätzt. Beispielsweise lag die störungsfreie Laufleistung der Lokomotiven der Reihe 221 im Jahre 1970 mit 413 000 km über dem Mittelwert der elektrischen Lokomotiven der DB von 379 000 km.[124] Die 13 im Sommerfahrplan 1974 vom Bw Villingen eingeteilten Lokomotiven dieser Reihe hatten eine durchschnittliche tägliche Laufleistung von 723 km mit
B 174 Spitzenleistungen von 986 km.[125] Zum Zeitpunkt der Aufnahme des elektrischen Betriebs
B 180 auf den Strecken Villingen / Horb–Hattingen–Konstanz ab Winterfahrplan 1977 werden die letzten 15 Lokomotiven dieser Reihe vom Bw Villingen abgezogen, die zuletzt im

gemischten Reise- und Güterzugdienst zwischen Villingen und Konstanz sowie zwischen Schaffhausen und Stuttgart liefen. In Norddeutschland wartet man jedoch schon dringend auf diese Maschinen, um zwischen Rheine und Norddeich die letzten Dampflokomotiven der DB ersetzen zu können. Da sowohl die Reihe 220 als auch 221 nicht für den Umbau auf elektrische Zugheizung vorgesehen ist, dürften die achtziger Jahre ihre ausschließliche Verwendung im Güterzugdienst und die Ausmusterung der älteren Maschinen bringen.

Reihen 215, 218

Da diese Maschinen nur etwa ein Jahr die Steilrampe der Schwarzwaldbahn befuhren, ist dieser Abschnitt kurz gefaßt. Für den mittelschweren Streckendienst wurden 1960/63 zehn Vorauslokomotiven der Reihe V160 mit der Achsfolge B'B' geliefert. Hieraus entstand eine Vielfalt von Bauartabwandlungen der Stammtype 216 in Prototypen, Vorserienlokomotiven und Serienlokomotiven, deren Grundmaße, Drehgestelle, Rahmen und Aufbauten praktisch übereinstimmen. Alle haben bei einer Dienstmasse von 77 bis 80 t nur einen Dieselmotor und ein umschaltbares Getriebe. Hier seien lediglich die Serienlokomotiven berücksichtigt.

216: Die 1964/68 gelieferten Lokomotiven haben bei einer eingestellten Grenzleistung von 1324 kW eine Höchstgeschwindigkeit von 80/120 km/h und sind für Dampfheizung eingerichtet.

215: Die Grenzleistung wurde bei diesen ab 1970 in Dienst gestellten Maschinen auf 1397 kW erhöht, die Höchstgeschwindigkeit auf 90/140 km/h, weshalb eine hydraulische Bremse eingebaut werden mußte. Die Dampf-Zugheizung wurde noch beibehalten.

218: Diese ab 1971 laufend nachgebauten Diesellokomotiven haben einen Motor von TS 76
1838 kW und wieder eine Höchstgeschwindigkeit von 90/140 km/h, deshalb auch eine hydraulische Bremse. Den Zug heizt ein vom Flüssigkeitsgetriebe angetriebener Drehstromgenerator und Thyristor-Umrichter für 1000 V $16^2/_3$ Hz.[126]

Ab 1974 liefen vereinzelt Lokomotiven der Reihen 215 und 218 zwischen Offenburg B 173
und Konstanz im Sonderzugdienst und vor einzelnen D- und Eilzügen sowie im Personenzugdienst anstelle eingeteilter 220. Die höchstzulässige Anhängelast auf 20 Promille beträgt 450 t. Seit der Umstellung des ersten Teilstücks der Schwarzwaldbahn auf elektrischen Betrieb sind besonders die Lokomotiven der Reihe 218 für die Bespannung der Reisezüge geeignet, da hierbei die Umtriebe mit der Dampfheizung beim Lokomotivwechsel entfallen.

4.4.3.2. Triebwagen

Neben den lokomotivbespannten D- und Eilzügen der Schwarzwaldbahn wurden zeitweise einzelne mit Dieseltriebwagen gefahren. Die nach dem Zweiten Weltkrieg eingeführten Schnelltriebwagenzüge Offenburg–Konstanz wurden mit Dieseltriebwagen der Reihe VT 38 geführt. Zusammen mit einem Steuerwagen konnten sie auf der Steilrampe eine Höchstgeschwindigkeit von 60 km/h erreichen; bei gleicher Streckenhöchstgeschwindigkeit von 90 km/h ergab sich gegenüber den mit Dampf geführten Zügen auf der Gesamtstrecke eine Fahrzeitverkürzung bis zu 70 Minuten. Nach 1950 wurden die beiden Zugpaare durch lokomotivbespannte Züge ersetzt.

Anfang der siebziger Jahre lief ein Triebzug der Reihe 601 (ex TEE) im periodischen Reisetouristikverkehr über den Schwarzwald. 1974/75 wurde der Spätzug E 3619 mit einer Schienenomnibusgarnitur der Reihe 798 gefahren, womit der letzte Eilzug Offenburg–Villingen in Dieseltraktion vor der Aufnahme des elektrischen Zugbetriebs mit einem Schienenbus gefahren wurde. Seither stellen diese Garnituren weiterhin zwei Nahverkehrszugpaare Offenburg–Villingen.

4.4.4. Elektrifizierung

4.4.4.1. Vorgeschichte

Wohl bei keiner Gebirgsbahn Mitteleuropas hat es derart langwierige Verhandlungen und turbulente Auseinandersetzungen auf politischer Ebene gegeben wie bei der Elektrifizierung der Schwarzwaldbahn.

Schon in den zwanziger Jahren wurde die Elektrifizierungswürdigkeit der Schwarzwaldbahn untersucht. Für die Gesamtstrecke Offenburg–Konstanz wurde für 1921 ein durchschnittlicher Jahresstromverbrauch von 207 000 kWh/km errechnet,[127] nach einer anderen Darstellung von 1927 ein Wert von 278 000 kWh/km.[128]

Der Badische Landtag beschäftigte sich in den Jahren 1928, 1932 und 1933 mehrfach mit der Frage der Elektrifizierung der Rheintalstrecke und der Schwarzwaldbahn im Zusammenhang mit dem Bau des Schluchseewerks, dessen damals erhebliche Energiekapazität auch für den elektrischen Zugbetrieb in Baden gedacht war. Am 6. 1. 1933 forderten der badische Finanzminister und der württembergische Wirtschaftsminister beim Generaldirektor der Reichsbahn in Berlin nachdrücklich die Elektrifizierung der Strecke Stuttgart–Karlsruhe und der Schwarzwaldbahn, leider vergeblich.[129]

Bei der Elektrifizierung der Höllentalbahn mit 20 kV 50 Hz im Jahre 1936 wurde erwogen, später auch die Schwarzwaldbahn mit diesem Stromsystem auf elektrischen Zugbetrieb umzustellen, da die zahlreichen Tunnels dieser Strecke damals ebenfalls nur Triebfahrzeuge mit dem schmaleren Stromabnehmer zuließen. *Sofern sich die neue Art der Stromversorgung mit 50 Hz Wechselstrom bewährt, liegt es nahe, der Vollelektrisierung der Höllentalbahn die Umstellung der Schwarzwaldbahn auf elektrischen Betrieb nachfolgen zu lassen.*[130] Tatsächlich wurden schon vor dem Zweiten Weltkrieg einzelne Lokomotivführer des Bw Villingen auf Elektrolokomotive umgeschult.

Das 1941 von Ganzenmüller aufgestellte und 1943 in erweiterter Auflage von Wechmann herausgegebene Elektrisierungs-Gutachten sah die Elektrifizierung der Strecken Offenburg–Konstanz und Donaueschingen–Neustadt mit 15 kV 16²/₃ Hz im Anschluß an jene von München und Augsburg nach Lindau und weiter nach Radolfzell „im nächsten Jahrzehnt" vor.[131] Wenige Jahre nach Kriegsende wurden diese Bemühungen weitergeführt. Im Vertragsentwurf vom August 1948 über den Zusammenschluß von Baden und Württemberg stand wörtlich: *Bei weiteren Elektrifizierungen sind die Strecken Offenburg–Konstanz, Basel–Mannheim (Heidelberg) und Stuttgart–Bruchsal–Karlsruhe / Heidelberg besonders zu berücksichtigen.* Zwar kam dieser Entwurf aus politischen Gründen nicht zur Unterzeichnung, sein materieller Inhalt wurde jedoch zum Programm der Freunde des Zusammenschlusses zur Abstimmung von 1951.[132]

Auch die Deutsche Bundesbahn, hier die Bundesbahndirektion Karlsruhe, war daran interessiert, die Schwarzwaldbahn im Anschluß an die 1954/58 elektrifizierte Rheintalstrecke Basel–Karlsruhe–Heidelberg / Mannheim auf elektrische Zugförderung umzustellen, wobei sie jedoch auf Kredite des Landes Baden-Württemberg angewiesen war.[133]

1956 forderte eine *Interessengemeinschaft Elektrifizierung der Schwarzwaldbahn,* der verschiedene Landkreise sowie alle an der Strecke liegenden Städte und größeren Gemeinden angehörten, daß die Schwarzwaldbahn möglichst bald zu elektrifizieren sei. 1958 empfahl dasselbe der aus Vertretern des Landes und der Bundesbahn bestehende Ausschuß für die Elektrifizierung der Bahnstrecken in Baden-Württemberg. Im März 1963 verhandelte das Land Baden-Württemberg mit der DB über ein drittes Elektrifizierungsabkommen, das die Elektrifizierung der Strecken Offenburg–Konstanz, Singen–Schaffhausen, Böblingen–Hattingen, Tuttlingen–Immendingen, Heilbronn–Würzburg, Neustadt–Donaueschingen und Schorndorf–Aalen vorsah.

Als dieses Abkommen im Vorentwurf fertig war, wurden im April 1963 die neuen Diesellokomotiven der Reihen V200.1 und V320 vorgestellt. Im Mai-Heft 1963 der *Diesel Railway Traction* verurteilte ein Artikel die geplante Elektrifizierung der Schwarzwaldbahn scharf. Man sollte besser für diese Strecke modernste Diesellokomotiven beschaffen und damit die im Land befindliche Industrie unterstützen.[134] Der Bund der Steuerzahler unterstützte nachhaltig diesen Standpunkt,[135] ebenso das *Handelsblatt*.[136] Unter diesen Umständen war an eine baldige Elektrifizierung der Schwarzwaldbahn nicht mehr zu denken.

Zunächst ergriff die *Interessengemeinschaft Elektrifizierung der Schwarzwaldbahn* die Gegeninitiative. Anläßlich ihrer Tagung vom 10. 12. 1963 in Singen referierte Dipl.-Ing. Jürg Zehnder, Assistent an der ETH Zürich, über technische und betriebswirtschaftliche Fragen der Elektrifizierung oder Verdieselung der Schwarzwaldbahn, wobei Diesellokomotiven der DB mit schweizerischen Elektrolokomotiven verglichen wurden. Das ausgearbeitete Referat wurde im Februar 1964 der Öffentlichkeit übergeben.[137]

Im März 1964 forderte das Land Baden-Württemberg bei den Professoren Raab (Karlsruhe) und Graßmann (Berlin) ein Sachverständigengutachten an. Inzwischen wurden, wie erwähnt, auf der Schwarzwaldbahn 12 Diesellokomotiven der Reihe V200.1 eingesetzt. Nachdem das Gutachten[138] fertiggestellt war, wurde erst eine Gegendarstellung der Dieselindustrie[139] abgewartet, der wiederum eine Erwiderung der elektrotechnischen Industrie folgte,[140] bevor spärliche Einzelheiten aus dem Gutachten bekanntgegeben wurden: Obwohl es die Elektrifizierung der Strecke Offenburg–Konstanz mit 125 Millionen DM errechnete, wäre der elektrische Betrieb jährlich um 2 Millionen DM billiger als der Dieselbetrieb und sogar um 2,8 Millionen DM billiger als mit der Lokomotive V320. Bei voller Verzinsung des Anlagekapitals wurde die Rentabilität des elektrischen Betriebs gegenüber dem Dieselbetrieb mit 2,38% errechnet.

Nachdem sich alle im Landtag vertretenen Fraktionen für die Elektrifizierung der Schwarzwaldbahn ausgesprochen hatten, stimmte der Landtag mit großer Mehrheit am 20. 5. 1965 dem Elektrifizierungsabkommen zu, obwohl die „Diesel-Stimmen“ bis zuletzt versucht hatten, diesen Entscheid zu verhindern.[141] Ohne den jahrelangen unermüdlichen Einsatz des früheren Landtagsabgeordneten und jetzigen Regierungspräsidenten Dr. Hermann Person wäre dieses Ziel damals bestimmt nicht erreicht worden; als Vorsitzender des Finanzausschusses des baden-württembergischen Landtags hatte er eine Schlüsselrolle inne.

Mit diesem Abstimmungsergebnis war keine zeitliche Reihenfolge festgelegt. Vor allem entbrannte ein Streit um die Frage, ob die „badische“ Schwarzwaldbahn oder die in Hattingen einmündende „württembergische“ Gäu-Neckar-Bodensee-Bahn zuerst umgestellt werden sollte. Da beide Strecken bezüglich Lokomotiveinsatz und Energieversorgung betrieblich eine Einheit darstellen, wurde festgelegt, daß beide Strecken gleichzeitig zu elektrifizieren seien.[142] Wegen der ungünstigen Finanzlage der DB und des Landes konnte die erste Rate für die Elektrifizierung des Abschnitts Offenburg–Villingen erst im Frühjahr 1972 angewiesen werden. Die Elektrifizierungsarbeiten begannen im Juli 1972 mit der Gleisabsenkung im Abschnitt Nußbach–Sommerau.

4.4.4.2. Elektrifizierungsarbeiten

Für die Energieversorgung der Schwarzwaldbahn und der Gäu-Neckar-Bodensee-Bahn wurde aus dem Stuttgarter Raum über Eutingen eine 110 kV-Leitung zum Unterwerk Sommerau geführt, die über Donaueschingen nach Singen verlängert wird, um die Unterwerke Eutingen, Rottweil, Sommerau, Singen und später Neudingen (wegen der Höllentalbahn) mit elektrischer Energie zu versorgen. Bemerkenswert sind zwei 900 m lange Weitspannfelder zur Überquerung des Neckars sowie bis zu 61 m hohe Maste zur Überspannung von Waldstücken. Während im vorhandenen Unterwerk Offenburg nur ein weiterer Leistungsschalterabzweig nötig war, mußte das Unterwerk Sommerau neu gebaut werden und erhielt zwei Umspanner von je 10 MVA. Zur besseren Speisung der Steilrampe Hausach–Sommerau wurden vom Unterwerk Offenburg bis zur Kuppelstelle Gutach zwei Speiseleitungen verlegt.[143]

Die Elektrifizierung des Teilstücks Offenburg–Villingen wurde im wesentlichen nach den unter dem damaligen Dezernenten 25, Dipl.-Ing. Fritz Gut, in den sechziger Jahren erstellten Vorentwürfen durchgeführt. Gut war bereits am Fahrleitungsbau der Höllentalbahn beteiligt und für die Elektrifizierung der Rheintalstrecke von Basel bis Mannheim verantwortlich. Von Offenburg bis zur Blockstelle Schloßberg (oberhalb Hornberg) und von Sommerau bis Villingen wurde die Regelfahrleitung für 160 km/h mit Y-Beiseil und angelenktem Seitenhalter, auf dem Zwischenstück die vereinfachte Bauart für 100 km/h eingebaut. In beiden Fällen besteht das nachgespannte Kettenwerk aus Bronzetragseil von 50 mm^2 und Kupferfahrdraht von 100 mm^2 Querschnitt, wobei auf der freien Strecke Einzelmaste mit Rohrschwenkauslegern und in den Bahnhöfen überwiegend Querfelder verwendet wurden.[144]

Bei der Elektrifizierung des Abschnitts Villingen–Konstanz wurde auf Querfelder möglichst verzichtet, allerdings nicht so radikal wie bei der BD Stuttgart, wo die Überspannung selbst größerer Bahnhöfe fast ausschließlich mit Einzelmasten zwischen den Gleisen durchgeführt wurde. Wie schon zwischen Offenburg und Hausach werden auch auf der freien Strecke von Villingen bis Konstanz, von der Juraüberquerung abgesehen, fast ausschließlich Betonmasten gesetzt.

Die größten baulichen Schwierigkeiten bereitete die Gleisabsenkung um 40 bis 50 cm in den 35 Tunnels zwischen Hornberg und Sommerau mit einer Gesamtlänge von 9,5 km, während der Kleine Triberger Tunnel (92 m) lagebedingt am Firstgewölbe ausgeweitet werden mußte. Gleichzeitig wurde der Gleisabstand von 3,50 m auf 3,60 m vergrößert.[145]

Kurzzeitig war erwogen worden, durch Entfernung eines Streckengleises und Verschiebung des verbleibenden Gleises in die Tunnelachse die Änderungskosten stark vermindern zu können. Da es sich zeigte, daß selbst dann hohe Kosten und gravierende betriebliche Nachteile entstehen würden, entschloß man sich, beide Gleise beizubehalten. Dabei hoffte man, mit Meißelgeräten den vorgesehenen Zeitplan einhalten zu können.[146]

Der Triberger Granit erwies sich jedoch als derart hart, daß die Absenkungstiefen nur durch konventionelles Sprengen zu erreichen waren. Zudem gab es umfangreichere Hangsicherungsarbeiten als vorgesehen. Nur mit allen verfügbaren Kräften und minutiöser Terminplanung und Terminüberwachung mittels EDV-Technik ließ sich der Termin halten.[147]

In den tieferzulegenden Abschnitten mit dicht aufeinanderfolgenden Tunnels mußten 24 Eisenbahnbrücken mit Stützweiten zwischen 3,6 m und 10,0 m abgesenkt sowie 24 Durchlässe geändert werden. Von der BD Karlsruhe wurde die Aufnahme der Schwarzwaldbahn in das „350-m-Programm" beantragt, um auf sämtlichen D-Zug-Haltebahnhöfen nutzbare Bahnsteiglängen für mindestens 12, möglichst 13 Wagen von 26,4 m Länge statt bisher 10 Wagen zur Verfügung zu haben. Allerdings konnte nur der Bahnhof Triberg rechtzeitig vor der Überspannung umgebaut werden, während der Bahnhof St. Georgen mit seinem vorhandenen unbefriedigenden Gleisplan überspannt werden mußte.[148]

Um die Kosten für die Gleisabsenkungs- und Tunnelsanierungsmaßnahmen minimal zu halten, wurden die Toleranzen knapp gewählt. Messungen ergaben, daß der Abstand zwischen Tunnelgewölbe und Stromabnehmer unter Berücksichtigung des seitlichen Ausschlags desselben stellenweise nur 50 mm (anstatt 150 mm) beträgt, zwischen Unterkante Holzschwelle und betonierter Tunnelsohle teilweise nur 100 mm, weshalb dort das Gleis wegwandert. Der erste Punkt wurde durch Abspitzen des Tunnelgewölbes saniert; im anderen Fall ist wegen der gegebenen minimalen Fahrdrahthöhe von 4,95 m ein Unterstopfen des Gleises nicht möglich. Schließlich läßt das knappe Maß zwischen Stromabnehmer und Tunnelgewölbe auch eine Vergrößerung der Überhöhung von derzeit 95 mm auf 150 mm in den 300 m-Radien der tunnelreichen Bergstrecke und damit eine Anhebung der Geschwindigkeit zwischen Hornberg und Sommerau nicht zu.

Auch bei der Fahrleitungsanlage gab es unliebsame Überraschungen, obwohl bei der Elektrifizierung dieser Strecke versucht wurde, die Leitungsanlage den rauhen Witterungsbedingungen des Schwarzwaldes und der Baar anzupassen. Während Schönwetterperioden im Winter ist es hier nachts sehr kalt, tagsüber dagegen relativ warm, wodurch große Temperaturunterschiede entstehen. Noch während der Elektrifizierungsarbeiten wurden im Winter 1972/73 etliche vorschriftsgemäß hergestellte Mastfundamente schadhaft. Ein dafür eigens erstelltes Gutachten schlug eine Änderung des Mischungsverhältnisses des verwendeten Betons vor, wonach mit einigem Aufwand diese Fundamente saniert wurden. Vom Winter 1975/76 an traten gehäuft Isolatorbrüche an den Rohrkappen-Isolatoren aus Porzellan auf, die vor dem Einbau auf der Schwarzwaldbahn alle mit Ultraschall geprüft worden waren. In einer Sonderaktion ersetzte die DB südlich Sommerau die Rohrkappenisolatoren aus Porzellan durch Glasschirm-Isolatoren, die jene außerordentlichen Temperaturschwankungen im Winter besser aushalten können.

4.4.5. Bespannung der Schnellzüge bei elektrischem Betrieb

Im Gutachten Raab/Graßmann sind die damals vorgesehenen Triebfahrzeuggattungen und zugehörigen Anhängelasten mitsamt der erforderlichen Lokomotivzahl aufgeführt. Da als Verbindungsmann zwischen der DB und den beiden Professoren der damalige Dezernent 21A der BD Karlsruhe, Dipl.-Ing. Friedrich Helbing, bestimmt wurde – als früherer Amtsvorstand des MA Konstanz kannte er die betrieblichen Verhältnisse der Schwarzwaldbahn sehr genau –, entsprechen diese Angaben den Vorstellungen der damals maßgeblichen Herren des maschinentechnischen Dienstes der BD Karlsruhe:

Schnell- und Eilzüge	bespannt mit E10 und 400 t Last,
Personenzüge	bespannt mit E41 und 100/300 t Last,
Nahgüterzüge	bespannt mit E41 und 600/900 t Last,
Durchgangsgüterzüge	bespannt mit E40 und 1200 t Last oder alternativ,
Durchgangsgüterzüge	bespannt mit E50 und 1200/1600 t Last.

Da sich die Bespannung der Durchgangsgüterzüge mit der E40 nach den Energiekosten als wirtschaftlicher erwies als mit der E50, wurde letzterer Fall ausgeklammert. Gemäß Anlage 28 des Gutachtens erforderte der elektrische Betrieb von Offenburg nach Konstanz für den Plan- und Sonderdienst einschließlich Reserve insgesamt 29 Lokomotiven nämlich neun E10, zehn E40 und zehn E41.

Noch bei der Hundertjahrfeier der Schwarzwaldbahn im November 1973 wurde betont, daß der Lokomotivwechsel der D- und Eilzüge in Offenburg nach Aufnahme des elektrischen Zugbetriebs wegfallen würde. Schon im Sommer des folgenden Jahres wußten auf Elektrolokomotiven umgeschulte Lokführer des Bw Villingen zu berichten, daß den elektrischen Betrieb zwischen Offenburg und Villingen ausschließlich Lokomotiven der Reihe 139 besorgen würden.

Reihe 139

Tatsächlich führten diese Maschinen ausschließlich die Ende August 1975 verkehren- **TS 64**
den Probe-, Eröffnungs- und Besichtigungssonderzüge[149] sowie ab 28. 9. 1975 sämtliche **B 179**
lokomotivbespannten Regel- und Sonderzüge, womit die D-Züge zwischen Hausach und Offenburg zumindest talwärts langsamer fahren als zu Zeiten des Dieselbetriebs. Hierzu wurden zum Winterfahrplan 1975 sämtliche bei der DB vorhandenen 31 Maschinen der Gattung 139 in Offenburg zusammengezogen, auch als Ausgleich für abzugebende 110.
Die auf der Schwarzwaldbahn normalerweise eingeteilten 139 309 bis 316 und 139 552 bis **B 175**
563 sind gegenüber der für das Höllental beschafften Ursprungsausführung mit einer um **B 176**
70% leistungsstärkeren thyristorgesteuerten Gleichstrom-Widerstandsbremse bei gleichem Volumen und Gewicht ausgerüstet.[150]

Über die 20 Promille-Steilrampe der Schwarzwaldbahn sind für die Reihe 139 bei Reisezügen 500 t und bei Güterzügen 550 t (mit Vorspann 1100 t) als maximale Anhängelast zugelassen. Um ein zuverlässiges Bild über den Verschleiß der 139er auf der Schwarz-
B 178 waldbahn zu erhalten, verkehrten die in der Winterfahrplanperiode 1975/76 planmäßig eingeteilten 8 Maschinen zunächst ausschließlich zwischen Offenburg und Villingen, woraus sich eine durchschnittliche tägliche Laufleistung von 457 km (maximal 688 km) ergab.

Anfangs gab es zufolge des Erhaltungszustands der 139er mit höheren Nummern verschiedene Ausfälle: Am dritten Tag nach der Aufnahme des elektrischen Zugbetriebes auf der Schwarzwaldbahn blieb eine 139 wegen Schaltwerkschadens mit dem D508 in Kirnach-Villingen stehen und mußte samt Zug von einer Diesellokomotive nach Offenburg gebracht werden, am 28. 11. 1975 blieb die 139 des D709 mit einem Fahrmotorschaden bei Hornberg stecken. Nachdem alle Maschinen in die beim BW Offenburg übliche Wartung voll eingegliedert waren, verschwanden derartige Ausfälle. Abgesehen vom erhöhten Spurkranzverschleiß, unterscheiden sich Aufwand und Unterhalt der im Schwarzwald eingesetzten 139 nicht von den Werten der im Oberrheintal laufenden Maschinen.

Das Umspannen der Elektrolokomotiven in Offenburg konnte der Öffentlichkeit nicht lange verborgen bleiben. Am 10. 2. 1976 richtete Bundestagsabgeordneter Dr. Hansjörg Häfele eine „Schriftliche Anfrage" an die Bundesregierung. Mit Datum vom 18. 2. 1976 antwortete das Bundesiministerium für Verkehr, daß auch nach Aufnahme des Elektrobetriebs bis Konstanz Ende 1977 auf ein Umspannen durchgehender Züge aus technischen Gründen nicht verzichtet werden könne. Diese Antwort führte in der lokalen Presse zu Schlagzeilen wie *Technik hinkt nach – Lok-Wechsel bleibt*[151] oder *Kein Zeitgewinn auf der Schwarzwaldbahn.*[152] Im gleichen Sinn äußerte sich der Präsident der BD Karlsruhe mit Brief vom 12. 3. 1976: Bei einer Fahrt mit 70 km/h zulässiger Streckenhöchstgeschwindigkeit und einem Streckenwiderstand von über 20 Promille könne eine Schnellzuglokomotive für 140 bis 150 km/h ohne Schädigung des Motors (Kommutators) die auf der Schwarzwaldbahn vorkommenden Zuglasten nicht befördern.

Darauf richtete Dr. Häfele am 5. 4. 1976 eine weitergehende Schriftliche Anfrage an das Bundesministerium für Verkehr, die an die Hauptverwaltung der DB weitergeleitet und dort auch beantwortet wurde. Wegen der grundsätzlichen Bedeutung der darin angesprochenen Fragen und Probleme ist dieser Brief direkt im Anhang abgedruckt.

D 48 Nach dem F/v-Diagramm sind die Lokomotiven der Reihe 139 mit einer Stundenzugkraft von 153 kN und einer Höchstgeschwindigkeit von 110 km/h durchaus als Universallokomotive für den Gebirgsdienst anzusehen, nur ist heute die genannte Höchstgeschwindigkeit im Schnellzugdienst nicht mehr ganz zeitgemäß.

Zeitweise wurde erwogen, zum Sommerfahrplan 1976 einzelne schnellfahrende Reisezüge im grenzüberschreitenden Verkehr, wie das Zugpaar E2061 / E2060, mit den thyristorgesteuerten Zweifrequenzlokomotiven der Reihe 181.2 mit Mischstrommotoren[153] über den Schwarzwald zu führen. Mit einer Stundenzugkraft von 133 kN bis 90 km/h und einer Höchstgeschwindigkeit von 160 km/h sind diese Maschinen für den Gebirgsdienst durchaus geeignet, zumal anläßlich von Versuchsfahrten über den Thüringer Wald 800 t auf 25 Promille angefahren und auf 75 km/h beschleunigt werden konnten, thermisch zulässig erwiesen sich 700 t.[154] Es kam jedoch nicht dazu.

Inzwischen ist entschieden worden, daß vom Sommerfahrplan 1978 an auf der Schwarzwaldbahn alle D-Züge und ein Teil der Eilzüge mit der Reihe 110 geführt werden. Die Anhebung der Höchstgeschwindigkeit auf 140 km/h wird eine Fahrzeitverkürzung von etwa 15 Minuten zur Folge haben. Allerdings wird für die Reihe 110 auf der 20-Promille-Rampe lediglich eine Anhängelast von 250 t zugestanden, da die DB bei der Reihe 110 neuerdings einen Zusammenhang zwischen der Häufigkeit der Fahrmotorschäden und den zulässigen Anhängelasten erkennen konnte. Nachdem die Reihen 110 und 140 ursprünglich die gleichen Anfahrgrenzlasten hatten, mußte man jene der 110 um bis zu

20% herabsetzen.[155] Deshalb werden zwischen Hausach und St. Georgen alle schwereren D- und Eilzüge eine Schublokomotive der Reihe 139 mit einer zweiten Zugbahnfunk-Einrichtung erhalten, damit einerseits Zug- und Schublokomotive eine ununterbrochene Sprechverbindung haben und andererseits ständig die Verbindung zur Zentrale aufrechterhalten ist, beides auch im Tunnel.[156]

Als Ulrich Fröchtling, Vizepräsident der BD Karlsruhe, der Presse mitteilte, daß von 1978 an der Lokomotivwechsel in Offenburg wegfallen werde und schwerere Züge dann auf der Steilrampe eine Schublokomotive erhalten werden, um eine Überlastung der Maschinen zu vermeiden, fuhr er fort: *Herkömmliche elektrobetriebene Schnellzuglokomotiven würden auf Bergstrecken, auf denen nur 70 km/h zugelassen sind, glatt durchdrehen. Nicht Rennpferde, sondern Brauereigäule werden benötigt . . .*[157] Damit ist das alte Problem der Auslegung von Gebirgsschnellzuglokomotiven in volkstümlicher Form erneut angesprochen. Es wird sich zeigen, ob die auch für die Schwarzwaldbahn vorgesehene Reihe 120 mit Drehstromasynchronmotoren zugleich „Rennpferd“ und „Brauereigaul“ sein kann.

5. Ergebnisse – Querverbindungen – Schlußfolgerungen

5.1. Geographische Lage und Trassierung

Die meisten der hier besprochenen Gebirgsbahnen sind Nord-Süd-Verbindungen, die zufolge ihrer Mittlerfunktion zwischen Mittel- und Nordeuropa einerseits und Süd- bzw. Südosteuropa andererseits ein außerordentliches Verkehrsaufkommen zu bewältigen haben. Wurde bei den zuerst gebauten Gebirgsbahnen über den Semmering und den Brenner die Höhe durch Ansteigen im Talhang und Ausfahren von Seitentälern gewonnen – die übrigen österreichischen Gebirgsstrecken sind prinzipiell in gleicher Weise angelegt –, so mußte bei den meisten übrigen Linien durch künstliche Längenentwicklung jeweils die gesetzte Maximalsteigung eingehalten werden. Robert Gerwig realisierte dies exemplarisch beim Bau der Schwarzwaldbahn durch die Anlage zweier Doppelschleifen; in einem Vorprojekt sah er einen Spiraltunnel vor.

Da die Verantwortlichen vor dem Bau langer Basistunnels zunächst scheuten, überwinden die hier betrachteten Strecken teilweise außerordentliche Höhenunterschiede bis zum jeweiligen Scheitel: auf der Gotthardsüdrampe zwischen Bodio und Airolo 811 m, auf der Strecke zwischen Innsbruck und Brenner 789 m. Entscheidend für die Zugförderung sind jedoch andere Größen: die betrieblich maßgebende Steigung und die Länge der Steilrampe bestimmen für jede Lokomotivtype die höchstzulässige Anhängelast, wobei meist die thermische Belastung der elektrischen Ausrüstung maßgeblich ist. Der kleinste Krümmungsradius, der bei vielen Strecken zugleich den Regelradius darstellt, bestimmt die Höchstgeschwindigkeit auf den zugehörigen Streckenabschnitten und bei Elektrotriebfahrzeugen mit Einphasen-Reihenschlußmotoren und hoher Maximalgeschwindigkeit auch die Kommutatorbeanspruchung (von den Anfahrten selbst abgesehen).

Die genannten Gebirgsbahnen sind meist in einer größten Steigung von 25 bis 27 Promille trassiert; dabei fällt auf, daß bei einer ganzen Anzahl von Bahnlinien – abgesehen von den Stationshorizontalen – die Strecke fast durchwegs in dieser Maximalsteigung angelegt ist, da der Quotient aus durchschnittlicher Steigung und Maximalsteigung Werte bis 0,86 erreicht.

Der kleinste Krümmungsradius beträgt in Österreich meist 250 m, entsprechend ist die Streckengeschwindigkeit in der Steilrampe mit 60 bis 70 km/h relativ niedrig. In Deutschland beträgt der Minimalradius zwar meist 300 m, doch ist die Streckengeschwindigkeit zufolge der geringen Überhöhung mit 70 km/h auch nicht höher als in Österreich. Auf den Gebirgsstrecken in der Schweiz mit Radien von ebenfalls nur 280 bis 300 m ermöglicht die eingebaute Überhöhung von 150 mm bei Reisezügen nach Zugreihe R 80 km/h. Beispielsweise ergibt dies auf der Gotthardsüdrampe von Biasca bis Airolo (46 km) eine Fahrzeitverkürzung von 5 Minuten gegenüber einer Fahrgeschwindigkeit von maximal 70 km/h.

Die Steilrampen haben meist eine Länge von 30 bis 40 km, entsprechend der jeweils zulässigen Höchstgeschwindigkeit ergibt sich dort für Schnellzüge eine Fahrzeit von 25 bis 40 min. Da mit gelegentlichen Halten und anschließenden Anfahrten in der Steilrampe zu rechnen ist, greift die Berechnung der maximalen Anhängelasten meist auf die Stundenzugkraft eines Triebfahrzeugs zurück.

5.2. Dampfbetrieb

Da die wichtigsten Gebirgsbahnen Mitteleuropas schon früh elektrifiziert wurden, haben diese den Betrieb mit den später entwickelten Dampfschnellzuglokomotiven nicht kennengelernt. Zwar wurden besonders in Österreich außerordentlich leistungsfähige Gebirgs-Schnellzuglokomotiven konstruiert und betrieben, doch bereitete es gewisse Schwierigkeiten, Dampfschnellzuglokomotiven zu entwerfen, die sowohl im Flachland mit hohen Geschwindigkeiten als auch im Gebirgsdienst mit hohen Zugkräften bei niedriger

Geschwindigkeit verkehren sollten. Zudem war in Österreich der Bau leistungsfähiger Triebfahrzeuge lange Jahre durch die niedrige zulässige Achslast von 145 kN behindert.

Den angeführten Beispielen kann man entnehmen, daß es zu Zeiten des Dampfbetriebs für eine Schnellzuglokomotive eine respektable Leistung war, auf 25 Promille Steigung eine Anhängelast von 200 t (entsprechend 5 D-Zug-Wagen) mit 40 km/h den Berg hinaufzubefördern. Wegen ihrer sehr beschränkten Leistung und der Verqualmung der Tunnels wurde die Dampflokomotive relativ früh abgelöst.

5.3. Dieselbetrieb

In der Form von Dieseltriebzügen für den schnellen Fernreisezugdienst haben einige der genannten Gebirgsbahnen den Dieselbetrieb gekannt. In keinem Fall konnten diese Triebzüge auf den Steilrampen bei der Bergfahrt die höchstzulässige Streckengeschwindigkeit erreichen. Seit 1972 sind auf den genannten Strecken alle Dieseltriebzüge durch lokomotivbespannte Garnituren ersetzt worden.

Auf der Steilrampe der Schwarzwaldbahn konnte sich der Betrieb mit Diesellokomotiven mit etwa 20 Jahren relativ lange halten. Gegenüber dem früheren Dampfbetrieb war sowohl eine Fahrzeitverkürzung als auch eine Verminderung der Zugförderungskosten möglich. Die Fahrzeiten schwerer D-Züge waren jedoch auch hier zu lang und konnten nach der Einführung des elektrischen Betriebs drastisch reduziert werden. So erzielte der D 509 mit einer Fahrplanlast von 400 t zwischen Offenburg und Villingen dieselbespannt eine Reisegeschwindigkeit von 57 km/h, bei elektrischem Betrieb eine solche von 72 km/h.

Auch sei auf die relativ lange Aufrüstzeit der Diesellokomotiven hingewiesen. Die Diesellokomotive 221 benötigt eine solche von 60 Minuten gegenüber etwa 10 Minuten bei der Elektrolokomotive 139.

5.4. Elektrifizierung

5.4.1. Vorgeschichte

Die Schweiz, Österreich und Deutschland fällten den Entscheid über Elektrifizierungsvorhaben letztlich auf politischer Ebene. Entsprechend versuchten die Vertreter der einzelnen Wirtschaftsgruppen dort ihren Einfluß geltend zu machen. Erst bei einer gut abgestimmten Zusammenarbeit von Eisenbahnfachleuten und Politikern konnte die manchmal übermächtig erscheinende Lobby bestimmter Gruppierungen von Industrieunternehmen in deren Argumentation entkräftet und ein bestimmtes Elektrifizierungsprojekt vom zuständigen Parlament gutgeheißen werden.

5.4.2. Elektrifizierungsarbeiten

Die schweizerischen Normalspurbahnen verwendeten für den elektrischen Zugbetrieb mit Einphasenwechselstrom von Anfang an einen wesentlich schmaleren Stromabnehmer als die Bahnen in Deutschland und Österreich. Dies verminderte zwar die Kosten für Gleisabsenkungsarbeiten im Tunnel, gleichzeitig erhöhte sich aber der Aufwand für Bau und Unterhalt der Fahrleitungsanlage durch den kleineren Stützpunktabstand.

Bis Mitte der dreißiger Jahre überspannte man bei Elektrifizierungen die vorhandenen Gleis- und Stationsanlagen, bestenfalls wurden Brücken verstärkt. Später wurde im Zusammenhang mit den Elektrifizierungsarbeiten ein immer umfassenderer Streckenumbau mit Trassebegradigungen, Bahnhofsneubauten und einer Erneuerung des Oberbaus und der Signalanlagen durchgeführt, um die durch den elektrischen Betrieb mögliche größere Streckenkapazität und die höhere Fahrgeschwindigkeit der Züge voll auszunützen.

Den immer leistungsfähigeren Triebfahrzeugen mußten alle Komponenten der ortsfesten Anlagen der elektrischen Zugförderung entsprechend angepaßt werden. Diese Anpassung der Kraftwerks- und Unterwerksleistungen, der Bahnstrom-Übertragungsleitungen und der Fahrleitungsquerschnitte an die hohe Primärstromentnahme neuerer Elektrolokomotiven ist nur im Lauf der Zeit möglich, da diese Anlagen oftmals neu gebaut werden müssen. Teilweise ist dies so schleppend geschehen, daß Hochleistungstriebfahrzeuge für solche Strecken nur unter Einschränkungen herangezogen werden können, z. B. durch eine Begrenzung der Primärstromentnahme auf dem Triebfahrzeug.

5.5. Bespannung der Schnellzüge bei elektrischem Betrieb

Alle Elektrolokomotiven mit Stangenantrieb aus der Anfangszeit des elektrischen Zugbetriebs wurden schon relativ früh aus dem Gebirgsdienst in untergeordnete Dienste im Flachland abgezogen. Die vor allem in den zwanziger und dreißiger Jahren gebauten Maschinen mit Einzelachsantrieb und Laufachsen entsprachen je nach der Ausbildung des Laufwerks auf Gebirgsstrecken besser und verkehren teilweise auch jetzt noch dort.

Am besten bewährten sich die laufachslosen Bo'Bo'-Lokomotiven im Schnellzugdienst auf Steilrampen, und zwar in bezug sowohl auf die höchstzulässigen Anhängelasten als auch auf den Schienen- und Spurkranzverschleiß. Gleiches gilt für die Lokomotiven der Achsfolge Bo'Bo'Bo'.

Die aus den Bo'Bo'-Maschinen abgeleiteten Gebirgs-Schnellzuglokomotiven der Achsfolge Co'Co' konnten gegenüber jenen wohl eine um 50% höhere Anhängelast auf der Steilrampe befördern, doch beanspruchten sie dort erheblich stärker den Oberbau. Deshalb wurden die Co'Co'-Lokomotiven im Rahmen des Möglichen von den Gebirgsbahnen mit vielen engen Krümmungsradien abgezogen und dafür dem Güterzugdienst auf Strecken mit größeren Kurvenradien zugewiesen.

Die durch Co'Co'-Lokomotiven auf Gebirgsbahnen aufgetretenen Schwierigkeiten hängen auch mit folgendem zusammen: Bis in die fünfziger Jahre (vorher nur vereinzelt) versuchte man, dynamische Probleme auf statische Ansätze zurückzuführen, z. B. bei der Re 4/4 I der SBB: Eine niedrige statische Achslast bietet die Gewähr für eine geringe Gleisbeanspruchung bei hohen Fahrgeschwindigkeiten; oder im Fahrleitungsbau: Die horizontale Fahrdrahtlage soll eine gute Stromabnahme bei hohen Geschwindigkeiten gewährleisten. Seither findet man zunehmend eine Berücksichtigung und Analyse dynamischer Phänomene.

Einerseits liegt dies an den früheren Meßverfahren, da es wesentlich schwieriger ist, dynamische Phänomene quantitativ zu erfassen als statische – man denke nur an das einfach erscheinende Problem der ununterbrochenen Messung der Temperatur an verschiedenen Stellen eines Fahrmotorläufers während einer Meßfahrt. Andererseits standen wohl früher die mathematischen Methoden zur Verfügung, um derartige Vorgänge zu deuten, nicht dagegen Rechenanlagen mit einem hinreichend großen Speichervermögen. Erst die EDV-Technik erfaßt und analysiert dynamische Probleme in nützlicher Zeit hinreichend genau.

Die ständig weiter getriebene Materialausnützung ließ bei gleicher Dienstmasse eines elektrischen Triebfahrzeugs sowohl die Stundenleistung als auch die zugehörige Geschwindigkeit immer weiter anwachsen – man vergleiche die Werte der Ae 4/4 Serie 251 der BLS mit jenen der Re 4/4 Serie 161. Die neueren für den Gebirgs-Schnellzugdienst
D 51 geeigneten Bo'Bo'-Lokomotiven haben eine Stundenzugkraft bei maximaler Motorspannung von ca. 150 kN bis etwa 80 km/h und eine Höchstgeschwindigkeit von mindestens 140 km/h. Bei Triebfahrzeugen mit kleinerer Stundenzugkraft ist die zulässige Anhängelast auf den hier betrachteten Gebirgsbahnen zu gering, sie benötigen dort im Regelfall

Vorspann. Ist dagegen die Höchstgeschwindigkeit des Triebfahrzeuges wesentlich kleiner, ergibt sich für die Reisegeschwindigkeit der Schnellzüge auf den an die Steilrampe anschließenden günstig trassierten Talstrecken im Regelfall ein kommerziell unbefriedigender Wert. Schließlich muß die Dauerzugkraft bei Höchstgeschwindigkeit und maxima- D 52
ler Motorspannung hinreichend groß sein, um auch im Flachland Schnellzüge tatsächlich mit der höchstzulässigen Streckengeschwindigkeit fahren zu können. So erfordert die Beförderung eines Schnellzugs von 400 t auf 5 Promille Steigung mit 140 km/h eine Zugkraft von ca. 65 kN. In den langen Alpentunnels ist wegen des Luftwiderstands die erforderliche Zugkraft erheblich höher; auch erfordert das rasche Beschleunigen von Schnellzügen nach Geschwindigkeitsbeschränkungen im oberen Geschwindigkeitsbereich einen Zugkraftüberschuß.

Bemerkenswerterweise ist trotz aller Versuche der Einphasen-Reihenschlußmotor in der Schaltung nach Behn-Eschenburg bis jetzt vorherrschend geblieben. Die Umformer-Lokomotiven in Österreich waren entweder nicht betriebstüchtig oder erforderten einen zu hohen Unterhaltsaufwand; letzteres gilt auch für die meisten der Versuchsmaschinen im 50 Hz-Betrieb der Höllentalbahn. Erst die Halbleitertechnik gestattete den Bau betriebstüchtiger und wartungsarmer Gleichrichter-Lokomotiven, zunächst mit konventioneller Stufensteuerung, dann stufenlos mittels Thyristoren. Die „Systemfrage", die zuletzt in den fünfziger Jahren die Fachwelt bewegte, ist kein Streitobjekt mehr. Mit dem Einbau von Thyristoren ähneln einander die Triebfahrzeuge für 50 Hz bzw. $16^{2}/_{3}$ Hz prinzipiell immer mehr; solche für Gleichstrombetrieb lassen sich daraus leicht ableiten. Thyristormaschinen führten im Bahnbetrieb allerdings zu Schwierigkeiten durch Beeinflussung der Signaleinrichtungen und hohen Blindstrombedarf, zudem hatte sich der Mischstrom-Fahrmotor nicht immer als voll betriebstüchtig erwiesen.

Als die FS in Piemont die verbleibenden mit Drehstrom betriebenen Strecken allmählich auf Gleichstrom umstellten, entwickelte BBC Triebfahrzeuge mit Drehstrom-Asynchronmotoren und Vierquadranten-Steller. Nach erfolgreichem Abschluß der System- und Komponentenerprobung konzentrieren sowohl die DB als auch die SBB ihre Entwicklungsarbeit auf Triebfahrzeuge dieser Technik, die tiefgreifende Veränderungen im maschinentechnischen Bereich erwarten lassen. Sollten sich diese Hoffnungen erfüllen – insbesondere bezüglich Unterhaltskosten –, so dürften wohl wirtschaftliche Gründe die jetzt noch teilweise vorhandene Typenvielfalt bei den einzelnen Bahnverwaltungen rasch einschränken. Es bestehen aber gute Aussichten, daß einzelne Vertreter charakteristischer älterer Elektrolokomotiv-Bauarten, die jetzt noch den Betriebsmaschinendienst auf manchen Gebirgsbahnen Mitteleuropas prägen, auch dann noch betriebsfähig erhalten bleiben.

Zusammenstellung einschlägiger Landkarten

Schweiz

Landeskarte der Schweiz 1 : 50 000

Lötschbergbahn

253 Gantrisch
263 Wildstrubel
264 Jungfrau
274 Visp

siehe auch:
5004 Berner Oberland
Ausschnitte aus der Landeskarte mit Beschreibung der Höhenwege an der Nord- bzw. Südrampe der Lötschbergbahn (hg. BLS)

Gotthardbahn

235 Rotkreuz
236 Lachen
245 Stans
246 Klausenpass
255 Sustenpass
256 Disentis
265 Nufenenpass
266 Valle Leventina
276 Valle Verzasca
286 Malcantone
296 Chiasso

Jura – Simplon-Strecke

251 La Sarraz
261 Lausanne
262 Rochers de Naye
272 St-Maurice
282 Martigny
273 Montana
274 Visp
275 Valle Antigorio
285 Domodossola

Franco – Suisse-Linie

241 Val de Travers
242 Avenches

Österreich

Österreichische Karte 1 : 50 000

Arlbergbahn

141 Feldkirch
142 Schruns
143 St. Anton
144 Landeck

Tauern- und Karawankenstrecke

124 Saalfelden
125 Bischofshofen
154 Rauris
155 Markt Hofgastein
181 Obervellach
182 Spittal an der Drau
183 Radenthein
200 Arnoldstein
201 Villach
210 Aßling

Brennerbahn

118 Innsbruck
148 Brenner
siehe auch Alpenvereinskarten 1 : 50 000:
31/5 Innsbruck
31/3 Brennergebiet

Semmeringbahn

104 Mürzzuschlag
105 Neunkirchen

Deutschland

Topographische Karte 1 : 50 000

Frankenwaldlinie

L 5534 Lobenstein
L 5734 Teuschnitz
L 5732 Sonneberg
L 5932 Lichtenfels

Höllentalbahn

L 8112 Freiburg im Breisgau-Süd
L 8114 Neustadt im Schwarzwald
L 8116 Donaueschingen

Schwarzwaldbahn

L 7512 Offenburg
L 7514 Oberkirch
L 7714 Haslach im Kinzigtal
L 7914 Furtwangen
L 7916 Villingen – Schwenningen
L 8116 Donaueschingen
L 8118 Tuttlingen
L 8318 Singen (Hohentwiel)
L 8320 Konstanz

Diese Landkarten sind in jeder geographischen Fachbuchhandlung und bei Touristenvereinen erhältlich.

B 1 BLS Re4/4 177 mit Zug 10376 (Rarnerkumme, 27. 7. 1974). *Foto Schwach*

B 2 BLS Be5/7 157 mit Schnellzug (Kandersteg, 1913). *Foto BLS*

B 3 BLS Be5/7 mit Schnellzug auf dem Lonza-Viadukt, Lötschberg mit Kleinem und Großem Hockenhorn (3293 m) bei Goppenstein, etwa 1920. *Foto Klopfenstein*

B 4 BLS Be6/8 201 mit Schnellzug (BLS-Südrampe, etwa 1939). *Foto Verkehrshaus der Schweiz (VHS)*

B 5 BLS Ae6/8 204 und Re4/4 164 mit Zug 571 (Brig, 4. 8. 1973). *Foto Schwach*

B 6 BLS Ae4/4 254 mit Schnellzug beim Felsen *Viktoria-Kopf* (BLS-Südrampe, etwa 1950).
Foto Klopfenstein

B 7 BLS Ae4/4 252 mit Autozug (Goppenstein, 26. 7. 1974). *Foto Schwach*

B 8 BLS Ae8/8 274 mit Zug 5381 (Ausserberg, 27. 7. 1974). *Foto Schwach*

B 9 SNCF BB-20104 mit Zug DB (Benfeld, 28. 1. 1962). *Foto Schwach*

B 10 BLS Re4/4 164 mit Zug 684 auf dem Kanderviadukt (Frutigen, 7. 8. 1974). *Foto Schwach*

B 11 BLS Re4/4 161 (Thyristor-Versuchslokomotive), aufgenommen in Brig am 11. Juli 1975, zwei Wochen vor dem Ausfall durch Blitzschlag. *Foto Schwach*

B 12 BLS ABDe4/8 Serie 749, 750 als Zug 908 (Spiez, 28. 7. 1974). *Foto Schwach*

B 13 BLS CFe4/5 786 mit Personenzug auf der Bietschtalbrücke, darüber das Augstbordhorn (2973 m), fotografiert vor 1941. *Foto Klopfenstein*

B 14 BN CFe4/5 721 bei der Ablieferung (1929). *Foto SIG*

B 15 BLS De4/5 796 mit Zug 3852 (Faulensee, 29. 7. 1977). *Foto Schwach*

B 16 Alltag im BLS-Depot Spiez: Ce4/4 308, ABDe4/8 755, De4/5 792, Re4/4 173 und Ae6/8 207 (28. 7. 1977). *Foto Schwach*

B 17 BLS BCFe4/8 746, jetzt ABDe4/8, bei der Ablieferung (bei Neuhausen, 1954). *Foto SIG*

B 18 BLS ABDe4/8 751 bei der Ablieferung (Gwatt, 1964). *Foto SIG*

B 19 BLS Ce4/4 762, jetzt Be4/4 762, bei der Ablieferung 1953. *Foto SIG*

B 20 SBB Re4/4II 11117 mit Zug 524 (Biasca, 26. 8. 1972). *Foto Schwach*

B 21 SBB A3/5 214 und 218 mit Schnellzug (Erstfeld, um 1900). *Foto Verkehrshaus der Schweiz (VHS)*

B 22 SBB Be4/6 12311 mit Personenzug beim Verlassen des Gotthardtunnels (Göschenen, um 1925). *Sammlung Schwach*

B 23 SBB Be4/7 Serie 12501 mit Schnellzug (Capolago, um 1925). *Sammlung Schwach*

B 24 SBB Ae4/7 10997 mit Schnellzug beim Verlassen des Gotthardtunnels (Airolo, um 1957). *Foto SBB*

B 25 SBB Ae8/14 11801 mit Schnellzug (Wassen, Juli 1946). *Foto SBB*

B 26 SBB Ae8/14 11852 mit Schnellzug (Giornico, 1965). *Foto SBB*

B 27 SBB Ae4/6 10803 mit Schnellzug (Gotthard-Nordrampe, Juli 1946). *Foto SBB*

B 28 SBB Ae4/6 10802 mit Zug 57 (Basel SBB, 20. 4. 1962). *Foto Schwach*

B 29 SBB Re4/4I 10013 mit Zug 1957 (Giubiasco, 16. 8. 1965). *Foto Schwach*

B 30 SBB Ae6/6 11458 mit Güterzug, Re4/4I 10002 mit Zug 362 (Brunnen, 8. 7. 1975). *Foto Schwach*

B 31 SBB Ae6/6 11401 nach der Ablieferung 1952. *Foto SBB*

B 32 SBB Ae6/6 11404 mit Schnellzug (Faido, 1955). *Foto SBB*

B 33 SBB Ae6/6 in Doppeltraktion mit Zug 538; es führt die Nr. 11449 (Giubiasco, 16. 8. 1965).
Foto Schwach

B 34 Zwei SBB Re4/4II Serie 11107–55 in Vielfachsteuerung mit Schnellzug (bei Faido, Juni 1973).
Foto Marti

B 35 SBB Re4/4II 11160 mit TEE74 'Roland' (Luzern, 25. 8. 1973). *Foto Schwach*

B 36 SOB Re4/4III 41 mit Zug 96 'Gotthard-Express' (Göschenen, 28. 1. 1969). *Foto Heer*

B 37 SBB Re4/4III 11359 mit Zug 427 (Giubiasco, 21. 8. 1973). *Foto Schwach*

B 38 SBB Re4/4III 11357 und 11365 in Vielfachsteuerung mit Zug 424 (Bellinzona, 30. 8. 1972). *Foto Schwach*

B 39 SBB Re6/6 11601 nach der Ablieferung (1972). *Foto SBB*

B 40 SBB Re6/6 11604 mit Zug 381 (Flüelen, 8. 7. 1975). *Foto Schwach*

B 41 SBB RAe 1053 im Ablieferungszustand (1961). *Foto SIG*

B 42 SBB RAe als TEE59 'Gottardo' (Faido, Juni 1973). *Foto Marti*

B 43 SBB RBe4/4 1416 mit Zug 278, im Hintergrund La Valère und Tourbillon bei Sion, rechts oben Haute de Cry (2969 m; St-Léonard, 8. 8. 1973). *Foto Schwach*

B 44 SBB C4/5 2719 übernimmt Zug PM von Drehstrom-Lokomotive Fb3/5 Serie 364, 365 (Iselle, um 1910). Im Gegensatz zum Original-Bildtext (Train de luxe Milan – Paris) zeigt die Fotografie einen Zug in der Relation Paris – Mailand. *Foto Verkehrshaus der Schweiz (VHS)*

B 45 Lokomotive Nr. 362 der Rete Adriatica (RA) mit dem Simplon-Express (Brig, 1906). *Foto SBB*

B 46 SBB Fb4/4 366 (Brig, wahrscheinlich 1907). *Foto SBB*

B 47 SBB Fc4/6 371 (Brig, 1914). *Foto BBC*

B 48 SBB Ae3/6I 10704 mit Zug 1808 (Brig, 7. 8. 1973). *Foto Schwach*

B 49 SBB Ae4/7 11018 mit Schnellzug (Preglia, Mai 1963). *Foto SBB*

B 50 SBB Re4/4 407 mit Personenzug zwischen Genf und Lausanne (etwa 1950). *Foto SBB*

B 51 SBB Re4/4I 10043 mit Zug 211 (Morges, 30. 5. 1964). *Foto Schwach*

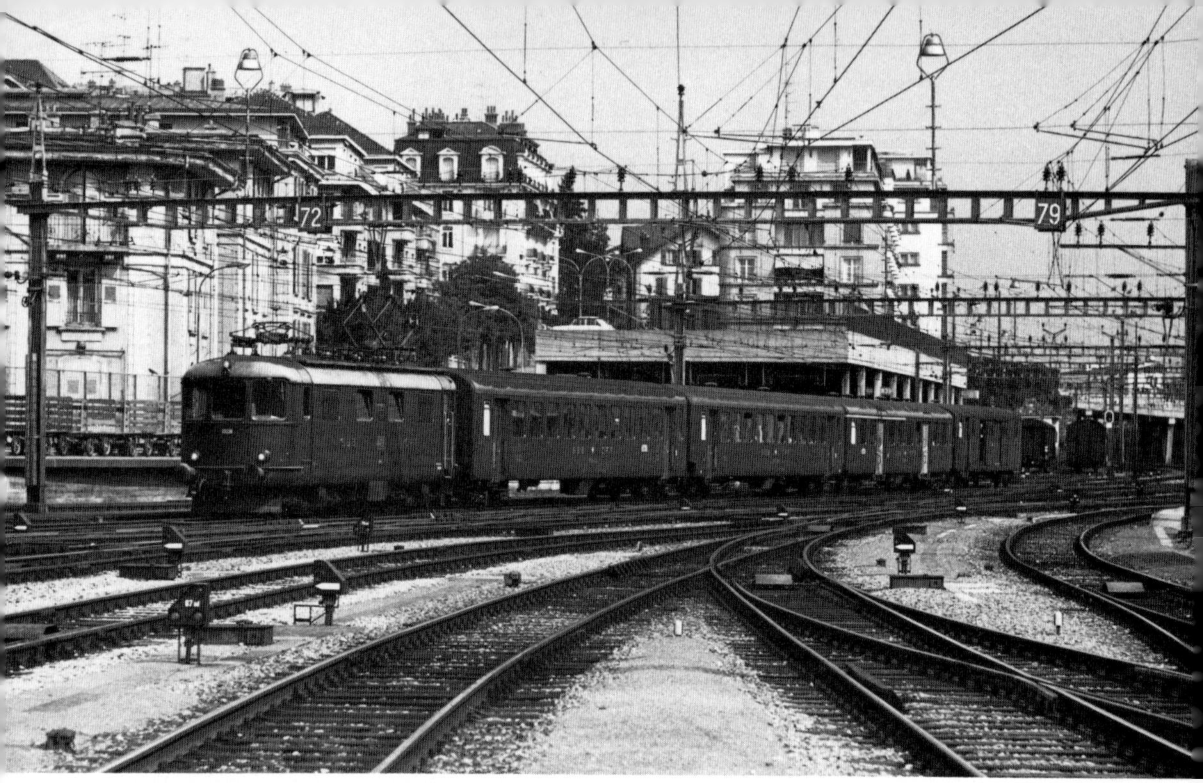

B 52 SBB Re4/4I 10038 mit Zug 2546 (Lausanne, 25. 7. 1976). *Foto Schwach*

B 53 SBB Ae6/6 11478 mit Zug 10270 (Martigny, 25. 7. 1976). *Foto Schwach*

B 54 SBB RBe4/4 mit Zug 269 (St-Saphorin, 22. 8. 1972). *Foto Schwach*

B 55 SBB RBe4/4 1407 mit Zug 1818 (Martigny, 25. 7. 1976). *Foto Schwach*

B 56 SBB Re4/4II 11163 und 11263 in Vielfachsteuerung mit Zug 1642 (Vallorbe, 25. 7. 1976).
Foto Schwach

B 57 SBB Re4/4II 11251 mit TEE22 'Cisalpin', rechts zwei Wagen vom Zug 204, am Nordportal des Simplontunnels (Brig, 24. 7. 1976).
Foto Schwach

B 58 SBB Re6/6 11641 mit Zug 226 (Brig, 24. 7. 1976). *Foto Schwach*

B 59 SBB RAe als TEE35 'Cisalpin' (Chillon, 1961). *Foto SBB*

B 60 SNCF XD 2513 als Zug 293 (Lausanne, 1952).
Foto SBB

B 61 SNCF RGP als Zug 293 (Vallorbe, um 1955)
Foto SBB

B 62 FS ALn 442/448 als TEE16 'Lemano' (bei Sierre, etwa 1968).  *Foto SBB*

B 63 BLS Ae4/4 251 mit Zug 942 beim Fort de Joux (bei Pontarlier, Juni 1963). *Foto SBB*

B 64 SBB B3/4 1305 mit Personenzug im Val de Travers (etwa 1939). *Foto Hürlimann*

B 65 SBB Ae4/7 10943 mit Zug 7453, daneben RVT ABDe2/4 101 (Travers, 23. 7. 1976). *Foto Schwach*

B 66 SBB Re4/4I 10049 mit Zug 950 (Travers, 23. 7. 1976). *Foto Schwach*

B 67 SBB Re4/4II 11242 mit Zug 2454 (Noiraigue, 23. 7. 1976). *Foto Schwach*

B 68 SBB BFe4/4 1626 mit Zug 331; der Umbau des Bahnhofs Bern hat bereits begonnen (Sommer 1959).
Foto Schwach

B 69 SBB BDe4/4 1622 mit Zug 951 (Les Verrières, 23. 7. 1976). *Foto Schwach*

B 70 ÖBB 1110.04 mit Ex469 'Arlberg-Express' in Landeck-Perfuchs (2. 3. 1976), rechts oben die Parseierspitze (3036 m). *Foto Schwach*

B 71 Schnellzug mit BBÖ-Reihe 81 als Zug- und Reihe 170 als Schiebelokomotive (Flirsch, ca. 1925). *Sammlung Slezak*

B 72 BBÖ 1100.002 als Vorspann vor Reihe 170 mit Schnellzug (Zirl, ca. 1923). *Sammlung Griebl*

B 73 BBÖ 1029.15 mit Personenzug auf der Trisannabrücke (Wiesberg, 29. 7. 1932).
Foto Stögermayr / Sammlung Slezak

B 74 BBÖ 1082.01 mit Schnellzug in St. Anton (etwa 1931). *Sammlung Slezak*

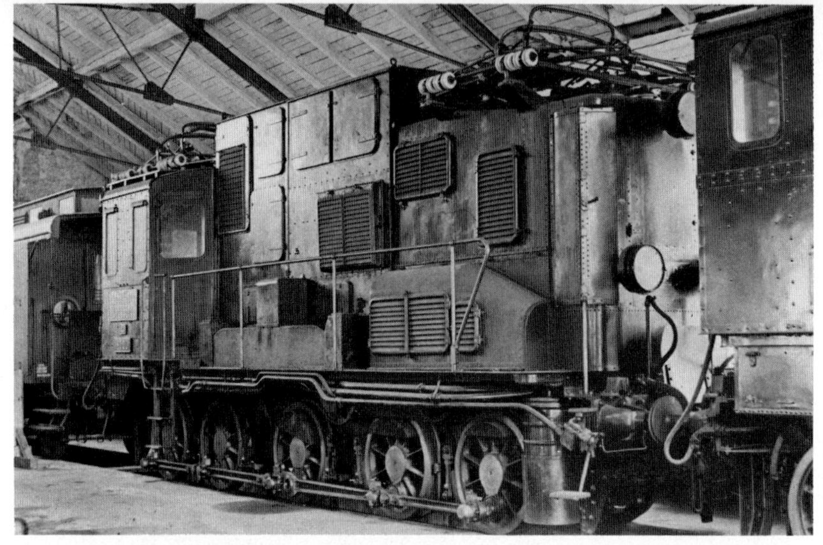

B 75A
BBÖ 1180.001, am 31. 7. 1933 in Bludenz.
Foto Stögermayr

B 75B
BBÖ 1470.001.
Foto Floridsdorf

B 76
ÖBB 1570.01 mit Sonderzug (Bregenz, 9. 6. 1963).
Foto Schwach

B 77 ÖBB 1670.21 mit Zug 5513, im Hintergrund die Lechtaler Alpen (St. Anton, 29. 2. 1976).
Foto Schwach

B 78 ÖBB 1670.104 mit Zug 5574 (Landeck, 1. 3. 1976). *Foto Schwach*

B 79 ÖBB E94 100 mit D235 auf dem Wäldli-Tobel-Viadukt (bei Klösterle, Sommer 1950). *Foto Zell / Griebl*

B 80 ÖBB 1010.11 mit Schnellzug (bei Landeck, etwa 1958). *Foto Navé*

B 81 ÖBB 1110.03 mit D241 (Stams, 20. 4. 1976). *Foto Schwach*

B 82 ÖBB 1110.521 und 1110.13 mit E640 (Bludenz, 2. 3. 1976). *Foto Schwach*

B 83 ÖBB 4010.03 als TS463 'Transalpin' (Strengen, 2. 3. 1976). *Foto Schwach*

B 84 ÖBB 4130.02 als TS13 'Transalpin' (Schwarzach-St. Veit, 1958). *Foto Pfeiffer*

B 85 ÖBB 4130.03 als Zug 4967 (Faak am See, 9. 7. 1977). *Foto Schwach*

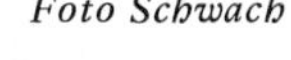

B 86 ÖBB 4010.03 als TS462 'Transalpin' (Landeck, 1. 3. 1976). *Foto Schwach*

B 87 ÖBB 4010.19 als TS465 'Bodensee' (bei Bludenz, 26. 10. 1976). *Foto Schwach*

B 88 ÖBB 1042.603 mit Zug 5215 (Matrei, Altstadt, 18. 4. 1976). *Foto Schwach*

B 89 FS Aln 442/448 beim Brennersee (1968). *Foto Fritz*

B 90 Die BBÖ-Lokomotive 1080.017, zwischen 1939 und 1953 mit der DRB/ÖStB-Nummer E88 017 beschriftet, 1949 in Innsbruck West. *Foto Zell / Griebl*

B 91 BBÖ 1170.204 mit Schnellzug (St. Jodok, um 1935). *Sammlung Krutiak*

B 92 ÖBB 1670.08 und DB 110 183-1 mit D1481 (Matrei, 18. 4. 1976); im Hintergrund der Patscherkofel (2246 m). *Foto Schwach*

B 93 ÖBB 1020.24 und 1042.607 mit D285 beim Schloß Trautson (Matrei, 19. 4. 1976). *Foto Schwach*

B 94 ÖBB 1042.610 mit D286 (St. Jodok, 19. 4. 1976). *Foto Schwach*

B 95 DB 110 365-4 mit TEE84 'Mediolanum' (St. Jodok, 19. 4. 1976). *Foto Schwach*

B 96 ÖBB 1042.613 und DB 110 365-4 mit Ex281 'Alpen-Express' (St. Jodok, 19. 4. 1976). *Foto Schwach*

B 97 ÖBB 1020.08 und DB 194 118-6 mit Güterzug (bei Matrei, 18. 4. 1976). *Foto Schwach*

B 98 DB 111 033-7 und ÖBB 1042.556 mit D285 (München Hauptbahnhof, 4. 7. 1977). *Foto Schwach*

B 99 ÖBB 1043.02 mit Güterzug (Mallnitz, 14. 4. 1976); im Hintergrund die Gamskarspitze (2832 m).
Foto Schwach

B 100 BBÖ 100.01 mit Schnellzug auf der Angerschlucht-Brücke (19. 8. 1926).
Foto Stögermayr / Sammlung Slezak

B 101 BBÖ 1100.105 mit Personenzug kreuzt Reihe 1280 mit Güterzug (Obervellach, ca. 1936).
Foto Schilcher / Sammlung Slezak

B 102 ÖBB E45 238 und E18.2 vor Schnellzug (Mallnitz, ca. 1950). *Foto Horejsch / Sammlung Slezak*

B 103 DRB E18 201, vermutlich bei einer Probefahrt, auf der Angerschlucht-Brücke (Februar 1940). *Foto AEG / Sammlung Krutiak*

B 104 ÖBB 1020.20 in Tarvis, im Hintergrund die Julischen Alpen (14. 7. 1977). *Foto Schwach*

B 105 ÖBB 1020.27 und DB 111 055-0 mit Ex291 Akropolis (Rosenbach, 12. 7. 1977). *Foto Schwach*

B 106 Die ÖBB-Lokomotive 1040.07, noch mit ihrer ursprünglichen Nummer 1170.307, auf Meßfahrt im Bahnhof Böckstein (1950). *Foto Wagner / Sammlung Cipek*

B 107 ÖBB-Lokomotiven 1041.23 und 1042.51 fahren mit einem Güterzug durch Klammstein (14. August 1966). *Foto Schmied*

B 108 ÖBB 1141.07 mit Zug 4201 (Villach Hauptbahnhof, 6. 7. 1977). *Foto Schwach*

B 109 ÖBB 1141.05 mit Zug 4972 (Faak am See, 23. 7. 1977); im Hintergrund der Mittagskogel (2143 m). *Foto Schwach*

B 110 Der TEE-Zug 'Blauer Enzian', gezogen von der ÖBB-Lokomotive 1010.18, auf dem Pfaffenberg-Zwenberg-Viadukt der Tauernbahn am 6. August 1969. Diese kühne Brückenkonstruktion hat inzwischen ausgedient; im Zuge des zweigleisigen Ausbaus und der Streckenbegradigung wurde weiter westlich eine mächtige Spannbetonbrücke errichtet. *Foto P. Schmied*

B 111 ÖBB 1110.25 mit Güterzug; hinter ihr die JŽ-Lokomotive 363-009, die von Belfort nach Jugoslawien überführt wird (Obervellach, 15. 4. 1976). *Foto Schwach*

B 112 ÖBB 1042.12 mit Ex218 'Tauern-Express' (Faak am See, 23. 7. 1977). *Foto Schwach*

B 113 ÖBB 1042.03 kreuzt 1042.20 und DB 110 397-7 mit E210 (Obervellach, 15. 4. 1976). *Foto Schwach*

B 114 ÖBB 1042.610 mit Ex218 auf dem Dössenbach-Viadukt (bei Mallnitz, 16. 4. 1976). *Foto Schwach*

B 115 ÖBB 1043.07 mit Güterzug wird überholt durch ÖBB 1020.06 und DB 110 333-2 mit Ex292 'Tauern-Orient' (Obervellach, 15. 4. 1976). *Foto Schwach*

B 116 ÖBB 1043.08 mit Ex219 'Tauern-Express', die ihn ausnahmsweise infolge Verspätung des Gegenzuges anstelle der eingeteilten 1042 führt (bei Faak am See, 8. 7. 1977); im Hintergrund die Villacher Alpe (2166 m). *Foto Schwach*

B 117 ÖBB 1043.03 und DB 110 263-1 mit Ex216 'Austria-Express' (Mallnitz, 15. 4. 1976). *Foto Schwach*

B 118 DB 110 156-7 mit D9027 (Faak am See, 22. 7. 1977). *Foto Schwach*

B 119 DB 110 315-9 mit D1217 (Villach Hauptbahnhof, 16. 7. 1977). *Foto Schwach*

B 120 DB 111 059-2 mit Ex291 'Akropolis' (bei Faak am See, 24. 7. 1977). *Foto Schwach*

B 121 DB 111 041-0 mit Ex291 (bei Finkenstein, 20. 7. 1977). *Foto Schwach*

B 122 ÖBB 4010.13 als TS136 'Carinthia' auf dem Unteren Adlitzgraben-Viadukt (12. 4. 1976).
Foto Schwach

B 123 ÖBB 33.138 mit Schnellzug (bei Spital am Semmering, etwa 1953). *Foto Kraus*

B 124 ÖBB 5045.01 auf dem Kalte-Rinne-Viadukt (Anfang 1953). *Sammlung Slezak*

B 125 ÖBB 1141.07 und 2020.01 mit Schnellzug (bei Breitenstein, Juni 1962). *Foto Kraus*

B 126 ÖBB 1010.18 vor einer weiteren 1010 mit Schnellzug (bei der Kalten Rinne, Februar 1960). *Foto Pfeiffer*

B 127 ÖBB 1042.532 mit D256 (Rumplergraben-Viadukt, 13. 4. 1976). *Foto Schwach*

B 128 ÖBB 1042.658 mit D252 (Wolfsberg-Tunnel, 12. 4. 1976). *Foto Schwach*

B 129 ÖBB 1042.555 und 1042.652 mit D239 (zwischen Klamm und Breitenstein, 13. 4. 1976).
Foto Schwach

B 130 Der D 239, gezogen von zwei Lokomotiven der Reihe 1044 (vorn die 1044.08), verläßt den Weinzettelfeld-Tunnel (25. 5. 1978).
Foto Eltner

B 131 ÖBB 4061.01 fährt, aus dem Semmering-Tunnel kommend, in den Bahnhof Semmering ein (25. 7. 1961).
Foto Slezak

B 132 ÖBB 4010.17 als TS153 'Semmering' auf dem Unteren Adlitzgraben-Viadukt (12. 4. 1976).
Foto Schwach

B 133 DB 118 039-7 mit Zug 3410 auf der Trogenbachtal-Brücke (Ludwigsstadt, 11. 8. 1976). *Foto Schwach*

B 134 Schnellzug München–Berlin mit Baureihe 18.5 als Zug- und 96.0 als Schublokomotive bei der Kohlmühle unterhalb Steinbach am Wald (etwa 1931). *Foto DB, BD Nürnberg*

B 135 DRB SVT04.1 (Bauart Hamburg) in der Fränkischen Schweiz (etwa 1937). *Foto DB, BZA Minden*

B 136 DRB E18 07 mit Versuchszug zwischen Rosenheim und München (1935/36). *Foto AEG*

B 137 DB E18 20 im Jahre 1952. *Foto DB, BD Karlsruhe*

B 138 DB 118 039-7 mit E2002 (Ludwigsstadt, 11. 8. 1976). *Foto Schwach*

B 139 DB 110 005-6 und 144 116-1 als Lokzug, 118 036-3 mit Zug 6725 (Ludwigsstadt, 10. 8. 1976). *Foto Schwach*

B 140 DB E19 02 mit Schnellzug (Lichtenfels, 8. 9. 1948). *Foto DB, BD Nürnberg*

B 141 DB E19 01 überquert mit einem Schnellzug die Zonengrenze (Falkenstein, etwa 1965). *Foto DB, BD Nürnberg*

B 142 DB 119 002-4 mit Zug 6708 (bei Steinbach am Wald, 10. 8. 1976). *Foto Schwach*

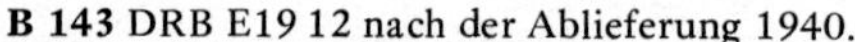

B 143 DRB E19 12 nach der Ablieferung 1940.

B 144 DB E10 003 im Jahre 1952. *Foto SSW*

B 145 DB 194 541-9 mit Güterzug (Ludwigsstadt, 11. 8. 1976). *Foto Schwach*

B 146 DB 194 542-7 mit Güterzug (oberhalb Ludwigsstadt, 10. 8. 1976). *Foto Schwach*

B 147 DB 110 002-3 mit D402 (Erlangen, 21. 2. 1977). *Foto Schwach*

B 148 DB 110 003-1 mit D402 (Kronach, 11. 8. 1976). *Foto Schwach*

B 149 DB 110 175-7 als Schublok (Ludwigsstadt, 11. 8. 1976). *Foto Schwach*

B 150 DB E10 1265 mit F10 'Rheingold' (Orschweier, 8. 11. 1964). *Foto Schwach*

B 151 DB 140 812-9 mit Zug 6711 (Förtschendorf, 22. 2. 1977). *Foto Schwach*

B 152 DB ET 32 022 als Eiltriebwagen (Steinbach am Wald, etwa 1950). *Foto DB, BD Nürnberg*

B 153 DB 145 169-9 mit Zug 4570 verläßt den Loretto-Tunnel (Freiburg, 12. 6. 1976). *Foto Schwach*

B 154 Eilzug Freiburg – Ulm mit zwei Lokomotiven der badischen Baureihe VIb als Zug- und einer badischen Zahnradlokomotive IXb als Schublokomotive (Ravenna-Viadukt, etwa 1928).

Foto Metz / Sammlung Schwach

B 155 DB-Baureihe 85 mit Personenzug auf dem Ravenna-Viadukt (um 1955). *Sammlung Schwach*

B 156 DB 215 062-1 mit E2263 kreuzt Nto 4566; links DB 260 539-2 mit Arbeitszug (Loffingen, 29. Oktober 1975) *Foto Schwach*

B 157 DRB E244 21 auf Probefahrt (Feldberg-Bärental, 1936); im Hintergrund der Feldberg (1493 m). *Foto DB, BD Karlsruhe*

B 158 DRB E244 11 mit Personenzug auf dem Ravenna-Viadukt (vor 1945). *Sammlung Schwach*

B 159 DB E244 01 mit Eilzug auf dem Ravenna-Viadukt (um 1955). *Sammlung Schwach*

B 160 DRB E244 31 nach der Fertigstellung im Werksgelände der Firma Krupp (1936). *Sammlung Slezak*

B 161 DB ET255 01 (Freiburg Hauptbahnhof, 1950). *Foto DB, BD Karlsruhe*

B 162 DB 211 290-2 mit Güterzug und DB 145 169-9 mit E3585 (Neustadt, 2. 7. 1977). *Foto Schwach*

B 163 DB 145 181-4 mit Zug 4567 beim Oberen Hirschsprung-Tunnel (8. 5. 1976). *Foto Schwach*

B 164 DB E40 1131 mit E586 (Kappelertal, 9. 2. 1965). *Foto Schwach*

B 165 DB 139 136-6 mit Zug 4553 verläßt den Finsterrank-Tunnel (bei Hinterzarten, 9. 5. 1976). *Foto Schwach*

B 166 DB 110 303-5 mit Zug 775 'Schwarzwald-Express' (bei Titisee, 11. 6. 1976). *Foto Schwach*

B 167 DB 110 109-6 und 110 446-2 mit Sonderzug (Freiburg, 12. 6. 1976). *Foto Schwach*

B 168 DB 221 149-8 mit D381, Hohentwiel (686 m; Singen, 8. 6. 1976). *Foto Schwach*

B 169 DB 038 772-0 und 038 382-8 mit Sonderzug auf der Gutach-Brücke (bei Niederwasser, 8. 4. 1973).
Foto Schwach

B 170 DB V200 030 mit E676 (Triberg, 25. 2. 1963). *Foto Schwach*

B 171 DB 220 039-2 mit E2257 (Marbach, 14. 8. 1974). *Foto Schwach*

B 172 DB 221 125-8 mit DC481 'Schweizerland' beim Hattinger-Tunnel (8. 6. 1976). *Foto Schwach*

B 173 DB 218 278-0 mit E 3616 (Talmühle, 8. 6. 1976). *Foto Schwach*

B 174 DB 221 123-3, 221 143-1 und 215 095-1 im Betriebswerk Villingen (14. 5. 1976). *Foto Schwach*

B 175 DB 139 558-1 mit E2259 verläßt den Sommerau-Tunnel (27. 6. 1976). *Foto Schwach*

B 176 DB 139 132-5 und 139 134-1 mit D570 (oberhalb Nußbach, 7. 10. 1976). *Foto Schwach*

B 177 DB 139 563-1 mit D570 (bei Villingen, 15. 1. 1977). *Foto Schwach*

B 178 DB 221 102-7 und 139 559-9 beim Lokomotivwechsel für den D508 (Villingen, 2. 5. 1976).
Foto Schwach

B 179 DB 139 314-9 mit Sonderzug anläßlich der Aufnahme des elektrischen Zugbetriebs von Villingen nach Konstanz (Engen, 20. 9. 1977).
Foto Schwach

B 180 Im Fahrplanabschnitt Winter 1977/78 verließen die letzten Diesellokomotiven die Schwarzwaldbahn (221 bei Villingen, 12. 1. 1974). *Foto Schwach*

6. Anmerkungen

Abkürzungen von Zeitschriften

BBC BBC Mitteilungen, Brown Boveri Mitteilungen
DB Die Bundesbahn
EB Elektrische Bahnen
EKB Elektrische Kraftbetriebe und Bahnen
ETR Eisenbahntechnische Rundschau
EuM Elektrotechnik und Maschinenbau
GA Glasers Annalen
Organ Organ für die Fortschritte des Eisenbahnwesens
SBB SBB Nachrichtenblatt
SBZ Schweizerische Bauzeitung

6.1. Einleitung

1 Ascanio Schneider, *Gebirgsbahnen Europas* (Zürich, 1963)
2 Josef Eisenmann, 'Alpenbahnen', *ETR*, 10 (1961), S. 181
3 Theodor Vogel, 'Die zentraleuropäische Bahnelektrisierung mit Einphasen-Wechselstrom 15.000 Volt, 16 2/3 Hertz', *Jahrbuch des Eisenbahnwesens*, 7 (1956), S. 23
4 Leopold Niederstraßer, *Leitfaden für den Dampflokomotivdienst* (9. Auflage, Frankfurt am Main, 1957)
5 Autorenkollektiv, *Die Dampflokomotive* (Berlin, 1964), S. 328
6 Max Englmann und Herbert Ludwig, *Handbuch der Dieseltriebfahrzeuge der Deutschen Bundesbahn* (1. Auflage, Frankfurt am Main, 1963), S. 379
7 *Henschel Lokomotiv-Taschenbuch* (Kassel, 1960), S. 137
8 Karl Töfflinger und Jürgen Kuhlow, 'Der Fahrmotor WB 372 der E 101- und E 40-Lokomotiven der Deutschen Bundesbahn', *EB*, 28 (1957), S. 115
9 Theodor Bödefeld und Heinrich Sequenz, *Elektrische Maschinen* (6. Auflage, Wien, 1962), S. 543
10 Wilhelm Herrmann, 'Die Drehmomentminderung als Hilfe für die Bewährungsprognose von Kohlebürsten auf Einphasenkommutatormotoren', *EB*, 48 (1977), S. 141
11 Karl Sachs, *Elektrische Triebfahrzeuge*, II (2. Auflage, Wien, 1973), S. 451

6.2. Schweiz

1 Dietler, 'Bern-Lötschberg-Simplon', *Enzyklopädie des Eisenbahnwesens*, II (2. Auflage, Berlin und Wien, 1912), S. 256
2 'Eröffnung der BLS-Doppelspur Hondrich-Süd – Frutigen', *Der öffentliche Verkehr*, 21 (1/1965), S. 6
3 R. Bratschi, *100 Jahre bernische Eisenbahnpolitik – 50 Jahre Lötschberg Bahn* (Bern, 1963), S. 57
4 Alfred Moser, *Der Dampfbetrieb der schweizerischen Eisenbahnen 1847–1966* (4. Auflage, Basel, 1967), S. 315
5 Alfred Leuenberger, *Rauch, Dampf und Pulverschnee* (Zürich, 1967), S. 57
6 Bratschi, S. 95
7 Karl Sachs, 'Der elektrische Betrieb der schweizer Bahnen und seine Geschichte', *Ein Jahrhundert Schweizer Bahnen*, I (Frauenfeld, 1947), S. 215
8 'Traktionsversuche mit hochgespanntem Einphasen-Wechselstrom', *SBZ*, 47 (1906), S. 23
9 Hugo Studer, 'Die elektrische Traktion mit Einphasenwechselstrom auf der S.B.B.-Linie Seebach – Wettingen', *SBZ*, 51 (1908), S. 185
10 Ebenda, S. 242
11 Ebenda, S. 251
12 Ebenda, S. 199
13 Ebenda, S. 215
14 Sachs, S. 220
15 W. Kummer, 'Messresultate und Betriebserfahrungen an der Einphasenwechselstromlokomotive mit Kollektormotoren auf der Normalbahnstrecke Seebach – Wettingen', *SBZ*, 48 (1906), S. 159
16 W. Kummer, 'Seebach – Wettingen – Technische und wirtschaftliche Ergebnisse der elektrischen Traktions-Versuche', *SBZ*, 54 (1909), S. 54, S. 59, S. 79
17 Sachs, S. 219
18 Bratschi, S. 95
19 Ebenda, S. 97
20 O. Stix, 'Die elektrischen Fahrzeuge der Vollbahn Spiez – Frutigen', *SBZ*, 57 (1911), S. 75
21 Ebenda, S. 89
22 L. Thormann, 'Der elektrische Betrieb auf der Strecke Spiez – Frutigen der Berner Alpenbahn', *SBZ*, 58 (1911), S. 83
23 Hanns Stockklausner, *50 Jahre Elektro-Vollbahnlokomotiven (15 kV 16 2/3 Hz) in Österreich und Deutschland* (Wien, 1952), S. 50
24 Thormann, S. 84
25 Bratschi, S. 99

26 L. Thormann, 'Die elektrische Traktion der Berner Alpenbahngesellschaft (Bern-Lötschberg-Simplon)', *SBZ,* 63 (1914), S. 75
27 Ebenda, S. 91
28 Ebenda, S. 92
29 Ebenda, S. 93
30 Sachs, S. 222
31 Ernst Grimm, 'Die ortsfesten Anlagen der BLS', *50 Jahre Lötschbergbahn,* erweiterter Sonderdruck aus *Technische Rundschau* (1963), Nr. 27, S. 74
32 Thormann, S. 22
33 W. Kummer, 'Über zusätzliche Triebwerkbeanspruchungen durch Lagerspiel bei Kurbelgetrieben elektrischer Lokomotiven', *SBZ,* 64 (1914), S. 129, S. 135
34 E. Meissner, 'Ueber Schüttelerscheinungen in Systemen mit periodisch veränderlicher Elastizität', *SBZ,* 72 (1918), S. 95
35 W. Kummer, 'Die federnden Zahnräder der Lötschberg-Lokomotiven, Typ 1-E-1', *SBZ,* 68 (1916), S. 152
35a Jacob Schmitt, 'Die elektrische Bremsung der Lokomotiven', *Der elektrische Zugbetrieb der Deutschen Reichsbahn,* hg. Wilhelm Wechmann (Berlin, 1924), S. 274
36 L. Thormann, 'Elektrischer Betrieb schweizerischer Bahnnetze und dessen Wirtschaftlichkeit', *Eisenbahnwesen* (Berlin, 1925), S. 121
37 Roman Liechty, 'Ein interessanter Umbau der 2500-PS-Lokomotiven der Lötschbergbahn', *EB,* 18 (1942), S. 233
38 'Eine Lokomotivserie hat ausgedient', *Der Öffentliche Verkehr,* 21 (9/1965), S. 15
39 G. L. Meyfarth, 'Die neuen Lötschberg-Lokomotiven Type 1AAA-AAA1', *EB,* 3 (1927), S. 53
40 G. L. Meyfarth, 'Die neuen Lokomotiven, Typ 1AAA-AAA1, der Bern-Lötschberg-Simplon-Bahn', *SBZ,* 89 (1927), S. 226
41 H. Hegetschweiler, 'Die 6000 PS-Lokomotiven der Lötschbergbahn', *Sécheron Mitteilungen* (11/1939), S. 7
42 Claude Jeanmaire, *Die Berner Alpenbahn-Gesellschaft (BLS)* (Basel, 1972), S. 16
43 Karl Sachs und Franz Gerber, 'Die elektrischen Triebfahrzeuge', *Ein Jahrhundert Schweizer Bahnen 1847–1947,* III (Frauenfeld, 1957), S. 98
44 Ebenda, S. 99
45 W. Lüthi, 'Die BoBo-Lokomotiven Serie 251 der Berner Alpenbahn-Gesellschaft Bern-Lötschberg-Simplon (BLS)', *BBC,* 32 (1945), S. 329
46 Sachs, Gerber, S. 99
47 F. Gerber, 'Neue Schnellzuglokomotiven Typ Bo-Bo der Lötschbergbahn', *SBZ,* 127 (1946), S. 218
48 Lüthi, S. 332
49 Gerber, S. 220
50 Lüthi, S. 337
51 Ebenda
52 Ebenda, S. 341
53 F. Gerber, 'Betriebserfahrungen mit Bo-Bo-Lokomotiven', *SBZ,* 69/2 (1951), S. 13
54 Ebenda
55 Ebenda, S. 14
56 Ebenda
57 Ebenda, S. 16
58 E. Hugentobler, 'Die Ae 4/4-Lokomotiven Nr. 257 und 258 der Berner Alpenbahn-Gesellschaft, Bern-Lötschberg-Simplon', *BBC,* 43 (1956), Nr. 10, S. 444
59 Jeanmaire, *BLS,* S. 18
60 W. Grossmann, 'Zugförderung am Lötschberg und Beschreibung der Ae 8/8-Lokomotive', *SBZ,* 77 (1959), S. 623
61 Peter Willen, *Lokomotiven der Schweiz, Normalspur Triebfahrzeuge* (2. Auflage, Zürich, 1972), S. 118
62 Grossmann, S. 623
63 Ebenda, S. 627
64 Kurt Bauermeister, 'Die französischen und die deutschen Zweisystemlokomotiven für Einphasenwechselstrom', *ETR,* 10 (1961), S. 409
65 Ebenda, S. 410
66 SNCF, *Locomotive electrique 'bi-frequence' a courant monophase 25 000 V / 50 Hz – 15 000 V / 16 2/3 Hz BB-20104* (Paris, o. J.)
67 M. Tessier, 'Le matériel moteur à 'redresseurs'', *Revue Générale des Chemins de Fer,* 74 (1955), S. 597
68 A. Guillier, '2733 t en rampe de 10 ‰', *La Vie du Rail,* N° 799 (1961), S. 11
69 E. Kocher, '50-Hz- und Mehrsystem-Traktion', *BBC,* 47 (1960), S. 586
70 Ebenda, S. 589
71 Guillier, S. 11
72 Kocher, S. 597
73 W. Grossmann, *Fahrversuche mit SNCF-Lokomotive BB-20104 und BLS-Lokomotive Ae 4/4 258* (Bern, 1960)

74 W. Grossmann, 'Die neuen Ae 4/4 II-Gleichrichterlokomotiven der Lötschbergbahn (BLS) für 16 2/3 Hz 15 kV Fahrdrahtspannung', *EB,* 37 (1966), S. 154

75 E. Kocher, E. Isler, A. Fehr, 'Die Gleichrichter-Lokomotiven Ae 4/4 II Nr. 261 und 262 der Berner Alpenbahn-Gesellschaft Bern-Lötschberg-Simplon (BLS)', *BBC,* 52 (1965), S. 661

76 Grossmann, S. 154

77 Kocher u.a., S. 663

78 W. Grossmann, 'Die Betriebserfahrungen mit den Bo'Bo'-Lokomotiven der Serie Re 4/4 der Berner Alpenbahn-Gesellschaft Bern-Lötschberg-Simplon (BLS)', *EB,* 46 (1975), S. 286 – Heute werden die Dächer außerhalb der Bremswiderstände gestrichen.

79 Kocher u.a., S. 665

80 Ebenda, S. 666

81 Grossmann, Betriebserfahrungen . . . . ., S. 258

82 Ebenda, S. 259

83 Ebenda, S. 286 – Die Lebensdauer der Radreifen beträgt heute 600 000 bis 750 000 km, eine Profilberichtigung erfolgt jeweils nach 200 000 bis 250 000 km.

84 Ebenda, S. 256 – Nach Grossmann bestand ursprünglich die Absicht, die Anhängelast später auf 650 t zu erhöhen; diese wurde inzwischen fallengelassen, da in der Blausee-Kurve vereinzelt vollausgelastete Züge nach einem Signalhalt hängengeblieben sind.

85 Ebenda, S. 286

86 Xaver Vogel, 'Ölgekühlte Traktions-Stromrichter', *BBC,* 60 (1973), S. 551

87 Ebenda, S. 291

88 Amandus Jäger, 'Die thyristorgesteuerte Lokomotive Nr. 161 der Serie Re 4/4 der Berner Alpenbahn-Gesellschaft Bern-Lötschberg-Simplon (BLS)', *BBC,* 56 (1969), S. 635

89 Grossmann, 'Betriebserfahrungen . . . . .', S. 288

90 Jäger, S. 637

91 Grossmann, S. 288

92 Amandus Jäger, Urs Baechler und Bruno Brom, 'Massnahmen zur Verbesserung des Netzverhaltens von Stromrichter-Triebfahrzeugen', *BBC,* 60 (1973), S. 501

93 Secheron, 'Die Wechselstrom-Triebwagen Gattung CFe 4/5 der Bern-Neuenburg-Bahn und der Lötschbergbahn', *EB,* 6 (1930), S. 10

94 Jeanmaire, *BLS,* S. 23

95 Willen, S. 133

96 H. Werz, 'Die Leichttriebzüge der Lötschbergbahn (BLS)', *Bulletin Secheron,* Nr. 18 (1946), S. 15

97 H. Werz, 'Die elektrischen Leichttriebzüge der Lötschbergbahn', *Secheron Mitteilungen,* Nr. 11 (1939), S. 21

98 H. Werz, 'Die Leichttriebzüge der Lötschbergbahn (BLS)', *Bulletin Secheron,* Nr. 18 (1946), S. 10

99 E. Hugentobler, 'Einphasen-Wechselstrom-Triebwagen für den Vororts-, Überland- und Ausflugsverkehr', *BBC,* 41 (1954), S. 243

100 W. Grossmann, 'Die Triebfahrzeuge der Lötschbergbahn', *50 Jahre Lötschbergbahn,* erweiterter Sonderdruck aus *Technische Rundschau,* (1963), Nr. 27, S. 63

101 Jeanmaire, S. 29

102 H. Hegetschweiler, 'Die 2000 PS-Triebwagen der Bern-Neuenburg- und der Gürbetal-Bern-Schwarzenburg-Bahn', *Bulletin Secheron,* Nr. 26 (1957), S. 25

103 Ebenda, S. 27

104 Ebenda, S. 28

105 M. Rietmann, 'Die Leistungssteigerung am Gotthard', *SBB,* 48 (1971), S. 163

106 Dietler, 'Gotthardbahn', *Enzyklopädie des Eisenbahnwesens,* V (2. Auflage, Berlin und Wien, 1914), S. 356

107 Paul Winter, 'Marksteine der Zugförderung am Gotthard', *SBB,* 34 (1957), Nr. 6, S. 108

108 Alfred Moser, *Der Dampfbetrieb der schweizerischen Eisenbahnen 1847–1966* (4. Auflage, Basel, 1967), S. 139

109 Ebenda, S. 157

110 Hans Nyffenegger, 'Die Adhäsions-Dampflokomotiven', *Ein Jahrhundert Schweizer Bahnen 1847–1947,* III (Frauenfeld, 1957), S. 12

111 Moser, S. 154

112 W. T., '1882 – elektrisch durch den Gotthardtunnel?', *SBB,* 54 (1977), S. 77

113 A. Degen. 'Die Energieversorgung der Gotthardlinie von 1920 bis heute', *SBB,* 47 (1970), S. 179

114 Winter, S. 110

115 Karl Sachs, 'Der elektrische Betrieb der schweizer Bahnen und seine Geschichte', *Ein Jahrhundert Schweizer Bahnen,* I (Frauenfeld, 1947), S. 223

116 Ebenda, S. 224

117 Ebenda, S. 225

118 H. W. Schuler, 'Die 15 kV Einphasenstrom-Fahrleitungen der Schweizerischen Bundesbahnen', *SBZ,* 90 (1927), S. 188

119 Karl Sachs und Franz Gerber, 'Die elektrischen Triebfahrzeuge', *Ein Jahrhundert Schweizer Bahnen 1847–1947,* III (Frauenfeld, 1957), S. 84

120 Karl Sachs, 'Die Entwicklung der elektrischen Lokomotive in der Schweiz', *EB,* 5 (1929), Ergänzungsheft, S. 29
121 Hugo Studer, 'Die Einphasen-Lokomotiven der Schweiz. Bundesbahnen und neue Lokomotivtypen der Maschinenfabrik Oerlikon', *SBZ,* 71 (1918), S. 213
122 Hans Behn-Eschenburg, 'Versuchsfahrten einer Wechselstromlokomotive mit elektrischer Nutzbremsung', *SBZ,* 74 (1919), S. 84
123 Bu, 'Unsere neuen SBB-Wechselstrom-Lokomotiven', *BBC,* 6 (1919), S. 79
124 Sachs, S. 30
125 Sachs, Gerber, S. 85
126 P. Tresch, 'Elektrifizierung der Gotthardbahn', *Gotthard 1882–1957* (Bern, 1957), S. 59
127 P. Schaaf, '50 Jahre Fahrleitungen am Gotthard', *SBB,* 47 (1970), S. 182
128 Jacob Wettler, 'Die Anlagen für die Energieversorgung des elektrischen Netzes der Schweizerischen Bundesbahnen', *ETR,* 16 (1967), S. 21
129 Schaaf, S. 182
130 A. Stutzer, 'Elektrifikation am Gotthard 1916–1921', *SBB,* 47 (1970), S. 226
131 Schaaf, S. 185
132 Sachs, Gerber, S. 85
133 Ebenda, S. 83
134 Hans Schneeberger, 'Kleine Lokomotivgeschichte (3): Be 4/6 12303–12343', *SBB,* 53 (1976), S. 104
135 Ebenda
136 Ebenda
137 '1C+C1 Güterzug-Lokomotiven für die Gotthardbahn der SBB', *SBZ,* 75 (1920), S. 229
138 A. E. Müller, '1B1-B1 Schnellzuglokomotiven der SBB, mit Einzelachsantrieb', *Schweizerische Techniker-Zeitung,* 19 (1922), S. 501
139 G. L. Meyfarth, 'Die Einphasen-Lokomotiven Typ 1-B-1+B-1 der Ateliers de Sécheron, Genf, für die S.B.B.', *SBZ,* 80 (1922), S. 97, S. 109
140 Ebenda, S. 111
141 *SBB,* 49 (1972), S. 29
142 '1B1-1B1 Schnellzuglokomotive der SBB mit Einzelachsantrieb', *Schweizerische Techniker-Zeitung,* 20 (1923), S. 277
143 L. Thormann, 'Elektrischer Betrieb schweizerischer Bahnnetze und dessen Wirtschaftlichkeit', *Eisenbahnwesen* (Berlin, 1925), S. 119 – Die Aussage Thormanns über die Ae 3/5: 'Ungünstig wirkt auch die tiefe Schwerpunktlage' ist mit Vorsicht aufzunehmen.
144 Buchli und Couwenhoven, 'Einphasen-Schnellzug-Lokomotiven mit Einzelachsantrieb der Bauart Brown Boveri', *BBC,* 9 (1922), S. 91
145 Sachs, Gerber, S. 97
146 Ebenda, S. 87
147 Ebenda, S. 88
148 Ebenda, S. 118
149 W. Lüthi, 'Einphasen-Schnellzuglokomotive Type 2 Do 1 mit Einzelachsantrieb Bauart Brown Boveri', *BBC,* 15 (1928), S. 118
150 Willen, S. 11
151 Sachs, Gerber, S. 88
152 'Die neuen Ae 8/14 Gotthard-Lokomotiven', *SBZ,* 99 (1932), S. 145
153 W. Lüthi, '1Bo1Bo1+1Bo1Bo1 Schnell- und Güterzuglokomotive Nr. 11801 der Schweizerischen Bundesbahnen', *Schweizerische Technische Zeitschrift,* 8 (1933), S. 77
154 H. Süsli, 'Die 12000 PS-Einphasen-Wechselstrom-Lokomotive Type Ae 8/14 No. 11852 der Schweizerischen Bundesbahnen', *Bulletin Oerlikon,* No. 217/218 (1939), S. 1333, S. 1341
155 K. Sachs, '75 Jahre Gotthardbahn', *Jahrbuch des Eisenbahnwesens,* 8 (1957), S. 40
156 P. Winter, 'Die Entwicklung der Triebfahrzeuge', *SBB,* 47 (1970), S. 169
157 F. Steiner, 'Die neuen Schnell- und Güterzuglokomotiven der Serie Ae 4/6 10801–10806 der Schweizerischen Bundesbahnen (SBB)', *EB,* 17 (1941), S. 223
158 *SBB,* 37 (1960), Nr. 3, S. 13
159 Willen, S. 20
160 Steiner, S. 223
161 H. Süsli, 'Einphasen-Hochleistungs-Lokomotiven Ae 4/6, Serie Nr. 10801–12, der Schweizerischen Bundesbahnen (SBB)', *Bulletin Oerlikon,* No. 244 (1943), S. 1553
162 Steiner, S. 228 – Anstelle 300 t sollte es vermutlich 380 t heißen, da die Normallast der Ae 4/6 für die Lastreihe VII am Gotthard heute 385 t beträgt.
163 F. Gerber, 'Aus der Arbeit des Zugförderungs- und Werkstättedienstes', *SBB,* 41 (1964), Heft 6, S. 7
164 Willen, S. 9
165 E. Meyer, 'Probleme der Zugförderung auf der Gotthardstrecke', *SBZ,* 69 (1951), S. 357
166 Sachs, S. 41
167 SBB/SLM/BBC, *6000 PS-Lokomotive Serie Ae 6/6 – Die Zugförderung auf der Gotthardstrecke und die neue Ae 6/6-Lokomotive* (1952)

168 Ebenda

169 E. Meyer, 'Die Lokomotive Ae 6/6 für die Gotthardstrecke der Schweizerischen Bundesbahnen', *SBZ*, 71 (1953), S. 75

170 Ebenda, S. 91

171 Hans Heinrich Weber, 'Zur direkten Messung der Kräfte zwischen Rad und Schiene', *EB*, 32 (1961), S. 102

172 E. Hugentobler, 'Die elektrischen CoCo-Lokomotiven Serie Ae 6/6 der Schweizerischen Bundesbahnen', *BBC*, 43 (1956), S. 301

173 H. Sie, R. Moser, E. Dünner, 'Der Einsatz von Querverbindern zwischen den Fahrmotor-Feldern bei Triebfahrzeugen mit Einphasen-Wechselstrom-Seriemotoren', *Bulletin Oerlikon*, Nr. 368/369 (1966), S. 36

174 *SBB*, 40 (1963), Heft 5, S. 12

175 J. Bonny, 'Betriebserfahrungen und Unterhalt', *SBB*, 42 (1965), Heft 10, S. 9

176 E. Figini, 'Der Reisezugfahrplan 1971/73', *SBB*, 48 (1971), S. 23

177 K. Wellinger, 'Moderne Triebfahrzeuge als Mittel zur Leistungssteigerung und Rationalisierung', *GA*, 94 (1970), S. 6

178 P. Winter, 'Die Entwicklung der Triebfahrzeuge', *SBB*, 47 (1970), S. 171

179 K. Meyer, 'Die Lokomotiven Serie Re 4/4 II und Re 4/4 III der SBB', *SBZ*, 88 (1970), S. 313

180 Ebenda, S. 314

181 Maurice Adolphe Borel und Christian Florin, 'Die Hochleistungslokomotive Re 4/4 II der Schweizerischen Bundesbahnen', *BBC*, 57 (1970), S. 410

182 *SBB*, 48 (1971), S. 69

183 *SBB*, 48 (1971), S. 238

184 P. Winter, 'Markstein der Zugförderung: 224 Einheitslokomotiven Re 4/4 II und III', *SBB*, 51 (1974), S. 235

185 P. Winter, 'Die Entwicklung der Triebfahrzeuge', *SBB*, 47 (1970), S. 171

186 U. Behmann, 'Neue Hochleistungs-Wechselstromlokomotiven der Schweizerischen Bundesbahnen', *EB*, 42 (1971), S. 271

187 Hans-Heinrich Weber, 'Zur Entwicklung eines sechsachsigen Hochleistungs-Triebfahrzeugs für 15 kV 16 2/3 Hz der SBB', *EB*, 45 (1974), S. 175

188 Ebenda, S. 176

189 Ebenda

190 Hans-Heinrich Weber, 'Zur direkten Messung der Kräfte zwischen Rad und Schiene', *EB*, 32 (1961), S. 102

191 A. Bächtiger, '2400 PS-Schmalspur-Gebirgslokomotive Typ Bo'Bo'Bo' der Rhätischen Bahn (Graubünden, Schweiz)', *EB*, 29 (1958), S. 217

192 SLM, 'Der mechanische Teil der Re 6/6-Prototyplokomotiven der Schweizerischen Bundesbahnen (SBB)', *EB*, 45 (1974), S. 179

193 Ebenda, S. 183

194 Ebenda, S. 204

195 Ebenda, S. 208

196 Weber, 'Zur Entwicklung . . . ', S. 177

197 A. Jäger, 'Die elektrische Ausrüstung der Lokomotive Re 6/6 der Schweizerischen Bundesbahnen (SBB)', *EB*, 45 (1974), S. 250

198 Ebenda

199 Ebenda, S. 252

200 R. Schacher, 'Die Rekuperationsbremse der Lokomotiven Bo'Bo'Bo' der Serie Re 6/6 der Schweizerischen Bundesbahnen', *BBC*, 60 (1973), S. 572

201 K. Meyer, 'Die sechsachsige Hochleistungslokomotive Serie Re 6/6 der Schweizerischen Bundesbahnen', *eisenbahntechnik*, 10 (1975), S. 102

202 Jäger, S. 256

203 Meyer, *eisenbahntechnik*, 11 (1976), S. 64

204 *SBB*, 49 (1972), S. 231

205 SLM, *EB*, 45 (1974), S. 210

206 Ebenda, S. 211

207 Jäger, S. 258

208 *SBB*, 53 (1976), S. 160

209 Robert Guignard und Klaus von Meyenburg, 'Die elektrischen Trans-Europ-Express-Züge der SBB', *EB*, 34 (1963), S. 59

210 Ebenda, S. 84

211 Ebenda, S. 89

212 Ebenda, S. 59

213 Ebenda, S. 61

214 Ebenda, S. 65

215 Ebenda, S. 66

216 Ebenda, S. 80

217 N. Kliemann, 'AEG-Allstrom-Versuchstriebwagen mit Einkristall-Halbleitergleichrichtern', *Der Stadtverkehr* (1959), S. 184
218 A. Fehr und R. Keller, 'Scherenstromabnehmer für hohe Fahrgeschwindigkeiten', *BBC,* 47 (1960), S. 561
219 Guignard, S. 85
220 L. H. Leyvraz, M. A. Borel, E. Dünner und P. D. Panchaud, 'Solution technique de la partie électrique', *Bulletin Oerlikon,* Nr. 349/350 (1962), S. 7
und P. Leyvraz, E. Dünner, 'Les moteurs de traction', *Bulletin Oerlikon,* Nr. 349/350 (1962), S. 11
221 P. Leyvraz, M. A. Borel, P. Lauper und R. Schacher, 'Services auxiliaires', *Bulletin Oerlikon,* Nr. 349/350 (1962), S. 35
222 Guignard, S. 90
223 Ebenda, S. 92
224 B. Collardey, 'Du "Cisalpin" a l' "Edelweiss" et l' "Iris" ', *La Vie du Rail,* No. 1475 (1975), S. 10
225 Ebenda, S. 11
226 P. Winter, 'Das neue Zentrum für den Unterhalt von Triebzügen', *SBB,* 46 (1969), Heft 2, S. 8
227 C. Roux, 'La construction de la double voie en Valais', *Le chemin de fer: un moyen de transport moderne,* Sonderdruck aus *Bulletin technique de la Suisse romande* (1976), S. 73 – Der Doppelspurausbau im Rhonetal geht nach der Vollendung des Abschnitts Gampel–Raron im Frühjahr 1977 wie folgt weiter: Sommer 1978 Strecke Raron–Visp, Frühjahr 1979 Leuk–Turtmann–Gampel.
228 A. Ammeter, 'La télécommande et le télécontrôle des installations de sécurité ferroviaire', *Le chemin de fer. . . ,* S. 26
229 A. Ammeter, G. Capponi et Jean-Pierre Kallenbach, 'La modernisation des installations du tunnel du Simplon et de la ligne Brigue–Domodossola', *Le chemin de fer. . . ,* S. 31
230 R. Delisle, 'Die festen Anlagen der Simplonlinie', *SBB,* 48 (1971), S. 206
231 B. Kilchenmann, 'Betriebserfahrungen bei der elektrischen Zugförderung am Simplon', *EKB,* 11 (1913), S. 439
232 P. Perrin, 'Zwei Jubiläen: 90 Jahre Vallorbe–Pontarlier und 50 Jahre Vallorbe–Frasne', *SBB,* 42 (1965), Heft 7, S. 8
233 W. Gassmann, 'Die Mont-d'Or-Linie', *SBB,* 33 (1956), S. 89
234 P. Perrin, 'Ein Jubiläum in Vallorbe', *SBB,* 47 (1970), S. 206
235 A. Moser, *Der Dampfbetrieb der schweizerischen Eisenbahnen 1847–1966* (4. Auflage, Basel, 1967), S. 219
236 Ebenda, S. 234
237 R. Guignard, 'Die Traktionsfragen am Simplon', *SBB,* 48 (1971), S. 219
238 Moser, S. 240
239 Ebenda, S. 261
240 Ebenda, S. 249
241 S. J., 'Der Guyer-Zeller-Fonds', *SBB,* 47 (1970), S. 94
242 Y. Jault, 'Le "Camion" Genève–Milan a été remplacé par un "vrai TEE" ', *La Vie du Rail,* No. 1346 (1972), S. 11
243 P. Winter, 'Die elektrische Zugförderung auf der Simplonlinie', *Simplon 1906–1956* (Bern, 1956), S. 55
244 Ebenda, S. 56
245 'Die Eröffnung der elektrischen Vollbahn Burgdorf–Thun', *SBZ,* 34 (1899), S. 32
246 E. Thomann, 'Die elektrische Vollbahn Burgdorf–Thun', *SBZ,* 35 (1900), S. 1
247 Gu., 'Die neue Dreiphasen-Lokomotive B-B der Burgdorf–Thun-Bahn', *BBC,* 6 (1919), S. 93
248 M. Loria, *Storia della trazione elettrica ferroviaria in Italia,* I (Genova, 1971), S. 11, S. 93
249 H. Dupuis, 'Betrachtungen zur Zugförderung auf der Simplonlinie', *SBB,* 33 (1956), S. 77
250 Winter, S. 56
251 Ebenda, S. 57
252 Loria, S. 62
253 W. Kummer, 'Die Drehstromlokomotiven für den elektrischen Betrieb am Simplon', *SBZ,* 54 (1909), S. 233
254 B. Kilchenmann, 'Betriebserfahrungen bei der elektrischen Zugförderung am Simplon', *EKB,* 11 (1913), S. 436
255 Winter, S. 56
256 P. Tresch, 'Die Lüftung des Simplontunnels', *SBZ,* 66 (1948), S. 149
257 L. Calisch, *Electric Traction* (London, 1913), S. 66
258 Winter, S. 56
259 Kummer, S. 233
260 Winter, S. 57
261 W. Kummer, 'Das Zugförderungs-Material der Elektrizitätsfirmen an der Schweiz. Landesausstellung in Bern 1914', *SBZ,* 66 (1915), S. 123
262 A. Degen, 'Die ortsfesten Anlagen zur Versorgung der Simplonlinie mit Traktionsenergie', *SBB,* 48 (1971), S. 217

263 Winter, S. 57
264 Degen, S. 217
265 Winter, S. 58
266 Winter, S. 59
267 K. Sachs, 'Der elektrische Betrieb der Schweizer Bahnen und seine Geschichte', *Ein Jahrhundert Schweizer Bahnen 1847–1947,* I (Frauenfeld, 1947), S. 232
268 Ebenda, S. 234
269 Ebenda, S. 240
270 H. Eggenberger, 'Beschreibung der Werke', *Ein Jahrhundert Schweizer Bahnen 1847–1947,* II (Frauenfeld, 1949), S. 403
271 P. Tresch, 'Elektromechanischer Teil', *Ein Jahrhundert Schweizer Bahnen 1847–1947,* II (Frauenfeld, 1949), S. 452
272 P. Tresch, 'Die Unterwerke', *Ein Jahrhundert Schweizer Bahnen 1847–1947,* II (Frauenfeld, 1949), S. 481
273 H. W. Schuler, 'Die 15 kV Einphasenstrom-Fahrleitungen der Schweizerischen Bundesbahnen', *SBZ,* 90 (1927), S. 189
274 A. A., 'Ein Stausee geht unter', *SBB,* 44 (1967), Heft 10, S. 8
275 A. Degen, 'Chavalon, das erste thermische Gemeinschaftskraftwerk mit Beteiligung der Schweizerischen Bundesbahnen', *SBB,* 42 (1965), Heft 12, S. 12
276 A. Degen, 'Der dritte große Frequenzumformer in Betrieb im Kraftwerk Massaboden', *SBB,* 46 (1969), Heft 2, S. 6
277 H. Friedli, 'Ein fahrbares Unterwerk in Varzo', *SBB,* 46 (1969), Heft 9, S. 10
278 H. Merz, 'Die Entwicklung des Fahrleitungsbaues', *Zum Abschluß der Elektrifikation der SBB* (Bern, 1960), S. 44
279 R. Wagner und A. Mosler, 'Umbau alter Fahrleitungen', *EB,* 27 (1956), S. 91
280 H. Merz, 'Neue Fahrleitung für hohe Geschwindigkeit', *SBB,* 49 (1972), S. 23
281 A. Ammeter, G. Capponi und Jean-Pierre Kallenbach, 'La modernisation des installations du tunnel du Simplon et de la ligne Brigue–Domodossola', *Le chemin de fer . . . ,* S. 33
282 K. Sachs und F. Gerber, 'Die elektrischen Triebfahrzeuge', *Ein Jahrhundert Schweizer Bahnen 1847 bis 1947,* (Frauenfeld, 1957), S. 95
283 A., '25 Jahre Leichtschnellzüge', *SBB,* 38 (1961), Heft 6, S. 6
284 W. Müller, 'Elektrische Gepäcktriebwagen der SBB', *SBZ,* 114 (1939), S. 308
285 A., '25 Jahre Leichtschnellzüge', S. 8
286 E. Meyer, 'Die Re 4/4-Lokomotiven der Schweizerischen Bundesbahnen', *SBZ,* 67 (1949), S. 270
287 Sachs und Gerber, S. 103
288 H. Werz, 'Die Leichtschnellzug-Lokomotiven Type Re 4/4 der Schweizerischen Bundesbahnen', *Bulletin Secheron,* Nr. 18 (1946), S. 1
289 Meyer, S. 273
290 Ebenda
291 P. Leyvraz, 'Neuere Nutzbremsschaltungen für Einphasenwechselstrombahnen', *EB,* 27 (1956), S. 65
292 Meyer, S. 273
293 A. Fehr und R. Keller, 'Scherenstromabnehmer für hohe Fahrgeschwindigkeiten', *BBC,* 47 (1960), S. 561
294 K. Bauermeister, 'Neue Erkenntnisse über Lüftungsgitter und Luftfilter elektrischer Lokomotiven', *EB,* 30 (1959), S. 121
295 *SBB,* 40 (1963), Heft 11, S. 13
296 E. Isler, 'Neue Lokomotiven und Triebwagen für Einphasen-Wechselstrom von 16 2/3 Hz', *BBC,* 47 (1960), S. 573
297 BT/SIG/SWS/BBC, *Der neue Pendelzug der Bodensee–Toggenburg-Bahn* (1960)
298 H. Loosli, 'Die Triebwagen RBe 4/4 1401 u. f. für den Pendelzugverkehr', *SBB,* 36 (1959), Heft 8, S. 10
299 H. Dupuis, 'Einige Betrachtungen über den Zugförderungsdienst des Kreises I', *SBB,* 40 (1963), Heft 10, S. 10
300 P. Winter, 'Zugförderung mit neuen Mitteln', *SBB,* 41 (1964), Heft 11, S. 6
301 P. Winter, 'Eis und Schnee, die strengen, unbestechlichen Experten', *SBB,* 45 (1968), Heft 4, S. 6
302 W. Haldi, 'Von der Bewirtschaftung der Triebfahrzeuge', *SBB* 43 (1966), S. 6
303 E. Meyer, 'Der Zugförderungs- und Werkstättedienst der Schweizerischen Bundesbahnen und seine Gegenwarts- und Zukunftsprobleme', *ETR,* 16 (1967), S. 6
304 E. Figini, 'Der Reisezugfahrplan 1971/73', *SBB,* 48 (1971), S. 25
305 *SBB,* 52 (1975), S. 10
306 K. Wellinger, 'Moderne Triebfahrzeuge als Mittel zur Leistungssteigerung und Rationalisierung', *GA,* 94 (1970), S. 6
307 Ebenda, S. 7
308 M. A. Borel und Ch. Florin, 'Die Hochleistungslokomotive Re 4/4 II der Schweizerischen Bundesbahnen', *BBC,* 57 (1970), S. 398
309 Ebenda

310 K. Meyer, 'Die Lokomotiven Serie Re 4/4 II und III der SBB', *SBZ*, 88 (1970), S. 315
311 R. Moser, H. Haas und E. Dünner, 'Die Fahrmotoren der SBB-Lokomotive Re 4/4 II', *Bulletin Oerlikon*, Nr. 368/369 (1966), S. 26
312 P. Leyvraz, 'Die neuere Entwicklung der Nutzbremsung auf den schweizerischen Einphasen-Triebfahrzeugen', *Elektrotechnische Zeitschrift*, 88 (1967), S. 417
313 V. Wiedmer, 'Die neuen Bo'Bo'-Lokomotiven 11201–06', *SBB*, 40 (1963), Heft 11, S. 3
314 M. Forster, 'Die Elektronik-Elemente in der Steuerung der Lokomotiven der Serie Re 4/4 II der Schweizerischen Bundesbahnen', *BBC*, 52 (1965), S. 720
315 F. Gerber, 'Aus der Arbeit des Zugförderungs- und Werkstättedienstes', *SBB*, 41 (1964), Heft 6, S. 3
316 P. Winter, 'Zugförderung mit neuen Mitteln', *SBB*, 41 (1964), Heft 11, S. 9
317 Hans H. Weber, 'Untersuchungen und Erkenntnisse über das Adhäsionsverhalten elektrischer Lokomotiven', *EB*, 37 (1966), S. 181, S. 209
318 H. H. Weber, 'Adhäsionsmessungen mit der Lokomotive Re 4/4 II 11206', *SBB*, 42 (1965), Heft 4, S. 15
319 K. Meyer, 'Die Lokomotiven Serie Re 4/4 II und Re 4/4 III der SBB', *SBZ*, 88 (1970), S. 329
320 Ebenda, S. 318
321 *SBB*, 45 (1968), Heft 10, S. 9
322 Meyer, S. 324
323 *SBB*, 43 (1966), Heft 11, S. 18
324 P. Winter, 'Ein weiterer Markstein in der Geschichte der schweizerischen Zugförderung, 224 Einheitslokomotiven der Bauarten Re 4/4 II und III im Einsatz', *EB*, 47 (1976), S. 14
325 A. Janett, 'Neue Einholmstromabnehmer für elektrische Schienenfahrzeuge', *BBC*, 55 (1968), S. 59
326 M. Kundert, *Die Entwicklung der Reisegeschwindigkeit bei den schweizerischen Eisenbahnen* (Zürich, Pol. Diss., 1941), S. 55
327 Amstein, 'Ein hundertjähriges Eisenbahnjubiläum im Val-de-Travers', *SBB*, 37 (1960), Heft 7, S. 4
328 S. Jacobi, *Le chemin de fer Franco-Suisse et ses affluents régionaux* (Les Verrieres, 1960), S. 23
329 A. Moser, *Der Dampfbetrieb der schweizerischen Eisenbahnen 1847–1966* (4. Auflage, Basel, 1967), S. 258
330 'Erinnerungen an den Dampfbetrieb im Val-de-Travers', *SBB*, 37 (1960), Heft 8, S. 14
331 K. Sachs, 'Der elektrische Betrieb der schweizer Bahnen und seine Geschichte', *Ein Jahrhundert Schweizer Bahnen 1847–1947*, I (Frauenfeld, 1947), S. 247
332 M. Strauss, 'Die etappenweise Elektrifikation des SBB-Netzes von 1902 bis heute', *Zum Abschluß der Elektrifikation der SBB* (Bern, 1960), S. 16
333 Amstein, S. 5
334 Jacobi, S. 16
335 K. Weber, 'Die Staatsverträge zwischen der Schweiz und dem Ausland', *Ein Jahrhundert Schweizer Bahnen 1847–1947*, IV (Frauenfeld, 1955), S. 701
336 *Zum Abschluß der Elektrifikation der SBB* (Bern, 1960), S. 20 – Jacobi nennt dagegen S. 19 als Termin Mai 1956, ebenso Schneider, S. 250.
337 L. H. Leyvraz und G. Degen, 'Die 1600 PS-Einphasentriebwagen CFe 4/4, Nr. 841 . . . 871, der Schweizerischen Bundesbahnen', *Bulletin Oerlikon*, Nr. 298 (1953), S. 31
338 'Einphasen-Wechselstrom-Triebwagen Serie CFe 4/4 der Schweizerischen Bundesbahnen', *SLM Technische Mitteilungen* (Febr., 1953), S. 10
339 E. Hugentobler, 'Einphasen-Wechselstrom-Triebwagen für den Vororts-, Überland- und Ausflugsverkehr', *BBC*, 41 (1954), S. 231
340 Leyvraz und Degen, S. 36
341 Ebenda, S. 39
342 H. H. Weber, 'Zur direkten Messung der Kräfte zwischen Rad und Schiene', *EB*, 32 (1961), S. 103
343 P. Willen, *Lokomotiven der Schweiz, Normalspur Triebfahrzeuge* (2. Auflage, Zürich, 1972), S. 60
344 Amstein, 'Zug 331 Bern–Paris', *SBB*, 36 (1959), Heft 10, S. 7

6.3. Österreich

1 v. Drathschmidt, 'Arlbergbahn', *Enzyklopädie des Eisenbahnwesens*, I (2. Auflage, Berlin und Wien, 1912), S. 267
2 Ebenda
3 *Die Konzertkurve* (Wien, 1957), S. 18
4 *Die Arlbergbahn, Denkschrift aus Anlaß des zehnjährigen Betriebes 1884–1894*, hg. k. k. Staatsbahndirektion Innsbruck (repr., Wien, 1974, bzw. 1896)
5 H. Stockklausner, *Österreichs Lokomotiven und Triebwagen 1954* (Wien, 1954), S. 27
6 A. Horn, *Berühmte österreichische Lokomotiven, Die 1E-Gebirgsschnellzugslokomotiven Reihen 280, 380 und 580, Eisenbahn-Steckbrief 6* (Wien, 1969)
7 A. Hruschka, 'Bericht über die Vorarbeiten zur Elektrifizierung der k. k. Österreichischen Staatsbahnen', *EKB*, 8 (1910), S. 483, 514, 538, 561, 573, 596; 9 (1911), S. 561, 586
8 Egon E. Seefehlner, 'Die Mittenwaldbahn', *EKB*, 6 (1913), S. 116
9 E. E. Seefehlner, 'Die elektrische Bahn Wien–Preßburg', *EKB*, 12 (1914), S. 553, 563, 577 und B. Valatin, 'Die elektrische Bahn Pozsony–Landesgrenze', *EKB*, 13 (1915), S. 25

10 Dittes, 'Die Elektrisierung der Österreichischen Eisenbahnen', *Organ,* 82 (1927), S. 472

11 P. Dittes, 'Elektrische Zugförderung auf den österreichischen Bundesbahnen', *Eisenbahnwesen,* (Berlin, 1925), S. 105

12 Ebenda, S. 106

13 Ebenda, S. 108

14 Ebenda, S. 109

15 H. Luithlen, 'Ein Überblick der Elektrisierung der österreichischen Bundesbahnen', *EB,* 9 (1933), S. 130

15a G. Hengel, 'Die Elektrifizierung und Bahnstromversorgung der Österreichischen Bundesbahnen', *EB,* 48 (1977), S. 268

16 Dittes, S. 110

17 Ebenda

18 B. von Nes, 'Die erste elektrische Gebirgs-Schnellzug-Lokomotive der österr. Bundesbahnen', *EuM,* 41 (1923), S. 361

19 H. Stockklausner, *50 Jahre Elektro-Vollbahnlokomotiven (15 kV 16 2/3 Hz) in Österreich und Deutschland* (Wien, 1952), S. 16

20 A. Horn, *Österreichische Lokomotiven, Berglokomotiven Reihe 1089 und 1189, Eisenbahn-Steckbrief E2* (Wien, 1971), S. 4

21 Baecker, 'Die Arlberglokomotiven der österreichischen Bundesbahnen', *GA,* 89 (1921), S. 133

22 F. Kargl, '10 Jahre elektrischer Betrieb am Arlberg', *Zeitschrift des Österreichischen Ingenieur- und Architekten-Vereines,* 87 (1935), S. 138

23 Stockklausner, *50 Jahre* . . . , S. 18

24 A. Horn, *Österreichische Lokomotiven, Die Reihe 1073 (E 33 - 1029), Eisenbahn-Steckbrief E4* (Wien, 1972), S. 3

25 Stockklausner, *Österreichs Lokomotiven* . . . , S. 64

26 Dittes, S. 112

27 Stockklausner, *50 Jahre* . . . , S. 20

28 Dittes, S. 112

29 Stockklausner, *50 Jahre* . . . , S. 20

30 Dittes, S. 115

31 R. Lorenz, 'Talschnellzuglokomotiven der Österreichischen Bundesbahnen', *Elektrotechnische Zeitschrift,* 46 (1925), S. 374

32 H. Fürst, 'Die Talschnellzuglokomotive der Österr. Bundesbahnen, Reihe 1570, Achsfolge 1-Do-1 mit Einzelachsantrieb', *EuM,* 46 (1928), S. 321

33 A. Horn, *Österreichische Lokomotiven, Die ersten Talschnellzugslokomotiven, Reihen: 1570, 1670, 1670.1, Eisenbahn-Steckbrief E3* (Wien, 1971), S. 7

34 Stockklausner, *50 Jahre* . . . , S. 24

35 Ebenda

36 R. Lorenz, 'Über die Bewährung der elektrischen Lokomotiven der Österreichischen Bundesbahnen', *EuM,* 51 (1933), S. 553

37 Stockklausner, *50 Jahre* . . . , S. 26

38 Horn, *Reihen 1570* . . . , S. 7

39 Ebenda, S. 10

40 R. Lorenz und K. Pflanz, 'Neuerungen im Bau der elektrischen Lokomotiven der Österreichischen Bundesbahnen', *EB,* 5 (1929), Ergänzungsheft, S. 19

41 Stockklausner, *50 Jahre* . . . , S. 28

42 A. Grabner und E. Pawelka, 'Die Umformerlokomotive der Österreichischen Siemens-Schuckert-Werke', *EuM,* 49 (1931), S. 377, S. 403

43 Ebenda

44 F. Schadow, *Lokomotivverzeichnis der Deutschen Reichsbahn, DB und DR, Band 21: Elektrische Lokomotiven* (Krefeld, 1972), S. 105

45 H. Tetzlaff, 'Elektrische Co-Co Güterzuglokomotive, Gattung E 93, der Deutschen Reichsbahn', *EB,* 10 (1934), S. 97

46 Stockklausner, *50 Jahre* . . . , S 68/69

47 D. Bäzold und G. Fiebig, *Archiv elektrischer Lokomotiven* (Berlin, 1963), S. 343

48 M. Reiter, 'Das geschweißte Fahrgestell der elektrischen Güterzuglokomotive Co'Co' E 94 der Deutschen Reichsbahn', *EB,* 18 (1942), S. 177

49 E. Joachim, *Elektrische Lokomotiven* (Düsseldorf, 1973), S. 72

50 W. Kleinow, 'Elektrische Güterzuglokomotive Co'Co' E 94 der Deutschen Reichsbahn', *EB,* 16 (1940), S. 183 – Die 'Zwischenfahrstufen' bei Triebfahrzeugen mit Feinregler sind alle keine Dauerfahrstufen sondern dienen nur zum Weiterschalten, um die Differenzen der Stufenspannungen fast stufenlos auf- bzw. abzubauen.

51 A. Horn, *Österreichische Lokomotiven, Die Reihe 1020 (E 94), Eisenbahn-Steckbrief E5* (Wien, 1974), S. 5

52 Ebenda, S. 2

53 Ebenda, S. 1

54 Ebenda, S. 4

55 A. Horn, *Berühmte österreichische Lokomotiven, Co'Co'-Schnellzugslokomotiven Reihe 1010 und 1110, Eisenbahn-Steckbrief E1* (Wien, 1970), S. 1
56 Horn, *Reihe 1020*, S. 7
56a A. Kempfer, 'Die elektrischen Bremsen der Elektrolokomotiven der ÖBB', *Die ÖBB in Wort und Bild* (1971), Nr. 8, S. 27
57 A. Koci, 'Die Elektrisierung der Österreichischen Bundesbahnen – Derzeitiger Stand', *EB*, 23 (1952), S. 2
58 J. Wallner, 'Die Co'Co'-Schnellzuglokomotive Reihe 1010 der Österreichischen Bundesbahnen', *EB*, 27 (1956), S. 74
59 Ebenda, S. 73
60 W. Breyer, 'Das Elektrolokomotiv-Bauprogramm der Österreichischen Bundesbahnen', *EB*, 23 (1952), S. 303
61 Ebenda – Tatsächlich weicht die 1010 besonders im elektrischen Teil erheblich von der 1041 ab: Die ÖBB bestimmten radialgeblechten Trafo, BBC-Hochspannungssteuerung, BBC-Federantrieb und eine gegenüber den Fahrmotoren EM 601, EM 602 wesentlich verbesserte Motortype EM 665.
62 Horn, *Reihe 1010 und 1110*, S. 1
63 Wallner, S. 74
64 Ebenda, S. 82
65 Ebenda, S. 87
66 Horn, S. 4
67 Wallner, S. 75
68 Horn, S. 5
69 Wallner, S. 79
70 R. Rotter, 'Neue Typenreihe elektrischer Triebwagen der Österreichischen Bundesbahnen', *EB*, 29 (1958), S. 224
71 Ebenda, S. 237
72 Ebenda
73 J. Rank, 'Die elektrischen Schnelltriebwagen Reihe 4130 der Österreichischen Bundesbahnen in der Vergangenheit und Gegenwart', *eisenbahntechnik*, 8 (1973), S. 42
74 Ebenda, S. 48
75 Ebenda, S. 62
76 Ebenda, S. 66
77 J. Rank, 'Fernreisetriebwagenzüge Reihe 4010 der Österreichischen Bundesbahnen 10 Jahre im Betrieb', *eisenbahntechnik*, 10 (1975), S. 43
78 V. Köttner, 'Triebwagen "Transalpin" Wien – Basel der Österreichischen Bundesbahnen', *Jahrbuch des Eisenbahnwesens*, 17 (1966), S. 93
79 R. Zwahlen, 'Die thyristorgesteuerte elektrische Widerstandsbremse der Transalpin-Triebzüge der Österreichischen Bundesbahnen', *BBC*, 52 (1965), S. 727
80 Rank, S. 47
81 J. Rank, 'Fernreisetriebwagenzüge Reihe 4010 der Österreichischen Bundesbahnen 10 Jahre im Betrieb', *eisenbahntechnik*, 10 (1975), S. 43, S. 91; 11 (1976), S. 14, S. 34, S. 58 – Die Aussage Ranks, daß der Bügeldruck zu hoch eingestellt worden sei, trifft nicht zu; dieser wird genau nach UIC-Kodex Nr. 608 mit 55 bis 70 N eingestellt.
82 Pichler, 'Brennerbahn', *Enzyklopädie des Eisenbahnwesens*, III (2. Auflage, Berlin und Wien, 1912), S. 62
83 Ebenda
84 A. Sollath, G. Stöbich und W. Stratowa, *100 Jahre Brennerbahn* (Innsbruck, 1967), S. 28
85 Horn, *Reihen 280, 380 und 580*, S. 4
86 *moderne eisenbahn*, Nr. 10/72, S. 8
87 B. Schmücker, 'Die Trans-Europ-Express-Züge', *Jahrbuch des Eisenbahnwesens*, 9 (1958), S. 76
88 Stockklausner, *50 Jahre . . .*, S. 16
89 A. Koci, *Die Österreichischen Bundesbahnen elektrifizieren* (Wien, 1952), S. 10
90 A. Koci, 'Der elektrische Zugbetrieb der Österreichischen Bundesbahnen, seine Begründung und sein Zusammenwirken mit den Nachbarbahnen', *Jahrbuch des Eisenbahnwesens*, 8 (1957), S. 84
91 H. Luithlen, 'Ein Überblick der Elektrisierung der Österreichischen Bundesbahnen', *EB*, 9 (1933), S. 130
92 Sollath u. a., S. 30
93 Stockklausner, S. 19
94 Dittes, S. 112
95 Stockklausner, S. 19 – Später wurden alle Lokomotiven der Reihe 1080 auf elektropneumatische Gleichstromschützensteuerung umgebaut, wobei alle drei Trennschütze gleichzeitig anziehen.
96 Kaan, 'Die Ausdehnung des elektrischen Zugbetriebes der Österreichischen Bundesbahnen auf die Teilstrecke Salzburg – Linz der Linie Salzburg – Wien', *EB*, 13 (1937), S. 135
97 W. Schott, 'ÖBB- und DB-Triebfahrzeuge – Grenzüberschreitender Einsatz bei der BD München', *DB*, 52 (1976), S. 647

98 Ebenda, S. 649 – Sehr selten wird bei Notwendigkeit eine Betriebsuntersuchung (ÖBB) bzw. Nachschau (DB) bei der Nachbarverwaltung durchgeführt, meist unter Mitwirkung des Lokomotivführers als Fahrzeugkenner.
99 Sollath u. a., S. 33
100 W. Kreutz, F. Fritz, 'Mit der E 10 zum Brenner', *moderne eisenbahn,* Nr. 24 (1966), S. 18
101 E. Kilb, 'Neue Typenreihe elektrischer Streckenlokomotiven der Deutschen Bundesbahn: E 101, E 40, E 41 und E 50', *EB,* 28 (1957), S. 10
102 G. Manz, 'Neue elektrische Lokomotiven für neu elektrifizierte Strecken der Deutschen Bundesbahn', *DB,* 31 (1957), S. 839
103 Manz, S. 841
104 Kilb, S. 10
105 Kilb, S. 12
106 E. Kilb und Th. Wirth, 'Der Fahrzeugteil der Bo'Bo'-Schnellzuglokomotive Reihe E 101 und Güterzuglokomotive Reihe E 40 der Deutschen Bundesbahn', *EB,* 28 (1957), S. 77 – Die Querkupplung war zum Teil eingebaut, hat sich jedoch nicht bewährt.
107 E. Kilb, 'Die elektrische Bo'Bo'-Schnellzuglokomotive Baureihe E 10.1 und Güterzuglokomotive Baureihe E 40 der Deutschen Bundesbahn', *EB,* 28 (1957), S. 75
108 Kilb, 'Neue Typenreihe . . . ', S. 15
109 H. Schaaf, 'Die elektrische Ausrüstung der Lokomotiven Baureihe E 101 und Baureihe E 40 der Deutschen Bundesbahn', *EB,* 28 (1957), S. 106 – Die Reservestufen sind mehr in der Theorie als in der Praxis wertvoll: Bei Unterspannung muß unter Umständen sogar zurückgeschaltet werden, damit das Netz nicht ganz zusammenbricht.
110 K. Töfflinger und J. Kuhlow, 'Der Fahrmotor WB 372 der E 101- und E 40-Lokomotiven der Deutschen Bundesbahn', *EB,* 28 (1957), S. 116
111 G. Kloss, 'Der Siemens-Gummiringfederantrieb der neuen elektrischen Serienlokomotiven der Deutschen Bundesbahn', *EB,* 28 (1957), S. 178
112 G. Kloss, 'Die thermischen und dynamischen Eigenschaften des Siemens-Gummiringfederantriebes', *EB,* 29 (1958), S. 241
113 H. Hackstein und G. Grünewald, 'Die elektrische Bremse der Lokomotiven Baureihe E 10 der Deutschen Bundesbahn', *EB,* 33 (1962), S. 29
114 G. Manz, 'Betrieb der Bahnmotoren bei steigenden Leistungsanforderungen', *EB,* 41 (1970), S. 29
115 A. Gladigau, 'Die Rheingold-Lokomotiven der Deutschen Bundesbahn', *Jahrbuch des Eisenbahnwesens,* 15 (1964), S. 111
116 A. Joachimsthaler, *Die elektrischen Einheitslokomotiven der Deutschen Bundesbahn,* (2. Auflage, Frankfurt am Main, 1965), S. 762
117 A. Horn, *Die Reihe 1020 (E94),* S. 4
118 K. Huber, 'Die neue elektrische Lokomotive der Baureihe 111 der Deutschen Bundesbahn', *Eisenbahn-Technische Praxis,* 28 (1976), Heft 3)76, S. 21
119 H. Güthlein, 'Die elektrische Lokomotive Baureihe 111 der Deutschen Bundesbahn', *EB,* 47 (1976), S. 187
120 Ebenda
121 Ebenda, S. 189 – Bei der Lemniskatenanlenkung bewegt sich bei einer Vertikalbewegung des Radsatzes der Mittelpunkt des Achslagers auf einer Lemniskatenkurve, wodurch der Radsatz beim Durchfedern nicht zu einer gleitenden Bewegung auf der Schiene gezwungen wird. Quer zum Gleis ist eine elastische Anlenkung mit einer Federkonstanten von etwa 20 kN/mm bei einem Federweg von 6 mm vorhanden. Da die Gummiringfeder-Antriebe keine größere Axialverschiebung als die von den Lemniskatenanlenkern einschließlich Minimal-Lagerspiel abzuleitende zulassen, mußte auf querelastische Radsatzlager verzichtet werden. siehe Joachimsthaler, (4. Auflage, Frankfurt am Main, 1976), S. 138
122 Ebenda, S. 214
123 G. Krüger und H. Bohms, 'Automatische Fahr- und Bremssteuerung – Erprobung auf einer elektrischen Lokomotive der Baureihe 111', *EB,* 48 (1977), S. 275
124 Ebenda, S. 220
125 Ebenda, S. 190
126 Huber, S. 26
127 Güthlein, S. 220
128 Enderes-Kleinwächter, 'Tauernbahn', *Enzyklopädie des Eisenbahnwesens,* IX (2. Auflage, Berlin und Wien, 1921), S. 272
129 K. Kalz, 'Die Tauernbahn – eine europäische Verkehrsachse mit wachsender Bedeutung', *Jahrbuch des Eisenbahnwesens,* 23, (1972), S. 65
130 A. Horn, *Berühmte österreichische Lokomotiven, Die Reihen 110 und 10, Eisenbahn-Steckbrief 7* (Wien, 1970)
131 A. Horn, *Reihen 280, 380, 580,* S. 3
132 A. Horn, *Berühmte österreichische Lokomotiven, Die Reihen 570 und 113, Eisenbahn-Steckbrief 3* (Wien, 1968), S. 5
133 A. Giesl-Gieslingen, *Lokomotiv-Athleten* (Wien, 1976), S. 55
134 A. Koci, 'Der elektrische Zugbetrieb der Österreichischen Bundesbahnen, seine Begründung und sein Zusammenwirken mit den Nachbarbahnen', *Jahrbuch des Eisenbahnwesens,* 8 (1957), S. 79

135 'Vorläufiger Abschluß der Elektrisierung der Österreichischen Bundesbahnen', *Organ,* 82 (1927), S. 526
und 'Die Denkschrift der Österreichischen Bundesbahnen über die Elektrisierung Salzburg–Wien', *Organ,* 83 (1928), S. 185

136 Kettler, 'Österreichische Gesellschaft zur Förderung der Elektrifizierung der Bundesbahnen', *EB,* 10 (1934), S. 149

137 Michel, 'Elektrisierung der Tauernbahn', *EB,* 9 (1933), S. 146

138 Ernst R. Kaan, 'Die Elektrisierung der Südrampe der Tauernbahn', *EB,* 10 (1934), S. 93

139 Ebenda

140 Ernst R. Kaan, 'Die Elektrisierung der Tauernbahn', *Organ,* 90 (1935), S. 250

141 Ernst R. Kaan, 'Eröffnung des elektrischen Betriebes auf der Nordrampe der Tauernbahn', *EB,* 10 (1934), S. 23

142 L. Mandich, 'Die Lokomotiven der Bauart Bo+Bo Reihe 1170 der Österreichischen Bundesbahnen', *EuM,* 46 (1928), S. 1153

143 H. Lenk, '25 Jahre Elektrolokomotiven Bauart Bo-Bo der Österreichischen Bundesbahnen', *ELIN-Zeitschrift,* 5 (1953), S. 65

144 W. Orel, 'Die Einheitslokomotive der Österreichischen Bundesbahnen, Reihe 1170.200', *EuM,* 53 (1935), S. 277

145 J. Teichtmeister, 'Die elektrische Lokomotive Reihe E 452 der Deutschen Reichsbahn', *EB,* 17 (1941), S. 207

146 W. Orel, 'Die Lokomotiven für die zu elektrisierende Strecke Salzburg–Linz', *EB,* 13 (1937), S. 135 – Durch den Einbau der elektrischen Widerstandsbremse ab 1963 wurden die Lokomotiven der Reihe 1245.600 in 1245.500 umnumeriert. Die Lokomotiven 1245.532 und 533 waren für Vielfachsteuerung eingerichtet, später ist diese wieder ausgebaut worden.

147 R. Rotter, 'Die Lokomotivreihe 1141 als Abschluß einer 30-jährigen Entwicklung von Bo'Bo'-Lokomotiven bei den ÖBB, *EB,* 30 (1959), S. 197

148 Orel, S. 134

149 Kaan, 'Die Ausdehnung des elektrischen Zugbetriebes der Österreichischen Bundesbahnen auf die Teilstrecke Salzburg–Linz der Linie Salzburg–Wien', *EB,* 13 (1937), S. 129

150 Orel, S. 134

151 K. Pflanz, 'Aus der Entwicklung neuerer elektrischer Triebfahrzeuge der vormaligen Österreichischen Bundesbahnen', *Organ,* 94 (1939), S. 296

152 Stockklausner, S. 33

153 Kaan, S. 131

154 A. Koci, *Die Österreichischen Bundesbahnen elektrifizieren* (Wien, 1952), S. 6

155 R. Stix, 'Der Einphasenmotor ASM 701 der Lokomotiv-Reihe E 182 der Deutschen Reichsbahn', *EB,* 17 (1941), S. 51

156 Hans-Dieter Andreas und Helge Hufschläger, *Ellok-Baureihen E 04 – E 18 – E 182 – E 19* (Gifthorn, 1976), S. 145

157 J. Wallner, 'Die Co'Co'-Schnellzuglokomotive Reihe 1010 der Österreichischen Bundesbahnen', *EB,* 27 (1956), S. 73

158 W. Breyer, 'Das Elektrolokomotiv-Bauprogramm der Österreichischen Bundesbahnen', *EB,* 23 (1952), S. 303

159 Breyer, S. 269

160 Breyer, S. 274

161 H. Lenk, '25 Jahre Elektrolokomotiven Bauart Bo-Bo der Österreichischen Bundesbahnen', *ELIN-Zeitschrift,* 5 (1953), S. 71 – Im Laufe von Hauptausbesserungen wurden bereits alle 10 Lokomotiven auf diese gefälligere Form umgebaut.

162 Lenk, S. 79

163 Breyer, S. 301

164 Rotter, S. 199

165 Ebenda

166 W. Schamann, 'Neue Elektro-Lokomotiven Reihe 1141 Bauart Bo'Bo' der Österreichischen Bundesbahnen', *ELIN-Zeitschrift,* 8 (1956), S. 122

167 Ebenda, S. 125

168 Rotter, S. 199

169 Rotter, S. 235

170 J. Liljeblad und B. Björklund, 'Die elektrische Schnellzug-Lokomotive Ra der Schwedischen Staatsbahnen', *EB,* 30 (1959), S. 97

171 B. Björklund, 'Weitere Ra-Lokomotiven für die Schwedischen Staatsbahnen', *EB,* 32 (1961), S. 194

172 Stig Johnsson, 'Die seitliche Laufstabilität der Eisenbahnfahrzeuge in der Geraden', *GA,* 82 (1958), S. 164

173 P. E. Olson und S. Johnsson, 'Seitenkräfte zwischen Rad und Schiene', *GA,* 83 (1959), S. 153

174 Stig Johnsson, 'Das Haftwertproblem in der Zugförderung in statistischer Betrachtungsweise', *GA,* 85 (1961), S. 173

175 Lars Malmsten, 'Gleichrichterlokomotive mit Siliziumzellen', *ASEA-Zeitschrift,* 6 (1961), S. 99

176 Bengt Björklund, 'Die Silizium-Gleichrichter-Lokomotive Rb 1 der Schwedischen Staatsbahnen', *EB*, 33 (1962), S. 161
177 Tore Nordin, 'Der Weg zu serienmäßigen Thyristorschienenfahrzeugen in Schweden', *GA*, 92 (1968), S. 198
178 W. Meyer, 'Die 4000-kW-Lokomotiven der Jugoslawischen Eisenbahnen für 50 Hz 25 kV Fahrdrahtspannung', *EB*, 40 (1969), S. 124
179 Nordin, S. 198
180 Ebenda, S. 199
181 Bengt Björklund, 'Thyristorlokomotive Typ Rc 1 der Schwedischen Staatsbahnen', *EB*, 41 (1970), S. 76, S. 112
182 Nordin, S. 206
183 Bengt Björklund, 'Thyristorlokomotiven Reihe Rc 2 und Rc 3 der Schwedischen Staatsbahnen', *EB*, 42 (1971), S. 122
184 Ebenda
185 'Rc 2 über die Tauern', *Kleine Zeitung* vom 12. September 1970
186 'Viel Lärm um die Thyristorlokomotive', *Der Spurkranz*, 4 (1970), Nr. 6, S. 11
187 W. Breyer, 'Das Adhäsionsverhalten von Thyristorlokomotiven – Entwicklungen bei Reihe 1043 der ÖBB', *EB*, 47 (1976), S. 80
188 Ebenda, S. 83
189 Ebenda, S. 117
190 Ebenda, S. 85
191 Ebenda, S. 115
192 Ebenda, S. 84
193 A. Horn, 'Les ÖBB poursuivent leurs essais de locomotives électriques a thyristors', *La Vie du Rail*, N° 1359 (1972), S. 39
194 W. Orel, 'Die neuen elektrischen Triebwagen der Österreichischen Bundesbahnen', *EuM*, 54 (1936), S. 569
195 J. Rank, 'Die elektrischen Schnelltriebwagen Reihe 4130 der Österreichischen Bundesbahnen in der Vergangenheit und Gegenwart', *eisenbahntechnik*, 8 (1973), S. 43
196 Eger, 'Österreichische Südbahn', *Enzyklopädie des Eisenbahnwesens*, VII (2. Aufl., Berlin und Wien, 1915), S. 444
197 A. Koci, 'Elektrischer Betrieb auf der Semmeringstrecke der Österreichischen Bundesbahnen', *Jahrbuch des Eisenbahnwesens*, 13 (1962), S. 86
198 Ebenda
199 Birk, 'Semmeringbahn', *Enzyklopädie des Eisenbahnwesens*, IX (2. Aufl., Berlin und Wien, 1921), S. 30
200 Kuner, 'Versuchsfahrten mit der Krauss-Maffei-Diesellok C'C' 3000 auf der Schwarzwald- und der Semmeringbahn', *ETR*, 7 (1958), S. 341
201 A. Niel, *Der Semmering und seine Bahn* (Wien, 1960), S. 27
202 Ebenda, S. 31
203 Ebenda, S. 39
204 Horn, *Reihen 280, 380 und 580*, S. 5
205 Ebenda, S. 2
206 H. Steffan, 'Neuere Bestrebungen im österreichischen Lokomotivbau', *Eisenbahnwesen* (Berlin, 1925), S. 14
207 Horn, *Reihen 570 und 113*, S. 1
208 Ebenda
209 A. Horn, *Österreichische Lokomotiven, Die Reihe 729 (78[6]), Eisenbahn-Steckbrief 11* (Wien, 1972), S. 6
210 A. Horn, *Berühmte Österreichische Lokomotiven, Die Reihen 114 und 214, Eisenbahn-Steckbrief 2* (Wien, 1968), S. 6
211 A. Horn, *Dampftriebwagen und Gepäcklokomotiven in Österreich, Ungarn, der Tschechoslowakei und Jugoslawien* (Wien, 1972), S. 49
212 H. Stockklausner, *Österreichs Lokomotiven und Triebwagen 1954* (Wien, 1954), S. 79
213 Ebenda, S. 81
214 O. Zilka, 'Die vierachsigen Bo'Bo'-Dieselelektrischen Lokomotiven der Österreichischen Bundesbahnen, Reihe VL 2045, 1000 PS', *ELIN-Zeitschrift*, 5 (1953), S. 111
215 Niel, S. 43
216 Kuner, S. 341
217 H. Luithlen, 'Ein Überblick der Elektrisierung der Österreichischen Bundesbahnen', *EB*, 9 (1933), S. 137
218 H. Stockklausner, *50 Jahre Elektro-Vollbahnlokomotiven in Österreich und Deutschland* (Wien, 1952), S. 39
219 Ebenda, S. 38
220 A. Koci, *75 Jahre elektrische Eisenbahnen in Österreich* (Wien, 1955), S. 77
221 *Elektrisch über den Semmering* (Wien, 1959), S. 22

222 A. Koci, 'Elektrischer Betrieb auf der Semmeringstrecke der Österreichischen Bundesbahnen', *Jahrbuch des Eisenbahnwesens,* 13 (1962), S. 89
223 *Elektrisch über den Semmering,* S. 26
224 R. Hanker, 'Der neue Semmeringtunnel', *ETR,* 1 (1952), S. 421
225 Koci, S. 90
226 *Elektrisch über den Semmering,* S. 28
227 Ebenda
228 Koci, S. 91
229 P. Rauhut, 'Das Netzkupplungs-Umformerwerk Auhof der Österreichischen Bundesbahnen', *BBC,* 45 (1958), S. 195
230 Koci, S. 91
231 F. Karner, *Bruck a. d. Mur – Graz elektrifiziert* (Wien, 1966)
232 J. Wohlgemut, 'Das Umformerwerk St. Michael', *eisenbahntechnik,* 10 (1975), S. 53
233 W. Breyer, 'Die Lokomotivbaureihe 1042 der ÖBB', *EB,* 38 (1967), S. 26
234 R. Rotter, 'Die neue Universallokomotive Reihe 1042 der ÖBB', *EB,* 35 (1964), S. 60
235 Breyer, S. 28
236 Ebenda, S. 27
237 E. Pawelka, 'Die ELIN-Hochspannungssteuerung für Vollbahnlokomotiven', *EuM,* 77 (1960), Sonderdruck
238 K. Woda, 'Die Motoren EM 890 und EM 891 der Lokomotivreihe 1042', *EuM,* 83 (1966), S. 120
239 Breyer, S. 66
240 Rotter, S. 61
241 E. Grolig, 'Südbahn-Elektrifizierung brachte Verspätungen', *DIE PRESSE* vom 20. Juli 1963
242 E. Grolig, 'Neue E-Loks zu schwach für den Semmering', *DIE PRESSE* vom 28. September 1963
243 Breyer, S. 32
244 Woda, S. 120
245 W. Albrecht, 'Die thyristorgesteuerte elektrische Bremse der Lokomotivreihe 1042', *BBC,* 60 (1973), S. 589
246 Breyer, S. 67
247 A. Horn, 'La future locomotive a thyristors de la serie 1044 des ÖBB', *La Vie du Rail,* N° 1434 (1974), S. 42
248 J. Ketzer, 'Les locomotives a redresseurs du B.L.S.', *La Vie du Rail,* N° 1258 (1970), S. 11
249 A. Jäger, 'Die thyristorgesteuerte Lokomotive Nr. 161 der Serie Re 4/4 der Berner Alpenbahn-Gesellschaft Bern – Lötschberg – Simplon (BLS)', *BBC,* 56 (1969), S. 635
250 Werner U. Bohli, 'Die Bo'Bo'-Thyristor-Lokomotiven Serie Ge 4/4 II Nr. 611 . . . 620 der Rhätischen Bahn', *BBC,* 60 (1973), S. 526
251 F. Kührer und K. Mojzis, 'Die österreichische Thyristorlokomotive ÖBB Reihe 1044', *eisenbahntechnik,* 10 (1975), S. 71
252 E. Körner, 'Reibschwingungen eines elektrischen Triebfahrzeuges an der Haftwertgrenze', *GA,* 101 (1977), S. 348
253 Ebenda, S. 79
254 R. Rotter, 'ÖBB-Thyristor-Prototyplokomotiven 1044.01 und 02 im Probebetrieb', *eisenbahntechnik,* 10 (1975), S. 65
255 Ebenda, S. 67
256 Ebenda, S. 68
257 Ebenda, S. 69
258 'Auslieferung der E-Lok Reihe 1044 hat begonnen', *ÖBB-Journal,* (1978), Heft 4, S. 27
259 J. Rank, 'Fernreisetriebwagenzüge Reihe 4010 der Österreichischen Bundesbahnen 10 Jahre im Betrieb', *eisenbahntechnik,* 10 (1975), S. 47
260 W. Orel, 'Die neuen elektrischen Triebwagen der Österreichischen Bundesbahnen, Personenschnelltriebwagen Reihe ET 11 und Gepäcktriebwagen Reihe ET 30', *EuM,* 54 (1936), S. 573
261 R. Rotter, 'Neue Typenreihe elektrischer Triebwagen bei den Österreichischen Bundesbahnen', *EB,* 29 (1958), S. 196
262 Ebenda, S. 200

6.4. Deutschland

1 E. Hoecherl, J. B. Kronawitter und W. Tausche, *S 3/6 Star unter den Dampflokomotiven* (Stuttgart, 1970), S. 131
2 *Hundert Jahre Deutsche Eisenbahnen* (2. Aufl., Leipzig, 1938), S. 394
3 Ebenda, S. 270
4 Wechmann, 'Die Reichsbahn stellt Nürnberg – Halle / Leipzig auf elektrischen Betrieb um', *EB,* 11 (1935), S. 211
5 W. Wechmann, 'Berechtigung des elektrischen Zugbetriebes', *EB,* 12 (1936), Ergänzungsheft, S. 7
6 G. Naderer, 'Die Elektrisierung Nürnberg – Halle / Leipzig', *EB,* 12 (1936), S. 102
7 E. Eger, 'Umformerwerk für die Elektrisierung der Strecke Nürnberg – Halle – Leipzig', *EB,* 17 (1941), Ergänzungsheft, S. 51

8 Eger, 'Die Elektrisierung Nürnberg–Saalfeld', *Organ,* 94 (1939), S. 263
9 W. Wechmann, 'Der elektrische Zugbetrieb der Deutschen Reichsbahn im Jahre 1936', *EB,* 13 (1937), S. 2
10 Hans-Dieter Andreas und Helge Hufschläger, *Ellok-Baureihen E 04 – E 18 – E 182 – E 19* (Gifthorn, 1976), S. 89
11 E. Joachim, 'Aus der Geschichte der Bahn-Elektrifizierung in Deutschland, Preußen (2) – Mitteldeutschland', *moderne eisenbahn,* 10 (1972), Heft 7, S. 20
12 Ebenda, S. 18 – Von Herren der BD Nürnberg wird bezweifelt, daß 1945/46 nördlich Ludwigsstadt der durchgehende elektrische Zugbetrieb wieder aufgenommen wurde.
13 E. Joachim, *Elektrische Lokomotiven* (Düsseldorf, 1973), S. 15
14 M. Jacobshagen, 'Der Betriebsdienst von 1945 bis 1955', *Zehn Jahre Wiederaufbau bei der Deutschen Bundesbahn 1945–1955* (Darmstadt, 1955), S. 100
15 R. Wagner und A. Mosler, 'Umbau alter Fahrleitungen', *EB,* 27 (1956), S. 88
16 W. Kleinow, 'Elektrische Schnellzugslokomotive mit Einzelachsantrieb', *EB,* 3 (1927), S. 41
17 W. Kleinow, 'Reichsbahn-Schnellzuglokomotive mit Einzelachsantrieb der Bauart Westinghouse-AEG', *EB,* 6 (1930), S. 129
18 W. Kleinow, 'Elektrische 1'Co1'-Reichsbahn-Schnellzugslokomotive mit Einzelachsantrieb', *EB,* 9 (1933), S. 150
19 Hermle, 'Der Schnellzugmotor EKB 860 der AEG', *EB,* 10 (1934), S. 193
20 W. Kleinow, O. Michel und W. Steinbauer, 'Einphasen-Wechselstromlokomotiven für 16 2/3 und 25 Hz', *EB,* 17 (1941), Ergänzungsheft, S. 114
21 W. Kleinow, '1Do1-Reichsbahn-Schnellzugslokomotive Reihe E 18', *EB,* 12 (1936), S. 131
22 A. Brauer, 'Entwicklung der elektrischen Vollbahnlokomotiven für Einphasenwechselstrom 16 2/3 und 50 Hz', *AEG-Mitteilungen,* 45 (1955), S. 410 – Die 118 002 hat heute noch einen Öl-Hauptschalter.
23 K. Stolte, *Die Entwicklung der elektrischen Lokomotiven* (Leipzig, 1956), S. 59
24 E.W. Curtius, 'Meßtechnische Untersuchung der Reichsbahn-Schnellzugs-Lokomotive Reihe E 18 bei Schnellfahrten und Höchstleistungsfahrten', *EB,* 13 (1937), S. 101
25 H. Stockklausner, *50 Jahre Elektro-Vollbahnlokomotiven in Deutschland und Österreich* (Wien, 1952), S. 66
26 M. Garreau et M. Dupont, 'Le pantographe des locomotives électriques (Etudes et Essais de la S.N.C.F.)'. *REVUE GENERALE DES CHEMINS DE FER,* 76 (1957), S. 665
27 Eger, 'Die Elektrisierung Nürnberg–Saalfeld', S. 274
28 W. Wechmann und O. Michel, 'Die Schnellzuglokomotive der Deutschen Reichsbahn Reihe E 19 für 180 km/h', *EB,* 14 (1938), S. 283
29 W. Kleinow, '1'Do1'-Reichsbahn-Schnellzugslokomotive Reihe E 19 für 180 km/h Geschwindigkeit', *EB,* 15 (1939), S. 92
30 W. Kleinow, O. Michel und W. Steinbauer, 'Einphasen-Wechselstromlokomotiven für 16 2/3 und 25 Hz', *EB,* 17 (1941), Ergänzungsheft, S. 120
31 Hermle, 'Der Fahrmotor EKB 1000 der Reichsbahn-Schnellzugslokomotive Reihe E 19 für 180 km/h Geschwindigkeit', *EB,* 15 (1939), S. 191
32 H. Hermle, 'Die Steuerung der Reichsbahn-Schnellzugslokomotive Reihe E 19 mit elektrischer Zusatzbremse', *EB,* 15 (1939), S. 199
33 Kleinow u. a., S. 123
34 Ebenda, S. 120
35 Brauer, S. 8
36 E. W. Curtius und A. Kniffler, 'Neue Erkenntnisse über die Haftung zwischen Treibrad und Schiene', *EB,* 21 (1950), S. 201
37 G. Manz, 'Die Triebfahrzeuge für den elektrischen Zugbetrieb der Deutschen Reichsbahn', *DB,* 28 (1954), S. 461
38 H. Lehmann und E. Pflug, *Der Fahrzeugpark der Deutschen Bundesbahn und neue, von der Industrie entwickelte Schienenfahrzeuge* (Berlin und Bielefeld, o. J.), S. 31
39 F. Sandner, 'Die elektrische Ausrüstung der Lokomotive E 10.001', *EB,* 24 (1953), Sonderdruck
40 Hans-Dietrich Kügler, 'Die elektrische Ausrüstung der Lokomotive E 10.002', *EB,* 25 (1954), Sonderdruck
41 Kilb, Schaaf und Löwentraut, 'Die neue elektrische Bo'Bo'-Lokomotive E 10.003 der Deutschen Bundesbahn', *EB,* 24 (1953), S. 237
42 F. Sandner, 'Die elektrische Ausrüstung der Lokomotiven E 10.004 und E 10.005 der Deutschen Bundesbahn', *EB,* 25 (1954), S. 238
43 Kilb, 'Versuchsfahrten mit der elektrischen Lokomotive E 10.003 auf der Arlbergbahn', *EB,* 25 (1954), S. 47
44 H. Güthlein, 'Die elektrische Lokomotive E 151', *EB,* 44 (1973), S. 50
45 Taschinger, Michel und Kniffler, 'Dreiteiliger Einheits-Wechselstrom-Triebwagen für 120 km/h', *EB,* 14 (1938), S. 52
46 R. Zschech, *Triebwagen-Archiv* (Berlin, 1966), S. 90 – Nach einem weiteren Umbau sind jetzt alle sechs Elektrotriebwagen der Reihe 432 dreiteilig.
47 A. Kuntzemüller, *Die badischen Eisenbahnen 1840–1940* (Freiburg, 1940), S. 142

48 W. Hefti, *Zahnradbahnen der Welt* (Basel, 1971), Tabelle 221.11

49 Dolezalek, 'Höllentalbahn', *Enzyklopädie des Eisenbahnwesens,* VI (2. Aufl., Berlin und Wien, 1914), S. 210

50 A. Mühl, 'Die Zugförderung auf der 75jährigen Höllentalbahn', *Voraus* (1962), Heft 12, S. 15

51 Ebenda

52 Ebenda

53 Karl-Ernst Maedel, *Die deutschen Dampflokomotiven gestern und heute* (2. Aufl., Berlin, 1963), S. 198

54 H. Stockklausner, *25 Jahre deutsche Einheitslokomotiven* (Nürnberg, 1950), S. 44

55 F. Gut, 'Der elektrische Zugbetrieb mit Einphasen-Wechselstrom 50 Hertz auf der Höllental- und Dreiseenbahn', *DB,* 28 (1954), S. 553

56 Secauer, *Kurze Betrachtungen über die Entwicklung der Höllentalbahn unter besonderer Berücksichtigung der Elektrifizierung,* (Karlsruhe, 1950), S. 1

57 O. Michel, 'Die elektrischen Lokomotiven für 50 Hz der Höllental- und Dreiseenbahn', *EB,* 13 (1937), S. 53

58 E. Kilb, 'Die Stromversorgung von 50 Hertz-Betrieben', *EB,* 17 (1941), Ergänzungsheft, S. 96

59 J. Schmitt, 'Die Fahr- und Speiseleitungen der Höllental- und Dreiseenbahn', *EB,* 12 (1936), S. 223, H. Schuhmann, 'Die Elektrisierung der Höllentalbahn', *Organ,* 93 (1938), S. 351

60 Schmitt, S. 221

61 Ebenda, S. 217

62 A. Merkle, 'Bauliche Änderungen auf der Höllental- und Dreiseenbahn anläßlich der Einrichtung des elektrischen Zugbetriebes', *EB,* 12 (1936), S. 242

63 Gut, S. 541

64 F. Gut, 'Wiesental- und Höllentalbahn, Marksteine der Elektrisierung in Süddeutschland', *Jahrbuch des Eisenbahnwesens,* 15 (1964), S. 101

65 Ebenda

66 Gut, 'Der elektrische Zugbetrieb . . . ', S. 544

67 O. Michel, 'Die elektrischen Lokomotiven für 50 Hz der Höllental- und Dreiseenbahn', *EB,* 13 (1937), S. 54

68 Ebenda, S. 55

69 Ebenda, S. 57

70 Hermle und Partzsch, 'Die elektrische Ausrüstung der AEG-Stromrichter-Lokomotive für die Höllentalbahn, Reihe 244 Nr. 01', *EB,* 13 (1937), S. 59

71 H. Hutt, 'Elektrische Ausrüstung der BBC-Gleichrichterlokomotive, Reihe E 244 Nr. 11', *EB,* 13 (1937), S. 68

72 P. Herrmann, 'Die elektrische Bo'Bo' Lokomotive, Reihe 244 Nr. 21 der Siemens-Schuckertwerke für die Höllentalbahn', *EB,* 13 (1937), S. 77

73 L. Schön, 'Die Motoren der Kruppschen Höllentalbahn-Lokomotive', *EB,* 11 (1935), S. 61

74 L. Schön, 'Die elektrische Krupp-Lokomotive, Reihe 244 Nr. 31 für die Höllentalbahn', *EB,* 13 (1937), S. 86
Bauart Krupp', *EB,* 16 (1940), S. 199

75 E.W. Curtius, 'Der Meßwagen für die elektrischen Triebfahrzeuge auf der Höllentalbahn', *EB,* 13 (1937), S. 94

76 Gut, 'Der elektrische Zugbetrieb . . .', S. 551

77 Kilb, Michel, u.a., *Ergebnisse des elektrischen Versuchsbetriebs auf der Höllentalbahn mit 50 Perioden 1936 bis 1940* (München und Karlsruhe, 1941), S. 19

78 Ebenda, S. 25

79 Ebenda, S. 46

80 R. Fritsche und E. Kilb, 'Ergebnisse des 50-Hertz-Betriebes auf der Höllentalbahn', *EB,* 20 (1944), S. 50

81 Gut, S. 552

82 Ebenda, S. 549

83 Ebenda

84 W. Ohl, 'Die 50 Hz-Höllentalbahn-Lokomotive der AEG', *EB,* 22 (1951), S. 253

85 E. Ludwig, 'Der 50-Hz-Doppeltriebwagen der Siemens-Schuckertwerke AG für die Höllentalbahn', *EB,* 23 (1952), S. 125, S. 158

86 Gut, S. 550

87 Fritsche und Kilb, S. 48

88 Kilb, Michel, u.a., S. 45

89 Gut, 'Wiesental- und Höllentalbahn . . .', S. 103

90 E. Kilb, '25 Jahre elektrischer Zugbetrieb mit Einphasenwechselstrom 50 Hz auf der Höllental- und Drei-Seen-Bahn der Deutschen Bundesbahn', *EB,* 31 (1960), S. 257

91 'Anderer Strom – neue Lokomotiven', *Badische Zeitung* vom 21. Mai 1960

92 O. Hartmann und Ch. Tietze, 'Die Zweifrequenzlokomotive E 344.01 der Deutschen Bundesbahn', *EB,* 35 (1964), S. 40

93 R. Fischer und G. Scholtis, 'Die thyristorgesteuerte Nutzbremse im Triebwagen ET 45.01 der Deutschen Bundesbahn', *EB,* 39 (1968), S. 136

94 W. Reichel, 'Elektrische Lokomotive der Achsfolge Bo-Bo mit geschweißtem Rahmen und anderen neuartigen Bauteilen', *EB,* 9 (1933), S. 1
95 O. Michel, 'Die elektrischen Lokomotiven der Achsfolge Bo-Bo, Bauart Siemens-Schuckertwerke', *EB,* 9 (1933), S. 157
96 O. Michel, 'Hundert elektrische Lokomotiven der Reihe E 44, Achsfolge Bo'Bo' der Deutschen Reichsbahn', *EB,* 16 (1940), S. 87
97 G. Manz, 'Neue elektrische Lokomotiven für neu elektrifizierte Strecken der Deutschen Bundesbahn', *DB,* 31 (1957), S. 840
98 E. Kilb, 'Die elektrische Bo'Bo'-Schnellzuglokomotive Baureihe E 101 und Güterzuglokomotive Baureihe E 40 der Deutschen Bundesbahn', *EB,* 28 (1957), S. 75
99 E. Kilb, 'Neue Typenreihe elektrischer Streckenlokomotiven der Deutschen Bundesbahn: E 101, E 40, E 41 und E 50', *EB,* 28 (1957), S. 10
100 E. Kilb und Th. Wirth, 'Der Fahrzeugteil der Bo'Bo'-Schnellzuglokomotive Reihe E 101 und Güterzuglokomotive Reihe E 40 der Deutschen Bundesbahn', *EB,* 28 (1957), S. 76
101 H. Schaaff, 'Die elektrische Ausrüstung der Lokomotiven Baureihe E 101 und Baureihe E 40 der Deutschen Bundesbahn', *EB,* 28 (1957), S. 97, S. 134
102 N. Wagner, 'Die Zugförderung und ihre Fahrzeugbasis', *ETR,* 26 (1977), S. 648
103 H. Hackstein, G. Grünewald und H. Leppla, 'Die elektrische Bremse der Lokomotiven Baureihe E 10 der Deutschen Bundesbahn', *EB,* 33 (1962), S. 36
104 Wagner, S. 648
105 E. Born, 'Hundert Jahre Schwarzwaldbahn', *GA,* 98 (1974), S. 1
E. Born, 'Kohlenstaub und Dieselqualm', *Die Schwarzwaldbahn,* (Karlsruhe, 1973), S. 41
106 Ebenda, S. 4 bzw. S. 47
107 Ebenda, S. 5 bzw. S. 50
108 A. Mühl, 'Geschichte der Zugförderung auf der badischen Schwarzwaldbahn', *Lok Magazin,* Heft 4 (1963), S. 60
109 Th. Düring, *Schnellzug-Dampflokomotiven der deutschen Länderbahnen 1907–1922* (Stuttgart, 1972), S. 20
110 Ebenda, S. 209
111 Mühl, S. 62
112 Gustav-Adolf Gaebler, 'Zur Entwicklung der Diesellokomotiven der Deutschen Bundesbahn nach dem Kriege', *ETR,* 1 (1952), S. 259
113 Gustav-Adolf Gaebler, 'Die 2000-PS-Diesellok der Deutschen Bundesbahn (Baureihe V 200) mit hydraulischer Kraftübertragung', *DB,* 27 (1953), S. 617
114 F. Flemming, 'Die neue Großdiesellokomotive der Deutschen Bundesbahn, Baureihe V 200, im Regeldienst', *ETR,* 3 (1954), S. 296
115 H. Lehmann und E. Pflug, *Der Fahrzeugpark der Deutschen Bundesbahn und neue, von der Industrie entwickelte Schienenfahrzeuge* (Berlin und Bielefeld, 1957), S. 54
116 E. Pflug, 'Die betriebliche Bewährung der V 200 Diesellokomotiven der Deutschen Bundesbahn', *GA,* 82 (1958), Sonderdruck, S. 10
117 Mühl, S. 62
118 Flemming, S. 296
119 Wagner, S. 643
120 K. Friedrich, 'Der Gesamtentwurf der V 2001', *GA,* 87 (1963), S. 276
121 B. Schmücker, 'Die V 2001 als Fahrzeug', *GA,* 87 (1963), S. 279
122 E. Pflug, 'Dieselmotoren, Kühlanlagen und elektrische Ausrüstung der neuen Diesellokomotiven V 2001', *GA,* 87 (1963), S. 296
Eugen Lippl, 'Die Kraftübertragungsanlage der V 2001', *GA,* 87 (1963), S. 313
123 H. Baur, 'Der Heizdampfkessel der V 2001', *GA,* 87 (1963), S. 322
124 W. Fürst, 'Die Lokomotivbaureihe 218 der DB für mittelschweren Reise- und Güterzugdienst', *DB,* 48 (1972), S. 160
125 Hans-Wolfgang Scharf, 'Das Bahnbetriebswerk Villingen und seine Lokomotiven', *Lok Magazin,* Nr. 41 (1970), S. 133
126 Fürst, S. 159
127 H. Maier, 'Der geplante Ausbau der Wasserkräfte Badens und ihre Benutzung für Bahnzwecke', *Der elektrische Zugbetrieb der Deutschen Reichsbahn,* hg. Wilhelm Wechmann (Berlin, 1924), S. 74
128 Gleichmann, 'Nutzbarmachung von Wasserkräften für Reichsbahn-Elektrisierungen', *GA,* 50 (1927), Jubiläums-Sonderheft, S. 188
129 H. Person, 'Und immer wieder die Schwarzwaldbahn . . . ', *SÜDKURIER,* Nr. 219 vom 23. September 1975, S. 8
130 J. Schmitt, 'Die Fahr- und Speiseleitungen der Höllental- und Dreiseenbahn', *EB,* 12 (1936), S. 221
131 Ganzenmüller und Wechmann, 'Gutachten über die Wahl des Stromsystems für die Elektrisierung von Fernbahnen', *EB,* 20 (1944), Ergänzungsheft, S. 44/45 (Übersichtskarte von Europa)
132 Person, S. 8
133 F. Gut, 'Die Elektrisierung im Raume Baden-Württemberg', *DB,* 28 (1954), S. 395
134 'Why Electrify?', *Diesel Railway Traction* (Mai 1963), S. 169

135 Köhler, 'Ausgaben, die stutzig machen müssen', *Der Steuerzahler*, Ausgabe Baden-Württemberg, 14 (Juli 1963), Nr. 7

136 M. Hill, 'Allheilmittel Elektrifizierung?', *Handelsblatt* (1963), Nr. 189

137 J. Zehnder, *Elektrifizierung oder Verdieselung der Schwarzwaldbahn*, Schriftenreihe der Industrie- und Handelskammer Konstanz, Heft 14 (Konstanz, 1964)

138 F. Raab und E. Graßmann, *Die Frage der Zugförderungsart auf der Schwarzwaldbahn* (Karlsruhe und Berlin, Juni 1964)

139 Daimler-Benz, Maybach-Motorenbau, Voith Getriebe, *Elektrifizierung und moderne Dieselzugförderung zur Verbesserung des Schienenverkehrs* (Februar 1964)

140 Zentralverband der Elektrotechnischen Industrie, *Elektrifizierung und Verdieselung von deutschen Strecken* (Frankfurt, März 1964)

141 'Elektrifizierung der Schwarzwaldbahn gesichert', *Lahrer Zeitung* vom 21. Mai 1965

142 'Zwei Unterwerke notwendig', *Badische Zeitung*, Nr. 250 vom 28. Oktober 1966

143 G. Welte, 'Elektrischer Zugbetrieb auf der Schwarzwaldbahn von Offenburg nach Villingen', *EB*, 46 (1975), S. 180

144 W. Schmidt, 'Die Elektrifizierung der Schwarzwaldbahn', *GA*, 99 (1975), S. 291

145 H. Gunzelmann, 'Tunnel- und Brückenbaumaßnahmen für die Elektrifizierung der Schwarzwaldbahn', *ETR*, 21 (1972), S. 342

146 G. Welte, 'Die Elektrifizierung der Schwarzwaldbahn', *ETR*, 22 (1973), S. 379

147 R. Bitterling und Th. Catterfeld, 'Erfahrungen bei der Freimachung des lichten Raumes für die Elektrifizierung der Schwarzwaldbahn auf der Tunnelstrecke Hornberg–Sommerau', *ETR*, 24 (1975), S. 268

148 Gunzelmann, S. 347

149 K. Bauermeister, 'Elektrifizierung des zehntausendsten Streckenkilometers', *DB*, 51 (1975), S. 493

150 Hans-Rudolf Nebelung, Gerhard Scholtis und Anton Joachimsthaler, 'Weiterentwicklung der elektrischen Bremse bei den Lokomotiven E 10 / E 40 der Deutschen Bundesbahn', *EB*, 38 (1967), S. 255

151 'Technik hinkt nach – Lokwechsel bleibt', *Schwarzwälder Bote*, Nr. 45 vom 24. Februar 1976

152 'Kein Zeitgewinn auf der Schwarzwaldbahn – Trotz Elektrifizierung nach wie vor Lokwechsel in Offenburg', *SÜDKURIER*, Nr. 44 vom 23. Februar 1976

153 H. Güthlein und Ch. Tietze, 'Elektrische Zweifrequenzlokomotive Baureihe 181.2', *EB*, 46 (1975), S. 105, S. 137

154 '16. Tagung "Moderne Schienenfahrzeuge" in Graz', *eisenbahntechnik*, 11 (1976), S. 42

155 N. Wagner, 'Die Zugförderung und ihre Fahrzeugbasis', *ETR*, 26 (1977), S. 648

156 H. Larisch, 'Betriebserfahrungen mit dem Zugbahnfunk', *ETR*, 25 (1976), S. 680

157 'Der Strom allein bringt' s nicht', *SÜDKURIER*, vom 8. Februar 1977

. Anhang

halt des Anhangs

ite

.1. Streckenliste

bkürzungen

Längsprofil

betriebsführende Eisenbahn

Länge

ax maximale Meereshöhe

in minimale Meereshöhe

h Höhendifferenz aus h_{max} und h_{min}

durchschnittliche Steigung

S_{max} maximale Steigung

$\frac{\overline{S}}{S_{max}}$ Quotientwert aus $\overline{S}$ und S_{max}

r_{min} kleinster Kurvenradius

V_{max} Höchstgeschwindigkeit

t_R Fahrzeit der schnellfahrenden Reisezüge

$\overline{V}_R$ Durchschnittsgeschwindigkeit der schnellfahrenden Reisezüge

	E	Gebirgsbahn	Steilrampenabschnitt	l	Meereshöhe h_{max}	h_{min}	Δh	$\overline{S}$	S_{max}	$\frac{\overline{S}}{S_{max}}$	r_{min}	V_{max}	t_R	$\overline{V}_R$
	–	–	–	km	m über Normalnull			‰	‰	–	m	km/h	min	km/h
1	BLS	Lötschberg-Nord	Frutigen – Kandersteg	18,0	1176	779	397	22,0	27	0,81	300	80	16	68
1	BLS	Lötschberg-Süd	Brig – Goppenstein	25,4	1217	678	539	21,2	27	0,79	300	80	22	69
2	SBB	Gotthard-Nord	Erstfeld – Göschenen	28,8	1106	472	634	22,0	26	0,85	280	80	25, 26	66, 69
2	SBB	Gotthard-Süd	Bodio – Airolo	39,3	1142	331	811	20,6	26	0,79	280	80	34...38	62...69
	SBB	Monte Ceneri	Giubiasco – Rivera-Bironico	11,2	472	230	242	21,6	26	0,83	290	80	9	75
3	SBB	Jura-Simplon	Daillens – Vallorbe	27,0	807	445	362	13,4	20	0,67	280	90	20...23	70...81
3	SBB	Simplon-Süd	Domodossola – Iselle	18,8	629	270	359	19,1	25	0,76	300	95	14...22	51...81
4	SBB	Franco-Suisse	Auvernier – Les Bayards	30,9	936	492	444	14,4	21	0,68	280	95	25...29	64...74
5	ÖBB	Arlberg-Ost	Landeck – St. Anton	27,6	1303	776	527	19,1	27	0,71	250	70	29...33	50...57
5	ÖBB	Arlberg-West	Bludenz – Langen	25,6	1217	561	656	25,6	32	0,80	250	70	26...34	45...59
6	ÖBB	Brenner-Nord	Innsbruck – Brenner	37,0	1371	582	789	21,3	25	0,85	285	70	35...43	52...63
7	ÖBB	Tauern-Nord	Schwarzach-St. Veit – Böckstein	34,2	1173	590	583	17,0	26	0,66	250	60	38	54
7	ÖBB	Tauern-Süd	Pusarnitz – Mallnitz	27,0	1182	562	620	23,0	27	0,85	250	60	32	51
9	ÖBB	Semmering-Nord	Payerbach-Reichenau – Semmering	21,4	896	493	403	18,8	25	0,75	189	70	25	51
9	ÖBB	Semmering-Süd	Mürzzuschlag – Semmering	13,3	896	681	215	16,2	24	0,67	284	80	13	61
10	DB	Frankenwald-Nord	Probstzella – Steinbach am Wald	13,1	593	343	250	19,1	26	0,73	300	70	13...16	49...60
0	DB	Frankenwald-Süd	Pressig-Rothenkirchen – Steinbach	12,3	593	376	217	17,6	26	0,68	300	95	9...12	62...82
1	DB	Höllental	Hirschsprung – Hinterzarten	7,2	885	559	326	45,2	55	0,82	220	60	8...10	43...54
2	DB	Schwarzwaldbahn	Hausach – Sommerau	35,5	832	241	591	16,6	20	0,83	300	70	32...35	61...67
	DB	Schwarzwaldbahn	Welschingen – Hattingen	13,7	690	489	201	14,7	17	0,86	360	90	10, 11	75, 82

7.2. Längsprofile

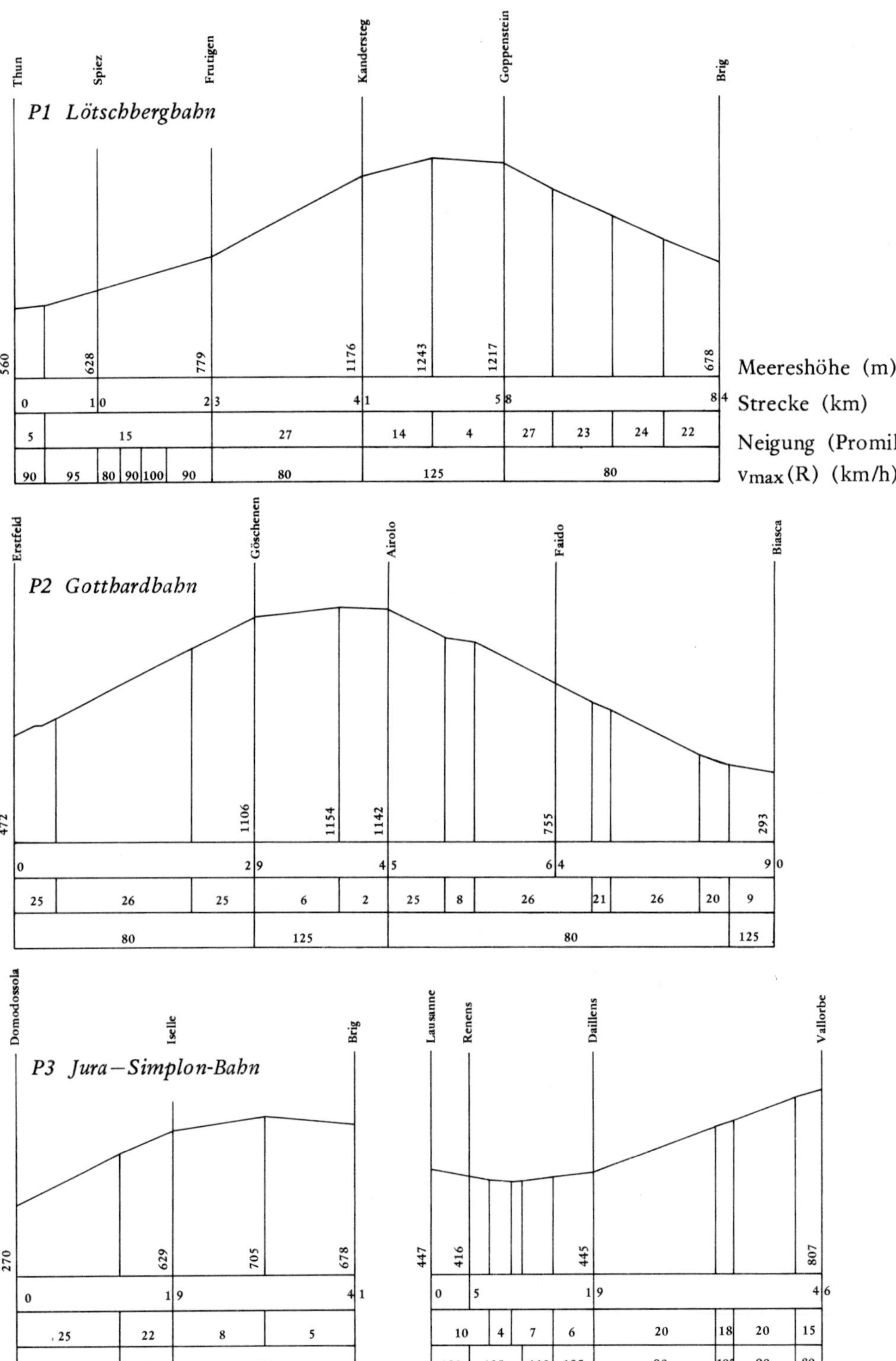

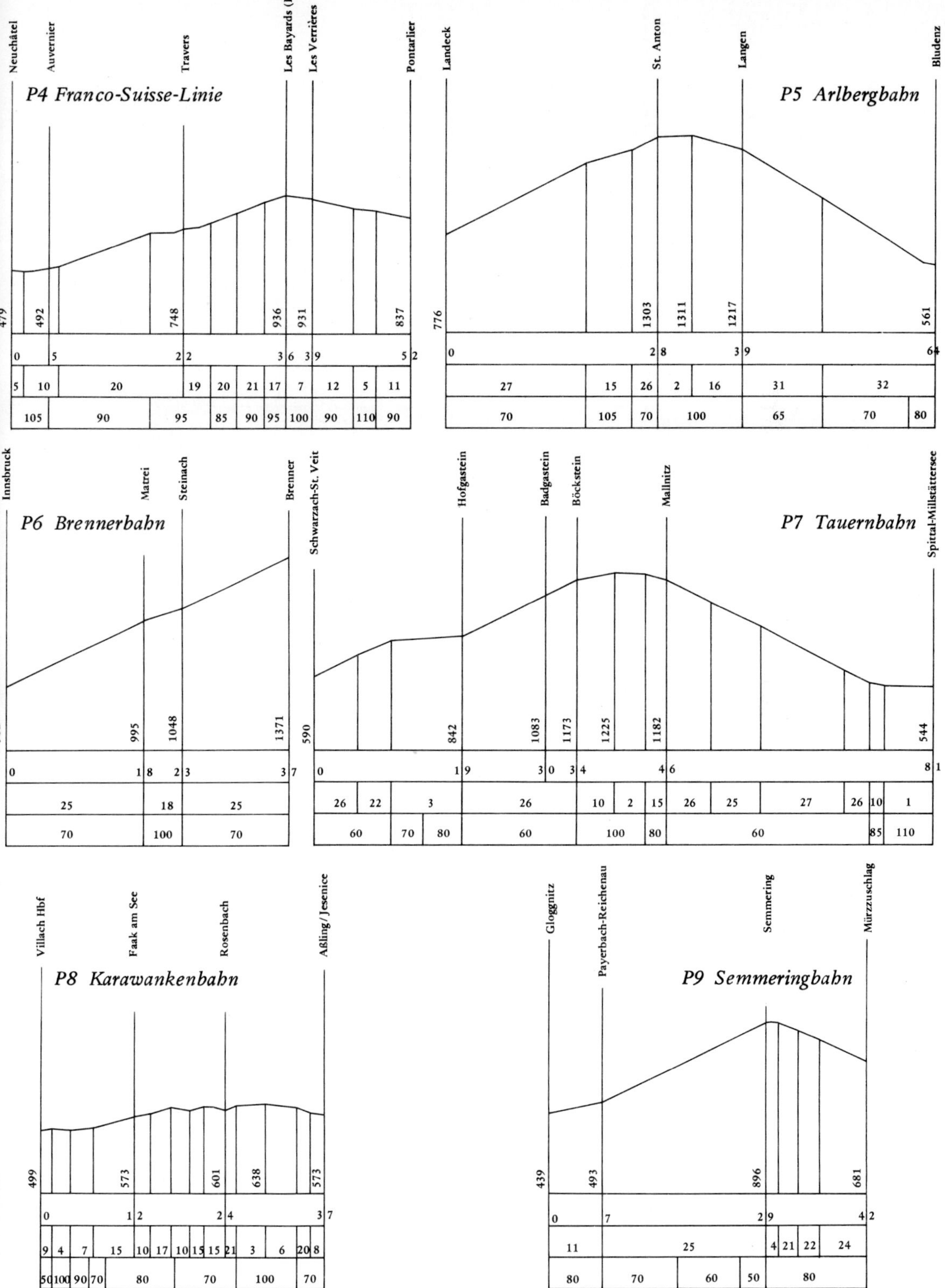
P4 Franco-Suisse-Linie
Neuchâtel
Auvernier
Travers
Les Bayards (H)
Les Verrières
Pontarlier
479
492
748
936
931
837
P5 Arlbergbahn
Landeck
St. Anton
Langen
Bludenz
776
1303
1311
1217
561
P6 Brennerbahn
Innsbruck
Matrei
Steinach
Brenner
995
1048
1371
P7 Tauernbahn
Schwarzach-St. Veit
Hofgastein
Badgastein
Böckstein
Mallnitz
Spittal-Millstättersee
590
842
1083
1173
1225
1182
544
P8 Karawankenbahn
Villach Hbf
Faak am See
Rosenbach
Aßling/Jesenice
499
573
601
638
573
P9 Semmeringbahn
Gloggnitz
Payerbach-Reichenau
Semmering
Mürzzuschlag
439
493
896
681

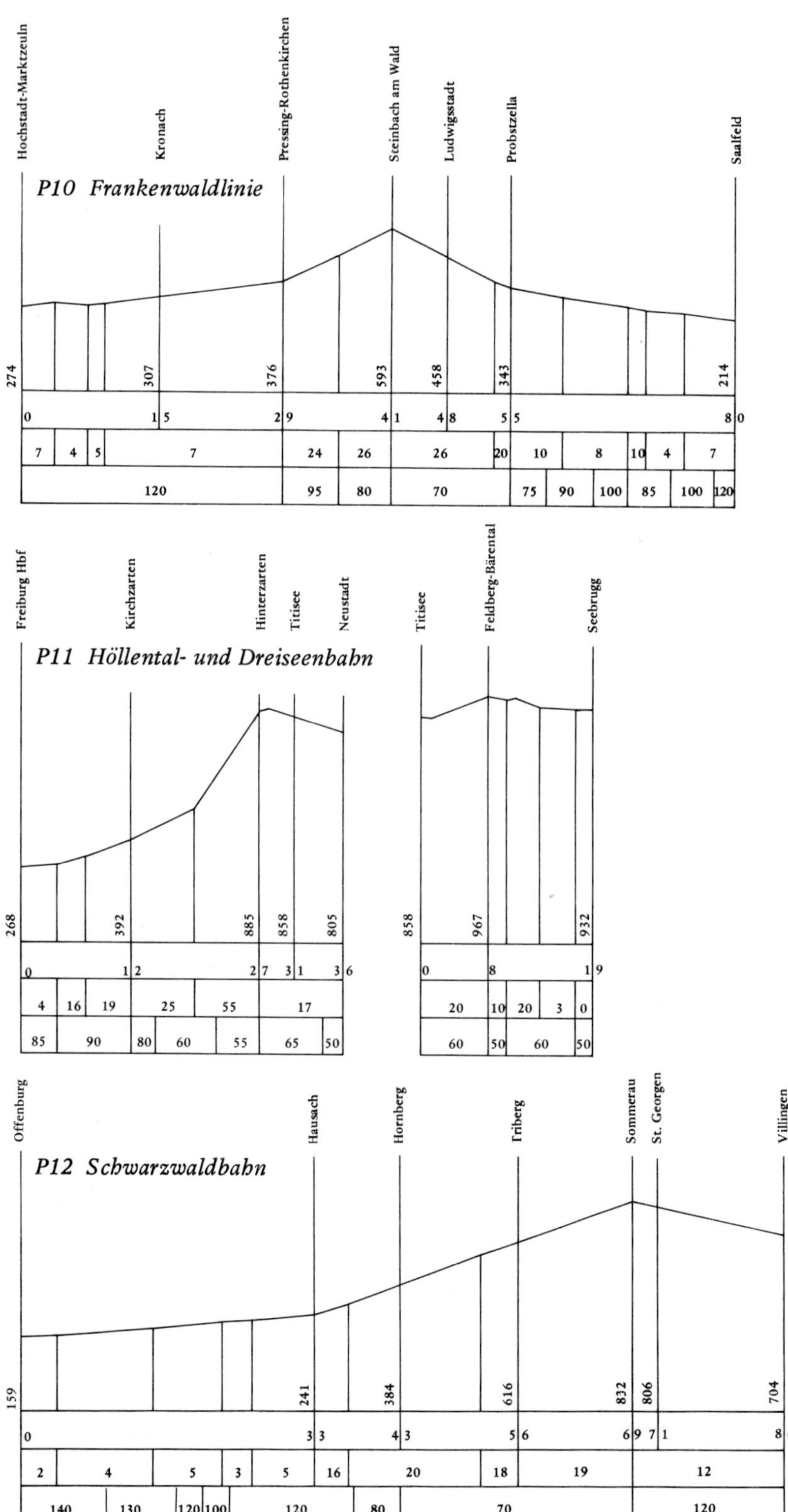
P10 Frankenwaldlinie
Hochstadt-Marktzeuln
Kronach
Pressing-Rothenkirchen
Steinbach am Wald
Ludwigsstadt
Probstzella
Saalfeld
274
307
376
593
458
343
214
0
15
29
41
48
55
80
7 4 5 7 24 26 26 20 10 8 10 4 7
120 95 80 70 75 90 100 85 100 120
P11 Höllental- und Dreiseenbahn
Freiburg Hbf
Kirchzarten
Hinterzarten
Titisee
Neustadt
Titisee
Feldberg-Bärental
Seebrugg
268
392
885
858
805
858
967
932
0
12
27
31
36
0
8
19
4 16 19 25 55 17
85 90 80 60 55 65 50
20 10 20 3 0
60 50 60 50
P12 Schwarzwaldbahn
Offenburg
Hausach
Hornberg
Triberg
Sommerau
St. Georgen
Villingen
159
241
384
616
832
806
704
0
33
43
56
69
71
86
2 4 5 3 5 16 20 18 19 12
140 130 120 100 120 80 70 120

7.3. Eröffnungs- und Elektrifizierungsdaten

Lötschbergbahn

Betriebseröffnung

1. 7. 1859	Bern–Thun	31,2 km
1. 6. 1861	Thun–Scherzligen	1,5 km
1. 6. 1893	Scherzligen–Spiez	9,3 km
25. 7. 1901	Spiez–Frutigen	13,5 km
15. 7. 1913	Frutigen–Brig	60,3 km

Elektrischer Zugbetrieb

1. 11. 1910	Spiez–Frutigen	13,5 km
15. 7. 1913	Frutigen–Brig	60,3 km
1. 5. 1915	Scherzligen–Spiez	9,3 km
2. 12. 1918	Thun–Scherzligen	1,5 km
7. 7. 1919	Bern–Thun	31,2 km
21. 8. 1920	Spiez–Interlaken–Bönigen	20,4 km

Gotthardbahn

Betriebseröffnung

1. 6. 1864	Luzern–Rotkreuz (–Zug)	28,4 km
6. 12. 1874	Biasca–Bellinzona	19,1 km
6. 12. 1874	Lugano–Chiasso	25,8 km
20. 12. 1874	Bellinzona–Giubiasco (–Locarno)	3,1 km
1. 1. 1882	Göschenen–Airolo	15,8 km
10. 4. 1882	Giubiasco–Lugano	26,4 km
1. 6. 1882	Rotkreuz–Göschenen	78,7 km
1. 6. 1882	Airolo–Biasca	45,6 km
1. 6. 1897	Luzern–Immensee	19,2 km
1. 6. 1897	Zug–Arth-Goldau	15,8 km

Elektrischer Zugbetrieb

18. 10. 1920	Erstfeld–Airolo	44,6 km
12. 12. 1920	Airolo–Biasca	45,6 km
4. 4. 1921	Biasca–Bellinzona	19,1 km
6. 2. 1922	Bellinzona–Chiasso	55,3 km
1. 5. 1922	Erstfeld–Arth-Goldau	32,4 km
28. 5. 1922	Arth-Goldau–Luzern	27,8 km
22. 6. 1922	Arth-Goldau–Zug	15,8 km
6. 7. 1922	Immensee–Rotkreuz	7,8 km
9. 10. 1922	Luzern–Zug	26,2 km
5. 3. 1923	Zug–Zürich	28,9 km
23. 2. 1924	Luzern–Olten	55,7 km
18. 5. 1924	Olten–Basel	39,2 km
21. 1. 1925	(Zürich–) Rupperswil–Olten	19,3 km
5. 5. 1927	Rotkreuz–Rupperswil	40,8 km
15. 5. 1936	Giubiasco–Locarno	17,9 km
28. 10. 1939	Chiasso–Grenze (3000 V Gleichstrom)	
11. 6. 1960	Cadenazzo–Luino	31,2 km

Jura-Simplon-Strecke

Betriebseröffnung

7. 5. 1855	(Yverdon–) Daillens–Bussigny	12,4 km
1. 7. 1855	Bussigny–Renens	2,4 km
5. 5. 1856	Renens–Lausanne	4,5 km
10. 6. 1857	Villeneuve–Bex	18,2 km
14. 7. 1859	(Bouveret–) St-Maurice–Martigny	14,9 km
10. 5. 1860	Martigny–Sion	26,0 km
1. 11. 1860	Bex–St-Maurice	4,0 km
2. 4. 1861	Lausanne–Villeneuve	29,4 km
15. 10. 1868	Sion–Sierre	15,7 km
1. 7. 1870	Daillens–Vallorbe	27,0 km
1. 7. 1875	Vallorbe–Pontarlier	
1. 6. 1877	Sierre–Leuk	9,4 km
1. 7. 1878	Leuk–Brig	28,0 km
1. 6. 1906	Brig–Domodossola	40,7 km
16. 5. 1915	Frasne–Vallorbe	

Elektrischer Zugbetrieb

1. 6. 1906	Brig–Iselle, Tunnel I (Drehstrom)	21,9 km
31. 7. 1919	Brig–Sion (Drehstrom)	53,1 km
7. 1. 1922	Brig–Iselle, Tunnel II (Drehstrom)	21,9 km
12. 12. 1923	Sion–St-Maurice	40,9 km
14. 5. 1924	St-Maurice–Lausanne	51,6 km
1. 2. 1925	Lausanne–Daillens (–Yverdon)	19,3 km
1. 3. 1925	Daillens–Le Day	23,8 km
5. 6. 1925	Le Day–Vallorbe	3,2 km
22. 12. 1925	Renens–Genève	55,8 km
15. 1. 1927	Brig–Sion (Umstellung auf 15 kV 16 2/3 Hz)	53,1 km
2. 3. 1930	Brig–Iselle (Umstellung auf 15 kV 16 2/3 Hz)	21,9 km
15. 5. 1930	Iselle–Domodossola	18,8 km
4. 5. 1947	Domodossola–Mailand (3000 V Gleichstrom)	
25. 4. 1958	Dôle–Vallorbe / Pontarlier (25 kV 50 Hz)	

Franco-Suisse-Linie

Betriebseröffnung

7. 11. 1859	Neuchâtel–Auvernier (–Vaumarcus)	5,0 km
25. 7. 1860	Auvernier–Pontarlier	47,3 km
1. 7. 1901	Bern–Neuchâtel	42,9 km

Elektrischer Zugbetrieb

13. 9. 1923	Bern–Bümplitz	4,2 km
23. 12. 1927	(Yverdon–) Auvernier–Neuchâtel (–Olten)	5,0 km
14. 5. 1928	Bümplitz–Neuchâtel	38,7 km
22. 11. 1942	Auvernier–Les Verrières	34,3 km
4. 5. 1944	Régional du Val-de-Travers	13,6 km
3. 6. 1954	Les Verrières–Pontarlier	13,0 km
25. 4. 1958	Dôle–Vallorbe / Pontarlier (25 kV 50 Hz)	

Arlbergbahn

Betriebseröffnung

1. 7. 1872	Bludenz–Bregenz	57,7 km
24. 10. 1872	Feldkirch–Buchs	18,6 km
24. 10. 1872	Bregenz–Lindau	10,1 km
1. 7. 1883	Innsbruck–Landeck	72,1 km
21. 9. 1884	Landeck–Bludenz	64,2 km

Elektrischer Zugbetrieb

12. 10. 1912	Innsbruck Hauptbahnhof–Innsbruck Westbahnhof (–Scharnitz)	1,3 km
23. 7. 1923	Innsbruck Westbahnhof–Telfs-Pfaffenhofen	25,5 km
26. 10. 1923	Telfs-Pfaffenhofen–Silz	11,5 km
19. 12. 1923	Silz–Landeck	33,8 km
29. 4. 1925	Landeck–St. Anton	27,5 km
14. 5. 1925	St. Anton–Bludenz	36,7 km
6. 8. 1926	Bludenz–Feldkirch	20,8 km
14. 12. 1926	Feldkirch–Buchs	18,6 km
15. 2. 1927	Feldkirch–Bregenz	36,9 km
14. 12. 1954	Bregenz–Lindau	10,1 km

Brennerbahn

Betriebseröffnung

24. 11. 1858	Kufstein–Innsbruck	72,9 km
24. 8. 1867	Innsbruck–Brenner (–Bozen)	37,0 km

Elektrischer Zugbetrieb

21. 2. 1927	Innsbruck Hauptbahnhof–Solbad Hall in Tirol	8,6 km
14. 3. 1927	Solbad Hall in Tirol–Wörgl	50,9 km
8. 6. 1927	Wörgl–Kufstein	13,4 km
6. 10. 1928	Innsbruck Hauptbahnhof–Brennersee	35,7 km
1929	Brenner–Bozen (Drehstrom)	
15. 5. 1934	Brennersee–Brenner	1,3 km
30. 5. 1965	Brenner–Bozen (Umstellung auf 3000 V Gleichstrom)	

Tauern- und Karawankenbahn

Betriebseröffnung

15. 7. 1871	Salzburg–Hallein	17,8 km
20. 11. 1871	Spittal-Millstättersee–Villach	35,8 km
6. 8. 1875	Hallein–Schwarzach-St. Veit (–Wörgl)	48,7 km
20. 9. 1905	Schwarzach-St. Veit–Badgastein	30,1 km
1. 10. 1906	Villach–Aßling	37,0 km
7. 7. 1909	Badgastein–Spittal-Millstättersee	50,8 km

Elektrischer Zugbetrieb

1. 4. 1928	Wörgl–Saalfelden	
11. 3. 1930	Salzburg–Schwarzach-St. Veit (–Saalfelden)	66,5 km
1. 12. 1933	Schwarzach-St. Veit–Mallnitz	45,9 km
26. 4. 1935	Mallnitz–Spittal-Millstättersee	35,0 km
17. 5. 1950	Spittal-Millstättersee–Villach	35,8 km
10. 6. 1955	Villach–Rosenbach	24,1 km
2. 2. 1957	Rosenbach–Aßling/Jesenice	12,9 km
1964	Jesenice–Ljubljana (3000 V Gleichstrom)	

Semmeringbahn

Betriebseröffnung

16. 5. 1841	Baden–Wiener Neustadt	22,1 km
29. 5. 1841	Mödling–Baden	10,8 km
20. 6. 1841	Wien–Mödling	15,2 km
24. 10. 1841	Wiener Neustadt–Neunkirchen	14,5 km
5. 5. 1842	Neunkirchen–Gloggnitz	12,3 km
23. 10. 1844	Mürzzuschlag–Bruck an der Mur–Graz	94,7 km
17. 7. 1854	Gloggnitz–Mürzzuschlag	41,8 km

Elektrischer Zugbetrieb

25. 10. 1935	Tarvis–Udine (3000 V Gleichstrom)	
2. 10. 1952	Villach–Arnoldstein	17,4 km
21. 9. 1953	Arnoldstein–Tarvis	10,5 km
29. 9. 1956	Wien Südbahnhof–Gloggnitz	74,9 km
30. 9. 1956	Villach–Klagenfurt / Feldkirchen–St. Veit an der Glan	109,1 km
28. 9. 1957	Gloggnitz–Payerbach-Reichenau	7,1 km
31. 5. 1959	Payerbach-Reichenau–Mürzzuschlag	34,7 km
1. 10. 1961	St. Veit an der Glan–Knittelfeld	103,4 km
24. 5. 1963	Mürzzuschlag–Knittelfeld	90,5 km
22. 5. 1966	Bruck an der Mur–Graz	53,5 km
28. 5. 1972	Graz–Spielfeld-Straß	46,5 km
22. 5. 1977	Spielfeld-Straß–Maribor (3000 V Gleichstrom)	

Frankenwaldlinie

Betriebseröffnung

1. 10. 1844	Nürnberg–Bamberg	62,4 km
15. 2. 1846	Bamberg–Lichtenfels	31,9 km
20. 6. 1846	Halle–Weißenfels	32,2 km
15. 10. 1846	Lichtenfels–Hochstadt (–Neuenmarkt)	8,3 km
19. 12. 1846	Weißenfels–Großheringen (–Weimar)	26,5 km
22. 3. 1856	Leipzig–Großkorbetha	32,2 km
20. 2. 1861	Hochstadt–Gundelsdorf	20,3 km
1. 3. 1863	Gundelsdorf–Stockheim	3,4 km
20. 12. 1871	(Gera–) Saalfeld–Eichicht	9,9 km
1. 5. 1874	Großheringen–Saalfeld	74,6 km
8. 8. 1885	Stockheim–Ludwigsstadt	23,9 km
8. 8. 1885	Eichicht–Probstzella	15,1 km
1. 10. 1885	Ludwigsstadt–Probstzella	7,0 km

Elektrischer Zugbetrieb

16. 10. 1927	München Hauptbahnhof – Nannhofen	31,0 km
15. 5. 1931	Nannhofen – Augsburg Hauptbahnhof	30,9 km
1. 6. 1934	München Hauptbahnhof – Dachau	17,8 km
17. 12. 1934	Augsburg Hauptbahnhof – Donauwörth	40,8 km
5. 4. 1935	Donauwörth – Nürnberg Hauptbahnhof	96,4 km
15. 5. 1939	Nürnberg Hauptbahnhof – Saalfeld	182,2 km
15. 2. 1940	Saalfeld – Göschwitz	42,5 km
5. 5. 1940	Göschwitz – Camburg – Großheringen	32,1 km
6. 5. 1941	Camburg – Weißenfels	32,8 km
2. 11. 1942	Weißenfels – Leipzig Hauptbahnhof	40,4 km
4. 1946 – 9. 1946	Demontage der Fahrleitungsanlage nördlich der Zonengrenze bei Falkenstein	
8. 10. 1950	(Ludwigsstadt –) Falkenstein – Probstzella	1,7 km
8. 10. 1950	Lichtenfels – Coburg	20,9 km
21. 12. 1959	Halle – Weißenfels	32,2 km
29. 5. 1960	Dachau – Ingolstadt	63,2 km
27. 5. 1962	Ingolstadt – Treuchtlingen	55,8 km
5. 1. 1964	Leipzig Hauptbahnhof – Großkorbetha	32,2 km
28. 5. 1967	Weißenfels – Großheringen / Camburg	32,8 km
15. 12. 1975	Coburg – Neustadt	15,2 km

Höllentalbahn

Betriebseröffnung

23. 5. 1887	Freiburg Hauptbahnhof – Neustadt	34,8 km
18. 10. 1890	Donaueschingen – Hüfingen	2,6 km
20. 8. 1901	Hüfingen – Neustadt	37,3 km
26. 9. 1907	Kappel-Gutachbrücke – Bonndorf	19,8 km
2. 12. 1926	Titisee – Seebrugg	19,2 km
8. 11. 1934	Trassenverlegung Freiburg Hauptbahnhof – Freiburg-Wiehre	

Elektrischer Zugbetrieb

18. 6. 1936	Freiburg Hauptbahnhof – Neustadt (20 kV 50 Hz)	36,4 km
18. 6. 1936	Titisee – Seebrugg (20 kV 50 Hz)	19,2 km
20. 5. 1960	Freiburg Hauptbahnhof – Neustadt / Seebrugg (Umstellung auf 15 kV 16 2/3 Hz)	

Schwarzwaldbahn

Betriebseröffnung

13. 6. 1863	(Waldshut –) Singen (Hohentwiel) – Konstanz	30,2 km
2. 7. 1866	Offenburg – Hausach	33,2 km
6. 9. 1866	Singen (Hohentwiel) – Engen	14,6 km
15. 6. 1868	Engen – Donaueschingen	34,9 km
16. 8. 1869	Donaueschingen – Villingen	13,8 km
10. 11. 1873	Hausach – Villingen	52,7 km
15. 5. 1934	Tuttlingen – Hattingen	

Elektrischer Zugbetrieb

27. 5. 1962	Konstanz – Kreuzlingen (SBB)	1,2 km
26. 5. 1963	Stuttgart Hauptbahnhof – Böblingen	25,9 km
29. 9. 1974	Böblingen – Horb	41,3 km
28. 9. 1975	Offenburg – Villingen	85,9 km
25. 9. 1977	Villingen – Konstanz	93,5 km
25. 9. 1977	Horb – Hattingen	79,0 km

7.4. Angaben über elektrische Triebfahrzeuge

BLS-Betriebsgemeinschaft

Reihenbezeichnung derzeit	Reihenbezeichnung früher	Anzahl (ursprünglich)	Achsanordnung	erstes Baujahr (Umbau)	Höchstgeschwindigkeit km/h	Stundenleistung kW	bei km/h	Dauerleistung kW	bei km/h	Anzahl Fahrmotoren	Dienstmasse t	Reibungsmasse t	Achslast kN	elektrische Bremse
Ce6/6 121	Fc2x3/3 121	1	C'C'	1910	60	1471	42	–	–	2	90	90	147	–
Be5/7 151–163	Be5/7 151–163	13	1'E1'	1912	75	1838	50	–	–	2	105	82,5	165	–
Ae5/7 171	Be5/7 151	1	1'E1'	(1940)	90	2206	60	–	–	4	107	84	167	–
Ae6/8 201–204	Be6/8 201–204	4	(1'Co)(Co1')	1926	75	3309	50	2721	50	12	142	115	188	W
Ae6/8 205–208	–	4	(1'Co)(Co1')	1939	90	4412	56,5	3772	61,5	12	142	114	186	W
Ae6/8 201–208	–	8	(1'Co)(Co1')	(1961)	100	4412	70	3772	61,5	12	140	120	196	W
Ae4/4 251–258	–	8	Bo'Bo'	1944	125	2941	75	2515	83	4	80	80	196	W
Ae8/8 271–275	–	5	Bo'Bo'+Bo'Bo'	1959	125	6471	75	5533	83	8	160	160	196	W
Re4/4 161–189	Ae4/4II 261–262	29	Bo'Bo'	1964	140	4580	75	4000	79,3	4	80	80	196	W
Re4/4 161	–	1	Bo'Bo'	(1968)	140	4980	75	4740	77	4	80	80	196	W
SNCF BB-20104	SNCF BB-30004	1	B'B'	1959	105	3060	49	2880	51	2	85	85	208	W
De4/5 791–795	CFe4/5 721–725, 786	5	(A1A)Bo'	1929	90	1059	50	838	50	4	74	59,5	146	–
De4/5 796	CFe4/5 786	1	(A1A)Bo'	(1943)	90	1059	50	838	50	4	70	58	142	W
ABDe4/8 746–748	BCFe4/8 746–748	3	2'Bo'+Bo'2'	1954	110	882	80	–	–	4	82	51	125	W
ABDe4/8 751–755	–	5	2'Bo'+Bo'2'	1964	125	1176	75	–	–	4	96	62	152	W
Be4/4 761–763	Ce4/4 761–763	3	Bo'Bo'	1953	120	1471	70	–	–	4	68	68	167	W

SBB

Reihenbezeichnung derzeit	Reihenbezeichnung früher	Anzahl (ursprünglich)	Achsanordnung	erstes Baujahr (Umbau)	Höchstgeschwindigkeit km/h	Stundenleistung kW	bei km/h	Dauerleistung kW	bei km/h	Anzahl Fahrmotoren	Dienstmasse t	Reibungsmasse t	Achslast kN	elektrische Bremse
Ae3/5 364, 365	Fb3/5 364, 365	2	1'C1'	1906	70	809	70	–	–	2	62	44	108	R
Ae4/4 366–369	Fb4/4 366–369	4	D	1907	70	1250	70	–	–	2	69	69	169	R
Ce4/6 371	Fc4/6 371	1	1'D1'	1914	60	2059	71	–	–	2	91	70	172	R
Re4/4I 10001–26	Re4/4 401–26	26	Bo'Bo'	1946	125	1884	83	1724	87	4	57	57	140	R
Re4/4I 10027–50	Re4/4 427–50	24	Bo'Bo'	1950	125	1920	83	1760	88	4	57	57	140	–
Ae3/6I 10601–36	Ae3/6 10301–14	36	2'Co1'	1921	100	1470	62	1275	65	3	92	55	181	–
Ae3/6I 10637–714	–	78	2'Co1'	1925	110	1635	65	1440	69	3	95	56	183	–
Ae4/6 10801–12	–	12	1'Do1'	1941	125	4200	85	3960	87,5	8	105	79	194	R
Ae4/7 10901–10972 11003–11027	–	97	2'Do1'	1927	100	2440	65	2360	66	4	118	77	189	–
Ae4/7 10973–11002	–	30	2'Do1'	1931	100	2440	65	2360	66	4	123	79	194	R
Re4/4II 11101–06	BoBo 11201–06	6	Bo'Bo'	1964	140	4120	100	3820	105	4	80	80	196	R
Re4/4II 11107–11304	–	198	Bo'Bo'	1967	140	4780	100	4452	105	4	80	80	196	R
Re4/4III 11351–70	–	20	Bo'Bo'	1971	125	4780	85	4452	89	4	80	80	196	R
Ae6/6 11401–520	–	120	Co'Co'	1952	125	4416	74	3972	78,5	6	120	120	196	R
Re6/6 11601–89	–	89	Bo'Bo'Bo'	1972	140	8028	105,6	7434	110,6	6	120	120	196	R
Ae8/14 11801	–	1	(1A)'A1A(A1)' + (1A)'A1A(A1)'	1931	100	5515	59	5147	61	8	244	156	196	R
Ae8/14 11851	–	1	(1A)'A1A(A1)' + (1A)'A1A(A1)'	1932 (1961)	100	6471	62	6103	65	16	246	157	196	R
Ae8/14 11852	–	1	(1A)'A1A(A1)' + (1A)'A1A(A1)'	1939	110	8400	75	7920	77,2	16	236	161	198	R
Be4/6 12303–12	–	10	1'BB1'	1920	75	1480	52	1320	56	4	107	77	191	–
Be4/6 12313–42	–	30	1'BB1'	1921	75	1700	52	1480	56	4	110	80	200	W
Be4/7 12501–06	–	6	(1'Bo1')(Bo1')	1922	80	1780	56	1600	60	8	111	74	182	W
RAe 1051–55	–	5	(A1A)(A1A)	1961	160	2376	87,5	2148	92,5	4	102	68	167	W
RBe4/4 1401–06	–	6	Bo'Bo'	1959	125	2060	80,4	1900	85	4	64	64	157	R
RBe4/4 1407–82	–	76	Bo'Bo'	1963	125	2060	80,4	1900	85	4	68	68	167	R
BDe4/4 1621–51	CFe4/4 841–71	31	Bo'Bo'	1952	110	1212	70	1072	76	4	57	57	140	W

ÖBB

Reihenbezeichnung BBÖ	DRB	ÖBB	Anzahl (ursprünglich)	Achsanordnung	erstes Baujahr (Umbau)	Höchstgeschwindigkeit km/h	Stundenleistung kW	bei km/h	Dauerleistung kW	bei km/h	Anzahl Fahrmotoren	Dienstmasse t	Reibungsmasse t	Achslast kN	elektrische Bremse
–	–	1010	20	Co'Co'	1955	130	4014	94	3744	101	6	106/ 110	106/ 110	180	–
–	–	1110	30	Co'Co'	1956	110	4014	81	3744	86	6	106/ 110	106/ 110	180	–
–	–	1110.500	10	Co'Co'	(1972)	110	4014	81	3744	86	6	114	114	186	W
(1870)	E18.2	1018	8	1'Do1'	1939	130	3340	93,1	3200	95,5	4	110	79	193	–
–	E94	1020	44+3	Co'Co'	1940	90	3186	63	2970	66	6	119	119	196	W
–	E45.3	1040	16	Bo'Bo'	1950	90 (80)	2020	60,5	1732	68,5	4	80	80	199	W
–	–	1041	25	Bo'Bo'	1952	90 (80)	2020	60,5	1732	68,5	4	83	83	204	W
–	–	1141	30	Bo'Bo'	1955	110	2400	77	2130	87,5	4	80	80	196	–
–	–	1042.01–40	40	Bo'Bo'	1963	130	3856	96,4	3600	106,8	4	84	84	206	R+W
–	–	1042.41–47	7	Bo'Bo'	1966	130	4120	91,5	3808	95,5	4	83	83	202	R+W
–	–	1042.48–60	13	Bo'Bo'	1966	130	3920	89	3480	95,6	4	83	83	202	R+W
–	–	1042.501–520	20	Bo'Bo'	1966	150	4120	105,5	3808	110	4	83	83	202	R+W
–	–	1042.531–707	177	Bo'Bo'	1969	150	4120	105,5	3808	110	4	84	84	205	W
–	–	1043.01–03	3	Bo'Bo'	1971	135	3600	78	3600	78	4	77	77	190	–
–	–	1043.04	1	Bo'Bo'	1972	135	3600	78	3600	78	4	82	82	201	W
–	–	1043.05–10	6	Bo'Bo'	1973	135	4000	72	4000	72	4	82	82	201	W
–	–	1044	2	Bo'Bo'	1974	160	5480	89	5200	90,5	4	84	84	204	W
1170.200	E45.2	1245.0	8	Bo'Bo'	1934	80	1504	59	1160	72	4	83	83	204	W
1170.200	E45.2	1245.500	23	Bo'Bo'	1938	80	1780	57,5	1460	67,5	4	83	83	204	W
1170.200	E45.2	1245.600	10	Bo'Bo'	1938	80	1780	57,5	1460	67,5	4	82	82	201	–
(1470)	–	–	1	1'D1'	1925	100	1472	50 75 100	–	–	2	81	59	145	R
1570	E22	1570	4	(1A)Bo(A1)	1926	85	1550	66	1280	76	4	94	66	162	–
1670	E22.1	1670	29	(1A)Bo(A1)	1928	100	2280	66	2104	72	8	107	74	181	–
1670.100	E22.2	1670.100	5	(1A)Bo(A1)	1932	100	2280	66	2104	72	8	112	76	186	–
1029	E33	1073	20	1'C1'	1923	75	1040	50	740	64	2	74	47	163	–
–	–	1073	10	1'C1'	(1953)	80	1120	63	910	74	2	74	47	163	–
1080	E88	1080	20	E	1923	50	990	38	815	47	3	77	77	151	–
1082	E88.3	–	1	1'E1'	1930	60	1324	36,5	1176	37,5	3	119	87	170	R
1100	E89	1089	7	(1'C)(C1')	1923	70	1740	53	1550	57	4	115	88	145	–
1100.100	E89.1	1189	9	(1'C)(C1')	1926	75	1840	55	1680	60	4	118	90	149	–
–	–	4010	17	Bo'Bo'	1965	150	2776	116	2500	123,5	4	72	72	177	W
–	–	4030	22	Bo'Bo'	1956	100	970	66,4	873	73	4	66	66	159	–
–	–	4130	4	Bo'Bo'	1958 (1972)	130	1220	80	1090	88	4	70	70	171	–
–	–	4061/1046	25	Bo'Bo'	1956	125	1550	87,5	1360	94,5	4	67	67	164	–

DB

Reihenbezeichnung bis 1967	Reihenbezeichnung ab 1968	Anzahl (ursprünglich)	Achsanordnung	erstes Baujahr (Umbau)	Höchstgeschwindigkeit km/h	Stundenleistung kW	bei km/h	Dauerleistung kW	bei km/h	Anzahl Fahrmotoren	Dienstmasse t	Reibungsmasse t	Achslast kN	elektrische Bremse
E10 001	110 001	1	Bo'Bo'	1952	130	3800	94	3680	95	4	84	84	206	–
E10 002	110 002	1	Bo'Bo'	1953	130	3290	79,3	3020	84,6	4	82	82	201	–
E10 003	110 003	1	Bo'Bo'	1952	130	3800	91	3600	91	4	81	81	199	–
E10 004 – 005	110 004 – 005	2	Bo'Bo'	1953	130	3440	98	3280	100	4	81	81	199	–
E10	110	379	Bo'Bo'	1956	150	3700	120	3620	123	4	85	85	208	W
–	111	110	Bo'Bo'	1975	150	3700	120	3620	123	4	83	83	204	W
E10.12	112	31	Bo'Bo'	1962	160	3700	132	3620	137	4	85	85	208	W
E18	118	DR: 53 DB: 39+2	1'Do1'	1935	140 (150)	3040	117	2840	122	4	108	78	191	–
E1901–02	119 001 – 002	2	1'Do1'	1939	140 (180)	3850 (4000)	140 (180)	3620 (3720)	140 (180)	4	113	81	198	(W)
E1911–12	119 011 – 012	2	1'Do1'	1940	140 (180)	3660 (4080)	140 (180)	3450 (3460)	140 (180)	8	113	81	198	(W)
E40.11	139	31	Bo'Bo'	1959	110	3700	87,6	3620	90	4	86	86	211	W
E40	140	848	Bo'Bo'	1956	110	3700	87,6	3620	90	4	83	83	204	–
E44	144	DR: 155 DB: 100+9	Bo'Bo'	1932	90	2200	76	1860	86	4	78	78	191	–
E44.W	145	DR: 32 DB: 14+2	Bo'Bo'	1943	90	2200	76	1860	86	4	78	78	191	W
E94	194	DR: 150 DB: 77+21	Co'Co'	1940	90	3300	68	3000	71	6	118	118	193	W
E94	194.500	26	Co'Co'	1952	100	4680	68	4180	63	6	123	123	201	W
–	151	170	Co'Co'	1972	120	6288	92,3	5982	95	6	118	118	193	W
ET31	–	13	Bo'2'+Bo'2'+2'Bo'	1936	120	1650	104	1460	112	6	145	73	154	–
ET32	432	6	Bo'2'+Bo'2'+2'2'	(1950)	120	1100	104	973	112	4	126	64	154	–
E244 01	–	1	Bo'Bo'	1936	85	2000	57	1720	59	4	85	85	213	W
E244 11	(144 188)	1	Bo'Bo'	1936 (1962)	85	2400	71	2340	72	4	85	85	211	W
E244 21	(183 001)	1	Bo'Bo'	1936 (1962)	85	2060	70	1940	74	4x2	85	85	208	W
E244 22	(144 189)	1	Bo'Bo'	1950 (1962)	80	2600	75	2460	79	4	84	84	205	W
E244 31	–	1	Bo'Bo'	1936	84	1840 2120 2020	33 57 80	1760 1960 1920	33 57 80	4x2	83	83	204	R
ET255 01	(445 001)	1	Bo'2'+2'Bo'	1950 (1962)	90	1540	68	1340	63	4	130	64	156	W
V200	220	5 81	B'B'	1953 1956	140	–	–	1618	–	2	73,5 –81	73,5 –81	196	–
V200.1	221	50	B'B'	1962	140	–	–	1985	–	2	78	78	199	–
–	218	12 (499)	B'B'	1968 1971	90/140	–	–	1838	–	1	80	80	200	H

Bei *Anzahl* der Triebfahrzeuge sind sowohl die bis 1945 an die DR insgesamt ausgelieferten als auch die nach dem Zweiten Weltkrieg bei der DB noc vorhandenen angegeben, als zweiter Summand die nach 1945 gebauten Maschinen der betreffenden Gattung.

Abkürzungen bei elektrischer Bremse: W Widerstandsbremse
R Rekuperationsbremse (Nutzbremse);
bei V-Lok: H hydraulische Bremse

Zusammenstellung der Lokomotivbeschreibungen im Text

Die Zahlen jener Seiten, auf denen die Hauptbeschreibung zu finden ist, sind *kursiv* gesetzt.

Reihenbezeichnung			**Lötschberg**	**Gotthard**	**Jura-Simplon**	**Franco Suisse**
BLS	Be5/7	151–163	*23*			
	Re4/4	161–189	*32*			
	Ae6/8	201–208	*24*			
	Ae4/4	251–258	*26*			90
	Ae8/8	271–275	*30*			
	ABDe4/8	746...755	*36*			
	Be4/4	761–763	*38*			
	De4/5	791–796	*36*			
SBB	Re4/4I	10001– 26		54	*74*	
	Re4/4I	10027– 50			*76*	90
	Ae3/6I	10601–714		*46*	74	88
	Ae4/6	10801– 12		*49*		
	Ae4/7	10901–11027		*46*	74	88
	Re4/4II	11101–304	39	55	*81*	90
	Re4/4III	11351– 70	39	*56*		
	Ae6/6	11401–520	39	*51*	78	
	Re6/6	11601– 89	39	*57*	85	
	Ae8/14	11801... 52		*48*		
	Be4/6	12303– 42		*44*		
	Be4/7	12501– 06		*45*		
	RAe	1051– 55		*60*	63	
	RBe4/4	1401– 82			*78*	
	BDe4/4	1621– 51				*88*

Reihenbezeichnung		**Arlberg**	**Brenner**	**Tauern**	**Semmering**
ÖBB	1010	*104*	114	129	140
	1110	*106*	114	129	140
	1110.500	*106*			
	1018			*126*	
	1020	*103*	114	125	
	1040			*127*	
	1041			*128*	
	1141			*128*	140
	1042			130	*140*
	1042.500	107	114	130	*142*
	1043			*134*	
	1044				*142*
	1245		114	*124*	
	1245.500			*126*	
	1470	*99*			
	1570	*100*			
	1670	*101*	114		
	1073	*99*			
	1080		*113*		
	1082	*102*			
	1089	*98*	114		
	1189	*98*		124	
	4010	*108*		135	146
	4130	*107*		134	
	4061/1046				*146*

Reihenbezeichnung		**Arlberg**	**Brenner**	**Tauern**	**Frankenwald**	**Höllental**	**Schwarzwald**
DB	110.0	161			*160*		
	110		*115*	129	161	175	186
	111		*118*	130			
	112		*117*	130	161		
	118			127	*156*		
	119				*159*		
	139					*174*	185
	140			130	161	*174*	
	145					*173*	
	151				162		
	194	*103*			160		
	432				*162*		
	E 244					*168*	
	ET255					*171*	

7.5. Typenskizzen

Maßstab 1:150, sofern kein anderer angegeben ist.

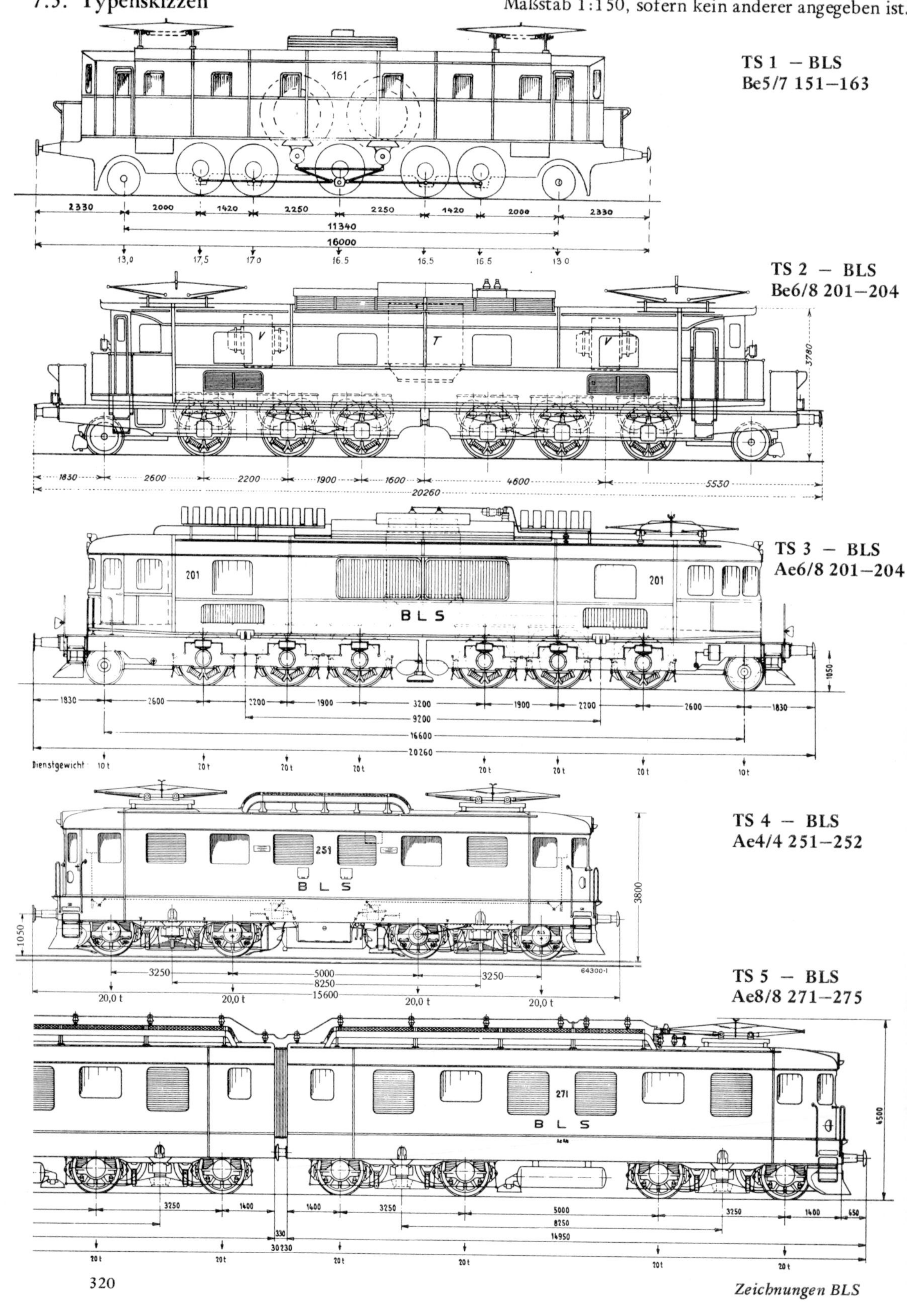

Zeichnungen BLS

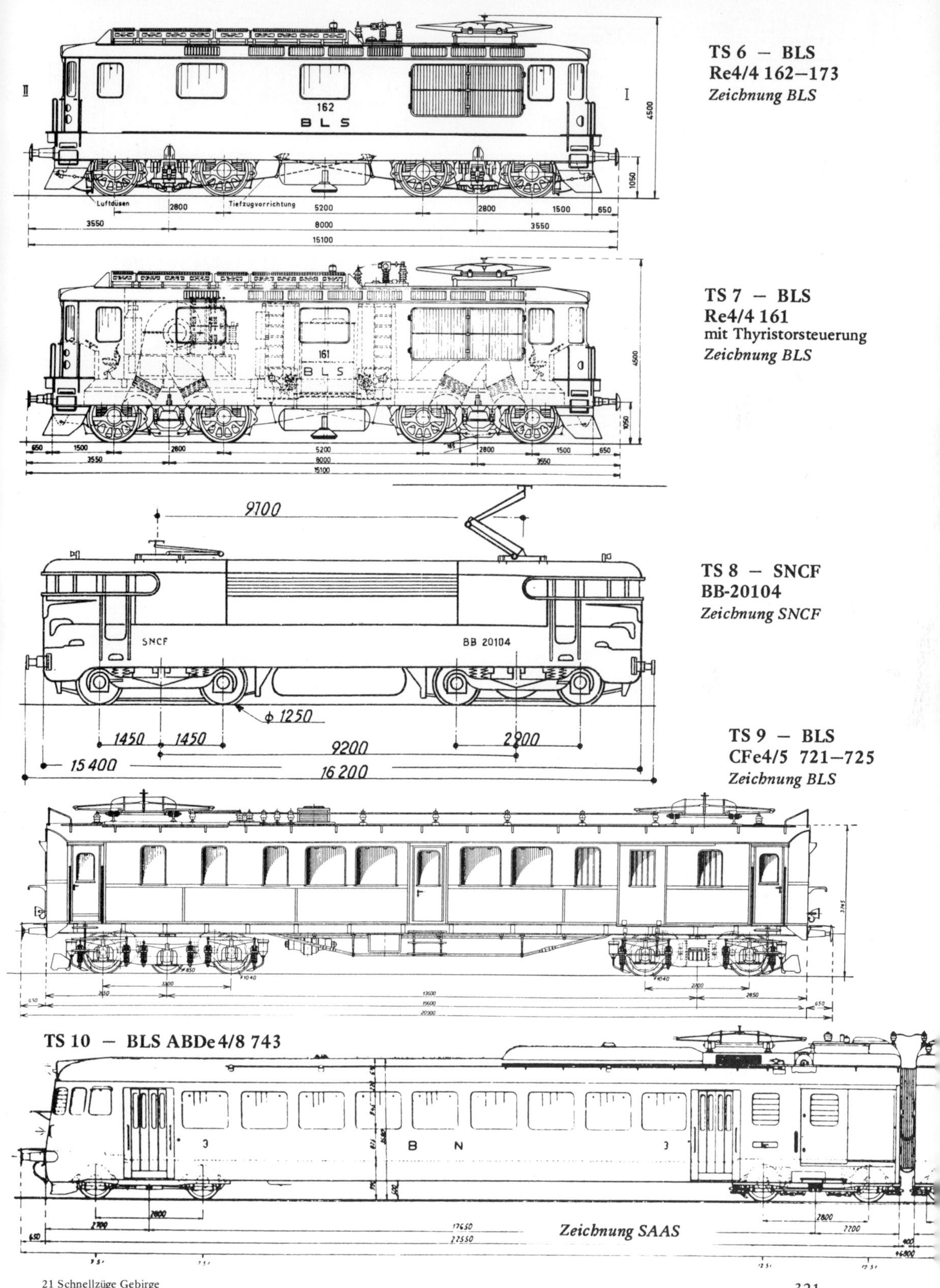
TS 6 – BLS
Re4/4 162–173
Zeichnung BLS
TS 7 – BLS
Re4/4 161
mit Thyristorsteuerung
Zeichnung BLS
TS 8 – SNCF
BB-20104
Zeichnung SNCF
TS 9 – BLS
CFe4/5 721–725
Zeichnung BLS
TS 10 – BLS ABDe4/8 743
Zeichnung SAAS

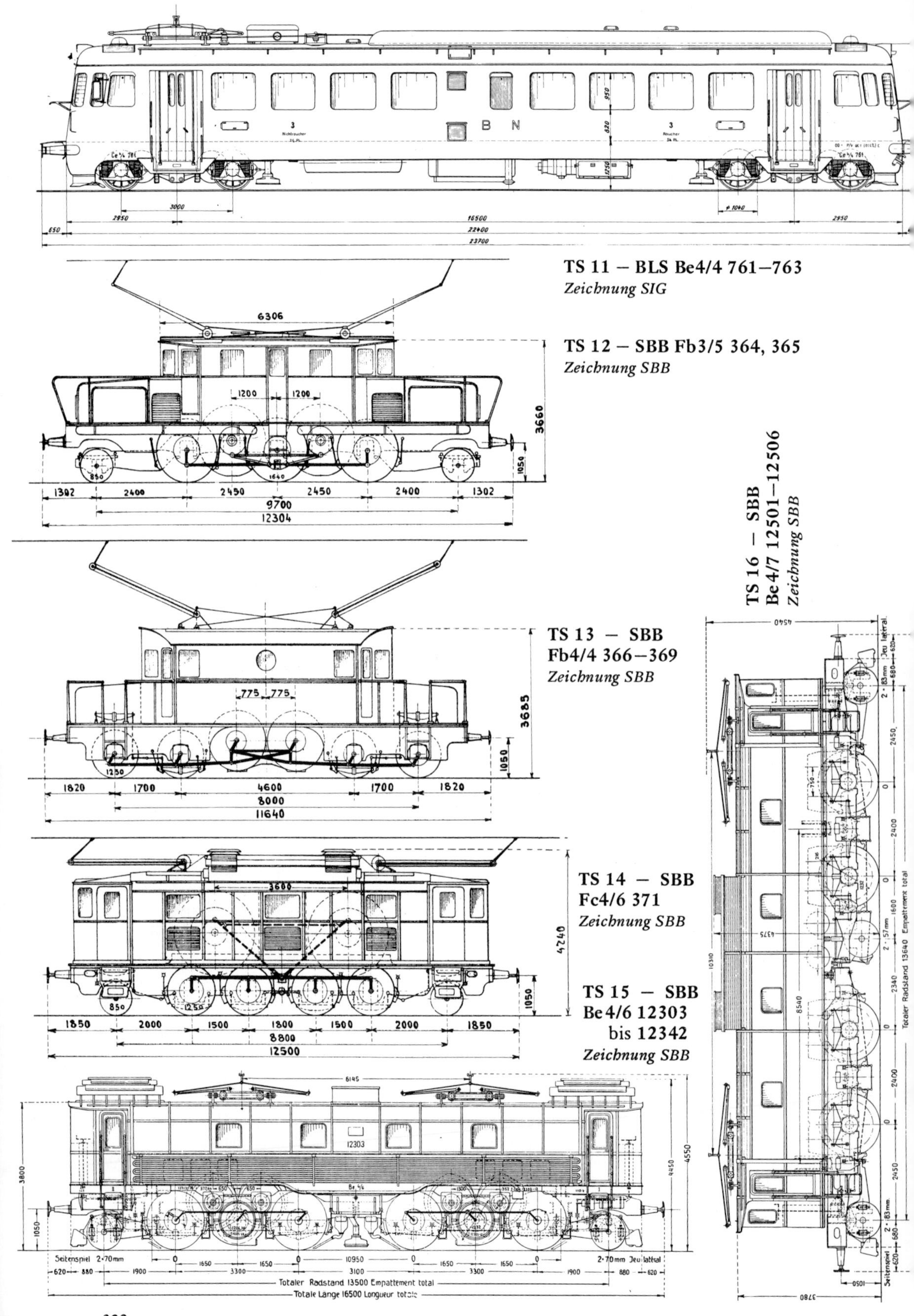

TS 11 – BLS Be4/4 761–763
Zeichnung SIG

TS 12 – SBB Fb3/5 364, 365
Zeichnung SBB

TS 13 – SBB Fb4/4 366–369
Zeichnung SBB

TS 14 – SBB Fc4/6 371
Zeichnung SBB

TS 15 – SBB Be 4/6 12303 bis 12342
Zeichnung SBB

TS 16 – SBB Be 4/7 12501–12506
Zeichnung SBB

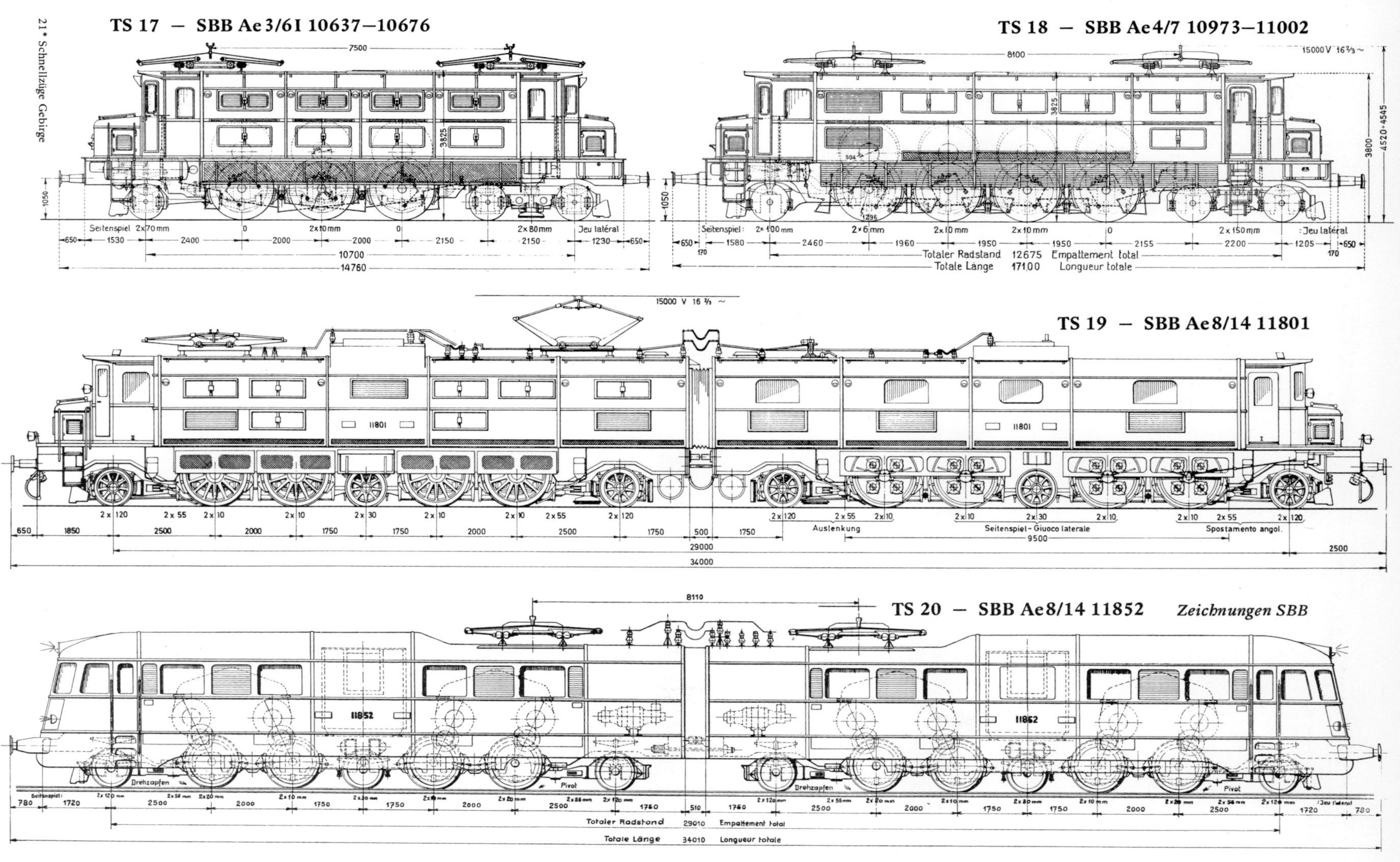
TS 17 — SBB Ae 3/6I 10637–10676
TS 18 — SBB Ae4/7 10973–11002
TS 19 — SBB Ae8/14 11801
TS 20 — SBB Ae8/14 11852
Zeichnungen SBB

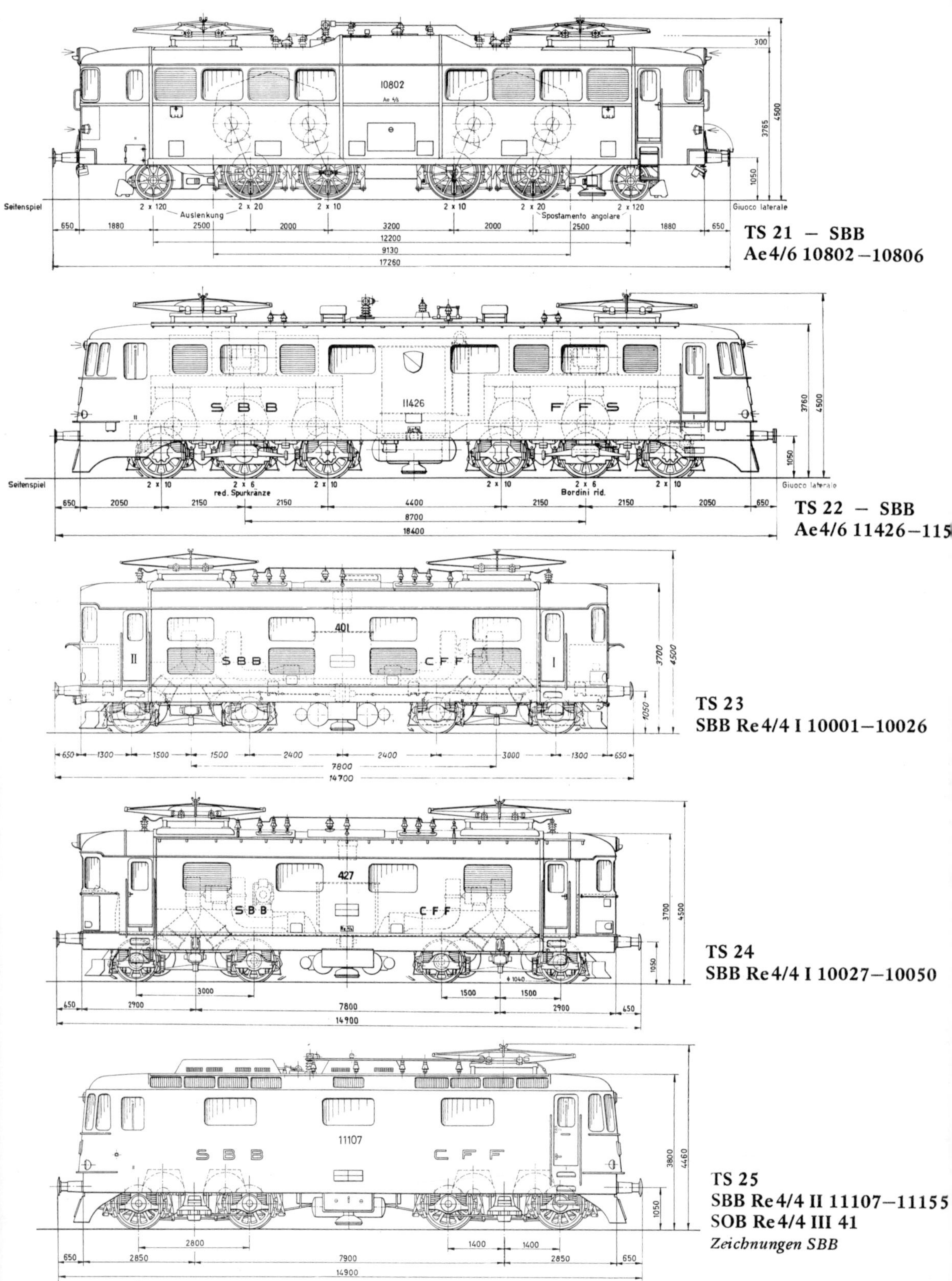

TS 21 – SBB
Ae 4/6 10802–10806

TS 22 – SBB
Ae 4/6 11426–115

TS 23
SBB Re 4/4 I 10001–10026

TS 24
SBB Re 4/4 I 10027–10050

TS 25
SBB Re 4/4 II 11107–11155
SOB Re 4/4 III 41
Zeichnungen SBB

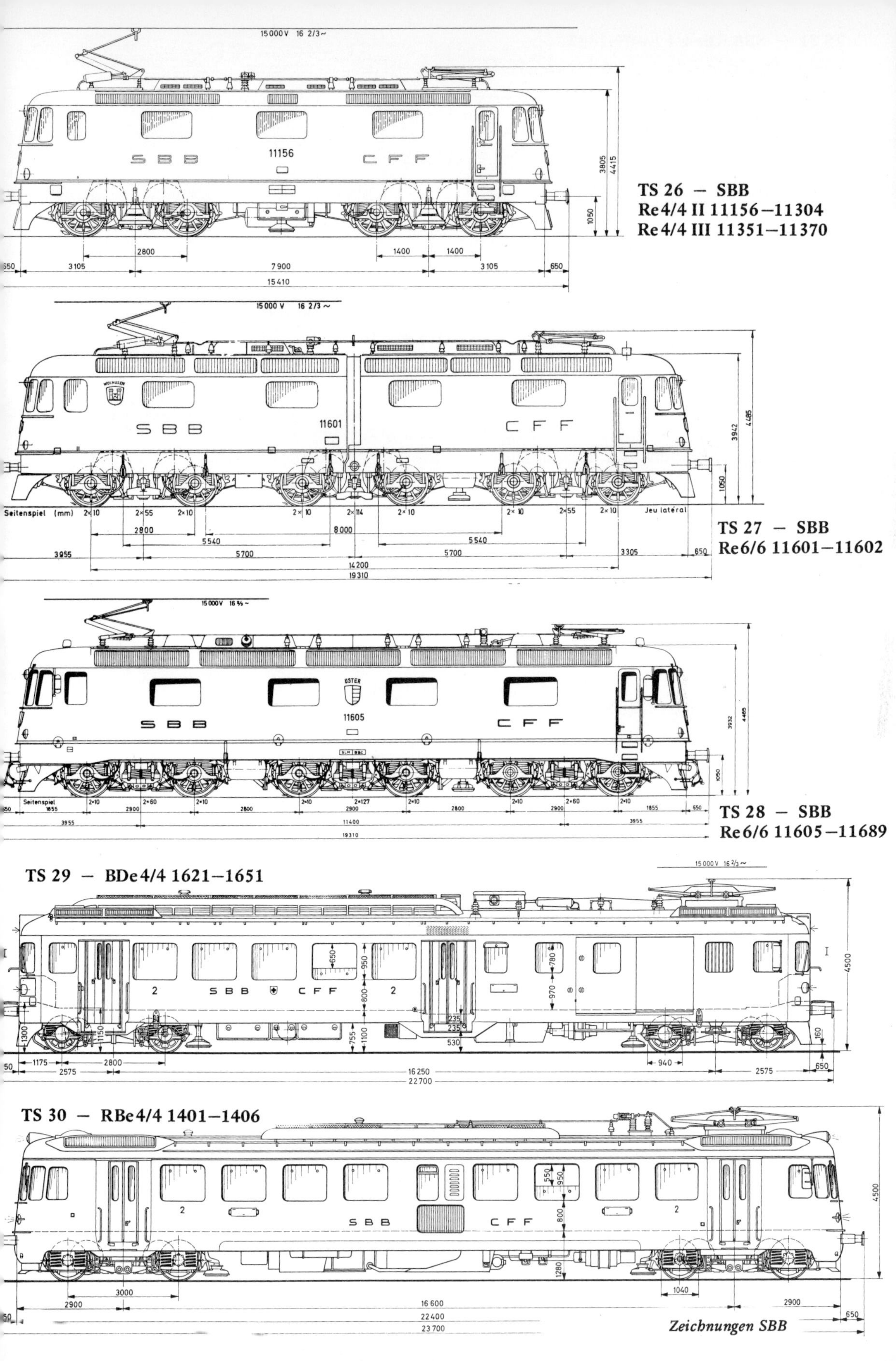

TS 26 — SBB
Re4/4 II 11156–11304
Re4/4 III 11351–11370

TS 27 — SBB
Re6/6 11601–11602

TS 28 — SBB
Re6/6 11605–11689

TS 29 — BDe4/4 1621–1651

TS 30 — RBe4/4 1401–1406

Zeichnungen SBB

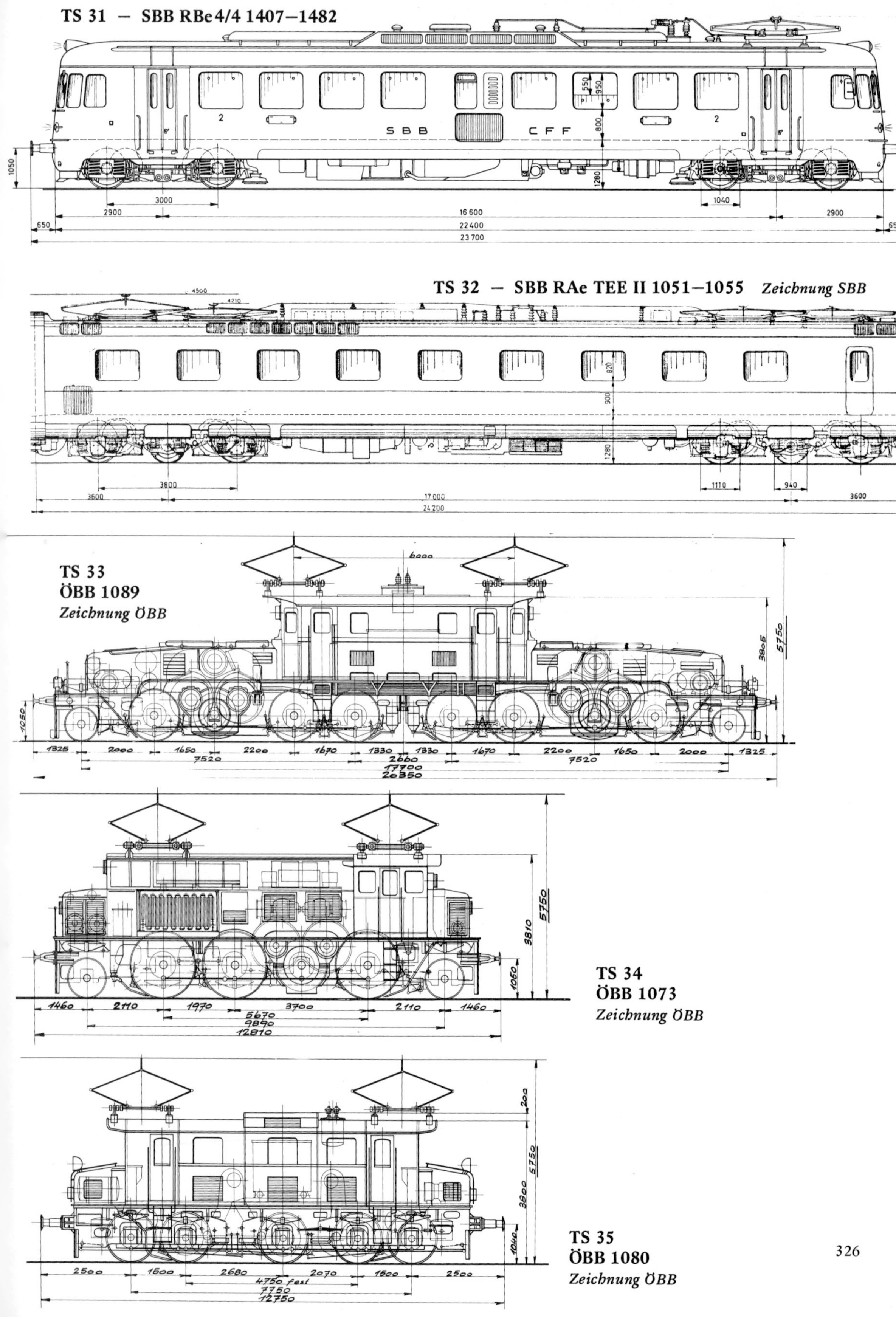

TS 31 – SBB RBe 4/4 1407–1482

TS 32 – SBB RAe TEE II 1051–1055 *Zeichnung SBB*

TS 33
ÖBB 1089
Zeichnung ÖBB

TS 34
ÖBB 1073
Zeichnung ÖBB

TS 35
ÖBB 1080
Zeichnung ÖBB

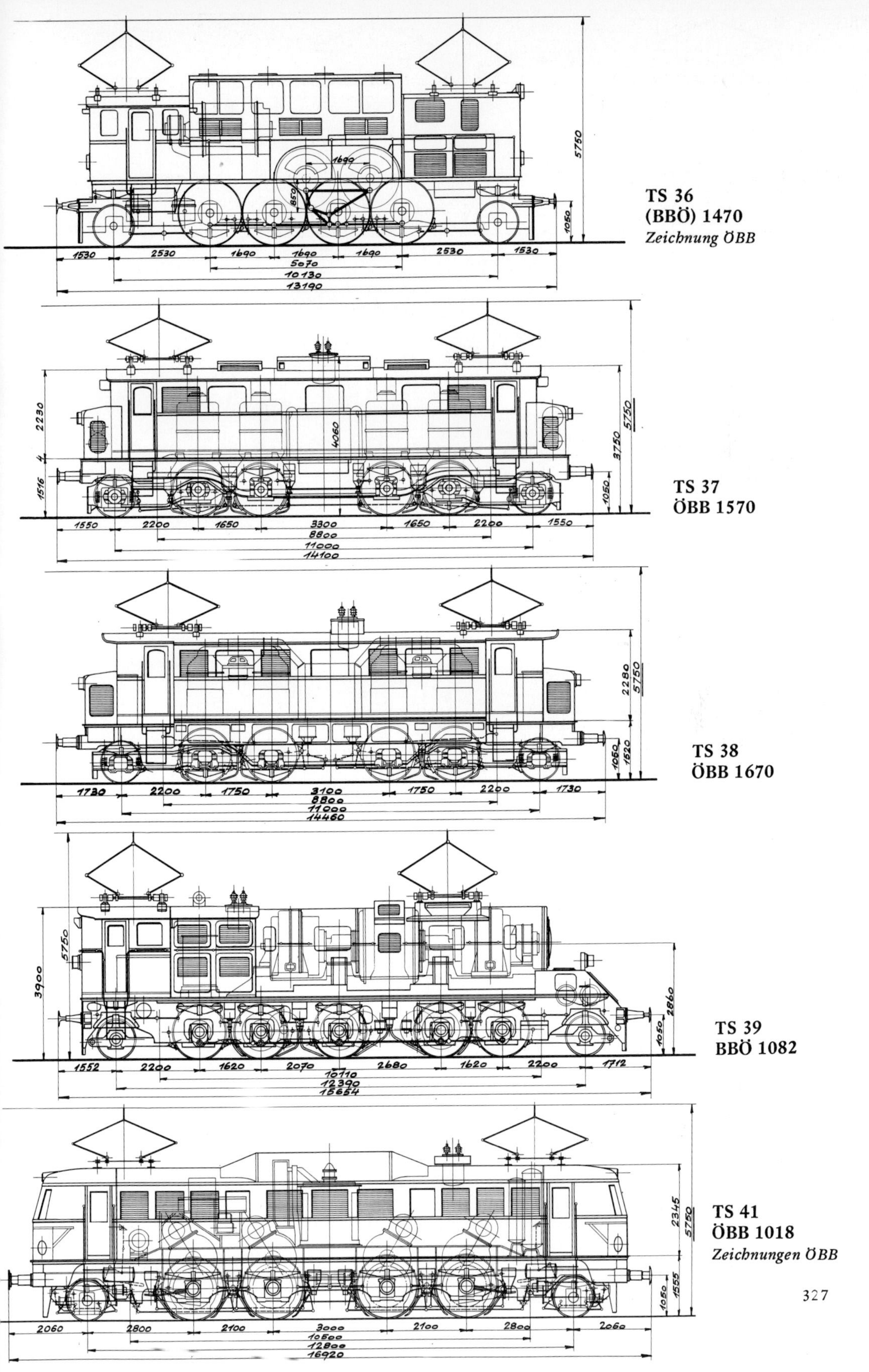

TS 36
(BBÖ) 1470
Zeichnung ÖBB

TS 37
ÖBB 1570

TS 38
ÖBB 1670

TS 39
BBÖ 1082

TS 41
ÖBB 1018
Zeichnungen ÖBB

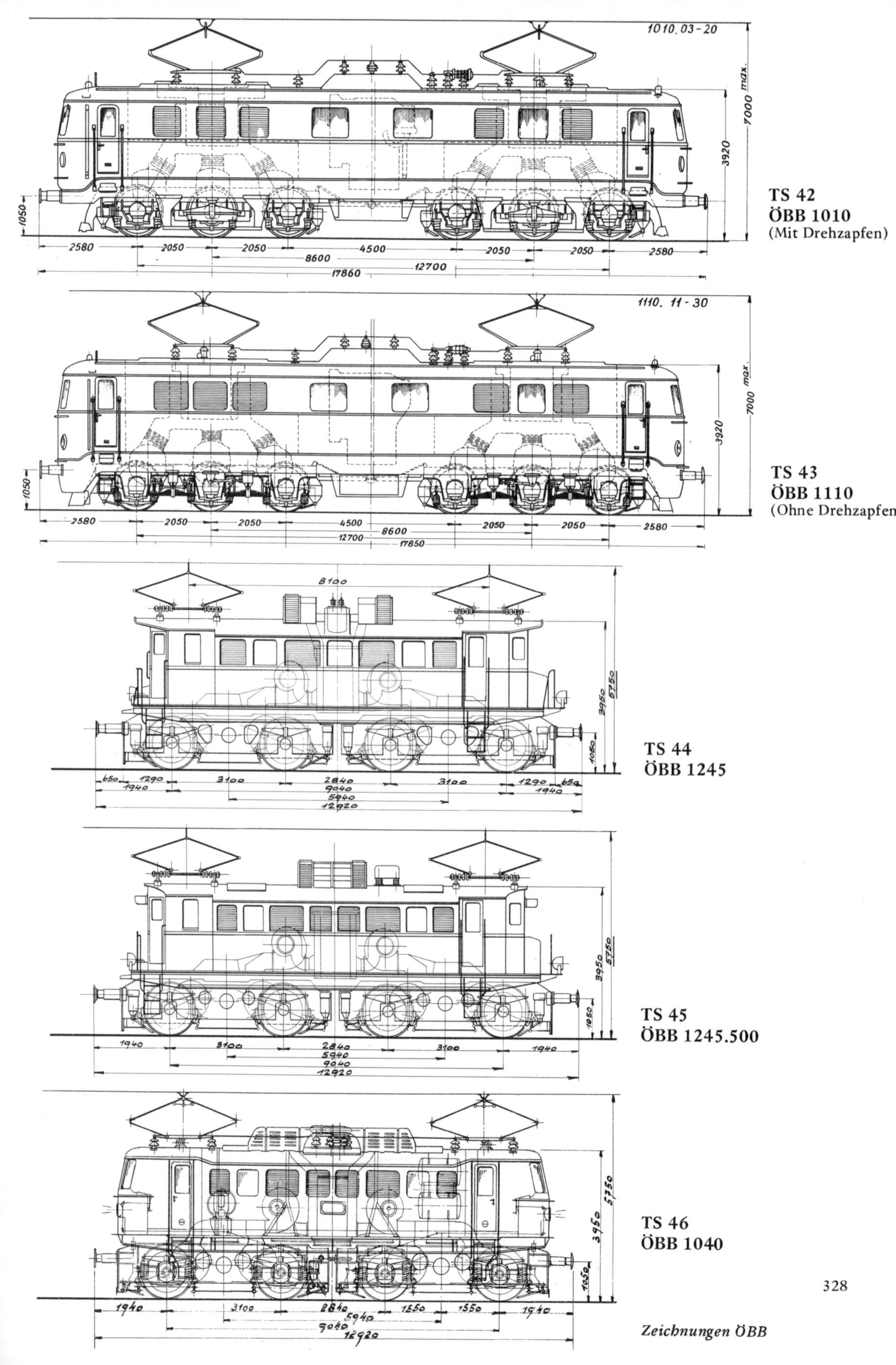

Zeichnungen ÖBB

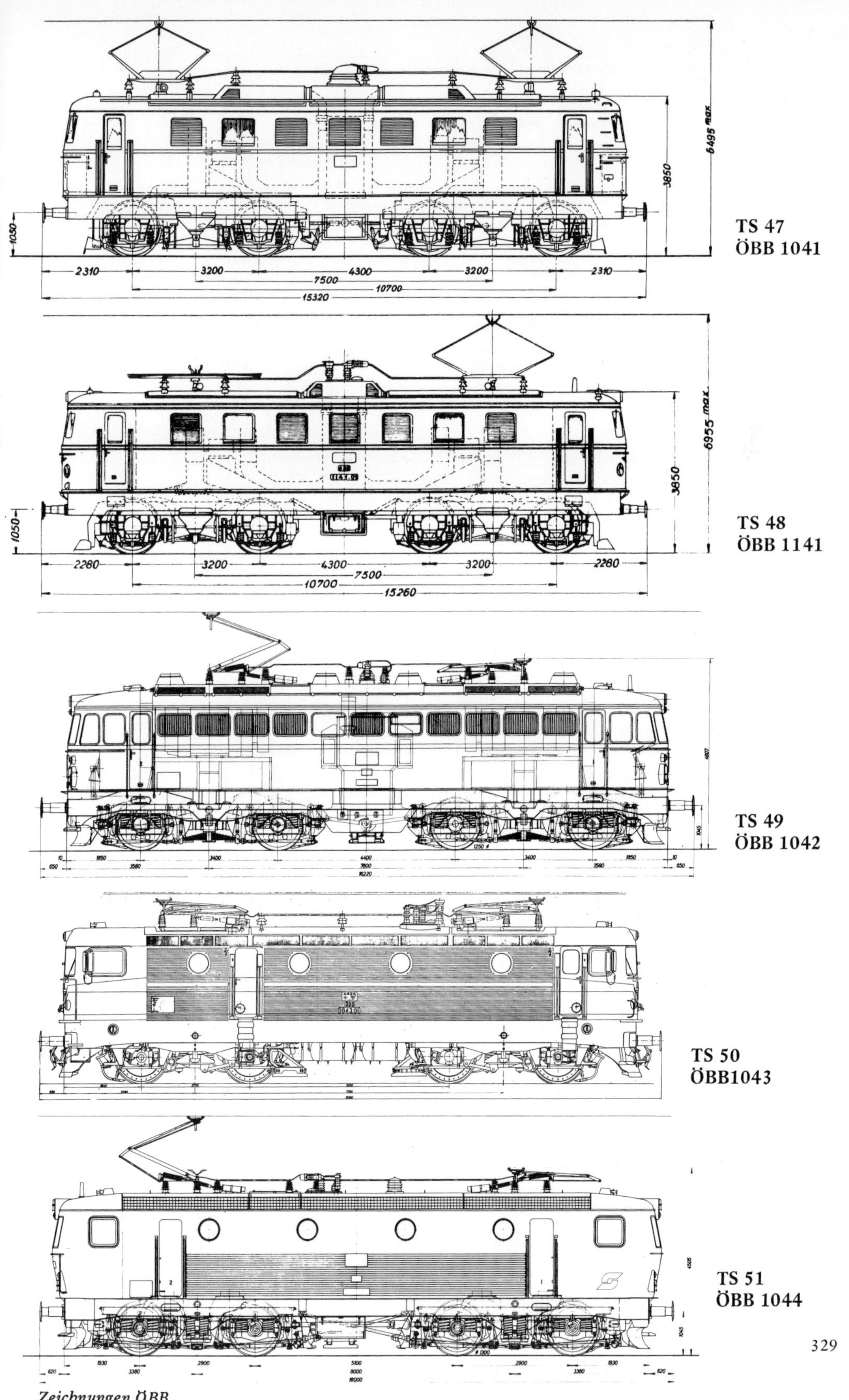

Zeichnungen ÖBB

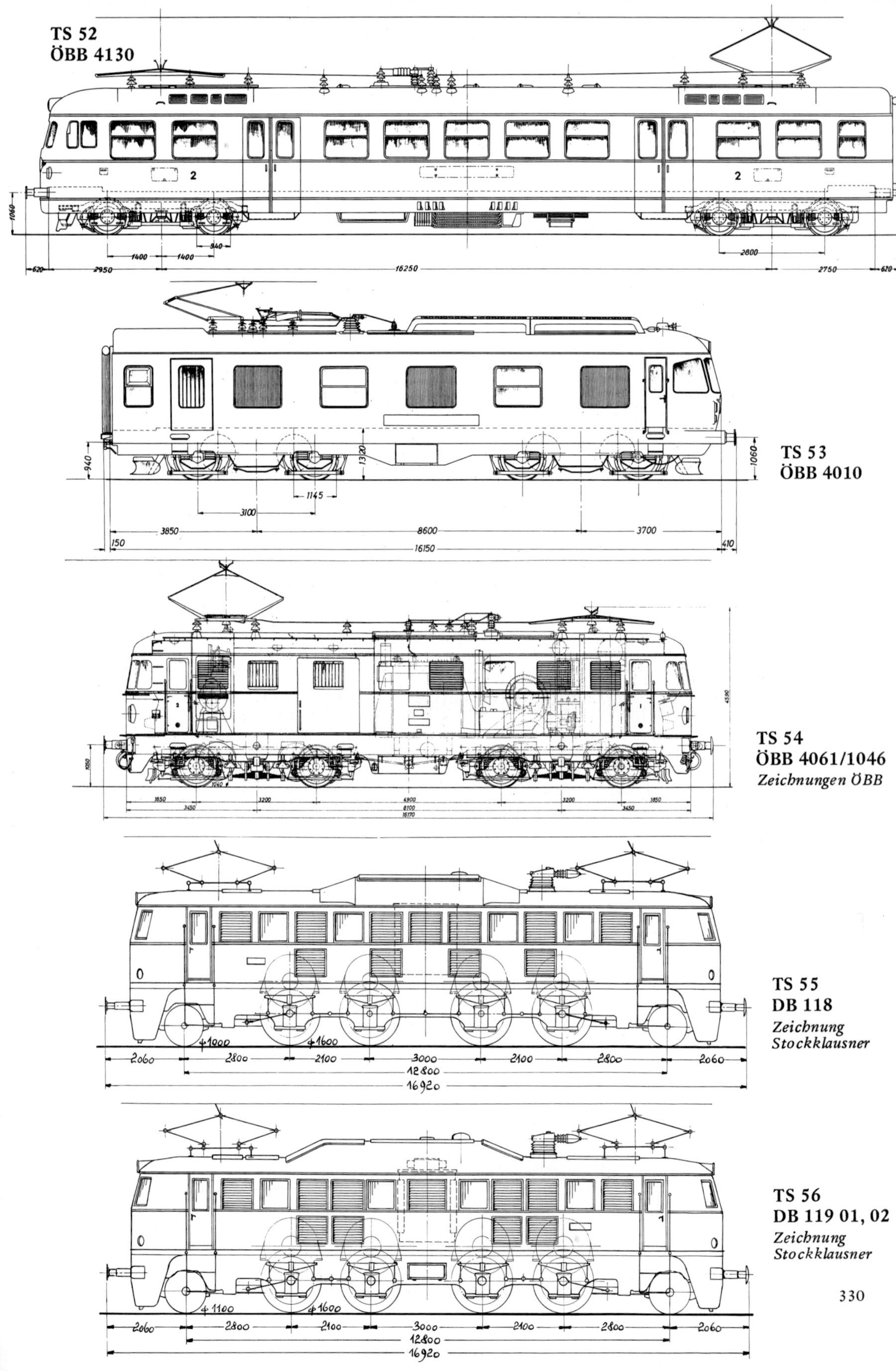
TS 52
ÖBB 4130
1060
620
2950
1400
1400
940
16250
2800
2750
620
TS 53
ÖBB 4010
940
1320
1060
1145
3100
3850
8600
3700
150
16150
410
TS 54
ÖBB 4061/1046
Zeichnungen ÖBB
TS 55
DB 118
Zeichnung
Stockklausner
2060
2800
2100
3000
2100
2800
2060
12800
16920
TS 56
DB 119 01, 02
Zeichnung
Stockklausner
2060
2800
2100
3000
2100
2800
2060
12800
16920

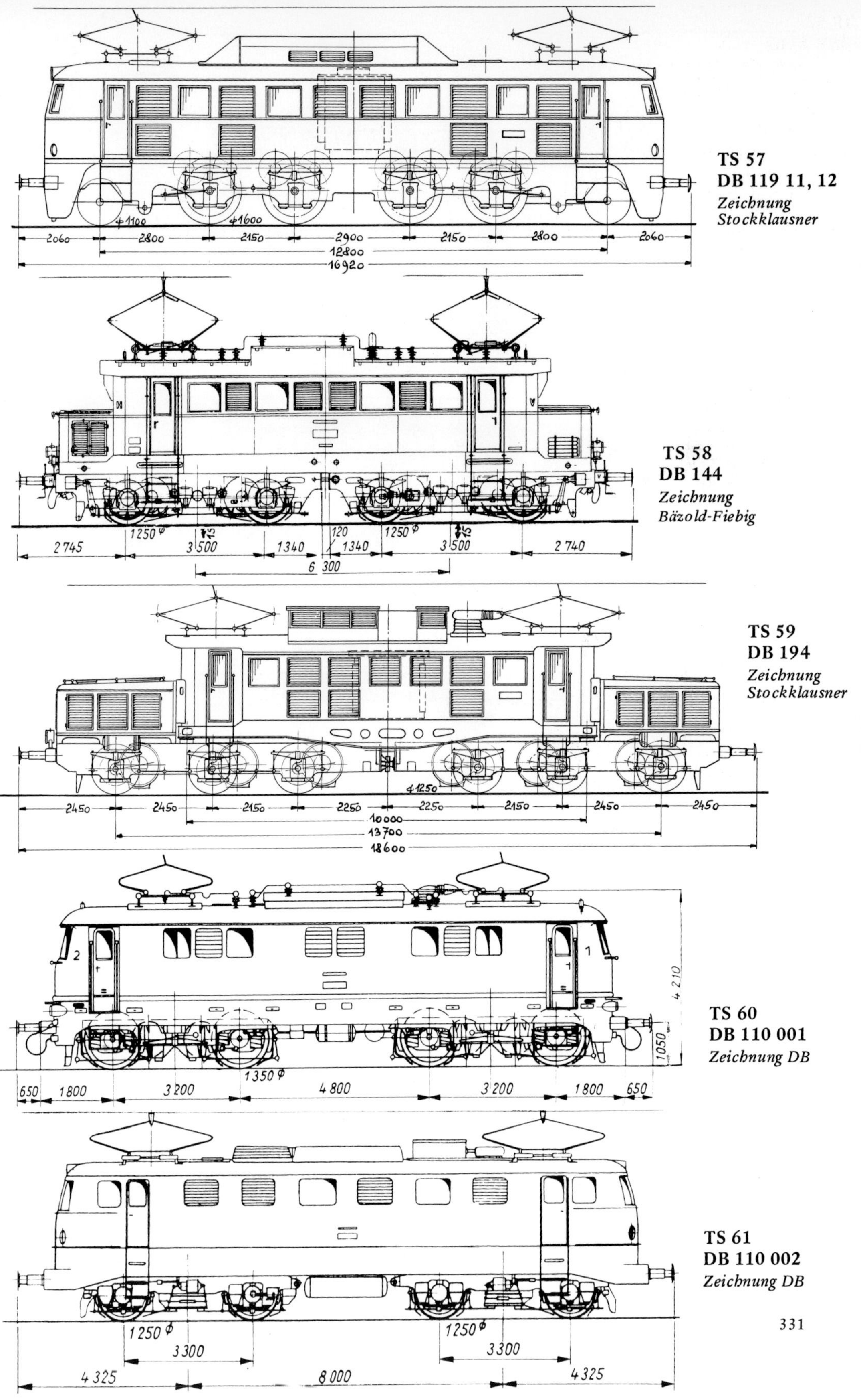

TS 57
DB 119 11, 12
Zeichnung Stockklausner

TS 58
DB 144
Zeichnung Bäzold-Fiebig

TS 59
DB 194
Zeichnung Stockklausner

TS 60
DB 110 001
Zeichnung DB

TS 61
DB 110 002
Zeichnung DB

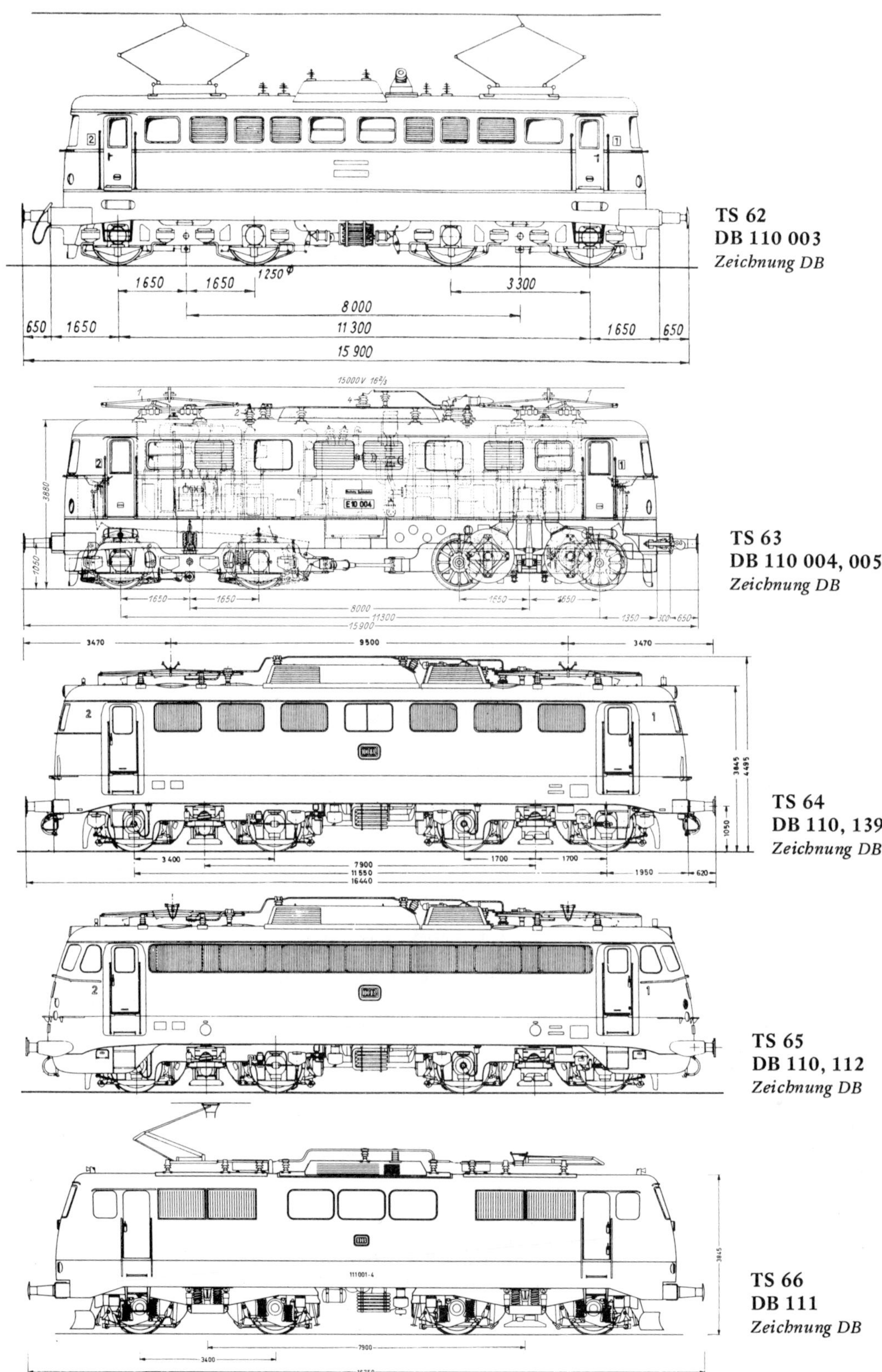

TS 62
DB 110 003
Zeichnung DB

TS 63
DB 110 004, 005
Zeichnung DB

TS 64
DB 110, 139
Zeichnung DB

TS 65
DB 110, 112
Zeichnung DB

TS 66
DB 111
Zeichnung DB

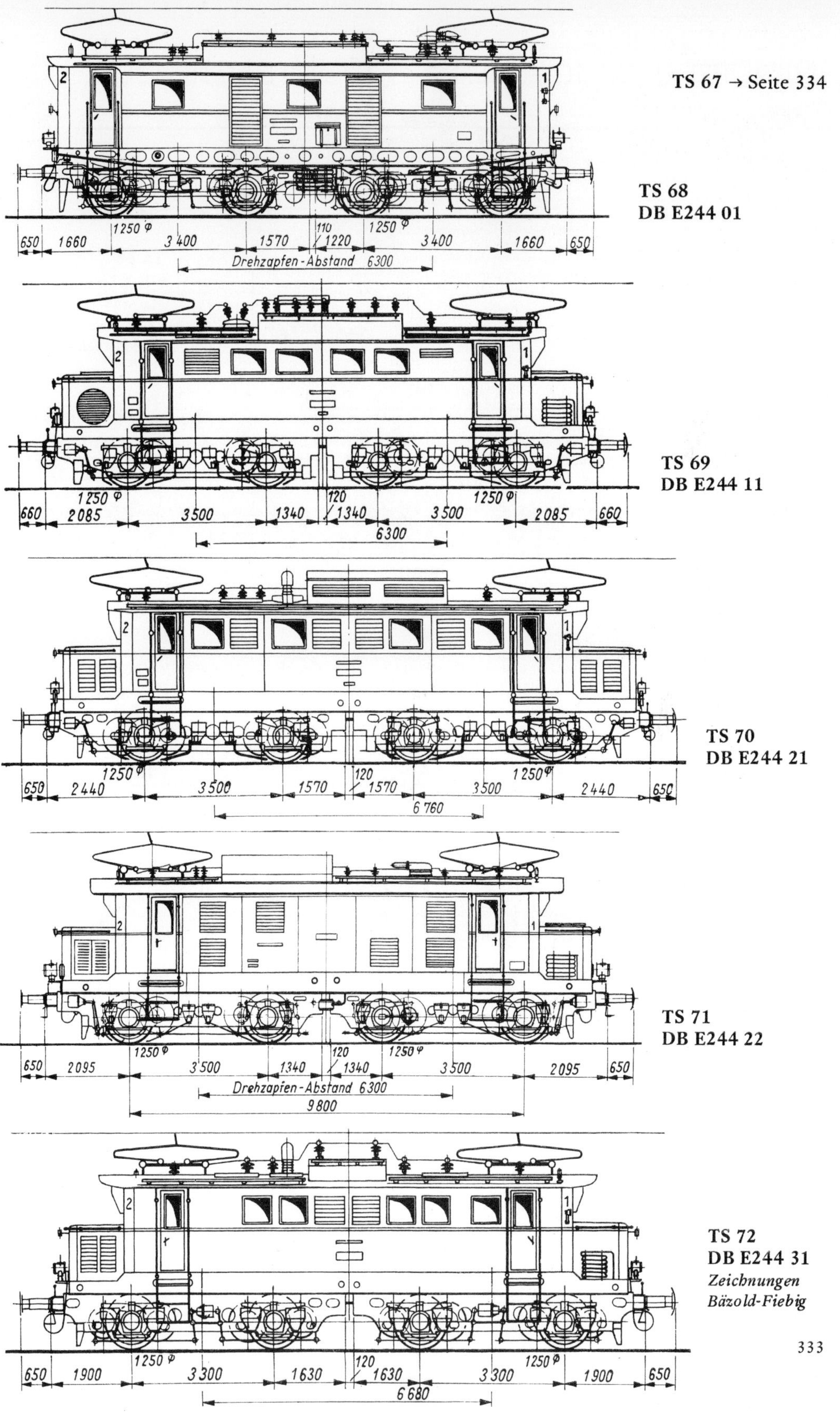

TS 67 → Seite 334

TS 68
DB E244 01

TS 69
DB E244 11

TS 70
DB E244 21

TS 71
DB E244 22

TS 72
DB E244 31
Zeichnungen Bäzold-Fiebig

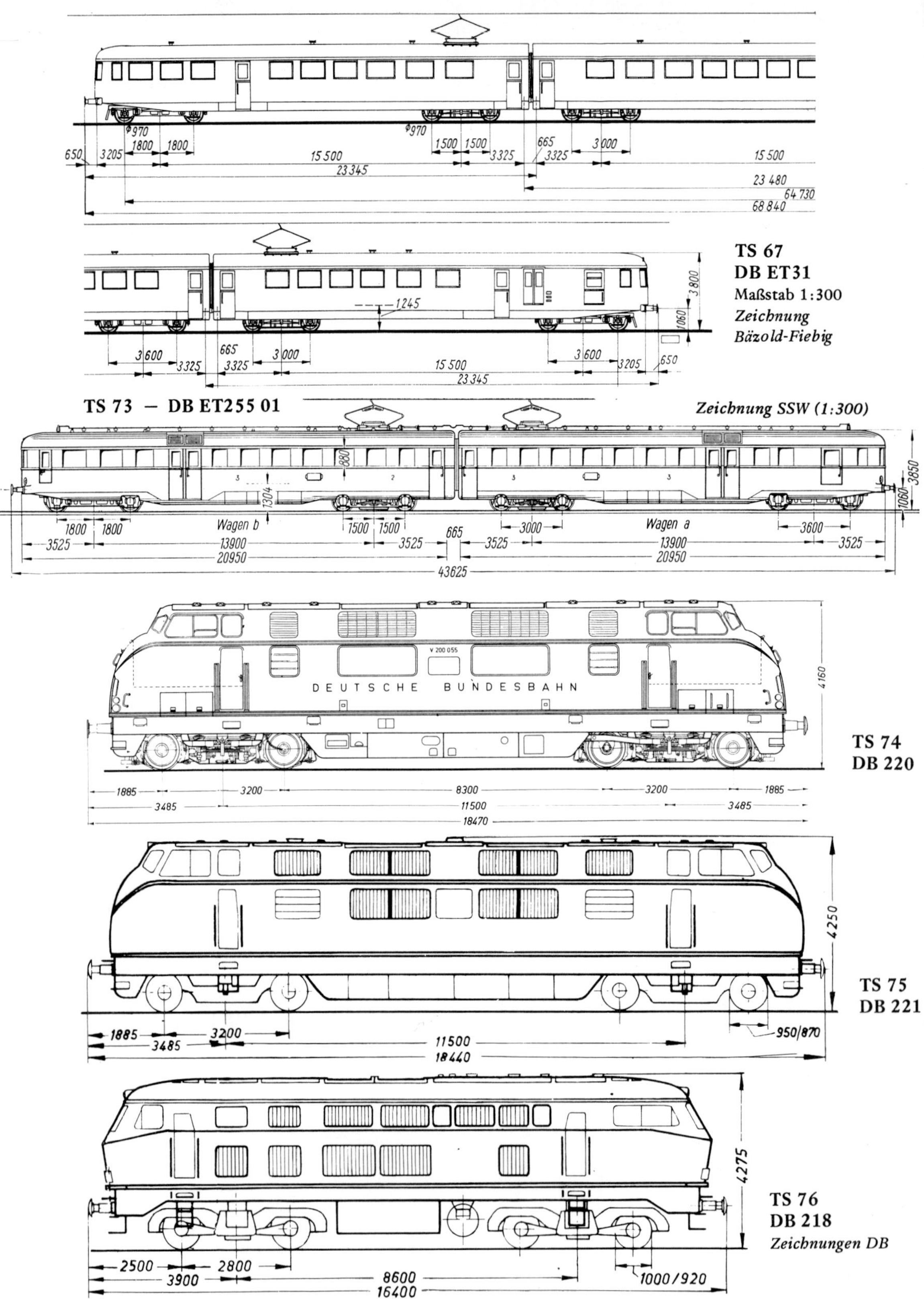

TS 67
DB ET31
Maßstab 1:300
Zeichnung Bäzold-Fiebig

TS 73 – DB ET255 01
Zeichnung SSW (1:300)

TS 74
DB 220

TS 75
DB 221

TS 76
DB 218
Zeichnungen DB

7.6. Zugkraft/Geschwindigkeits-Diagramme

Diese Diagramme sind hier stark verkleindert wiedergegeben, um das Buch nicht noch teuerer werden zu lassen. Jene Leser, welche Diagramme im größeren Maßstab der Originale (160x240 mm) benötigen, mögen Kopien von diesen beim Verlag bestellen.

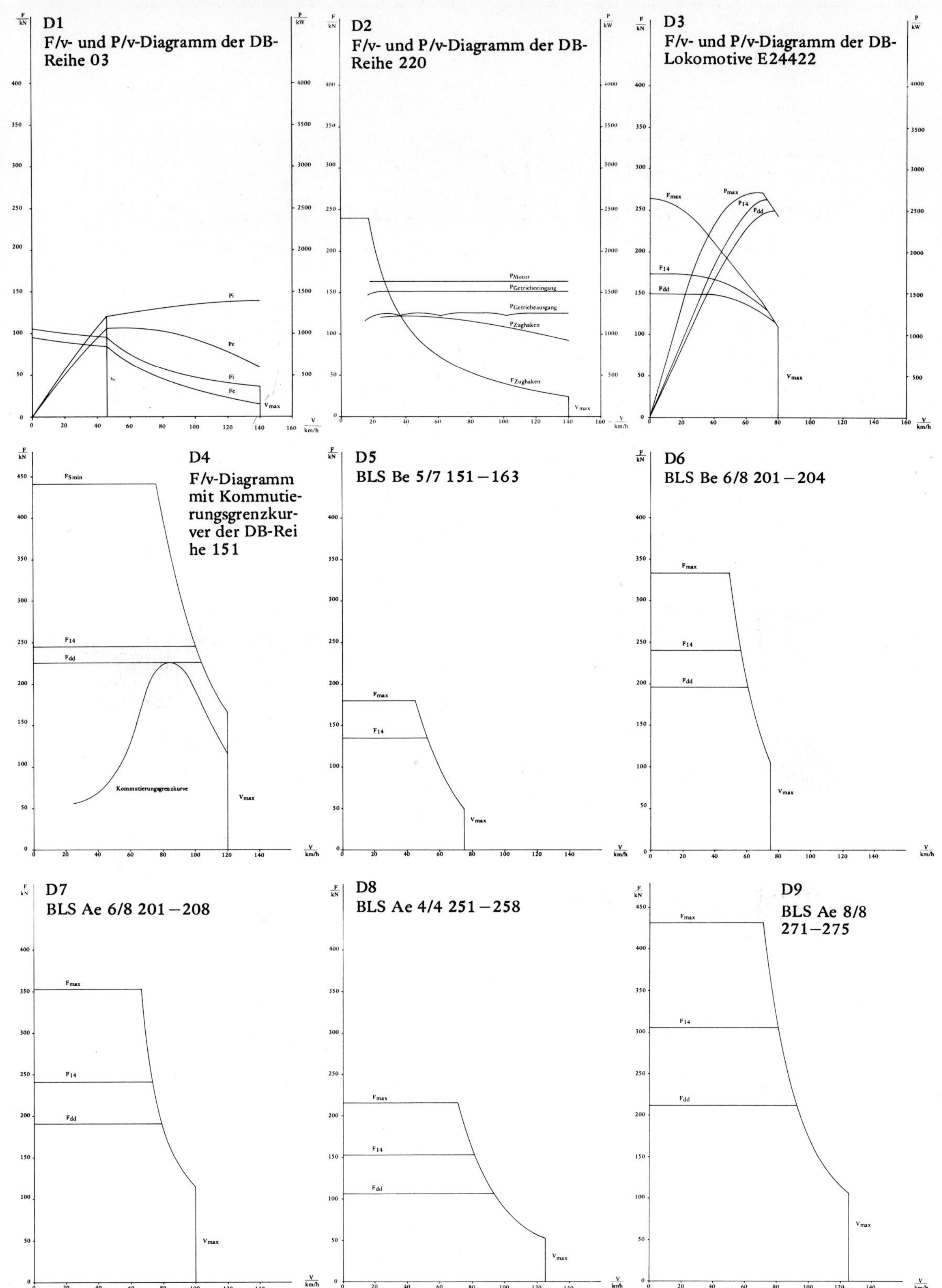

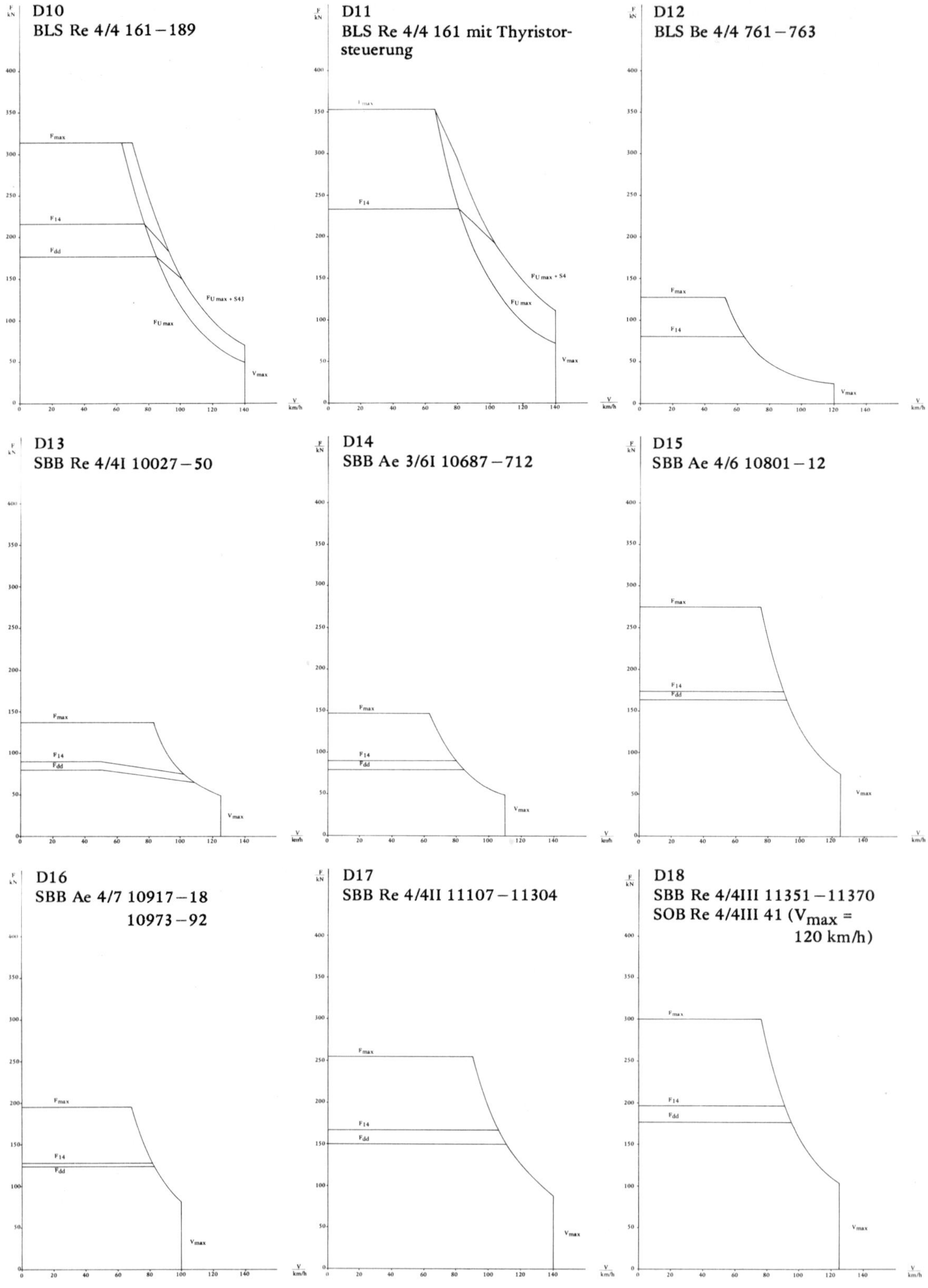

D10
BLS Re 4/4 161 – 189
D11
BLS Re 4/4 161 mit Thyristorsteuerung
D12
BLS Be 4/4 761 – 763
D13
SBB Re 4/4I 10027 – 50
D14
SBB Ae 3/6I 10687 – 712
D15
SBB Ae 4/6 10801 – 12
D16
SBB Ae 4/7 10917 – 18
10973 – 92
D17
SBB Re 4/4II 11107 – 11304
D18
SBB Re 4/4III 11351 – 11370
SOB Re 4/4III 41 (Vmax = 120 km/h)

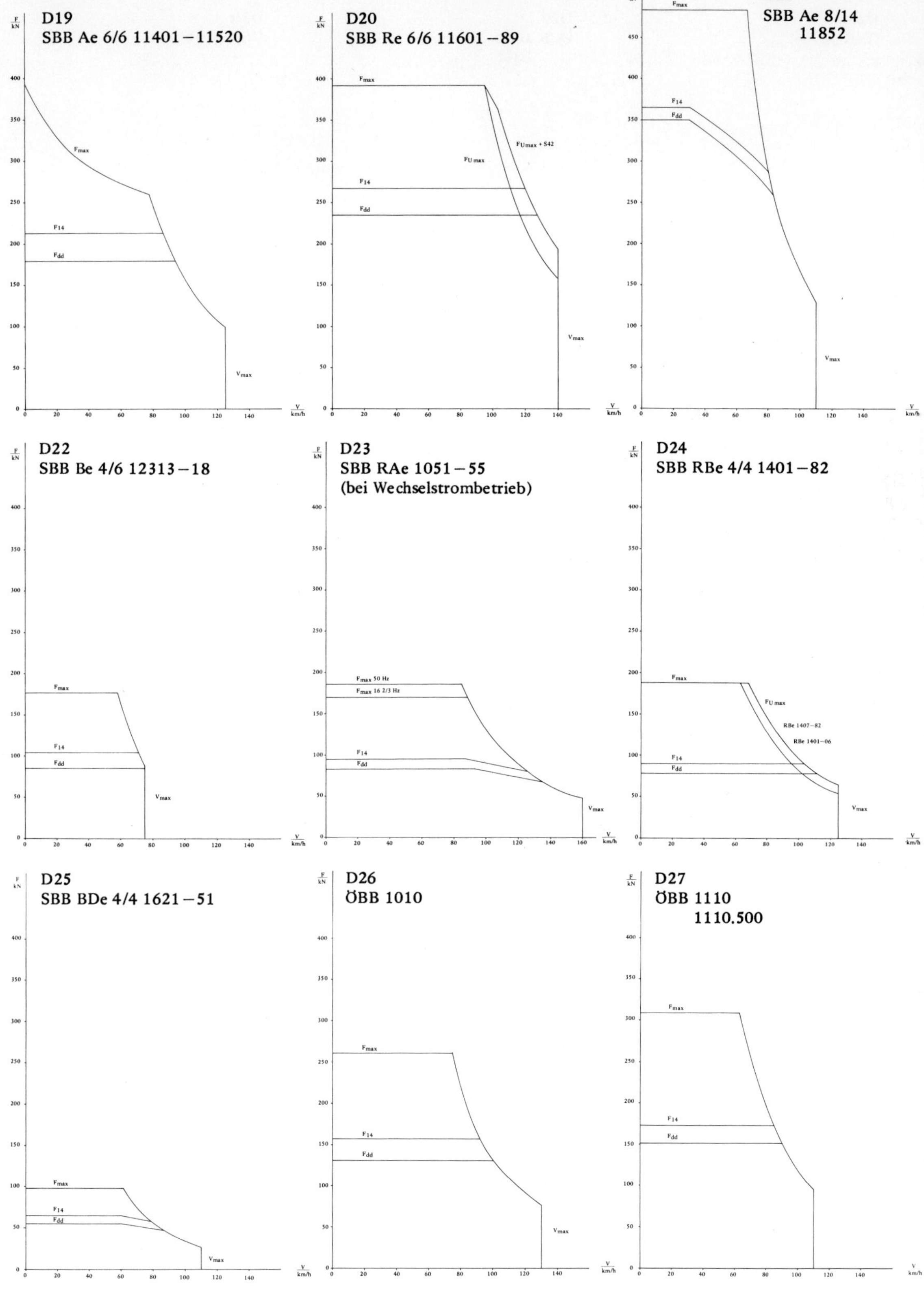
D19
SBB Ae 6/6 11401–11520
D20
SBB Re 6/6 11601–89
D21
SBB Ae 8/14
11852
D22
SBB Be 4/6 12313–18
D23
SBB RAe 1051–55
(bei Wechselstrombetrieb)
D24
SBB RBe 4/4 1401–82
D25
SBB BDe 4/4 1621–51
D26
ÖBB 1010
D27
ÖBB 1110
1110.500

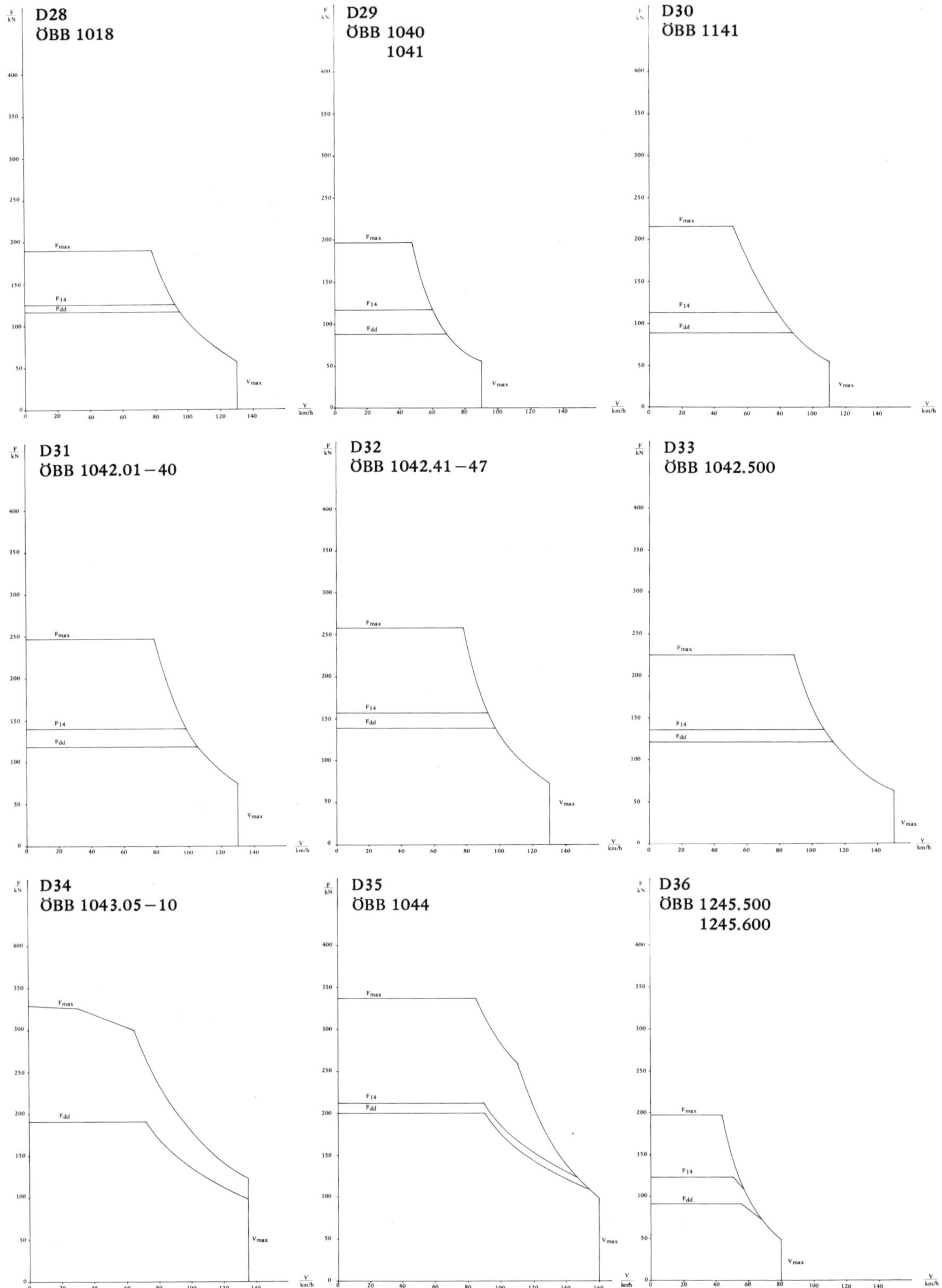

D28
ÖBB 1018
D29
ÖBB 1040
1041
D30
ÖBB 1141
D31
ÖBB 1042.01–40
D32
ÖBB 1042.41–47
D33
ÖBB 1042.500
D34
ÖBB 1043.05–10
D35
ÖBB 1044
D36
ÖBB 1245.500
1245.600
F/kN
V/km/h
F_{max}
F_{14}
F_{dd}
V_{max}

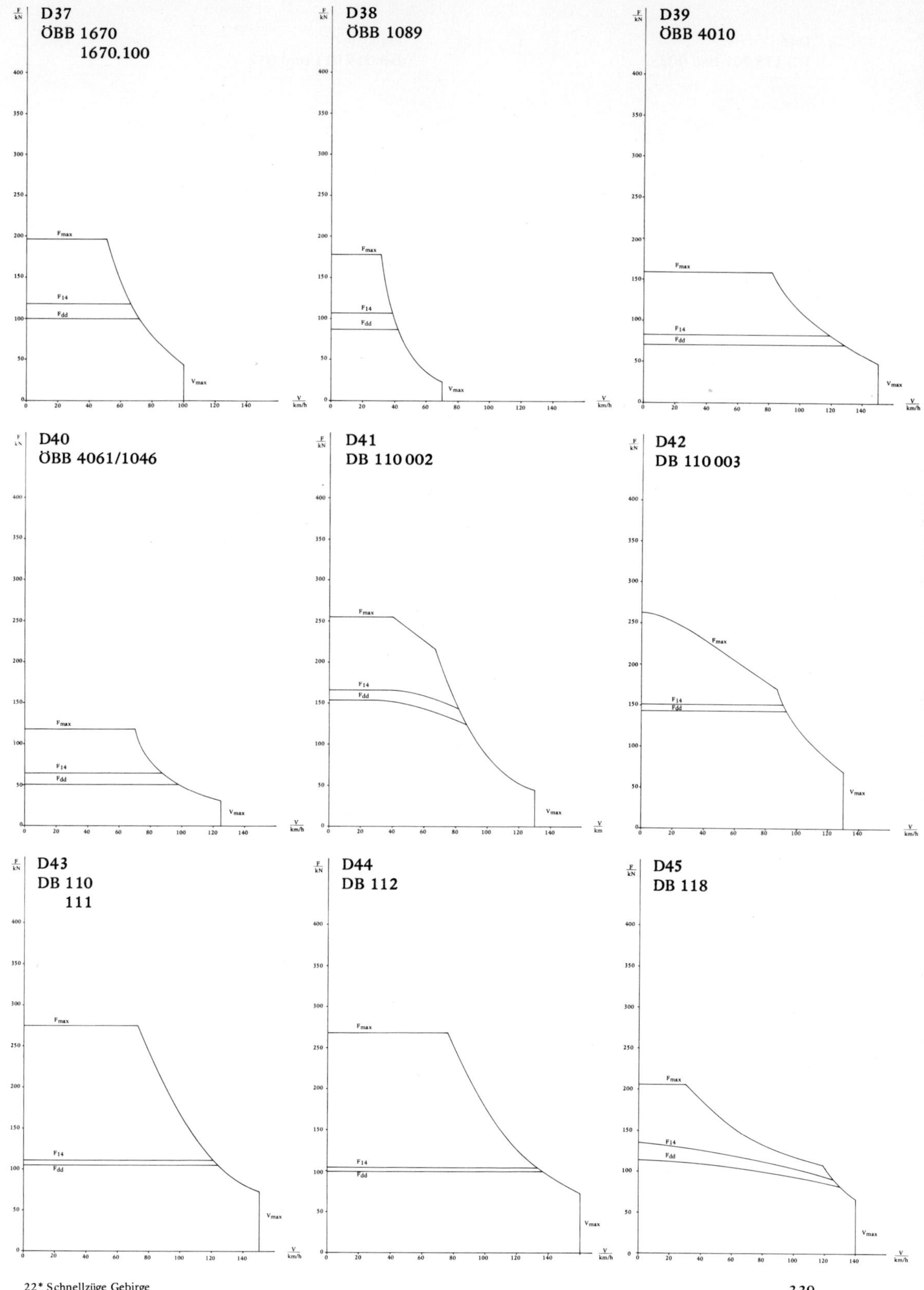
D37
ÖBB 1670
1670.100
D38
ÖBB 1089
D39
ÖBB 4010
D40
ÖBB 4061/1046
D41
DB 110 002
D42
DB 110 003
D43
DB 110
111
D44
DB 112
D45
DB 118
F/kN
V/km/h
Fmax
F14
Fdd
Vmax

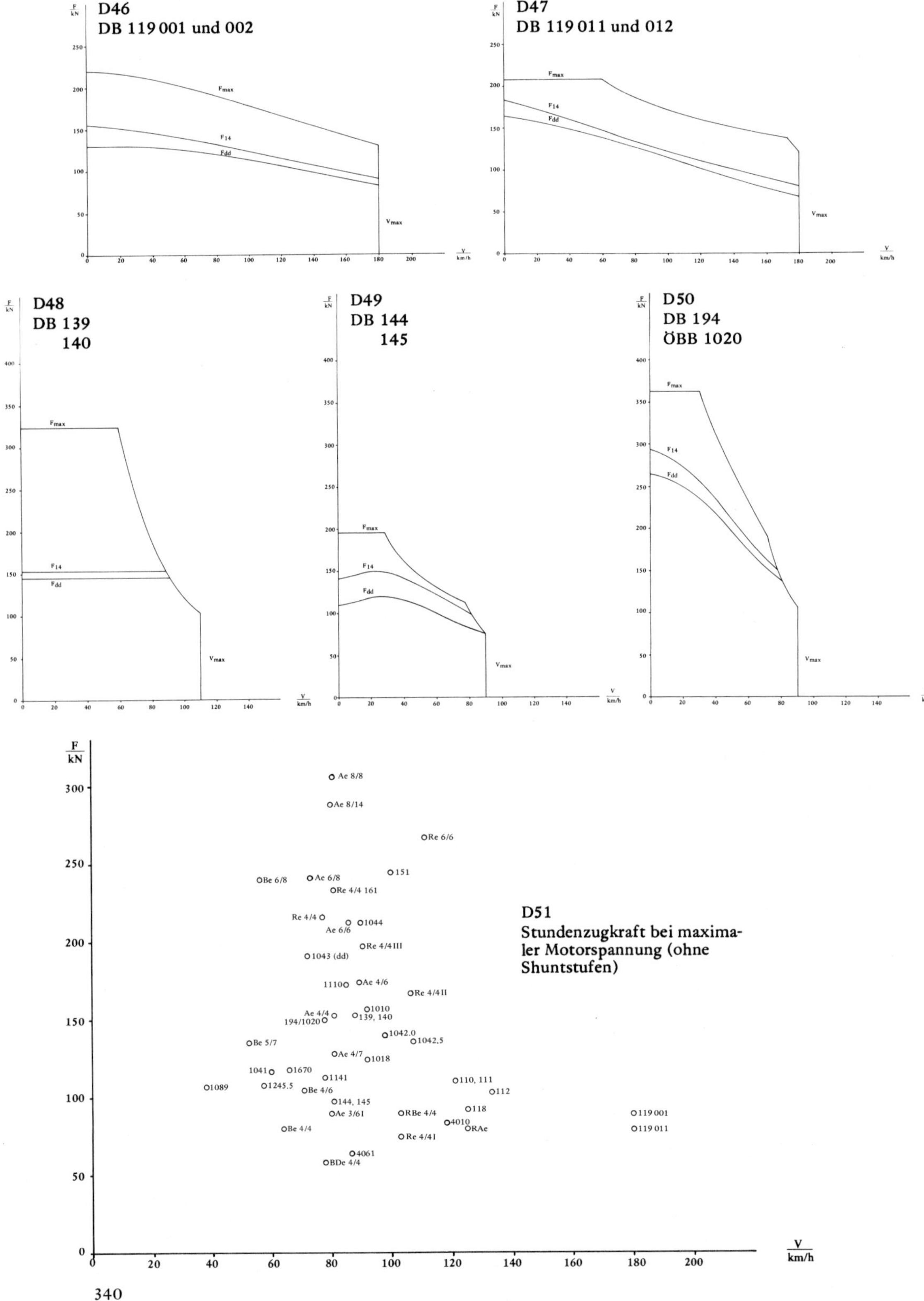
D46
DB 119 001 und 002
D47
DB 119 011 und 012
D48
DB 139
140
D49
DB 144
145
D50
DB 194
ÖBB 1020
D51
Stundenzugkraft bei maximaler Motorspannung (ohne Shuntstufen)
Ae 8/8
Ae 8/14
Re 6/6
151
Be 6/8
Ae 6/8
Re 4/4 161
Re 4/4
1044
Ae 6/6
Re 4/4III
1043 (dd)
1110
Ae 4/6
Re 4/4II
1010
Ae 4/4
194/1020
139, 140
1042,0
1042,5
Be 5/7
Ae 4/7
1018
1041
1670
1141
110, 111
1089
1245,5
Be 4/6
112
144, 145
118
Ae 3/61
RBe 4/4
4010
RAe
119 001
119 011
Be 4/4
Re 4/41
4061
BDe 4/4

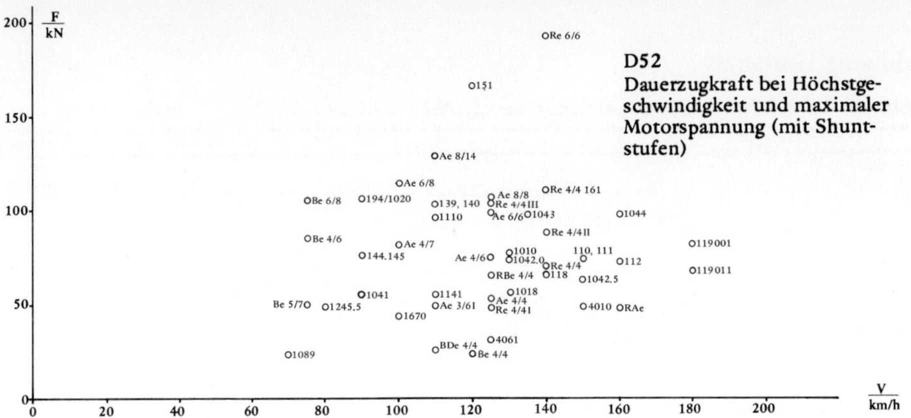

D52
Dauerzugkraft bei Höchstgeschwindigkeit und maximaler Motorspannung (mit Shuntstufen)

7.7. Geschwindigkeitsprofile

Gotthardbahn

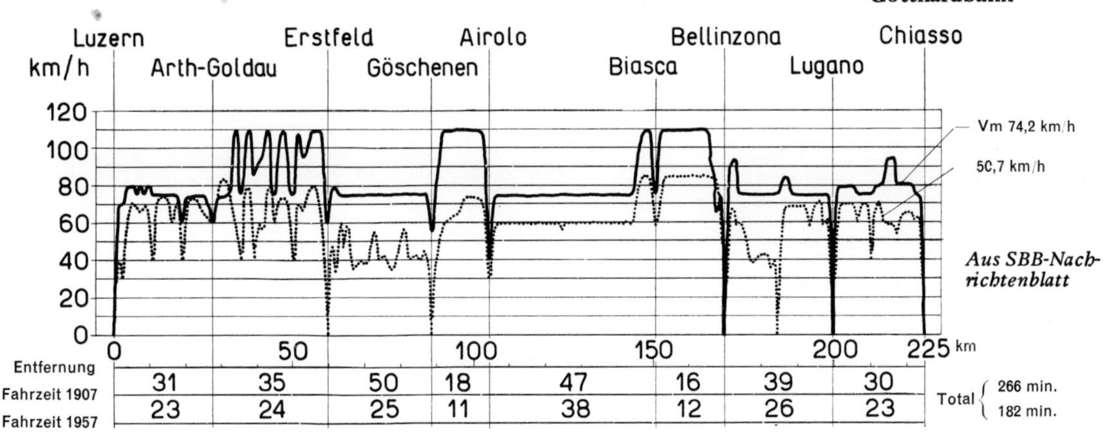

Entfernung									
Fahrzeit 1907	31	35	50	18	47	16	39	30	Total 266 min.
Fahrzeit 1957	23	24	25	11	38	12	26	23	182 min.

Aus SBB-Nachrichtenblatt

Höllentalbahn (Eilzug Freiburg – Neustadt / Neustadt – Freiburg)

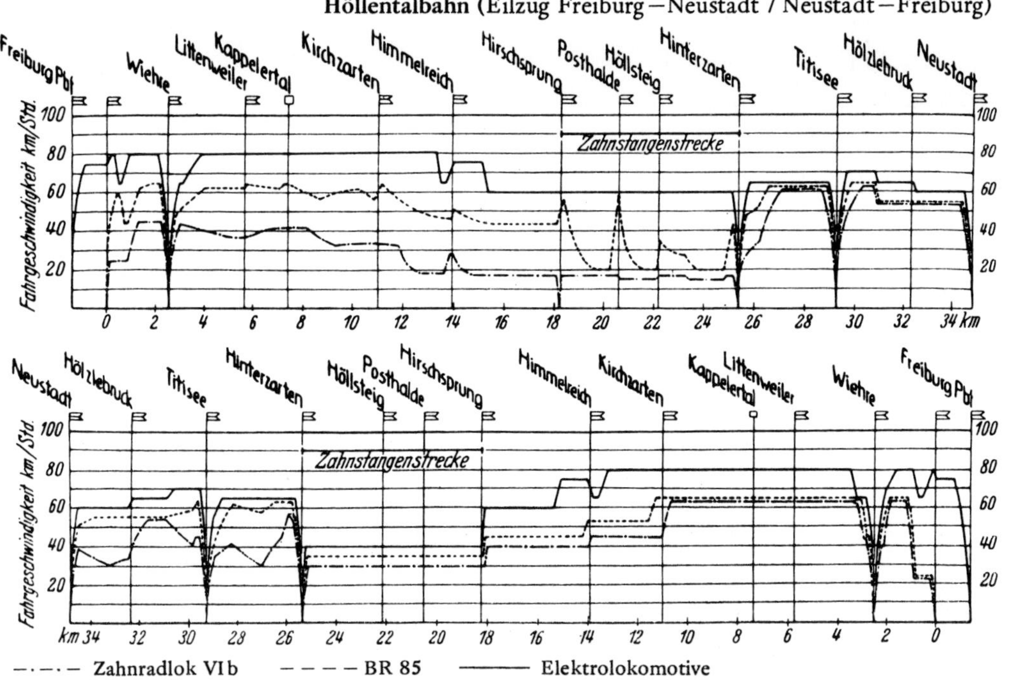

–·–·– Zahnradlok VIb – – – – BR 85 ——— Elektrolokomotive

aus *Organ für die Fortschritte des Eisenbahnwesens*, Jg. 1938, Seite 358

7.8. Triebfahrzeug-Umläufe

U1 BLS/BN **Dienstplan der Triebfahrzeuge**, gültig Werktags vom 27. Mai – 29. Sept. 1962 Depot: Spiez

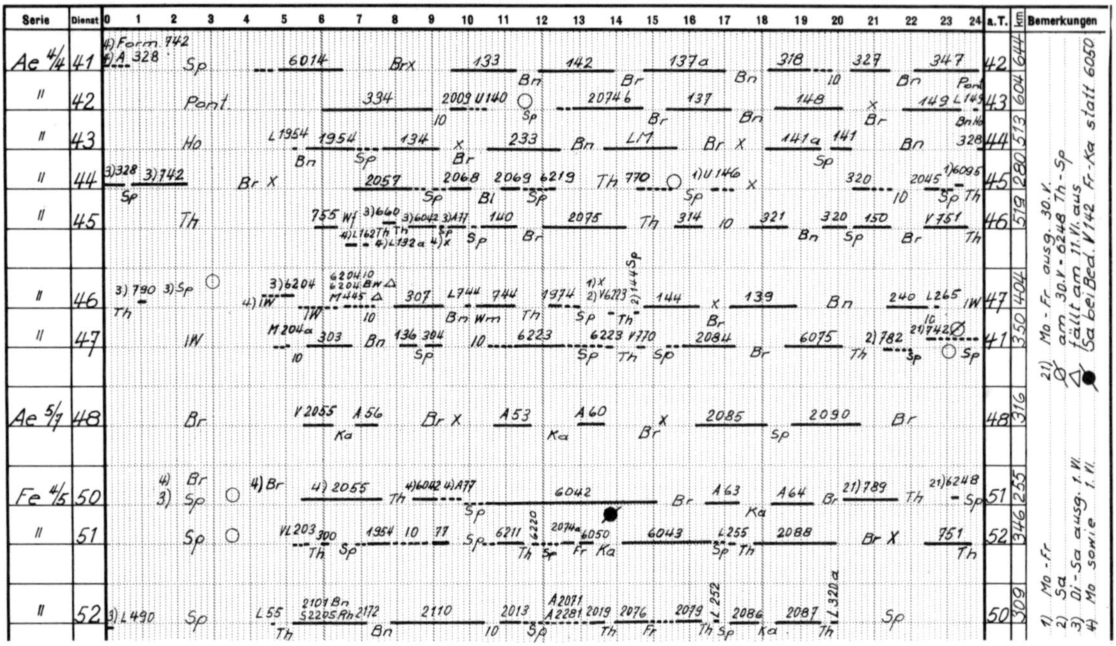

Serie	Dienst	a.T.	km
Ae 4/4	41	42	644
"	42	43	604
"	43	44	513
"	44	45	280
"	45	46	519
"	46	47	404
"	47	41	350
Ae 5/7	48	48	316
Fe 4/5	50	51	255
"	51	52	346
"	52	50	309

Bemerkungen:
1) Mo - Fr
2) Sa
3) Di - Sa ausg. 1. VI.
4) Mo sowie 1. VI.
21) Mo - Fr ausg. 30. V.
○ am 30. V. 6248 Th - Sp
△ fällt am 11. VI. aus
● Sa bei Bed. V142 Fr-Ka statt 6050

U2 BLS/BN **Dienstplan der Triebfahrzeuge** gültig Werktags vom 26. Mai – 28. September 1963 Depot: Spiez Blatt-Nr. 4

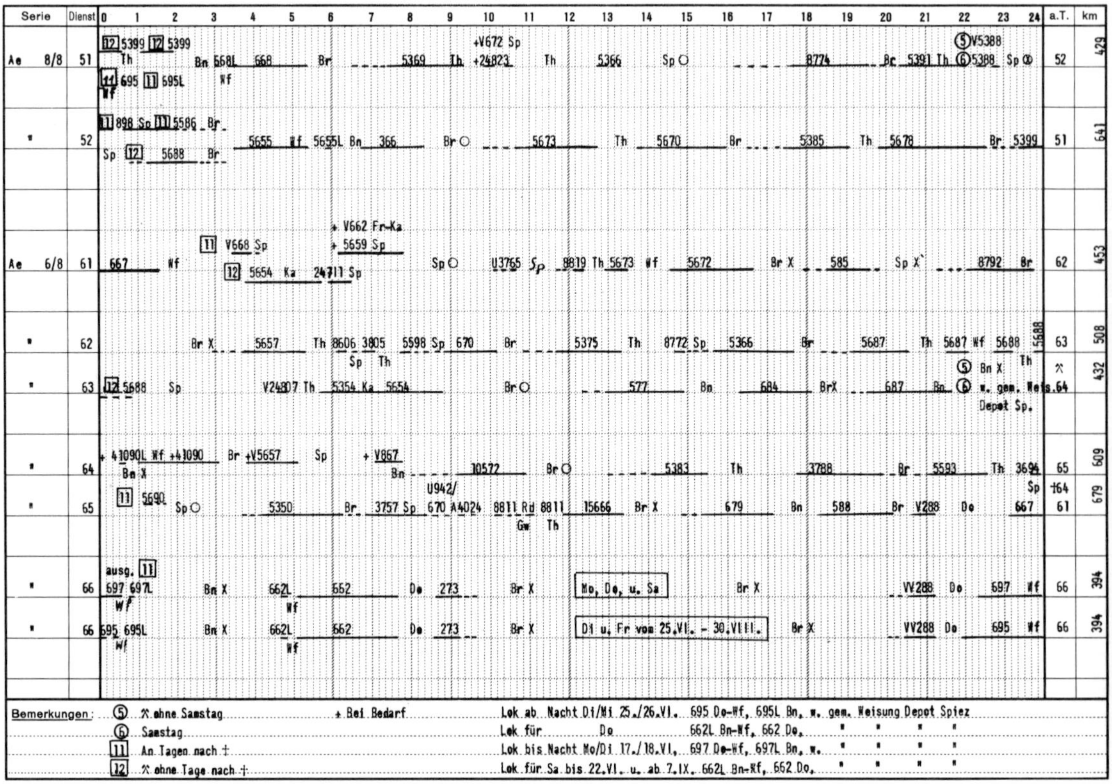

Serie	Dienst	a.T.	km
Ae 8/8	51	52	429
"	52	51	641
Ae 6/8	61	62	453
"	62	63	508
"	63	w. gem. Weis. 64 Depot Sp.	432
"	64	65	609
"	65	64 / 61	679
"	66	66	394
"	66	66	394

Bemerkungen:
⑤ ⚒ ohne Samstag
⑥ Samstag
11 An Tagen nach †
12 ⚒ ohne Tage nach †
+ Bei Bedarf
Lok ab Nacht Di/Mi 25./26.VI. 695 Do-Wf, 695L Bn, w. gem. Weisung Depot Spiez
Lok für Do 662L Bn-Wf, 662 Do, " " " "
Lok bis Nacht Mo/Di 17./18.VI. 697 Do-Wf, 697L Bn, w. " " " "
Lok für Sa bis 22.VI. u. ab 7.IX. 662L Bn-Wf, 662 Do, " " " "

Abkürzungen zu den Lokomotivumläufen der BLS (U1, U2)

Bl	Blausee-Mitholz	Gw	Gwatt	Pont	Pontarlier
Bn	Bern	Ho	Bern-Holligen	Sp	Spiez
Br	Brig	IO	Interlaken Ost	Th	Thun
Do	Domodossola	IW	Interlaken West	Wf	Bern-Wilerfeld
Fr	Frutigen	Ka	Kandersteg	Wm	Bern-Weiermannshaus

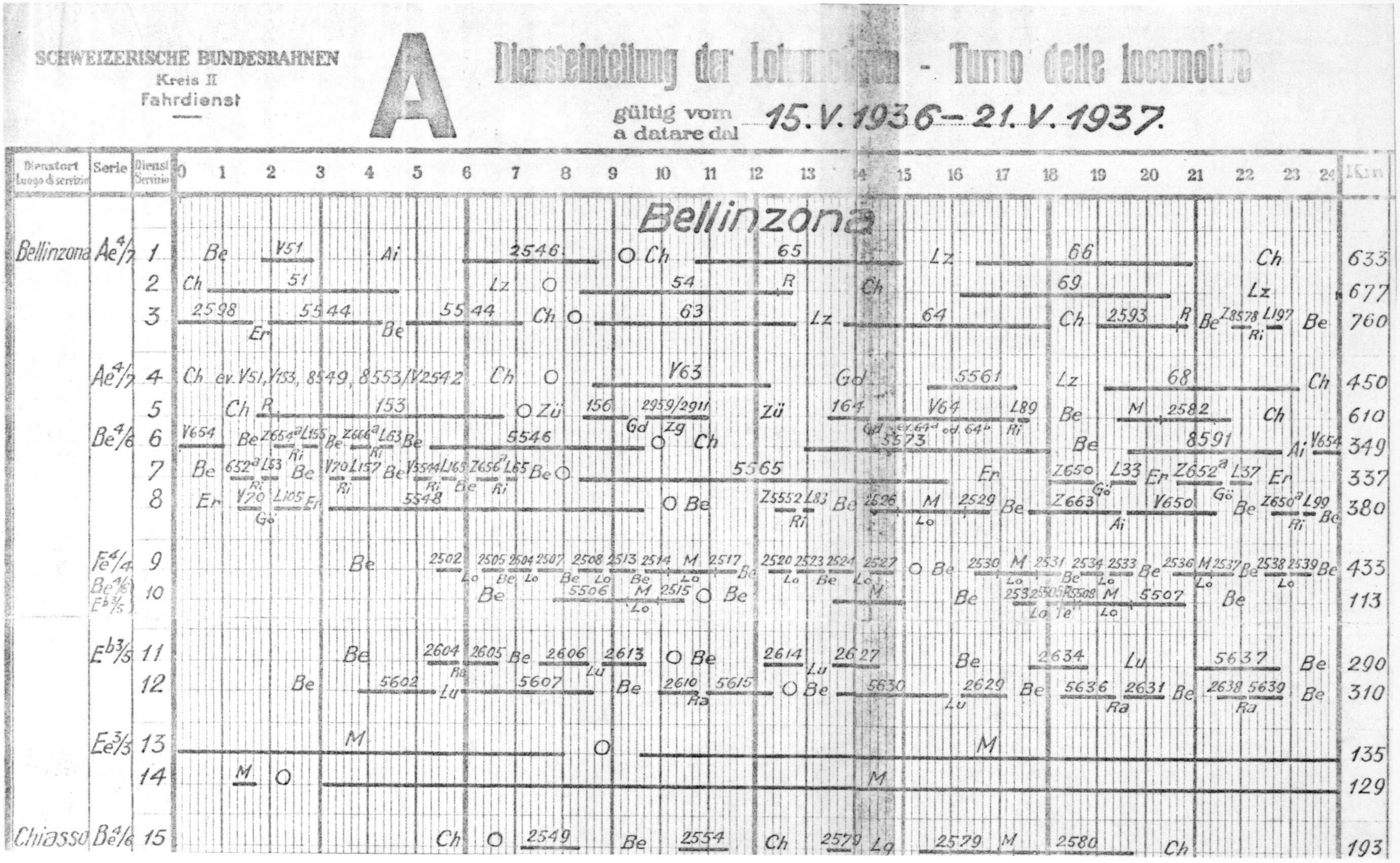

SCHWEIZERISCHE BUNDESBAHNEN
Kreis II
Fahrdienst

A Diensteinteilung der Lokomotiven - Turno delle locomotive

gültig vom / a datare dal 15. V. 1936 – 21. V. 1937.

Bellinzona

Dienstort / Luogo di servizio	Serie	Dienst / Servizio	Dienste (0–24 Uhr)	Km
Bellinzona	$Ae^{4}/_{7}$	1	Be V51 Ai 2546 ○ Ch 65 Lz 66 Ch	633
		2	Ch 51 Lz ○ 54 R Ch 69 Lz	677
		3	2598 Er 5544 Be 5544 Ch ○ 63 Lz 64 Ch 2593 R Be Z8578 Ri L197 Be	760
	$Ae^{4}/_{7}$	4	Ch ev. V51, V153, 8549, 8553/V2542 Ch ○ V63 Gd 5561 Lz 68 Ch	450
		5	Ch R 153 ○ Zü 156 2959/2911 Gd Zg Zü 164 V64 L89 Ri Be M 2582 Ch	610
	$Be^{4}/_{6}$	6	V654 Be Z654a L155 Ri Be Z666a L63 Ri Be 5546 ○ Ch Gd ev. 64a od. 64b 5573 Be 8591 Ai V654	349
		7	Be 652a L53 Ri Be V70 L157 Ri Be V5544 L163 Ri Be Z656a L65 Ri Be ○ 5565 Er Z650 Gö L33 Er Z652a Gö L37 Er	337
		8	Er V70 Ri L105 Gö Er 5548 ○ Be Z5552 L83 Ri Be 2526 M Lo 2529 Be Z663 Ai V650 Be Z650a Ri L99 Be	380
	$Fe^{4}/_{4}$	9	Be 2502 Lo 2505 Be 2504 Lo 2507 Be 2508 Lo 2513 Be 2514 M Lo 2517 Be 2520 Lo 2523 Be 2524 Lo 2527 ○ Be 2530 M Lo 2531 Be 2534 Lo 2533 Be 2536 M Lo 2537 Be 2538 Lo 2539 Be	433
	$Be^{4}/_{6}$ $E^{b}3/_{5}$	10	Be 5506 M Lo 2515 ○ Be M Be 2532 5505 R 5508 Lo Te M Lo 5507 Be	113
	$E^{b}3/_{5}$	11	Be 2604 Ra 2605 Be 2606 Lu 2613 ○ Be 2614 Lu 2627 Be 2634 Lu 5637 Be	290
		12	Be 5602 Lu 5607 Be 2610 Ra 5615 ○ Be 5630 Lu 2629 Be 5636 Ra 2631 Be 2638 Ra 5639 Be	310
	$Ee^{3}/_{3}$	13	M ○ M	135
		14	M ○ M	129
Chiasso	$Be^{4}/_{6}$	15	Ch ○ 2549 Be 2554 Ch 2579 Lg 2579 M 2580 Ch	193

U3

Abkürzunge zu U3 bei U5

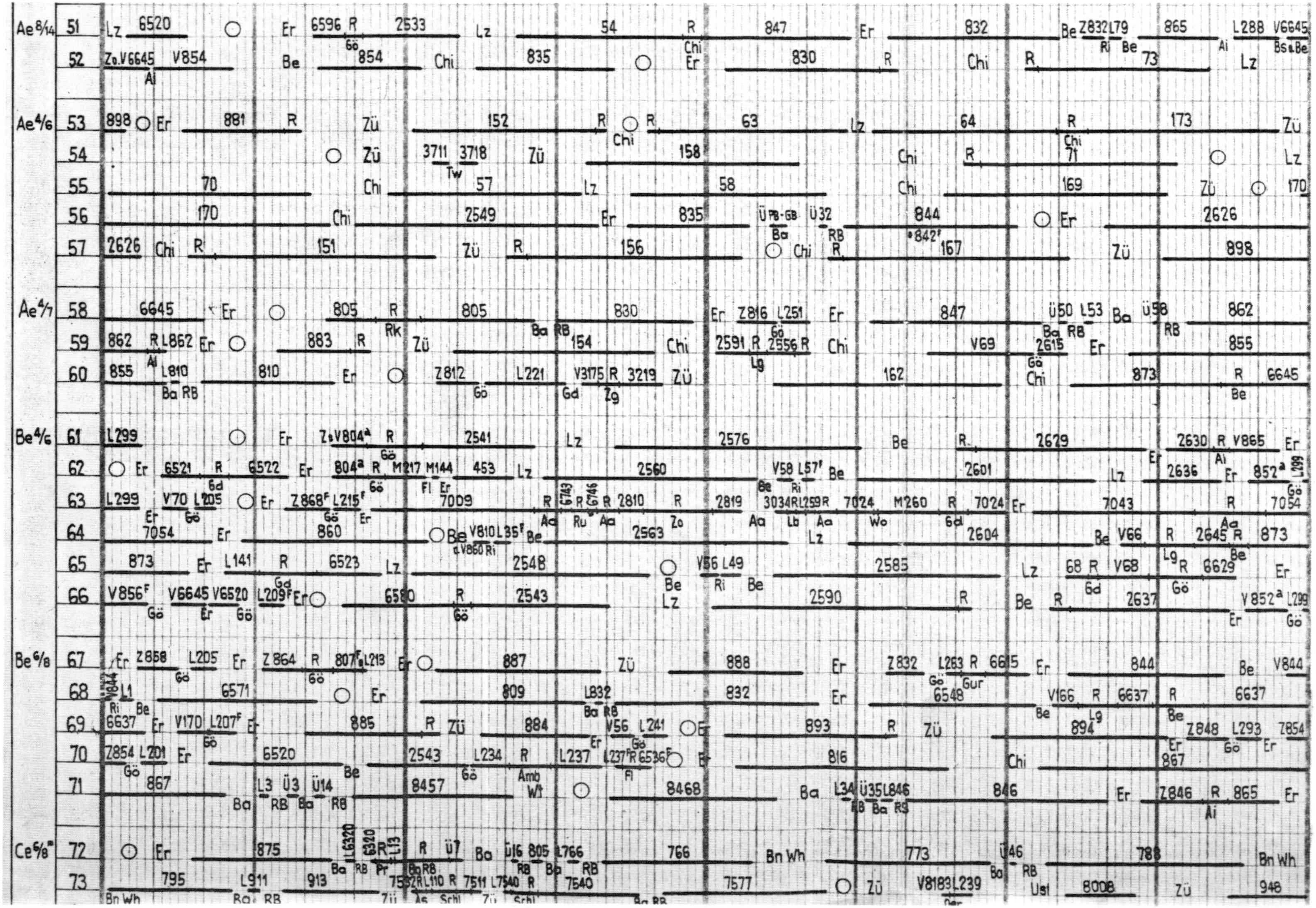

Class	No.	Entries
Ae 8/14	51	Lz 6520 ○ Er 6596 R Gö 2533 Lz 54 R Chi 847 Er 832 Be Z832 L79 Ri Be 865 Ai L288 V6645 Bs&Be
	52	Zo.V6645 Ai V854 Be 854 Chi 835 ○ Er 830 R Chi R 73 Lz
Ae 4/6	53	898 ○ Er 881 R Zü 152 R ○ Chi R 63 Lz 64 R Chi 173 Zü
	54	○ Zü 3711 Tw 3718 Zü 158 Chi R 71 ○ Lz
	55	70 Chi 57 Lz 58 Chi 169 Zü ○ 170
	56	170 Chi 2549 Er 835 Ü PB-GB Ba Ü32 RB 844 ○ Er 2626
	57	2626 Chi R 151 Zü R 156 ○ Chi R *842f 167 Zü 898
Ae 4/7	58	6645 Er ○ 805 R Rk 805 Ba RB 830 Er Z816 Gö L251 Er 847 Ü50 Ba L53 RB Ba Ü58 RB 862
	59	862 R Ai L862 Er ○ 883 R Zü 154 Chi 2591 R Lg 2556 R Chi V69 2615 Gö Er 855
	60	855 L810 Ba RB 810 Er ○ Z812 Gö L221 V3175 Gd R 3219 Zg Zü 162 Chi 873 R Be 6645
Be 4/6	61	L299 ○ Er Z+V804a Gö R 2541 Lz 2576 Be R 2629 Er 2630 R Ai V865 Er
	62	○ Er 6521 R Gd 6522 Er 804a Gö R M217 Fl M144 Er 453 Lz 2560 V58 Be L57f Ri Be 2601 Lz 2636 Er 852a L299
	63	L299 Er V70 Gö L205 ○ Er Z868f Gö L215f Er 7009 R 6743 Aa R 6746 Ru R Aa 2810 R Zo 2819 Aa 3034R Lb L259R Aa 7024 Wo M260 R Gd 7024 Er 7043 R Gö 7054
	64	7054 Er 860 ○ Be V810 a V860 Ri L35f Be 2563 Lz 2604 Be V66 R 2645 Aa R 873
	65	873 Er L141 R 6523 Lz 2548 ○ Be Lz V56 Ri L49 Be 2585 Lz 68 R Gd V68 Lg R Gö 6629 Be Er
	66	V856f Gö V6645 Er V6520 Gö L209f Gd Er ○ 6580 R Gö 2543 2590 R Be R 2637 V852a Er L299 Gö
Be 6/8	67	Er Z858 Gö L205 Er Z864 R Gö 807f L213 Er ○ 887 Zü 888 Er Z832 Gö L263 R Gur 6615 Er 844 Be V844
	68	V844 Ri L1 Be 6571 ○ Er 809 L832 Ba RB 832 Er 6548 V166 Be R 6637 R Be 6637
	69	6637 Er V170 Gö L207f Er 885 R Zü 884 Er V56 Gö L241 ○ Er 893 R Zü 894 Lg Z848 Er 867 L293 Gö 7854 Er
	70	Z854 Gö L201 Er 6520 Be 2543 Gö L234 R Amb L237 L237f R Fl 6536f ○ Er 816 Chi
	71	867 Ba L3 RB Ü3 Ba Ü14 RB 8457 Wt ○ 8468 Ba L34 RB Ü35 Ba L846 RB 846 Er Z846 R Ai 865 Er
Ce 6/8 II	72	○ Er 875 Ba L6320 RB 6320 Pr R L13 Ba RB R Ü7 Ba Ü16 RB 805 Ba L766 RB 766 Bn Wh 773 Ü46 Ba RB 788 Bn Wh
	73	Bn Wh 795 L911 Ba RB 913 7532 Zü R L110 As R 7511 Schl L7540 Zü R Schl 7540 Ba RB 7577 ○ Zü V8183 L239 Ger Usl 8008 Zü 948

U4 SBB 18. 5. 1952 bis 16. 5. 1953 (Erstfeld)

Abkürzungen zu U4 bei U5

hweiz. Bundesbahnen, Kreis II
Abteilung für Zugförderung

B Diensteinteilung der Lokomotiven - Turno delle locomotive

Ferrovie Federali Svizzere, Circ. II

gültig vom / a datare dal 26. Sept. 1965 – 21. Mai 1966

U5

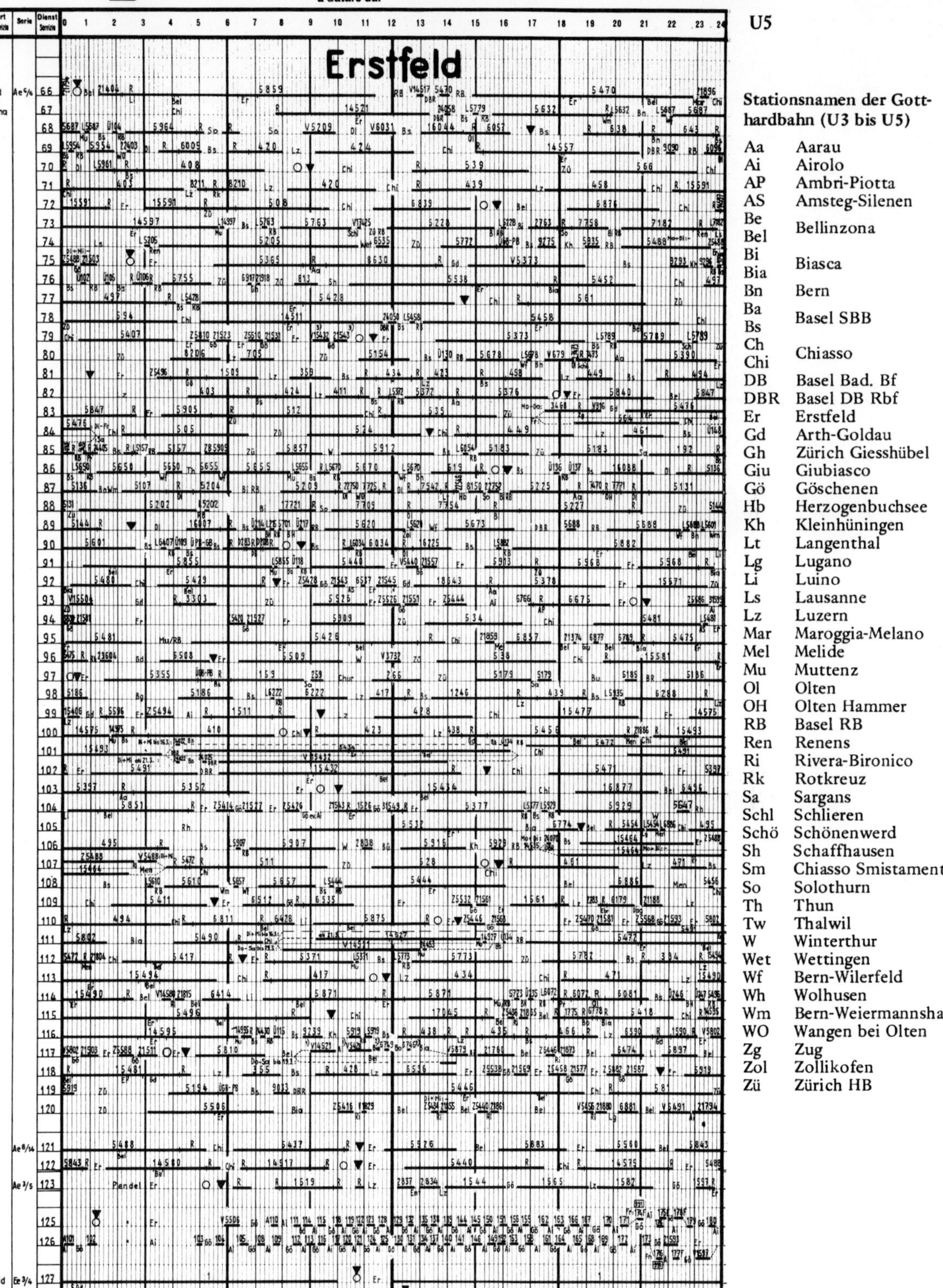

Stationsnamen der Gotthardbahn (U3 bis U5)

Aa	Aarau
Ai	Airolo
AP	Ambri-Piotta
AS	Amsteg-Silenen
Be / Bel	Bellinzona
Bi / Bia	Biasca
Bn	Bern
Ba / Bs	Basel SBB
Ch / Chi	Chiasso
DB	Basel Bad. Bf
DBR	Basel DB Rbf
Er	Erstfeld
Gd	Arth-Goldau
Gh	Zürich Giesshübel
Giu	Giubiasco
Gö	Göschenen
Hb	Herzogenbuchsee
Kh	Kleinhüningen
Lt	Langenthal
Lg	Lugano
Li	Luino
Ls	Lausanne
Lz	Luzern
Mar	Maroggia-Melano
Mel	Melide
Mu	Muttenz
Ol	Olten
OH	Olten Hammer
RB	Basel RB
Ren	Renens
Ri	Rivera-Bironico
Rk	Rotkreuz
Sa	Sargans
Schl	Schlieren
Schö	Schönenwerd
Sh	Schaffhausen
Sm	Chiasso Smistamento
So	Solothurn
Th	Thun
Tw	Thalwil
W	Winterthur
Wet	Wettingen
Wf	Bern-Wilerfeld
Wh	Wolhusen
Wm	Bern-Weiermannshaus
WO	Wangen bei Olten
Zg	Zug
Zol	Zollikofen
Zü	Zürich HB

LEGENDE: / LEGGENDA: ◆ unverändert / invariato — fällt aus / sospeso ○ Pflege / Ripristinamento ▼ Techn. Kontrolle / Controllo technico

1) Di + Mi sowie ab 21.3. 2) ab 21.3. 3) ab 22.3. ohne Di + Mi

Sa: 1. - 30.10. u. ab 4.3. Fr: 3.3. - 25.10.

U6 SBB 28. 5. bis 30. 9. 1972 (Dienstag bis Freitag)

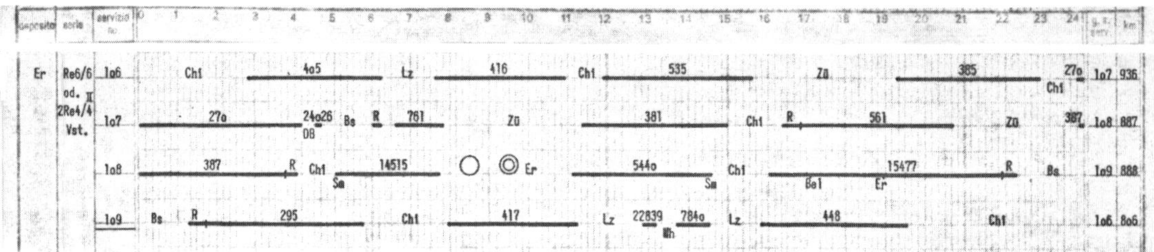

U7 SBB Sommer 1959

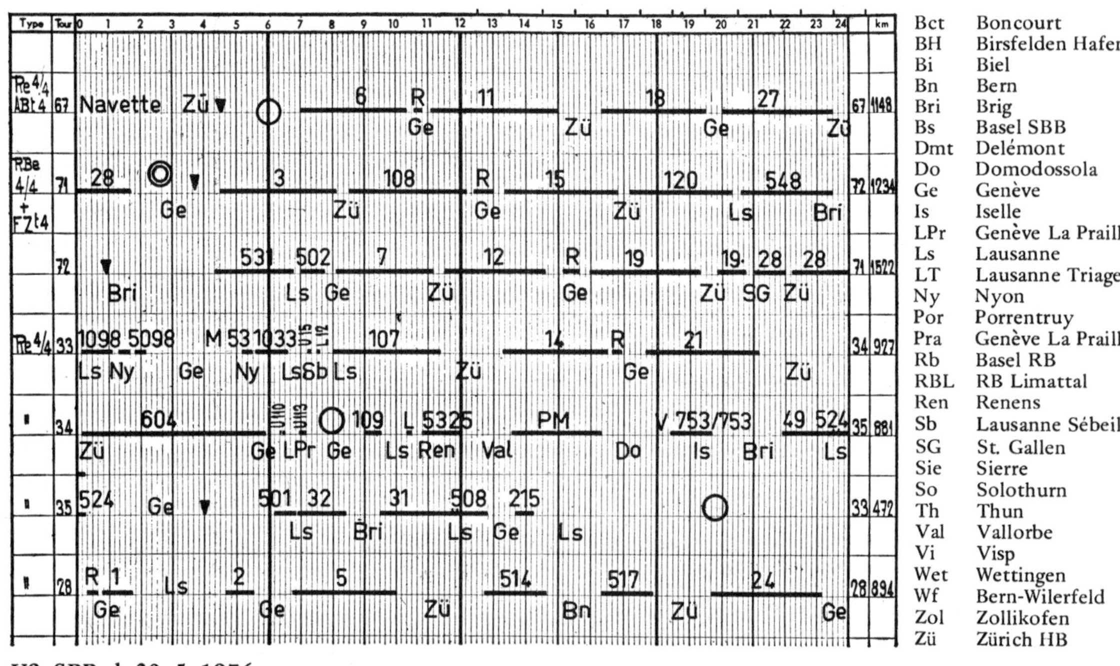

U8 SBB ab 30. 5. 1976

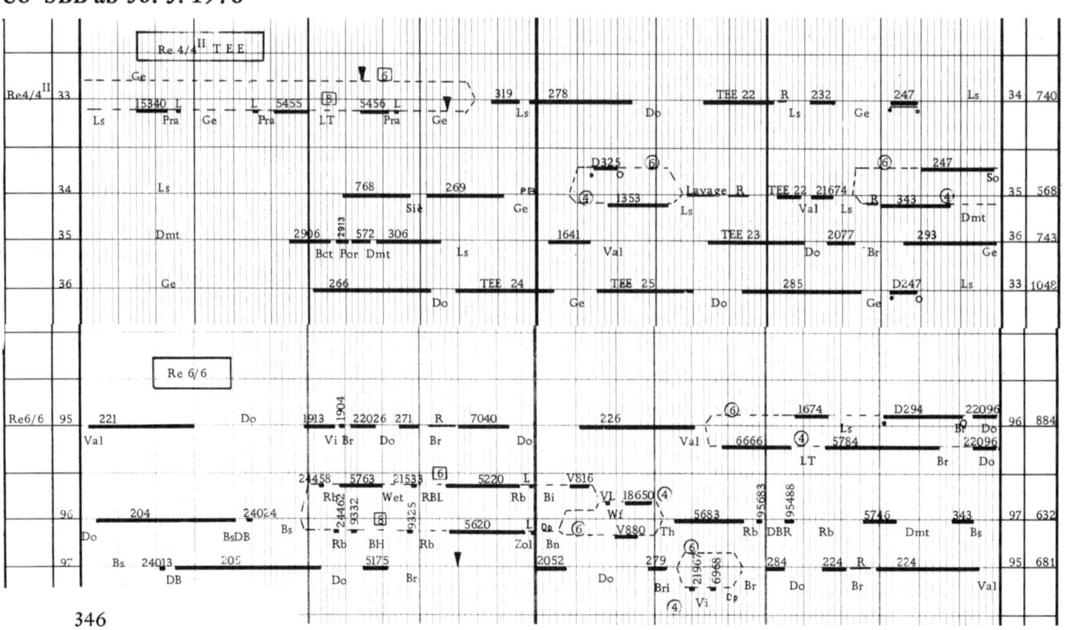

U9 ÖBB Direktion Innsbruck – Triebfahrzeugumlaufplan gültig ab 1. Juni 1975

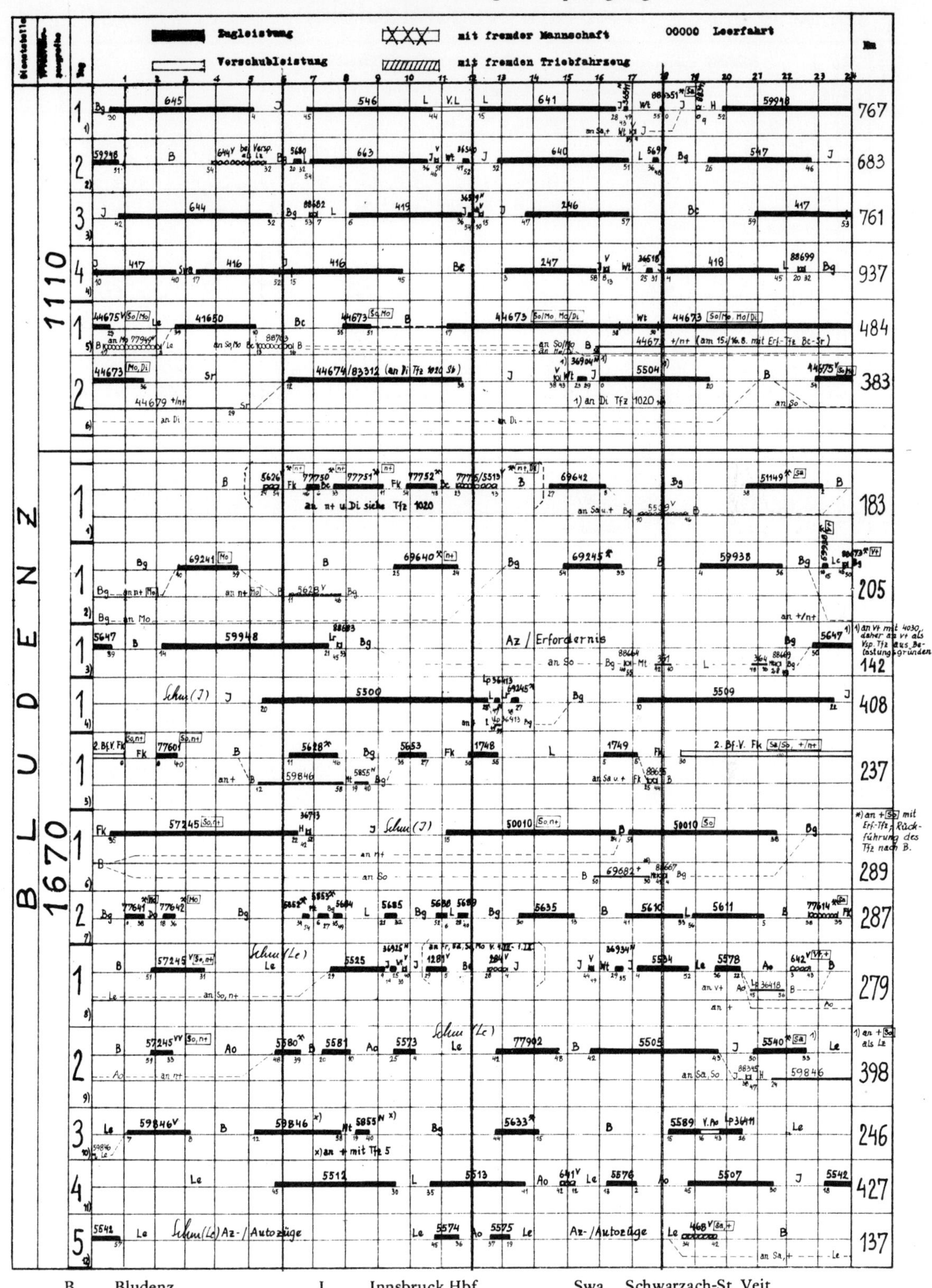

B	Bludenz	I	Innsbruck Hbf	Swa	Schwarzach-St. Veit
Bc	Buchs	L	Lindau	Wt	Wilten
Bg	Bregenz	Le	Landeck	V	Verschub
H	Hall in Tirol	Sr	Salzburg-Gnigl		

Österreichische Bundesbahnen — Blatt Nr. ... 1

BBDion: Linz — U10 — **Triebfahrzeugumlaufplan** — gültig ab: 28.9.1975

Zugleistung — mit fremder Mannschaft — 00000 Leerfahrt

Verschubleistung — mit fremden Triebfahrzeug

Dienststelle: SALZBURG — Triebfahrzeugreihe: 1042

Abkürzungen zum Lokomotivumlauf ÖBB, Reihe 1042, vom 28. 9. 1975 (U10)

Be	Brenner	K	Kufstein	Stt	Spittal-Millstättersee
Bo	Bischofshofen	Kt	Klagenfurt	Swa	Schwarzach-St. Veit
Bs	Böckstein	Ma	Mallnitz	Vb	Villach Hbf
Dr	Arnoldstein	Mh	München	Vf	Villach West
I	Innsbruck	Sb	Salzburg	W	Wörgl
Js	Jesenice				

Abkürzungen zum DB-Umlauf 522.05 vom 15. 3. 1976 (U11)

DO	Dortmund Hbf	JES	Jesenice	PG	Parsberg
DOB	Dortmund Bbf	KLAG	Klagenfurt	PT	Plattling
DSD	Düsseldorf Derendorf	KS	Kassel Hbf	R	Regensburg Hbf
FL	Freilassing	M	Mannheim Hbf (Haupthalle)	ROB	Regensburg Ost
FM	11 – 16			RR	Regensburg Rbf
FN	Ffm Hbf Gleisgruppe 17 – 24	MZ	Mainz Hbf	S	Stuttgart Hbf
		N	Nürnberg Hbf	SZ	Salzburg Hbf
FU	Fulda	OB	Oberhausen Hbf	TRI	Trier Hbf
HB	Heilbronn Hbf	OS	Oberhausen Osterfeld Süd	TS	Traunstein
HDR	Heidelberg Rbf	PA	Passau Hbf	WAN	Wanne-Eickel Hbf
HM	Hamm (Westf.) Pbf	PAR	Passau Rbf	WH	Würzburg Hbf
HRB	Hamm (Westf.) Rbf				

Abkürzungen zum Lokomotivumlauf DB 33.01, 33.02 vom 26. 9. 1976 (U12)

BAM	Bamberg	MHH	München Hbf (Haupthalle)	PLF	Pleinfeld
C	Coburg	N	Nürnberg Hbf	ROTH	Roth
LIF	Lichtenfels	PBZ	Probstzella	SC	Schwabach

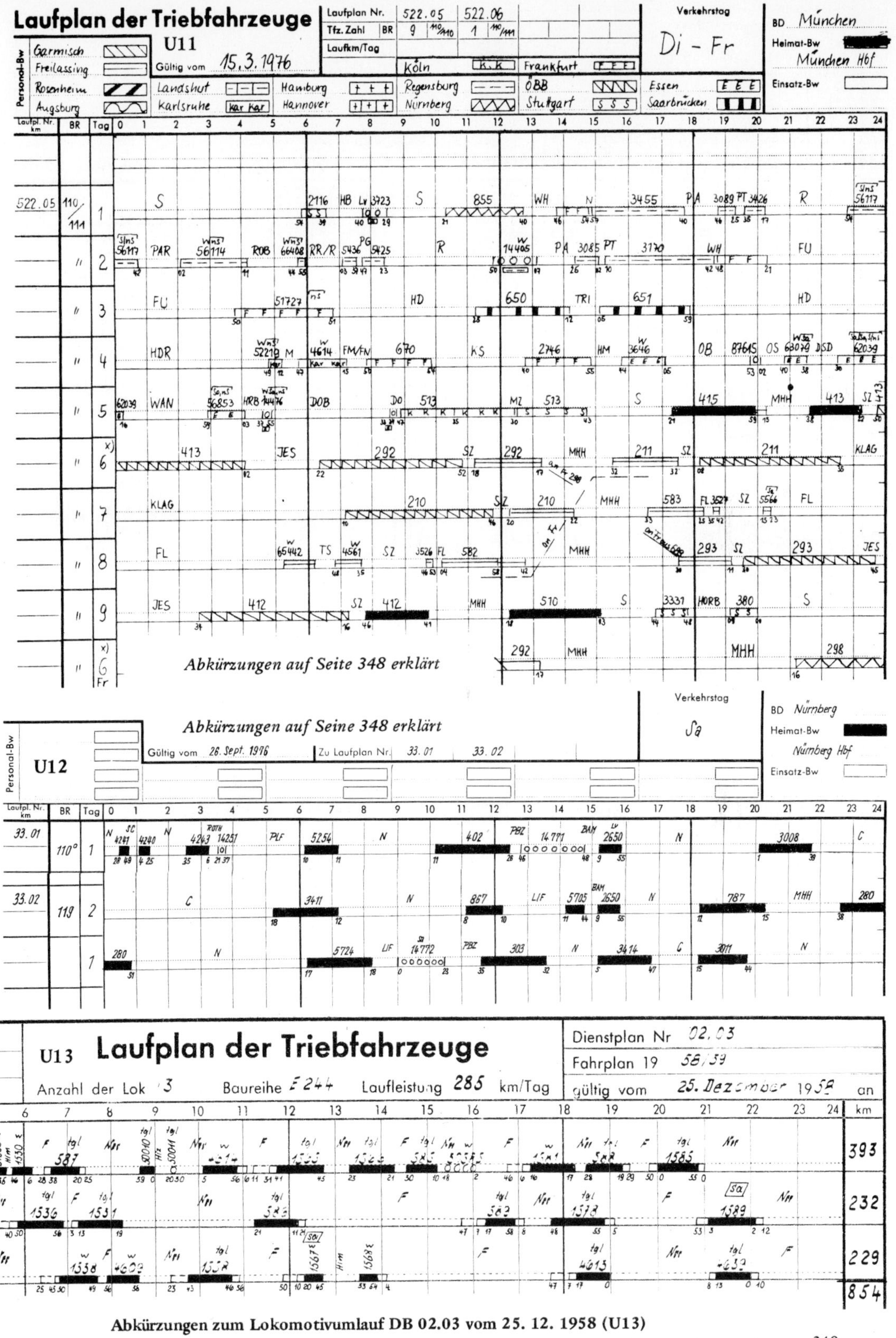

Abkürzungen zum Lokomotivumlauf DB 02.03 vom 25. 12. 1958 (U13)

F	Freiburg Hbf	Hiz	Hinterzarten	Sbr	Seebrugg
Him	Himmelreich	Nss	Neustadt (Schwarzwald)	Tit	Titisee

7.9. Auszüge aus Buch- bzw. Dienstfahrplänen

Jura-Simplon (SBB Df 2/I vom 26. 5. 63, Seite 23)

			177		11177 F		1663		13027 F	
Catég. - charge - %			B II	80	B II	80	C 0	68	B II	80
Lausanne	5	[60]	15.34	7 / 100	15.43	7 / 100	1) 16.29	7 / 90	1) 16.31	100
Renens Tr.		40	—		—		—		—	
Renens Vg.	3	(80) / 100	(39)		2) (48)		1) 35		1) (36)	
○ Bussigny	2	100	(41)		(50)		(38)		(38)	
○ Vufflens			(44)		(53)		(41)		(41)	
Cossonay	1	100	(46)		(55)		1) 44		1) (43)	
Daillens	4	(90)	(49)	90	(58)	90	(48)		(46)	90
Km 21,15				80		80		80		80
La Sarraz	1	80	(52)		16(01)		51		(49)	
Arnex	2	80	(56)		(05)		56		(53)	
Croy	1	90	16(01)	90	(10)	90	17.02	90	(58)	90
C 80										
Bretonnières		80	—	80	—	80	04	80	—	80
C 75, 70										
Day	1	80	(09)	70	(18)	70	17.11/13	70	17(06)	70
*Vallorbe	3	60-45	16.13		16.22	4	17.18	1	17.10	

1) Succession des trains : 13027 F - 1663.
2) Succession des trains : 11177 F - 17155.

Franco-Suisse (SBB Df 3/II vom 30. 5. 65, Seite 9)

Kilométrage de Neuchâtel	Distances des gares entre elles (Km.)	Pente maximum (— ‰)	Rampe maximum (+ ‰)				951	
				Catég. - charge - %			R 0	105
—				Neuchâtel Vg.		40	15.18/19	6 / 105
	1,6	5	0	C 90				
1,6	1,3	0	2	Vauseyon		90	(22)	
2,9	2,1	0	10	○ Serrières	2	105	(23)	
5,0	3,4	0	20	Auvernier 2 [50]/[60] 1 105/[60]	3	[50] / 90	(25)	90
8,4	5,3	0	20	*Bôle* C 85			—	
13,7	4,4	0	20	Ch. du Moulin ▲ C 85, 85	2	85 / 90	(31)	
18,1	4,3	1	20	Noiraigue ▲ C 90	3	85 / 95	2454 V (35/35)	95
22,4	3,6	5	19	Travers ▲ C sort. 80 C 90, 90	3	80	⚒ 7453 ‖ 40	4
26,0	3,4	0	21	Couvet 2 40/[60]	1	95	(44)	85
29,4	6,4	0 0	21 17	Boveresse C sort. 85 **Km 33,20**	2	85	(47)	90 95
35,8	3,5	7	5	*Les Bayards* C 95			—	100
39,3 (466,6)	13,0	7 11	0 0	Les Verrières ▲ C sort. 90 C 90	3	70 / 90	56	2 / 110
52,3 (453,6)				Pontarlier Autres voies	B	60 30	16.07	

Jura-Simplon (SBB Df 2/III vom 31. 5. 64, Seiten 16, 18)

			285		191		293	
Categoria tr. - peso - %			A II	95	A II	95	A II	95
Domodossola FV C uscita 80	2	30-80	17.22	90	19.33	90	20.58	90
○ Preglia	2	90	(27)		(39)		21(03)	
Varzo	3	90	(35)	80	(48)	80	(10)	80
Iselle C uscita 80	3	80	1) 17.41/42 Seguito a pagina 16		2077 ‖ 1) 55	110	1) 17	110
○ St. d. Galleria diag. [50] C 75	2	110	—		20(04)		(26)	
Brig PB	1	75-60	—		20.14/37	2)	21.33/50	7

1) Fermata di servizio. Diensthalt.

			285	
Categoria tr. - peso - %			R II	114
Domodossola FV C uscita 85	2	30-85	—	
○ Preglia	2	95	—	
Varzo	3	95	da Domodossola p. 18	
Iselle C uscita 85	3	90 / 85	1) 17.41/42	125
○ St. d. Galleria diag. [55] C 80	2	125	(51)	
Brig PB	1	75-60	18.00/13	7

1) Fermata di servizio. Diensthalt.
2) Successione dei treni / Zugfolge : 13183 F - 119 A.

Lötschbergbahn (BLS Df 1 vom 31. 5. 64, Seite 100)

Zug-, Lastreihe und %			⚒5672		3784 E		⚒ 5366		⚡ 684		Kurvenreihe B
			G III	73	B I	80	G III	54	A II	88	
Spiez	4	65	3777 5379 F ⚒5381 V15(25/27)	1/75	5379 F ⚒5381 13073 F V15.45	5/75	3779 V13.03/16.01	75	679 11679 F ⚒8743 V16.50/54	75	70
Hondrich		75	(31)		(48)	80	(05)		(57)	80	80
Heustrich ▲	2	80	(33)		(50)	85	(07)		(59)	85	
Mülenen ▲	2	85	(34)		52		● (08)		17(00)		
Reichenbach ▲ K Ausf. (bis 9.25) K 10.55–11.17	3	80/60 70 75	3779 V(36/39)		3779 V3)54	80	379 V(10/10)		3783 V(02/02)	80	70
Wengi			—		—		—		—		
Frutigen ▲ 3 40/[60]	2	80	(45)		379 V16.00/03	3/75	679 V(16/16)	3	5383 F V 08	1/75	
Kandergrund ▲	2	75	379 V(50/50)		679 V16.08/10	1	11679 F V(20/23)	1)	(12)		
Blausee ▲	3	75	(55)		11679 F V 16	2	(28)		(16)		
Felsenburg ▲	1	75	679 V16(00/02)		(21)		3783 V(33/33)		3785 V(20/20)		
Kandersteg ▲ K Ausf. (bis 33.57)	1	80 85	(07)	80	16.26/29	100	16.38/58	80	26	110	100
Goppenstein ▲	2	75	5383 F V(21/21)	70	3785 V16.42/45	75	419 A 10383 F V17(12/12)	55	383 13183 F V 40	75	70
Hohtenn ▲	3	75	3785 V(28/36)		419 A V 52	2	383 V(19/21)		(45)		
Ausserberg ▲	2	75	419 A V(43/43)	3	10383 F V 59	2)	13183 F V(29/31)		⚒5385 V(51/51)		
Eggerberg			—		17 [02]		—		—		
Lalden ▲	3	75	10383 F V(50/50)		383 V17.07/10	2	⚒5385 V(38/38)	⚒2	(56)		
Brig ⊠	6	40	4) 16.58	H 1/2 ✝	17.17	7 ✝	17.46	B 10 ✝	18.03	4	

1) Gleis 1, wenn Zug 11679 F verkehrt. 3) Samstag Halt, übrige Tage bedingter Halt.
2) Gleis 1, wenn Zug 10383 F verkehrt. 4) Halt beim Stellwerk 1.

Gotthardbahn (SBB Df 8/I vom 26. 5. 63, Seite 11)

Zug-, Lastreihe u. %			10428 F		⚡ 428		11428 F		⚡ 528	
			A I	95	A I	95	A I	95	A I	95
Luzern PB	A 3	40	8212 V 10.15	A 9/80	714 V 10.22	A 7/80	10.29	A 9/80		
Luzern GB	G 4	40	(3) —		—		—			
K n. Ausf. 70 ○ Sentimatt		(70)	(18)		(25)		(32)			
K n. Ausf. 75 ○ Würzenbach ▲	1	80/75	(21)		(28)		2007 V (35/37)	2 ✝		
K n. Ausf. 75 K 75 Meggen	3	75	(25)		2007 V (32/32)		(41)			
K 75 *Merlischachen*			—		—		—			
K 75 Küssnacht	3	75	2007 V (29/29)	2/75	(36)	75	417 V (44/46)	2/75		
○ Immensee 2 60, 40	3	[60]/75	3) (32)		(39)		(49)		von Zürich	
Rindelfluht. 70 Arth-Goldau	A 1	60	1528 ‖ 3) 10.40/42		1528 ‖ 10.48/51		1528 ‖ 10.55/57		10.58 11.01	B 2/75
Steinen K 80/75	2	110	(48)	110	(57)	110	11 (03)	110	(07)	110
Schwyz K n. Ausf. 80	2	75	6526 ‖ 1) 52		6526 ‖ 1) 11.01		6526 ‖ 1) 06		1) 11	
Brunnen K n. Ausf. 85 K 95, 75	5	110/85	(3) 16526 ‖ 2) 54		2) 03		2) 09		2) 14	
Sisikon K n. Ausf. 85	1	75/80	(59)		(08)		(15)		(19)	
km 30.3 K 75 Flüelen ▲ K n. Ausf. 100	3	75/100	11.05		13		21		24	
Altdorf	3	95/110	(08)		(3) 16526 ‖ (16)		(3) 16526 ‖ (24)		(3) 16526 ‖ (27)	
Erstfeld	1	60	13	75	21	75	29	75	33	75
km 43.9 *km 44.8*				80 75		80 75		80 75		80 75
Amsteg-S. ▲ 2 [60]	3	75	(18)		(26)		(34)		(38)	
Intschi			—		—		—		—	
Gurtnellen ▲	1	75	(25)		(33)		(40)		(45)	
Wassen	3	80	(32)		(40)		(47)		(52)	
Göschenen ▲ [60] | 85 [60]	3	75/85	5436 ‖ 11.39/40		5436 ‖ 11.48/49		5436 ‖ 11.54/55		5436 ‖ 11.59 12.00	

1) Halt vom 29. IX.—30. IV.
Fermata dal 29 IX—30 IV.

2) Halt bis 28. IX. und ab 1. V.
Fermata fino al 28 IX e dal 1 V.

3) Immensee regelt die Folge der Züge 10428 F und 3624.

Gotthardbahn (SBB Df 8/III vom 26. 5. 63, Seite 13)

Categoria, peso e %			10428 F		⚡ 428		11428 F		⚡ 528	
			A I	95	A I	95	A I	95	A I	95
Göschenen ▲ [60] | 85 [60]	3	75/85	5436 ‖ 11.39/40	110	5436 ‖ 11.48/49	110	5436 ‖ 1) 11.54/55	110	5436 ‖ 11.59 12.00	110
Gotthard C 70		110	(46)		(55)		12 (00)		(06)	
Airolo ▲ [60] | 40	3	70/75	52	75	12.01	75	1) 08	75	12	75
Ambri-Piotta ▲ *Km 96.4*	3	75	(59)		(08)		(15)		(19)	
Rodi-Fiesso ▲	3	75	12 (03)		(12)		(19)		(23)	
Faido ▲ *Km 110.2*	2	75	11		20		27		31	
Lavorgo	2	75	(17)		(26)		(34)		(38)	
Pianotondo			(21)		(30)		(38)		(42)	
Giornico *Km 123.0*			(25)		(34)		(42)		(46)	
Bodio C dopo usc. 90 *Km 126.3* C 100	2	80	5656 F 5430 F ‖ (28)	100 110	(38)	100 110	(45)	100 110	(49)	100 110
Pollegio C 80, 70			—		—		—		—	
Biasca	2	75/110	34		44		50		55	
Osogna-Cr.	3	110	(40)		(49)		(55)		13 (00)	
Claro	2	110	(43)		(52)		(58)		(03)	
○ Castione-A. Ponte Calanchini 65	2	110/90	(46)	95	(55)	95	13 (01)	95	(06)	95
S. Paolo Scambio S. Paolo 75	1	40	—		—		—		—	
○ Bellinzona	2	75	12.50/54		12.59 13.01		13.04/06		13.09/12	

1) Göschenen regola la succesione dei treni 11428F, 124A. / Göschenen regelt die Folge der Züge 11428F u. 124A.

Gotthardbahn (SBB Df 8/II vom 26. 5. 63, Seite 13)

Categoria, peso e %			⚡ 428		11428 F		⚡ 528		
			A I	95	A I	95	A I	95	
S. Paolo	6	40	—		—		—		
Bellinzona C dopo usc. 95	2	75	12.59 13.01	110	13.04/06	110	13.09/12	110	
Giubiasco ▲ 4 (70).40	2	95	(04)	75	(09)	75	(15)	75	
Al Sasso			(08)		(14)		(19)		
Rivera-Bir. ▲ *km 167.2*	4	75	5426 ‖ (13)		5426 ‖ (19)		5426 ‖ (24)		
Mezzovico *km 169.2*			(16)	85 75	(22)	85 75	(27)	85 75	
Taverne-T. ▲	2	75	(20)		(27)		(31)		
Lamone-Cad.			—		—		—		
○ Lugano C dopo usc. 70 *km 182.2*	2	70	13.26/30	80	13.33/37	80	13.37/40	80	
Lugano-Paradiso *km 184.2*			—		—		—		
Melide C 70	3	75	439 11439F 13455F V (37)	75	1849 V (44)	75	1849 V (47)	75	
Bissone		(75)	(38)		(45)		(48)		
Maroggia-M. ▲ 2 [60]	4	75/80	(40)	80	(47)	80	(50)	80	
Capolago	3	80/95	(43)	95	(50)	95	(53)	95	
Mendrisio ▲ 40 | [60] 40–80 40–[60]	2	80	15432 ‖ 47	80	15432 ‖ 54	80	15432 ‖ (56)	80	
Balerna 2 [60] 40 C dopo usc. 75	1	75	(53)		14 (00)		14 (01)		
Chiasso A 1, 2, 5, 6 C 1, 2 30		60.40	13.57	A 1	14.03	A 2	14.04	A 2	

Arlbergbahn (ÖBB Heft 31 vom 31. 5. 70, S. 6, 7)

TS 11 ◇

Transalpin

Zug A — B.T. 31

s/l	v	Entfernung in km	Verkehrsstelle	Einfahrt	Ankunft	Aufenthalt	Abfahrt	Fahrzeiten plan-mäßige	Fahrzeiten kür-zeste	Trifft Züge
41/50	70		**Innsbruck Hbf**		(15 09)	(5)	15 14			
		1,6	**Innsbruck Westbf**		—	—	17	3,0	1,6	
52/—	90		km 2,350		—	—	—	—	—	
65/—	100		km 5,350		—	—	—	—	—	
		5,6	Völs		—	—	21 5	4,5	3,6	
		7,3	Zirl		—	—	26 5	5,0	4,0	
		7,3	Flaurling		—	—	31 5	5,0	3,6	
100/—	120	5,4	Telfs-Pfaffenhofen		—	—	35 5	4,0	2,9	
		7,9	Stams		—	—	40 5	5,0	4,1	
		3,6	Silz		—	—	43 5	3,0	1,8	
		7,2	Ötztal		—	—	47 5	4,0	3,7	
118/—	115		km 45,900		—	—	—	—	—	
		4,5	Roppen		—	—	51	3,5	3,4	
51/66	80	4,6	Imst-Pitztal		—	—	55 5	4,5	3,7	
			km 55,810		—	—	—	—	—	
88/—	100		km 59,390		—	—	—	—	—	
	75		km 61,270		—	—	—	—	—	
68/—	90	8,4	Schönwies		—	—	16 02 5	7,0	5,8	
			km 65,515		—	—	—	—	—	
	80		km 71,890		—	—	—	—	—	
		9,1	**Landeck**		—	—	09 5	7,0	7,0	
		5,9	Pians		—	—	15	5,5	5,1	
35/42	70	5,1	Strengen		—	—	20	5,0	4,5	
		4,2	Flirsch		—	—	24	4,0	3,6	
			km 90,001		—	—	—	—	—	
95/—	105	6,2	Pettneu		—	—	28 5	4,5	4,2	
			km 97,530		—	—	—	—	—	
57/68	70		St. Anton am Arlberg		—	—	16 34			9405 u. 9661 folgen
			km 100,240		—	—	—	—	—	
102/—	95	11,1	**Langen am Arlberg**		—	—	44	10,0	9,0	
			km 110,750		—	—	—	—	—	
	65	5,3	Wald am Arlberg		—	—	50	6,0	4,6	
			km 117,760		—	—	—	—	—	
	70		km 119,000		—	—	—	—	—	
	65	5,3	Dalaas		—	—	56	6,0	4,5	
			km 121,550		—	—	—	—	—	
83/—	70		km 125,600		—	—	—	—	—	
	65	3,8	Hintergasse		—	—	17 01	5,0	3,5	
			km 126,000		—	—	—	—	—	
	70	4,4	Braz		—	—	06	5,0	3,8	
			km 133,110		—	—	—	—	—	
	80	6,7	**Bludenz**		—	—	12	6,0	5,5	
			km 67,310		—	—	—	—	—	
		4,4	Ludesch		—	—	16	4,0	2,7	
121/—	110	5,6	Nenzing		—	—	20	4,0	3,3	
		6,4	Frastanz		—	—	24	4,0	3,6	
			km 51,070		—	—	—	—	—	
	100		km 48,850		—	—	—	—	—	
100/—	85	4,4	**Feldkirch**		17 28	2	30	4,0	3,4	
	100		km 2,740		—	—	—	—	—	
	110		km 4,620		—	—	—	—	—	
	100		km 8,300		—	—	—	—	—	
118/—	110	11,5	Nendeln		—	—	39	9,0	7,7	
	115	4,4	Schaan-Vaduz		—	—	42 5	3,5	3,2	
	100		km 17,740		—	—	—	—	—	
60/74	75	2,7	Buchs (SG)	↔	17 45	(8)	(17 53)	2,5	2,3	
		176,0	Fahrzeit: 2 St. 29 Min.		Aufenth.: — St. 02 Min.			Zus.: 2 St. 31 Min.		

Brennerbahn (ÖBB Heft 29 vom 31. 5. 70, Seite 10)

Ex 61

Brenner-Expreß

Zug A — B.T. 32 b

s/l	v	Entfernung in km	Verkehrsstelle	Einfahrt	Ankunft	Aufenthalt	Abfahrt	Fahrzeiten plan-mäßige	Fahrzeiten kür-zeste	Trifft Züge
	100		**Kufstein**		(019)	(20)	039			
			km 4,4		—	—	—	—	—	
		4,3	Schaftenau		—	—	43	4,0	2,9	
		5,1	Kirchbichl		—	—	46	3,0	2,6	
		4,1	**Wörgl**		—	—	49	3,0	2,2	
		6,3	Kundl		—	—	53 5	4,5	3,2	
96/—	120	9,0	Brixlegg		—	—	59	5,5	4,5	
		9,6	**Jenbach**		—	—	105	6,0	4,9	
		7,4	Schwaz		—	—	10 5	5,5	3,7	
		10,8	Fritzens-Wattens		—	—	17	6,5	5,6	
		7,4	Solbad Hall i. Tirol		—	—	21	4,0	3,7	
			km 72,81		—	—	—	—	—	
	75	8,6	**Innsbruck Hbf**		127	14	41	6,0	5,6	
			km 80,15		—	—	—	—	—	
	70	9,5	Patsch		—	—	51	10,0	8,2	
			km 86,6		—	—	—	—	—	
	75		km 92,57		—	—	—	—	—	
88/—		8,6	Matrei		—	—	59	8,0	7,0	
	100	4,6	Steinach i. Tirol		—	—	203	4,0	3,0	
			km 98,7		—	—	—	—	—	
	75		km 110,29		—	—	—	—	—	
	70	14,2	**Brennero/Brenner**		218	(21)	(239)	15,0	12,4	
		109,5	Fahrzeit: 1 St. 25 Min.		Aufenth.: — St. 14 Min.			Zus.: 1 St. 39 Min.		

Ex 219
Tauern-Express

Vmax = 120 km/h
Bhmax = 116%

30-3
41-3

4	5	6	1	2	3
				63,3	
			70	63,6	Sbl Jp 1
12.55		13.00		**0,0**	**Schwarzach-St.V.**
			60	2,9	Sbl Swa 1
				5,6	
		07	70	5,7	**Loifarn**
				9,2	Klammstein Hst
		11		10,1	**Unterberg**
				12,3	
		15	80	14,3	**Dorfgastein**
				14,8	
13.19		22	90	19,3	**Bad Hofgastein**
				21,8	Indusi 1000 Hz
				22,4	Bad Hofgastein Hst
		26		**22,6**	Abzw Steinbach
		30	60	25,4	**Angertal**
13.35		38		30,1	**Badgastein**
				30,4	
			70		
				33,5	
		13.43	60	34,2	**Böckstein**
				34,7	
			100	36,8	Sbl Bs 1
				38,7	Sbl Bs 2
				40,0	Sbl Bs 3
				42,0	Sbl Bs 4
				42,6	Indusi 1000 Hz
				43,4	Tauerntunnel Hst
			80	44,0	Sbl Bs 5
				44,7	Indusi 1000 Hz
13.53		13.57		**45,9**	**Mallnitz-Oberv.**
			60	48,8	Sbl Ma 1
		14.04		51,8	**Kaponig**
		07		**54,5**	Abzw Lindisch
			90	55,8	Oberfalkenstein Hst
				57,3	Indusi 1000 Hz
		10		**58,4**	**Penk**
			70	62,0	Sbl Pk 1
		15		64,8	**Kolbnitz**
				66,9	Sbl Kl 1
		19		69,4	**Mühldorf-Möllbr.**

219

41-3

4	5	6	1	2	3
				72,5	
		22	90	72,9	**Pusarnitz**
		14.24		74,6	Sbl Uz 1 Abzw Lendorf
				75,0	
			105		
				75,5	
			110	77,7	Sbl Uz 2
				78,1	
			100	80,0	Indusi 1000 Hz
14.30		14.35		**200,2**	**Spittal-Millst.**
			70		
				199,4	
			80		
				198,7	
			120	196,2	Sbl Stt 1
		42		191,7	**Rothenthurn**
				187,7	Sbl Ro 1
				187,0	Ferndorf Hst
				185,7	Markt Paternion Hst
		46		183,2	**Paternion-Feistr.**
				182,4	Indusi 1000 Hz
				181,5	
			90		
				179,4	
			120	177,7	Sbl Pf 1 Weißenst.-K. Hst
				175,4	
			100	175,3	Indusi 1000 Hz
				174,5	
		14.53	80	172,8	**Gummern**
				169,4	
		14.58	90	166,4	Abzw Lind
15.00		15.30		**0,0**	**Villach Hbf**
			50		
	←	33		**1,1**	**Villach Westbf**

Semmeringbahn (ÖBB Beilage A vom 31. 5. 70, S. 47)

Ex 511

„Romulus"

B.T.: 1 b Wb—Bm, 12 b Bm—Os **Zug A**

s/l	v	Entfernung in km	Verkehrsstelle	Einfahrt	Ankunft	Aufenthalt	Abfahrt	Fahrzeiten planmäßige	Fahrzeiten kürzeste	Trifft Züge
			Wien Südbf		—	—	**750**			
88/–	100	3,4	**Meidling**		—	—	**54**	4,0	2,7	
		1,8	Hetzendorf		—	—	**56**	2,0	1,1	
		2,9	Atzgersdorf-Mauer		—	—	**59**	3,0	1,7	
		1,5	Liesing		—	—	**800**	1,0	0,9	
		3,3	Brunn-M. E.		—	—	**02**	2,0	1,7	
		2,3	Mödling		—	—	**03** 5	1,5	1,1	
		8,8	Baden Fbf (Pfaffstätten Hst.)		—	—	**08**	4,5	4,4	
		2,0	Baden		—	—	**09**	1,0	1,0	
		4,3	Bad Vöslau		—	—	**11** 5	2,5	2,2	
98/–	120	3,6	**Leobersdorf**		—	—	**14**	2,5	1,8	
		5,8	Felixdorf		—	—	**18**	4,0	2,9	
		8,4	Wiener Neustadt		—	—	**24**	6,0	5,0	
		8,9	St. Egyden		—	—	**31**	7,0	4,5	
		5,6	Neunkirchen N.Ö.		—	—	**34**	3,0	2,8	
		4,5	Ternitz		—	—	**37**	3,0	2,3	
		7,8	Gloggnitz		—	—	**41**	4,0	4,0	
	75	7,1	Payerbach R.		—	—	**47**	6,0	5,7	
	70		Küb Hst.		—	—	—	—	—	
	65	6,2	Eichberg		—	—	**54**	7,0	6,0	
41/51			Klamm-Sch. H. u. Lst.		—	—	—	—	—	
	60	9,4	Breitenstein		—	—	**905**	11,0	9,4	
			km 100,09		—	—	—	—	—	
	55	5,8	Semmering		—	—	**912**	7,0	6,1	
	80		Semmering		—	—	**912**			
83/–			Steinhaus H. u. Lst.		—	—	—	—	—	
	75	7,1	Spital am Semmering		—	—	**19**	7,0	5,7	
		6,2	Mürzzuschlag		—	—	**24**	5,0	5,0	

Thüringerwaldbahn

DRB Heft 1a, Direktion Nürnberg,
Sommer 1939, Seite 29

FD 80 (12,1) 1. 2. Klasse **(270 t)**

Berlin Ahb—Halle (S)—Saalfeld (Saale)—**Probstzella—Nürnberg Hbf**—
Augsburg Hbf—München Hbf

Höchstgeschwindigkeit	Probstzella—Steinbach (Wald)	70 km/h
	Steinbach (Wald)—Förtschendorf	80 km/h
	Förtschendorf—Pressig-Rothenkirchen	90 km/h
	Pressig-Rothenkirchen—Nürnberg Hbf	120 km/h

E 18 Mindestbremshundertstel **I 106**

Last 350 t

1	2	3	4	5	6	7	8	9	10	11
		●**Probstzella**	—	—	**14 08**					
1,7		●Bk Falkenstein	—	—	**11**	3,0	1,4			
2,4		●Bk Lauenstein (Oberfr) Hp	—	—	**14** $_3$	3,3	2,1			
3,0		●**Ludwigsstadt**	—	—	**19** $_1$	4,8	2,6			
3,4		●Bk Leinenmühle	—	—	**24** $_8$	5,7	2,9			
2,8		●Steinbach a Wald▼	—	—	**29** $_8$	5,0	2,5	35,3		
2,4		Bk Bastelsmühle	—	—	**32** $_7$	2,9	1,8	20,5		
1,9		Bk Kohlmühle	—	—	**34** $_9$	2,2	1,5			
2,1		Förtschendorf▼	—	—	**37** $_3$	2,4	1,6			
3,0		Bk Hessenmühle	—	—	**40** $_3$	3,0	2,1			
2,9		Pressig-Rothenkirchen ▼	—	—	**43** $_3$	3,0	2,0			
3,0		Bk Neukenroth	—	—	**45**	1,7	1,6			
2,5		**Stockheim** (Oberfr)	—	—	**46** $_4$	1,4	1,3			
3,4		Gundelsdorf	—	—	**48** $_2$	1,8	1,7			
4,8		**Kronach**	—	—	**51**	2,8	2,5	17,2		
2,8		Neuses (b Kronach)	—	—	**52** $_7$	1,7	1,4	15,0		
3,6		Küps	—	—	**54** $_8$	2,1	1,8			
1,9		Bk Oberlangenstadt Hp	—	—	**14 56** $_1$	1,3	1,0			

Höllentalbahn

DB Heft 10, Direktion Karlsruhe,
vom 3. 6. 1956, Seite 27

Et 655 (20,1) 1. 2. Klasse
Freiburg (Brsg) **Hbf-Seebrugg**

Et 255 **77** Mindestbr

Last 150 t

			Et 655						
1	2	3	4	5	4	5	4	5	6
- 1,5	70	**Freiburg** (Brsg) **Hbf**		**16 55**					
		0,8 ⌒							
2,5	80	Freiburg-Wiehre	**16 59**	**59**					
	65	A ⌒							
5,7		Freiburg-Littenweiler		**17 02**					
7,4	80	Kappelertal Hp							
10,9		Kirchzarten		▲ **07**					
		E ⌒							
13,9	65	Himmelreich		**09**					
		17,6 Ve ▽							
18,2	60	Hirschsprung		**14**					
		19,9 Ve ▽ 55 km/h							
		E ⌒							
20,5	50	Posthalde		**16**					
		21,5 Ve ▽							
22,1	60	Höllsteig		**18**					
		22,6							
	50	23,4 ⌒							
	60	24,4 Ve ▽							
		E ⌒							
25,4	50	Hinterzarten	**17 23**	**24**					
29,2		A ⌒							
0,0	60	**Titisee**	**29**	**30**					
7,6	—	Feldberg-Bärental	**39**	**40**					
9,6		Altglashütten-Falkau Hst	**44**	**44**					
13,3	50	Aha	**50**	**50**					
17,2		Schluchsee Hst Ag	**56**	**17 57**					
19,1		**Seebrugg**	**18 00**						

▲ Halt an S

Schwarzwaldbahn

DB Heft 9P, Direktion Karlsruhe,
vom 28. 9. 1975, Seite 60/61

D 571 (14,1) 1. 2. Klasse S+nS=oG
(Hannover—Heidelberg—) Offenburg—Konstanz
von Si bis Ko als Eilzug (Zuggattung 21,1)
Tfz 139 Last 350 t Mbr 141
ab VI 221

D 509 (14,1) 1. 2. Klasse
(Dortmund—Ludwigshafen/Rh—Mannheim—) Offenburg—Konstanz
von Si bis Ko als Eilzug (Zuggattung 21,1)
Tfz 139 Last 400 t Mbr 141
ab VI 221

				571		509	
1	2	3a	3b	4	5	4	5
	50	**Offenburg** A 50	0,0	**13.50**	**14.00**	**14.18**	**14.39**
0,5							
	110	Ortenberg (Baden)	4,1		**03**		**42**
		Gengenbach E 60	9,4		**06**		**45**
9,5							
	80	⌒					
10,2							
	100	⌒					
10,9							
	110						
17,2							
	100	⌒					
17,7							
	110	**Biberach (Baden)** E 50 A 60	17,9		**12**		**51**
20,6							
	100	Steinach (Baden)	22,7		**14**		**54**
23,1							
	80						
23,6							
	110	Haslach E 50	26,0		**17**		**56**
32,5							
	80	**Hausach**	33,1	**14.22**	**14.23**	**15.01**	**15.02**
34,2							
	100	Sbk 47	37,0				
37,6							
	80	Hornberg E 60 A 50	42,6		**30**	**10**	**11**
42,9							
	70	Bk Schloßberg	46,6		**34**		**15**
		Niederwasser	51,8		**39**		**20**
		Triberg E 50	56,0	**43**	**44**	**25**	**26**
59,5		▽					
		Bk Seelenwald	60,1		**49**		**30**
62,7		**VE** ▽					
63,1		**VA** ▽					
		Nußbach b Triberg	63,7		**52**		**33**
		Sommerau (Schw)	68,6		**56**		**38**
69,0		**A**					
	100						
70,2							
	110	St Georgen (Schw) E 60 A 60	71,3	**59**	**15.00**	**41**	**42**
		Peterzell-Königsfeld A 50	75,1		**03**		**45**
79,0							
	100						
81,2							
	110	Kirnach-Villingen	81,7		**07**		**49**
84,5							
	80	**Villingen (Schw)** A 50	85,8	**15.12**	**15.20**	**15.55**	**16.03**

7.10. Brief der Hauptverwaltung der DB betreffend die Fragen von Dr. Häfele

A b s c h r i f t

Deutsche Bundesbahn
Hauptverwaltung

Zl. 21.211 Zlae 125 | Frankfurt, 27. April 1976

Herrn
Bundesminister für Verkehr
Postfach

D-5300 Bonn-Bad Godesberg 1

Betreff: Lokomotivwechsel in Offenburg
Bezug: Ihr Schreiben vom 12. April 1976 – E 5/32.75.01–03/23 B 76 –

Die von Herrn Dr. H. Häfele gestellten Fragen beantworten wir folgendermaßen:

Frage 1: Warum ist in Österreich auf der Brenner-Nordrampe und auf der Tauernstrecke der Einsatz der Baureihe 110 möglich, obwohl diese Strecken ebenfalls zu den schwierigsten Gebirgsbahnen Europas zählen?

Auf der Schwarzwaldstrecke darf bei Bespannung der Züge mit Lok der Baureihe 110 die Anhängelast 300 t nicht überschreiten. Die vergleichbaren Anhängelasten betragen
auf der Brennerstrecke 330 t und
auf der Tauernstrecke 350 t.
Bei allen Zügen die schwerer sind als die für die Baureihe 110 festgesetzten Lasten stellen die ÖBB eine österreichische Vorspannlok, die auf diesen Strecken zwischen 450 t und 500 t befördern kann. Da die Last der auf den ÖBB-Strecken verkehrenden Züge zwischen 600 t und 700 t beträgt, überschreitet der von der Lok BR 110 zu übernehmende Lastanteil die für sie festgesetzte Höchstlast nicht.
Für die Schwarzwaldstrecke mit ihren einmaligen Merkmalen setzen die aus technisch-wissenschaftlichen Kriterien entwickelten Ergebniswerte die Bezugspunkte für die Planung. In diesem Zusammenhang durchgeführte Zugfahrtrechnungen haben ergeben, daß schon bei einer Zuglast von 400 t bei Bespannung der Züge mit Lok der BR 110 und auch der BR 111 die Fahrmotorübertemperatur bereits bei planmäßigem, einwandfrei ungestörtem Fahrtverlauf Grenzwerte erreichen. Da aber eine zusätzliche Anfahr- oder Beschleunigungsphase auf den Rampen dieser Gebirgsbahn nicht ausgeschlossen ist, wurde die Höchstlast für die BR 110 auf 300 t festgesetzt.

Frage 2: Warum wurden mit der Baureihe 110 nicht wenigstens Versuchsfahrten auf der Schwarzwaldbahn durchgeführt?

Motorschädigungen durch Übertemperatur müssen nicht unmittelbar bei der Führung eines Zuges auf der Schwarzwaldstrecke einen Lokomotivschaden zur Folge haben. Eine hierdurch ausgelöste Schädigung führt in der Regel erst in der Folge an irgendeiner Stelle im übrigen Netz der DB bei anderen schweren Zugförderungsaufgaben zum Ausfall des oder der Fahrmotoren, der dann nicht mehr mit der vorher erfolgten Überbeanspruchung der Lok auf der Schwarzwaldbahn in Zusammenhang gebracht wird. Weil unter diesen Umständen Betriebsversuche mit der Lok BR 110 auf dieser Strecke keine aussagekräftigen Ergebnisse erwarten lassen, wurde von solchen Versuchen abgesehen.

Frage 3: Warum haben bisher noch keine Versuchsfahrten mit der leistungsfähigeren Fortentwicklungsreihe 111 stattgefunden?

Die Lok BR 111 hat die gleichen Motoren wie die BR 110. Die Antwort auf die Frage 2 gilt deshalb auch für die BR 111.

Frage 4: Warum werden äußerstenfalls nicht zusätzliche Vorspannlokomotiven verwendet, deren Bei- oder Wegstellen wesentlich rascher und einfacher erfolgt als das vollständige Umspannen?

Den Zugförderungsaufgaben auf der Schwarzwaldstrecke wird die Lok BR 139 voll gerecht. Nach ihrer Leistungscharakteristik ist sie für die Beförderung der Reisezüge und Güterzüge gleichermaßen gut geeignet. Der Fahrzeitmehrbedarf beträgt zwischen Offenburg und Villingen gegenüber dem der BR 110 und 111 bei einer Zuglast von 400 t nur 16 Sekunden. Unter Beachtung der gerade heute akzentuierten Zielsetzung einer Senkung der Produktionskosten ist die Verwendung der Lok BR 139 auf der Schwarzwaldstrecke eine sachgerechte, betriebswirtschaftlich richtige Entscheidung. Unter diesem Gesichtspunkt müssen wir das Fahren mit Vorspannlok ablehnen. Außerdem bleibt dabei zu bedenken, daß das An- und Absetzen der Vorspannlok fast ebenso viel Zeit erfordert wie der Lokwechsel und daß bei mehreren Zügen aus betrieblichen Gründen in Offenburg ohnehin die Lok gewechselt werden muß.

Auf den Lokwechsel in Offenburg wird verzichtet werden können, wenn die neue Drehstromlok zur Verfügung steht. Wir rechnen damit, daß im Jahre 1980 drei der geplanten fünf Prototypen im Betriebseinsatz, u. a. auch auf der Schwarzwaldstrecke, erprobt werden können.

Unterschrift unleserlich

7.11. Literaturverzeichnis

Fachbücher und Broschüren

Zum Abschluß der Elektrifikation der SBB (Bern, 1960)

Andreas, Hans-Dieter und Helge Hufschläger: *Ellok-Baureihen E04 – E18 – E18.2 – E19* (Gifthorn, 1976)

Die Arlbergbahn, Denkschrift aus Anlaß des zehnjährigen Betriebes 1884–1894, hg. k.k. Staatsbahndirektion Innsbruck (repr., Wien, 1974)

Bäzold, Dieter und Günther Fiebig: *Archiv elektrischer Lokomotiven* (Berlin, 1963)

Bergmann: *Die Wirtschaftlichkeit des elektrischen Zugbetriebes auf der Strecke München–Berlin* (1934)

Bödefeld, Theodor und Heinrich Sequenz: *Elektrische Maschinen* (6. Aufl., Wien, 1962)

Bratschi, R.: *100 Jahre bernische Eisenbahnpolitik – 50 Jahre Lötschberg Bahn* (Bern, 1963)

Calisch, Lionel: *Electric Traction* (London, 1913)

Die Dampflokomotive (Berlin, 1964)

Düring, Theodor: *Schnellzug-Dampflokomotiven der deutschen Länderbahnen 1907–1922* (Stuttgart, 1972)

Eisenbahnwesen – Die eisenbahntechnische Tagung und ihre Ausstellungen 1924, Sonderausgabe der Zeitschrift des Vereines Deutscher Ingenieure (Berlin, 1925)

Elektrisch über den Semmering (Wien, 1959)

Englmann, Max und Herbert Ludwig: *Handbuch der Dieseltriebfahrzeuge der Deutschen Bundesbahn* (1. Aufl., Frankfurt (M), 1963)

Garreau, Marcel: *Cours de Traction Electrique* (2. Aufl., Paris, 1960)

Giesl-Gieslingen, Adolph: *Lokomotiv-Athleten* (Wien, 1976)

Gotthard 1882–1957 (Bern, 1957)

Groll, August und Hermann Kayser: *Fahrplanwesen* (Starnberg, 1966)

Grünholz, Hans: *Elektrische Vollbahnlokomotiven* (Berlin, 1930)

Handbuch der elektrischen Triebfahrzeuge der Deutschen Bundesbahn (Frankfurt am Main, 1959)

Hefti, Walter: *Zahnradbahnen der Welt* (Basel, 1971)

Henschel Lokomotiv-Taschenbuch (Kassel, 1960)

Hoecherl, Ernst, J.B. Kronawitter und Wilhelm Tausche: *S 3/6 Star unter den Dampflokomotiven* (Stuttgart, 1970)

Horn, Alfred: *Österreichische Lokomotiven, EISENBAHN-Steckbrief* 1 bis 13 und E1 bis E6 (Wien, ab 1968)
Horn, Alfred: *Die Preßburgerbahn 1914–1974* (Wien, 1974)
Hundert Jahre deutsche Eisenbahnen (2. Aufl., Leipzig, 1938)
Jacobi, S.: *Le chemin de fer Franco-Suisse et ses affluents regionaux* (Les Verrières, 1960)
Jahrbuch des Eisenbahnwesens (ab 1951)
Ein Jahrbundert Schweizer Bahnen 1847–1947, Bd. 1 bis 5 (Frauenfeld, 1947–1964)
Jeanmaire, Claude: *Die Berner Alpenbahn-Gesellschaft / BLS* (Basel, 1972)
Joachim, Ernst: *Elektrische Lokomotiven* (Düsseldorf, 1973)
Joachimsthaler, Anton: *Die elektrischen Einheitslokomotiven der Deutschen Bundesbahn* (2. Aufl., Frankfurt am Main, 1965)
Karner, Fritz: *Bruck an der Mur–Graz elektrifiziert* (Wien, 1966)
Kobschätzky, Hans: *Streckenatlas der deutschen Eisenbahnen 1835–1892* (Düsseldorf, 1971)
Kobschätzky, Hans: *Streckenatlas der deutschen Eisenbahnen 1893–1935* (Düsseldorf, 1975)
Koci, Alexander: *75 Jahre elektrische Eisenbahnen in Österreich* (Wien, 1955)
Koci, Alexander: *Die Österreichischen Bundesbahnen elektrifizieren* (Wien, 1952)
Die Konzertkurve (Wien, 1957)
Krutiak, Wolfgang: *Mittenwaldbahn Innsbruck–Garmisch-Partenkirchen* (Wien, 1976)
Kundert, Max: *Die Entwicklung der Reisegeschwindigkeit bei den schweizerischen Eisenbahnen* (Zürich, Pol. Diss., 1941)
Kuntzemüller, Albert: *Die badischen Eisenbahnen 1840–1940* (Freiburg, 1940)
Lehmann, Heinrich und Erhard Pflug: *Der Fahrzeugpark der Deutschen Bundesbahn und neue, von der Industrie entwickelte Schienenfahrzeuge* (Berlin und Bielefeld, ohne Jahr)
Leuenberger, Alfred: *Rauch, Dampf und Pulverschnee* (Zürich, 1967)
Loria, Mario: *Storia della trazione elettrica ferroviaria in Italia,* Band I (Genova, 1971)
Maedel, Karl-Ernst: *Die deutschen Dampflokomotiven gestern und heute* (2. Aufl., Berlin, 1963)
Martin, René und M. Janin: *Cours de traction électrique,* Bd. 1 bis 3 (Paris, 1913 ff.)
Mathys, E. und Mathys, H.: *10 000 Auskünfte über die schweizerischen Eisenbahnen* (Bern, 1949)
Moser, Alfred: *Der Dampfbetrieb der schweizerischen Eisenbahnen 1847–1966* (4. Aufl., Basel, 1967)
Niederstraßer, Leopold: *Leitfaden für den Dampflokomotivdienst* (9. Aufl., Frankfurt am Main, 1957)
Niel, Alfred: *Der Semmering und seine Bahn* (Wien, 1960)
Patin, Pierre: *La traction électrique et diesel-électrique* (2. Aufl., Paris, 1954)
Raab, Friedrich und Ewald Graßmann: *Die Frage der Zugförderungsart auf der Schwarzwaldbahn* (Karlsruhe und Berlin, 1964)
Ransome-Wallis, P. (Hg.): *The Concise Encyclopaedia of World Railway Locomotives* (London, 1959)
Röhr, Gustav (Hg.): *Bespannungsübersicht für alle Schnell- und Eilzüge der Deutschen Bundesbahn* 1950, 1955, 1961 (Krefeld, 1969/70)
Röll, Victor (Hg.): *Enzyklopädie des Eisenbahnwesens,* Bd. 1 bis 10 (2. Aufl., Berlin und Wien, 1912–1923)
Sachs, Karl: *Elektrische Triebfahrzeuge,* Bd. 1 bis 3 (2. Aufl, Wien, 1973)
Sachs, Karl: *Die ortsfesten Anlagen elektrischer Bahnen* (Zürich und Leipzig, 1938)
Schadow, Fr.: *Lokomotivverzeichnis der Deutschen Reichsbahn, DB und DR, Band 21: Elektrische Lokomotiven* (Krefeld, 1972)
Schneider, Ascanio: *Gebirgsbahnen Europas* (Zürich, 1963)
Die Schwarzwaldbahn (Karlsruhe, 1973)
Seefehlner, E.E.: *Elektrische Zugförderung* (Berlin, 1922)
Sexauer: *Kurze Betrachtungen über die Entwicklung der Höllentalbahn unter besonderer Berücksichtigung der Elektrifizierung* (Karlsruhe, 1950)
Simplon 1906–1956 (Bern, 1956)
Slezak, Josef Otto: *Die Lokomotiven der Republik Österreich* (Wien, 1970)
Sollath A., G. Stöbich und W. Stratowa: *100 Jahre Brennerbahn* (Innsbruck, 1967)
Stockklausner, Hanns: *25 Jahre deutsche Einheitslokomotiven* (Nürnberg, 1950)
Stockklausner, Hanns: *50 Jahre Elektro-Vollbahnlokomotiven (15 kV 162/3 Hz) in Österreich und Deutschland* (Wien, 1952)
Stockklausner, Hanns: *Österreichs Lokomotiven und Triebwagen 1954* (Wien, 1954)
Stumpf, Berthold: *Eisenbahn-Lexikon* (Mainz und Heidelberg, 1960)
Süberkrüb, Max: *Technik der Bahnstrom-Leitungen* (Berlin /München /Düsseldorf, 1971)
Wechmann, Wilhelm (Hg.): *Der elektrische Zugbetrieb der Deutschen Reichsbahn* (Berlin, 1924)
Willen, Peter: *Lokomotiven der Schweiz, Normalspur-Triebfahrzeuge* (2. Aufl., Zürich, 1972)
Zehn Jahre Wiederaufbau bei der Deutschen Bundesbahn 1945–1955 (Darmstadt, 1955)
Zschech, Rainer: *Triebwagen-Archiv* (Berlin, 1966)

Zeitschriften

AEG-Mitteilungen
ASEA-Zeitschrift
Brown Boveri Mitteilungen
Bulletin Oerlikon
Bulletin Sécheron / Sécheron Mitteilungen
Bulletin technique de la Suisse romande
Die Bundesbahn
Diesel Railway Traction
eisenbahntechnik
Eisenbahn-technische Praxis
Eisenbahntechnische Rundschau
Elektrische Bahnen
Elektrische Kraftbetriebe und Bahnen
Elektrotechnik und Maschinenbau
Elektrotechnische Zeitschrift
ELIN-Zeitschrift
Glasers Annalen
Lok-Magazin
moderne eisenbahn
Die ÖBB in Wort und Bild / ÖBB-Journal
Der Öffentliche Verkehr
Organ für die Fortschritte des Eisenbahnwesens
Revue Générale des Chemins de Fer
SBB Nachrichtenblatt
Schweizerische Bau-Zeitung
Schweizerische Technische Zeitschrift
Schweizerische Techniker-Zeitung
SLM Technische Mitteilungen
Der Spurkranz
Der Stadtverkehr
Technische Rundschau
La Vie du Rail
Zeitschrift des Österreichischen Ingenieur- und Architekten-Vereins

Weiter wurden neben Kursbüchern verschiedene interne Unterlagen der beteiligten Eisenbahnverwaltungen wie Reglemente, Dienstvorschriften, Dienst- und Buchfahrpläne, Versuchsberichte u.a. benutzt.

7.12. Ergänzungen und Berichtigungen

Seite 91: Die Zeilen 3.1.1. und 3.1. gehören vertauscht

Seite 108: Vor dem letzten Absatz ist eine Überschrift 'Reihe 4010' zu ergänzen.

Seite 154, 8. Zeile von unten: Statt 8. 10. 1950 muß es 12. 6. 1950 heißen (auch Seite 315).

Seite 161, Zeile 34: Statt B 180 muß es B 150 heißen.

Seite 169, ganz oben: Überschrift 'E244 31 (Krupp)', bitte, ergänzen.

Seite 195: Das Foto B 4 ist seitenverkehrt abgedruckt. Hier ist es richtig wiedergegeben.

Seite 304: Unter 74 ist, bitte, die zweite Literaturangabe zu ergänzen:
A. Gladigau, 'Die BoBo-Einphasen-Wechselstromlokomotive der Deutschen Reichsbahn E244 Bauart Krupp', *EB*, 16 (1940), S. 199